Dušan Gruden

Umweltschutz in der Automobilindustrie

Dušan Gruden

Umweltschutz in der Automobilindustrie

Motor, Kraftstoffe, Recycling

Mit 305 Abbildungen und 16 Tabellen

PRAXIS | ATZ/MTZ-Fachbuch

VIEWEG+
TEUBNER

Bibliografische Information der Deutschen Nationalbibliothek
Die Deutsche Nationalbibliothek verzeichnet diese Publikation in der Deutschen Nationalbibliografie; detaillierte bibliografische Daten sind im Internet über <http://dnb.d-nb.de> abrufbar.

1. Auflage 2008

Lektorat: Ewald Schmitt | Gabriele McLemore

Vieweg+Teubner ist Teil der Fachverlagsgruppe Springer Science+Business Media.
www.viewegteubner.de

Umschlaggestaltung: KünkelLopka Medienentwicklung, Heidelberg
Satz und Technische Redaktion: KLEMENTZ publishing services, Gundelfingen
Druck und buchbinderische Verarbeitung: MercedesDruck, Berlin
Gedruckt auf säurefreiem und chlorfrei gebleichtem Papier.
Printed in Germany

ISBN 978-3-8348-0404-4

Vorwort

Für die Menschen der Antike bestand die Welt nur aus vier Elementen: Luft, Wasser, Erde und Feuer. Und obwohl die Menschheit heute, im 21 Jahrhundert, bereits über 110 chemische Elemente kennt, konzentrieren sich die Aktivitäten im modernen Umweltschutz nach wie vor auf genau diese vier. Denn, bei allem Fortschritt hat sich eines nicht geändert: für unsere Welt sind nach wie vor diese vier Elemente von fundamentaler Bedeutung. Der Fortbestand der Erde hängt immer mehr davon ab, wie wir heute nachhaltig mit diesen Elementen und deren entsprechenden Ressourcen umgehen. Diese zu schützen und zu bewahren, gehört zu den Hauptaufgaben der modernen Menschheit.

Kein politisches System und keine soziale Revolution haben in den vergangenen Jahrtausenden das getan, was Ingenieure zuwege gebracht haben, indem sie die Erkenntnisse der Naturwissenschaft nutzten: nämlich der breiten Masse der Menschheit die schwere Arbeit abzunehmen und damit die Sklaverei zu beenden und ihr einen Lebensstandard zu verschaffen, den sich noch vor einigen Jahrzehnten niemanden erträumt konnte. Die sozialen Errungenschaften im letzten Jahrhundert wurden, für einen großen Teil der Menschheit, zum ersten Mal nicht auf Kosten von anderen Menschen erreicht, sondern durch Abbau und durch Abnutzung von natürlichen Ressourcen. „Saurer Regen", „Ozonloch", „Waldsterben", „Klimakatastrophe" sind, trotz ihrer oft sehr überzogenen Darstellung, Warnsignale, die nicht überhört werden dürfen, sonst kann auch die Natur eine eigene Revolution gegen übertriebene Ausbeutung vorbereiten, durch die alle Probleme mit den Menschen unwiderruflich gelöst werden würden.

Die Sorge um die Auswirkungen der menschlichen Tätigkeit auf die Umwelt stellt allerdings keine neue Erscheinung und keine neue Eigenschaft des Menschen dar. Sie begleitet die menschliche Geschichte von ihren Anfängen an. Neu ist die Dimension der Anstrengungen über den Umweltschutz. Durch viele nationale und internationale Umweltschutzgesetze hat sie alle Teile der Erde erfasst.

Das Automobil ist eine der Erfindungen, die zum Wohlstand der Menschen wesentlich beigetragen haben und deswegen zu einem unzertrennbaren Teil der Gesellschaft geworden ist. In der zweiten Hälfte des 20. Jahrhunderts ist das Automobil von einem Luxus- und Prestigeobjekt für wenige, zu einem massenhaften Gebrauchsgut für Millionen von Menschen geworden. Die Massenmotorisierung wurde aber auch zu einem Problem, weil die Automobile zu verschiedensten Umweltbelastungen beitragen.

Die Automobilindustrie hat am Anfang dieser Entwicklung den vollen Umfang und die Reichweite der Umweltdimension nicht richtig eingeschätzt und einen Teil der negativen Diskussion über das Automobil, durch ablehnende Haltung gegenüber Neuerungen, selbst verschuldet.

Das letzte Drittel des letzten Jahrhunderts wird trotzdem in die Geschichte als eine Phase des stark gestiegenen Umweltbewusstseins in Industrieunternehmen eingehen. Das Bewusstsein über die begrenzten Ressourcen der Erde und über die sensiblen Zusammenhänge zwischen den Auswirkungen der menschlichen Aktivität und natürlichen Grundlagen für seine Existenz, haben die Entwicklungen in der Automobilindustrie stark beeinflusst.

Nach fast 100 Jahren der Automobilentwicklung, begann in den 70er Jahren die „ökologische Entwicklung", mit dem Ziel, die negativen Auswirkungen des Automobils auf die Umwelt zu minimieren. Die meisten Mitarbeiter in der Automobilindustrie sind sich bewusst, wie wichtig ein kontinuierlich verbesserter Umweltschutz für eine erfolgreiche Zukunft ist, und wissen mit der Verantwortung für die Lebensbedingungen auch zukünftiger Generationen umzugehen. Die Schonung der Umwelt und ein sparsamer Umgang mit den vorhandenen Ressourcen stehen im Mittelpunkt der modernen Automobilentwicklung.

Die ökologischen Analysen von Fahrzeugen (Life Cycle Assessment), die mit immer präziseren Instrumenten durchgeführt werden, werden neue Erkenntnisse über die weitere Verbesserung der Umweltverträglichkeit von Fahrzeugen auf ihren gesamten Lebensweg – von der Rohstoffgewinnung bis zu Altautoverwertung – liefern.

Die Aktivitäten der Automobilindustrie auf dem Gebiet des Umweltschutzes in der Vergangenheit, in der Gegenwart sowie bereits vorliegende Pläne für die Zukunft, zeigen deutlich, dass der Themenkomplex Umwelt tief in die Aktivitäten der Automobilindustrie verinnerlicht ist, und diesem auch täglich Rechnung getragen wird.

Bei der Behandlung des Themas „Umweltschutz in der Automobilindustrie" im vorliegenden Buch, konnten viele wichtige Begleiterscheinungen, ohne die das hohe Niveau des Umweltschutzes nicht möglich gewesen wäre, nicht erwähnt werden. Dies bezieht sich vor allem auf die gigantische Entwicklung der Messtechnik, auf die Produktions- und Werkstofftechnologie bei zahlreichen Zulieferunternehmen, bis hin zu Anlagen in Recyclinghöfen bei Altautoverwertern.

Niemals in der Geschichte wurden die Vorgänge, die zwischen der Rohstoffgewinnung und Altautoentsorgung stattfinden von so vielen Leuten verfolgt. Automobilhersteller, ihre Zulieferer, Forschungsinstitute, Hochschulen, politische und andere Organisationen zeigen großes Interesse an dieser Entwicklung.

Die Lösung des Problems „Umweltauswirkungen des Automobils" findet sich jedoch nicht allein in der Entwicklung des Kraftfahrzeuges. Ein wesentlicher Beitrag zur Lösung muss auch vom Energieträger bzw. vom Kraftstoff kommen. Eine besondere Bedeutung kommt daher der Zusammenarbeit zwischen Automobil- und Mineralölindustrie zu. Denn „saubere Motoren" brauchen „saubere Kraftstoffe".

Der Gesetzgeber und die Technik kommen nicht zum Stillstand. Sehr oft wird das, was vor einem Jahr noch als sehr aktuell galt, durch neue Gesetze und Verordnungen schnell überholt. So kann auch der Inhalt dieses Buches nur einen momentanen Stand der Technik beschreiben.

Im Zentrum der gegenwärtigen Europäischen Umweltpolitik steht die Verringerung des CO_2-Ausstoßes und anderer Emissionen, die für den vermuteten Klimawandel mitverantwortlich gemacht werden. Die Automobilindustrie unternimmt große Anstrengungen um die CO_2-Emission zu verringern, obwohl der Anteil von Personenwagen und Nutzfahrzeugen an der gesamten weltweiten anthropogenen CO_2-Emission unter 12 % liegt.

Reduzierung des Kraftstoffverbrauches bzw. der CO_2-Emission und Verminderung anderer schädlichen Emissionen bleiben die Hauptthemen bei der ökologischen Automobilentwicklung.

Die Ingenieure in der Automobilindustrie sind aufgefordert, die physikalischen Gesetze, auf welchen die Technik basiert, nicht gegen, sondern in Zusammenarbeit mit der Natur und ihren Gesetzen zu verwenden. Im Idealbild der technischen Automobilentwicklung wird sich das Automobil harmonisch in die Natur voll einfügen.

Die vier Elemente, auf denen die Welt seit der Antike bestehen, werden weiterhin geschützt: die Luft, indem die schädlichen Abgasemissionen weiterhin reduziert werden; das Wasser, indem es vor schädlichen Einträgen und vor Verunreinigungen geschützt wird; die Erde, indem man die Abfallmenge reduziert und die Boden- und Erdressourcen schont; das Feuer, indem in Motoren und anderen technischen Anlagen der Verbrennungsprozess noch besser beherrscht und die Verbrennungseffizienz gesteigert werden.

Die großen Fortschritte in der Entwicklung von modernen Automobilen waren nur möglich, weil das Wissen und die Erfahrungen von einer Ingenieursgeneration zur nächsten weitergegeben wurden und sich wie Mosaiksteinchen zu einem immer freundlicheren Gesamtbild der Technik zusammenfügten.

Dieses Buch ist ein Ergebnis der Vorlesungsreihe „Umweltschutz in der Automobilindustrie“, die ich seit 1993 an der Technischen Universität Wien halte. Die Erfahrungen aus einer über 40 Jahre langen Tätigkeit auf dem Gebiet der Forschung und Entwicklung von Verbrennungsmotoren sowie als Koordinator der Umweltaktivitäten bei Dr.Ing.h.c.F. Porsche AG flossen in dieses Buch ein.

Im Buch werden vor allem die technischen Aspekte diskutiert. Die wirtschaftliche Problematik, d.h. die Kosten werden nur am Rande erwähnt. Einerseits, weil es schwierig ist die tatsächlichen Kosten für den Umweltschutz zu identifizieren und andererseits, weil viele Lösungen, die am Anfang als „unbezahlbar“ gelten, später zum normalen Stand der Technik gehören.

In meiner beruflichen Laufbahn, seit Beginn der 60er Jahre, rückte die ökologische Dimension des Automobils in den Vordergrund seiner Entwicklung und ich konnte sie im vollen Umfang miterleben und aktiv an Lösungen mitwirken.

Nach einer fast über 100 Jahre andauernden Entwicklung des Automobils und seines Verbrennungsmotors, wurde damals oft die Frage gestellt, was kann da noch weiter entwickelt werden?

Die Fähigkeit der Ingenieure hat das eindrucksvoll bewiesen: moderne Automobile stoßen um 99 % weniger Schadstoffe aus und verbrauchen über 40 % weniger Energie als ihre Vorgänger. Zudem sind sie sicherer, leistungsfähiger, komfortabler und preiswerter geworden.

Von vielen Mitarbeitern der Porsche AG sowie von vielen Kollegen aus der weltweiten Automobilindustrie habe ich viel gelernt. Allen ihnen bin ich nach wie vor zu Dank verpflichtet.

Mein besonderer Dank gilt dem Unternehmen Dr. Ing. h.c. F. Porsche AG, wo ich eine schöne Ingenieurlaufbahn durchlaufen durfte sowie meinen Töchtern Marina und Monika Gruden, die mir bei technischen Vorbereitungen und ersten Korrekturen viel geholfen haben.

Ditzingen, im Januar 2008 Prof. Dr. techn. Dr. h.c. Dušan Gruden

Inhaltsverzeichnis

Vorwort . . . V

1 Auto und Umwelt . . . 1
1.1 Einleitung . . . 1
1.2 Der Mensch und die Mobilität . . . 7
1.3 Umweltauswirkungen des Automobils . . . 10
1.4 Natürliche und anthropogene Emissionen . . . 11
1.4.1 Gesetzlich limitierte Schadstoffkomponenten . . . 12
1.4.1.1 Kohlenmonoxid (CO) . . . 13
1.4.1.2 Kohlenwasserstoffe (HC), Volotale Organic Compounds (VOC) . . . 14
1.4.1.3 Nicht-Methan-Kohlenwasserstoffe (NMHC) . . . 14
1.4.1.4 Stickstoffoxide (NO_x) . . . 16
1.4.1.5 Schwefeloxide (SO_x) . . . 16
1.4.1.6 Partikel-Emissionen (PM) . . . 19
1.4.2 Nichtlimitierte Schadstoffe . . . 21
1.4.2.1 Treibhauseffekt . . . 21
1.4.2.2 Kohlendioxid (CO_2) . . . 22
1.4.2.3 Methan (CH_4) . . . 25
1.4.2.4 Lachgas (Distickstoffmonoxid N_2O) . . . 26
1.4.2.5 Halogene und andere verwandte Kohlenwasserstoffe . . . 26
1.4.2.6 Wasserdampf (H_2O) . . . 27
1.5 Abwärme . . . 27
Literatur . . . 28

2 Umweltschutzgesetze in der Automobilindustrie . . . 29
2.1 Emissionen und Immissionen . . . 29
2.2 Konzentration, Dosis, Wirkung . . . 30
2.3 Grenzwerte für Innenluft . . . 34
2.3.1 MAK – Maximale Arbeitsplatz-Konzentration . . . 34
2.3.2 GWEU – Grenzwerte für berufsbedingte Expositionen . . . 35
2.3.3 TRK – Technische Richt-Konzentrationen . . . 35
2.4 Grenzwerte für Außenluft . . . 36
2.4.1 Kohlenmonoxid (CO) . . . 40
2.4.2 Stickstoffoxide ($NO_x = NO + NO_2$) . . . 40
2.4.2.1 Stickstoffmonoxid (NO) . . . 40
2.4.2.2 Stickstoffdioxid (NO_2) . . . 41
2.4.3 Kohlenwasserstoffe (HC), Volatile Organic Compounds (VOC) . . . 42
2.4.4 Partikel (PM) . . . 42
2.4.5 Schwefeldioxid (SO_2) . . . 44
2.4.6 Blei (Pb) . . . 45

2.5 Nichtlimitierte Schadstoffe 45
2.5.1 Kohlendioxid (CO_2) 45
2.5.2 Methan (CH_4) 46
2.5.3 Benzol (C_6H_6) 46
2.5.4 Ozon (O_3) 46
2.6 Geruch 47
2.7 Geräusch, Lärm 48
2.8 Umweltschutzgesetze 50
2.8.1 Prinzipien des Umweltrechts 52
2.9 Umweltschutzgesetze für die Produktion 53
2.9.1 Produktverantwortung 53
2.9.2 Bundesimmissionsschutzgesetz 54
2.9.3 EG-Richtlinien 54
2.9.4 Wasserhaushaltgesetz 55
2.9.5 Kreislaufwirtschafts- und Abfallgesetz 56
2.9.6 Chemikaliengesetz 57
2.9.7 Strategische Umweltprüfung 57
2.9.8 Umwelthaftungsgesetz 57
2.9.9 Technische Anleitung zur Reinhaltung der Luft (TA-Luft) 58
2.9.10 TA-Lärm 59
2.9.11 TA-Abfall 60
2.9.12 Umweltinformationen 60
2.10 Umweltschutzgesetze für das Produkt 61
2.10.1 Abgasemissionen 61
2.10.1.1 Europäische Union (EU) 61
2.10.1.2 USA 70
2.10.1.3 Emissionen des stehenden Fahrzeugs 72
2.10.1.4 Zertifizierungsverfahren 74
2.10.1.5 Japan 75
2.10.1.6 Andere Länder 75
2.10.2 Kraftstoffverbrauch 77
2.10.3 Geräuschemission 79
2.10.3.1 Europäische Union 79
2.11 Gesetze für Fahrzeuge im Verkehr 82
2.11.1 Begrenzung der Verdampfungsemission bei Betankung 82
2.11.2 Abgasuntersuchung (AU) 82
2.11.3 On-Board-Diagnose (OBD) 84
2.11.4 Smogalarm 85
2.11.5 Geräusch 85
2.11.6 Recycling 86
Literatur 86

3 Umweltschutz in der Produktion 89
3.1 Integrierter Umweltschutz 89
3.2 Voraussetzungen für einen aktiven Umweltschutz in der Produktion 91
3.2.1 Umweltmanagement 92
3.2.1.1 Zuständigkeiten 93
3.2.1.2 Betriebsbeauftragte für den Umweltschutz 94
3.2.1.3 Umweltmanagement-Handbuch 96
3.3 Stoff- und Energieströme 98
3.3.1 Energieverbrauch 100
3.3.2 Wasserverbrauch und Abwasser 102
3.3.3 Gasförmige Emissionen 103
3.3.4 Geräuschemissionen 106
3.3.5 Abfälle 106
3.4 Kreislaufwirtschaftsgesetz 109
3.4.1 Abfälle zur Verwertung 109
3.4.2 Abfälle zur Beseitigung 110
3.4.3 Abfallwirtschaftskonzepte 111
3.4.3.1 Vermeidung von Abfällen 112
3.4.3.2 Verwertung von Abfällen 112
3.5 Emissionskataster 114
3.6 Kostenaufwand für Umweltschutz 114
3.7 Umwelt- oder Öko-Audit 115
3.7.1 EMAS 115
3.7.2 EMAS und ISO 14001 120
Literatur 123

4 Umweltauswirkungen des Ottomotors 125
4.1 Allgemeine Grundlagen 125
4.1.1 Verbrennung als fundamentaler Prozess 125
4.1.2 Kohlenmonoxid (CO) 127
4.1.3 Unverbrannte Kohlenwasserstoffe (HC) 127
4.1.4 Stickstoffoxide (NO_x) 128
4.1.5 Partikel (PM) 129
4.2 Ottomotor 132
4.2.1 Leistung und Kraftstoffverbrauch 135
4.2.2 Abgasemissionen 138
4.3 Motorinterne Maßnahmen zur Schadstoffreduzierung 138
4.3.1 Betriebsparameter 138
4.3.1.1 Gemischbildung, Kraftstoff-Luft-Gemisch 138
4.3.1.2 Zündung 140
4.3.2 Konstruktionsparameter 141
4.3.2.1 Brennraumform 141
4.3.2.2 Verdichtungsverhältnis (ε) 142
4.3.2.3 Saugsystem und Ventilsteuerzeiten 144
4.3.3 Grenzen der Schadstoffreduzierung durch motorinterne Maßnahmen 144

4.4 Motorexterne Maßnahmen zur Schadstoffreduzierung 145
4.4.1 Kraftstoffunempfindliche Maßnahmen 145
4.4.1.1 Sekundärlufteinblasung 145
4.4.1.2 Abgasrückführung (AGR) 146
4.4.1.3 Portliner 147
4.4.1.4 Thermische Abgasnachbehandlung 147
4.4.1.5 Grenzen der Schadstoffreduzierung durch Kraftstoffunempfindliche motorinterne und motorexterne Maßnahmen 148
4.4.2 Kraftstoffempfindliche Maßnahmen 149
4.4.2.1 Oxidationskatalysator 149
4.4.2.2 Reduktionskatalysator............................ 150
4.4.2.3 Drei-Wege-Katalysator, Konzept λ-Sonde 150
4.4.2.4 Kaltstartverhalten und Langzeitstabilität des Drei-Wege-Katalysators 153
4.4.3 Maßnahmen zur Verringerung der Verdampfungsemissionen..... 156
4.4.4 On-Board-Diagnose (OBD)............................... 156
4.4.5 Übersicht von Maßnahmen für minimale Abgasemissionen bei Ottomotoren... 157
4.5 Kraftstoffverbrauch und CO_2-Emission............................ 159
4.6 Der Magermotor als Ziel der Entwicklung 162
4.6.1 Probleme beim Magerbetrieb 162
4.6.2 Stand der Technik 164
4.6.3 Abgasnachbehandlung bei Magermotoren 166
4.6.3.1 $DeNO_x$(Spalt)-Katalysatoren 167
4.6.3.2 NO_x-Speicherkatalysatorsysteme 167
4.7 Geräuschemission 170
Literatur... 173

5 Umweltauswirkungen des Dieselmotors 175
5.1 Allgemeine Grundlagen... 175
5.2 Leistung und Kraftstoffverbrauch 179
5.3 Abgasemissionen 181
5.4 Motorinterne Maßnahmen zur Schadstoffreduzierung 182
5.4.1 Betriebsparameter 183
5.4.1.1 Luftbewegung, Drall............................. 183
5.4.1.2 Einspritzdruck.................................. 183
5.4.1.3 Einspritzzeitpunkt, Einspritzgesetz.................. 184
5.4.1.4 Aufladung 186
5.4.2 Konstruktionsparameter.................................. 186
5.4.2.1 Brennraumform, Lage der Einspritzdüse 186
5.4.2.2 Verdichtungsverhältnis 187
5.4.3 Grenzen der Schadstoffreduzierung durch motorinterne Maßnahmen.. 188

5.5 Motorexterne Maßnahmen zur Schadstoffreduzierung ... 188
5.5.1 Abgasrückführung (AGR) ... 188
5.5.2 Oxidationskatalysator ... 191
5.5.3 Reduktionskatalysator ... 192
5.5.3.1 NSCR-Katalysatoren ... 192
5.5.3.2 SCR-Katalysatoren ... 193
5.5.4 NO_x-Speicherkatalysator ... 196
5.5.5 Partikelfilter ... 197
5.5.5.1 CRT – Continuously Regenerating Trap ... 201
5.5.6 Sonstige Maßnahmen zur Schadstoffreduzierung im Dieselmotor 204
5.5.7 On-Board-Diagnose (OBD) ... 204
5.5.8 Übersicht von Maßnahmen zur Schadstoffreduzierung beim Dieselmotor ... 205
5.6 Kraftstoffverbrauch und CO_2-Emission ... 206
5.7 Geräuschemission ... 209
Literatur ... 213

6 Betriebsstoffe und Umwelt ... 215
6.1 Einleitung ... 215
6.2 Kraftstoffe und Motoreigenschaften ... 216
6.2.1 Siedekurve ... 216
6.2.2 Oktanzahl ... 218
6.2.3 Cetanzahl ... 220
6.3 Kraftstoffe und Abgasemission ... 222
6.3.1 Limitierte Abgaskomponenten ... 223
6.3.1.1 Ottomotor ... 223
6.3.1.2 Dieselmotor ... 224
6.3.2 Nichtlimitierte Abgaskomponente ... 226
6.3.2.1 CO_2-Emission ... 227
6.4 Anforderungen an Kraftstoffe ... 228
6.4.1 Additive ... 232
6.4.2 Schwefelgehalt (S_2-Gehalt) ... 233
6.5 Ökologische Bilanz ... 235
6.6 Alternative Kraftstoffe ... 237
6.6.1 Alternative Kraftstoffe fossilen Ursprungs ... 239
6.6.1.1 Erdgas ... 240
6.6.1.2 Flüssiggas ... 241
6.6.1.3 GTL (Gas to Liquid)-Kraftstoffe ... 242
6.6.1.4 Methanol (CH_3OH) ... 242
6.6.1.5 Dimethylester (DME) ... 243
6.6.1.6 MTBE (Methyl-Tertiär-Butyl-Ether) ... 244
6.6.1.7 Wasserstoff (H_2) ... 244

6.6.2 Kraftstoffe aus nachwachsenden Rohstoffen . . . 245
6.6.2.1 Flüssige Biokraftstoffe erster Generation . . . 249
6.6.2.2 Synthetische Biokraftstoffe (BTL, Biokraftstoffe der 2. Generation) . . . 252
6.6.2.3 Gasförmige Biokraftstoffe . . . 253
6.7 Aussichten für die Zukunft . . . 254
6.8 Andere Betriebsstoffe . . . 258
6.8.1 Schmierstoffe . . . 258
6.8.2 Kühlmittel . . . 258
Literatur . . . 259

7 Auto im Verkehr . . . 261
7.1 Einleitung . . . 261
7.2 Mobilität und Verkehr . . . 261
7.3 Auto und Mobilität . . . 262
7.4 Umweltbelastungen des Verkehrs . . . 266
7.4.1 Energieverbrauch und Emissionen einzelner Verkehrsträger . . . 267
7.5 Verkehrsmanagement . . . 269
7.6 Information und Kommunikation (Telematik) . . . 275
7.7 Integration unterschiedlicher Verkehrssysteme . . . 278
7.8 Individuelles Fahrverhalten . . . 283
Literatur . . . 286

8 Über das Recycling von Altfahrzeugen . . . 289
8.1 Einleitung . . . 289
8.2 Produktverantwortung . . . 291
8.3 Stand der Technik bei Recycling von Altautos . . . 292
8.3.1 Gesetzliche Rahmenbedingungen . . . 292
8.3.2 Annahmestellen . . . 293
8.3.3 Trockenlegung . . . 294
8.3.4 Demontage . . . 297
8.3.5 Schredder . . . 302
8.3.5.1 Eisen-Fraktion . . . 304
8.3.5.2 Nicht-Eisen-Metalle . . . 304
8.3.5.3 Kunststoffe . . . 304
8.3.5.4 Schredder-Leichtfraktion (SLF) . . . 304
8.4 Recyclingverfahren . . . 306
8.4.1 Materielles (stoffliches) Recycling . . . 307
8.4.2 Rohstoffliches (chemisches) Recycling . . . 308
8.4.3 Thermische Verwertung (energetisches Recycling) . . . 308
8.5 Design for Recycling – Recyclinggerechtes Konstruieren . . . 310
8.5.1 Auswahl von Werkstoffen . . . 312
8.5.1.1 Energiebedarf . . . 314
8.5.1.2 Kunststoffe . . . 315
8.5.2 Demontagegerechte Konstruktion . . . 320

8.6 Langlebigkeit der Produkte ... 323
8.7 Ökobilanz – Life Cycle Assessment (LCA) ... 324
Literatur ... 327

9 Umweltauswirkungen des Automobils ... 329
9.1 Auto als Teil der Gesellschaft ... 329
9.2 Prophezeiungen über Katastrophen ... 329
9.3 Umweltauswirkungen des Automobils ... 331
9.3.1 Flächenverbrauch ... 331
9.3.2 Verkehrssicherheit – Verkehrsunfälle ... 332
9.3.3 Lärmbelästigung ... 334
9.3.4 Energieverbrauch ... 334
9.3.5 Rohstoffverbrauch ... 336
9.3.6 Luftschadstoffe ... 337
9.3.6.1 Schwefeldioxid (SO_2) ... 340
9.3.6.2 Stickstoffoxide ... 342
9.3.6.3 Flüchtige organische Verbindungen (NMVOC) ... 344
9.3.6.4 Partikel ... 346
9.3.6.5 CO_2-Emission ... 350
9.4 Umweltauswirkungen des Automobils im Vergleich zu anderen Emittenten ... 356
Literatur ... 357

10 Die Zukunft des Automobils und seines Verbrennungsmotors ... 359
10.1 Einleitung ... 359
10.2 Das Problem der CO_2-Emission ... 360
10.2.1 Möglichkeiten zur Reduzierung der CO_2-Emission außerhalb des Automobils ... 360
10.3 Alternative Antriebssysteme ... 361
10.3.1 Zweitaktmotoren ... 363
10.3.2 Wankelmotor ... 363
10.3.3 Wärmekraftmaschinen mit äußerer kontinuierlicher Verbrennung 363
10.3.3.1 Gasturbinen ... 363
10.3.3.2 Stirlingmotor ... 364
10.3.3.3 Dampfmotoren ... 365
10.3.3.4 Gemeinsamkeiten der Motoren mit äußerer Verbrennung 365
10.3.4 Elektrofahrzeuge ... 366
10.3.5 Schwungradspeicher ... 369
10.3.6 Hybrid-Fahrzeuge ... 370
10.3.6.1 Mild-Hybrid-Fahrzeuge ... 370
10.3.6.2 Voll-Hybrid-Fahrzeuge ... 371
10.3.6.3 Plug-In-Hybrid-Fahrzeuge ... 372
10.3.7 Brennstoffzellen-Fahrzeuge ... 374
10.3.7.1 Kraftstoffe für Brennstoffzellen ... 378
10.3.7.2 Stand der Technik ... 379

10.4 Aussichten für die Zukunft 382
10.4.1 Verbesserung des Arbeitsprozesses 385
10.4.2 Downsizing 386
10.4.3 Neuartige Verbrennungssysteme 389
10.4.4 Nutzung der Abgasenergie 391
10.4.5 Weitere Möglichkeiten zur Reduzierung des Kraftstoffverbrauches 392
10.4.6 Ökologische Gesamtbilanz 394
10.5 Lebensdauer des Automobils 395
Literatur 400

1 Auto und Umwelt

1.1 Einleitung

Es wird vermutet, dass sich im ständig expandierenden Weltall 10^{12} (1.000 Milliarden) Galaxien befinden. Eine dieser Galaxien, unsere Milchstraße, besitzt 10^{20} (100 Milliarden Milliarden) Sterne. In dieser für uns schier unendlich großen Zahl der Sterne befindet sich die Erde, der Planet auf dem wir leben (**Bild 1.1**).

Ein Sauerstoffgehalt von 21 % in der Erdatmosphäre, ¾ der Oberfläche als Wasser und ein Temperaturunterschied zwischen maximaler und minimaler Temperatur der Erdoberfläche von ca. 100 °C (–50 °C bis +50 °C) bzw. eine mittlere Temperatur der Erdoberfläche von +15 °C, haben das Leben auf diesem Planeten ermöglicht.

Trotz unserer Überzeugung, dass wir eine sehr entwickelte Zivilisation, mit fast uneingeschränkten Möglichkeiten unserer Technik sind, konnten wir bislang nicht nachweisen, dass ein Leben, ähnlich unserem oder überhaupt, auf anderen Himmelskörpern im Weltall existiert. Einige Wissenschaftler haben ausgerechnet, dass die Wahrscheinlichkeit, dass es auf anderen Planeten ein Leben ähnlich dem unserem gibt, nur 10^{-8} beträgt, d.h. die Wahrscheinlichkeit ist äußerst gering [2]. Mit anderen Worten, wir sind im unendlichen Kosmos allein. Der Planet Erde, mit seiner Vielfalt an unterschiedlichen Lebewesen, diese Rarität der Natur, muss aufbewahrt werden – dazu hat der Mensch, dazu haben wir alle eine große Verpflichtung.

Obwohl alle Lebewesen schon mit ihrer Anwesenheit auf der Erde ihre Umgebung verändern – so dass die Umweltveränderungen als ein natürlicher Prozess angesehen werden –

Bild 1.1:
Planet Erde

hat der Mensch die größte Fähigkeit seine Umgebung in kurzer Zeit schnell zu verändern. Viele andere Lebewesen haben dann keine Chance mehr, sich an diese neuen Umweltverhältnisse anzupassen. Der evolutionäre Entwicklungsweg der Menschheit dauerte viele Millionen Jahre (**Bild 1.2**). Bereits vor Jahrtausenden hat die Beeinflussung der Natur durch den Menschen ihren Ausgang genommen, als er mit Steinaxt und Feuer in die Natur eingriff und die empfindliche, ökologische Balance geringfügig zu zerstören begann.

Seit der industriellen Revolution, die mit der Erfindung der Dampfmaschine im 18. Jahrhundert eingesetzt hat, veränderte sich das Bild der Natur wesentlich. Die menschliche Beeinflussung wirkte sich am meisten in stark besiedelten Ballungszentren der Welt aus, wo vor allem viele Pflanzen- und Tierarten für immer verschwunden sind. So begann mit der industriellen Revolution an vielen Stellen eine ökologische Katastrophe.

Das größte Umweltproblem der Erde, so wie wir es z. Zt. empfinden, ist die große Zahl der Menschen, die auf diesem Planeten leben (**Bild 1.3**). Gegenwärtig sind das 6 Milliarden. Jede Sekunde werden drei Menschen geboren, bzw. jeden Tag mehr als 250.000. In den kommenden 50 Jahren wird, bei dem gegenwärtigen Wachstum, die Bevölkerungszahl auf der Erde auf 8,5 bis 9 Milliarden Menschen steigen [15, 16].

Die lebenden Menschen brauchen menschenwürdige Lebensverhältnisse, d.h. Lebensraum, Nahrung und entsprechenden Wohlstand. Die Produktion der Nahrung und der Wohlstand sind mit dem Verbrauch an entsprechender Energie verbunden. Da im Wesentlichen fossile Kraftstoffe (Kohle, Erdgas, Erdöl) als Energieträger dienen, läuft der CO_2-Gehalt in der Atmosphäre konform mit dem Bevölkerungs- und Wohlstandswachstum. Es sei hier erwähnt, dass allein durch die menschliche Atmung etwa 3 Milliarden Tonnen CO_2 pro Jahr in die Atmosphäre eingebracht werden. Der Weltenergieverbrauch beträgt gegenwärtig 170×10^6 bdoe (Barrel a day of oil equivalent) bzw. fast 10^9 GJ/Jahr. Der Durchschnittliche Energieverbrauch pro Einwohner der Erde beträgt ca. 70 GJ/Kopf – mit einem Faktor von über 1.000 zwischen maximalen (680 GJ/Einwohner, Quatar) und minimalen (0,5 GJ/Einwohner, Burundi) (**Bild 1.4**).

Bild 1.2: Der evolutionäre Weg der Menschheit [Quelle: Moody]

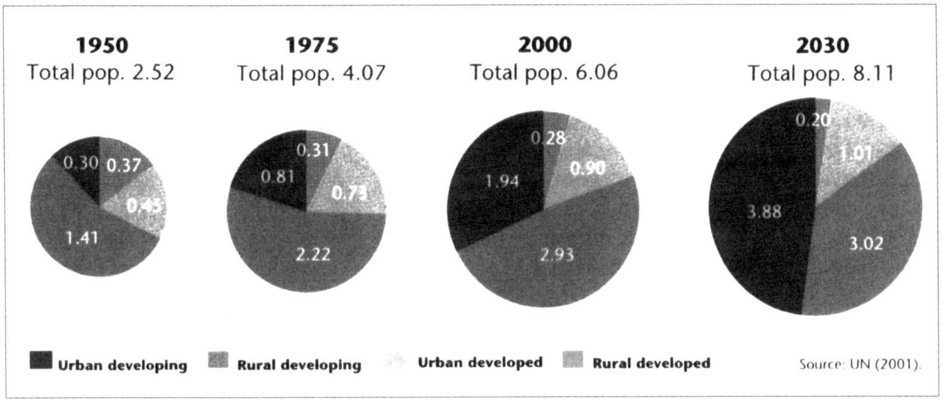

Bild 1.3: Die Entwicklung der Weltbevölkerung in Milliarden [Quelle: UN]

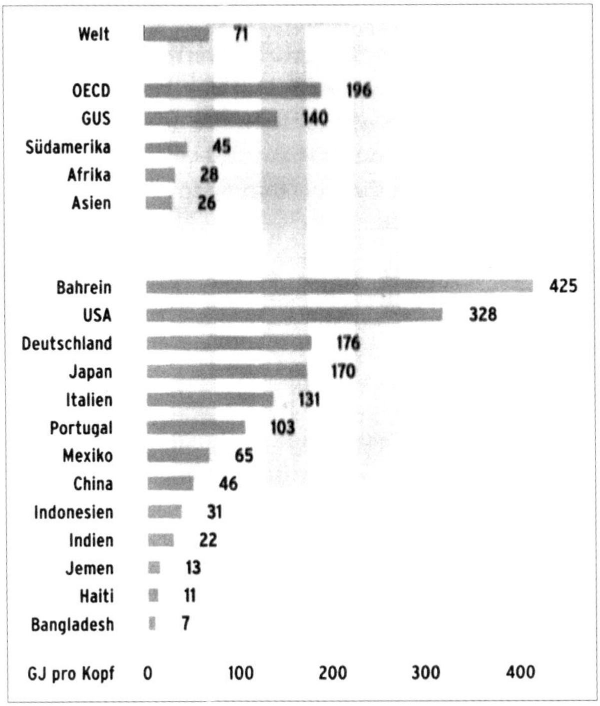

Bild 1.4: Weltenergieverbrauch pro Einwohner und Jahr [Quelle: Umwelt]

15 % der Menschen in hochentwickelten Ländern verbrauchen 80 % des Weltenergieangebots. Es wird erwartet, dass im Jahr 2050 der Energieverbrauch 3mal höher liegen wird (ca. 200 GJ/Kopf und Jahr) als heute (**Bild 1.5**). Die große und steigende Zahl der Menschen auf diesem Planeten, mit ihrem steigenden und sehr ungleichmäßig verteilten Energiebedarf und -verbrauch, stellt eines der Hauptprobleme der Umwelt dar. Wenn keine Regel-

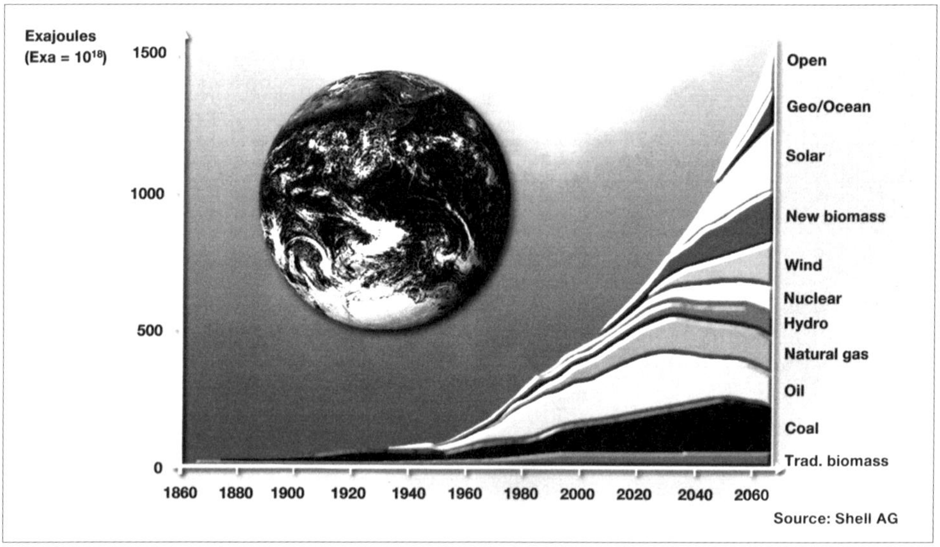

Bild 1.5: Szenario: Weltenergieverbrauch [Quelle: Shell]

mechanismen gefunden werden, um das Bevölkerungswachstum einerseits zu bremsen, aber die Vielfalt an unterschiedlichen Völkern, Rassen, Sitten, Kulturen und Religionen andererseits aufzubewahren, dann steht die Menschheit in absehbarer Zeit vor einer der größten Umweltprobleme, sogar vor einer der größten Existenzprobleme in der Menschengeschichte.

Viele andere Umweltprobleme, die sehr intensiv und emotional in der Öffentlichkeit der Industrieländer diskutiert werden, haben im Vergleich mit dem Bevölkerungswachstum und dem von ihm abhängigen Energieverbrauch, eine sehr marginale Bedeutung.

Überall dort, wo der Mensch erscheint, müssen andere Lebewesen weichen und ihm Platz machen. Durch viele menschliche Aktivitäten werden Pflanzen und Tiere beeinträchtigt. Der Mensch verbraucht die Ressourcen der Erde an Energie und Rohstoffen noch immer im Wesentlichen in einem irreversiblen, offenen Prozess. Die Vorstellung eines schnellen Entropiewachstums, eines „thermodynamischen Todes“ fällt zumindest für die Menschen auf dieser Erde nicht schwer.

Ist ein Ausweg aus dieser Lage noch möglich? Können wir Lösungen finden, die die Aufbewahrung der Lebewesen auf diesem Planeten, die Aufbewahrung dieser Rarität im Weltall und die Weiterentwicklung der Menschheit ermöglichen? Für die Findung der erforderlichen Lösungen, haben gerade wir Ingenieure und Techniker eine große moralische Verpflichtung. Dies ist eine der größten Herausforderungen der Gegenwart.

Unsere Technik basiert auf physikalischen Gesetzen. Physikalische Gesetze sind Gesetze der Natur. Wir müssen nur lernen, diese Gesetze in unseren technischen Produkten, nicht gegen, sondern in Zusammenarbeit mit der Natur zu verwenden. Die Leitsätze, wie „der Mensch im Kampf gegen die Natur", oder „der Mensch hat die Natur besiegt", die durch Jahrhunderte als progressiv galten, müssen als Wegweiser in die Katastrophe erkannt werden. Das Motto, das wir lernen müssen um zu überleben, lautet „der Mensch in Zusammenarbeit mit der Natur"!

Die Grenzen der Nutzung der Umweltressourcen sind durch natürliche Regenerationsfähigkeit der Ökosysteme gesetzt. Die Umwelt darf nicht unbegrenzt durch energetisch bedingte Entnahmeaktivitäten auf der einen und durch Deponieaktivitäten auf der anderen Seite in Anspruch genommen werden. Vereinfacht sind Prozesse, die wir lernen und ändern müssen in **Bild 1.6** dargestellt.

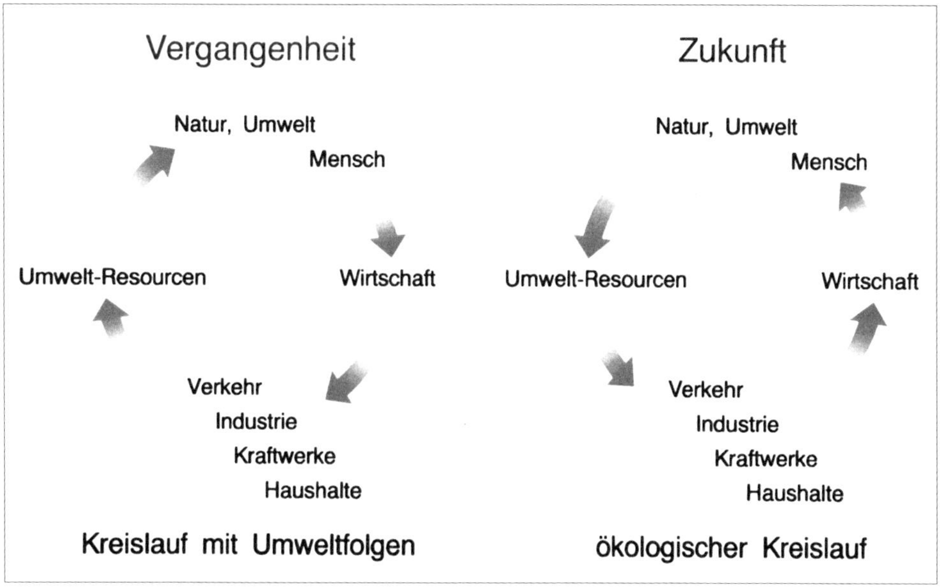

Bild 1.6: Wirtschaftliche Kreisläufe mit und ohne ökologische Folgen

Bisher hat der Mensch seine Aktivitäten so entwickelt, dass er eigene Bedürfnisse befriedigen und ein Profit erwirtschaften wollte. Dazu hat er unterschiedliche Wirtschafts- und Industriezweige entwickelt. Dabei wurden Ressourcen der Erde verbraucht und die Umwelt beeinträchtigt. Auch in Zukunft werden alle diese Partner erhalten bleiben, nur muss die Richtung des Kreises geändert werden – vom negativen zum positiven mathematischen Sinn.

Abhängig von den vorhandenen Möglichkeiten der Natur, von ihren Ressourcen, ihrer Kapazität verschiedene Stoffe aufzunehmen, werden Industriezweige entwickelt, die die Basis für eine gesunde, ökologisch verträgliche Wirtschaft darstellen. Diese Prozesse werden als „sustainable development" bzw. als Prinzip der Nachhaltigkeit bezeichnet. Sie sollen sich an Bedingungen und Anforderungen einer ökologisch orientierten Zukunftsfähigkeit der Gesellschaft ausrichten, ohne damit der ökologischen Nachhaltigkeit Priorität vor der wirtschaftlichen oder sozialen Nachhaltigkeit einzuräumen.

Umweltpolitik ist im 21, Jahrhundert nicht bloß Politik für den Erhalt der Umwelt. Sie ist sehr eng verknüpft mit Wirtschafts-, Energie-, Sozial- und Sicherheitspolitik. Alle drei Komponenten, die gegenwärtig unter „sustainable development“ verstanden werden (ökologische, ökonomische und soziale), werden als gleichwertig eingestuft. Die wichtigsten Strategien für diese neue, nachhaltige Entwicklung können so zusammengefasst werden:

Die Erhöhung der Umwelteffizienz

Sparsamer Umgang mit Energie, stellt die treibende Kraft der Evolution dar. Es gibt Hinweise, dass viele Produkte mit nur 1/4 oder sogar 1/10 des heutigen Energie- und Rohstoffverbrauchs hergestellt werden können. In modernen Fertigungsanlagen der Automobilindustrie z.B. fallen heute 20 bis 40 % weniger feste und flüssige Abfälle an als noch vor 15 Jahren. Eine positive Begleiterscheinung der Verbesserung der Umwelteffizienz d.h. Energieeffizienz ist, dass sie meistens mit Kosteneinsparungen verbunden ist.

Schließung von Stoffkreisläufen

Durch Recycling, Wiederverwertung und wiederholten Einsatz werden Energie und Rohstoffe gespart. Als Beispiel sinnvoller Entwicklung können geschlossene Wasserkreisläufe und Mehrfacheinsatz von gebrauchtem Wasser in Lackieranlagen der Automobilindustrie dienen.

Ressourcen- und Umweltschonende Innovationen

Durch neue Technologien können von vornherein produktions- und anwendungsbedingte Nebenwirkungen auf die Umwelt und Natur auf ein Minimum beschränkt werden. Beispiele hierfür sind regenerative Energieträger, wie Kraftstoffe aus Biomasse. Auch die Langlebigkeit der Produkte, verlängerte Wartungsintervalle sowie Wartungsfreundlichkeit gehören dazu.

Umweltbewusste Lebensweise

Durch Missbrauch und nicht durch den Gebrauch moderner Technik entstehen viele negative Umweltbelastungen. Durch die Nutzung moderner Informationstechnik sowie durch Erziehung und Aufklärung der Bevölkerung können Energie und Material gespart werden und so einen wesentlichen Beitrag zum Umweltschutz leisten.

Wir befinden uns gegenwärtig in der Lernphase, wie wir die Richtung des Kreises umdrehen sollen. Da die Masse des vorhandenen Wirtschaftssystems sehr groß ist, kann diese Änderung der Richtung nur langsam, evolutionär vor sich gehen. Sonst können sehr große Massenkräfte entstehen, deren Größe das System irreparabel zerstören kann.

1.2 Der Mensch und die Mobilität

Ohne Bewegung ist das Leben undenkbar. Bewegung ist also Voraussetzung und gleichzeitig Bedingung für das Leben. Das Gegenteil, die Bewegungslosigkeit, die ewige Ruhe, wird mit dem Tod gleichgesetzt. Eine der Eigenschaften, die tief im Menschen verwurzelt ist, ist das Streben nach Freiheit. Dazu gehört auch die Bewegungsfreiheit, d.h. die Mobilität. Motiviert durch die Triebe: altius, citius, cellerius – höher, weiter, schneller, versuchte der Mensch schon frühzeitig seine Reisegeschwindigkeit bzw. seine Mobilität zu vergrößern.

Am Anfang war er Wanderer; sehr früh fing er an, auch Tiere als schnellere „Verkehrsmittel" zu benutzen. Mit der Erfindung des Rades, vor 3500 Jahren in Mesopotamien (heute Irak), war nicht nur die Arbeit erleichtert, sondern auch ein Verkehrsmittel entwickelt (**Bild 1.7**). Dass dabei der Wagen nicht nur zum Transport diente, sondern auch Spaß und Freude im Leben befriedigte, wurde sehr früh erkannt (**Bild 1.8**). Durch Jahrtausende wurden Pferdekutschen und Ochsengespanne als Hauptverkehrsmittel, für das, was wir heute als Personen- und öffentlicher Verkehr bezeichnen, benutzt. Als Ende des 18. Jahrhunderts

Bild 1.7:
Quadriga, zweirädriger Deichselbockwagen 3000 v. Chr. [Quelle: Iraqi Museum]

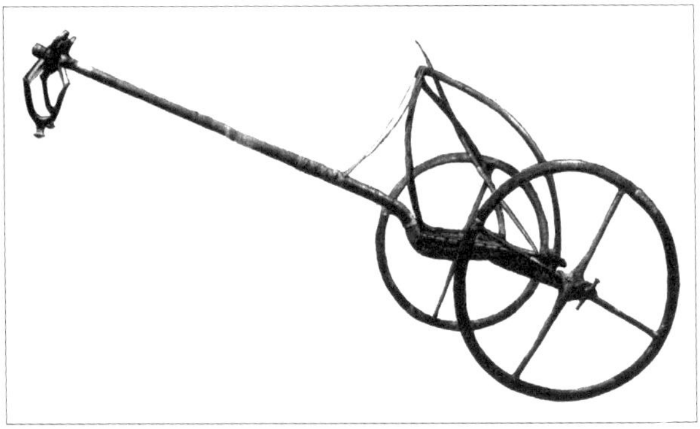

Bild 1.8:
Jagd- und Rennwagen 1500 v. Chr. [Troitsch, Weber]

die Dampfmaschine erfunden wurde, folgte danach auch schnell die Erfindung der Dampflokomotive (**Bild 1.9**) und die Erfindung der Eisenbahn.

Das neue Verkehrsmittel hatte einen wesentlichen Vorteil im Vergleich zu den vorher bekannten: Die Eisenbahn mit Dampfmaschine war wesentlich schneller als alle bis dahin bekannten Verkehrsmittel. Diese Eigenschaft war für die Menschen so attraktiv, dass eine Massenwanderung von langsamen Individualverkehrsmitteln (Tieren und Kutschen) zum schnelleren und bequemeren Massenverkehrsmittel Eisenbahn stattfand. Als Ende des 19. Jahrhunderts der Hubkolbenverbrennungsmotor, als eines im Vergleich zu der Dampfmaschine kleines, kompaktes Antriebsaggregat erfunden wurde, war die Motorisierung der Pferdekutsche sehr nahe liegend. 1886 wurde in Stuttgart ein motorisierter Wagen gebaut (**Bild 1.10**), der als eines der ersten Fahrzeuge mit dem Verbrennungsmotor (Automobile) in die Geschichte einging. Das motorisierte Automobil wies von Anfang an eine ähnliche Geschwindigkeit wie die Eisenbahn auf, was ein ausreichender Grund war für eine erneute Wanderung der Massen, vom Massen-Verkehrsmittel Eisenbahn, zurück zum (neuen) Individualverkehrsmitteln Automobil.

Die moderne Gesellschaft ist aufs engste mit dem Automobil verbunden. Über 700 Millionen PKW, die weltweit im Verkehr sind, sind ein überzeugendes Beispiel für die Notwendigkeit und die Beliebtheit des Automobils. Der Straßenverkehr, mit motorisiertem Automobil, stellt ein wesentliches Glied der modernen Wirtschaftskette dar.

Für mehr als 85 % der Bürger in der EU ist das Automobil ein unverzichtbarer Bestandteil des Lebens geworden. Es ist aus der modernen Gesellschaft nicht mehr wegzudenken. Trotz dieser Beliebtheit wurde das Automobil Mitte der 80ger Jahre des vorigen Jahrhunderts in den öffentlichen Medien und Diskussionen, fast einstimmig als „Umweltfeind Nr. 1 schlechthin" angeprangert. So stellt sich mit dieser Qualifizierung die Frage der moralischen Verantwortung der in der Automobilindustrie tätigen nicht nur der umgebenden Natur, sondern auch den vielen kommenden Generationen gegenüber.

Obwohl die heute gebauten Fahrzeuge wesentlich besser sind in Bezug auf die Umwelt, als ihre Vorgänger vor 20 oder 30 Jahren, sind sie nach Meinung der Öffentlichkeit noch weit von dem zufrieden stellenden Zustand entfernt. Nach einer Umfrage in Frankreich sind noch immer fast 80 % der Bürger besorgt bis sehr besorgt über die durch das Auto verursachten Umweltbeeinträchtigungen. Dabei meinten 60 % der Befragten, dass Luftverunreinigungen durch das Automobil nicht akzeptabel sind und 44 %, dass die Lärmemission des Automobils noch zu hoch ist. Trotzdem meinen über 82 % der Bevölkerung, dass das Automobil mehr Vorteile bietet als Nachteile.

Seit Ende der 80ger Jahre, als das Thema Umweltschutz, nach Reaktorunfällen in Kernkraftwerken Tree Miles Island (Harisburg, USA) und in Tschernobyl (Ukraine), Spitzenwerte in der Öffentlichkeit erreichte, hat die Zahl der Personen, die heute das Thema „Umweltschutz" als wichtig nehmen, kontinuierlich abgenommen (**Bild 1.11**).

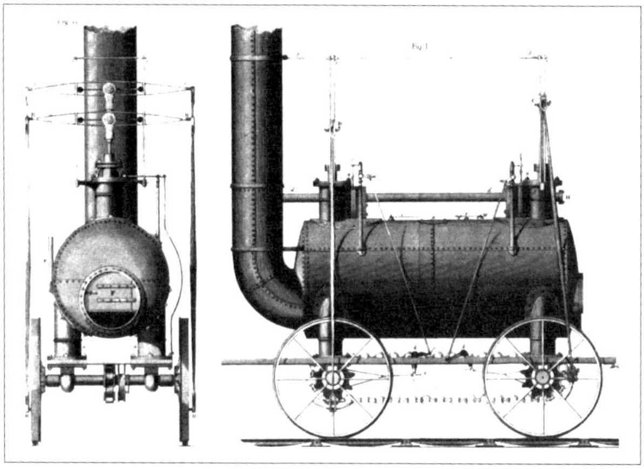

Bild 1.9:
George Stephenson Lokomotive „Rocket" 1829. V_{max} ~ 50 km/h [Quelle: Troitzsch, Weber]

Bild 1.10:
Motorkutsche von Daimler, 1886 [Quelle: Mercedes-Benz]

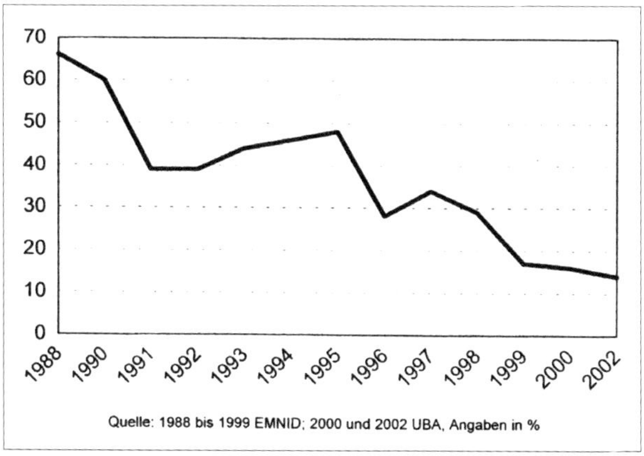

Bild 1.11:
Umweltschutz als eines der wichtigsten Probleme (in Prozent)

Es wäre allerdings Fehlschluss wenn man aus diesem Trend auf eine geringere Wertschätzung des Umweltschutzes schließen würde. Umweltschutz ist weiterhin ein sehr wichtiges Thema.

Die Kontinuität des heutigen Trends in dem Wachstum des privaten und des kommerziellen Straßen- und Flugverkehrs müssen dennoch im Einklang mit der proklamierten Nachhaltigkeit gebracht werden, auch mit Rücksicht auf Umweltbelastungen auf lokalem, regionalem und globalen Level.

Es wird erwartet, dass in den nächsten 10 bis 20 Jahren der Straßenverkehr um 30 bis 40 % ansteigen wird. Im Wohnumfeld werden Verkehrslärm und Autoabgase weiterhin als die stärksten Belastungsquellen angesehen.

Die wesentlichen Schlussfolgerungen hinsichtlich dieses Trends, aus Sicht des Umweltschutzes sind, dass die künftige Verkehrssituation weitere Anstrengungen zur deutlichen Minimierung der Umweltbelastungen verlangen wird. Die Entwicklung der Gesellschaft muss unterstützt werden in dem die Fahrzeuge, die wir fahren noch sauberer sind, die Abfälle die wir produzieren vollständig recyclebar sind, die Energiequellen und Technologien, die wir verwenden, nicht zu globalen Umweltbelastungen führen und die Produkte, die wir herstellen, keine gefährlichen Chemikalien in die Umgebung entlassen.

1.3 Umweltauswirkungen des Automobils

Über die negativen Folgen des Automobilverkehrs wird oft diskutiert und nicht selten gestritten. Dabei wird zwischen lokalen, regionalen und globalen Auswirkungen des Verkehrs unterschieden.

Lokale Umweltbeeinträchtigungen werden meistens in Ballungsräumen beobachtet. Dazu zählen Verkehrsdichte und vom Verkehr verursachter Lärm, Emissionen an Kohlenwasserstoffen, Kohlenmonoxid, Stickstoffoxiden, Partikeln, photochemischen und anderen Substanzen.

Regionale Umweltauswirkungen spiegeln sich in Ereignissen wie „Saurer Regen", „Ozonsmog", „Waldsterben" sowie wachsenden Mülldeponien und Überdüngung der Landschaft durch Pestizid- und Stickstoffeintrag.

Globale Umweltauswirkungen werden meistens spürbar in den Diskussionen über Treibhausgase bzw. Klimaveränderung, über „Ozonloch" und Verbrauch von natürlichen Ressourcen an Energie- und Werkstoffen.

Über diese unerwünschte Auswirkungen des Automobils auf die Umwelt sowie über die Wege diese negativen Auswirkungen zu minimieren, wird im Rahmen dieses Buches berichtet.

Da eine Großzahl der Emissionen des Automobils ähnlicher Art sind wie die der natürlichen Quellen, scheint es zunächst angebracht zu sein, die natürliche und anthropogenen Emissionsquellen in ihrer Größe und Bedeutung zu analysieren.

1.4 Natürliche und anthropogene Emissionen

Die trockene atmosphärische Luft besteht zu 78,1 Vol % aus Stickstoff (N_2), zu 20,9 Vol % aus Sauerstoff (O_2) und weniger als 1 Vol % aus so genannten Spurengasen. Die Hauptspurengasen sind Argon (Ar) 96,6 Vol % und Kohlendioxid (CO_2) 0,3 Vol %. Daneben enthält die atmosphärische Luft noch Wasserdampf (H_2O), Kohlenmonoxid (CO), Staub, Polen, diverse Bakterien und viele andere „luftverunreinigende" Stoffe.

Obwohl in der Öffentlichkeit viel über die Luftverunreinigung gesprochen wurde, es dauerte viele Jahre bis man einig war, welche Luftqualität für Menschen, Flora und Fauna erforderlich ist, um sie nicht zu beeinträchtigen. In den USA wurden schon 1970 die so genannten **N**ational **A**mbient **A**ir **Q**uality **S**tandards (**NAAQS**) für viele Stoffe eingeführt, und später 1985 nochmals revidiert (**Bild 1.12**). Erst zu Beginn dieses Jahrhunderts wurden in der EU die Luft-Qualitätsstandards eingeführt, die ab 2005 EU-weit gelten und ab 2010 weiter verschärft werden sollen.

Pollutant	Standard mg/m³	Evaluation criterion
Carbon Monoxide	40	1-hour mean not to be exceeded more than once per year
	10	8-hour mean not to be exceeded more than once per year

Pollutant	Standard µg/m³	Evaluation criterion
Nitrogen Dioxide	100	Yearly arithmetic mean
Ozone	240	Hourly maximum value per day not to be exceeded more than once per year
Sulphur Dioxide	80	Yearly arithmetic mean
	365	24-hours arithmetic mean
Particulate (< 10 µ)	50	Yearly arithmetic mean
	150	24-hours arithmetic mean

Bild 1.12:
Luftqualitätsstandards in den USA (NAAQS)

1.4.1 Gesetzlich limitierte Schadstoffkomponenten

Die Forderungen des Gesetzgebers über die Reduzierung der Schadstoffemissionen aus Verkehr, Industrie und Hausbrand gehen in den USA von Anfang an von den Air Quality Standards aus. In Europa wurden die gesetzlichen Beschränkungen lange Zeit mehr oder weniger willkürlich festgelegt. Erst in den letzten Jahren orientieren sie sich nach festgelegten Luft-Qualitätsstandards.

In der öffentlichen Diskussion entsteht oft der Eindruck, dass die Luftschadstoffe ausschließlich durch menschliche Aktivität, also anthropogen entstehen. Das ist aber nur zum Teil richtig. Fast alle „Schadstoffe", die von Menschen produziert werden, werden auch aus den natürlichen Quellen – ohne menschliches Zutun – emittiert. Nur sind sich die Wissenschaftler in ihren Abschätzungen über die Mengen, die aus unterschiedlichen Quellen entstehen, noch immer nicht einig. Ihre Aussagen liegen in einem sehr breiten Streuband, so dass jede Behauptung in der entsprechenden Literatur ihre Bestätigung finden kann. Die Größe der Streubreite einer Aussage deutet auf den gegenwärtigen Wissensstand bzw. auf das fehlende Wissen hin.

Durch die Verbrennung fossiler Brennstoffe in Verbrennungsmotoren, wird die erforderliche Arbeit gewonnen, aber auch die Verbrennungsprodukte gebildet. Über 98 % der Abgase galten durch die Jahrzehnte als harmlos; weniger als 2 % wurden zunächst als schädlich erkannt: Kohlenmonoxid (CO), unverbrannte Kohlenwasserstoffe (HC) und Stickstoffoxide NO_x aus Abgasen von Ottomotoren (**Bild 1.13**) sowie zusätzlich noch Partikel-(Ruß-) Emissionen (PM) aus Abgasen von Dieselmotoren.

Bild 1.13: Zusammensetzung der Abgase eines modernen Ottomotors [Quelle: Metz]

1.4.1.1 Kohlenmonoxid (CO)

Anfang der siebziger Jahre des vorigen Jahrhunderts wurde das Kohlenmonoxid in großen Ballungsräumen als die Schadstoffkomponente Nr.1 aus Automobilabgasen schlechthin angesehen. Dank der Fortschritte in der Verbrennungstechnik sowie in der Abgasnachbehandlungstechnik (Katalysatoren), stellt heute die CO-Konzentration in der Luft in keiner modernen Stadt ein Problem dar.

Nun, trotz einer über vier Jahrzehnte andauernder Forschung, ist bis heute noch nicht genau bekannt, aus welchen Quellen und wie viel Kohlenmonoxid entsteht. In der Literatur werden Aussagen vertreten, dass natürliche Quellen zwischen 70 Millionen t und 5.000 Millionen t pro Jahr emittieren (**Bild 1.14**) [7,8].

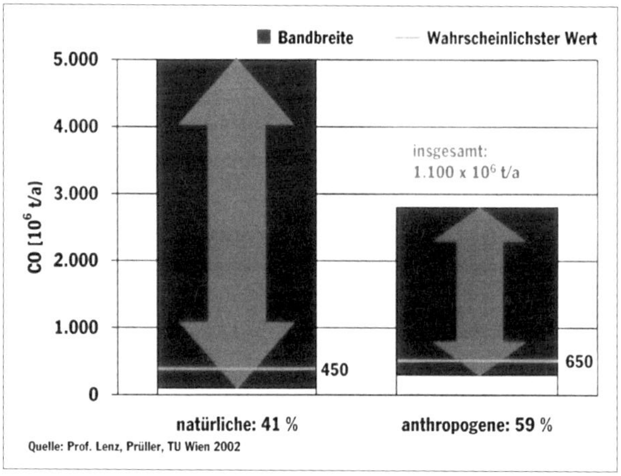

Bild 1.14:
Bandbreite der globalen jährlichen CO-Emissionen aus natürlichen und anthropogenen Quellen

Ähnlich groß ist die Bandbreite, die für anthropogene CO-Quellen angegeben wird: zwischen 250 Mio. t und 2.800 Mio. t pro Jahr. In einer Studie der TU-Wien wurden als wahrscheinliche Werte der CO-Emission aus natürlichen Quellen 450 Mio. t/Jahr, und für die anthropogenen Quellen 650 Mio. t/Jahr angenommen. D.h. 59 % der gesamten globalen CO-Emission werden durch menschliche Aktivität und 41 % aus natürlichen Quellen emittiert [4,7].

Der wesentliche Teil der natürlichen CO-Emission stammt aus der langsamen Oxidation (Fäulnisprozesse, Verdörrung) von Methan (CH_4) und anderen Kohlenwasserstoffen in der Natur (**Bild 1.15**). Natürliche Brände (Wald, Steppen, Busch,...) sowie Algen aus Ozeanen leisten auch einen beträchtlichen Beitrag dazu.

Straßenverkehr, Verbrennung von Biomasse durch Rodung der Wälder sowie Hausbrand sind bedeutende anthropogene Quellen der CO-Emission. Der größte anthropogene CO-Beitrag entsteht jedoch durch die Verbrennung der Biomasse, vor allem durch die Rodung der Wälder.

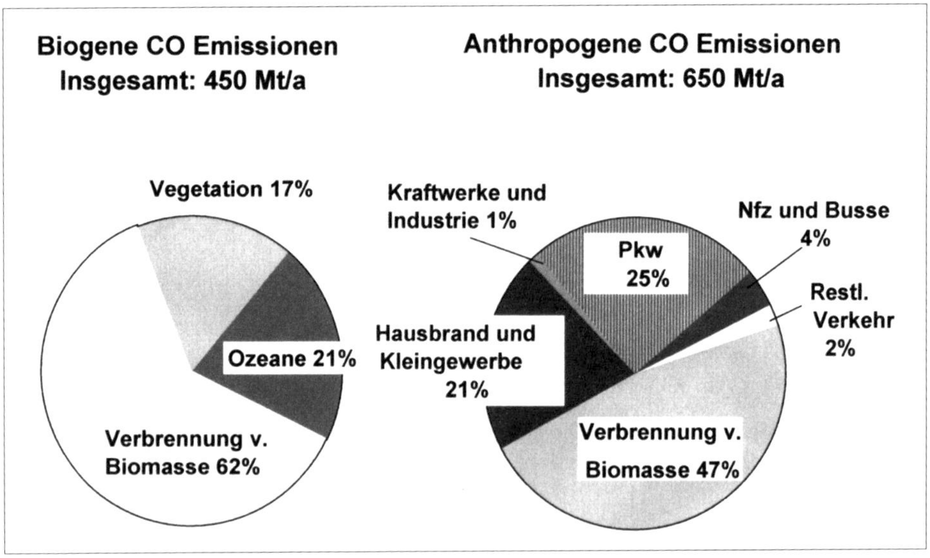

Bild 1.15: Aufteilung der globalen jährlichen CO-Emission aus natürlichen und anthropogenen Quellen

Die globale Betrachtung der CO-Emission ist nur dann sinnvoll, wenn der Verdacht besteht, dass globale Auswirkungen auf die Umwelt zu erwarten sind (z. B. „Treibhauseffekt"). Wegen der starken Toxizität in hohen Konzentrationen ist die Rücksicht auf die CO-Emissionsquellen im lokalen Bereich, insbesondere in geschlossenen Räumen, jedoch von größerer Bedeutung.

1.4.1.2 Kohlenwasserstoffe (HC), Volotale Organic Compounds (VOC)

Eine Vielzahl von organischen Verbindungen, die unter dem Sammelbegriff „Kohlenwasserstoffe" bekannt sind, konnten bislang in ihrer Gesamtmenge nicht erfasst werden. Besonders schwierig ist es, natürliche Emissionsquellen und ihre Stärke für Tausende von organischen Verbindungen zu erfassen. Da die Auswirkungen diverser Kohlenwasserstoffe auf die Umwelt sehr unterschiedlich sind, wäre es wünschenswert zu versuchen, einzelne HC-Komponenten getrennt zu ermitteln.

Die erste große Aufteilung der Kohlenwasserstoffe teilt sie in zwei Gruppen: Methan (CH_4) und Nicht Methan Kohlenwasserstoffe (NMHC).

1.4.1.3 Nicht-Methan-Kohlenwasserstoffe (NMHC)

Die meisten Verbindungen aus der Gruppe NMHC haben Verweilzeiten von nur wenigen Stunden oder Tagen, so dass sich global keine einheitliche Konzentration in der Luft einstellen kann.

Natürliche NMHC werden hauptsächlich von Waldgebieten freigesetzt. Dabei hängen emittierte Kohlenwasserstoffe vom Waldbewuchs ab. Nadelhölzer emittieren vor allem Terpene; Eichenwälder Isoprene. Aber auch andere Kohlenwasserstoffverbindungen, wie Alkohole, Aldehyde, Ketone, Ether u.a. werden von der Vegetation emittiert. Es besteht außerdem ein Zusammenhang zwischen Jahreszeit, Wachstumszustand, Temperatur und Lichtverhältnissen und der emittierten Menge.

Die Bandbreite der Aussagen über die natürliche NMHC-Emissionen erstreckt sich von 500 Mio. t bis 2.100 Mio. t pro Jahr (**Bild 1.16**).

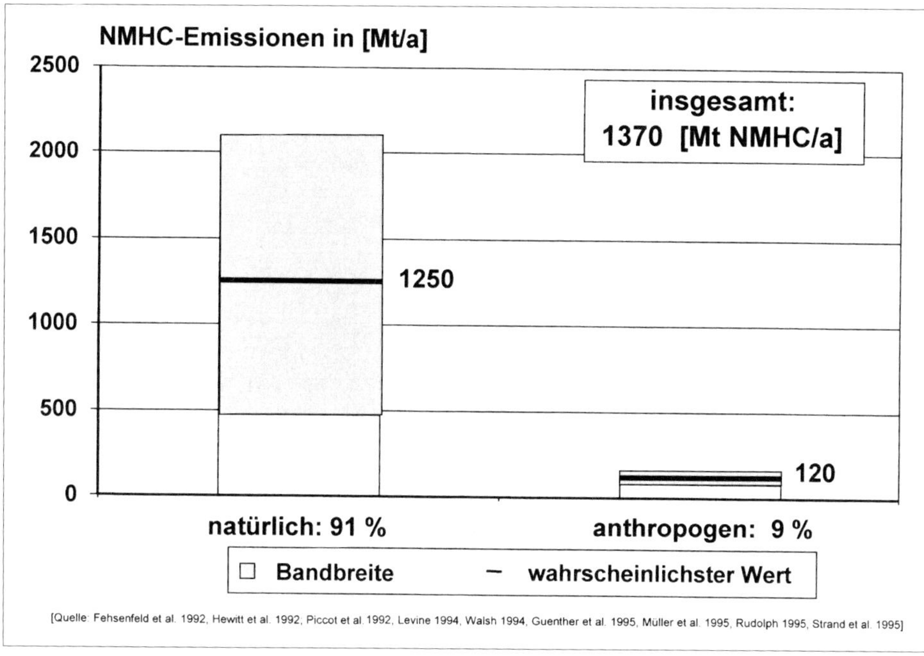

Bild 1.16: Bandbreite der globalen jährlichen NMHC-Emissionen aus natürlichen und anthropogenen Quellen [Quelle: Lenz, Cozzarini]

Aus der großen Bandbreite wurde ein Mittelwert von 1250 Mio. t NMHC/Jahr, als wahrscheinlichster Wert vorgeschlagen, wobei auf die großen Unterschiede und die sich widersprechenden Angaben von verschiedenen Autoren auch hier hingewiesen wird.

Die NMHC-Emission aus anthropogenen Quellen ist um eine Zehnerpotenz niedriger. Die Bandbreite in der Literatur bewegt sich zwischen 100 Mio. t bis 150 Mio. t NMHC pro Jahr. Als wahrscheinlichster Wert wurden 120 Mio. t NMHC/Jahr angenommen. Die Hauptquellen der anthropogenen NMHC-Emission sind: Verkehr (ca. 25 %), anthropogene Biomasseverbrennung, (18 %), Lösungsmittel (Reinigungsmittel, Lacke) und die Kraftstoffverdampfung bei Umschlag von Kraftstoffen (ca. 10 %) (**Bild 1.17**).

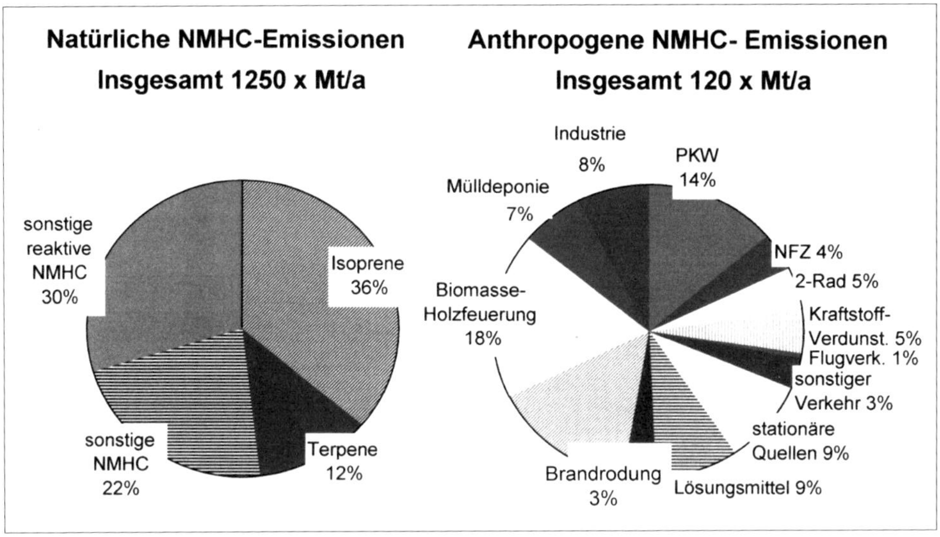

Bild 1.17: Aufteilung der globalen jährlichen NMHC-Emissionen aus natürlichen und anthropogenen Quellen

1.4.1.4 Stickstoffoxide (NO_x)

Die Bandbreite der Literaturangaben über die natürlichen und anthropogenen Stickstoffemissionen ist ähnlich groß wie bei den Angaben über CO- oder NMHC-Emissionsquellen. Aus natürlichen Quellen werden zwischen 50 Mio. t und 100 Mio. t NO_x pro Jahr emittiert (**Bild 1.18**). Die Streubreite der gesamten globalen anthropogenen Stickstoffemissionen liegt in einem relativ schmalen Bereich zwischen 90 und 120 Mio. t NO_x/Jahr. Es wurde angenommen, dass die Natur wahrscheinlich ca. 80 Mio. t NO_x/Jahr (42 %) und der Mensch, durch seine Aktivitäten ca. 110 Mio. t NO_x/Jahr (58 %) produzieren.

Ein Drittel der natürlichen NO_x-Emissionen entsteht bei Gewitter und Blitzschlag. Die Freisetzung von NO_x aus Böden entsteht durch chemische und bakterielle Umsetzung. Sowohl bei der Nitrifikation als auch bei der Denitrifikation treten Stickstoffoxide auf. Neben den Umsetzungen beim rein pflanzlichen Stickstoffhaushalt tragen auch tierische Exkremente zur NO_x-Freisetzung von Böden bei. Andere wahrscheinliche NO_x-Quellen der Natur können aus dem **Bild 1.19** entnommen werden. Die Verbrennungsprozesse aus thermischen Kraftwerken, Verkehr, Industrieanlagen und Hausbrand sowie die Landwirtschaft (Mineraldünger, Ammoniak) sind die Hauptquellen der anthropogenen NO_x-Emission.

1.4.1.5 Schwefeloxide (SO_x)

Schwefel tritt in die Außenluft in Form von Oxiden, Sulfaten und reduzierten anderen Verbindungen auf. Dabei sind in der Atmosphäre nur Schwefeldioxid (SO_2) und lokal bedingt möglicherweise auch Schwefeltrioxid (SO_3) als Vorläufer von Sulfat- und Schwefelsäure Aerosolen von Bedeutung.

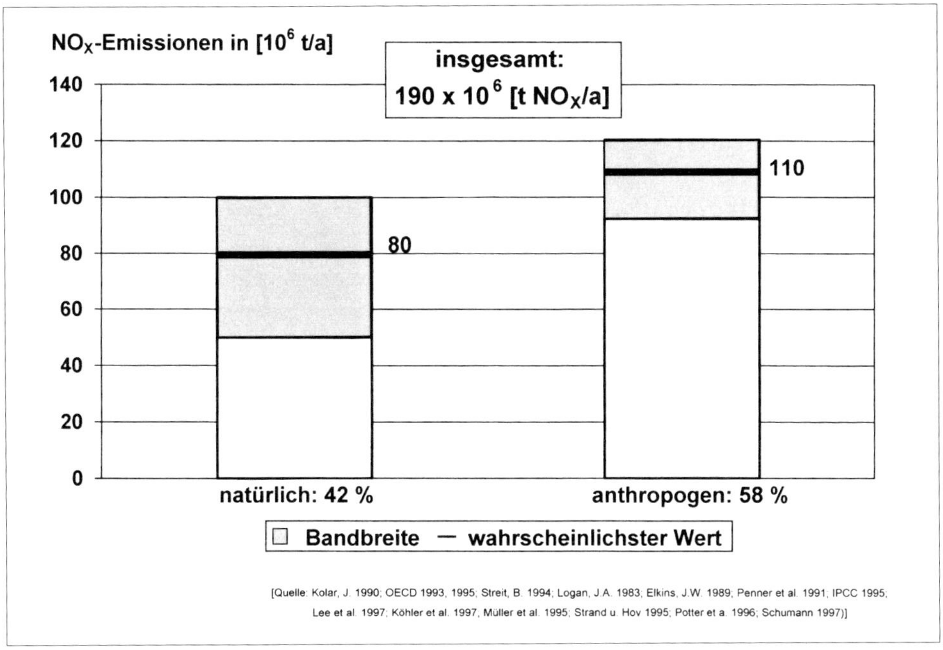

Bild 1.18: Bandbreite der globalen jährlichen NO_x-Emissionen aus natürlichen und anthropogenen Quellen [Quelle: Lenz, Cozzarini]

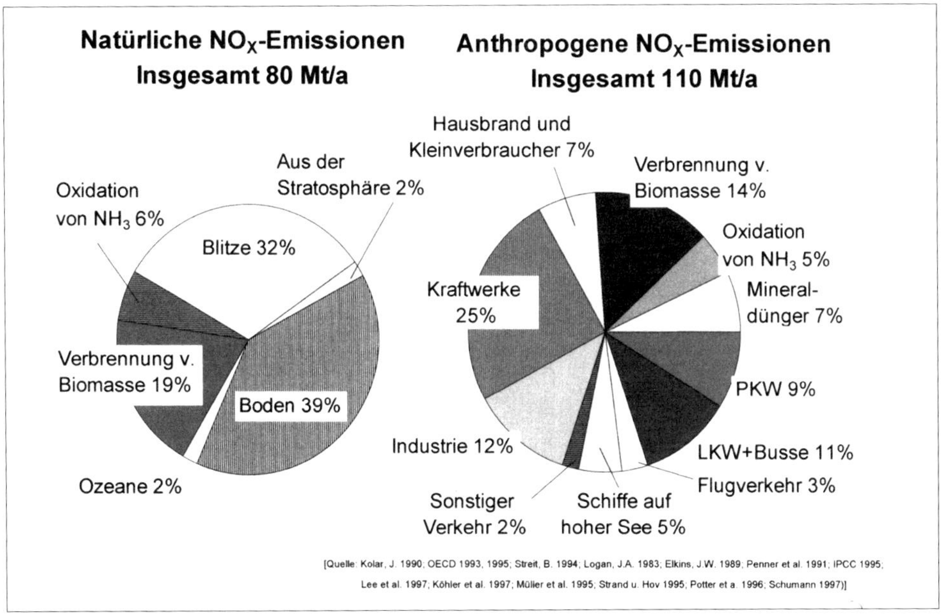

Bild 1.19: Aufteilung der globalen jährlichen NO_x-Emissionen aus natürlichen und anthropogenen Quellen

Die natürlichen Quellen von atmosphärischen Schwefel werden (nach VDI Richtlinien 1983) in zwei Gruppen unterteilt: **Nicht biogene** und **biogene Quellen**.

Zu den **biogenen Quellen** zählen: Aerosole maritimen Ursprungs, vulkanische Tätigkeit und Verbrennung von Biomasse.

Die biologische Reduktion von Schwefelverbindungen zu Schwefelwasserstoff (H_2S) und organischen Sulfiden stellt vermutlich die größte Quelle biogenen atmosphärischen Schwefels dar. Schwefel wird in der Regel als H_2S, aber auch, besonders im Falle maritimer Algen, als Dimethylsulfid $(CH_3)_2S$ in die Atmosphäre abgegeben, wo es teilweise zu Schwefeldioxid oxidiert. In einer Bandbreite zwischen 15 Mio. t SO_2 und 765 Mio. t SO_2/Jahr wird als wahrscheinlichste natürliche globale SO_2-Emission ein Wert von 163 Mio. t /Jahr angenommen (**Bild 1.20**).

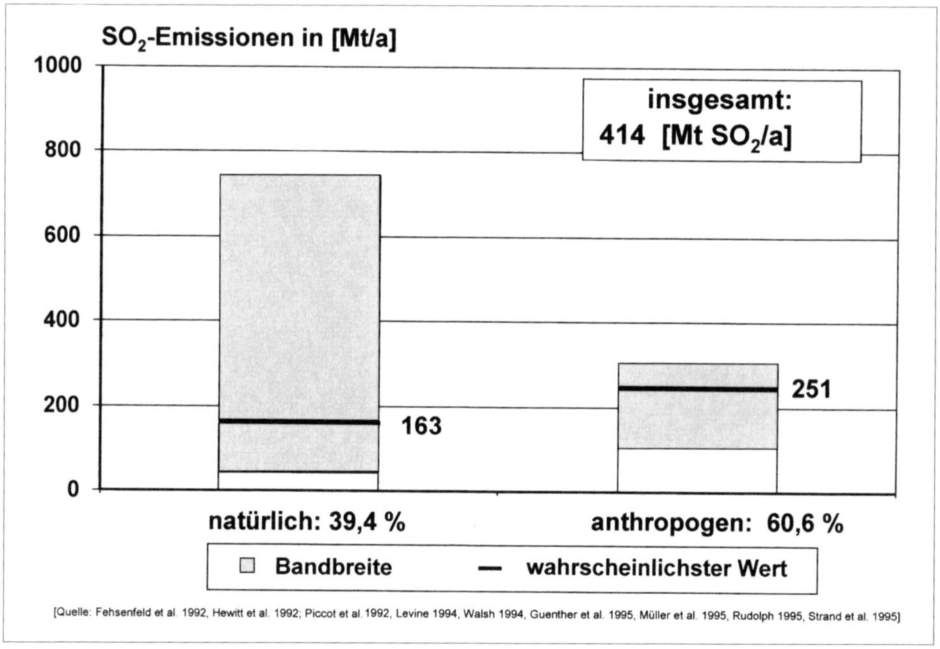

Bild 1.20: Globale jährliche SO_2-Emissionen aus natürlichen und anthropogenen Quellen [Quelle: Lenz, Cozzarini]

Die Berechnungen der anthropogenen jährlichen SO_2-Emissionen bewegen sich in einer Bandbreite zwischen 100 Mio. t und 300 Mio. t SO_2/Jahr. Der wahrscheinlichste Wert wurde mit 251 Mio. t/Jahr angenommen.

Die anthropogenen globalen SO_2-Emissionen werden in folgende Haupt-Emittenten Gruppen eingeteilt (**Bild 1.21**):

- Verbrennung von Kohle

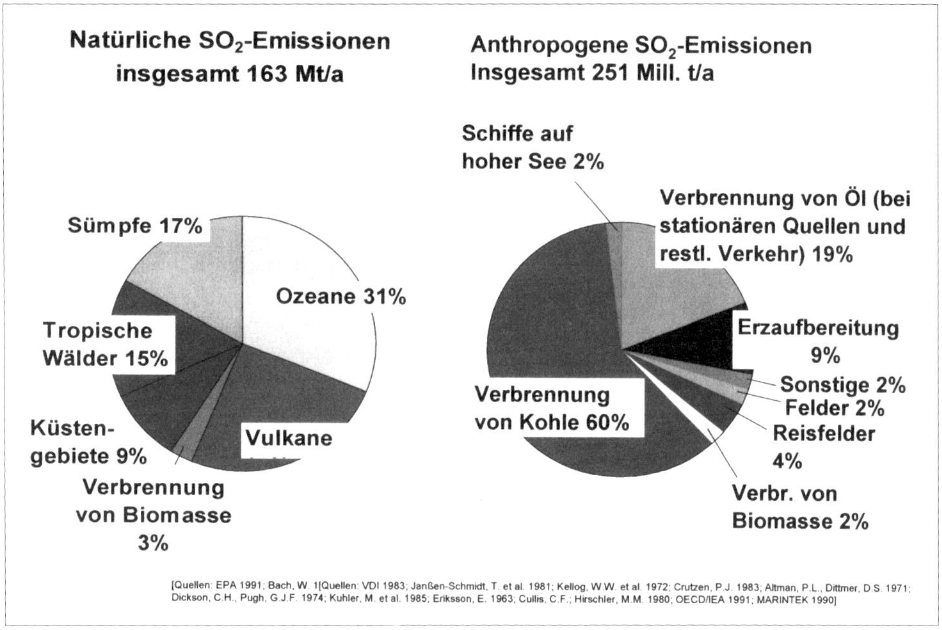

Bild 1.21: Aufteilung der globalen jährlichen SO_2-Emissionen aus natürlichen und anthropogenen Quellen

- Verbrennung von Erdöl
- Erzaufbereitung
- Verbrennung von Biomasse
- Landwirtschaft (Bestellung von Reisfelder,...)

1.4.1.6 Partikel-Emissionen (PM)

Der Sammelbegriff Partikel-Emissionen (**PM**, **P**artikulate **M**atter, Partikulates) umfasst luftschwebende Teilchen, die sowohl **direkt** von natürlichen und anthropogenen Quellen gebildet und emittiert werden, als auch solche, die indirekt aus gasförmigen Vorläufersubstanzen entstehen und ebenfalls natürlichen oder anthropogenen Ursprungs sein können. Schwebestaub, Ruß und Rauch gehören zu den direkten (auch primären) PM-Emissionen.

Die indirekten Partikel Emissionen, aus Gasen (Schwefel-, Stickstoff- und Kohlenwasserstoff-Verbindungen) sind nur mit sehr großen Unsicherheiten zu quantifizieren, und werden im Folgenden nicht betrachtet.

Die Quellen der natürlichen, direkten Partikel-Emissionen sind: Meeressalze, Vulkaneruptionen, Bodenerosion und Verbrennung von Biomasse. Für die globalen natürlichen Partikel-Emissionen gilt als wahrscheinlichster Wert 3250 Mio. t PM/Jahr, der in **Bild 1.22** mit der gesamten Bandbreite dargestellt ist.

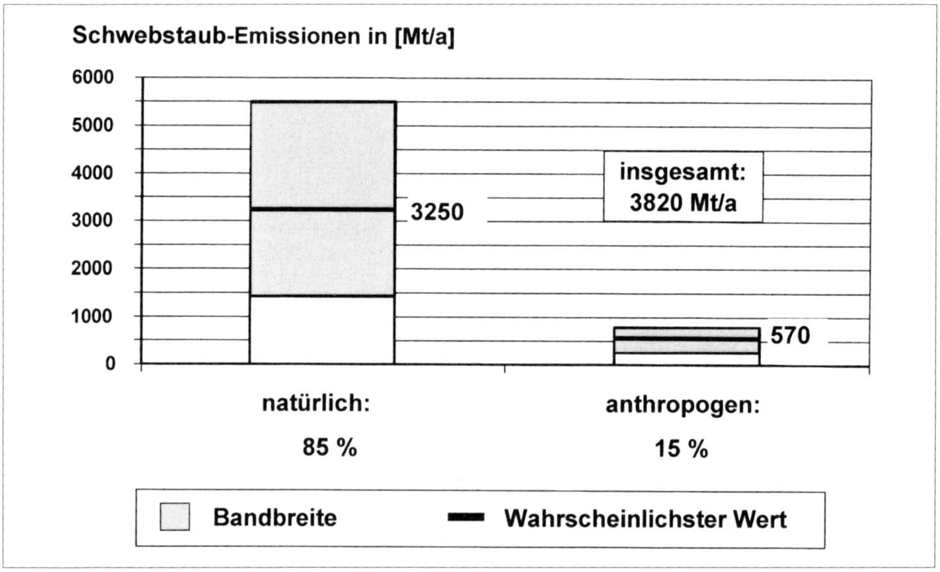

Bild 1.22: Globale jährliche PM-Emissionen aus natürlichen und anthropogenen Quellen [Quelle: Lenz, Cozzarini]

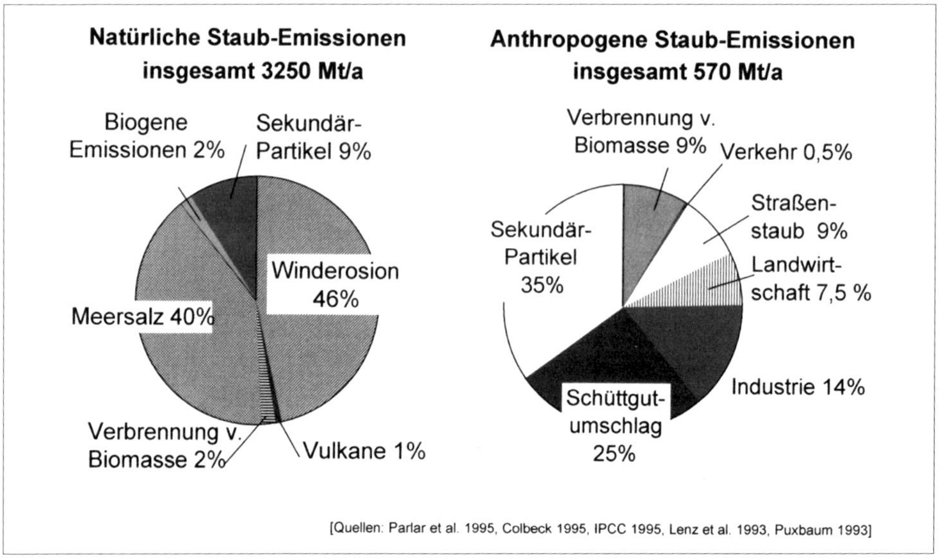

Bild 1.23: Aufteilung der globalen jährlichen PM-Emissionen aus natürlichen und anthropogenen Quellen

Die anthropogenen globalen direkten Partikel-Emissionen werden in folgende Gruppen unterteilt (**Bild 1.23**):

- Staub von Hochbau, Steinbruch, Minen, Straßen- und Ackerbau
- Verbrennung von Biomasse

- Verbrennung fossiler Brennstoffe bei stationären Quellen
- Landwirtschaft
- Industrieprozesse
- Verkehr

Bei dem Versuch die Auswirkungen der Partikel-Emissionen auf die Umwelt abzuschätzen, muss berücksichtigt werden, dass diese Teilchen in der Regel nur eine geringe Verweilzeit in der Atmosphäre haben und meistens nur in der untersten Atmosphären-Schicht auftreten. Die globalen Betrachtungen dürfen auch nicht von den wesentlich größeren lokalen Abhängigkeiten bei den Emissionswerten ablenken. In zivilisatorisch stark genutzten Zonen mit mangelndem Luftaustausch können die anthropogenen PM-Emissionen bei weitem die natürlichen Quellen übertreffen. In der gegenwärtigen Diskussion über die Luftqualität in urbanen Regionen spielen die kleinen Teilchen, mit einer Größe von 10 μ, 2,5 μ und 0,1 μ eine sehr wichtige Rolle.

1.4.2 Nichtlimitierte Schadstoffe

Bisher betrachtete natürliche und anthropogene Emissionen haben sich auf die Verbindungen bezogen, die grundsätzlich in Abgasen von Otto- und Dieselmotoren vertreten sein können, und die durch gesetzliche Regelungen in ihrer Menge aus anthropogenen Quellen limitiert sind. In letzten zwei Jahrzehnten wurde immer intensiver über die Rolle der bislang nicht limitierten Schadstoffkomponenten diskutiert. Dies bezieht sich vor allem auf Kohlendioxid (CO_2), Methan (CH_4), Lachgas (N_2O), und Benzol (C_6H_6).

1.4.2.1 Treibhauseffekt

Der Treibhauseffekt ist eine hervorragende „Erfindung“ der Natur. Die Temperatur der Erdoberfläche hängt stark von der Atmosphärenzusammensetzung, ihrer Temperatur und Dichte ab. Mehrere Gase in der Atmosphäre haben die Eigenschaft, die infraroten Strahlen zu absorbieren, die von der Erdoberfläche in das Weltall reflektiert werden und so die Wärme in der unteren Atmosphärenschicht zu speichern (**Bild 1.24**). Deswegen beträgt die mittlere Oberflächentemperatur der Erde nicht -18 °C sondern +15 °C. Diesem Unterschied von 33 °C verdanken die Lebewesen auf diesem Planeten das Leben in der Form, die uns bekannt ist.

Als wichtigste „Treibhausgase“ werden Wasserdampf (H_2O), Kohlendioxid (CO_2), Methan (CH_4), Lachgas (N_2O) sowie eine Reihe von chemischen Verbindungen wie Fluorchlorkohlenwasserstoffe (FCKW) genannt (**Bild 1.25**).

Den größten Beitrag zu dem „natürlichen“ Treibhauseffekt mit fast 21 °C hat der Wasserdampf (H_2O). Mit ca. 7 °C wird der Beitrag von Kohlendioxid (CO_2) geschätzt. Wie groß die Unsicherheit der Wissenschaftler auch auf diesem Gebiet ist, zeigt die große Streubrei-

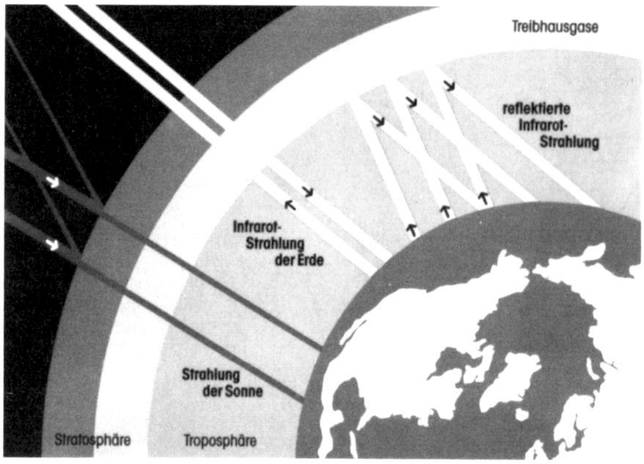

Bild 1.24: Schematische Darstellung des Treibhauseffekts [Quelle: Shell]

Wasserdampf	(H_2O)	20,6 °C
Kohlendioxid	(CO_2)	7,2 °C
bodennahes Ozon	(O_3)	2,4 °C
Distickstoffoxid	(N_2O)	1,4 °C
Methan	(CH_4)	0,8 °C
Sonstige	etwa	0,6 °C

Temperaturanstieg durch Spurengase 33 °C
(von −18 °C auf +15 °C)

(nach Schönwiese, BdW. 9/1987)

Bild 1.25: Beitrag der einzelnen Spurengase zum „Treibhauseffekt der Atmosphäre“

te der Werte, die für das Treibhauspotential und für die Berechnung der möglichen Auswirkungen der Treibhausgase auf das Klima von entscheidender Bedeutung sind (**Tabelle 1.1**) [4, 11].

Die physikalisch-chemischen Prozesse, welche Klimaschwankungen verursachen sollen, sind noch immer nur sehr unvollständig bekannt und nur ein Teil davon kann bisher in mathematisch-physikalischen Modellen simuliert werden. Selbst die derzeit besten Klimamodelle erlauben die Vorhersage der Reaktionen des Klimas auf menschliche Eingriffe in nur sehr eingeschränktem Maße. Einflüsse wie z.B. Behandlung der Bewölkung, der ozeanischen Zirkulation, des Eises und der Biosphäre, können kaum erfasst werden. Ähnliches gilt für solare Einflüsse.

1.4.2.2 Kohlendioxid (CO_2)

CO_2 ist das vollständige Endprodukt der Verbrennung von kohlenstoffhaltigen Kraftstoffen. In der Atmosphäre ist es nahezu inert. CO_2-Moleküle werden in der Atmosphäre nicht

Tabelle 1.1: Treibhauspotential unterschiedlicher Gase im Vergleich zu Kohlendioxid

Gas	Lebensdauer (Jahren)	Effekt in einer Zeitspanne von 20 Jahren	100 Jahren
CO_2	50–200	1	1
CH_4	7–15	56–63	21–24
N_2O	120–150	270–290	290–320
HFC - 23	264	9200	12.100
HFC - 125	28–36	4.600–4.800	2.500–3.200
HFC - 134a	14–16	3.200–3.400	1.200–1.300
HFC - 152a	1,5–2,0	460–570	140
HFC - 227a	37	4.300	2.900
Perfluoromethan (CF_4)	50.000	4.400	6.500
Perfluoroethan (C_2F_6)	10.000	6.200	9.200
Schwefelhexafluorid (SF_6)	3.200	16.300–16.500	23.900–24.900

abgebaut, sondern werden an der Erdoberfläche von Biomasse gebunden (Photosynthese) oder physikalisch in den Ozeanen abgespeichert.

Durch die Verbrennung fossiler Kraftstoffe wird eine CO_2-Menge in die Atmosphäre freigesetzt, die offensichtlich nicht mehr von der Natur aufgenommen werden kann. In so genannten Reinluftgebieten, weit von Industriezentren und Ballungsräumen entfernt, wird seit Jahrzehnten ein Anstieg der CO_2-Konzentration und anderen Klimawirksamen Gase in der Luft gemessen (**Bild 1.26**).

Wie viel Kohlendioxid jährlich in die Atmosphäre ausgestoßen wird, ist jedoch noch nicht ausreichend bekannt. Die wissenschaftlichen Angaben in der weltweiten Literatur schwanken zwischen 600 und 1.000 Milliarden Tonnen pro Jahr (**Bild 1.27**).

Die Quellen natürlicher globaler CO_2-Emissionen sind Ozeane, Vegetation und Humusschichten vom Festland, die Verbrennung von Biomasse sowie die Atmung von Tier- und Pflanzenwelt (**Bild 1.28**). Alle Lebewesen auf der Erde nehmen am „Kohlenstoff-Kreislaufzyklen" teil. In dem das atmosphärische CO_2 von Pflanzen aufgenommen und in Kohlenstoff und Sauerstoff zerlegt wird. Der Kohlenstoff wird für Wachstum der Biomasse genutzt, während der Sauerstoff in die Atmosphäre freigesetzt und von Menschen und Tieren geatmet wird. Durch alle menschlichen Aktivitäten werden ca. 4 % (29 Mrd. t/Jahr) der gesamten globalen CO_2-Emission produziert. Die Quellen anthropogener globaler CO_2-Emissionen werden üblicherweise in folgende Emittentengruppen eingeteilt: Kraftwerke, Hausbrand und Kleinverbraucher, Industrie, Verbrennung von Biomasse (Rodung der Wälder) und Verkehr.

Der Anteil des Straßenverkehrs (PKW und Nutzfahrzeuge) bei globaler anthropogenen CO_2-Emissionen liegt bei ca. 12 %. In der öffentlichen Diskussion über den Beitrag des Automobils zu der CO_2-Emission wird diese Größenordnung oft übersehen.

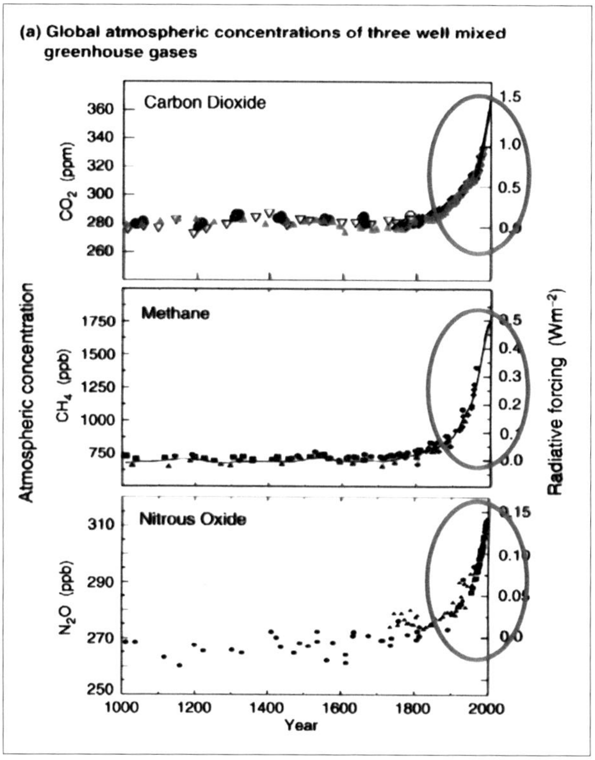

Bild 1.26:
Anstieg der Industriegase
[Quelle: IPCC]

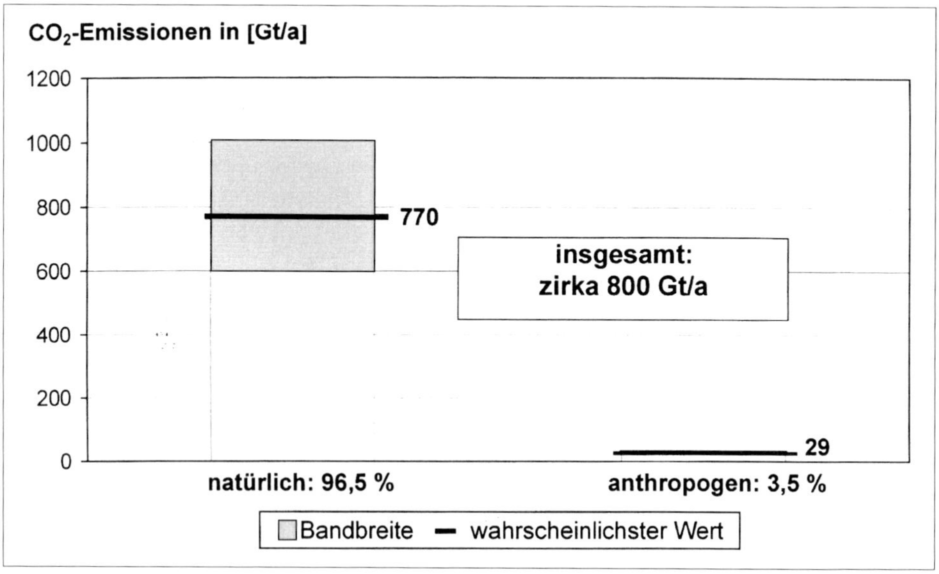

Bild 1.27: Streubreite der in der Literatur angegebenen jährlichen CO_2-Emissionen [Quelle: Lenz, Cozzarini]

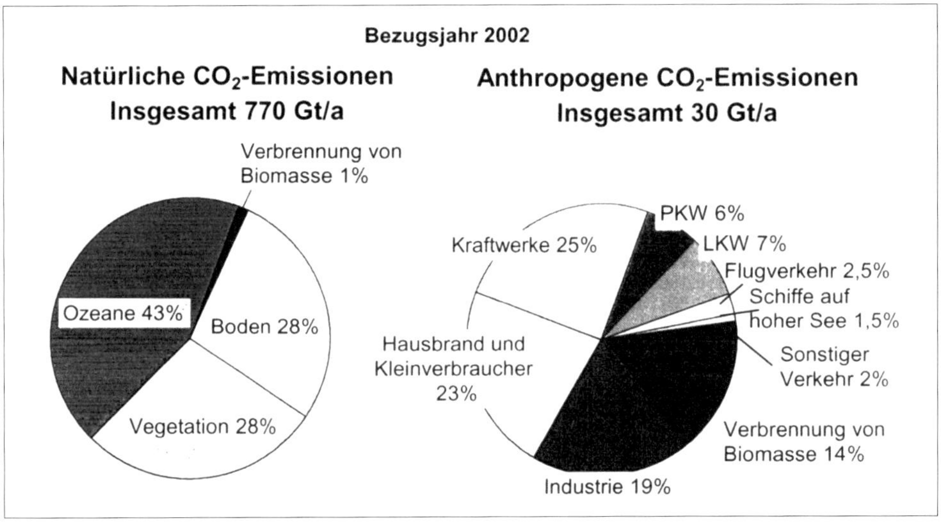

Bild 1.28: Aufteilung der globalen jährlichen CO_2-Emissionen aus natürlichen und anthropogenen Quellen

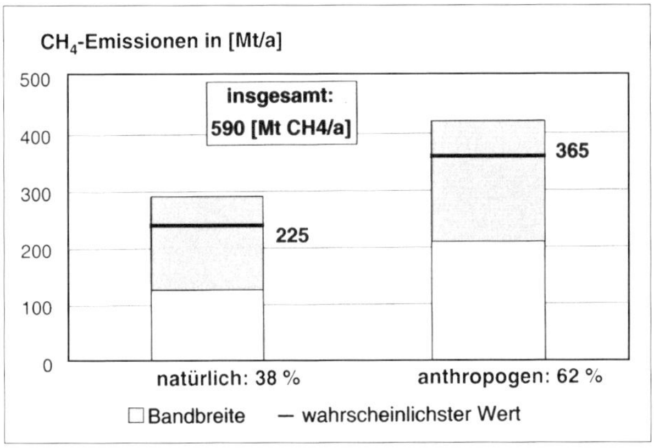

Bild 1.29: Globale jährliche CH_4-Emissionen aus natürlichen und anthropogenen Quellen [Quelle: Lenz, Cozzarini]

1.4.2.3 Methan (CH_4)

Die Bestimmung der Methanemission ist wesentlich ungenauer, als die der CO_2 Emission. Methan entsteht in der Natur durch anaeroben bakteriellen Abbau organischer Substanzen sowie in der Erdkruste bei der Erdölbildung durch Thermokatalyse (Erdgas). Hauptquellen der natürlichen CH_4-Emission sind Moore und Feuchtgebiete, Verbrennung von Biomasse, Verdauungsprozesse bei Termiten und anderen Insekten, Ozeane, usw. Die Bandbreite der globalen natürlichen CH_4-Emission erstreckt sich zwischen 120 Mio. t und 295 Mio. t/Jahr, mit einem wahrscheinlichen Wert von 225 Mio. t/Jahr (**Bild 1.29**).

Die anthropogenen Methanemissionen entstehen bei der Produktion und Transport von Kohle, Erdgas und Erdöl. Weiterhin durch anaeroben Zersetzung von Mülldeponien, Reisanbau sowie durch steigende Anzahl von Tieren (Wiederkäuer) in der Landwirtschaft. Kleinere Methanmengen entstehen bei der Verbrennung fossiler Kraftstoffe und bei Industrieprozessen (**Bild 1.30**).

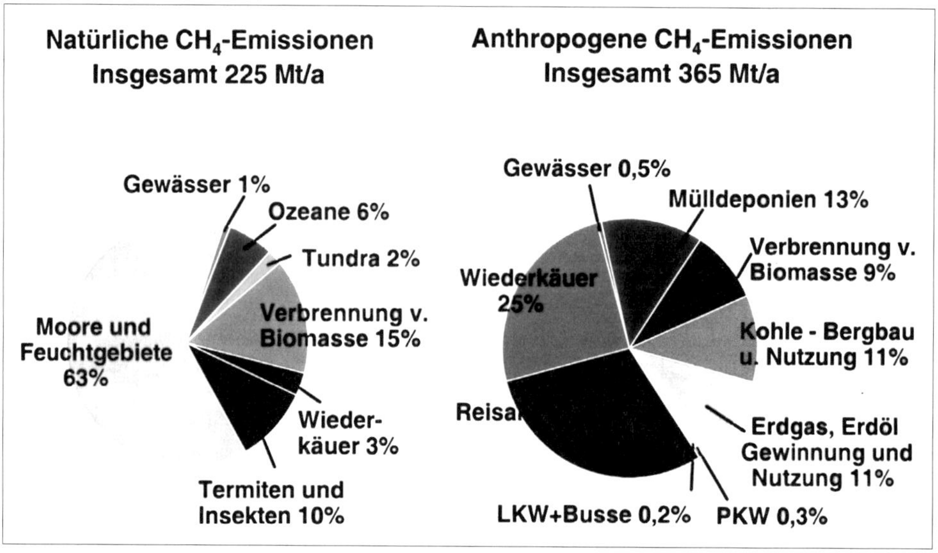

Bild 1.30: Aufteilung der globalen jährlichen CH_4-Emissionen aus natürlichen und anthropogenen Quellen

Die Streubreite für die jährlichen globalen anthropogenen CH_4-Emissionen wird zwischen 210 Mio. t/Jahr und 420 Mio. t/Jahr angegeben. Als wahrscheinlich werden 365 Mio. t/Jahr als globale anthropogene CH_4-Emission angenommen.

1.4.2.4 Lachgas (Distickstoffmonoxid N_2O)

Es wird angenommen, dass die Hauptquellen der anthropogenen N_2O-Emissionen die Landwirtschaft, in Verbindung mit der übermäßigen Anwendung von künstlichen Düngemitteln, ist. Ein Teil stammt aus Industrieprozessen sowie aus der Verbrennung fossiler Kraftstoffe. Die Natur emittiert doppelt so viel N_2O, als der Mensch durch seine Tätigkeit (**Bild 1.31**). Die Bestimmung der N_2O-Emission ist allerdings sehr unsicher.

1.4.2.5 Halogene und andere verwandte Kohlenwasserstoffe

Unter dieser Gruppe von Kohlenwasserstoffen versteht man Fluorchlor-Kohlenwasserstoffe (FCKW), Hydrochlorfluor-Kohlenwasserstoffe (HFCKW), Fluor-Kohlenwasserstoffe (HFKW), Perfluor-Kohlenwasserstoffe (PFC) und andere Verbindungen, die auf den Treib-

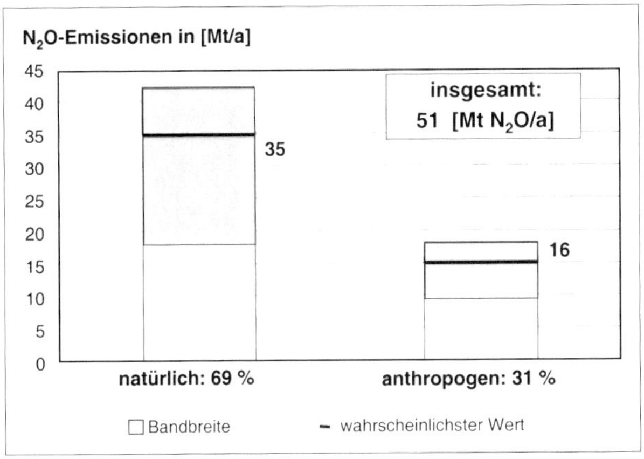

Bild 1.31:
Globale jährliche N_2O-Emissionen aus natürlichen und anthropogenen Quellen [Quelle: Lenz, Cozzarini]

hauseffekt einen Einfluss haben. Diese Kohlenwasserstoffe sind überwiegend anthropogenen Ursprungs und finden die Anwendung als Kühlmittel in Klima- und Kühlanlagen, als Lösungs- und Schäumungsmittel sowie in Industrieprozessen (Gewinnung von Aluminium). Schwefelhexafluorid (SF_6) findet die Anwendung als Isoliergas in elektrischen Transformatoren und in der Reifenindustrie.

1.4.2.6 Wasserdampf (H_2O)

In vielen Diskussionen über die Auswirkungen der menschlichen Aktivität auf die Umwelt wird nur selten der Wasserdampf als möglicher „Schadstoff" erwähnt. Obwohl der Wasserdampf das stärkste natürliche Treibhausgas ist, hat die Wissenschaft den Wasserdampf aus anthropogenen Quellen noch nicht entsprechend berücksichtigt. In allen Verbrennungsprozessen von Kohlenwasserstoffen entsteht der Wasserdampf, als ein vollständiges Verbrennungsprodukt. Er wird bislang als unbedenklich betrachtet. Nur in der Diskussion über den möglichen menschlichen Eingriff in den Treibhauseffekt wird dem Wasserdampf aus Flugzeugabgasen Aufmerksamkeit geschenkt.

Über lokale Beeinträchtigungen durch den Wasserdampf in der Nähe von Kühltürmen großer Kraftwerke sowie über klimatische Änderungen in der Nähe von künstlichen Stauseen wird berichtet.

1.5 Abwärme

Der globale jährliche Weltenergiebedarf wird heute mit ca. 170×10^6 bdoe $= 10^9$ GJ/a angegeben. Mehr als 90 % davon wird durch thermische Prozesse gedeckt. Der maximale

Wirkungsgrad aller bekannten thermischen Prozesse liegt in der Nähe von ca. 35 bis 40 %, in der Regel jedoch niedriger. D.h. dass mehr als 60 % des Weltenergiebedarfs, als Wärmeverluste an die Umgebung abgegeben wird.

Welche Auswirkungen diese Wärme auf die Umwelt ausübt, ist bislang nicht bekannt. Im lokalen Bereich, in so genannten Mikrogebieten, ist diese Wärme jedoch spürbar. Zwei Drittel der Primärenergie aus thermischen Kraftwerken wird z.B. in die Flüsse eingeleitet, wo sie das biologische Gleichgewicht verändern, oder sie wird über die Kühltürme in die Atmosphäre abgeleitet, wo sie die lokalen klimatischen Bedingungen verändern.

Die Maßnahmen zur Erhöhung des Wirkungsgrades bei der Energieumwandlung stellen somit auch hier einen sinnvollen Weg zur Verminderung von Wärmeverlusten und dadurch zur Schonung der Umwelt dar.

Literatur

[1] *v. Weizsäcker, C.-F.*: Der Mensch in seiner Geschichte. Wien: Carl Hauser Verlag, 1991
[2] Die Wunder des Lebens. Knaur Verlag, 1962
[3] *Moody, R.*: De prehistorische Wereld. Amsterdam: Lettern en Kunst, 1981
[4] *Gruden, D. u.a.*: Traffic and Environment. Heidelberg: Springer Verlag, 2003
[5] Energy Needs, Choices and Possibilities. Scenarios to 2050. Shell International, 2001
[6] Leitbilder einer nachhaltigen Entwicklung. Stuttgart: Ministerium für Umwelt und Verkehr Baden-Württemberg, 2001
[7] *Lenz, H-P., Cozzarini, Ch.*: Emissionen und Luftqualität. Düsseldorf: VDI Fortschritt-Berichte Reihe 12, Nr. 365, 1998
[8] *Lenz, H-P., Prüller, S.*: Emissionen und Immissionen von Abgaskomponenten. Düsseldorf: VDI Fortschritt-Berichte, Reihe 12, Nr. 528, 2003
[9] Umweltbewusstsein in Deutschland. Berlin: UBA, 2002
[10] The Environmental Impact of Transport. Volvo Corp., 1998
[11] *Lochte, H.G.*: Energie und Umwelt. BWK 48, Nr.1/2, 1996
[12] Emissions of Greenhouse Gases in the United States 1996. Washington D.C.: US-Department of Energy, 1997
[13] Environment, Climate, Health. VDI-World Engineers´ Conference, Hannover, 2000
[14] Environmentally sustainable transport – EST-OECD Guidelines. Wien 2000
[15] *Metz, N.*: Auto und Umwelt, Teil 2, Vorlesungsreihe Umweltschutztechnik. TU-München, 2001
[16] Ökologische Industrie Politik. Umwelt 12/2006. Bundesministerium für Umwelt, Naturschutz und Reaktorsicherheit, 2006
[17] UN Predicts 9,1 Billion People on Earth by 2050. CARLINES, April 2005

2 Umweltschutzgesetze in der Automobilindustrie

2.1 Emissionen und Immissionen

Alle auf diesem Planeten lebenden Wesen brauchen für Ihre Existenz Luft, Wasser und Boden. Das Dasein des modernen Menschen ist, im Unterschied zu anderen Lebewesen, zusätzlich aufs engste auch an die Technik gebunden. Obwohl die Entwicklung der Technik sicherlich weiter stattfinden wird, dürfen ihre lebens- und raumschädigenden Begleiterscheinungen nicht als unbeeinflussbar angenommen werden.

Aus verschiedensten Quellen der menschlichen Aktivität ausgehende Luftverunreinigungen, Geräusche, Erschütterungen, Wärme, Strahlen und andere ähnliche Erscheinungen, werden als **anthropogene Emissionen** bezeichnet.

Viele mobile und stationäre Anlagen wie Verbrennungsmotoren, Heizungen, Industrieöfen, Lackieranlagen und Anlagen für die chemische Reinigung stoßen verschiedenartige Substanzen in die Luft aus. Diese Schadstoffe vermischen sich mit der Umgebungsluft, werden dabei verdünnt und legen – je nach meteorologischen Bedingungen – oft große Distanzen zurück. Während dieses Transportes können unterschiedliche chemische Reaktionen ablaufen, die zu Veränderungen oder gar zum Abbau der Substanzen führen können. All diese Vorgänge zusammen nennt man **Transmissionen**.

Die auf Menschen, Tiere, Pflanzen und andere Güter einwirkende Luftverunreinigungen, Geräusche, Vibrationen, etc. werden **Immissionen** genannt (**Bild 2.1**).

Unter schädlichen Umwelteinwirkungen werden Immissionen verstanden, die nach Art, Ausmaß und Dauer geeignet sind, Gefahren, erhebliche Nachteile oder erhebliche Belastungen für die Allgemeinheit oder für die Nachbarschaft herbeizuführen. Die Umweltkatastrophen mit menschlichen Opfern, wie in London (1952), Seveso (1976), Bhopal (1984), Tschernobyl (1985) und Sandoz (1986) sind ein Zeichen dafür, dass durch menschliche Aktivitäten das natürliche Gleichgewicht sehr stark gestört werden kann, und dass dadurch sogar Lebensbedingungen dramatisch verschlechtert werden können.

Durch sinnvolle und positive Aktivitäten im Umweltschutz sollen diese Gefahren und Nachteile minimiert werden, um zu zeigen, dass die Technik und die Natur sich gegenseitig nicht ausschließen, sondern miteinander im Einklang gebracht werden können. Die Umwelt kann durch technische Anlagen, technische Prozesse und technische Produkte in verschiedenster Art beeinflusst werden. Der Umweltschutz ist heutzutage als Staatsziel erster Priorität in vielen Industrienationen deklariert worden und tritt neben den klassi-

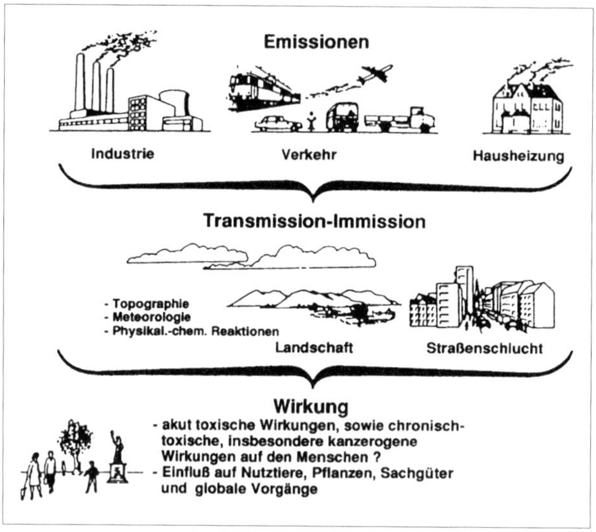

Bild 2.1:
Emissionen, Transmissionen, Immissionen [Quelle: Metz]

schen politischen und wirtschaftlichen Zielen, wie Friedenssicherung, Vollbeschäftigung, Wirtschaftswachstum und Währungsstabilität als gleichwertige Kategorie auf.

Die Ziele der proklamierten Umweltpolitik bestehen darin, dass

- dem Menschen eine Umwelt gesichert wird, wie er sie für seine Gesundheit und für ein menschenwürdiges Dasein benötigt.
- Luft, Wasser und Boden, Tier- und Pflanzenwelt vor nachteiligen Wirkungen menschlicher Eingriffe geschützt werden, und dass
- Schaden oder Nachteile aus menschlicher Tätigkeit minimiert und vollständig beseitigt werden.

Im Blickpunkt stehen produktions- und produktintegrierter Umweltschutz. Dies ist nur durch die Berücksichtigung aller Umweltbereiche: Luft- und Wasserreinhaltung, Bodenschutz, Lärmminderung sowie Kreislauf- und Abfallwirtschaft möglich.

2.2 Konzentration, Dosis, Wirkung

Jeder luftfremde, wasserfremde und bodenfremde Stoff kann ein potentieller Schadstoff werden. Seit fast 500 Jahren gilt die Definition von Paracelsus: „Alle Dinge sind Gift und allein die Dosis macht, dass ein Ding kein Gift ist". Die Bewertung von Risiken für Mensch und Umwelt beruht auf einem Vergleich zwischen der möglichen schädlichen Wirkung eines Stoffes und der begründet anzunehmenden Exposition von Mensch und Umwelt zu diesem Stoff (**Bild 2.2**).

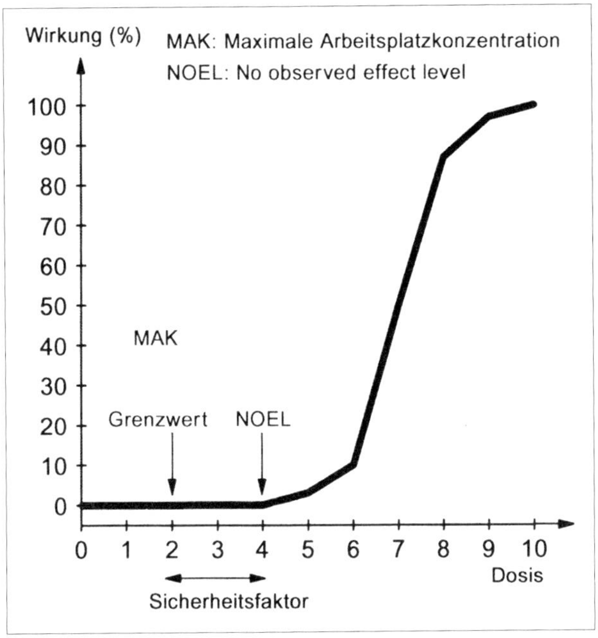

Bild 2.2:
Typischer Verlauf einer Dosis-Wirkung-Beziehung als Grundlage zur Festlegung von Grenzwerten

Zur Beurteilung einer möglichen Gesundheitsgefährdung durch Schadstoffe dienen verschiedene Grenzwerte. Bei der Aufstellung von medizinisch und lufthygienisch relevanten und wissenschaftlich begründeten Grenzwerten wird eine Dosis-Wirkung-Beziehung mit Schwellendosis (**NOEL** = **no** **o**bserved **e**ffect **l**evel, auch **NOAEL** = **no** **o**bserved **a**dverse **e**ffect **l**evel) zugrunde gelegt. Bei Unterschreitung dieser Schwellenkonzentration kann eine gesundheitliche Gefährdung im Normalfall ausgeschlossen werden. Wenn die NOEL-Dosis nicht ermittelt werden kann, dann wird die niedrigste geprüfte Konzentration (Dosis) angegeben, bei der noch schädliche Wirkungen beobachtet werden: **l**owest **o**bserved **a**dverse **e**ffect **l**evel (**LOAEL**).

Bei der Ermittlung der Luftqualität und der Messung von einzelnen Komponenten in der Luft geht es oft um die sprichwörtliche Suche nach der Stecknadel im Heuhafen. Als Einheiten für die Konzentration von Schadstoffen werden selten Prozente oder Promille sowie Gramme verwendet, sondern meistens die Einheiten wie Parts per Million (ppm) oder Parts per Billion (ppb) sowie Mikrogramm (µg) oder Nanogramm (ng).

In **Bild 2.3** wird dargestellt, welche Genauigkeit von Messgeräten verlangt wird, um die niedrigen Konzentrationen diverser Stoffe in unterschiedlichen Medien nachweisen zu können. Die Konzentration von 1 Prozent entspricht z. B. dem Gehalt eines Zuckerwürfels, aufgelöst in zwei Kaffeetassen. 1 ppm ist gleichzusetzen mit der Auflösung des Zuckerwürfels in einem Tankzug mit 2700 l. Ein gemessener Wert von 30 $\mu g/m^3$ oder 15 ppm NO_x bedeutet, 15 Stickstoffteilchen in 10^6 Luftteilchen zu entdecken. Mathematisch ähnlich ist die Aufgabe, 15 Personen mit besonderer Eigenschaft unter einer Million Menschen einer Großstadt zu identifizieren.

Ein Zuckerwürfel aufgelöst in				
Tassen	0,27 Liter	1 Prozent ist 1 Teil von hundert Teilen	10 Gramm pro Kilogramm	10 g/kg
Flaschen	2,7 Liter	1 Promille ist 1 Teil von tausend Teilen	1 Gramm pro Kilogramm	1 g/kg
Tank-wagen	2700 Liter	1 ppm (part per million) ist 1 Teil von 1 Million Teile	1 Milligramm pro Kilogramm	0,001 g/kg
Tanker	2,7 Millionen Liter	1 ppb (part per billion) ist 1 Teil von 1 Milliarde Teile (b= billion, amerik. für Milliarde)	1 Mikrogramm pro Kilogramm	0,000001 g/kg
Stausee	2,7 Milliarden Liter	1 ppt (part per trillion) ist 1 Teil von 1 Billion Teile (t= trillion, amerik. für Billion)	1 Nanogramm pro Kilogramm	0,000000001 g/kg
Binnen-see	2,7 Billionen Liter	1 ppq (part per quadrillion) ist 1 Teil von 1 Billiarde Teile (q= Quadrillion, amerik. für Billiarde)	1 Picogramm pro Kilogramm	0,000000000001 g/kg

Bild 2.3: Genauigkeit bei der Messung von Konzentrationen

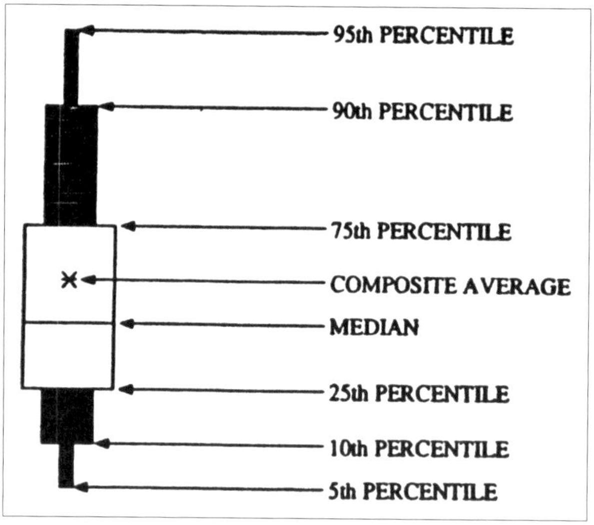

Bild 2.4: Statistische Schwankungen eines Messwertes

In der Diskussion über die Festlegung von Schadstoffgrenzwerten wird als üblich angenommen, dass für ein und denselben Schadstoff unterschiedliche lufthygienische Grenzwerte existieren können. Eine erste Begründung dafür liegt in den statistischen Schwankungen des Messwertes (**Bild 2.4**).

Üblicherweise werden für einen Messwert ein statistischer Mittelwert und die Streubreite um den Mittelwert (5 Perzentil- bis 95 Perzentilwerte) des Messwertes angegeben. Außerdem wird oft auch 98 Perzentil oder 90 Perzentilwert festgelegt. Diese Werte unterscheiden sich für ein und denselben Stoff auch deswegen, weil sie als Jahres-, Wochen-, 24-Std.-, 8-Std.-, 1-Std.-, oder als ½-Std.-Mittelwerte bekannt gegeben werden.

Aus wissenschaftlichen Erkenntnissen über die Wirkung von diversen Verunreinigungen auf Menschen, Tiere und Vegetation leiten sich so genannte Immissions-Grenzkonzentrationen ab. Sie werden so festgelegt, dass sie um einen Sicherheitsfaktor niedriger liegen als die Werte die z.B. beim Menschen, nach dem derzeitigen Kenntnisstand, gerade noch zu einer Gesundheitsschädigung führen können (NOEL).

Bei der Festlegung von Grenzwerten für Schadstoffe in der Luft werden folgende Kriterien beachtet:

- die Wirkung des Gefahrenstoffs
- die Expositionsbedingungen
- Aspekte der Risikoakzeptanz.

Bewertung von Risiken für Mensch und Umwelt beruht auf einem Vergleich zwischen der möglichen schädlichen Wirkung eines Stoffes und der begründet anzunehmenden Exposition gegenüber diesem Stoff.

Die Wirkung von Schadstoffen ist bei unterschiedlichen Zielgruppen wie Menschen, Tiere, Pflanzen oder auch nicht biologischen Material (Gebäude, Denkmäler) sehr unterschiedlich. Aber selbst innerhalb einer Zielgruppe ist üblicherweise eine ebenfalls sehr unterschiedliche Wirkung festzustellen, wenn man beispielsweise an Erwachsene im Vergleich zu Kindern, oder an Kranke im vergleich zu Gesunden denkt. Diese Unterschiede werden ebenfalls in der Höhe der Immissionsgrenzwerte ausgedrückt. Darüber hinaus können die Expositionsbedingungen in den Aufenthaltsbereichen (Aufenthaltsdauer) sehr unterschiedlich sein.

Die Immissionsgrenzwerte, als Angaben der tolerierbaren Schadstoffmengen in der Luft, sind als Unbedenklichkeitswerte zu betrachten und sind so festgelegt, dass unterhalb dieser Werte keine Gefährdung von Mensch, Tier und Pflanze besteht. Da ein absoluter Ausschluss von Gesundheitsgefahren auch bei der Einhaltung der Grenzwerte nicht möglich ist, insbesondere z.B. bei so genannten krebsverdächtigen Stoffen, beinhalten alle Grenzwerte auch eine sozialpolitische Komponente. In dieser Komponente drückt sich der erzielte Konsens über die Akzeptanz des verbleibenden Risikos aus. Ein Überschreiten der Grenzwerte bedeutet aber noch keine unmittelbare Gefährdung der Gesundheit, weil die erhöhte Empfindlichkeit der Kinder sowie von kranken und alten Menschen bei der Festlegung von Immissionsgrenzwerten berücksichtigt wird [1, 9, 10].

2.3 Grenzwerte für Innenluft

Für rund 500 in der Arbeitswelt vorkommende Stoffe sind derzeit unterschiedliche Grenzwerte festgelegt. In Deutschland sind diese Grenzwerte in **T**echnischen **R**egeln für **G**efahren**s**toffe 900 (**TRGS 900**) als „Grenzwerte in der Luft am Arbeitsplatz – Luftgrenzwerte" bekannt gegeben. Bei der Festlegung der Grenzwerte für Schadstoffe am Arbeitsplatz geht man von einer Exposition während des Berufslebens von:

8 Std/Arbeitstag × 220 Arbeitstage/Jahr × 40 Jahre = 70.400 Std.

aus. Für den Schutz der Gesundheit am Arbeitsplatz haben unterschiedliche Immissionsgrenzwerte, darunter vor allem der MAK-Wert, eine besondere Bedeutung.

2.3.1 MAK – Maximale Arbeitsplatz-Konzentration

Maximale **A**rbeitsplatz-**K**onzentration ist die höchstzulässige Konzentration eines Arbeitsstoffes als Gas, Dampf oder Schwebestaub in der Luft am Arbeitsplatz, die nach dem gegenwärtigen Wissensstand auch bei wiederholter, langfristiger, in der Regel 8-stündiger Exposition pro Tag und der Einhaltung einer durchschnittlichen Wochenarbeitszeit von 40 Std. im allgemeinen die Gesundheit der Beschäftigten nicht beeinträchtigt und diese nicht unangenehm belästigt. Der MAK-Wert gilt für den gesunden Menschen im mittleren Alter. Er gilt nicht für Schwangere, sehr junge oder gesundheitlich geschwächte Personen. MAK-Werte sind für über 400 Stoffe vorhanden. Neben MAK-Werten, werden noch folgende Immissionswerte für Schutz am Arbeitsplatz verwendet:

MRK

Maximale **R**aumluft-**K**onzentrationen wurden vom deutschen Bundesgesundheitsamt für einige Stoffe festgelegt. Diese Werte gelten als Empfehlungswerte für Innenräume, z.B. Büroarbeitsplätze, Wohnungen u. ä.

BAT

Biologische **A**rbeitsstoff-**T**oleranzwerte dienen im Rahmen spezieller ärztlicher Vorsorgeuntersuchung dem Schutz der Gesundheit am Arbeitsplatz.

ARW

Vorläufige **A**rbeitsplatz-**R**icht**w**erte werden von Fachleuten aus der Industrie für solche Schadstoffe aufgelistet, für die noch kein MAK-Wert besteht.

2.3.2 GWEU – Grenzwerte für berufsbedingte Expositionen

Die Kommission der **E**uropäischen **U**nion (EU) stellt ebenfalls Grenzwerte für berufsbedingte Exposition auf, die für EU-Staaten verbindlich sind. Einige hundert Stoffe wurden als gefährliche Stoffe eingestuft (Anhang 1 der EU-Richtlinie 67/548/EWG). Mit dieser Richtlinie sind zahlreiche Stoffe als krebserzeugend, Erbgut verändernd oder Fortpflanzungsgefährdend eingestuft worden. Da sich für die krebserzeugende Stoffe keine ungefährliche Schwellenkonzentration angeben lässt, können für eine Reihe krebserzeugender, Erbgut verändernder oder fortpflanzungsgefährdender Arbeitstoffe keine MAK-Werte ermittelt werden.

Die deutsche Forschungsgemeinschaft (DFG) definiert folgende Gruppen bei krebserzeugenden Arbeitsstoffen:

A1) Eindeutig als krebserzeugend ausgewiesene Arbeitsstoffe: In der Automobilindustrie können aus dieser Gruppe auftreten:
- Asbest
- Benzol
- einige Benzo(a)pyrene
- PAH – **P**olyzyklische **a**romatische **H**ydrocarbons (Kohlenwasserstoffe).

A2) Stoffe, die sich bislang nur in Tierversuchen als krebserzeugend erwiesen haben: Und zwar unter Bedingungen, die der möglichen Exponierung des Menschen am Arbeitsplatz vergleichbar sind. Im Automobilbau fallen z.B. darunter:
- Cadmium (Cd)
- Chrom VI (Cr VI, sechsvalentiges Chrom)
- Dieselrußpartikel.

Für die Stoffe nach der Gruppe A (1 und 2), deren Wirkung nach dem gegenwärtigen Stand der Kenntnisse eine eindeutige Krebsgefährdung für Menschen bedeutet, enthält die Liste keine Konzentrationsschwelle, da keine noch als unbedenklich anzusehende Konzentration angegeben werden kann. Wenn die Verwendung solcher Stoffe technisch notwendig ist, dann sind besondere Schutz- und Überwachungsmaßnahmen erforderlich. Hierzu gehören vor allem regelmäßige Kontrollen der Luft am Arbeitsplatz unter Einsatz genügend empfindlicher Analysemethoden und die besondere ärztliche Überwachung exponierter Personen. Für diese Stoffe wurden allerdings auch **t**echnische **R**icht-**K**onzentrationen (TRK) festgelegt.

2.3.3 TRK – Technische Richt-Konzentrationen

TRK-Werte gelten, ähnlich den MAK-Werten, in der Regel über eine 8stündige Exposition während einer 40 Std. Arbeitswoche. Es existieren derzeit für über 50 Stoffe solche TRK-

Werte. Es können gegebenenfalls unterschiedliche TRK-Werte für ein und denselben Stoff vorgeschrieben werden. Z.B. für Dieselmotorpartikelemission ist ein Wert von TRK = 0,6 mg/m^3 für die Anwendung im Nichtkohlebergbau und Bauarbeiten unter Tage festgelegt, wogegen für alle anderen Fälle ein TRK = 0,2 mg/m^3 gilt. Die Einhaltung der TRK-Werte schließt eine Gesundheitsgefährdung jedoch nicht aus. Aufgrund der EU-Richtlinie 98/24 EG verlieren die MAK und TRK-Werte langsam an Bedeutung. Stattdessen gibt es die neue **AWG**-Werte (Arbeitsplatzgrenzwerte) [9, 10].

Der AWG ist der Grenzwert für die zeitlich gewichtete durchschnittliche Konzentration eines Stoffes in der Luft am Arbeitsplatz in Bezug auf einen Referenzzeitraum. Er gibt an, bei welcher Konzentration eines Stoffes akute oder chronische schädliche Auswirkungen auf die Gesundheit in Allgemeinen nicht zu erwarten sind.

B) Stoffe mit begründetem Verdacht auf krebserzeugendes Potential: Neuere Befunde der Krebsforschung erfordern die Berücksichtigung weiterer Stoffe, bei denen ein nennenswertes krebserzeugendes Potential zu vermuten ist und die dringend einer weiteren Aufklärung bedürfen. Sofern für diese Stoffe bisher MAK-Werte vorliegen, werden diese zunächst beibehalten. Zu dieser Gruppe zählt z. B. Formaldehyd. Obwohl die Stoffe der Liste B nicht den strengen Umgangsregelungen der Liste A unterworfen sind, sollte die gesundheitliche Überwachung, der mit diesen Stoffen umgebenen Personen intensiviert und die Exposition soweit wie möglich minimiert werden, um ursächliche Zusammenhänge zwischen der Stoffwirkung und Krebserkrankung auszuschließen.

Die TRGS 905 beinhaltet ein Verzeichnis krebserzeugender, Erbgut verändernder oder Fortpflanzung gefährdender Stoffe. Bei Diskussionen über die mögliche Krebs verursachende Wirkung von diversen Stoffen, soll stets daran erinnert werden, dass zahlreiche Untersuchungen wiederholt bewiesen haben, dass der Krebs in

- 68 % der Fälle durch Rauchen, Ess- und Trinkgewohnheiten
- 4 % der Fälle durch professionelle Tätigkeit und nur in
- 2 % der Fälle durch Wasser- und Luftverschmutzung

beeinflusst wird. Im Vergleich zu anderen Ursachen tragen also Luftverunreinigungen nur in einem relativ geringen Umfang zu Krebserkrankungen bei. Die Vermeidung möglicher krebserzeugenden Immissionen stellt trotzdem eine vordringliche Aufgabe des Umweltschutzes dar.

2.4 Grenzwerte für Außenluft

Kriterien für die Festlegung der Immissionswerte für die Außenluftqualität sind von Land zu Land unterschiedlich und beinhalten in der Regel relativ breite Konzentrationsbereiche der Schadstoffe in der Luft. Die EU hatte im Jahr 1966 eine Rahmenrichtlinie über die Bedeutung und Kontrolle der Luftqualität verabschiedet. Ziel dieser Maßnahmen ist die

Vermeidung oder Verringerung schädlicher Auswirkungen von Luftschadstoffen auf die menschliche Gesundheit und die Umwelt.

Die Richtlinie 96/62/EG legt Grenzwerte für Immissionen für eine Auswahl besonders häufiger, gesundheits- und umweltschädlicher Stoffe fest, die nach Eintritt bestimmter Stichtage (1.1.2005 bzw. 1.1.2010) nicht mehr überschritten werden dürfen. Die bislang vorliegenden Grenzwerte betreffen Kohlenmonoxid (CO), Stickstoffoxide (NO_x), Partikel (PM), Ozon (O_3), Benzol (C_6H_6), Blei (Pb) und Schwefeldioxid (SO_2) (**Tabelle 2.1**). Werden festgelegte Alarmschwellen überschritten, sind kurzfristig wirkende Maßnahmen zur Reduzierung der Schadstoffbelastung der Luft zu ergreifen.

Tabelle 2.1: Immissionsgrenzwerte für Luftschadstoffe in Deutschland und der EU

			D TA-Luft BimSchG	EU, WHO Ab 2005 / *2010*	
Kohlenmonoxid	CO	mg/m³	10 (Jahr)	10 (8 h)	Mittelwert
Stickstoffoxide	(NO_2 + NO)	µg/ m³	80	*40*	Jahresmittelwert
Partikel	PM_{10}	µg/ m³	150	40 / *20*	Jahresmittelwert
Ozon	O_3	µg/ m³	240	180 / *120*	8-Stundenmittelwert
Benzol	C_6H_6	µg/ m³	10	10 / *5*	Jahresmittelwert
Blei	Pb	µg/ m³		0,25	Jahresmittelwert
Schwefeldioxid	SO_x	µg/ m³	140	50	Jahresmittelwert

Die Mitgliedsstaaten sind verpflichtet, der EU Kommission zu bestimmten Terminen spezifische Informationen über die Entwicklung der Luftqualität vorzulegen und detailliert zu berichten, falls bestimmte Grenzwerte überschritten werden. Neben der Festlegung von Grenzwerten ist die Gewährleistung der Beurteilung der Luftqualität nach einheitlichen Kriterien in der gesamten EU von fundamentaler Bedeutung für eine wirksame und nachhaltige Verbesserung der Luftqualität.

Von der Weltgesundheitsorganisation (**WHO** = **W**orld **H**ealth **O**rganisation) werden so genannte **L**uft**q**ualitäts**l**eitlinien (**LQL** oder **Air Quality Guidelines**) angegeben, die für die Außenluft, aber auch für Innenräume anwendbar sind. Die LQL-Werte werden ausdrücklich nicht als Grenzwerte bezeichnet, sondern als Empfehlungen und als Informationsquelle und Entscheidungshilfe unter Berücksichtigung weiterer Umwelt sowie sozialer, wirtschaftlicher und kultureller Bedingungen, die zur Findung nationaler Grenzwerte dienen sollen. Die WHO-LQL dienen meistens als Grundlage für die Richtlinien und Verordnungen der EU.

Bei der Festlegung der Immissionsgrenzwerte für Außenluft wird von einer Exposition während der Lebenszeit ausgegangen von

$$75 \text{ Jahre} \times 365 \text{ Tage} \times 24 \text{ Stunden} = 657.000 \text{ Stunden}.$$

Für die Aufnahme der gleichen (Lebens-) Dosis, bei konstant gehaltener Konzentration eines Schadstoffs in der Atemluft, dürfte also die Konzentration in der allgemeinen Lebensumwelt nur noch 10 Prozent der Konzentration am Arbeitsplatz betragen. Ganz zweifellos handelt es sich bei einer solchen Vorgehensweise um eine sehr große Vereinfachung (Linearisierung), bei der die Grundprinzipien der Toxikologie außer Acht gelassen werden. Das deutsche **U**mwelt**b**undes**a**mt (**UBA**) nimmt einen Faktor von 20 bei der Umrechnung von bekannten MAK-Werten auf noch nicht festgelegte Immissionsgrenzwerte der Außenluft an. Die WHO rechnet mit einem Faktor von 100.

Derzeit sind 50 Grenzwerte für Außenluft bekannt. Alle diese Grenzwerte haben den Charakter einer Empfehlung und dienen als Richtwerte oder als Standards.

Seit Oktober 2002 hat der deutsche Gesetzgeber die Vorgaben der europäischen Richtlinie 96/62/EG in die **T**echnische **A**nleitung zur Reinhaltung der Luft (**TA-Luft**) umgesetzt. Die TA-Luft ist die so genannte Erste Allgemeine Verwaltungsvorschrift zum **B**undes**im**missionss**ch**utzges**e**tz (**BImSchG**).

Maximale Immission-Konzentration (MIK)

Maximale **I**mmission-**K**onzentrationen sind diejenigen Konzentrationen in der Atemluft, bei deren Einhaltung, nach dem heutigen Wissensstand der Schutz von Mensch, Tier, Pflanze und Sachgüter von schädlichen Einwirkungen gewährleistet ist.

Die MIK-Werte werden in Richtlinien der VDI-Kommission Reinhaltung der Luft (**VDI** = **V**erein **D**eutscher **I**ngenieure) veröffentlicht. Sie sind nicht generell verfügbar.

Die in der VDI-Richtlinie 2310 festgehaltenen MIK-Werte sind auf 20 °C und 1013 hPa bezogen, während oftmals als Bezugspunkt der veröffentlichten Immissionsdaten die Normbedingungen d.h. 0 °C und 1013 hPa gegeben sind. Auf 0 °C bezogene Messwerte sind systematisch um 7 % höher als solche die auf 20 °C bezogen sind.

National Ambient Air Quality Standards (NAAQS)

In den USA wurden Anfang der 70er Jahre **N**ational **A**mbient **A**ir **Q**uality **S**tandards (**NAAQS**) eingeführt, als Grenzwerte für 6 luftverunreinigende Komponenten: Blei (Pb), Schwefeldioxid (SO_2), Kohlenmonoxid (CO), Partikel (PM), Stickstoffdioxid (NO_2) und so genannter Ambient Smog, welcher durch Ozon (O_3) und Kohlenwasserstoffe (**VOC** = **V**olatile **O**rganic **C**ompounds) beschrieben wird.

Air Toxic – Krebsrisiko durch Luftverunreinigung

Neben den 6 definierten Luftverunreinigenden Komponenten sind in den USA durch **C**lean **A**ir **A**ct **A**mendments (**CAAA**) noch so genannte Air Toxics beschrieben. In dieser Gruppe befinden sich luftverunreinigende Stoffe, die als Krebsverursacher bekannt oder verdächtigt sind, Krebs und andere schwere Erkrankungen (z.B. Fehlgeburten) zu verursachen. 189 Verbindungen werden zu dieser Gruppe gezählt. Sie sind in der Liste von **H**azardous

Air **P**ollutants (**HAP**) aufgeführt. Die wichtigsten Verbindungen aus dieser Liste sind in **T**oxic **R**elease **I**nventory (**TRI**) nochmals wiedergegeben. Im Abgas von Verbrennungsmotoren können folgende Verbindungen aus der TRI-Liste nachgewiesen werden:

- Hexan
- Polyzyklische aromatische Kohlenwasserstoffe
- Toluol
- Methanol.

Der deutsche **L**änderausschuss **f**ür **I**mmissionsschutz (**LAI**) definiert die krebserzeugende Potenz von Schadstoffen in Form von so genannten „Gesamtrisikofaktoren" („Unit risks"). Als Berechnungsgrundlage wurde zur generellen Senkung der Belastung durch krebsverdächtige Immissionen in Ballungsgebieten ein Gesamtrisikofaktor von 2.500 festgehalten [11]. Von den luftverunreinigenden Stoffen mit krebserzeugender Wirkung werden von LAI folgende Konzentrationen für relevant gehalten:

♦ Arsen und seine anorganische Verbindungen	5,0	ng/m³
♦ Asbestfasern	88,0	Fasern/m³
♦ Benzol	2,5	µg/m³
♦ Cadmium und seine Verbindungen	1,7	ng/m³
♦ Dieselruß-Partikel	1,1	µg/m³
♦ Polyzyklische aromatische Kohlenwasserstoffe (PAH), mit Benzo-a-Pyren als Leitsubstanz)	1,3	ng/m³
♦ 2,3,7,8-TCDD (Seveso Dioxin)	16,0	fg/m³

Bei gleichzeitiger Wirkung dieser Stoffe in angegebener Konzentration während einer mittleren Lebenserwartung von 70 Jahren, wird mit einem Gesamtrisiko von 1:2.500 gerechnet.

Der Grenzwert der WHO für Dioxine beträgt 10 pg/m^3.

In der Schweiz dürfen nach den Bestimmungen der Luftreinhalteverordnung (LRV) von 1986 „übermäßige Immissionen" nicht auftreten. Die Immissionen werden als „übermäßig" bezeichnet, wenn aufgrund einer Erhebung festgestellt wird, dass sie einen wesentlichen Teil der Bevölkerung in ihrem Wohlbefinden erheblich stören. Die Erhebung der Belastung beruht auf der Befragung von Bevölkerungsgruppen von mindestens 20 Personen in einem abgeschlossenen Wohnviertel.

Die Immissionssituation wird nicht immer für größere Luftgebiete ermittelt. In manchen Ländern (Deutschland, Schweiz, ...) müssen Immissionsgrenzwerte an jedem lokalen Standort eingehalten werden.

Im Folgenden werden Wirkungen und Immissionsgrenzwerte für die wichtigsten, in den Automobilabgasen vorhandenen Komponenten angegeben.

2.4.1 Kohlenmonoxid (CO)

Ist ein geruchloses, farbloses, toxisches Gas. Bindet sich wesentlich schneller als Sauerstoff mit dem Hämoglobin im Blut und bildet dabei Carboxy-Hämoglobin (COHb). Bei einer Konzentration von über 15 % COHb treten Kopfschmerzen und Schwindel auf. Bei der Wirkung einer CO-Konzentration von ca. 500 ppm in der Luft über 6 Std. tritt Bewusstlosigkeit auf. Bei einer Dosis von über 2.000 ppm in der Atemluft tritt nach ca. 3 Std. Exposition der Tod ein.

Der **MAK-Wert** für CO liegt bei 30 ppm oder 33 mg/m^3 (1 ppm = 1,16 mg/m^3). Der **MIK-Wert** liegt bei kurzzeitiger Wirkung (24 Std.) bei 50 mg/m^3, bei langzeitiger Wirkung (Jahresmittelwert) liegt der MIK bei 10 mg/m^3. In der EU gilt im Rahmen des **CAFE**-Programms (**C**lean **A**ir **f**or **E**urope) ab 1.1.2005 eine Immissionskonzentration als Grenzwert für Außenluft von 10 mg/m^3, als 8-Std.-Mittelwert. In den USA beträgt **NAAQS** 10 mg/m^3 (bzw. 9 ppm) als 8-Std.-Mittelwert und 40 g/m^3 (35 ppm) als 1-Std.-Mittelwert. Die Weltgesundheitsorganisation (**WHO**) empfiehlt für die Außenluft 10 mg/m^3 als 8-Std.-Mittelwert, 30 mg/m^3 als 1-Std.-Mittelwert und 60 mg/m^3 als ½-Std.-Mittelwert.

Die Luftqualitätsmessungen in vielen europäischen Städten und in den USA haben ergeben, dass das Kohlenmonoxid, im Gegensatz zu der Situation vor 30 Jahren, keine kritische luftverunreinigende Komponente mehr darstellt. Die CO-Immissionsgrenzwerte für die Außenluft werden in den Großstädten Europas seit 1988 nicht mehr überschritten. Aus Umweltsicht haben deshalb heute CO-Emissionen aus Automobilabgasen nur noch eine marginale Bedeutung.

2.4.2 Stickstoffoxide ($NO_x = NO + NO_2$)

In Verbrennungsprozessen verbindet sich bei hohen Temperaturen der Stickstoff aus der Luft mit dem Sauerstoff und bildet Stickstoffmonoxid NO. Stickstoffdioxid und andere Oxide des Stickstoffs entstehen durch weitere Oxidation von NO im Motor und in der Atmosphäre. Die Halbwertszeit der Oxidierungsreaktion von NO zu NO_2 beträgt bei Raumtemperatur ca. 30 min.

2.4.2.1 Stickstoffmonoxid (NO)

Für Stickstoffmonoxid (NO) wird **kein MAK-Wert** angegeben. Ein Grenzwert von 30 mg/m^3 wird von der Europäischen Union (GWEU) vorgeschlagen. In Deutschland sind **MIK-Werte** für Stickstoffmonoxid (NO) vorgeschrieben (VDI-Richtlinie 2310):

- MIK = 1.000 µg/m^3 (½-Std.-Mittelwert)
- MIK = 500 µg/m^3 (24-Std.-Mittelwert)

(Umrechnungsfaktor für NO: 1 ppm = 1,25 mg/m^3).

2.4.2.2 Stickstoffdioxid (NO_2)

Ist ein bräunliches, toxisches Gas, das durch große Stabilität bei Raumtemperaturen und einem intensiven Geruch gekennzeichnet ist. Er gilt als Vorläufersubstanz für die Ozon-Bildung.

Der Arbeitsplatzgrenzwert (MAK) für NO_2 liegt bei 9 mg/m³ (5 ppm) (1 ppm = 1,91 mg/m³).

Nach einer Vielzahl von durchgeführten Studien, hat die Weltgesundheitsorganisation (WHO) festgestellt, dass es keine definierte Abhängigkeit zwischen der NO_2-Konzentration und ihrer Einwirkung auf die Menschen gibt. Erst bei sehr hohen Konzentrationen (> 2.000 µg/m³) wurden bei gesunden Menschen negative Effekte – Irritationen der Lungen und Verringerung der Widerstandsfähigkeit zu respiratorischen Infektionen – beobachtet. Die NO_2-Konzentration, bei welcher bei Asthmatikern eine Wirkung beobachtet wurde, liegt zwischen 375 und 565 µg/m³ während einer Exposition von 1 bis 2 Std. [4].

Die WHO hat, basierend auf den klinischen Untersuchungen Grenzwerte von
- 200 µg/m³ als 1-Std.-Mittelwert und
- 40–50 µg/m³ als Jahresmittelwert

empfohlen.

Folgende Immissionswerte gelten für Stichstoffdioxid (NO_2):

EU-Richtlinie (Grenzwerte für den Schutz der menschlichen Gesundheit):
- 200 µg/m³ (1 Std. Mittelwert, darf nicht öfters als 18-mal im Kalenderjahr überschritten werden)
- 40 µg/m³ (Jahresmittelwert gültig ab 1.1.2010).

USA: NAAQS =
- 100 µg/m³ (Jahresmittelwert)
- 200 µg/m³ (1-Std.-Mittelwert).

Zum Schutz der Vegetation werden für NO_2 MIK-Werte von
- MIK = 6.000 µg/m³ (30 Minuten Exposition)
- MIK = 350 µg/m³ (Mittelwert während der Vegetationsperiode ≈ 7 Monate)

angegeben.

EU-Richtlinie sieht für diesen Fall einen Wert von 30 µg/m³ als Jahresmittelwert vor (gültig ab 19. Juli 2001).

2.4.3 Kohlenwasserstoffe (HC), Volatile Organic Compounds (VOC)

Mehrere Hundert kohlenwasserstoffhaltige Verbindungen sind in Verbrennungsprodukten fossiler Kraftstoffe nachgewiesen. Dies sind Gemische von unterschiedlichen gesättigten und ungesättigten Kohlenwasserstoffen (Parafinen, Olefinen, Aromaten), zum Teil oxidierten Kohlenwasserstoffen (Alkoholen, Äther) usw. Die meisten sind durch den Begriff „unverbrannte Kohlenwasserstoffe" erfasst. Viele von ihnen können eine schädliche Wirkung auf Menschen und Umwelt ausüben.

Immissionsmessungen der Gesamtmenge von Kohlenwasserstoffen sind aufwendig und geben als Gesamtkonzentration dargestellt nur wenig brauchbare Informationen. Bisher wurden für HC (VOC) noch keine Immissionsgrenzwerte festgelegt. Hingegen existieren für einzelne Komponenten aus der Gesamtmenge maximale Arbeitsplatz- oder Immissionskonzentrationen.

Aus toxikologischer Sicht ist der Gehalt an Dämpfen von Hexan (C_6H_{14}) (neurotoxisch) sowie Butadien und Benzol (C_6H_6) (krebserzeugend) besonders zu beachten.

In den USA wurde der, einem MAK-Wert entsprechende, 8-Std.-Threshold-Limit-Value-Time-Weighted-Average (TLV-TWA) für Dämpfe aus Otto-Kraftstoffen von 890 mg/m^3 und der 15-Min.-Threshold-Limit-Value-Short-Term-Exposure-Level (TLV-STEL) von 1480 mg/m^3 festgelegt. In Schweden gilt für Benzindämpfe ein 8-Std.-TWA-Wert von 220 mg/m^3 und ein STEL-Wert von 300 mg/m^3.

Für eine Reihe von Kohlenwasserstoffen, die auch in Abgasen von Verbrennungsmotoren vorkommen können, gelten folgende MAK-Werte:

- Butan 2.350 mg/m^3
- Pentan 2.950 mg/m^3
- n-Hexan 180 mg/m^3
- Toluol 190 mg/m^3
- Xylole 440 mg/m^3
- Ethylbenzol 440 mg/m^3

Das Fehlen von genauen Immissionsgrenzwerten für die Kohlenwasserstoffe erklärt das Verkennen ihrer Bedeutung in der Öffentlichkeit. In Anbetracht der Entwicklungsprognosen und der möglichen Auswirkung von Kohlenwasserstoffen auf die Umwelt können die HC (VOC) zu der Problemschadstoffgruppe ersten Ranges der nächsten Jahre werden.

2.4.4 Partikel (PM)

Partikel oder Aerosole (Aero = Luft + Solutio = Lösung) stellen ein Konglomerat von festen und flüssigen Bestandteilen dar, die in der Luft suspendiert sind. In Abhängigkeit von der Größe, Form und Dichte der Partikel wird ein Äquivalentdurchmesser ermittelt, mit dessen Hilfe die Einzelpartikel vergleichbar beschrieben werden können. Nach ISO 7708 werden Partikel in folgende Gruppen aufgeteilt:

1. Schwebestaub oder **T**otal **S**uspended **P**articulates (**TSP**)
2. Thorakaler Schwebestaub (thoracic particulates) PM_{10} (mit äquivalenten Durchmesser < 10 µm)
3. Alveolengängiger Schwebestaub (respirable particulates) = Feinstaub $PM_{2,5}$ (mit äq. Durchmesser < 2,5 µm).
4. Ultrafeine Partikel (UFP) $PM_{0,1}$ (mit äquivalenten Durchmesser < 0,1 µm).

Partikel stehen im Verdacht toxikologisch relevant zu sein. Dieselmotorenemissionen wurden 1987 in Deutschland als „ein im Tierversuch krebserzeugender Stoff" in die TRK-Liste aufgenommen. Dieselabgas wurde 1989 von International Agency for Research in Cancer (IARC) der Weltgesundheitsorganisation (WHO) als „möglicherweise beim Menschen krebserzeugend" eingestuft. Die kalifornische Luftreinhaltebehörde (CARB) hat die Partikelemission des Dieselmotors im Jahre 1998 als „Toxic Air Contaminant" (TAC) erklärt.

Die Diskussion über eine möglicherweise gesundheitsschädliche Wirkung von Dieselabgas bzw. der Partikelemission konzentrierte sich zunächst auf die an Rußpartikel angelagerten polyzyklischen Kohlenwasserstoffe (PAK). Im Jahre 1989 wurde jedoch auch mit PAK-freien Ruß und anderen inerten Stäuben in Ratenversuchen Lungenkrebs ausgelöst, was auf andere Wirkmechanismen von feinen und feinsten Partikel hindeutete. Es wird vermutet, dass toxischen Effekte weniger durch Partikelmasse, als viel mehr durch die Anzahl feiner und feinster Partikel entsteht [13,14].

Epidemiologische Studien haben eindeutige Assoziationen zwischen Gesundheitsfaktoren und PM_{10} bzw. $PM_{2,5}$ Exposition ergeben. Diese Assoziationen waren umso stärker, je feiner die Partikel waren. Toxikologische Untersuchungen ergaben bisher kein abschließendes Bild. Die Weltgesundheitsorganisation (WHO), die EU-Kommission und die US-Environmental Protection Agency (EPA) stellen die Wirkung von Partikeln auf menschliche Gesundheit als eines der gegenwärtig vorrangigen umwelthygienischen Schwerpunktthemen heraus. Es wird davon ausgegangen, dass manche Partikel mutagen und kanzerogen wirken. Außerdem auch allergisierend. Akut toxisch sind Partikel erst bei hohen Konzentrationen. Wenn sichergestellt ist, dass mutagene, krebserzeugende, toxische oder allergisierende Wirkungen nicht zu erwarten sind, dann ist ein MAK = 6.000 mg/m^3 festgelegt.

In der EU sind ab 1.1.2005 folgende Immissionsgrenzwerte für Partikel vorgeschrieben:

- PM_{10} = 50 µg/m^3 (Tagesmittelwert), darf an maximal 35 Tagen überschritten werden
- PM_{10} = 40 µg/m^3 als Jahresmittelwert.

Der Jahresmittelwert sollte ab 1.1.2010 auf 20 µg/m^3 reduziert werden. Intensiv diskutiert wird eine Begrenzung für die Feinstaubfraktion bis zu 2,5 µg/m^3 ($PM_{2,5}$). Ein Zielwert, der ab 2015 als Grenzwert diskutiert wird, liegt bei $PM_{2,5}$ = 25 µg/m^3.

In den USA gelten **NAAQS**-Werte von
- PM_{10} = 50 µg/m³ (Tagesmittelwert)
- PM_{10} = 30 µg/m³ (Jahresmittelwert)
- $PM_{2,5}$ = 15 µg/m³ (Jahresmittelwert)
- $PM_{2,5}$ = 65 µg/m³ (Tagesmittelwert).

Widersprüchlich ist, im Vergleich zu den erlaubten Immissionskonzentrationen in der Luft, der hohe MAK-Wert von 6.000 mg/m³, bei dem keine gesundheitlichen Beeinträchtigungen erwartet werden.

2.4.5 Schwefeldioxid (SO_2)

ist ein farbloses Gas mit einem scharfen Geruch. Wirkt reizend auf die Schleimhäute der Atmungsorgane und Augen. In der Konzentration von 200 ppm (530 µg/m³) ruft es merkbare Änderungen der Lungenfunktion bei Asthmatikern hervor. Bei einer kurzzeitigen Exposition von mehr als 1.000 µg/m³ sind signifikante Einflüsse bei Asthmatikern beobachtet worden.

SO_2 erzeugt bereits bei sehr geringen Konzentrationen Schäden an der Vegetation. Zusammen mit Stickstoffoxiden gehört es zu den Hauptvorläufer-Substanzen für den so genannten „Sauren Regen".

Die Weltgesundheitsorganisation (WHO) hat Richtlinien für eine kurzzeitige Wirkung von SO_2 ausgearbeitet. Am Arbeitsplatz gilt der MAK = 2 ppm = 5 mg/m³ (1 ppm = 2,6 mg/m³). In der EU gelten ab 1.1.2005 folgende Immissionsgrenzwerte für den Schutz der menschlichen Gesundheit:
- 350 µg/m³ als 1-Std.-Mittelwert (darf nicht öfter als 24mal im Kalenderjahr überschritten werden)
- 125 µg/m³ als Tagesmittelwert (darf nicht öfter als dreimal im Kalenderjahr überschritten werden)
- 50 µg/m³ als Jahresmittelwert.

In den USA gelten folgende Immissionswerte für SO_2:
- NAAQS = 80 µg/m³ als Jahresmittelwert
- NAAQS = 365 µg/m³ als Tagesmittelwert (24-Std.)

Zum Schutz der Vegetation in den USA ist ein SO_2-Grenzwert von 1300 µg/m³ über 3 Std. vorgeschrieben. Der Grenzwert zum Schutz von Ökosystemen in der EU beträgt seit 2001 als Jahresmittelwert 20 µg/m³ (von 1.Oktober bis 31. März).

Die Kombination gleichzeitiger Wirkung von Schwefeldioxid und Partikeln wird als besonders toxisch angesehen. Diese Kombination wurde für die gesundheitlichen Symptome des „Londoner Smog" während der Katastrophe 1951 verantwortlich gemacht.

2.4.6 Blei (Pb)

In der Mineralölindustrie wurde Blei als Bleitetraethyl früher vor allem in Kraftstoffen für Ottomotoren, zur Steigerung der Oktanzahl („Octanbuster") verwendet. In Produktionsprozessen der Automobilindustrie wurde Blei beim Löten und in Lackierprozessen angewandt. Heute wird Blei weder bei der Herstellung von Kraftstoffen noch in der Automobilproduktion verwendet. Durch die EU-Altauto-Verordnung ist die Verwendung von Blei nur in Ausnahmefällen, vor allem in Elektro-Batterien erlaubt. Fast 70 % der weltweiten Bleiproduktion wird für deren Herstellung genutzt.

Die negative Wirkung von Blei auf viele menschliche Organe („Bleivergiftung") ist seit langem bekannt. Als mögliche gesundheitliche Wirkung durch relativ niedrige Bleikonzentrationen sind in erster Linie die Wirkungen auf das Nervensystem im frühen Kindesalter und vor der Geburt zu nennen.

Für die Atmungsluft am Arbeitsplatz gilt ein MAK-Wert von MAK = 100 $\mu g/m^3$. Die EU schreibt zurzeit einen Immissionsgrenzwert zum Schutz der menschlichen Gesundheit von 0,5 $\mu g/m^3$ als Jahresmittelwert. Dieser Wert soll ab 1.1.2010 auf 0,25 $\mu g/m^3$ reduziert werden. In den USA ist ein Wert für die Bleiemission von NAAQS = 1,5 $\mu g/m^3$ als Mittelwert über 3 Monate vorgeschrieben.

2.5 Nichtlimitierte Schadstoffe

2.5.1 Kohlendioxid (CO_2)

CO_2 ist ein Produkt der vollständigen Verbrennung von kohlenwasserstoffhaltigen Kraftstoffen. Es ist ein farbloses, gut wasserlösliches Gas und galt über die Jahrzehnte als unschädlich. Es gehört jedoch zu den Spurengasen, die zum Treibhauseffekt beitragen sollen. Durch die Verbrennung von fossilen Kraftstoffen, Rodung der Wälder und andere menschliche (anthropogene) Aktivitäten wird die CO_2-Konzentration in der Atmosphäre erhöht. Lufthygienischen Immissionsgrenzwerte für CO_2 existieren nicht.

2.5.2 Methan (CH_4)

Auch Methan galt durch Jahrzehnte in der Atmosphäre als unkritisch. Als Spurengas mit hohem Treibhauspotential gewinnt die Methanemission jedoch an Bedeutung. Sein Treibhauspotential liegt um 30mal höher als das von CO_2. Es existieren keine Immissionsgrenzwerte für Methan.

2.5.3 Benzol (C_6H_6)

Benzol ist der einfachste Vertreter der aromatischen Kohlenwasserstoffe. Es ist eine farblose, charakteristisch riechende, stark giftige Flüssigkeit. Benzol wird eindeutig als krebserregender Arbeitsstoff eingestuft und wird nicht in der MAK-Liste geführt.

Für den Schutz am Arbeitsplatz wird ein TRK-Wert von 2500 ppb ($\approx$ 8.000 $\mu g/m^3$) (8-Std.-Exposition) angegeben (1 ppb = 3,25 $\mu g/m^3$). In der EU gilt z. Zt. ein Immissionsgrenzwert für den Schutz der menschlichen Gesundheit von 10 $\mu g/m^3$ als Jahresmittelwert. Dieser Wert wird ab 1.1.2010 auf 5 $\mu g/m^3$ als Jahresmittelwert reduziert. Die WHO schlägt als Air Quality Standard einen Wert von 2,5 $\mu g/m^3$ als Jahresmittelwert vor.

2.5.4 Ozon (O_3)

Ist ein extrem aktiver, stark oxidierender Stoff, so dass keine organische Verbindung gegenüber seiner Wirkung widerstandsfähig ist. Es hat einen knoblauchartigen Geruch. Das Ozon spaltet sich sehr rasch in atomaren Sauerstoff (O) und molekularen Sauerstoff (O_2). Die Lebensdauer eines Ozonmoleküls ist sehr kurz.

Der MAK-Wert liegt für O_3 bei 200 $\mu g/m^3$ (0,1 ppm) (1 ppm = 2 $\mu g/m^3$). Es existieren z. Zt. mehrere Immissionsgrenzwerte:

MIK = 120 $\mu g/m^3$ (½ -Std.-Mittelwert)
= 180 $\mu g/m^3$ (1-Std.-Mittelwert) Information der Bevölkerung
= 240 $\mu g/m^3$ (1-Std.-Mittelwert) Warnung der Bevölkerung.

In der EU gilt ab 1.1.2005 ein Immissionsgrenzwert für den Schutz der menschlichen Gesundheit von 180 $\mu g/m^3$ (8-Std.-Mittelwert) (darf nicht öfter als an 20 Tagen im Kalenderjahr überschritten werden). Ab 1.1.2010 wird dieser Wert auf 120 $\mu g/m^3$ reduziert. In den USA schreibt die EPA einen Wert von 160 $\mu g/m^3$ (0,08 ppm) (8-Std.-Mittelwert) vor.

In der **Tabelle 2.2** sind Immissions-Jahresmittelwerte für wichtige Schadstoffemissionen – die z.T. auch aus der Aktivität der Automobilindustrie stammen – für drei charakteristische geographische Regionen der EU aufgezeichnet: Reinluftgebiete, ländliche Gebiete und Ballungsräume (Großstädte) [7,8].

Tabelle 2.2: Immissions-Jahresmittelwerte für charakteristische Gebiete

	Reinluft-Gebiete [µg/m³]	Ländliche Gebiete [µg/m³]	Großstädte [µg/m³]	EU-Richtlinie (1.1.2005) [µg/m³]
NO_2	2–6	3–10	4–50	40
CO	200–500	300–800	400–1.800	10.000
O_3	40–80	30–70	10–40	180
PM	8–20	10–30	12–45	40
SO_2	0–1	1–6	6–40	50
C_6H_6	0–0,8	1–2,5	2–5	10

Wie gut oder schlecht die Luftqualität eigentlich ist, ist allerdings nicht nur eine Frage der Emissionen und Immissionen, sondern, wie die Vielzahl der unterschiedlichen, existierenden Grenzwerte für ein und denselben Stoff zeigt, auch eine politische Entscheidung.

2.6 Geruch

Zu den subjektiv unangenehmsten Umweltbelastungen werden diverse Gerüche empfunden. Sie werden als schädliche Umweltauswirkungen aufgefasst, wenn sie „nach Art, Ausmaß und Dauer erhebliche Belastungen für die Allgemeinheit oder Nachbarschaft darstellen".

Die Ermittlung und Bewertung der Gerüche ist wesentlich schwieriger, als anderen Immissionen. Es sind keine physikalischen Messmethoden bekannt, durch die die Gerüche objektiv gemessen werden können. Es kann auf die menschliche Nase, als mehr oder weniger zuverlässigen Detektor, nicht verzichtet werden. Dabei wird versucht zwei Eigenschaften der Gerüche zu erfassen: Geruchsintensität (stark – schwach) und Geruchsqualität (angenehm – unangenehm) (**Bild 2.5**).

Genaue Vorgaben zur Bewertung von Geruchsstoffimmissionen sind bislang noch nicht erarbeitet worden.

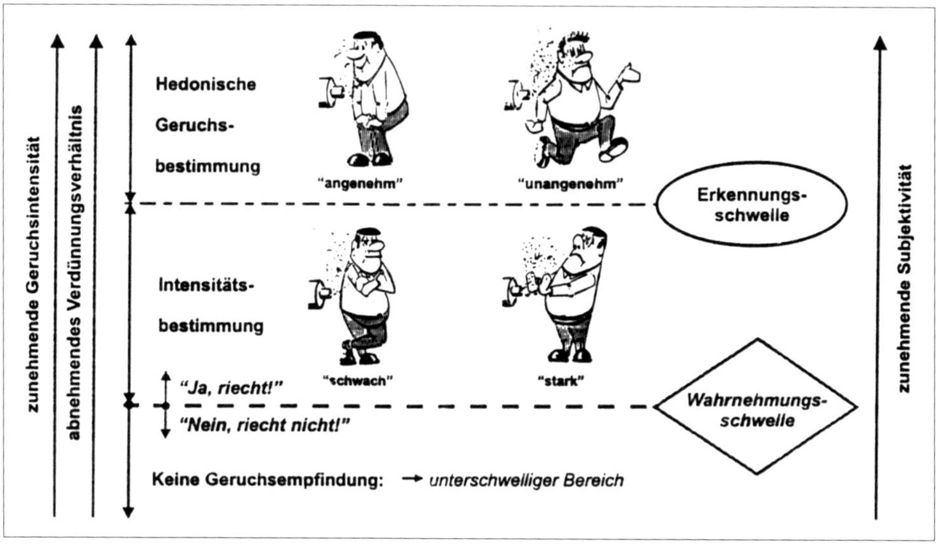

Bild 2.5: Geruchsschwellen nach Richtlinie VDI 3881 und 3882

2.7 Geräusch, Lärm

Geräusche stellen eine Kombination unterschiedlicher Laute im alltäglichen Leben dar. Dabei ist Lärm als unerwünschtes oder unerwartetes Geräusch definiert. Längerer Aufenthalt unter Einwirkung von intensivem Lärm kann zu gesundheitlichen Schaden herbeiführen. Die Verringerung des Schallpegels aus menschlichen Aktivitäten gehört deshalb heutzutage zu einer der ersten Prioritäten des Umweltschutzes.

Umfragen in vielen europäischen Städten haben gezeigt, dass die Befragten am meisten durch den Verkehrslärm beeinträchtigt waren. Durch die Verflechtung von Straßen und Wohngebieten ist es auch selbstverständlich, dass der, von ständig steigendem Kraftfahrzeugverkehr verursachter Lärm, als Lärmquelle Nr. 1 dominiert.

Die Wirkung des Schalls auf das Gehör wird vom Schalldruckpegel und von der Einwirkungszeit beeinflusst. Der Schalldruckpegel wird in dB(A) ausgedruckt. Das hörbare Geräusch ist begrenzt durch die Gehörschwelle einerseits und durch die Schmerzgrenze andererseits. Beide Grenzbereiche variieren in Abhängigkeit von der Geräuschfrequenz (**Bild 2.6**). Die Erhöhung des Geräusches um 3 dB(A) ist mit der Verdoppelung der akustischen Leistung verbunden.

Beispiele für unterschiedliche Geräuschintensitäten (Schalldruckpegel) sind in **Bild 2.7** gezeigt.

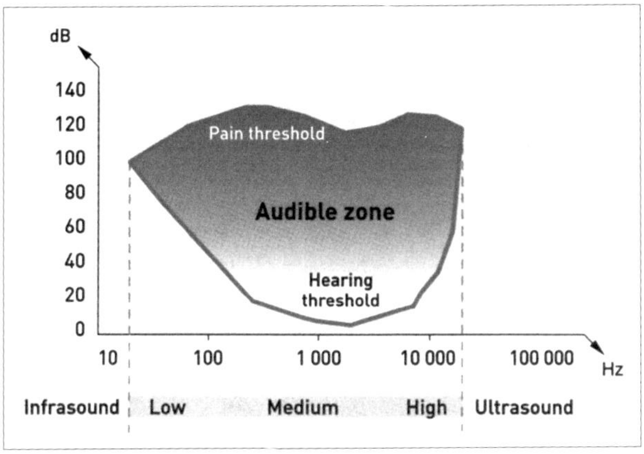

Bild 2.6:
Definition Gehörschwelle [Quelle: ACEA]

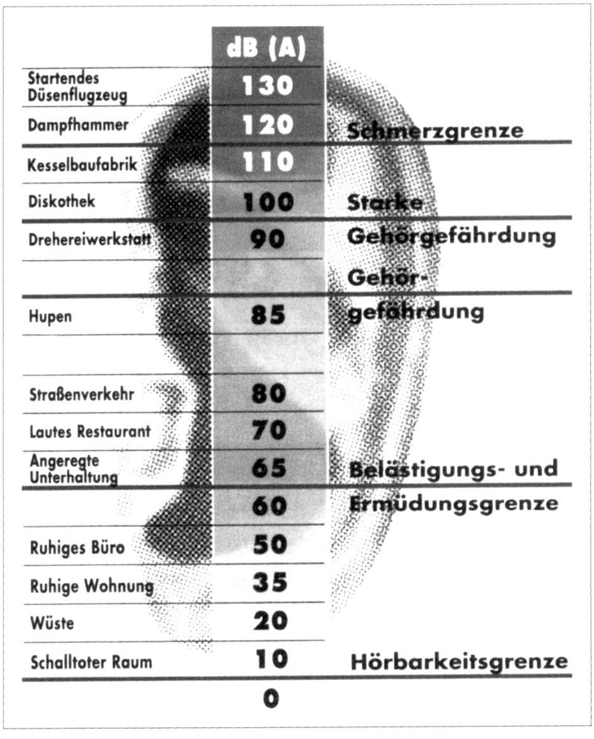

Bild 2.7:
Beispiele für Geräuschintensitäten [Quelle: Renault]

Am Arbeitsplatz darf der Schalldruckpegel, nach der EU-Direktive 86/188/EEC den Wert von 85 dB(A) nicht überschreiten. Dieser Wert wird über einen „Beurteilungspegel“, der auf 8 Stunden bezogen ist, ermittelt. In Ausnahmefällen kann er auch als Mittelwert auf eine Arbeitswoche bezogen werden. Bei Lärm mit einem Beurteilungspegel von 85 dB(A), hat das Unternehmen seinen betroffenen Mitarbeitern Gehörschutzmittel zu Verfügung zu stellen. Ab einem Beurteilungspegel von 90 dB(A) muss der zur Verfügung gestellte Gehörschutz benutzt werden (**Tabelle 2.3**).

Tabelle 2.3: Höchstzulässige Beurteilungspegel an Arbeitsplätzen

Tätigkeit	Beurteilungspegel und Bemerkung
Überwiegend geistige Tätigkeit sowie in Pausen-, Bereitschafts-, Liege- und Sanitätsräumen	bis 55 dB(A)
Einfache oder überwiegend mechanisierte Bürotätigkeit sowie vergleichbare andere Tätigkeiten.	bis 70 dB(A)
Alle sonstigen Tätigkeiten	ab 85 dB(A) Gehörschutz muss gestellt werden
Alle sonstigen Tätigkeiten, bei denen der Beurteilungspegel von 85 dB(A) mit betrieblich möglichen Lärmminderungsmaßnahmen nicht eingehalten werden kann.	ab 90 dB(A) Lärmbereich muss gekennzeichnet sein. Gehörschutz muss gestellt und getragen werden

2.8 Umweltschutzgesetze

Die Sicherheit, dass die festgelegten diversen Immissionsgrenzwerte auch eingehalten werden, wird durch die Gesetzgebung bzw. durch Umweltschutzgesetze gegeben. Umweltschutzgesetze – freilich nicht unter diesen Namen – sind seit mehreren Tausenden von Jahren bekannt. Im Jahr 50 v. Chr. erließ z.B. Julius Cäsar ein Nachtverbot für alle Kutschen, damit die Römer nicht um ihren Schlaf gebracht wurden. „Aeram corrumpere not licet" (Die Luft darf nicht verunreinigt werden) ist ein Grundsatz aus dem römischen Recht. Seit Ende des 19. Jahrhunderts, als erste für die Umwelt negative Folgen der Industrialisierung auftraten, nahm die Zahl der Umweltschutzgesetze stetig zu.

Inzwischen ist ein gesetzliches Regelwerk für Umweltfragen entstanden, dass selbst Fachleute nur mit Mühe die Entwicklungen auf diesem Gebiet verfolgen können. Mehr als 800 Umweltgesetze, 2.800 Verordnungen und 4.700 Verwaltungsvorschriften dienen z.B. allein in der Bundesrepublik Deutschland dem Umweltschutz [35]. Aber selbst die strengsten Umweltschutzbestimmungen in einem Land können dort die Umwelt alleine nicht schützen und verbessern. Da diverse Umweltbeeinträchtigungen an den Staatsgrenzen nicht Halt machen, kann dauerhaft nur ein internationaler, grenzüberschreitender Umweltschutz wirkungsvoll sein. Umfangreiche internationale Wirtschaftsverflechtungen tragen dazu bei, dass frühere, rein nationale Umweltprobleme und Maßnahmen zum Umweltschutz, eine internationale Dimension bekommen haben.

Bei der ersten Umweltschutzkonferenz in Stockholm 1972 wurde deshalb eine „Deklaration über die Umwelt und Menschen" vereinbart. Prinzip 21 dieser Deklaration legt den

Staaten auf „dafür zu sorgen, dass durch Tätigkeiten innerhalb ihres Hoheits- und Kontrollbereiches, der Umwelt in anderen Staaten oder Gebieten außerhalb ihres nationalen Hoheitsbereiches kein Schaden zugefügt wird". Seit 1987 ist der Umweltschutz als Aufgabe der Europäischen Gemeinschaft fest im – für alle EU-Mitgliedstaaten – gemeinsam geltenden Recht verankert. Obwohl die Aufgaben des Umweltschutzes primär bei den einzelnen Mitgliedsstaaten verbleiben, geht grundsätzlich das Recht der Europäischen Union dem nationalen Recht vor. Die Umweltschutzpolitik der EU war in der Anfangsphase vor allem durch Richtlinien gestaltet. Mittlerweile werden 70 bis 80 % der Umweltgesetze in der EU nicht mehr national bestimmt, sondern werden in Brüssel als verbindliche Direktiven festgeschrieben. EU-Vorschriften werden in drei Gruppen aufgeteilt:

- Direktiven (directives), müssen von allen Mitgliedsstaaten umgesetzt werden. Wie ihre Umsetzung durchgeführt wird, ist den einzelnen Staaten überlassen.
- Regelungen (regulations) müssen in allen Mitgliedstaaten einheitlich umgesetzt werden.
- Entscheidungen (decisions) sind wichtig, aber werden selektiv an die Staaten angewandt, die direkt betroffen sind.

Diese Harmonisierung nationaler Umweltvorschriften auf einem einheitlichen Niveau innerhalb, aber auch außerhalb der EU, hat eine herausragende wirtschaftliche Bedeutung. Ein wichtiger Meilenstein in der europäischen Gesetzgebung zum Umweltschutz stellt die Europäische Richtlinie zur integrierten Vermeidung und Verminderung der Umweltverschmutzung (IVU-Richtlinie) dar. Besonders wichtig für den integrierten Umweltschutz ist, dass Thema „biologische Vielfalt". Seine Ziele sind Schutz von Lebensraum und Arten in den Bereichen Landwirtschaft, Forstwirtschaft, Fischerei, Tourismus, Siedlung und Verkehr. Die Ziele des EU-Umweltschutzes sind [20, 36, 41]:

- Die Umwelt zu erhalten, zu schützen und ihre Qualität zu verbessern
- Zum Schutz der menschlichen Gesundheit beizutragen
- Eine umsichtige und rationelle Verwendung der natürlichen Ressourcen zu gewährleisten

Der Begriff „Umwelt" selbst ist nicht definiert, so dass damit weite Auslegungsspielräume geöffnet sind. Eine der ersten Definitionen der „Umwelt" ging von: Wasser, Luft, Boden sowie Beziehungen unter ihnen einerseits und zu allen anderen Lebewesen andererseits aus. Aus vielen Normen der EU kann folgende, modernere Definition der „EU-Umwelt" abgeleitet werden [19]: Die „EU Umwelt" besteht aus Menschen, Tieren, Pflanzen, sonstigen lebenden Beständen, Boden, Untergrund, Wasser (Oberflächenwasser, Grundwasser, Abwasser), Luft, Biotopen, allen Ökosystemen, Umgebung, Landschaft, Stille und Ruhe, natürlichen Gerüchen, Kulturgütern.

Die Erhaltung der biologischen Vielfalt hat hohe Priorität. Sie Umfasst alles, was zu Vielfalt der belebten Natur gehört. Dazu gehören alle Arten von Tieren, Insekten, höheren Pflanzen, Moosen, Flechten, Pilzen und Mikroorganismen, aber auch die innerartliche genetische Vielfalt, die Lebensräume der Organismen und die Ökosysteme. Das alles wird in dem komplexen Begriff „Biodiversität" zusammengefasst.

Die wichtigsten Vorschriften zum Schutz der Umwelt in den USA sind Clean Air Act (CAA), Clean Water Act (CWA), Comprehensive Environmental Response, Compensation and Liability Act (CERCLA), Resource Conversation and Recovery Act (RCRA) sowie Toxic Substances Control Act (TSCA).

2.8.1 Prinzipien des Umweltrechts

Die bestehenden Umweltrechte in allen Ländern der Welt bauen grundsätzlich auf folgenden Prinzipien auf:

Das Vorsorgeprinzip: ist das oberste Prinzip des Umweltrechts. Durch vorbeugende Maßnahmen sollen die Umweltbelastungen möglichst nicht entstehen. Es kommt vor allem darauf an, weitere Umweltschäden dauerhaft vorzubeugen. Bei der UN-Konferenz über „Environment und Development" 1992 in Rio de Janeiro wurde in der bekannten Agenda 21 (principle 15) festgelegt: „Um die Umwelt zu schützen soll der Staat, entsprechend seinen Möglichkeiten, dass Vorsorgeprinzip möglichst breit anwenden". Durch die Vorsorgepflicht, muss schon im Vorfeld von Gefahren gehandelt werden, wenn sich entsprechende Risiken abzeichnen. Das Vorsorgeprinzip an sich ist kein Problem, sondern oftmals seine Anwendung, weil oft die „besten verfügbaren Techniken" (**BAT** = **b**est **a**vailable **t**echniques), ohne Rücksicht auf Kosten, verlangt werden.

Das Verursacherprinzip: Umweltschäden sollen direkt an der Quelle bekämpft werden. Wer die Umwelt beeinträchtigt, hat die Verantwortung und die Kosten zu tragen, um die Umweltbelastungen zu vermeiden oder zu beseitigen. Wo Spuren einer ernsthaften oder irreversiblen Zerstörung sichtbar sind, darf das Fehlen von wissenschaftlichen Beweisen nicht als Grund genommen werden, um kosteneffektive Maßnahmen zur Beseitigung von Umweltschäden nicht anzuwenden.

Das Gemeinlastprinzip: Wenn kein bestimmter Verursacher der Umweltbelastung zu ermitteln ist, übernimmt die Allgemeinheit (Gemeinden, Länder, Staat) die Kosten für die Beseitigung der Umweltschäden.

Das Kooperationsprinzip: Der Staat und alle Teile der Gesellschaft sollen zusammenarbeiten um den Kenntnisstand in Umweltfragen zu erweitern und Entscheidungsprozesse sachdienlich zu fördern. Fach- und Sachkompetenz der Wirtschaft sowie Erkenntnisse der Wissenschaft sollen nutzbar gemacht werden.

2.9 Umweltschutzgesetze für die Produktion

2.9.1 Produktverantwortung

Wer heute Erzeugnisse entwickelt, herstellt, be- und verarbeitet oder vertreibt, trägt die Verantwortung auch in Bezug auf die Erfüllung von Umweltschutznormen. Zur Erfüllung dieser Normen sind Erzeugnisse möglichst so zu gestalten, dass bei deren Herstellung, Transport und Gebrauch, das Entstehen von Umweltbelastungen vermindert wird und die umweltverträgliche Verwertung und Beseitigung nach deren Gebrauch sichergestellt ist.

Umweltschutzgesetze für Industrieunternehmen und Gewerbebetriebe, freilich nicht unter diesen Namen, wurden gegen Ende des 19. Jahrhunderts eingeführt, als die ersten für die Umwelt negativen Folgen der Industrialisierung bemerkbar wurden.

In Deutschland wurde 1869 eine Gewerbeordnung des Norddeutschen Bundes „zur Errichtung von Anlagen, welche durch die örtliche Lage oder die Beschaffenheit der Betriebsstätte für die Besitzer oder Bewohner der benachbarten Grundstücke oder für das Publikum überhaupt erhebliche Nachteile, Gefahren oder Belästigungen herbeiführen können“ eingeführt (**Bild 2.8**) [24].

Bundes-Gesetzblatt
des
Norddeutschen Bundes.

No 26.

Gewerbeordnung für den Norddeutschen Bund.

Vom 21. Juni 1869.

Wir Wilhelm, von Gottes Gnaden König von Preußen verordnen im Namen des Norddeutschen Bundes, nach erfolgter Zustimmung des Bundesrathes und des Reichstages, was folgt: ...

II. Erforderniß besonderer Genehmigung.

1. Anlagen, welche einer besonderen Genehmigung bedürfen.

§. 16.

Zur Errichtung von Anlagen, welche durch die örtliche Lage oder die Beschaffenheit der Betriebsstätte für die Besitzer oder Bewohner der benachbarten Grundstücke oder für das Publikum überhaupt erhebliche Nachtheile, Gefahren oder Belästigungen herbeiführen können, ist die Genehmigung der nach den Landesgesetzen zuständigen Behörde erforderlich.

Es gehören dahin:

Schießpulver-Fabriken, Anlagen zur Feuerwerkerei und zur Bereitung von Zündstoffen aller Art, Gasbereitungs- und Gasbewahrungs-Anstalten, Anstalten zur Destillation von Erdöl, Anlagen zur Bereitung von Braunkohlentheer und Koaks, sofern sie außerhalb der Gewinnungsorte des Materials errichtet wer-

Bundesgesetzblatt
Teil I

1974	Ausgegeben zu Bonn am 21. März 1974	Nr. 27

Gesetz
zum Schutz vor schädlichen Umwelteinwirkungen
durch Luftverunreinigungen, Geräusche, Erschütterungen
und ähnliche Vorgänge
(Bundes-Immissionsschutzgesetz — BImSchG)

Vom 15. März 1974

Der Bundestag hat mit Zustimmung des Bundesrates das folgende Gesetz beschlossen: ...

§ 4

Genehmigung

(1) Die Errichtung und der Betrieb von Anlagen, die auf Grund ihrer Beschaffenheit oder ihres Betriebs in besonderem Maße geeignet sind, schädliche Umwelteinwirkungen hervorzurufen oder in anderer Weise die Allgemeinheit oder die Nachbarschaft zu gefährden, erheblich zu benachteiligen oder erheblich zu belästigen, bedürfen einer Genehmigung.

Bild 2.8: Bundesgesetzblatt (Norddeutscher Bund 1869 und BR Deutschland 1974) [Quelle: MWV]

2.9.2 Bundesimmissionsschutzgesetz

Das deutsche Bundesimmissionsschutzgesetz (BImSchG) von 1974 hat wesentliche Teile dieser Gewerbeverordnung übernommen. Es dient zum Schutz vor schädlichen Umwelteinrichtungen durch Luftverunreinigungen, Geräusche, Erschütterungen und ähnlichen Vorgängen. Betreiber einer Anlage trägt von der Beginn der Entwicklung, bis zur Stilllegung des Betriebes selbst die Verantwortung dafür, dass keine schädlichen Umweltauswirkungen und sonstige Gefahren hervorgerufen werden, Vorsorge nach dem Stand der Technik getroffen werden, Abfälle vermieden, verwertet oder notfalls schadlos beseitigt werden und Abwärme genutzt wird.

2.9.3 EG-Richtlinien

Die EG-Richtlinie über die Integrierte Vermeidung und Verminderung von Umweltbeeinträchtigungen (IVU) vom 24.9.1996 erstreckt sich auf alle Umweltbelastungen. Alle produzierenden Unternehmen müssen sich mit den von ihnen verursachten Umweltbelastungen auseinandersetzen und Umweltschutzanforderungen müssen in die betrieblichen Abläufe integriert werden.

Entsprechend dem Bundesimmissionsschutzgesetz muss vor einer Einrichtung oder Veränderung eines Industriebetriebes ein schriftlicher Antrag auf Genehmigung bei der „zuständigen Behörde“ gestellt werden. Dieser Antrag enthält Angaben über den Zweck der Anlage, Größe und Lage, Durchsatz, Einsatzstoffe und Fertigprodukte, Energie- und Wasserbedarf, Emissionen von Schadstoffen und Lärm, Abwasserbehandlung und Abfallbeseitigung.

Nach einer vorgeschriebenen Prozedur formuliert die Behörde den Genehmigungsbescheid, wenn die Forderungen des BImSchG erfüllt sind, und der Schutz der Anwohner damit gewährleistet ist. Der Bescheid enthält Auflagen, die der Betreiber der Anlage erfüllen muss: Grenzwerte für Emissionen von Luftschadstoffen, Maßnahmen zur Lärmbegrenzung, Anforderungen an die Beschaffenheit des Abwassers, besondere Anforderungen an den Bau der Anlagen, Installation von Messgeräten zur Festlegung von Immissionen.

Eine Genehmigung zur Einrichtung und zum Betrieb einer genehmigungsbedürftigen Anlage ist demnach entsprechen BimSchG nur dann zu erteilen, wenn sichergestellt ist, dass die Anlage so errichtet und betrieben wird, dass:

a. die von der Anlage ausgehenden Luftverunreinigungen keine schädlichen Umwelteinwirkungen für die Allgemeinheit und Nachbarschaft hervorrufen können und
b. Vorsorge gegen schädliche Umwelteinrichtungen durch Luftverunreinigungen dieser Anlage getroffen sind.

Eine Übersicht des **Bundesimmissionsschutzgesetzes (BimSchG)** mit dazugehörigen relevanten Verordnungen (V) und allgemeinen Verwaltungsvorschriften (VwV9) ist in **Bild 2.9** dargestellt.

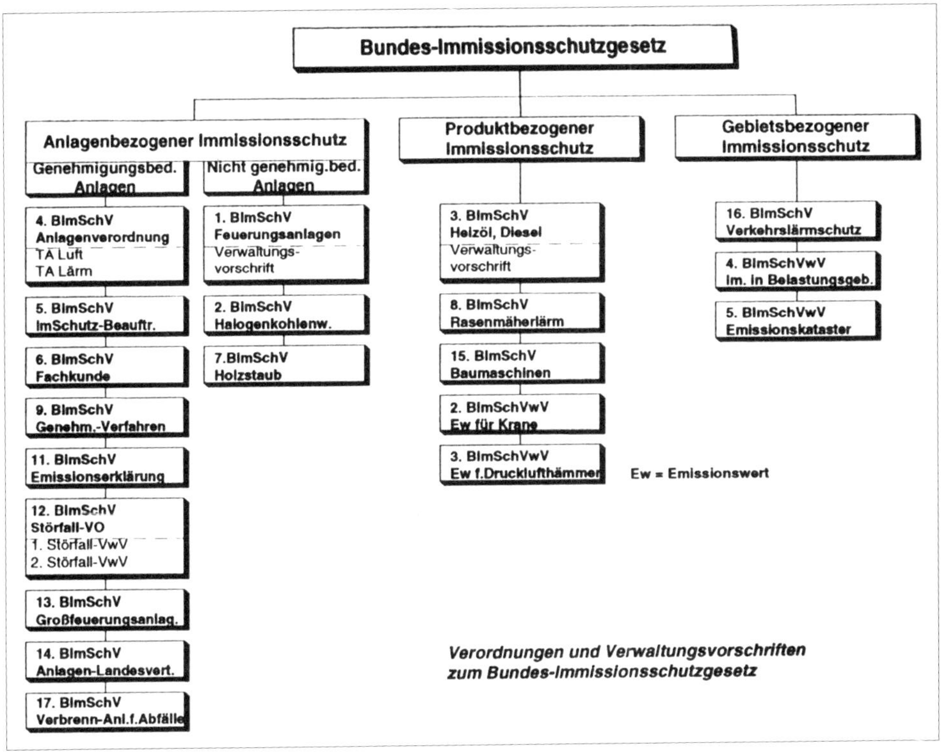

Bild 2.9: Übersicht Bundesimmissionsschutzgesetz (BimSchG)

2.9.4 Wasserhaushaltgesetz

Auch der **Gewässerschutz** ist in verschiedenen Gesetzen, Verordnungen und Verwaltungsvorschriften über den Wasserhaushalt und über die Wasserbeseitigung geregelt (**Bild 2.10**).

Entsprechend dem **Wasserhaushaltsgesetz (WHG)** sind die Gewässer so zu bewirtschaften. dass sie nicht verunreinigt oder sonstig nachteilig verändert werden und damit dem Wohl der Allgemeinheit und dem Einzelnen gedient wird; ferner ist Wasser sparsam zu verwenden. Hinsichtlich der Wärmebelastung von Flüssen und Seen bestehen Wärmelastpläne, in denen unter anderem Grenzwerte für die Einleitungstemperaturen von Kühlwasser festgelegt sind.

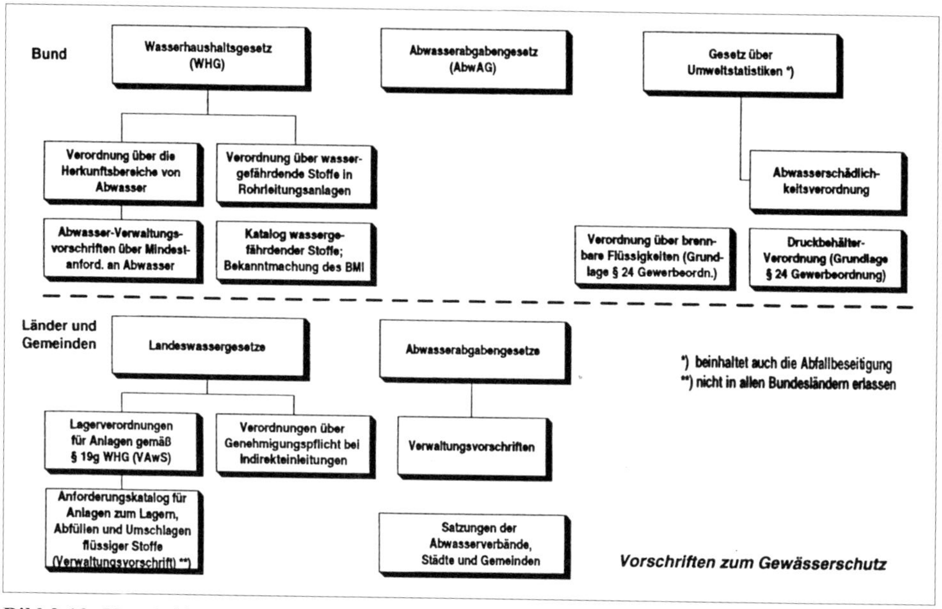

Bild 2.10: Vorschriften zum Gewässerschutz

2.9.5 Kreislaufwirtschafts- und Abfallgesetz

Zweck des Gesetzes zur Vermeidung, Verwertung und Beseitigung von Abfällen (Kreislaufwirtschafts- und Abfallgesetz, KrW-AbfG) ist die Förderung der Kreislaufwirtschaft zur Schonung der natürlichen Ressourcen und die Sicherung von umweltverträglichem Beseitigen von Abfällen. Entsprechend dem Titel des Gesetzes wurden folgende Prioritäten festgelegt:

1. Abfälle vermeiden → ihre Menge und Schädlichkeit vermindern
2. Abfälle stofflich verwerten → für den ursprünglichen oder anderen Zweck
3. Abfälle energetisch verwerten → Einsatz als Ersatzbrennstoff

Welche Stoffe als Abfall gelten, ist im Europäischen Abfallkatalog (**EWC** = **E**uropean **W**aste **C**atalogue) festgehalten.

Erzeuger, bei denen jährlich mehr als insgesamt 2.000 kg besonders überwachungsbedürftige Abfälle oder jährlich mehr als 2.000 Tonnen überwachungsbedürftige Abfälle anfallen, haben ein Abfallwirtschaftskonzept über die Vermeidung, Verwertung und Beseitigung der anfallenden Abfälle zu erstellen. Besonders überwachungsbedürftige Abfälle sind nach Art, Beschaffenheit oder Menge im besonderen Maße gesundheits-, luft- oder wassergefährdend. Diese Abfälle werden durch Rechtsordnung bestimmt. Alle anderen Abfälle aus gewerblichen oder sonstigen wirtschaftlichen Unternehmen sind überwachungsbedürftig.

Die EU-Direktive 75/442/EEC – **W**aste **F**ramework **D**irective (**WFD**) – von 15. Juli 1975 stellt die Basis für die Europäische Abfallpolitik dar. Sie wurde 1991 und 1996 revidiert und auf den neuesten Stand gebracht.

2.9.6 Chemikaliengesetz

Ziel des **Chemikaliengesetzes** (**ChemG**) ist die Umwelt vor schädlichen Einwirkungen gefährlicher Stoffe zu schützen. In 2001 hat die EU-Kommission ein, so genanntes „White Paper“ über die künftige Chemikalien Politik der EU angenommen. Zentraler Punkt des „White Papers“ stellt das System über „**R**egistration, **E**valuation and **A**utorisation of **C**hemicals“ (**REACH**) dar, über strengere Kontrollen von Chemischen Substanzen welche einen negativen Einfluss auf menschliche Gesundheit und Umwelt haben können. Mitte des Jahres 2006 trat die REACH-Verordnung der EU in Kraft. Die Verordnung betrifft rund 30.000 Chemikalien (Stoffe), die mit mehr als einer Tonne pro Jahr hergestellt und vermarktet werden. Der Begriff „Chemikalien“ bedeutet , dass alle Stoffe, abhängig von ihrer jährlich produzierten Menge, registriert und bewertet (evaluiert) werden müssen. Da ohne Stoffe, Zubereitung, Materialien oder Erzeugnisse kein Fahrzeuge gebaut werden kann, ist jedes Unternehmen der Automobil- und Zulieferindustrie von REACH betroffen.

2.9.7 Strategische Umweltprüfung

Die „Richtlinie 2001/42/EG über Prüfung der Umweltauswirkungen bestimmter Pläne und Programme“ gehört zu Strategischen Umweltprüfung, die vorsieht, dass bestimmte Pläne und Programme zukünftig von ihrem Erlass einer vertieften Überprüfung ihrer Auswirkungen auf die Umwelt unterzogen werden. Sie ist seit 2005 in Kraft. Damit können nachteilige Umweltfolgen einer Planung bereits frühzeitig im Planungsprozess erkannt und berücksichtigt werden. Hierzu zählen auch Verkehrswegeplanung, Bauleitpläne, Planungen im Bereich der Luftreinhaltung und des Lärmschutzes sowie Abfallwirtschaftspläne. Die Strategische Umweltprüfung ersetzt die traditionelle **Umweltverträglichkeitsprüfung** (**UVP**), die erst bei der Zulassung umwelterheblicher Vorhaben angewendet wird. Die Strategische Umweltprüfung stellt sicher, dass schon Planungen, die Festlegungen für spätere Zulassungsentscheidungen treffen, umweltverträglich, transparent und unter Einbeziehung der Öffentlichkeit durchgeführt werden.

2.9.8 Umwelthaftungsgesetz

Es bestimmt eine Gefährdungshaftung für bestimmte Anlagen. Voraussetzung für die Haftung ist, dass durch eine Umwelteinwirkung jemand in seiner Gesundheit verletzt, oder dass ein Sachwert beschädigt wird und dass daraus den Betroffenen ein Schaden entsteht.

Schadenersatzpflichtig ist der Inhaber der Anlage. Die Art und Weise, wie die einzelnen Passagen der zugehörigen Gesetze auszulegen sind, wird durch die Verwaltungsvorschriften vorgeschrieben. Die bekannteste normkonkretisierte Verwaltungsvorschrift zum Bundesimmissions-Schutzgesetz (BImSchG) ist die

2.9.9 Technische Anleitung zur Reinhaltung der Luft (TA-Luft)

Die TA-Luft ist das Kernstück des deutschen Anlagenzulassungsrechtes. Sie enthält unter anderem Immissionsgrenzwerte zum Schutz der menschlichen Gesundheit, etwa die maximale Belastung der Umgebungsluft mit einigen Schadstoffen sowie Immissionswerte zum Schutz vor schädlichen Auswirkungen für den Niederschlag einiger Schadstoffe auf Boden und Pflanzen (Immissionswerte für Staubniederschlag). Auf diesen Immissionswerten orientieren sich die gesetzlich vorgeschriebenen Maßnahmen der jeweils zuständigen Behörden. TA-Luft gilt für genehmigungsbedürftige Anlagen und enthält technische und administrative Vorschriften zum Schutz vor und zur Vorsorge gegen schädliche Umweltauswirkungen. Für eine Genehmigung sind Ausbreitungsberechnungen für den Schadstoffausstoß und bereits vorhandene Immissionen zu berücksichtigen.

Die Immissionswerte für einzelne Stoffe der TA-Luft dienen zum Vergleich mit Immissionskenngrößen, die nach einem ganz bestimmten Prinzip durch Messung ermittelt werden. Die Prüfung ob die Grenzwerte überschritten sind, bildet eine der Entscheidungsgrundlagen für die Genehmigung von genehmigungsbedürftigen Anlagen, oder die Anordnung nachträglicher Maßnahmen an schon genehmigten Anlagen.

Seit Oktober 2002 hat der Deutsche Gesetzgeber die europäische Richtlinie 96/62/EG über die Beurteilung und Kontrolle der Luftqualität in die TA-Luft umgesetzt. Wie die alte TA-Luft von 1986, hat die TA-Luft 2002 einen Immissions- und einen Emissionsteil. Der Immissionsteil enthält Vorschriften zum Schutz der Nachbarn vor unvertretbar hohen Schadstoffbelastungen, z.B. aus Industrieanlagen. Dabei wird die Anlagenzulassung an europäisches Recht angepasst. Der Emissionsteil enthält Anforderungen zur Vorsorge gegen schädliche Umwelteinwirkungen und legt entsprechende Emissionswerte für alle relevanten Luftschadstoffe fest.

Die TA-Luft-Grenzwerte existieren für 35 anorganische Stoffe, ca. 150 organische Stoffe und 20 kanzerogene Stoffe. Die neuen Immissionswerte der TA-Luft orientieren sich zum Teil an europäischen Vorgaben. So schreiben die Richtlinien 1999/30/EG und 2000/69/EG Grenzwerte für Schwefeldioxid, Stickstoffoxide, Partikel, Blei, Benzol und Kohlenmonoxid in der Luft vor, die ab 1.1.2005 bzw. ab dem Jahr 2010 überall in der EU rechtlich verbindlich sind.

Die Umweltanforderungen der EU für genehmigungsbedürftige Anlagen sind medienübergreifend (Luft, Wasser, Boden) unter gleichzeitiger Berücksichtigung der Anlagensicherheit und der Energieeffizienz betroffener Bereiche. Entsprechend dem Bundesimmissionsschutzgesetz fallen bei der Erfüllung bestimmter Kriterien auch Gerüche in die Kategorie erheblicher Belastungen. Diese sind sowohl im Rahmen der Genehmigung neuer Anlagen, d.h. vorbeugend, als auch gegebenenfalls durch Anordnung nachträglicher Maßnahmen bei bereits bestehenden Anlagen nach dem Wortlaut des Gesetzes zu vermeiden.

Die Erhebung der Geruchsbelästigung erfolgt auf die Befragung von Bevölkerungsgruppen von mindestens 20 Personen im betreffenden Wohnviertel. Die Belästigung wird von jeder Person nach einem Beurteilungsschema für Geruchsbelästigung eingestuft (**Tabelle 2.4**).

Tabelle 2.4: Beurteilungsschema für Geruchsbelästigung (Schweiz)

Belästigung	Ausmaß der Belästigung (Skala 0–10)	%-Anteil stark Belästigter	Maßnahmen
Stark	> 5	> 25 %	Sofortmaßnahmen
Mittel	3–5	10–25	langfristig
Zumutbar	< 3	< 10	keine besonderen

Gesetzliche Regelwerke gegen Geruchsbelästigung in Deutschland sind der Durchführungserlass zur TA-Luft und Raffinerierichtlinie 1975.

2.9.10 TA-Lärm

Maßnahmen zur Lärmminderung sind durch die „Technische Anleitung zum Schutz gegen Lärm" (TA-Lärm) festgeschrieben. TA-Lärm enthält Immissionsgrenzwerte, die in direkt benachbarten Gebieten von industriellen Anlagen nicht überschritten werden dürfen. Die Immissionswerte nach TA-Lärm sind in der **Tabelle 2.5** zusammengefasst:

Tabelle 2.5: Immissionsrichtwerte nach TA Lärm [dB(A)]

	tagsüber	nachts
a) Gebiete, in denen nur gewerbliche Anlagen und Wohnungen für Inhaber und Leiter der Betriebe sowie Aufsicht- und Bereitschaftspersonen untergebracht sind (**Industriegebiete**)	70	70
b) Gebiete, in denen vorwiegend gewerbliche Anlagen untergebracht sind (**Gewerbegebiete**)	65	50
c) Gebiete mit gewerblichen Anlagen und Wohnungen, in denen sowohl gewerbliche Anlagen, als auch Wohnungen untergebracht sind. (**Mischgebiete, Dorfgebiete**)	60	45
d) Gebiete, in denen vorwiegend Wohnungen untergebracht sind (**allgemeine Wohngebiete**)	55	40
e) Gebiete, in denen ausschließlich Wohnungen untergebracht sind (**reine Wohngebiete**)	50	35
f) **Kurgebiete**, Krankenhäuser und Pflegeanstalten	45	35
g) Wohnungen, die mit Auf lagen baulich verbunden sind	40	30

Eine Richtlinie der World Health Organisation (WHO) schlägt einen Lärmgrenzwert während der Nacht von 30 dB(A) vor, mit maximal erlaubtem Wert von 45 dB(A). Die Europäische Union veröffentlichte im Juni 2002 die EU-Umgebungslärmrichtlinie (2002/49/EG), um die Lärmbekämpfung europaweit zu vereinheitlichen.

2.9.11 TA-Abfall

Die Technische Anleitung zur Lagerung, zur chemisch/physikalischer und biologischer Behandlung, zur Verbrennung und Ablagerung von besonders überwachungsbedürftigen Abfällen (**TA-Abfall**) umfasst schließlich bereitstellen, sammeln, lagern und behandeln von Abfällen in einem Produktionsbetrieb.

2.9.12 Umweltinformationen

Umwelt-Informationsrichtlinien der EU und die **U**mwelt-**I**nformations**g**esetze (**UIG**) der Mitgliedsstaaten sollen den Zugang der Öffentlichkeit zu Informationen über Umwelt erleichtern. In den Bereich der frei zugänglichen Informationen fallen alle Daten über den Zustand der Gewässer, der Luft, des Bodens und der Tier- und Pflanzenwelt, der natürlichen Lebensräume oder der Lärmbelästigung. Dazu gehören auch Informationen über den Verbrauch von natürlichen Ressourcen Wasser, Luft und Boden, über Emissionen von Stoffen oder Abfällen aus einer Anlage in die Umwelt sowie über Überschreitungen von Emissionsgrenzwerten.

Ziel des Gesetzes über die Bereitstellung von Verbraucherinformationen (CO_2-Labelingsrichtlinie) beim Marketing für neue Personenkraftwagen (Personenkraftwagen-**V**erbraucher**i**nformations**g**esetz, PKW-**VIG**) ist es, im Einklang mit der EU-Direktive, sicherzustellen, dass die Verbraucher klare und verständliche Informationen über den Kraftstoffverbrauch und die CO_2-Emissionen von neuen Personenkraftwagen erhalten und so ihre Entscheidung beim Kauf neuer Fahrzeuge in voller Sachkenntnis treffen können.

Der Händler ist verpflichtet in seinem Verkaufsraum einen entsprechenden Hinweis (Größe A4) auf den offiziellen Kraftstoffverbrauch und die offiziellen spezifischen CO_2-Emissionen zu erstellen und an jedem neuen Fahrzeugmodell, oder in dessen unmittelbarer Umgebung deutlich sichtbar anzubringen.

Die bestehenden Umweltvorschriften sind historisch gewachsen und über zahlreiche Fachgesetze und Verordnungen verstreut. In ihrer Gesamtheit sind sie selbst für Fachleute nur mehr schwer zu überblicken. Die wichtigsten von diesen sollen nun in einen Umweltgesetzbuch (UGB) aufgenommen werden [36].

Die traditionelle Gliederung des Umweltrechts in einzelne Fachgebiete Luft-, Wasser-, Boden- und Naturschutz widerspricht modernen fachlichen Erkenntnissen, nach denen die

Umwelt als komplexes ökologisches Gefüge zu betrachten und in ihrer Gesamtheit zu schützen ist. Maßnahmen zum Schutz der Umwelt dürfen sich nicht nur isoliert auf einzelne Umweltaspekte – z.B. die Reinhaltung der Luft oder des Wassers – konzentrieren, sondern müssen zugleich mögliche Auswirkungen auf andere Umweltbereiche einbeziehen.

Das Nebeneinander verschiedener Genehmigungsverfahren soll im Rahmen des UGB durch eine so genannte „integrierte Vorhabengenehmigung" abgelöst werden. Der Auftragsteller hat nur noch ein Zulassungsverfahren bei der Behörde zu durchlaufen, in dem sein Vorhaben auf der Grundlage eines übergreifenden Prüfprogramms umfassend unter allen Umweltgesichtspunkten geprüft wird [35].

2.10 Umweltschutzgesetze für das Produkt

Die technische Entwicklung eines Kraftfahrzeugs erfolgt heute zunehmend unter Beachtung von strengen, durch Vorschriften vorgegebenen Grenzwerte. Bestimmte Eigenschaften, Ausführungsformen, Abmessungen, Qualitätsregeln, meist als zahlenmäßige Vorgaben, werden für Kraftfahrzeuge in den einzelnen Ländern – mehr oder weniger voneinander unterschiedlich – entweder als Mindest- oder als Maximalanforderungen vorgegeben.

Bild 2.11 zeigt als Beispiel einen Teil der EU-Richtlinien für einen PKW, die erfüllt werden müssen, bevor ein Fahrzeug zugelassen wird. Ähnliche, aber nicht identische Forderungen haben die USA, Japan, Australien, usw. Erst die Erfüllung aller dieser Vorschriften stellt eigentlich die Eintrittskarte für die Teilnahme auf dem internationalen Markt dar.

2.10.1 Abgasemissionen

Für die Schadstoffemissionen aus Kraftfahrzeugen gibt es weltweit eine Vielzahl von Vorschriften und Gesetzen. Diese zeichnen sich aufgrund der unterschiedlichen politischen und wirtschaftlichen Interessen der einzelnen Staaten durch einen hohen Grad an Uneinheitlichkeit aus. Deshalb ist eine auf den Export orientierte Automobilindustrie gezwungen, zur Erfüllung der einzelnen Gesetze verschiedene Versionen desselben Typs für die verschiedenen Märkte anzubieten. Eine weltweite Harmonisierung der Gesetze und Messverfahren wäre auch deshalb wirtschaftlichen Gründen sehr sinnvoll.

2.10.1.1 Europäische Union (EU)

Personenfahrzeuge (PKW)

Die erste Direktive für die Begrenzung der Schadstoffemission von PKW in Europa wurde durch die **ECE** (**E**conomic **C**ommission for **E**urope) im Jahre 1970 angenommen (Directive 70/220 EEC). Seit dieser Zeit wurde die Direktive 8mal geändert (**Bild 2.12**).

Bild 2.11: Regelungen für PKW in der EU [Quelle: Porsche]

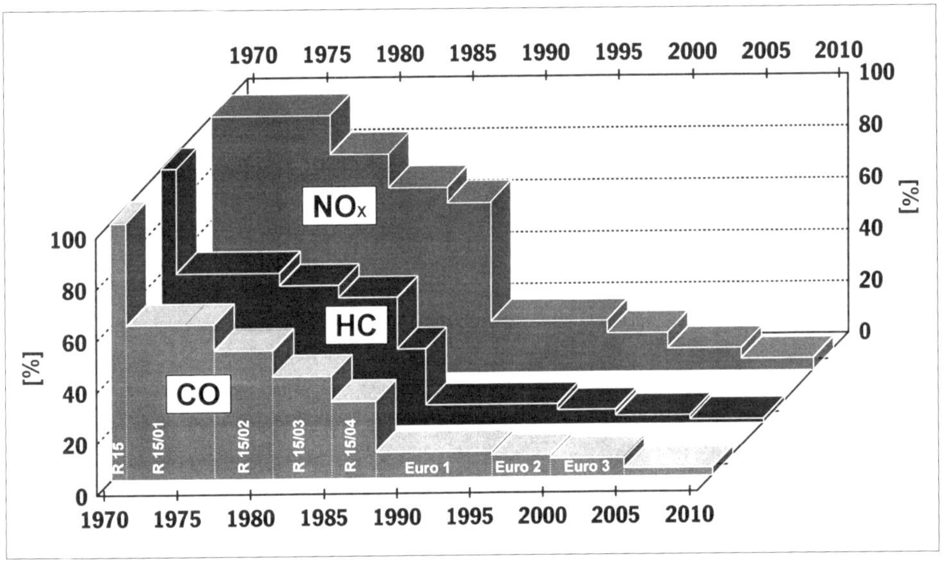

Bild 2.12: Entwicklung der PKW-Abgasgesetze in Europa (Hubraumklasse > 2,0 l)

Die Abgasrichtlinien- und Direktiven der EU für Kraftfahrzeuge und andere mobile Quellen werden in einer Expertengruppe der Europäischen Kommission (**M**otor **V**ehicle **E**mission **G**roup, **MVEG**) vorbereitet.

Die Direktive 98/69/EC schreibt die Grenzwerte für folgende Komponenten aus Abgasen von Otto- und Dieselmotoren vor:

- Kohlenmonoxid (CO)
- unverbrannte Kohlenwasserstoffe (HC)
- Stickstoffoxide (NO_X)
- Feststoffe, Partikel (Particulate Matter – PM) (nur für Dieselmotoren).

Die gegenwärtige Gesetzgebung versucht auf folgende Weise die Emissionen der im Verkehr befindlichen Fahrzeuge zu berücksichtigen:

- durch Typprüfung welche die Langzeitwirkung bzw. Stabilität der Emissionsrelevanten Bauteile berücksichtigt.
- durch Konformität der Serienproduktion mit den Typprüfwerten.
- durch eine Direktive, die versichert, dass im Verkehr befindliche Fahrzeuge nach Vorschrift der Hersteller eingestellt werden und somit ev. hohe Emittenten rechtzeitig registriert und aus dem Verkehr gezogen werden.

Entsprechend der ECE-Richtlinie 70/220 (EU-Direktive 98/69/EC) werden Fahrzeuge mit Fremdzündmotoren (Ottomotoren) bei der Neuzulassung folgenden Prüfungen unterzogen:

- Prüfung Typ I: Prüfung der durchschnittlichen Abgasemissionen nach einem Kaltstart.
- Prüfung Typ II: Prüfung der Emissionen von Kohlenmonoxid bei Leerlauf.
- Prüfung Typ III: Prüfung der Gasemissionen aus dem Kurbelgehäuse.

- Prüfung Typ IV: Prüfung der Verdunstungsemissionen.
- Prüfung Typ V: Dauerhaltbarkeit der emissionsmindernden Bauteile (On-Board-Diagnose)
- Prüfung Typ VI: HC- und CO-Emissionen bei niedrigen Temperaturen (Kaltstart bei –7 °C).

Für Fahrzeuge mit Kompressionszündmotoren (Dieselmotoren) sind Prüfungen Typ III und Typ IV nicht vorgesehen. Seit 1993 müssen alle PKW-Benzinmotoren in der EU einen Drei-Wege-Katalysator haben, um die vorgeschriebenen Abgasgrenzwerte zu erfüllen. Seit dieser Zeit sind Abgasgrenzwerte in der EU vergleichbar mit Abgasgrenzwerten in den USA oder in Japan.

Für PKW mit einem Zulassungsgewicht von ≤ 2,5 t (so genannte M1 Fahrzeuge) mit max. 8 Passagiersitzen, inkl. Fahrer, sind folgende Grenzwerte nach Prüfung Typ I z. Zt. in Kraft („Euro-4-Grenzwerte“) (**Tabelle 2.6**):

Tabelle 2.6: Euro-4-Grenzwerte (gültig ab 1.1.2005)

	Ottomotoren	Dieselmotoren
CO g/km	1,0	0,5
HC g/km	0,1	–
NO_x g/km	0,08	0,25
HC + NO_x g/km	–	0,30
PM g/km	–	0,025

Anforderungen an das Emissionsverhalten von PKW bei niedrigen Temperaturen werden durch separate Grenzwerte für CO und HC bei –7 °C gestellt:

- CO = 15 g/km
- HC = 1,8 g/km.

Der Grenzwert der Prüfung Typ IV (Verdunstungsemission) liegt bei 2,0 g/Test.

Mit dem Beschluss des Europaparlamentes vom 13. Dezember 2006 ist das Gesetzgebungsverfahren zu Euro 5 und Euro 6 für PKW so gut wie abgeschlossen. Euro 5 (**Tabelle 2.7**) wird zum 1. September 2010 für alle Neufahrzeuge in Kraft treten.

Tabelle 2.7: Vorschlag für Euro 5 Grenzwerte (gültig ab 2010)

	Ottomotoren	Dieselmotoren
CO g/km	1,0	0,5
HC g/km	0,075	–
NO_x g/km	0,060	0,18
HC + NO_x g/km	–	0,25
PM g/km	0,005 („Mager Motoren“)	0,005

Euro 6 folgt in Abstand von fünf Jahren, zum 1.9.2015 für alle PKW. Der NO_x-Grenzwert wird bei dieser Regelung für Diesel-PKW auf 0,08 g/km herabgesetzt. Mit der Einführung von Euro 5 wird auch die erforderliche Dauerhaltbarkeit der emissionsrelevanten Bauteile von 80.000 km auf 160.000 km erhöht. Die Abgasprüfung Typ I wird auf einem Rollenprüfstand (**Bild 2.13**) vorgenommen.

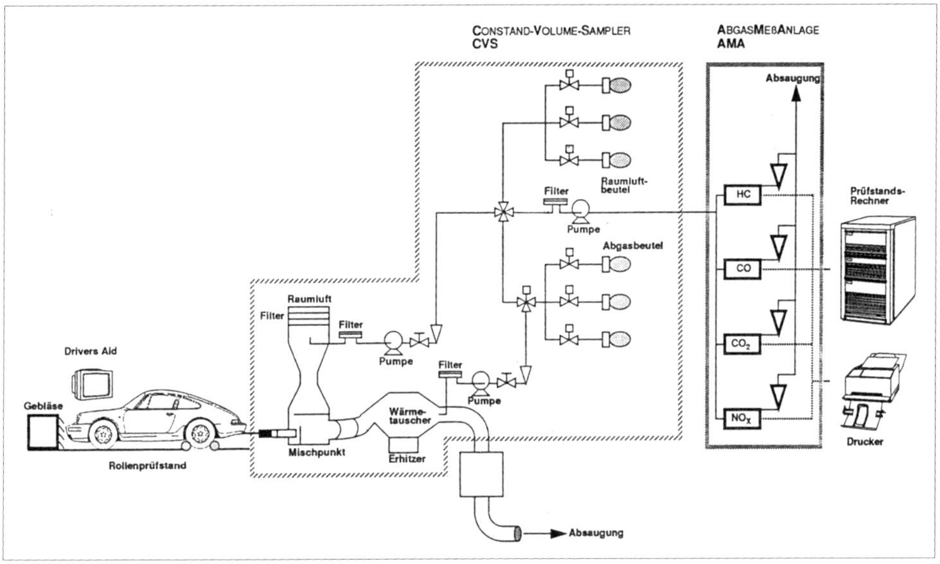

Bild 2.13: Abgasrollenprüfstand für die Messung der Abgasemission [Quelle: Porsche]

In allen Industrieländern der Welt gibt es heute gesetzlich vorgeschriebene Abgastests, die sich bezüglich Fahrzyklus, Abgassammel- und Analyseanlage und den zulässigen Grenzwerten unterscheiden. Gemeinsam ist allen das Prinzip: ein jeweils vorgegebenes Fahrprogramm, wird auf einem Rollenprüfstand nachgefahren. Der Fahrer folgt einer auf dem Bildschirm ablaufende Fahrkurve. Vor dem Emissionstest muss der Rollenprüfstand korrekt eingestellt werden. Die Masse des Fahrzeugs wird über Schwungmassen simuliert, die an die Rolle angekoppelt werden. Die Fahrwiderstände (Luft- und Rollwiderstand) werden an der Bremse des Prüfstands, entsprechend der Fahrwiderstandskurve, aufgebracht. Ein Teil der Abgase wird verdünnt in Beuteln gesammelt (**CVS** = **C**onstant **V**olumen **S**ampling-Methode) und anschließend auf die Zusammensetzung analysiert. Bei Dieselmotoren wird während des Testzyklen die Partikel-Emission separat kontinuierlich gesammelt und am Ende des Testzyklen gravimetrisch bestimmt. Die Ergebnisse werden in Gramm Schadstoff (CO, HC, NO_x, PM) pro Kilometer ausgedrückt.

Der EU-Abgastest erfolgt bei Umgebungstemperaturen von 20 bis 30 °C, bei einer Luftfeuchtigkeit von 5,5 bis 12,2 g H_2O/kg trockene Luft. Das Fahrzeug muss ca. 3.000 km vor dem Test eingefahren werden. Als Kraftstoff dient ein vorgeschriebener Testkraftstoff (Reference Fuel). Nach 6 Std. Vorkonditionierung unter vorgeschriebenen Umgebungsbedingungen wird das Testfahrzeug im Einklang mit festgelegten Phasen Start, Beschleunigung, Gangwechsel, Konstantfahrt, Verzögerung, Leerlauf, gefahren.

Die Fahrkurven, auch Fahrzyklus genannt, sollen für die durchschnittlichen Fahrgewohnheiten repräsentativ sein. Diese Kurven sind aus Aufzeichnungen von realen Fahrten entstanden.

Der ECE-Zyklus ist auch aus den echten Fahrmessungen entstanden, die nach Häufigkeit der gefahrenen Geschwindigkeiten und Beschleunigungen Anfang der 70er Jahre in London, Paris, Turin sowie in Ruhrgebiet analysiert und dann „synthetisch" zu einem Fahrzyklus zusammengesetzt sind. Der gegenwärtige ECE-Test, der so genannte „**n**eue **e**uropäische **F**ahr**z**yklus" (**NEFZ**) besteht aus einem „Stadtzyklus" (City-Cycle) (ECE 15) und dem „Autobahnzyklus" (**E**xtra **U**rban **D**riving **C**ycle – **EUDC**) (EU-Direktive 88/76/EEC) (**Bild 2.14**).

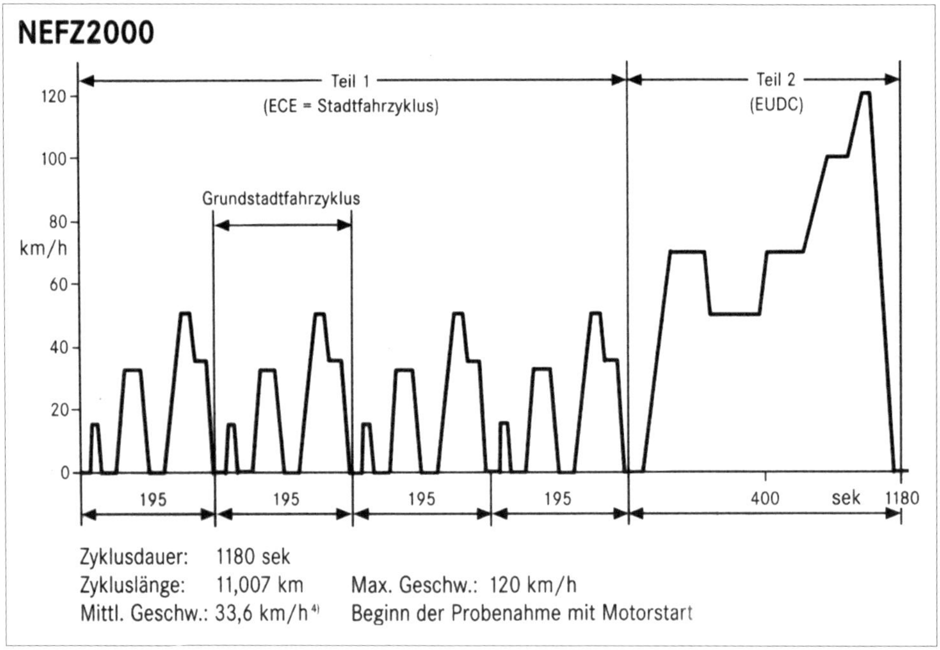

Bild 2.14: NEFZ – der neue europäische Fahrzyklus

Teil 1 des Tests besteht aus 4 Stadtfahrzyklen und ergibt eine Testlänge von 4,052 km sowie eine Prüfungsdauer von 13 Minuten. Die Durchschnittsgeschwindigkeit im Stadtzyklus beträgt 19 km/h; die maximale V_{max} = 50 km/h. Teil 2 (außerstädtischer Fahrzyklus) besteht aus 13 Phasen (Leerlauf, Beschleunigungen, Konstantfahrten, Verzögerungen) und dauert 400 sec, mit maximaler Geschwindigkeit von 120 km/h. Die Gasprobeentnahme beginnt sofort nach dem Start. Nach Abschluss des Abgastests kann das Urteil entweder „bestanden" oder „durchgefallen" lauten.

Die Prüfung der Gasemission aus dem Kurbelgehäuse (Prüfung Typ III) bei Ottomotoren erfolgt nach der Richtlinie 98/69/EG aus dem Jahr 1988. Es darf keine Emission aus der Kurbellgehäuse in die Umgebung austreten.

Die Arbeitsgruppe Luftverunreinigung/Energie (**GRPE** – **G**roupe des **R**aporters sur la **P**ollution de l´air et **E**nergie) prüft z. Zt. In der EU, ob zusätzliche Anforderungen an das Emissionsverhalten, außerhalb des gesetzlichen Prüfverfahrens, zu ergänzen sind (so genannte „**O**ff **C**ycle **E**missions" – **OCE**).

Nutzfahrzeuge (NFZ)

Europäische Aktivitäten bezüglich der Abgasemission von schweren Nutzfahrzeugen (> 3,5 t) begannen in der EU 1972 mit der Direktive 72/308/EC durch welche die Rauchemission (Opacity, Lichtdurchlässigkeit) der Dieselabgase begrenzt wurde. Weitere Beschränkungen von NFZ-Abgasemissionen wurden durch die Direktive 88/77/EC, mit der Beschränkung von CO-, HC- und NO_x-Emissionen eingeführt.

Die Abgasemission wurde zunächst auf dem Motorenprüfstand unter stationären Bedingungen gemessen. Als Testzyklus wurde der stationäre 13-Mode-Zyklus (**Bild 2.15**) vorgeschrieben. Die Ergebnisse werden in g/kWh ausgedrückt.

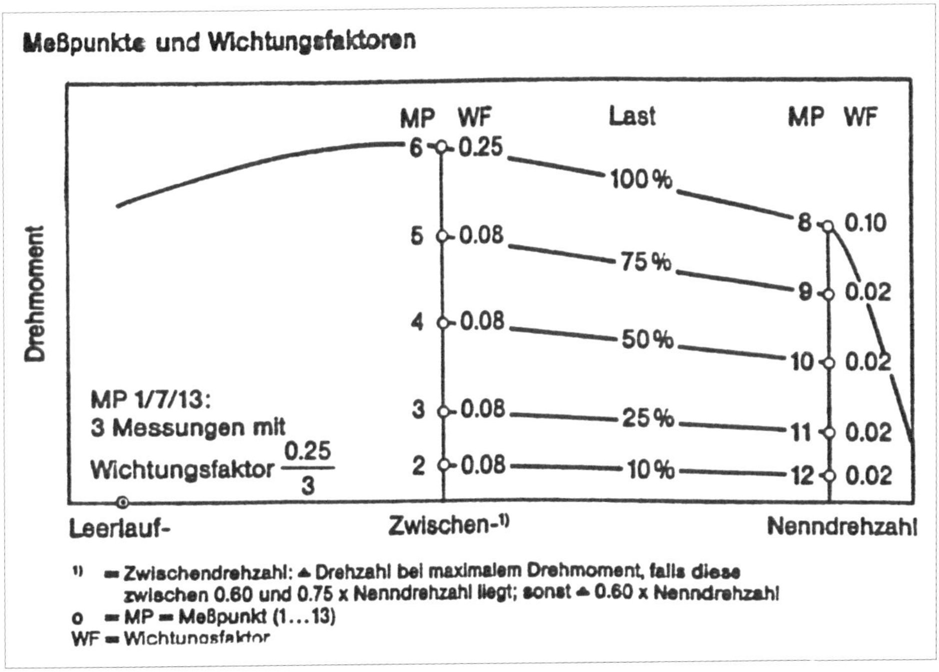

Bild 2.15: 13-Stufen-Test für ECE R49 und 88/77/EWG

Die Direktive 99/96/EC von Februar 2000 schreibt drei Testzyklen für NFZ auf dem Prüfstand vor:

1. Den europäischen Test unter stationären Bedingungen – 13-Stufen-Test (The **E**uropean **S**tady State **C**ycle – 13-mode Cycle, **ESC**) mit mehr Gewichtung von üblicherweise nutzbaren Drehzahl- und Lastbereichen des Motors (**Bild 2.16**).

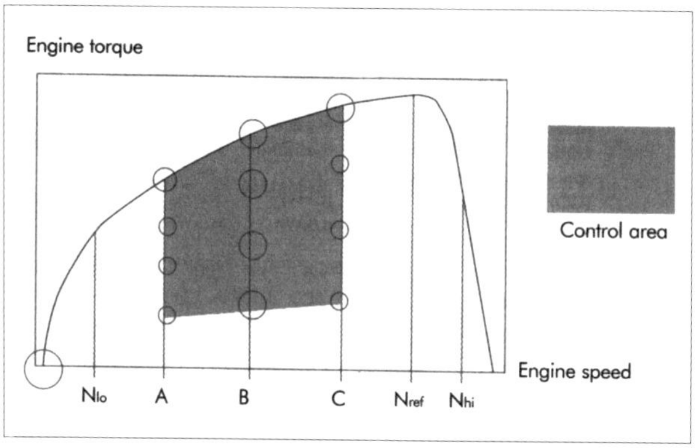

Bild 2.16:
Neuer NFZ 13-Stuffen-Test (ESC)

2. Den europäischen Lastwechsel (instationären)-Zyklus für die Messung der Rauch- bzw. Partikelemission (The **E**uropean **L**oad **R**esponse Cycle, **ELR**), wobei die Lichtdurchlässigkeit der Abgase gemessen wird (Opacity-Test) (**Bild 2.17**).

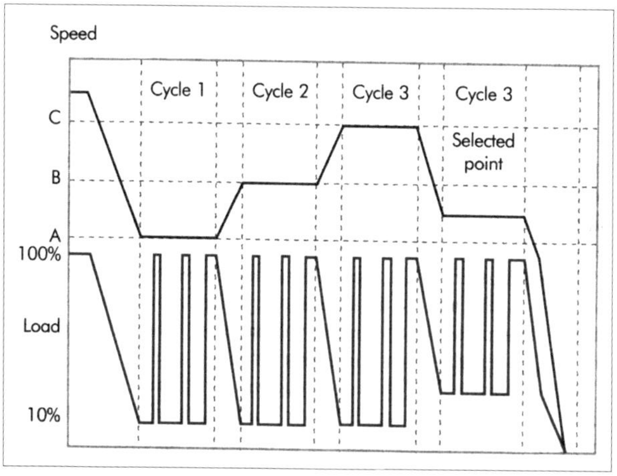

Bild 2.17:
NFZ – Lastwechsel-Zyklus (ELR)

3. Den europäischen instationären Zyklus (The European Transient Cyclus, ETC) für Dieselmotoren mit Abgasnachbehandlung (**Bild 2.18**) [25, 26, 42].

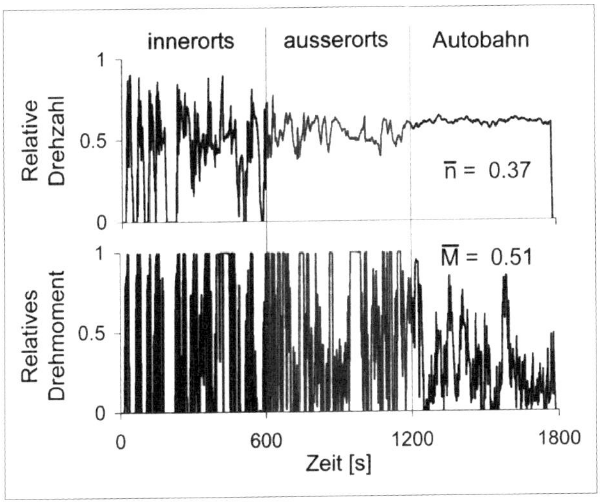

Bild 2.18: NFZ – instationären Zyklus (ETC)

Die Grenzwerte für den ESC- und ELR-Test sind in der **Tabelle 2.7** und für den ETC-Test in **Tabelle 2.8** aufgeführt. Seit dem Jahr 2005 ist die Euro IV-Norm für NFZ in Kraft. Ab Oktober 2008 sollen Abgas-Grenzwerte Euro V verbindlich sein. Für die Zukunft ist die Norm Euro VI geplant.

Tabelle 2.7: Abgas-Grenzwerte für ESC- und ELR-Test

	Euro III 2000	Euro IV 2005	Euro V 2008
CO g/kWh	2,1	1,5	1,5
HC g/kWh	0,66	0,46	0,46
NO_x g/kWh	5,0	3,5	2,0
PM g/kWh	0,1	0,02	0,02
Rauch m^{-1}	0, 8	0,5	0,02

Tabelle 2.8: Abgas-Grenzwerte für ETC-Test

	Euro III 2000	Euro IV 2005	Euro V 2008
CO g/kWh	5,45	4,0	4,0
NMHC g/kWh	0,78	0,55	0,55
NOx g/kWh	5,0	3,5	2,0
PM g/kWh	0,16	0,03	0,03
CH_4 g/kWh nur für Erdgasmotoren	1,6	1,1	1,1

Andere Fahrzeuge und Motoren

Die Begrenzung der Schadstoffemissionen von motorisierten Zweirädern ist durch die ECE-Richtlinie R 40/01 für Motorräder bzw. ECE R 47 für Mopeds in der EU seit 1994 einheitlich geregelt.

2.10.1.2 USA

Personenfahrzeuge (PKW)

In den USA müssen zwei Emissionstests erfüllt werden, bevor ein PKW zum Verkauf zugelassen wird. Die US-**E**nvironmental **P**rotection **A**gency (**EPA**) schreibt die Abgasgrenzwerte für gesamt USA vor. Fahrzeuge, die in Kalifornien verkauft werden sollen, müssen zusätzlich noch einen separaten Vorschriftensatz der **C**alifornian **A**ir **R**essource **B**oard (**CARB**) erfüllen.

Der Fahrzyklus für die Bestimmung der Abgasemission – **F**ederal **T**est **P**rocedure (**FTP**) – ist aus Messungen im Verkehr von Los Angeles abgeleitet (**Bild 2.19**). Die maximale Geschwindigkeit im Test beträgt 93 km/h (60 mph).

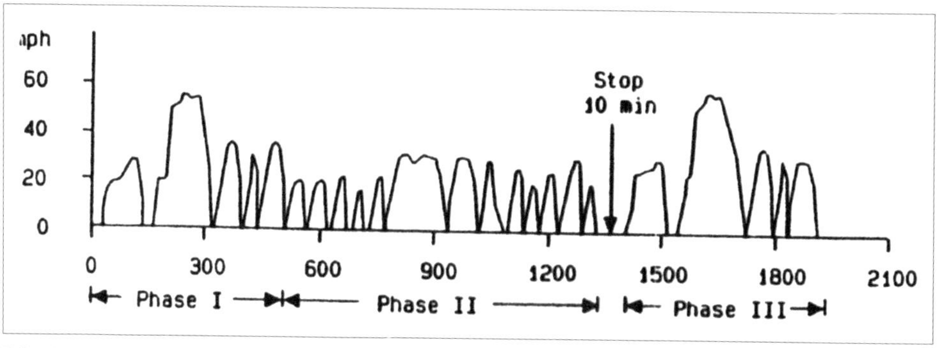

Bild 2.19: USA-Fahrzyklus, FTP-Test

Der FTP-Test wird auf einem Rollenprüfstand ähnlich dem ECE-Testzyklus, mit einem Kaltstart bei 20 °C Umgebungstemperatur (Phase I) durchgeführt. Die ersten 505 sec. des Tests werden nach der Phase II noch einmal durchgefahren, nachdem der Motor erneut, diesmal warm, gestartet wird (Phase III).

Zwei Grenzwerte werden für Schadstoffkomponenten festgelegt, für eine Fahrstrecke von 50.000 Meilen (80.000 km) (intermediate useful life) und einer Strecke von 100.000 bzw. 120.000 Meilen (160.000 km bzw. ~ 200.000 km, full useful life). Die Grenzwerte werden in g/mile angegeben.

Ab Modelljahr (MY) 2006 sind folgende Grenzwerte, bekannt als Tier 2 Regulations, in Kraft (**Tabelle 2.9**):

Tabelle 2.9: Abgas-Grenzwerte in den USA

	50.000 Meilen	100.000 Meilen
CO g/mile	3,4	4,2
NMHC g/mile	0,1	0,125
NO_x g/mile	0,14	0,20
HCHO g/mile	0,015	0,018
PM g/mile	–	0,02

NMHC = Non Methan Hydrocarbons, HCHO = Formaldehyd

Die Abgasmessung erfolgt ähnlich wie im ECE-Test (CVS-Methode).

Im September 1990 hat die kalifornische Umweltbehörde (CARB) ein Programm unter dem Namen „Low Emission Vehicle and Clean Fuel Regulations" eingeführt. Diese Regelung forderte von der Automobilindustrie eine ständig größere Zahl von „sauberen" PKW mit eingebauter Überwachung der Abgasemission während der gesamten Nutzungsdauer eines Fahrzeugs [31]. Zum ersten Mal wurden vier Klassen von Fahrzeugen definiert, die kontinuierlich immer strengere durchschnittliche Abgasgrenzwerte einer Fahrzeugflotte erfüllen müssen (**Tabelle 2.10**); Zusätzlich wurde später noch die fünfte Klasse (EZEV) hinzugefügt.

Tabelle 2.10: Low-Emission Vehicle Standards

Categories	Non-methane organic gases (NMOG) (g/mile)	Carbon monoxide (CO) (g/mile)	Oxides of Nitrogen (NO_x) (g/mile)
TLEV	0,125	3,4	0,4
LEV	0,075	3,4	0,2
ULEV	0,040	1,7	0,2
ZEV	0,0	0,0	0,0
EZEV	0,006	0,25	0,03

Die bisherigen vielen Schritte zur Reduzierung der Abgasemission in Kalifornien, werden seit dieser Zeit beschrieben als:

- TLEV = Transitional Low Emission Vehicle (seit 1995)
- LEV = Low Emission Vehicle (seit 1998)
- ULEV = Ultra low Emission Vehicle (Allmähliche Einführung seit 1998)
- SULEV = Super Ultra Low Emission Vehicle
- PZEV = Partial to Zero Emission Vehicle (Ersatz für ZEV)
- EZEV = Equivalent to Zero Emission Vehicle (Ersatz für ZEV)
- ZEV = Zero Emission Vehicle.

Ab 1998 sollten 2 % der Fahrzeugflotte eines Herstellers „Null-Emissions-Fahrzeuge" zwingend sein. Ab 2002 sollte diese Quote auf 5 % und ab 2003 auf 10 % erhöht werden. Zu dieser Zeit hat man angenommen, dass Elektrofahrzeuge oder Fahrzeuge mit der Brennstoffzelle diese Anforderungen erfüllen werden. Wegen bisherigen Misserfolgs von Elektro- und Brennstoffzellenfahrzeugen ist diese Anforderung für die Zukunft verschoben.

Eine Vielzahl der Grenzwerte in den USA wird mit einer stufenweisen Einführung von immer schärferen Grenzwerten für NO_x und PM begleitet. Automobil Hersteller können beliebige Fahrzeugkombinationen von TLEV, LEV, ULEV, SULEV, PZEV und EZEV bauen, solange der Abgasdurchschnittswert der Flotte eines Herstellers die Anforderungen des Gesetzgebers erfüllt.

Im Gegensatz zu Europa, wo Dieselfahrzeugen höhere NO_x-Grenzwerte verglichen mit Benzinfahrzeugen zugestanden werden, müssen in USA Diesel- und Benzinfahrzeuge gleiche Abgasgrenzwerte erfüllen.

Neben dem Test bei einer Umgebungstemperatur von 20 °C, werden Fahrzeuge auch einem Test bei –7 °C unterzogen. Für diesen Test ist ein CO-Grenzwert von 10 g/mile (50.000 Meilen) festgelegt. Diesel-, Gas- und Hybridfahrzeuge sind vom diesem Kalttest ausgenommen.

2.10.1.3 Emissionen des stehenden Fahrzeugs

Zur Reduzierung der gesamten HC-Emission ist neben der Minderung im Abgas auch die Verbesserung des Emissionsverhaltens von stehenden Fahrzeugen erforderlich, denn auch die abgestellten Fahrzeuge geben durch Verdampfungs- und Verdunstungsprozesse des Kraftstoffes sowie aus Reifen, Kunststoffen und Klebstoffen Kohlenwasserstoffe in die Umgebung ab (**Bild 2.20**). Ohne irgendwelche Maßnahme würden 0,1 bis 0,2 % des gesamten Kraftstoffes, bzw. ca. 1,3 g HC pro Liter Kraftstoff, in Form von HC-Dämpfen aus dem Kraftstoffsystem austreten. Die durchschnittliche HC-Emission der europäischen Fahrzeuge wäre dann 9 bis 25 g/Test für Kraftstoffe mit Wintercharakteristik und 4 bis 16 g/Test für Sommerkraftstoffe.

Seit 1983 ist in den USA und seit 1993 in der EU ein Verdunstungstest in Kraft, in dem die Ausdunstung der Kohlenwasserstoffe des Gesamtfahrzeugs geprüft wird – der so genannte **SHED**-Test (**S**ealed **H**ousing for **E**vaporative Emission **D**etermination) (**Bild 2.21**). Die SHED-Kammer besteht aus einem viereckigen, gasdichten Gehäuse, in welches das Gesamtfahrzeug eingebracht wird. Die Kammer verfügt über eine Temperaturregelung, damit das Prüffahrzeug dem festgelegten Temperaturzyklus unterworfen werden kann. Die Ermittlung der von der Verdunstung herrührenden Kohlenwasserstoffemissionen erfolg mit einem außerhalb der Kammer positionierten HC-Gasanalysator.

In diesem test wird das Fahrzeug sorgfältig vorkonditioniert und dann einem 3-Tage-Test in einem dichtem Raum unter veränderlichen Bedingungen unterworfen. Dieser Verduns-

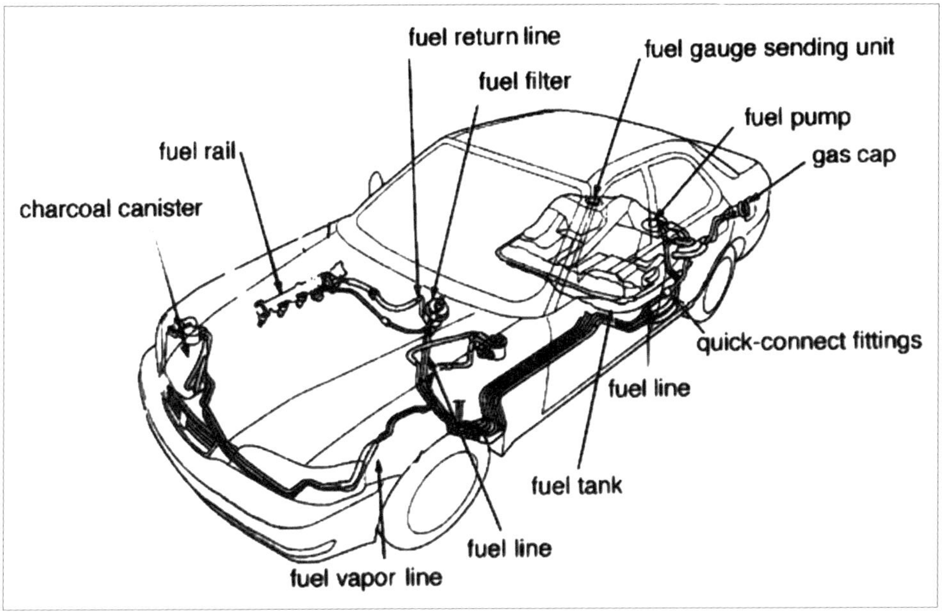

Bild 2.20: Quellen der Verdampfungsemission am Fahrzeug [Quelle: Ford]

Bild 2.21: Prüfstand für die Durchführung vom SCHED-Test [Quelle: Porsche]

tungstest besteht aus einer umfangreichen Fahrzeug- und Kohlekanister-Konditionierung sowie aus folgenden Testsequenzen:

- **Running-Losses-Test (RLT)** bei 35 °C (Grenzwert 0,05 g/mile), umfasst HC-Verdampfungsemissionen, die bei normalen Fahrzeugbetrieb entstehen.
- **Hot-Soak-Test** – Umfasst die HC-Emissionen die nach Abstellen des Motors nach FTP-Test durch Wärmeübergang von heißem Motor an Kraftstoffsystem entstehen.
- **3-Day-Diurnal-Test** – 3-tägiger, wiederholender Aufheiztest bei Temperaturen zwischen 22,2 und 35,6 °C, beinhaltet Verdampfungsemissionen aus Kraftstoffsystem, die normalerweise infolge Tagestemperaturschwankungen innerhalb eines Tages entstehen können.

Der Grenzwert für diese beiden letzten Sequenzen beträgt HC = 2,0 g/Test.

PKW müssen SHED-Test im neuen Zustand und nach 10 Jahren oder 160.000 km, die NFZ nach 11 Jahren oder 192.000 km erfüllen.

2.10.1.4 Zertifizierungsverfahren

Das Zertifizierungsverfahren in den USA schließt die Schritte mit ein, in welchen Systeme zur Kontrolle der Abgasemission einer Dauerlaufprüfung (50.000 oder 100.000 Meilen, in Kalifornien 120.000 Meilen) mit periodischen, regelmäßigen Abgasemissionstest überprüft werden. Während des Dauerlauf-Testverfahrens ist die Änderung an emissionsrelevanten Teilen streng untersagt. Jede Wartung oder Reparatur an emissionsrelevanten Bauteilen während des Dauerlauf-Zertifizierungstests trägt potentiell sehr schwere Konsequenzen in Hinblick auf die Verzögerung des Typisierungsvorgangs und auf die gesamte begleitende Dokumentation mit sich. Es ist deswegen sehr wichtig, dass der Hersteller vor Beginn des Zertifizierungsverfahrens sicher ist, dass sein Fahrzeug alle Zertifizierungsbedingungen erfüllen wird. Sonst droht ihm die zeitraubende, kostspielige über Monate andauernde Wiederholung des Dauerlauftests. Von Anfang bis zum Ende einer erfolgreichen Entwicklung und Zertifizierung eines Systems zur Kontrolle der Abgasemission muss ein Zeitaufwand von 1,5 bis 2 Jahre vorgesehen werden.

EPA und CARB verlangen bei dieser Dauerlaufuntersuchung auch die Bestimmung von Verschlechterungsfaktoren (Detorioration factors) für Abgaskomponenten CO, HC und NO_x, zwischen den Emissionen des neuen Fahrzeugs und Emissionen nach 50.000 bzw. 100.000 Meilen. Die Verschlechterungsfaktoren müssen auch für die Verdampfungsverluste (Running losses, diurnal test) bekannt sein.

Besondere Vorschriften wurden entwickelt, damit in den Betriebsbereichen des Motors außerhalb des FTP-Test keine Steuerung vorgenommen werden darf, die die Wirksamkeit von emissionsmindernden Einrichtungen nachträglich beeinträchtigt (Defeat Devices).

Nutzfahrzeuge (NFZ)

Bei Nutzfahrzeugen, mit einem zulässigen Gesamtgewicht bis 2.722 kg (6.000 lbs), **Light Duty Trucks (LDT)**, und Fahrzeugen mit einem Gesamtgewicht zwischen 2.722 kg und 6.350 kg (14.000 lbs), **Medium Duty Vehicle (MDV)**, wird, wie bei PKW, die Abgasemission auf dem **Rollenprüfstand** gemessen und in g/mile ausgedrückt. Die Grenzwerte für die Abgasemission sind festgeschrieben.

Bei schweren Nutzfahrzeugen mit einem zulässigen Gesamtgewicht über 6.350 kg (14.000 lbs) **Heavy Duty Trucks (HDT)** werden die Abgasemissionen des Motors auf dem **Motorenprüfstand** im so genannten EPA-Transient Test Procedure ermittelt. Die gemessenen Werte werden in g/HPh (g/PSh) angegeben. Für Fahrzeuge mit Otto- und Dieselmotoren sind entsprechende Abgasgrenzwerte festgelegt.

Bei Dieselmotoren wird die Rauchemission entsprechend einem Rauch-Test-Zyklus festgestellt.

2.10.1.5 Japan

Personenfahrzeuge (PKW)

Auch Japan hat eigene Grenzwerte für Schadstoffkomponenten aus Abgasen von Automobilmotoren und eigene Testverfahren. Die japanische Testprozedur unterscheidet sich von der EU- und US-Testprozedur. Die Fahrzyklen sind, ähnlich dem europäischen Fahrzyklus, synthetisch, aufgrund der realen Fahrbedingungen in Tokio, zusammengestellt. Sie beinhalten eine Kombination von einem 11-Mode-Stadtzyklus mit Kaltstart, in der Dauer von 120 sec bei Geschwindigkeiten bis zu 60 km/h und einem 10-15-Mode-Heißstart-Zyklus über 660 sec und maximaler Geschwindigkeit bis 70 km/h (**Bild 2.22**).

Die Abgaswerte werden in g/km ausgedrückt.

Nutzfahrzeuge (NZF)

Abhängig von dem zulässigen Gesamtgewicht der Fahrzeuge wird die Abgasemission von Nutzfahrzeugen entweder auf dem Rollenprüfstand, wie beim PKW, oder am Motorenprüfstand ermittelt. Die Messwerte werden in g/km, oder in g/kWh bekannt gegeben.

2.10.1.6 Andere Länder

In fast allen modernen Staaten der Welt sind Abgasvorschriften für Kraftfahrzeuge in Kraft, die sich zum Teil an die USA-Vorschriften (z.B. Australien, Kanada, Brasil,...), zum Teil an Japan- (Hongkong-) oder EU-Vorschriften (Russland, China, Indien,...) mehr oder weniger orientieren. Diese Unterschiede in Testmethoden erhöhen wesentlich die Entwicklungsarbeiten und -kosten bei Automobilherstellern, die ihre Fahrzeuge auf dem Weltmarkt anbieten.

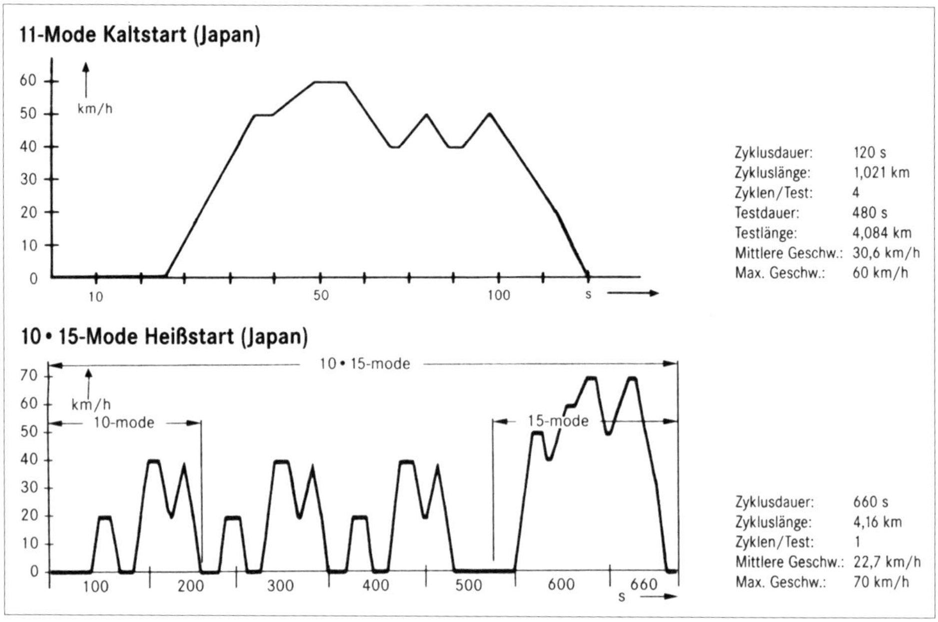

Bild 2.22: Fahrzyklen in Japan

Trotz der Vielfalt unterschiedlicher Grenzwerte, Messverfahren und Testzyklen, ist Motoren- und Abgasnachbehandlungstechnik für die Erfüllung der strengen Grenzwerte weltweit praktisch identisch. Dieser Tatbestand erhebt die Frage nach einer internationalen Vereinheitlichung der Vorschriften und Messverfahren. Durch die Vereinheitlichung wären viele Entwicklungs- und Zertifizierungskosten nicht mehr erforderlich.

Die Erkenntnis, dass es sinnvoll ist, eine gemeinsame Vorschriftenentwicklung zu betreiben und über weltweit harmonisierte Vorschriften zu verfügen, setzt sich allmählich nach und nach durch. Zuständig für die Entwicklung dieser international harmonisierten Vorschriften ist das Weltforum für Harmonisierung von Fahrzeugvorschriften (World Forum for the Harmonisation of Vehicle Regulation, **WP.29**), eine Arbeitsgruppe der ökonomischen Kommission der Vereinten Nationen für Europa (**UNECE**).

Ziel ist es weltweit harmonisierte **G**lobale **T**echnische **R**egeln (**GTR**) für Fahrzeugsicherheit und Emissionen zu entwickeln. Emissionsseitig soll ein weltweit einheitlicher (harmonisierter) Testzyklus (**WLTP**, **W**orldwide **L**ight Duty Test **P**rocedure) zur Ermittlung der PKW-Emissionen und zur Erfassung des Kraftstoffverbrauches entwickelt werden. Mit einer Einführung von weltweit einheitlichen Testzyklen wird allerdings nicht vor 2011 bis 2013 gerechnet. Mit der Verabschiedung des weltweit einheitlichen Testzyklus für Nutzfahrzeuge **WHDC** (**W**orld **H**eavy **D**uty **C**ycle) sowie OBD-Vorschriften in November 2006 ist ein wesentlicher Schritt zur Harmonisierung der weltweiten Vorschriften getan. Erstmals gibt es jetzt einen weltweit geltenden Prüfzyklus für Abgasemission für schwere

NFZ. Dies ist ein entscheidender Durchbruch auf dem Weg zur weltweiten Harmonisierung automobiltechnischer Vorschriften und einem in allen Ländern einheitlichen Prüfverfahren von Automobilen in einem globalen Markt [46]. Der neue Prüfzyklus, in Form einer „globalen technical regulations", ist realitätsnäher und anspruchsvoller als die bisherigen jeweils unterschiedliche Regelungen in Europa, USA und Japan. Dieser WHDC-Zyklus konnte auch eine Vorbildfunktion für die weltweite Harmonisierung der Prüfzyklen auch im PKW-Bereich dienen,

2.10.2 Kraftstoffverbrauch

Parallel mit der Messung der Abgasemission, wird auch der Kraftstoffverbrauch ermittelt. Mit Hilfe von Kraftstoffdaten (Dichte, Heizwert, Kohlenstoffanteil) und gemessenen Abgaskomponenten (CO_2, CO, HC) werden Kraftstoffverbräuche in l/100 km (z.B. EU), MpG (Miles per Gallone, z.B. USA), km/l (Japan) oder l/10km (Schweden) ermittelt.

In der EU wurde zuerst der Kraftstoffverbrauch im ECE-Stadtzyklus und bei konstanten Geschwindigkeiten von 90 und 120 km/h gemessen. Seit 1978 müssen die Hersteller für ihre Fahrzeugmodelle die gemessenen Kraftstoffverbräuche veröffentlichen.

Seit 1. Januar 1996 wird der Kraftstoffverbrauch in der EU in den beiden Abschnitten des neuen europäischen Fahrzyklus (NEFZ), im Stadtzyklus (City) und im **EUDC**-Zyklus (**Ex**tra **U**rban **D**riving **C**ycle) gemessen.

Die Automobilhersteller der europäischen Automobilindustrie haben sich verpflichtet zwischen 1995 und 2008 die CO_2-Emission, und damit den Kraftstoffverbrauch, um 25 % zu reduzieren. Im Einklang mit der Direktive der EU-Kommission 93/116/EC sollte die durchschnittliche CO_2-Emission der neuen Fahrzeuge, die ab 2008 in der EU verkauft werden, 140 gCO_2/km, entsprechend 5,6 l/100km, betragen. Auf dem Weg zu diesem Ziel, sollte im Jahr 2003 eine durchschnittliche CO_2-Emission von neuen Fahrzeugen zwischen 165–170 gCO_2/km liegen, entsprechend einem Kraftstoffverbrauch von 6,6 bis 6,8 l/100km. Wie die Monitoring Berichte der EU-Kommission und der Automobilindustrie zeigten, hat die europäische Automobilindustrie die gesteckten Ziele bis 2003 erreicht. Andere gesetzliche Vorschriften zum Kraftstoffverbrauch gibt es in der EU noch nicht.

In den USA ist der Kraftstoffverbrauch durch den Corporate Average Fuel Economy Standard (**CAFE**-Standard) seit 1978 limitiert. Der durchschnittliche Kraftstoffverbrauch (ausgedrückt als sein Kehrwert – **F**uel **E**conomy, **FE**), gewichtet nach der Größe der verkauften Fahrzeugflotte eines Herstellers, soll die vorgeschriebenen Fuel Economy Werte nicht unterschreiten. Seit 1991 beträgt der CAFE-Fuel-Econmy-Wert 27,5 MpG (~8,55 l/100 km). Für jede 0,1 MpG Nichterreichung dieses Sollwerts muss der Hersteller 5 US $ pro verkauften Fahrzeug Strafsteuer bezahlen.

Für jedes individuelle Fahrzeug gilt noch eine „Gas Guzzler Tax", falls das Fahrzeug eine Fuel Economy von weniger als 22,4 MpG (Verbrauch mehr als 10,45 l/100 km) aufweist. Die „Gas Guzzler Tax" liegt in den Grenzen zwischen 1.000 US$ für Fuel Economy von weniger als 22,4 MpG (~mehr als 10,45 l/100 km) und 7.700 US$, für Fuel Economy von weniger als 12,5 MpG (~mehr als 18,8 l/100 km). Die „Gas Guzzler Tax" wird vom Fahrzeugkäufer bezahlt.

Die Messung der Fuel Economy (FE) in den USA erfolgt im FTP-City-Abgastestzyklus (Bild 2.15) und anschließend in einem autobahnähnlichen Zyklus, dem **H**ighway Fuel Economy **D**riving **C**ycle (**HDC**) (**Bild 2.23**).

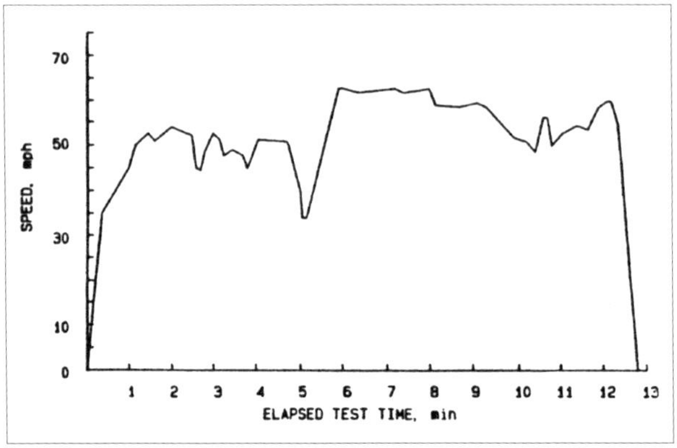

Bild 2.23:
Highway Driving Cycle (HDC)

Dies ist ein Test bei höheren Geschwindigkeiten, bis zu 59,9 mph (96,4 km/h), mit einer Durchschnittsgeschwindigkeit von 48,1 mph (77,4 km/h).

Der FTP-City-Cycle geht mit 55 %, der Highway-Driving-Cycle mit 45 % in die Berechnung der Fuel Economy ein:

$$FE\ (MpG) = 1/\ [(0{,}55/FE_{city}) + (0{,}45/FE_{HDC})]$$

Die Umrechnung zwischen Fuel Economy (MpG) und Kraftstoffverbrauch (l/100 km) erfolgt über die Formel:

$$B\ (l/100\ km) = 235/FE\ (MpG)\ \text{bzw.}$$

$$FE\ (MpG) = 235/B\ (l/100\ km).$$

Auch in China und Taiwan ist der Kraftstoffverbrauch, abhängig vom Fahrzeuggewicht, limitiert. Bei Nichterfüllung der vorgeschriebenen Grenzwerte ist keine Zulassung eines Fahrzeugtyps möglich.

In Japan werden Kraftstoffverbräuche als Zielwerte für sechs Fahrzeuggewichtsklassen vorgegeben. Zielwerte sollen von der Fahrzeugflotte eines Herstellers in Abhängigkeit von der verkauften Zahl, für die jeweilige Fahrzeugklasse eingehalten werden. Der Kraftstoffverbrauch wird während der Abgasemissionsmessung in den 10-15-Mode-Test ermittelt (Bild 2.22).

Unter dem Einfluss der Diskussion über die CO_2-Emission und den Treibhauseffekt sowie über die Begrenztheit von Erdölreserven wird der Kraftstoffverbrauch in der Zukunft an Bedeutung sicherlich noch mehr gewinnen.

2.10.3 Geräuschemission

Das Automobil hat eine Vielzahl der Schallquellen mit stark unterschiedlichen akustischen Auswirkungen: Antriebsaggregat, Reifen, Karosserie. Geräuschvorschriften haben als Ziel, die Geräuschemissionen von Fahrzeugen zu begrenzen und damit die vom Straßenverkehr ausgehenden Geräuschemissionen in vertretbaren Rahmen zu halten.

2.10.3.1 Europäische Union

In der EU gelten für Straßenfahrzeuge die Richtlinien der Europäischen Union. Seit 1966 wird für PKW und seit 1982 für NFZ die erlaubte Geräuschemission in regelmäßigen Abständen abgesenkt (**Bild 2.24**). Seit 1970 regelt die EG-Geräuschrichtlinie 70/157/EEC in den EU-Mitgliedsstaaten die Geräuschanforderungen an PKW, NFZ und Busse. Die Basisrichtlinie 70/157/EEC, die für die Erteilung der Betriebserlaubnis, das Vorbeifahr-Mess-

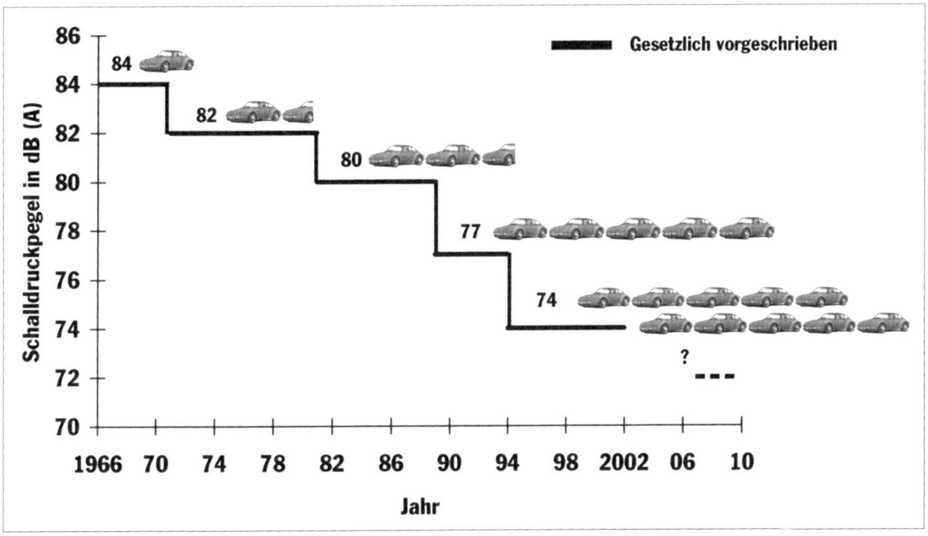

Bild 2.24: Entwicklung der Verkehrsgeräuschgesetze für PKW (EU)

verfahren, die dazugehörigen Grenzwerte und das Standgeräusch-Messverfahren festlegt, wurde im Laufe der Zeit geändert (letzte Fassung 96/20/EC) und ergänzt.

Der aktuelle Grenzwert für PKW beträgt 74 dB(A). Dieser Grenzwert bedeutet, dass 10 moderne PKW den gleichen Geräuschpegel entwickeln, wie nur ein einziges Fahrzeug zu Beginn der Lärmemissionsbegrenzung vor mehr als 40 Jahren.

Die Geräuschentwicklung wird nach dem ISO R-362-Standard in einem genau festgelegten Verfahren ermittelt. Das Testfahrzeug nähert sich der Messstelle auf einer geradlinigen Strecke mit konstanter Geschwindigkeit von 50 km/h im zweiten Gang (bei Viergang-Getriebe) bzw. im dritten Gang (bei Fahrzeugen mit Fünf- und Mehrganggetrieben). Nach Erreichen der Linie AA′ (**Bild 2.25**), wird der Wagen maximal beschleunigt, an der Linie BB′ das Gaspedal abrupt zurückgenommen. Das Messmikrophon befindet sich in der Mitte der Messstrecke von 20 m in 7,5 m Entfernung und auf einer Höhe von 1,2 m. Ziel des Verfahrens war, die „Worst-case"-Bedingungen im Straßenverkehr zu simulieren und damit die möglichst starke Geräuschreduzierung der seinerzeit dominierenden Teilschallquellen Abgasanlage und Motor zu erreichen. Um Störungsquellen zu minimieren ist ein relativ leiser genormter Fahrbahnbelag (ISO 10844-Belag) vorgeschrieben.

Prinzipiell entsprechen die Messmethoden in den USA und Japan der europäischen Norm. Die Schallpegelgrenzwerte sind jedoch nicht so streng wie in der EU.

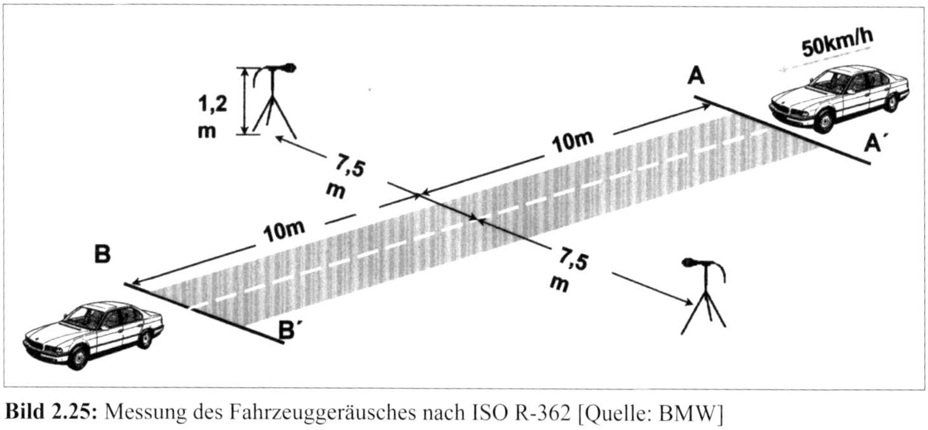

Bild 2.25: Messung des Fahrzeuggeräusches nach ISO R-362 [Quelle: BMW]

Es hat sich gezeigt, dass eine Verschärfung der Geräuschgrenzwerte allein nicht mehr zwangsweise auch mit einer Verminderung der Geräuschemissionen der Kraftfahrzeuge im Verkehr verbunden ist. Bei modernen Fahrzeugen werden neben Antriebsgeräuschen andere Teilschallquellen bedeutsam: z. B. die durch Abrollen der Reifen auf dem Fahrbahn entstandene Reifen-Fahrbahn-Geräusche.

Vorschläge zur Anpassung des Geräusch-Messverfahrens an technischen Entwicklungsstand werden zur Zeit international beraten. Ein Vorschlag der EU-Kommission sieht vor, dass zukünftige neue Reifen für PKW, LKW und Busse folgende Geräuschgrenzwerte einhalten müssen:

- PKW-Reifen: 72 bis 76 dB(A) abhängig von der Reifenbreite
- NFZ-Reifen: 76 bis 79 dB(A) abhängig von der Verwendungsart.

Die bisherige Methode zur Geräuschmessung, beschleunigte Vorbeifahrt, zeigt sich als nicht repräsentativ für die neue Fahrzeuge und führt zu einem nicht realen Übergewicht des Antriebsgeräusches. Die Automobilindustrie hat einen neuen Geräuschmessverfahren ausgearbeitet, dass die Geräuschemission des Straßenverkehrs repräsentativer abdeckt [46].

Das neue Verfahren orientiert sich näher an realen städtischen Fahrsituationen und soll somit zu einer besseren Geräuschreduktion im Straßenverkehr führen. Das neue Verfahren wird zunächst ohne Grenzwerte bis 2009 parallel zum bisherigen, bei neuen Typgenehmigungen angewandt, um Vergleichsdaten zwischen altem und neuem Messverfahren zu erhalten. Die gewonnene Datenbank soll als Grundlage für neu zu definierende Grenzwerte nach dem neuen Geräuschmessverfahren dienen [46].

Gemäß der Europäischen Richtlinie 84/424/EWG dürfen auch die Nutzfahrzeuge (LKW und Busse) die für sie vorgeschriebenen Grenzwerte nicht überschreiten (**Bild 2.26**). Seit 1980 ist der Erlaubte Grenzwert für NFZ von 92 dB(A) auf 80dB(A) abgesenkt.

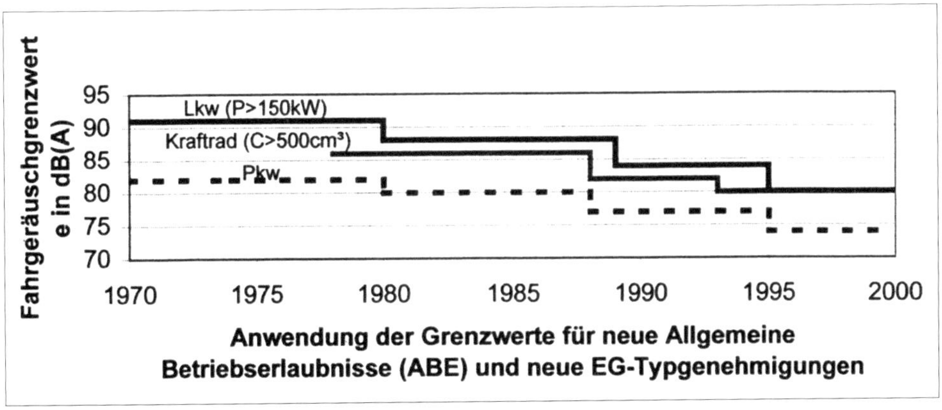

Bild 2.26: Entwicklung Geräuschgrenzwerte für Fahrzeuge

Der Grenzwert von 80 dB(A) bedeutet, dass – unter Berücksichtigung der Verschärfung des Messverfahrens – heute 13 neue NFZ zusammen nur noch so laut sind wie ein einziger NFZ von Anfang der 80er Jahre.

Auch für Motorräder und Mopeds sowie andere motorisierten Maschinen sind entsprechende Geräuschvorschriften in Kraft.

2.11 Gesetze für Fahrzeuge im Verkehr

Nach erfolgreicher Zertifizierung und Zulassung eines Fahrzeugs wird seine Abgas- und Geräuschemission während des Betriebes während der gesamten Lebensdauer kontrolliert.

2.11.1 Begrenzung der Verdampfungsemission bei Betankung

An erster Stelle sei hier die Begrenzung der Kraftstoffverdampfungsemission bei Betankung von Kraftfahrzeugen an Tankstellen. Benzine sind leicht flüchtig. Das bedeutet, dass sie bei Luftkontakt schnell verdampfen. Diese Dämpfe sind gesundheits- und umweltschädlich und dürfen daher nicht unkontrolliert in die Außenluft entweichen. Verdunstungsemissionen aus flüchtigen organischen Verbindungen (HC, VOC), die beim Transport zwischen Raffinerie, Tanklager und Tankstelle sowie beim Tanken entstehen, müssen verhindert werden. Durch „Gaspendelung" d.h. Gasaustausch mit dem Tankstellenbehälter und Gasrückführung durch die Zapfpistole (**Bilder 2.27** und **2.28**) wird verhindert, dass Kraftstoffdämpfe während des Betankungsvorgangs in die Luft entweichen.

Durch den Einbau von Kohlekanister in moderne Fahrzeuge und Maßnahmen der Mineralölindustrie beim Transport und Betankung (Gaspendelung) wurden die Verdampfungsverluste insgesamt deutlich reduziert.

Die Hersteller müssen außerdem sicherstellen, dass ihre Produkte im Feld über eine bestimmte Laufzeit oder Laufstrecke, die Emissionsvorschriften einhalten („In use compliance"). In der EU sind das ab der Einführung von Euro 4 (1.1.2005) 5 Jahre oder 100.000 km.

2.11.2 Abgasuntersuchung (AU)

Die **A**bgas**u**ntersuchung (**AU**) in der EU schreibt vor, dass Fahrzeugmotoren immer nach Herstellerangaben eingestellt werden müssen. Bei regelmäßigen technischen Inspektionen wird auch geprüft ob alle emissionsrelevanter Bauteile in Ordnung sind, ob Drehzahl, Zündzeitpunkt, CO- und CO_2-Emission bei zwei Leerlaufdrehzahlen, λ-Sondensignal, usw. nach Herstellerangaben eingestellt sind.

Die Überprüfung der im Verkehr befindlichen Fahrzeuge umfasst:

- Sichtprüfung von Ansaug- und Aufladesystemen, Einspritz- und Auspuffanlage auf ihren Zustand und Dichtheit
- Sichtprüfung der Plombierungen und Versiegelungen

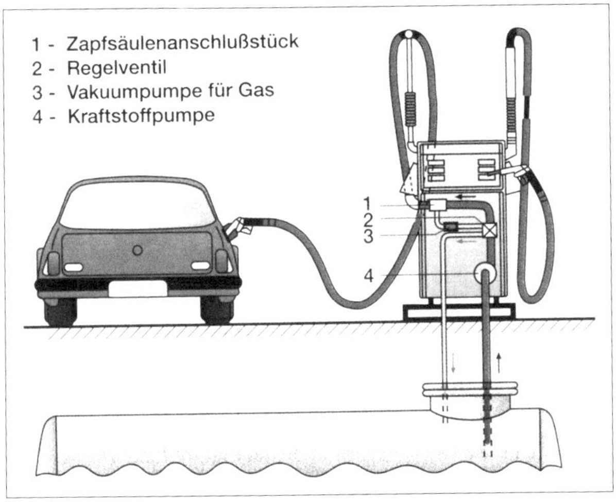

Bild 2.27: Moderne Tankstelle mit Gaspendelung [Quelle: MWV]

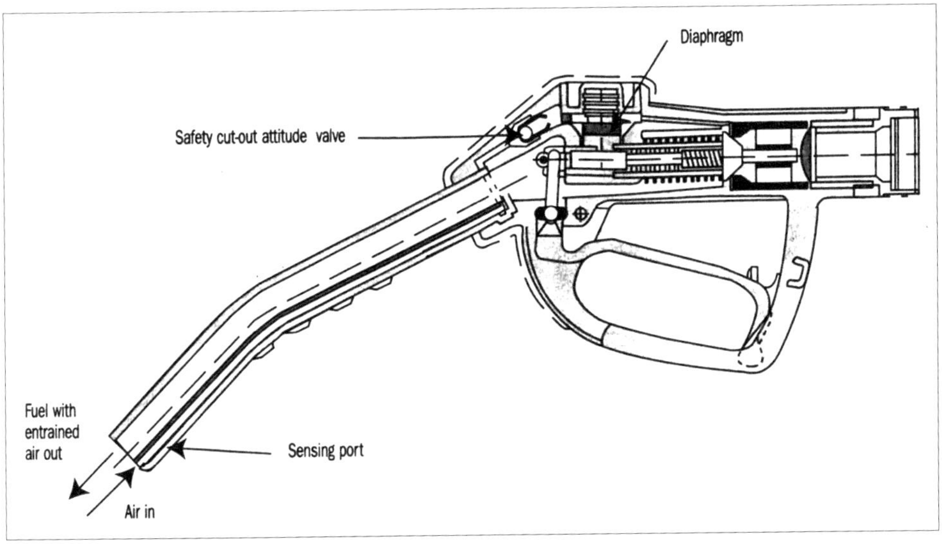

Bild 2.28: Zapfpistole moderner Tankstellen [Quelle: Kirchhoff]

- Kontrolle des Zündzeitpunktes bei Ottomotoren
- Kontrolle des Förderbeginns und Volllastanschlag bei Dieselmotoren
- Leerlaufdrehzahl (untere und obere Grenze ohne Last)
- Prüfung der Zusatzeinrichtungen
- Abschließende Messung der Rauchemission bei freier Beschleunigung bei Dieselmotoren.

EPA verlangt außerdem einen so genannten Certification-Short-Test (CST), ein Kurztest für die Überprüfung der im Verkehr befindlichen Fahrzeuge. Die Grenzwerte für CST schreibt der Hersteller selbst vor. Die EPA verlangt diesen Test, um sicher zu sein, dass die Fahrzeuge, die im Verkehr mit Short Test kontrolliert werden, auch den FTP-Test bestehen.

2.11.3 On-Board-Diagnose (OBD)

Die **OBD** (**O**n-**B**oard-**D**iagnose) wurde von der CARB (California Air Ressources Board) seit 1994 in Kraft gesetzt. Seit der Einführung der Euro 3 Grenzwerte für PKW (1.1.2000) trat auch die OBD für europäischen Fahrzeuge mit Ottomotoren in Kraft. Sie sieht eine laufende elektronische Überwachung mit Fehler anzeige vor, für alle abgasemissionsrelevanten Bauteile im Fahrzeug während des Betriebes. Fahrzeuge mit Dieselmotoren müssen seit Januar 2004 auch über die OBD verfügen. Japan fordert OBD seit September 2002.

Die Hersteller von PKW und Kleintransporter müssen ein System in ihre Fahrzeuge einbauen, dass über die gesamte Lebensdauer der Fahrzeuge gewährleistet, dass die Abgasemissionen innerhalb der vorgeschriebenen Grenzen bleiben und bei eventuellen Fehlern im Abgasreinigungssystem und Überschreitungen der Grenzwerte, diese anzeigt. In der EU gelten gleiche absolute Grenzwerte für OBD für alle Fahrzeuge die nach Euro 3 und Euro 4 zugelassen sind. In den USA orientieren sich die OBD-Grenzwerte an den jeweils zertifizierten Abgasgrenzwert. Im Regelfall muss das OBD-System eine Emissionsverschlechterung anzeigen, wenn der für die Zertifizierung festgelegte Wert um 50 % überschritten wird.

Die Funktion des OBD-Systems muss während des Zertifizierungsprozesses nachgewiesen werden. Die Warnlampe über die fehlerhafte Funktion des Systems, **MIL**-Lampe (MIL = **M**alfunction **I**ndicator **L**ight, „Check engine“) muss sich einschalten, wenn die spezifische Kontrolle des Systems außer Funktion ist, oder die Emissionen den erlaubten Grenzwert überschreiten und so dem Fahrer die erkannten Fehler melden. Damit die Fehler überprüft und repariert werden können, müssen alle Informationen, die zur Behebung der betroffenen Fehler nötig sind, zugänglich sein.

Während einer Zeit von 10 Jahren oder 100.000 Meilen, kann CARB von den Herstellern ein „Emissionsinformationsreport“ anfordern. Bei einem Garantieausfall an einem abgasrelevanten Teil von 1 % eines Fahrzeugmodells oder an insgesamt 25 gleichen Teilen, muss der Hersteller für eine Dauer von 3 Jahren, oder 50.000 Meilen, ein „Emissions Warranty Informations Report“ („EWIR“) abgeben. Bei gleichem Fehler an 4 % der Fahrzeuge eines Modells oder an 50 gleichen Teilen, muss der Hersteller eine Rückrufaktion für das betroffene Fahrzeugmodell veranlassen.

Die Direktive 99/96/EC beinhaltet Anforderungen für eine OBD von emissionsrelevanten Komponenten an Motoren und Fahrzeugen auch bei NFZ.

Anstelle von OBD kann auch **OBM** (**O**n-**B**oard-**M**easurement) angewandt werden. OBM stellt jedoch eine sehr große Herausforderung dar, weil sie kontinuierliche aktuelle Messung der Abgasemission ermöglichen soll. Noch ist aber nicht geklärt, wie diese Abgasmessung mit dem offiziellen Abgastestergebnissen auf dem Motorprüfstand korreliert.

2.11.4 Smogalarm

Ausschlaggebend für die Auslösung von Smogereignissen in der Vergangenheit waren die Belastungen durch SO_2 und gegebenenfalls auch durch Schwebestaub („Winter-Smog“). Die Straßenbehörde konnte bei Auslösung des Smogalarms den Kraftfahrzeugverkehr in bestimmten Gebieten beschränken oder verbieten, um schädliche Umwelteinwirkungen durch Luftverunreinigungen zu vermindern oder deren Entstehung zu vermeiden. Seit vielen Jahren liegen allerdings in den meisten Städten der EU die Belastungen durch SO_2, PM, NO_x, und CO, unterhalb der Schwellenwerte für die Auslösung des „Winter-Smog“ -Alarms.

Seit ca. 10 Jahren kann im Sommer, bei der Überschreitung von festgelegten Ozon Werten eine so genannte „Sommer-Smog“-Verordnung ausgerufen werden.
Bei 180 µg/m³, als 1-Std.-Mittelwert, wird die Öffentlichkeit über die Ozonlage informiert. Warnstufe 1 wird dann ausgerufen, wenn 240 µg/m³ O_3 als 1-Std.-Mittelwert überschritten wird. In diesem Fall wird die maximale Geschwindigkeit auf Autobahnen auf 90 km/h, auf anderen Straßen auf 80 km/h begrenzt. Die Warnstufe 2 wird bei 360 µg/m³ O_3 (1-Std.-Mittelwert) ausgerufen. In Deutschland kann die Behörde außerdem, bei Überschreitung von folgenden Immissionsgrenzwerten, in bestimmten Gebieten, den Verkehr beschränken oder gar verbieten:

- bei Stickstoffdioxid (NO_2):
  a) 160 µg/m³ – ab 98 Perzentil aller ½-Std.-Mittelwerte eines Jahres
  b) 320 µg/m³ – bei zwei aufeinander folgenden ½-Std.-Mittelwerten.
- bei Partikeln (PM): 40 µg/m³
- bei Benzol (C_6H_6): 10 µg/m³

2.11.5 Geräusch

Die Geräuschüberwachung der im Verkehr befindlichen Fahrzeuge erfolgt beim stehenden Fahrzeug. Das Geräusch wird mit einem Mikrofon in 0,5 m Abstand von der Auspuffmündung ermittelt. Es wird der maximale Geräuschpegel bei ¾ der Nenndrehzahl und anschließendem Drehzahlabfall, nach plötzlichem Loslassen des Fahrpedals gemessen. Für die Standgeräuschmessung wird allgemein die ISO-Norm 5130 angewandt. Der gemessene Geräuschwert (+ Toleranz) wird mit dem typspezifischen, bei der Fahrzeugzulassung ermittelten, Referenzwert verglichen.

2.11.6 Recycling

Durch die EU Direktive 2000/53/EC vom September 2000, sind Fahrzeughalter und Fahrzeughersteller verpflichtet, dafür zu sorgen, dass nach dem Ende eines „Autolebens“ das Automobil umweltfreundlich entsorgt und einer Wiederverwertung zugeführt wird (s. dazu Kapitel 8).

Literatur

[1] *Metz, N.*: Auto und Umwelt. Vorlesungsreihe Umweltschutztechnik. München: TU, 2001
[2] Amtsblatt der Europäischen Gemeinschaften. Richtlinie 93/67/EWG. Brüssel, 1993
[3] Technik und Recht. Gefahrstoffe-Reinhaltung der Luft 64 (2004) 7/8
[4] Schädlichkeit der Automobilabgasen für die menschliche Gesundheit. Österreichischer Verein für Kraftfahrzeugtechnik (ÖVK), 1989
[5] *Scolari, P.*: Technical Regulations. EC-Symposium „Auto-Emission 2000“, Brüssel, 1992
[6] Aus der Arbeit des AGS. Gefahrstoffe-Reinhaltung der Luft 63 (2003) 4
[7] *Grubmann, M.*: Übersicht der österreichischen Vorschriften über Auspuffgase und das Betriebsgeräusch. Schriftenreihe der Bundesinnung der Kraftfahrzeugmechaniker und des Fachverbandes der Fahrzeugindustrie Österreichs. Band 7, 1991
[8] National Ambient Air Quality Standard (NAAQS). USA-EPA, 1997
[9] Neue Grenzwerte in der TRGS 900. Gefahrstoffe – Reinhaltung der Luft. 63 (2003) 4
[10] Maximale Arbeitsplatzkonzentration und biologische Arbeitsplatztoleranzwerte. Deutsche Forschungsgemeinschaft, 1991
[11] Krebsrisiko durch Luftverunreinigung. LAI-Länderausschuss für Immissionsschutz. Düsseldorf, Ministerium für Umwelt NRW, 1992
[12] Die Kohlenwasserstoffbelastung durch Dämpfe bei Produktion und Auslieferung von Ottokraftstoffen. DGMK Forschungsbericht 477, Hamburg, 1994
[13] Air quality standard for particulate matter. CONCAWE Report No 95/62, Brüssel, 1996
[14] *Mölter, L., Kessler, P.*: Grundlagen der Partikelgrößen- und Partikelzahl-Bestimmung in der Außenluft mit zählenden Messverfahren. Gefahrstoffe-Reinhaltung der Luft 64 (2004) 7/8
[15] *Lahl, U., Steven, W.*: Reduzierung der Partikelemission – eine gesundheitliche Schwerpunktaufgabe. Gefahrstoffe-Reinhaltung der Luft 64 (2004) 7/8
[16] *Haugartner, M., Both, R. u.a.*: Charakterisierung von Geruchsbelästigung. Staub-Reinhaltung der Luft 55, 155–157, 1995
[17] Tackling Noise. How Motor Vehicles can contribute. Brüssel: ACEA, 2002
[18] Occupated noise and the proposed EU directive for physical agents. CONCAWE-Review, Vol. 8, No. 1, 1999
[19] *Bucher, B.*: Fundstelle- und Inhaltsverzeichnis. Umweltschutzrecht der Europäischen Gemeinschaft (EG). Starnberg: R.S. Schul Verlag, 1993
[20] Umweltschutz ist europäische Innenpolitik. Gefahrstoffe-Reinhaltung der Luft. 57 (1997) 5
[21] Gesetz zur Verminderung, Verwertung und Beseitigung von Abfällen. Bundesgesetzblatt, 1994
[22] *Feldhaus, G.*: Entwicklung des Immissionsschutzgesetzes. Umwelt 30 (2000) 12
[23] *Brandt, J., Martin, D.E.*: The Precautionary principle. Hydrocarbon Engineering, January, 2000
[24] Mineralöl und Umweltschutz. Hamburg: MWV, 1981
[25] Abgas-Emissionen. Grenzwerte, Vorschriften und Testverfahren. DaimlerChrysler, Juli 2003
[26] *Schweinle, G., Graf, A.*: Interaktion von Testverfahren, Fahrzyklen und Emissionssystemen. 3. AVL-Forum, Sinsheim, 2004

[27] *McKinniss, S.*: Development and emission certification of light-duty vehicles for the US market. Transport Technology. USA, 1996
[28] *Hucho, W.H.*: Neuer EU-Abgas Fahrzyklus. Automobil Revue Nr. 49, 1995
[29] Luftreinhaltung. Auto-Jahresbericht, Frankfurt: VDA, 2004
[30] A working document fort he UK department for transport presenting an updated and restructured version of Regulation 83, Annex 4. Ricardo Inst., 2004
[31] Status of Implementation of low-emission vehicle programm. California Air Ressource Board, 1996
[32] Commission Recommendation on the reduction of CO_2-Emissions from passenger cars. Brüssel, 1999
[33] *Gräfen, K.*: Luftreinhaltung im Wandel der Zeit. Umwelt 30 (2000) 12
[34] Neue Luftqualitätsstandards für Mitgliedstaaten der EU. Umwelt 2, 2002
[35] *Heller, M.*: Rasende Pioniere. Umweltmagazin, Mai, 2002
[36] Konsolidierung und Vereinfachung des Umweltrechts durch Umweltgesetzbuch. Umwelt, 2007
[37] *Englert, N.*: Wirkung von Feinstaub auf die menschliche Gesundheit – welche Partikeleigenschaften korrelieren mit der Wirkung? VDI-Berichte Nr. 1656, 2002
[38] Ergebnisse der EU-Ratsitzung. Umwelt 12, 2006
[39] Feinstaub – was man darüber wissen sollte. Dresden: Fraunhofer Institut Verkehrs- und Infrastruktursysteme, 2006
[40] The Sustainable Development. Agenda 2001. Campden Publishing Ltd., 2000
[41] Schutz der Biodiversität. Umweltmagazin 9, 2006
[42] *Moore, K.*: Engine Strategies for Euro 3 and beyond. Automotive engineer, September, 2004
[43] *Hope, Ch., Pfeifer, F. u.a.*: HC-Absorber zur Minimierung von Kohlenwasserstoffemission bei nicht betriebenen Fahrzeugen. MTZ 66 (2005) 9
[44] *Tippelt, W., Brenner, J. u. a.*: Messungen der Verdunstungsemission. Maßnahmen zur Verbesserung ihrer Wiederholgenauigkeit. ATZ 106 (2004) 3
[45] *Kirchhof, H.*: Moderne Tankstellen – technische Anforderungen und Umweltschutz. Erdöl Erdgas Kohle 114 (1988) 2
[46] Auto-Jahresbericht. Frankfurt: VDA, 2007
[47] *Berg, W.*: Schwerpunkte der internationalen Abgasgesetzgebung für Kraftfahrzeuge. Technische Arbeitstagung, Hohenheim, 2001

3 Umweltschutz in der Produktion

3.1 Integrierter Umweltschutz

Im Zentrum des betrieblichen Umweltschutzes eines Automobilherstellers stehen zunächst die Produktion und das Produkt. In der Produktionsstätte einer Automobilfabrik vollzieht sich ein Großteil der stofflichen und energetischen Umwandlungsprozesse eines Betriebes (**Bild 3.1**). Die Produktion des Automobils umfasst Prozesse, wie pressen, gießen, schweißen, schleifen, kleben, lackieren usw. Diese Prozesse erfordern Verbrauch an Energie, Wasser, Luft und vielen anderen unterschiedlichen Materialien, Hilfs- und Betriebsstoffen.

Die Belastung der Umwelt (Luft, Boden, Wasser) mit Schadstoffen ist bei der Herstellung und Verarbeitung von Produkten in der Regel noch nicht vermeidbar. Die Umweltauswirkungen infolge Produktion stehen dabei in direktem Zusammenhang mit den Produktions-

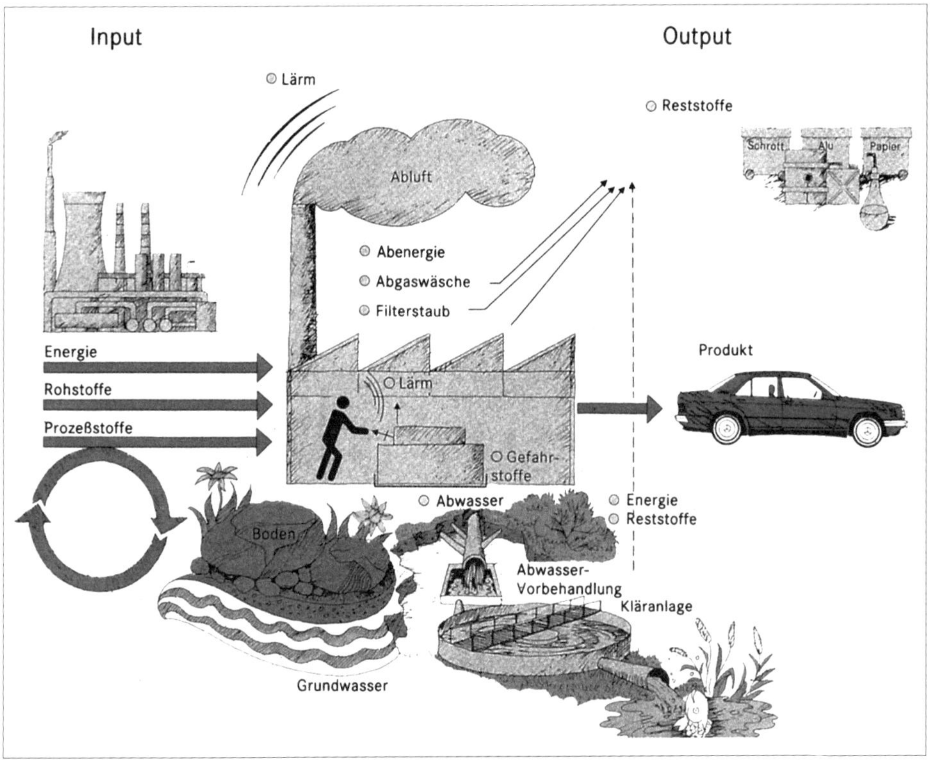

Bild 3.1: Stoff- und Energieflüsse in einer Automobilfabrik [Quelle: Mercedes-Benz]

techniken, den eingesetzten Stoffen und den produzierten Gütern. Die Umweltaktivitäten eines Unternehmens müssen jedoch auf wesentlich mehr Betroffenen Rücksicht nehmen, als nur auf die Ereignisse auf eigenem Gelände (**Bild 3.2**).

In der Vergangenheit wurden Produktionsverfahren und Stoffeinsatz im Wesentlichen nur unter produktionsspezifischen und wirtschaftlichen Gesichtspunkten optimiert, ohne Berücksichtigung ihrer Umweltauswirkungen. Heute ist eine Produktentwicklung ohne Rücksicht auf die ökologischen Auswirkungen in allen Phasen der Lebenszyklen nicht denkbar. Die Unternehmen werden auch danach bewertet, wie weit sie umweltgerecht produzieren. Die Lösung der Umweltprobleme besteht dabei nicht im Verzicht auf Technik, sondern in ihrer intelligenten Nutzung zu Gunsten der Umwelt.

Wie in vielen anderen Bereichen wird auch in der Automobilindustrie über nachhaltige Produktion gesprochen. Nachhaltigkeit ist auch hier aber mehr als bloß der Umweltschutz. Nachhaltige Politik bedeutet, die ökologischen, ökonomischen und sozialen Voraussetzungen und Konsequenzen bei allen Entscheidungen mitzudenken. Nicht desto trotz stellt die Begrenztheit der Umweltressourcen für viele Entscheidungen den limitierenden Faktor dar.

Die Entwicklung von Produktionsprozessen und Produkten, die in zunehmendem Maße auch den Anforderungen des Umweltschutzes genügen, ist eine relativ neue, zusätzliche Aufgabe für die Industrie, mit großen Zukunftsaussichten.

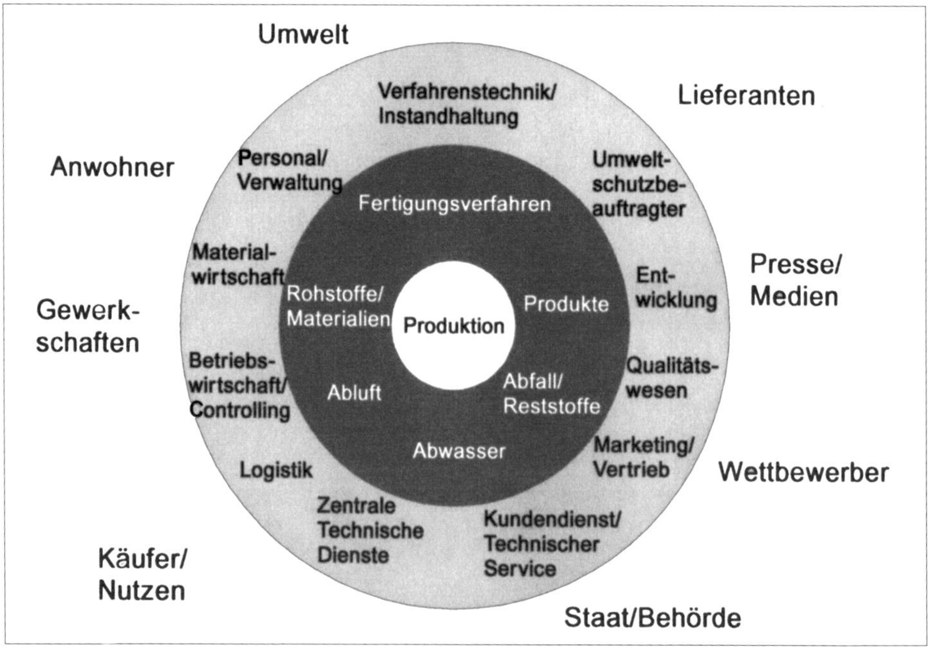

Bild 3.2: „Umweltkreise" eines Unternehmens (entsprechend der EU-Verordnung 1836/93)

3.2 Voraussetzungen für einen aktiven Umweltschutz in der Produktion

Ein Unternehmen muss, um produzieren zu können, zunächst alle Umweltschutzgesetze einhalten und darüber hinaus auch alle nichtreglementierten, aber als umweltbelastend erkannten Gefährdungen der Umwelt so weit wie möglich vermeiden.

Vor dem Hintergrund der Schaffung europaweit einheitlicher wirtschaftlicher Rahmenbedingungen müssen auch die Standards im betrieblichen Umweltschutz auf ein einheitliches Niveau angeglichen werden.

Als wichtiger Meilenstein in der europäischen Gesetzgebung zum Umweltschutz ist die Europäische Richtlinie 96/61/EG zur **I**ntegrierten **V**ermeidung und Verminderung der **U**mweltverschmutzung (**IVU**, **I**ntegrated **P**olution **P**revention and **C**ontrol = **IPPC**) anzusehen.

Mit dieser Richtlinie gibt die EU den Rahmen für Zulassung und Betrieb von industriellen Anlagen vor. Dadurch soll eine Harmonisierung des Genehmigungsrechts in Europa erfolgen. Die seit 1996 geltende Richtlinie regelt europaweit die Mindestbedingungen für Genehmigungsverfahren von großen umweltrelevanten Anlagen. Keine Industrieanlage soll Mensch und Umwelt mehr belasten als unbedingt nötig.

Während in der Vergangenheit überwiegend getrennte Konzepte zum Schutz der Umweltbereiche Luft, Wasser, Boden usw. realisiert wurden, soll dies zukünftig durch einen ganzheitlichen Ansatz erfolgen, wobei die Verlagerung eines Umweltproblems von einem Medium auf ein Anderes zu vermeiden ist. Die festzuschreibenden Umweltanforderungen und Emissionsgrenzwerte sollen dabei auf Basis der **B**esten **V**erfügbaren **T**echnik (**BVT**) (**B**est **A**vailable **T**echnique, **BAT**) beruhen.

Die IVU-Richtlinie sieht vor, dass so genannte Referenzdokumente (BVT-Merkblätter) für bestimmte Produktionsverfahren eingeführt werden. Referenzdokumente sind das Ergebnis einer gemeinsamen Untersuchung, an der Sachverständige der betroffenen Industriezweige, der Behörden und Fachinstituten sowie der Umweltorganisationen beteiligt sind. Diese Dokumente beschreiben die technischen und organisatorischen Möglichkeiten, Umweltauswirkungen zu reduzieren, und sind von den Behörden bei der Erteilung von Betriebsgenehmigungen zu berücksichtigen [22, 23, 25].

Für Automobilindustrie sind z. Zt. relevant Referenzdokumente mit dem Titel „Entwicklung und Betrieb von industriellen Kühlsystemen“ sowie „Oberflächenbehandlungsanlagen unter Verwendung von Lösemitteln“.

Diese Dokumente sollen unter anderem Maßnahmen zum Einsatz von Chemikalien, zur Einführung sauberer und wirksamer Verfahren, zur Minderung der Abfallentstehung, zur

Installation und Optimierung von Techniken, die Ableitungen in Luft und Wasser vermeiden, und zur Vermeidung der Lärmbelästigung, umfassen. Betriebe sollen ihre Industrieanlagen und Behörden ihre Genehmigungsbescheide immer wieder dem neuesten Stand der Technik anpassen.

Ein kostengünstiger Einstieg in den betrieblichen Umweltschutz stellt der Weg über firmenspezifische Öko-Checklisten dar. Dadurch werden alle umweltrelevanten Bereiche des Unternehmens durchleuchtet und eine Basis für weitere Umweltschutzmaßnahmen geschaffen. Umweltchecks geben erste Hinweise auf Verbesserungspotentiale im Umweltschutz im Unternehmen. Sie stellen sicher, dass:

- alle umweltrelevanten Bereiche des Unternehmens durchleuchtet werden
- eine Basis für weitere zielgerechte und wirtschaftlich lohnende Maßnahmen geschaffen wird
- Einsparmöglichkeiten (z.B. bei Energie- und Materialverbrauch) aufgezeigt werden.

Im weiteren Schritt wird Umweltschutz zu einem Umweltmanagementsystem ausgebaut.

3.2.1 Umweltmanagement

Die höchste organisatorische Stufe des Umweltschutzes in einem Unternehmen stellt das Einbinden des Umweltschutzes in das Management dar. Ein wirksamer Umweltschutz erfordert nicht nur moderne Technologien, sondern auch ein funktionierendes Umweltmanagement. Umweltmanagement, als feststehender Begriff, ist durch die erste „World Industry Conference on Environmental Management“ in Versailles 1984 geprägt worden. Mittlerweile gehört der auf „Umweltmanagement“ verkürzte Begriff zu einer zentralen strategischen und operativen Aufgabe der Unternehmensführung [11, 12, 25].

Umwelt**m**anagement**s**ysteme (**UMS**) sollen Unternehmen helfen, die Umweltleistung, einschließlich die Leistung ihrer Produkte, Tätigkeiten und Dienstleistungen, im gesamten Lebenszyklus zu verbessern. Ein Umweltmanagement muss sicherstellen, dass eine innerbetriebliche Organisation für die Umsetzung von ordnungsrechtlichen Anforderungen und zusätzlichen freiwilligen Umweltschutzmaßnahmen geschaffen wird, und es muss die Durchführung von erforderlichen Maßnahmen regelmäßig kontrollieren.

Die Organisation des betrieblichen Umweltschutzes in Form des Umweltmanagementsystems bedeutet die Einbeziehung aller Unternehmensbereiche: Forschung und Entwicklung, Einkauf, Produktion, Vertrieb, Personalwesen, Rechnungswesen, Qualitätssicherung, Arbeitssicherheit, etc. in die umweltbezogene Organisation des Unternehmens. Damit ist der betriebliche Umweltschutz fest mit dem Begriff des Umweltmanagementsystems verbunden.

Das Umweltmanagement stellt außerdem sicher, dass ein Automobilhersteller gemeinsam mit Zulieferunternehmen, Dienstbetrieben, Handlungspartnern und Altauto-Verwertungsunternehmen, die Umweltverträglichkeit seiner Produkte, effizient, systematisch und kontinuierlich über den gesamten Lebenszyklus – von der Entstehung, bis zur Entsorgung – verbessert.

Das Umweltmanagementsystem soll ein Unternehmen in die Lage versetzen, eigene Umweltschutzziele festzulegen und diese mit einem modernen Management zu verfolgen. Es definiert Strukturen und Abläufe, die geeignet sind, einen wirksamen Umweltschutz im Betrieb zu gewährleisten. Das UMS muss sicherstellen, dass alle gesetzlichen Vorschriften eingehalten werden und die selbst gesetzten Umweltziele erreicht werden.

Die wesentlichen Elemente eines Umweltmanagements sind:

- Umweltpolitik des Unternehmens
- Umweltorganisation – mit klar definierter Verantwortung
- Umweltschutzplanung und Risikomanagement
- Ressourcenschonung, Energieeinsparung
- Produktverantwortung,
- Produktkennzeichnung,
- Umweltbezogene Forschung und Entwicklung
- Emissionsschutz (Luft, Wasser, Boden)
- Abfallwirtschaft, Recyclingmanagement
- Information und Kommunikation (Umweltinformationssysteme)
- Mitarbeitermotivation, betriebliches Vorschlagwesen
- Nachbarschutz
- Ökomarketing
- Kostensenkung
- Umwelt-Audit
- Ökobilanz

Die wichtigsten Gründe für den Aufbau eines Umweltmanagementsystems sind:

- verbesserte und effizientere Produktionsprozesse durch Planung der Aktivitäten unter ökologischen Gesichtspunkten.
- Risikominimierung durch Transparenz der Betriebsaktivitäten (Erkennen und Beseitigen von Gefahrenpotentialen).
- Kosteneinsparung durch Energiesparmaßnahmen, Ressourcenschonung und Umweltschutz-Optimierungsmaßnahmen.
- Imagegewinn des Unternehmens.

3.2.1.1 Zuständigkeiten

In einem modernen Unternehmen sind eine Vielzahl von hauptberuflich tätigen Mitarbeitern in Stabs- und Linienfunktionen als Umweltbeauftragte, als Abfall-Gewässerschutz-

und Immissionsschutzbeauftragte sowie als Spezialisten für mögliche umweltgefährdende Produktionsprozesse wie Lackieren, Galvanisieren usw. tätig. Erforderlich ist allerdings die Klärung der Zuständigkeiten und die Aufgabenverteilung im betrieblichen Umweltschutz.

Durch die EU-Umwelt-Audit-Verordnung sind Unternehmen außerdem angehalten, über alle Hierarchieebenen und in der gesamten Funktionsbreite des Unternehmens ihre Umweltschutzorganisation zu dokumentieren. Der Aufbau eines Umweltmanagementsystems erfolgt überwiegend auf Basis eines bereits vorhandenen Qualitätsmanagementsystems (ISO 9000).

Verantwortlich für den Umweltschutz sind grundsätzlich vertretungsberechtigte Organe eines Unternehmens: Vorstandsvorsitzende oder Geschäftsführer. Der Vorstandsvorsitzende kann einen Managementvertreter bestellen und ernennen, der mit den erforderlichen Befugnissen und Verantwortlichkeit für die Anwendung und Aufrechterhaltung des Umweltmanagementsystems ausgestattet ist. D.h. er kann seine Umweltaufgaben auf einen Unternehmensumweltkoordinator delegieren.

Jede Führungskraft ist in ihrem Aufgabenbereich allerdings auch für umweltschutzgerechtes Verhalten ihrer Mitarbeiter verantwortlich. Aufgaben, Kompetenzen und Verantwortung im Umweltschutz zwischen Geschäftsführung und Geschäftsbereichen müssen eindeutig und transparent geregelt sein.

Vorstand und Werksleitung sind dafür verantwortlich, dass Fachabteilungen personell und finanziell im erforderlichen Umfang für den Umweltschutz ausgestattet sind, dass die Zusammenarbeit zwischen allen beteiligten Abteilungen und der Informationsfluss gesichert sind. Sie sorgen dafür, dass die Organisation des Umweltschutzes und das dazugehörige Personal, mit ihren Verantwortlichkeiten, Befugnissen und Weiterbildungsmaßnahmen, festgelegt sind und tatsächlich funktionieren. Dazu sind klare Organisationsstrukturen, Richtlinien, Arbeitsanweisungen, Stellenbeschreibungen, arbeitsverträgliche Anpassungen für Entscheidungsträger und betroffene Mitarbeiter transparent zu machen.

Weiterhin muss festgelegt werden, in welcher Form sich die Geschäftsleitung über die Entwicklung im betrieblichen Umweltschutz informiert sowie die Art der Umweltdokumentation.

3.2.1.2 Betriebsbeauftragte für den Umweltschutz

Für die Umsetzung des betrieblichen Umweltschutzes sind gesetzlich geforderte Betriebsbeauftragte am jeweiligen Standort zuständig. Durch das Bundesimmissionsschutzgesetz wurde der „Betriebsbeauftragte“ für den Immissionsschutz eingeführt. Die Idee der Schaffung von Betriebsbeauftragten für Einzelfragen des Umweltschutzes wurde später von Abfallbeseitigungsgesetz und Wasserhaushaltgesetz übernommen. Die Automobilindustrie hatte schon frühzeitig Mitarbeiter für Umweltschutzaufgaben beauftragt, weil sich dies aus der Notwendigkeit zur Erfüllung behördlichen Auflagen ergab. Durch die gesetzliche Regelung wurde ein fester Rahmen geschaffen, innerhalb dessen die Betriebsbeauftragten für Umweltschutz ihre Tätigkeit ausüben können. Es gibt kaum eine betriebliche Entwicklung, bei der nicht an irgendeiner Stelle im Ablauf des Entscheidungsprozesses Fragen auftauchen, die nicht losgelöst vom Umweltschutz beantwortet werden können.

Zu wichtigsten Aufgaben des Betriebsbeauftragten für Umweltschutz (oder „**U**mwelt**s**chutz**b**eauftragte", **USB**) gehört es, die auf Umwelt- und Ressourcenschonung gerichteten Aktivitäten des Unternehmens zu leiten, zu koordinieren und mit zu gestalten:

- er berät verantwortlich die Geschäfts- oder Betriebsleitung in allen Fragen des Umweltschutzes,
- er kontrollieret die Einhaltung der gesetzlichen Bestimmungen und behördlichen Auflagen,
- er unterrichtet die Betriebsangehörigen über die Umwelteinflüsse der Betriebsanlagen und über die Möglichkeiten zum umweltfreundlichen Betrieb,
- er hat bei Planung von neuen Anlagen oder neuen Produkten sowie bei Ausarbeitung von Lastenheften und Prüfkatalogen ein Mitwirkungsrecht bei der Prüfung auf Umweltverträglichkeit oder Umweltfreundlichkeit,
- er hat Einspruchsrecht, wenn, bei der Einführung neuer Werkstoffe oder Fertigungsverfahren sowie bei Entscheidungen über Investitionen und Baupläne, Umweltbelastungen zu erwarten sind,
- er kann seinerseits Vorschläge machen, zu deren Prüfung und Berücksichtigung die Fachbereiche verpflichtet sind,
- er versorgt Behörden und Öffentlichkeit mit Informationen und beantwortet Fragen, die mit dem Umweltschutz zusammenhängen.

Insbesondere für die Forschung und Entwicklung sowie für die Beschaffung von Einsatzstoffen und sonstigen Verbrauchsmaterialien sollen umweltbezogene Richtlinien definiert werden. Beide Funktionsbereiche besitzen eine Schlüsselstellung für die mittel- und langfristige Entwicklung umweltverträglicher Produkte und Produktionsverfahren.

Die Überwachung der technischen Einrichtungen die dem Umweltschutz dienen, wie z.B. Anlagen zur Abgasreinigung, Abwasserbehandlung oder zum Lagern von Gefahrstoffen, muss geregelt werden. Dazu ist es notwendig, Verantwortlichkeiten für die Durchführung von Prüfungen, die Prüfmittelüberwachung, die Dokumentation und Kennzeichnung des Prüfzustandes von Anlagen festzulegen. Weiterhin müssen innerbetriebliche Abläufe für die Lenkung fehlerhafter Prozesse und für die Durchführung von Korrekturen an technischen Einrichtungen definiert werden.

Durch interdisziplinäre Arbeitskreise sollen Entwicklung, Produktion und Vertrieb verknüpft und ein Wissenstransfer in alle Richtungen ermöglicht werden. Für die Lösung technischer und organisatorischer Probleme im betrieblichen Umweltschutz sollte auch das betriebliche Vorschlagswesen eingebunden werden.

Umweltmanagement, als Teil einer strategischen Unternehmensplanung hängt grundsätzlich von drei Elementen ab:

- einer Organisationsstruktur
- einem Ökocontrolling und
- einem Informationssystem.

3.2.1.3 Umweltmanagement-Handbuch

Die Dokumentation von Umweltpolitik und Umweltaktivitäten eines Unternehmens wird in so genannten „Umweltmanagement-Handbüchern" festgeschrieben. In einem Umweltmanagement-Handbuch sollen für einzelne Bereiche und Arbeitsplätze umweltrelevante Aspekte und Tätigkeiten beschrieben und Verantwortlichkeiten festgelegt werden. Die Umwelthandbücher dienen

- Der Dokumentation der Umweltschutzstrategien des Unternehmens
- Der Einführung von Umweltschutzrichtlinien, die für alle betrieblichen Funktionen verbindlich sind
- Der umfassenden Beschreibung und Definition der betrieblichen Umweltschutzelemente.

Das Umweltmanagement-Handbuch stellt die Vereinbarung zwischen allen Beteiligten zur Organisation von Umweltschutzaufgaben dar. Es ist ein Teil des gesamten übergeordneten Managements eines Unternehmens und beschreibt den Aufbau der betrieblichen Umweltschutzorganisation und die erforderlichen Abläufe. Es werden Zuständigkeiten und Verhaltensweisen geregelt, Aufgaben und förmliche Verfahren zur Freigabe von Mitteln für die Festlegung und Durchführung der Umweltpolitik beschrieben sowie Schnittstellen zwischen unterschiedlichen Funktionsbereichen im Unternehmen dargestellt (**Bilder 3.3** und **3.4**).

Rahmen-Handbuch (1. Ebene) beschäftigt sich mit der Organisation und Dokumentation des betrieblichen Umweltschutzes. Diese Aufgabe beinhaltet die Beschreibung der Umweltpolitik und der Umweltorganisation des Unternehmens. Weiterhin wird festgelegt, in welchen Zeitabständen und in welcher Form sich die Geschäftsleitung über Entwicklungen im betrieblichen Umweltschutz informiert um eventuelle Korrekturen zu veranlassen.

Der Zweck der **Standort-Handbücher** (2. Ebene) besteht darin, die standortneutralen Umweltschutzrichtlinien des Rahmenbuchs zu spezifizieren und damit den besonderen Gegebenheiten der verschiedenen Funktionsbereiche des Unternehmens anzupassen. In diesem Kapitel wird die Überwachung der herkömmlichen technischen Umweltschutzeinrichtungen geregelt, also Beispielweise Anlagen zur Abgasreinigung, Abwasserbehandlung oder zum Lagern der Gefahrenstoffe.

Als weiterer begleitender Schritt (3. Ebene) erfolg die Formulierung konkreter **Arbeits-** und **Verfahrensanweisungen** für Fachbereiche (Abteilungen, Werkstätte) die aus Richtlinien abgeleitet werden.

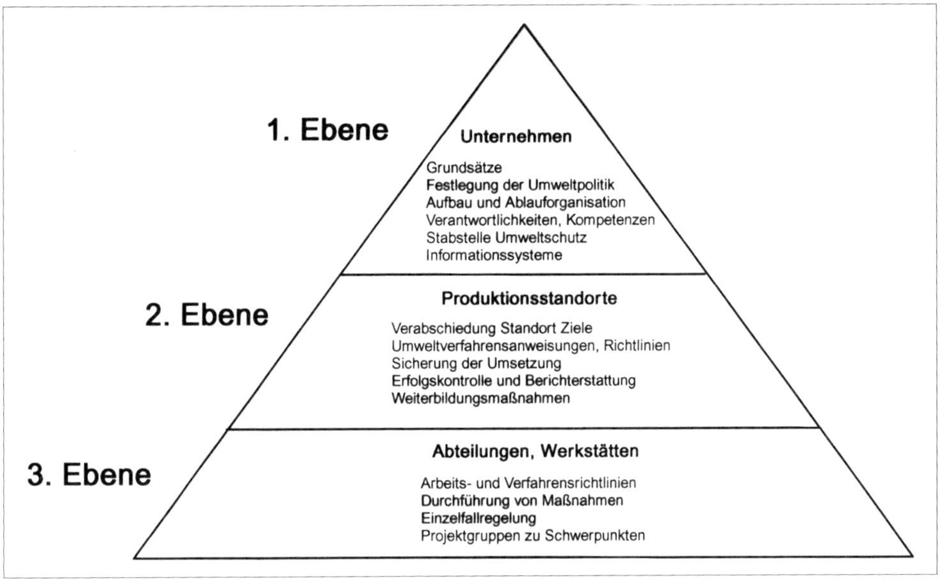

Bild 3.3: Aufbau eines Umweltmanagement-Handbuches

1. Aufgaben der Geschäftsführung
2. Dokumentation des betrieblichen Umweltschutzes
3. Umweltorientierte Entwicklung
4. Umweltorientierte Beschaffung
5. Abfall
6. Abwasser
7. Emissionen (BImSchG)
8. Gefahrstoffe
9. Energieeinsparung
10. Notfallpläne
11. Überprüfung der technischen Umweltschutzeinrichtungen
12. Prüfmittelüberwachung
13. Prüfzustand
14. Prüfaufzeichnungen
15. Lenkung fehlerhafter Prozesse
16. Korrekturmaßnahmen
17. Umweltschutz-Audits
18. Personalqualifikation und -schulung
19. Informationssysteme
20. Haftungsrechtliche Aspekte

Bild 3.4:
Inhalt des Umweltmanagement-Handbuches in Anlehnung an ISO 9001

Wesentliche Voraussetzung für die Durchführung eines aktiven Umweltschutzes ist außerdem die Bereitstellung der notwendigen Informationen.

Betriebliche Umweltinformationssysteme müssen so aufgebaut werden, dass das Management die relevanten Daten auswerten und ökologisch orientierte Projekte unterstützen kann. Diese Informationen werden im Rahmen spezifischer, insbesondere an der Einhaltung gesetzlicher Pflichten orientierten Anforderungen gesammelt und weiter kommuniziert. Die Praxis hat gezeigt, dass nur durch ein bereichsübergreifendes, umfassendes und systematisch aufgebautes Dokumentationssystem es möglich ist, die Menge an unterschiedlichen Umweltinformationen, -daten und -dokumenten, die an verschiedenen Stellen im Unternehmen vorhanden sind, nachvollziehbar, organisiert und strukturiert zu hinterlegen.

3.3 Stoff- und Energieströme

Bei der Herstellung eines Automobils werden Rohstoffe und Energie eingesetzt und neben (gewolltem) Produkt Automobil, auch Abluft, Abwärme, Abwasser und Abfall als Nebenprodukte erzeugt (**Bild 3.5**).

Ein integrierter betrieblicher Umweltschutz muss jeden Schritt bei allen Tätigkeiten, die in Verbindung mit der Automobilproduktion stehen, berücksichtigen. Ausgangspunkt für das Setzen von Zielen im betrieblichen Umweltschutz stellt eine Input-Output-Analyse der im Betrieb auftretenden Stoffe, Energien und Emissionen dar. Das Unternehmen wird dabei zuerst als ein „Black box“ betrachtet, in das, über einen Zeitraum verteilt, kontinuierlich Stoffe und Energien ein- und ausströmen.

Seit Anfang der 80er Jahre werden Umweltschutzgesetze für die Produktion kontinuierlich verschärft (**Bild 3.6**).

Die wichtigsten dieser Gesetze sind:
- BimSchG – Bundesimmissionsschutzgesetz und die dazugehörige TA-Luft (Technische Anleitung)
- WHG – Wasserhaushaltsgesetz und
- AbwG – Abwassergesetz
- KWG – Kreislaufwirtschafts- und Abfallgesetz sowie TA-Abfall
- UHG – Umwelthaftungsgesetz
- UIG – Umweltinformationsgesetz
- UVP – Umweltverträglichkeitsprüfung
- Verpackungsverordnung
- EU – Öko-Audit-Verordnung.

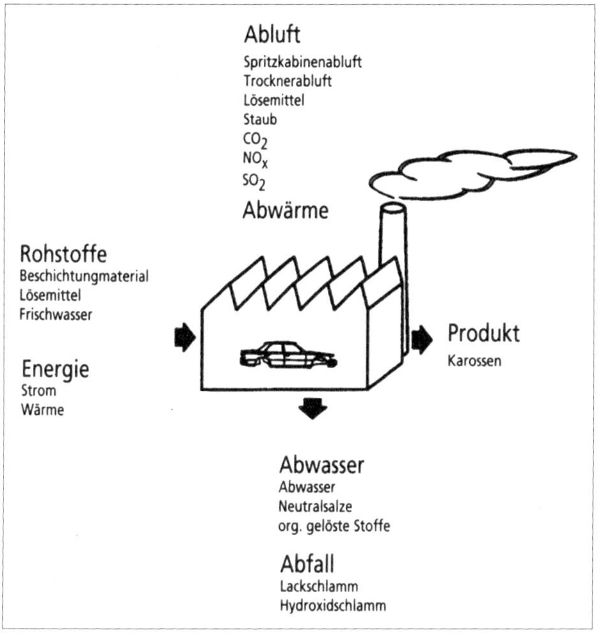

Bild 3.5: Stoff- und Energieströme bei der Karosserielackierung [Quelle: Kohler]

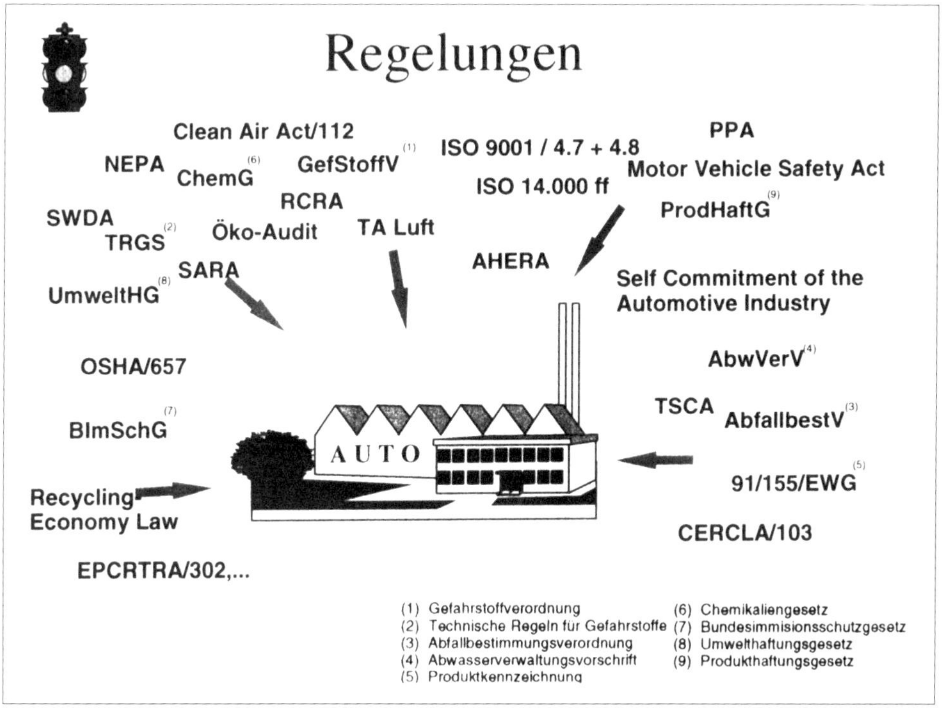

Bild 3.6: Umweltschutzgesetze für die Produktion [Quelle: DaimlerChrysler]

Zuerst gilt es, die für das Unternehmen relevanten gesetzlichen Anforderungen zu ermitteln. Anschließend ist zu prüfen, ob diese auch eingehalten werden. Entsprechend dem BimSchG bedürfen „die Einrichtungen und der Betrieb von Anlagen, die aufgrund ihrer Beschaffenheit oder ihres Betriebes in besonderem Maße geeignet sind, schädliche Umweltauswirkungen hervorzurufen oder in anderer Weise die Allgemeinheit oder Nachbarschaft zu gefährden, erheblich zu beeinträchtigen oder erheblich zu belästigen“, einer Genehmigung.

Geplante Anlagen sind darüber hinaus nur dann zulässig, wenn eine möglichst weitgehende Vorsorge gegen schädliche Umwelteinrichtungen getroffen wird, die beim Betrieb der Anlage anfallenden Reststoffe so weit wie möglich vermeiden oder zumindest einer Verwertung zugeführt werden und die entstehende Wärmeenergie dem Energiekreislauf zugeführt wird.

Im Zusammenhang mit der Genehmigung von umweltrelevanten Vorhaben taucht das Stichwort **„Umweltverträglichkeitsprüfung“ (UVP)** auf. Die Umweltverträglichkeitsprüfung soll mögliche Auswirkungen eines Vorhabens auf die Umwelt, vor dessen Durchführung, kontrollieren. Bereits im Jahr 1985 wurde eine EG-Richtlinie zur Umweltverträglichkeitsprüfung erlassen.

Natürlich ist die Realisierung von Umweltschutzmaßnahmen in Einklang mit wirtschaftlichen Zielsetzungen eines Betriebes zu bringen. Voraussetzung hierfür ist eine detaillierte Untersuchung, in der alle relevanten Randbedingungen berücksichtigt und die in Frage kommenden Einzellösungen für einige Bereiche zu einem integrierten Gesamtkonzept des betrieblichen Umweltschutzes zusammengefasst werden.

Durch Untersuchung und Einsatz verschiedener Technologien muss versucht werden, die mit Produktionsprozessen verbundenen negativen Umweltauswirkungen soweit wie möglich zu minimieren. Zur Planung und Umsetzung Umweltoptimierenden Schritte ist eine Analyse der Verfahren und Abläufe in der Produktion unumgänglich. Optimierte Prozesstechniken und integrierte Umweltschutzkonzepte gewährleisten eine Reduzierung des Verbrauches an Energie, Wasser und Rohstoffen sowie die Vermeidung von Produktionsabfällen bereits im laufenden Produktionsprozess. Es soll auch versucht werden, die Produkte aus weitestgehend umweltverträglichen Stoffen herzustellen, von denen nach Lebensende des Produkts, ein Teil ohne Veränderung wieder verwendet, und der andere Teil einer stofflichen oder energetischen Nutzung zugeführt werden kann.

Stoff- und Energiemanagement sind also als wesentliche Bestandteile eines funktionierenden Umweltmanagementsystems anzusehen.

3.3.1 Energieverbrauch

Der sparsame Umgang mit Energie ist eines der obersten Umweltschutzziele, welches zur Schonung der Ressourcen, zur Reduzierung der Emissionen und zur Senkung der Kosten beitragen kann. Die Automobilindustrie setzt in erster Linie elektrische Energie und in zweiter Gas als Energieträger bei der Fahrzeugproduktion ein. Als dritte Größe ist die Fremd- bzw. Fernwärme hinzugekommen.

Im „Lebenszyklus" eines Automobils („Life cycle assessment") wird etwa 10 % des Gesamtenergieverbrauches für seine Herstellung benötigt und zwar, nach Angaben von verschiedenen Herstellern und abhängig von der Fahrzeuggroße, zwischen

- 1,6 und 7,2 MWh/Fzg bei PKW Produktion und
- 7,5 und 10 MWh/Fzg bei NFZ Produktion.

Davon entfällt auf elektrische Energie ca.

- 0,4 bis 3,2 MWh/Fzg bei PKW Produktion und
- 3,5 bis 4,7 MWh/Fzg bei NFZ Produktion

und auf Wärmeenergie ca.

- 1,0 bis 4,5 MWh/Fzg bei PKW Produktion und
- 4,0 bis 10,0 MWh/Fzg bei NFZ Produktion.

Die Verringerung des spezifischen Energieverbrauches gehört zu den wichtigen Umweltzielen einer Automobilproduktion. Durch den Einsatz energiesparender Produktionstechniken ist es, seit Beginn der 90er Jahre gelungen den Energieeinsatz pro hergestellten Fahrzeug zwischen 20 und 50 % zu senken, und das obwohl die Fahrzeuge selbst sehr viel anspruchsvoller geworden sind. Durch Einsparung der Energie wird nicht nur die Umwelt entlastet, sondern es werden gleichzeitig auch Produktionskosten gesenkt. Die Energiekosten können bis zu 30 % der Herstellkosten eines PKW betragen.

In der Automobilindustrie gibt es verschiedene Möglichkeiten, um Energie effizienter zu nutzen. Die moderne Technik bietet für die betriebliche Energiewirtschaft vielfältige Ansatzpunkte zur Einsparung der Energie. Über Wärmerückgewinnungssysteme kann die Wärmemenge aus vielen Produktionsprozessen wieder für Produktionszwecke genutzt werden. Maßnahmen zur Abwärmenutzung, der Einsatz energiesparender Produktionsverfahren sowie von regenerativen Energiequellen erfordern naturgemäß größere Investitionen, ermöglichen aber auf längere Sicht eine Senkung der Energiekosten.

Durch gezielte und ständig wiederholende Information der Mitarbeiter über die Notwendigkeit eines umwelt- und somit energiebewussten Verhaltens lassen sich, vor allem in den Bereichen Heizung, Lüftung, Klimatisierung und Beleuchtung sowie EDV-Anlagen, auch kurzfristig Erfolge bei Energieeinsparung erzielen. Diese Erfolge können durch organisatorische und anlagenwirtschaftliche Maßnahmen und Investitionen zusätzlich unterstützt werden.

3.3.2 Wasserverbrauch und Abwasser

Bei der Automobilherstellung werden relativ große Mengen an Wasser verbraucht:

- 2,3 bis 8,0 m^3/Fzg. bei PKW Produktion und
- 5,8 bis 16 m^3/Fzg. bei NFZ Produktion.

Bewusster und sparsamer Umgang mit Wasser stellt auch einen wichtigen Umweltschutzaspekt dar. In einer modernen Automobilproduktion wird das eingesetzte Wasser in einem Kreislaufsystem chemisch-physikalisch aufbereitet und mehrfach verwendet. Durch die zunehmende Kreislaufführung von Wasser und durch moderne Produktionsverfahren sind zur Herstellung eines Autos deutlich geringere Wassermengen erforderlich als in der Vergangenheit. Bis zu 120-mal wird jeder Liter Wasser in einer modernen Automobilproduktion benutzt, bevor es – gründlich gereinigt – den Kreislauf verlässt.

Durch moderne Produktionsverfahren, neue Lackiertechniken, Kreislaufführung und andere Fortschritte wurde der Wasserverbrauch pro hergestelltem Fahrzeug in den letzten 15 Jahren um 60 bis 80 % gesenkt.

In der Automobilproduktion wird grundsätzlich das Brauchwasser verwendet. Das Trinkwasser wird nur dort eingesetzt, wo es unbedingt erforderlich ist.

Die Abwassermenge, die bei der Herstellung von Automobilen anfällt, beträgt zwischen 1,2 bis 5,0 m^3/Fzg. Dazu kommt noch eine Menge von 1,0 bis 2,5 m^3/Fzg. an Fäkalien und sonstigen Abwässern (Kantine, Waschanlagen usw.). Die Produktionsabwässer werden in werkseigenen Anlagen, mit Anwendung von physikalischen und chemischen Methoden geprüft und kontrolliert, durch die Messung von z.B. pH-Wert, Temperatur, Konzentration spezifischer Komponenten, wie Öle und Schwermetalle sowie Sauerstoffgehalt.

Probleme im Gewässerschutz bestehen insbesondere bei der Belastung mit gefährlichen Stoffen und mit einigen Schwermetallen, aber auch mit Nährstoffen, wie Stickstoff- und Phosphorverbindungen. Schwermetalle besitzen ein hohes toxikologisches Potential und lassen sich nicht wie organische Schlämme abbauen. Die EU-Kommission hat in Juli 2006 für 33 Schadstoffe EU-weit Grenzwerte für ihre Menge in Gewässern vorgeschlagen.

In werkseigenen Reinigungsanlagen lässt sich das Abwasser soweit behandeln, dass die Schadstofffracht auf ein sehr niedriges Niveau reduziert werden kann. So werden z.B. verfahrensbedingt in Werken anfallende Öl-Emulsionen der Kühl-Schmierstoffe durch Ultrafiltration wieder in Wasser und Öl gespalten. Das Wasser wird als Brauchwasser wieder verwendet; das Öl von einem Altölverwerter zur Wiederverwendung aufbereitet. Die zur Entsorgung anfallende Emulsionsmenge kann auf diese Weise um 75 bis 85 % reduziert werden.

Als Maß für die Beurteilung der Abgasqualität wird bei der Ökobilanzierung der so genannte **CSB**-Wert (**C**hemischer **S**auerstoff-**B**edarf) verwendet. Seit Anfang der 90er Jahre ist dieser Wert um 50 bis 60 % reduziert worden, von 700 bis 1600 g/Fzg auf 350 bis 650 g/Fzg. Die EU-Direktive (96/61/EC – Wather Framework Directive) über die Abwasserqualität beinhaltet eine umfassende Analyse der Auswirkungen von Abwässern auf die Umwelt: **WEA** = **W**hole **E**ffluent **A**ssessment. Das Ziel dieser Direktive besteht in einer weiteren Minimierung von Risiken für die menschliche Gesundheit und für die biologische Umwelt durch Abwässer.

Der Fokus der neuen Aktivitäten bei der Abwasserkontrolle verschiebt sich von physikalischen und chemischen Eigenschaften auf die biologische Wasser- und Abwasserqualität [18]. Die EU-Kommission schaut hier mehr auf die Gesundheit der Umwelt, als auf die Kontrolle von spezifischen Komponenten in Abwässern. Die Messungen des biologischen Effekts umfassen ein breites Spektrum von spezifischen toxikologischen Studien und Beobachtungen des Ökosystems der gesamten betroffenen Wasserregion in der Umgebung einer Produktionsstätte.

3.3.3 Gasförmige Emissionen

Auch die moderne Automobilproduktion ist noch immer nicht von Emissionen an Schadstoffen in der Atmosphäre frei. Diese Emissionen sind, dank vielen schon angewendeten Maßnahmen, heute um ein vielfaches niedriger als in der Vergangenheit. In Vergleich zu den 90er Jahren werden heute um 50 bis 80 % weniger Schadstoffe pro produziertem Fahrzeug in die Luft emittiert.

Deutliche Minderungen der gasförmigen Emissionen aus Produktionsprozessen wurden durch den Ersatz von schwerem Heizöl und Kohle durch leichtes Heizöl und Erdgas erreicht. Zusätzlich wurden viele neue Verfahren zur Abgasfiltrierung und Abgasreinigung aus Schornsteinen der Industrieanlagen entwickelt um die Emissionsminderung entsprechend der TA-Luft zu erreichen.

Während der Automobilproduktion entstehen heute etwa folgende Emissionen:

♦ Kohlenmonoxid (CO):	0,2–1,7 kg/Fzg	(PKW Produktion)
	0,3–2,0 kg/Fzg	(NFZ Produktion)
♦ Stickstoffoxide (NO_x):	0,3–0,8 kg/Fzg	(PKW Produktion)
	0,5–1,1 kg/Fzg	(NFZ Produktion)
♦ Schwefeldioxid (SO_2):	0–0,8 kg/Fzg	(PKW Produktion)
	0–0,3 kg/Fzg	(NFZ Produktion)
♦ Staub, Partikel (PM):	0,05–0,3 kg/Fzg	(PKW Produktion)
	0,2–3,1 kg/Fzg	(NFZ Produktion)
♦ Org. Verbindungen (VOC):	1,0–7,9 kg/Fzg	(PKW Produktion)
	2,5–12 kg/Fzg	(NFZ Produktion)
♦ Kohlendioxid (CO_2):	1–1,7 t/Fzg	(PKW Produktion)
	3,5–3,7 t/Fzg	(NFZ Produktion)

Die Immissionsmessungen, die von Umweltbehörden seit mehr als zwei Jahrzehnten durchgeführt werden zeigen, dass die Luftqualität in der Nähe der Automobilwerke seit Jahren keinen Anlass zu Beanstandungen gibt. Die gesetzlich vorgeschriebene Immissionsgrenzwerte für Kohlenmonoxid (CO), Stickstoffdioxid (NO_2) und Ozon (O_3) liegen deutlich unter lufthygienischen Grenzwerten.

Das im September 1987 von 82 Staaten in Montreal unterzeichnete Protokoll definiert Maßnahmen zum Schutz der Ozonschicht in der Stratosphäre. Im Montrealer Protokoll haben sich die Staaten auf folgendes geeinigt: Die Einstellung der Produktion von Fluorchlorkohlenwasserstoffen (FCKW: R11, R12, R13, R22, R111, R112, R113, R114, R115) und anderer halogenierter FCKW, welche die Ozonschicht zerstören können. Weiter die Einstellung der Produktion von Halonen, Tetrachlorkohlenwasserstoff, teilhalogenierten Fluorbromkohlenwasserstoffen (HBFC) sowie Reduzierung der Produktion von Methylbromid und Methylchloroform.

Die größten Anwendungsgebiete für FCKW im Automobilbau waren Klimaanlagen und die Prozesse der Verschäumung von Kunststoffen. Durch Umstellung der Verschäumungsmittel auf wasser-, CO_2- oder pentangetriebenen Systeme wurde FCKW aus der Automobilproduktion eliminiert. In Automobilklimaanlagen wurden die chlorhaltigen Kühlmittel R12 und R22 durch das Kühlmittel R134a (1,1,1,2-Tetrafluorethan, $C_2FC\text{-}CF_3$) ersetzt, das nicht mehr auf die Ozonschicht schädlich wirkt. R134a hat aber ein Treibhausgaspotential von 1.300 bis 1430. Die EU verbietet mit der Richtlinie über Emissionen aus Klimaanlagen (2000/40/EG) Kältemittel mit einem Treibhauspotential (GWP) von mehr als 150 einzusetzen. Ab 2011 darf kein neuer Autotyp und ab 2017 generell kein neues Fahrzeug mehr mit einer solchen Klimaanlage gefertigt werden.

Derzeit laufen intensive Untersuchungen Klimaanlagen mit CO_2 (R 744) oder R154 (1,1-Difluorethan), anstelle von 132a, zu füllen. Das Treibhausgaspotential von CO_2 hat einen Wert von 1, während R 154 mit einem Treibhausgaspotential von 120 ev. nicht zum Einsatz kommen wird. CO_2-Anlagen sind z. Zt. noch vollkommen neu, teuer und arbeiten mit wesentlich höherem Betriebsdruck (von über 100 bar), was neue und massive Komponenten und Rohrleitungen erfordert, die mehr Gewicht und mehr Kosten bedeuten. Klimaanlagen mit R 152a arbeiten mit wesentlich niedrigeren Betriebsdruck (ca. 18 bar) aber sind stark brennbar und erfordern deswegen besondere Sicherheitsmaßnahmen.

Eine wesentliche Belastung der Umwelt resultiert aus der Verwendung lösemittelhaltiger Lacke und anderer Oberflächen-Konservierungssysteme bei der Herstellung des Automobils. Lackierprozesse verbrauchen viel Energie und Wasser und sind eine der größten Quellen der Emissionen bei der Herstellung von Automobilen. Der Energieverbrauch bei Lackieren beträgt ca. 15 % des gesamten Energieverbrauchs für Herstellung des Automobils.

Die historische Entwicklung der Lacke von Öllacken (Trocknung bis zu drei Wochen bei mehrschichtigen Lacken um 1910) bis zum Zweikomponenten-Acryllack und Wasserbasislack bzw. Pulverlack heute, war ein langer Weg. Lösemittel in Lacken und Farben sind meist Gemische mehrerer Komponenten. Dazu zählen: Kohlenwasserstoffe wie Toluol, Xylole, Essigsäureester, Ketone, Glykolether und Testbenzine.

Der Gesetzgeber hat in der EU Vorschriften erlassen, um die Lösemittelemission aus Lackierereien deutlich zu verringern. Mit der EU-Richtlinie 1999/13/EG wurden erstmals in Europa einheitliche Grenzwerte für Emission flüchtiger organischer Verbindungen eingeführt. Der für Serienlackierung gesetzte Wert beträgt 60 g/m² Karosserie bei bestehenden Anlagen und 45 g/m² bei Neuanlagen.

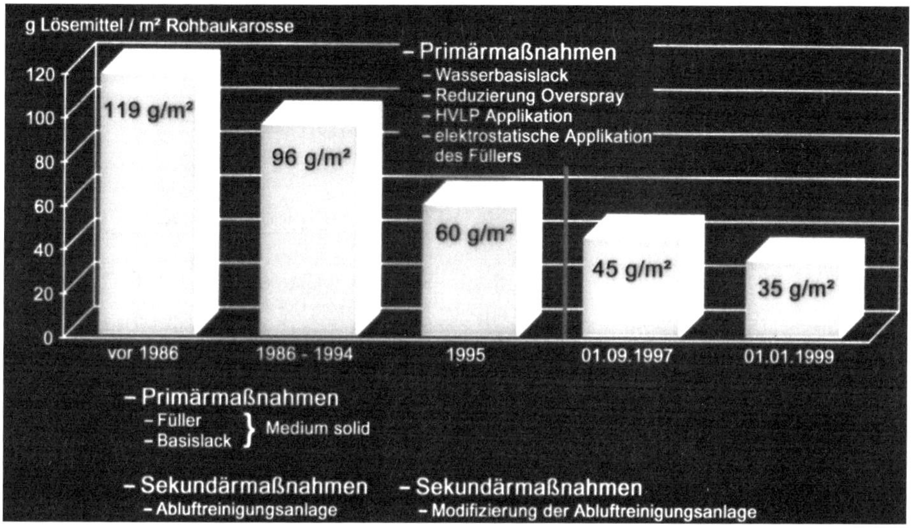

Bild 3.7: Zeitlicher Verlauf der Lösemittelreduzierung aus der Lackiererei [Quelle: Porsche]

Die heute erlaubte Emission an Lösemittel in Deutschland beträgt 35 g/m² Karosserie (**Bild 3.7**). Innerhalb von 20 Jahren wurde die Emission von Lackierereien auf nahezu 1/4 des Wertes von 1986 gesenkt. Trotz moderner, aufwendiger Filteranlagen gelangt noch immer ein Anteil an Lösemittel in die Umwelt.

Mit Wasserbasislacken, High-Solid-Lacken oder Pulverlacken gibt es Alternativen zu konventionellen Lackmaterialien für die industrielle Lackierung. Wasserverdünnbare Lacksysteme, auch Wasserbasis- oder Wasserlacke genannt, haben erhebliche industrielle Bedeutung erlangt. Sie haben einen stark reduzierenden Lösemittelgehalt von nur 10 bis 12 % des Gehalts von lösemittelhaltigen Lacken und gelten deshalb als umweltfreundlich. Die Emission an Lösemittel wird durch den Einsatz von Wasserbasislacken um bis zu 50 % gesenkt. So liegt der gegenwärtige Lösemittelverbrauch pro lackiertes Auto bei ca. 2–5 kg. Das anvisierte Endziel heißt: „Nullemission an Lösemittel".

Nach Einführung der Wasserbasislacke wird seit einigen Jahren der Einsatz lösemittelfreier Pulverlacke erprobt. Die Pulverlack-Technologie wurde weltweit zum ersten Mal in der Serienfertigung bei BMW angewandt.

Pulverlacke sind derzeit die einzigen Lacke, die keine Lösemittel enthalten und eine „Nullemission“ in der Automobillackierung versprechen. Pro Karosserie spart Pulverlack ca. 1.000 Gramm Lösemittel. Bei Pulverlacken tritt außerdem kein Lackschlamm mehr auf und die Overspraymenge wird um fast 99 % zurückgenommen. „Overspray“, d.h. Pulverpartikel, die während des Lackiervorgangs nicht auf die Karosserie gelangen, lassen sich grundsätzlich immer wieder verwenden. Bei Wasserbasislacken liegt die Recyclingquote des Oversprays heute bei 40 %. Das Ziel ist auch hier ein Gesamtwirkungsgrad von 95 % der eingesetzten Lacke zu erreichen. Sinnvoll ist allerdings ein Recycling innerhalb nur eines Farbtons.

Beim Vergleich der „Umweltfreundlichkeit“ unterschiedlicher Lackverfahren wird z. Zt. fast nur die Emission an Kohlenwasserstoffen (VOC) betrachtet. Wasserbasislacke und Pulverlacke erfordern jedoch einen größeren Energieeinsatz für die Trocknung und sind damit mit etwas höhere CO_2-Emissionen begleitet (**Bild 3.8**).

Die letzte Operation bei der Herstellung eines Automobils stellt die Konservierung der Außenhaut mit unterschiedlichen Wachssystemen als Transportschutz dar. Auch hier werden immer häufiger umweltfreundliche, recyclebare Wachssysteme und Verfahren für minimale Emissionen an organischen Verbindungen und minimalen Energieaufwand entwickelt (**Bild 3.9**).

3.3.4 Geräuschemissionen

Geräusche, die durch die Automobilproduktion verursacht werden, treten nur in enger Nachbarschaft der Herstellungsstätte auf. Das Arbeitsgeräusch von Industrieanlagen wurde häufig zu einem Problem, das Siedlungen an die einst auf freiem Feld errichteten Betriebe heranwuchsen, und die Siedler über die „laute Nachbarschaft“ zu klagen begannen. In solchen Fällen war eine nachträgliche Verminderung des Geräuschpegels technisch nur schwer zu erreichen. Trotzdem konnte in den vergangenen Jahrzehnten die Lärmemission in Industrieanlagen erheblich vermindert werden. Bei Neuanlagen ergaben sich durch gesetzliche Anforderungen und sorgfältige Auswahl der Ausrüstungsteile von vornherein geringe Lärmemissionswerte. Die Einhaltung der zulässigen Geräuschimmissionsgrenzwerte nach der TA-Luft bei der Nachbarschaft [45 bis 55 dB(A)] ist dadurch gesichert.

3.3.5 Abfälle

Eines der größten „Denkmäler“ das sich die Menschheit je gebaut hat, stellt „Fresh Kills Landfill“ dar, die Mülldeponie der Stadt New York City, zu welcher täglich 17.000 t Müll aus New York getragen werden. Die Größe dieser Mülldeponie ist 25-mal größer als die Cheopspyramide in Giza/Ägypten [6]. In der EU fällt jährlich 1,3 Milliarden Tonnen Abfall bzw. 3,5 t pro EU-Bürger an. Dieser Abfall besteht in wesentlichen aus: Produktionsabfäl-

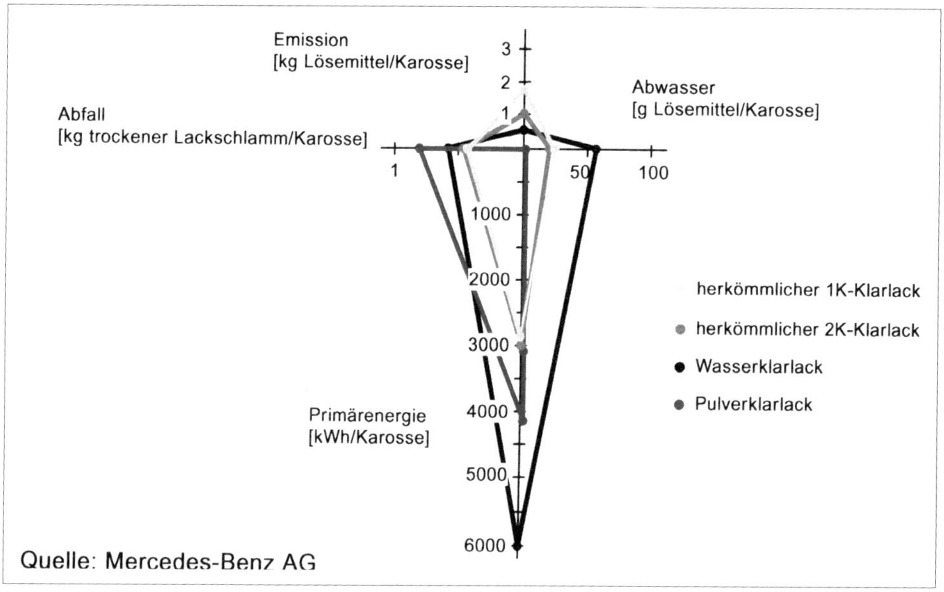

Bild 3.8: Ökologischer Vergleich verschiedener Lacksysteme [Quelle: Mercedes-Benz]

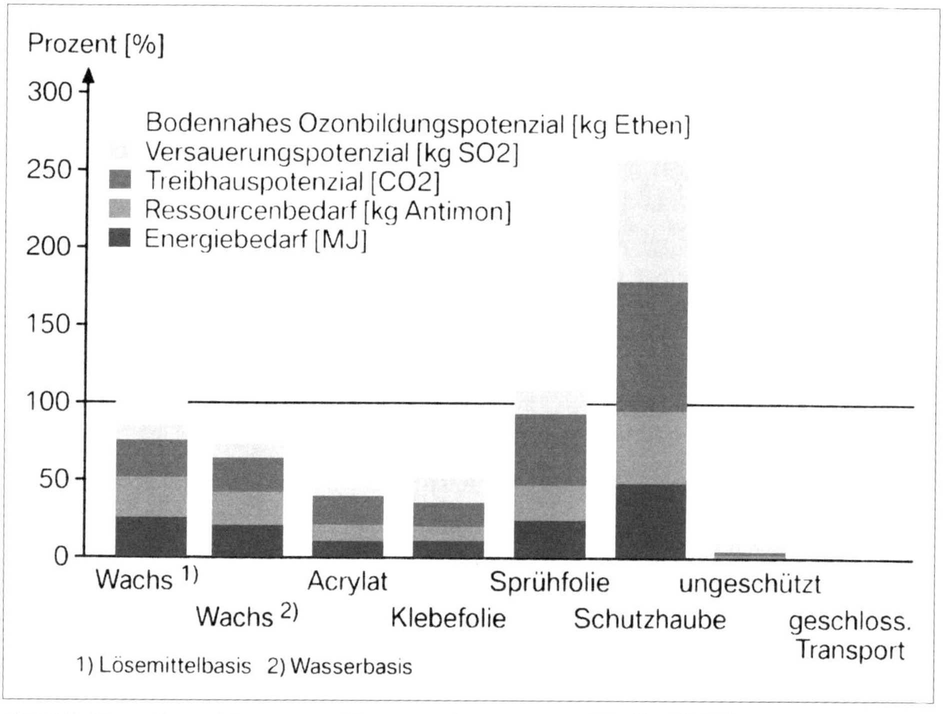

Bild 3.9: Umweltauswirkungen von Transportschutzsystemen [Quelle: BMW]

len (26 %), Steinbruch- und Bergbauabfällen (29 %), Bauschutt (22 %) und kommunalen Abfall (16 %).

Die **OECD** (**O**rganisation for **E**conomic **C**o-Operation and **D**evelopment) hat errechnet, dass der Haushaltsmüll in Industrieländern (OECD-Länder) zwischen 1995 und 2020 um 43 %, von heute jährlich 550 kg/Kopf auf 640 kg/Kopf wachsen wird. In den meisten Ländern wird der Abfall (bis zu 80 %) auf Mülldeponien abgestellt. Die mangelnde Kapazität der Deponien und der prognostizierte starke Anstieg von Kosten für Müllentsorgung waren Anfang der 90ger Jahre, die treibende Kraft bei der Suche nach sinnvollen Abfallwirtschaftskonzepten.

Unterschiedliche Herstellungs- und Verarbeitungsprozesse in der Automobilindustrie sind mit Reststoffen begleitet, die nicht unmittelbar in die Prozesse zurückgeführt werden können. Alle Stoffe oder Reststoffe,

- die bei einer Produktion anfallen und nicht das Produkt darstellen, oder als Produkt verwertet werden können,
- die für ihre Zweckbestimmung nicht mehr verwendbar sind,
- die durch ihre Verschmutzung oder Kontamination nicht mehr geeignet sind oder
- die nicht verwendet werden dürfen,

sind als Abfälle zu bezeichnen.

Das europäische Abfallrecht (Abfallrahmenrichtlinie 91/156/EWG) definiert als Abfälle (Waste) alles, was nicht als „Produkt“ anzusehen ist.

Die Produktion von Kraftfahrzeugen ist von ca. 60 unterschiedlichen Abfallarten, mit einer Abfallmenge von

- Gewerbeabfall und hausmüllähnlichem Abfall zwischen
  35 und 150 kg bei PKW und
  70 und 300 kg bei NFZ sowie
- Schlämmen aus Wasseraufbereitung zwischen
  0,5 und 15 kg bei PKW und
  1,5 und 25 kg bei NFZ

begleitet.

Diese Abfälle müssen dem Regime des Kreislaufwirtschaftsgesetzes unterworfen werden. Produktionsrückstände werden in immer stärkerem Maße stofflich verwertet. Stahl und **N**icht-**E**isen-**M**etalle (**NE**-Metalle) werden schon seit langem in den Materialkreislauf wieder eingebracht. Nach Inkrafttreten der Verpackungsverordnung im Jahr 1993, hat die Automobilindustrie durch Einsatz von Mehrwegbehältnissen das Abfallaufkommen deutlich vermindert. Dazu hat die Verwendung von wieder verwendbaren Paletten, Gitterboxen und Kleinladungsträgern viel beigetragen.

3.4 Kreislaufwirtschaftsgesetz

Hersteller und Vertreiber müssen ihre Erzeugnisse so gestalten, dass bei der Produktion und beim späterem Gebrauch, das Entstehen von Abfällen vermindert und eine umweltverträgliche Verwertung und Beseitigung der Reststoffe ermöglicht wird. Zur Vermeidung von Abfällen fordert das Kreislaufwirtschaftsgesetz folgende Maßnahmen:

- Die anlagenorientierte Kreislaufführung von Stoffen in Produktionsprozesse
- Eine besonders abfall- und schadstoffarme Entwicklung von Produkten („Design for Environment")
- Ein auf umweltfreundliche Produkte ausgerichtetes Konsumentenverhalten.

Es werden nur noch zwei Arten von Abfällen definiert:

- „Abfälle zur Verwertung" („Waste for recovery") und
- „Abfälle zur Beseitigung" („Waste for disposal").

3.4.1 Abfälle zur Verwertung

Abfälle zur Verwertung müssen zu einem der anerkannten Verwertungsverfahren zugeführt werden. Zu den Verwertungsverfahren zählen solche, die

- Rohstoffe durch Abfälle substituieren,
- aus Abfällen Ausgangsstoffe oder andere Rohstoffe wiedergewinnen,
- die Abfälle wieder verwenden, oder
- die stofflichen (d.h. chemischen, physikalischen oder biologischen) Eigenschaften der Abfälle nutzen.

Zu den physikalischen Eigenschaften gehören auch die thermischen, d.h. die Nutzung des Heizwertes eines Abfalls gehört zu den anerkannten Verwertungsverfahren (Energetische Nutzung). Eine energetische Verwertung ist dann zulässig, wenn

- der Heizwert des einzelnen Abfalls mindestens 11 MJ/kg beträgt
- der feuerungstechnische Wirkungsgrad der Verwertungsanlage bei ≥ 75 % liegt, und
- die entstehende Wärme genutzt wird.

Stoffliche und energetische Verwertung eines Abfalls sind als gleichwertig anzusehen. Erst wenn eine Verwertungsart sich als umweltverträglicher erweist, hat sie den Vorrang.

Abfälle zur Verwertung sind per Rechtsordnung als „**besonders überwachungsbedürftige Abfälle**" einzustufen, wenn sie in besonderem Maße gesundheits-, luft- oder wassergefährdend sind, oder Erreger übertragbarer Krankheiten enthalten. Zu dieser Kategorie zählen ca. 250 Stoffe. Für die „**besonders überwachungsbedürftigen Abfälle zur Verwertung**" muss obligatorisch ein Nachweisverfahren geführt werden. Zu den „überwachungsbedürftigen Abfällen zur Verwertung“ gehören z.B. Abwasserschlämme aus der Lackiererei, verbrauchte Katalysatoren, ölhaltige Abfälle, Kühlschmierstoffe, Hilfs- und Betriebsstoffe, Salze und lösemittelhaltige Abfälle. Diese Abfälle müssen ordnungsgemäß, d.h. entsprechend den Vorschriften des Abfallbeseitigungsgesetzes, entsorgt werden [17, 19, 20].

Innerhalb der EU werden die Abfälle zur Verwertung in drei Listen, den so genannten „Ampellisten“ geführt (EG – Abf.Ver. V 259/93 ECE):

1. **Grüne Liste**: In dieser Liste werden „Abfälle zur Verwertung“ geführt, die ohne große Umweltbeeinträchtigungen verwertet werden können, wie Papier, Textilabfälle, unbehandeltes Holz u.ä.
2. **Gelbe Liste**: Zu dieser Liste zählen z.B. Bremsflüssigkeiten und FCKW. Ein Export der Abfälle aus dieser Liste ist nur innerhalb der EU- bzw. der OECD-Länder und mit Zustimmung der Behörden erlaubt. Export in andere Länder ist verboten.
3. **Rote Liste**: Zu der „Roten Liste“ gehören z.B. „Abfälle zur Verwertung“, die in irgendeiner Form kontaminiert sind, wie Rückstände aus der Raffinerie.

Nur mit schriftlicher Genehmigung der zuständigen Behörde ist ein Export innerhalb der EU- oder OECD-Staaten erlaubt. Der Ausfuhr in alle anderen Länder ist generell verboten.

Bei der Herstellung von modernen Automobilen entstehen folgende Mengen an Abfällen für die Verwertung:

- 20 bis 30 kg/Fzg (PKW-Produktion)
- 20 bis 35 kg/Fzg (NFZ-Produktion).

Das ist um ca. 50 % mehr als vor 20 Jahren.

3.4.2 Abfälle zur Beseitigung

Abfälle zur Beseitigung werden per Rechtsordnung entweder als „besonders überwachungsbedürftig“ eingestuft, wie z.B. gebrauchte Maschinen-, Getriebe- und andere Schmieröle, Fluorchlorkohlenwasserstoffe (FCKW) sowie alte Farben und Lacke, oder sie sind nur „überwachungsbedürftig“. In der modernen Automobilproduktion fallen pro hergestelltem Fahrzeug zwischen

- 10 bis 16 kg/Fzg (PKW-Produktion)
- 15 bis 20 kg/Fzg (NFZ-Produktion)

Abfälle zur Beseitigung an. Das ist eine um 40 bis 60 % geringere Menge als Anfang der 90er Jahre.

Mit der neuen Verordnung über die Verbringung von Abfällen wurde die, seit 1993 geltende, Verordnung 259/93/EG zur Überwachung und Kontrolle der Verbringung von Abfällen in oder aus der Gemeinschaft (EG-Abfallverbringungsverordnung) novelliert. Eine wichtige Änderung betrifft den Schutz nationalen ökologischen Standards. Behörden können einem Export von Abfällen widersprechen, wenn diese im Ausland gemäß weniger strengen Rechtsvorschriften als im Versandstaat verwertet werden sollen.

3.4.3 Abfallwirtschaftskonzepte

Der Erzeuger von Abfällen unterliegt behördlicher Überwachung. Als interne Planungsinstrumente in Unternehmen dienen betriebliche Abfallwirtschaftskonzepte. Sie müssen von Abfallerzeugern entwickelt werden, die jährlich mehr als 2.000 t überwachungsbedürftige Abfälle, oder mehr als 2 t besonders überwachungsbedürftige Abfälle produzieren.

Entsprechend dem Abfallwirtschaftsgesetz müssen Unternehmen zunächst einen Mitarbeiter als Abfallbeauftragten bestellen: einen Betriebsbeauftragten für Abfall. Seine Hauptaufgaben bestehen darin, ein Abfallwirtschaftskonzept über die Vermeidung, Verminderung und Verwertung von Abfällen zu entwickeln. Betriebliche Abfallwirtschaftskonzepte müssen folgende Angaben enthalten:

- Angaben über Art, Menge und Verbleib von besonders überwachungsbedürftigen Abfällen, überwachungsbedürftigen Abfällen sowie Abfällen zu Beseitigung
- Darstellung von getroffenen und geplanten Maßnahmen zur Vermeidung, Verwertung und Beseitigung von Abfällen
- Begründung der Notwendigkeit der Abfallbeseitigung, insbesondere Angaben zur mangelnden Verwertbarkeit
- Darlegung der vorgesehenen Entsorgungswege für die folgenden fünf Jahre
- gesonderte Darstellung des Verbleibs der Abfälle bei der Verwertung oder Beseitigung außerhalb des eigenen Landes.

Der Entsorgungsvorgang vom Abfallerzeuger zum Abfallentsorger wird durch die Behörde überwacht. Der Abfallerzeuger muss auch die Entsorgungsanlagen überwachen, insbesondere in Hinblick darauf, ob die dort stattfindende Entsorgung ordnungsgemäß und schadlos für die Umwelt durchgeführt wird.

Betriebliche Abfallwirtschaftskonzepte müssen alle 5 Jahre neu überarbeitet und festgeschrieben werden. Jährlich werden Abfallbilanzen über Art, Menge und Verbleib von Abfällen erstellt. Betriebliche Abfallwirtschaftskonzepte sollen, im Einklang mit dem Kreislaufwirtschafts- und Abfallgesetz, die Unternehmen anregen, um:

- Abfälle zu vermeiden
- Transparenz im Bereich gewerblicher Abfälle zu schaffen und
- Umweltverträgliche Verwertung und Beseitigung von Abfällen zu sichern.

Die Abfallbeseitigung stellt die niedrigste Stufe in der EU-Abfallrichtlinie dar.

3.4.3.1 Vermeidung von Abfällen

Zu dem obersten Gebot einer umweltfreundlichen Abfallwirtschaft gehört die Abfallvermeidung (**Bild 3.10**).

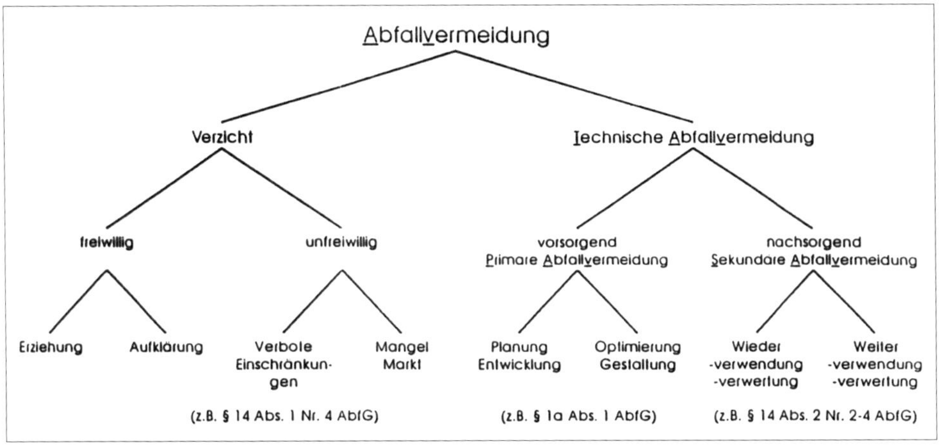

Bild 3.10: Möglichkeiten zur Abfallvermeindung

Die Vermeidung von Abfällen kann zunächst durch Verzicht oder durch Verbote (Beispiele: Verbote von Asbest, Blei, FCKW, u.a.) erreicht werden.

Eine ingenieurmäßig richtige Lösung ist aber die so genannte „technische Abfallvermeidung“, die durch vorsorgende Einbindung des Umweltschutzgedankens in die Entwicklung, Konstruktion und Planung erreicht werden kann (Design for Environment). Die Ansatzpunkte zur Senkung der Abfallmenge sind schon in der Entwicklung durch die Werkstoffwahl, Gestaltung, Füge- und Verbindungselementen sowie in der vorgesehenen Produktionstechnologie zu suchen, um eine abfallarme, demontage- und recyclingarme Konstruktion zu realisieren.

Von der heute üblichen Abfallwirtschaft mit getrennter Erfassung der Produktionsabfälle und externer Verwertung, wird in der Zukunft der Abfallwirtschaftskonzept eines Unternehmens alle Stoff- und Energieströme im gesamten Prozess „von der Wiege bis zu Bare“ („Life cycle assessment“) berücksichtigen.

3.4.3.2 Verwertung von Abfällen

Die in der Produktion anfallenden Produktionsrückstände (Abfälle) können in der Regel die problematischste Umweltbeanspruchung zur Folge haben. Hier gilt es, durch gezielte Abfallanalysen eine möglichst weitgehende Verwertung der Abfälle zu erreichen und mittelfristig auf das Ziel einer deutlichen Abfallvermeidung hinzuarbeiten. Als Idealziel einer umweltbewussten Unternehmensführung soll eine, dem Stoffkreislauf der Natur nachempfundene Kreislaufwirtschaft bzw. die „Null-Abfallproduktion“ angestrebt werden.

Zu einem umweltgerechten Abfallwirtschaftskonzept gehört heute das getrennte Sammeln der anfallenden Reststoffe (**Bild 3.11**), damit diese so weit wie möglich wiederaufbereitet und in den Materialkreislauf zurückgeführt werden können.

Bild 3.11:
Getrennte Abfallsammlung in der Produktion [Quelle: Porsche]

Erst die genaue Kenntnis der im Unternehmen anfallenden Reststoffe und Abfallprodukte, qualitativ und quantitativ, macht eine Entwicklung der generellen logistischen Lösungsansätze zur Sammlung, Sortierung und Lagerung sowie zum Transport auf die Entsorgerunternehmen möglich.

Die Rückführung der Abfälle in den Produktionskreislauf ist sicherlich eine sinnvolle Maßnahme, um die anfallende Abfallmenge zu verringern. Wenn aber der zu betreibende logistische Aufwand und der dazugehörige Energiebedarf für den Stoffkreislauf über ein vertretbares Maß hinausreichen, dann soll eine Überprüfung der Sinnhaftigkeit einer solchen Vorgehensweise stattfinden.

In vielen Fällen stellt die thermische Verwertung von Abfällen unter Ausnutzung des Energieinhalts einen sinnvollen Weg dar.

Entsorgungs- und Verwertungstechnologien sollen grundsätzlich immer untereinander gegenübergestellt werden und die Eignung der einzelnen Verfahren für die verschiedensten anfallenden Produktionsabfälle geprüft werden. Mit der Strategie zur Verringerung der Abfallmenge und Steigerung der Recyclingquote, hat sich die EU zum Ziel gesetzt, bis 2010 die deponierte Abfallmenge um 20 % und bis 2050 um 50 % im Vergleich zum Jahr 2000 zu verringern.

3.5 Emissionskataster

In der Praxis hat sich gezeigt, dass die Bildung von so genannten Emissionskatastern für alle umweltbeeinträchtigende Auswirkungen in der Produktion, wie Emissionen, Abwasser sowie Lärm, Abfall und Abwärme in einem Unternehmen eine gute Grundlage darstellt, um geeignete Maßnahmen zur Minderung der Umweltbelastung zu ergreifen. Durch Vermeidung und Verringerung von Energieverbrauch und Emissionen können in vielen Fällen die Folgekosten, z.B. Produktionskosten, Entsorgungskosten, Abfall- und Abwassergebühren, deutlich reduziert werden.

3.6 Kostenaufwand für Umweltschutz

Da Umweltschutzmaßnahmen in der Regel mit anderen Entwicklungs- und Produktionsaktivitäten eng verbunden sind, ist die Abgrenzung zwischen Umweltaufwendungen und anderen laufenden Kosten nicht einfach zu treffen. Neben einer VDI-Richtlinie über „Ermittlung der Aufwendungen für Maßnahmen zum betrieblichen Umweltschutz“ existiert seit 2001 eine Empfehlung der EU-Kommission über Erfassung, Messung und Bekanntmachung der Umweltaufwendungen. Das Statistische Bundesamt in Deutschland fordert seit 1980 auf Basis des Umweltstatistikgesetzes (UStaG) die Erfassung der umweltbedingten Betriebskosten und Investitionen für die Bereiche Abfallwirtschaft, Gewässerschutz, Lärmbekämpfung und Luftreinhaltung. Seit 1996 werden diese Kosten um die Bereiche Naturschutz, Landschaftspflege und Bodensanierung ergänzt.

Mit dem aktuellen offiziellen Erfassungssystem lassen sich nicht umweltschutzbedingten Betriebskosten hinreichend erfassen. Es ist schwierig z.B. Kosten für die Reduzierung der Umweltbelastung von der Gesamtinvestitionen in Produktionsanlagen zu trennen und damit alle umweltschutzbezogene Kosten des Unternehmens eindeutig zu erfassen.

Die nachhaltige Maßnahmen im Umweltschutz, die so genannte „End-of-Pipe“-Technologien, werden immer mehr durch integrierte Maßnahmen ersetzt. Die integrierten Maßnahmen sorgen dafür, dass Umweltbelastungen schon an ihrem Entstehungsort so gering wie möglich gehalten werden. Noch schwieriger ist es, im Rahmen der Forschung und Entwicklung von Fahrzeugen und Motoren, den Aufwand für Umweltschutzmaßnahmen klar zu identifizieren. Dieser Aufwand kann aufgrund folgender Aspekte und Aktivitäten abgeschätzt werden:

- Verringerung der Schadstoff- und Geräuschemissionen und Erfüllung gesetzlicher Vorgaben
- Verringerung des Kraftstoffverbrauches und der CO_2-Emission
- Verwendung umweltschonender Materialien

- Erreichung gesetzlicher Vorgaben zur Altautoverwertung
- Auswahl umweltschonender Fertigungsverfahren

Aus veröffentlichten Berichten der Automobilhersteller, kann man entnehmen, dass ca. 1,5 bis 2 % des jährlichen Umsatzes eines Unternehmens auf Umweltkosten entfällt. Der Größtteil davon (über 70 %) entfällt auf den produktintegrierten Umweltschutz in der Forschung und Entwicklung.

3.7 Umwelt- oder Öko-Audit

3.7.1 EMAS

Die Überprüfung der organisatorischen und technischen Umweltschutzmaßnahmen in einem Unternehmen erfolgt über so genannte Umwelt- oder Öko-Audits. Die Umwelt-Audit-Verordnung der europäischen Union ist als die „Verordnung (EWG) Nr. 1836/93 des Rates vom 23. Juni 1993 über freiwillige Beteiligung gewerblicher Unternehmen an einem Gemeinschaftssystem für das Umweltmanagement und Umweltbetriebsprüfung“ am 13. Juli 1993 in Kraft getreten. Diese Verordnung wird oft auch als **EMAS** (**E**co **M**anagement and **A**udit **S**cheme) bezeichnet.

Im Vordergrund der Verordnung steht „die Verhütung, die Verringerung und, so weit wie möglich, die Beseitigung der Umweltbelastungen, nach Möglichkeit schon an ihrem Ursprung sowie eine gute Bewirtschaftung der Rohstoffquellen und Einsatz von sauberen Technologien“.

EMAS umfasst eine gründliche ökologische Bestandsaufnahme und Bewertung der Umweltsituation und der Umweltauswirkungen eines Unternehmens (**Bild 3.12**). Es steht für die freiwillige Verpflichtung von Betrieben und Organisationen, den betrieblichen Umweltschutz kontinuierlich zu verbessern.

Kernelement der Öko-Audit-Verordnung stellt der Aufbau eines Umweltmanagementsystems. Ziele eines Umwelt-Audits sind:

- Sicherheit, dass alle gesetzlichen Umweltschutzbestimmungen eingehalten werden und keine verdeckten Risiken bestehen.
- Hilfestellung für den betrieblichen Umweltschutzbeauftragten und operativ Verantwortlichen hinsichtlich einer effizienten und verantwortungsbewussten Durchführung des Umweltmanagements.
- Identifizierung von Schwachstellen, Risiken und Kostensenkungspotentialen im technischen und organisatorischen Bereich.
- Vermeidung von Hafteinsprüchen durch Einhalten von Sorgfalts- und Verkehrssicherungspflichten.

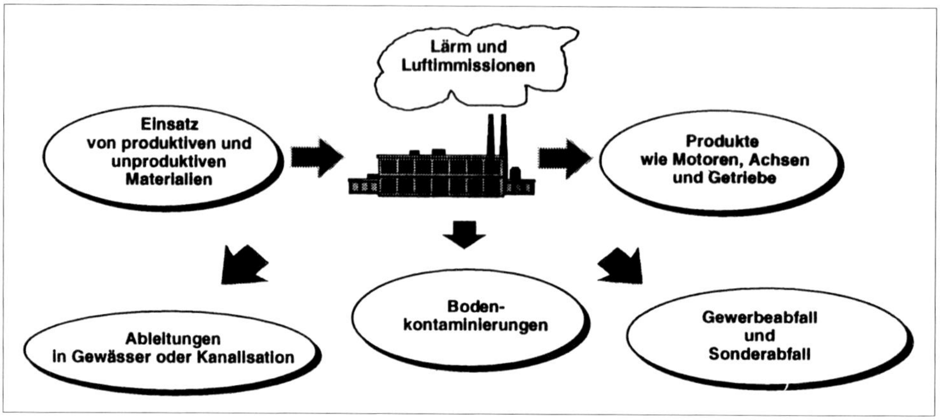

Bild 3.12: EU-Öko-Audit-Verordnung. Bewertung von Umweltauswirkungen [Quelle: Arthur D. Little]

- Lieferung einer sicheren Datengrundlage in allen Umweltfragen.
- Verringerung des Verbrauchs von Stoffen, Materialien und Ressourcen, wie Wasser und Energie.

Mit der EMAS-Verordnung hat die Europäische Union einen Kriterienkatalog für „umweltbewusstes Management“ vorgelegt. Im Mittelpunkt der Verordnung stand zunächst der fertigungs- und produktionstandortbezogene Umweltschutz. Heute ist EMAS ausgeweitet auf alle Unternehmen, Organisationen, Ämter und Betriebe und EU-weit eingeführt.

Voraussetzung für die Durchführung eines Öko-Audits ist die Integration des Umweltschutzgedankens in die Unternehmensziele. Wenn sich ein Unternehmen freiwillig an dem EU-Öko-Audit (EMAS) beteiligen will, dann müssen genau vorgeschriebene Schritte durchgeführt werden. Die Verordnung schreibt ein geregeltes Vorgehen zur Umsetzung des Öko-Audits vor, damit alle teilnehmenden Unternehmen innerhalb der Europäischen Union gleiche Startbedingungen haben (**Bild 3.13**) [13, 14, 25].

Ein Öko-Audit nach der EU-Verordnung (EMAS) besteht aus folgenden Bausteinen:

1. Am Anfang müssen unternehmens- bzw. standortspezifische **Umweltpolitik** und **Umweltleitlinien** festgelegt werden.
   Die **Umweltpolitik** stellt das Bekenntnis der obersten Unternehmensleitung zum Umweltschutz. Mit der Umweltpolitik verpflichtet sich die Unternehmensleitung, die gesetzlichen Umweltvorschriften einzuhalten, den betrieblichen Umweltschutz kontinuierlich zu verbessern, die Mitarbeiter zu kompetenten und verantwortungsvollem Handeln anzuleiten und den Dialog mit der Öffentlichkeit zu führen. Durch Umweltpolitik und Umweltleitlinien werden betriebliche Ziele im Umweltschutz schriftlich fixiert. Dadurch wird der Umweltschutz zu einem integrierten Bestandteil der Unternehmenspolitik.

Bild 3.13:
Vorgehensweise bei der Teilnahme am EU-Öko-Audit-System

Damit sind die Voraussetzungen geschaffen, Umweltziele zu formulieren, die Erreichung dieser Ziele zu sichern und die erfolgreiche Umsetzung (gegenüber Dritten) zu dokumentieren.

2. Im zweiten Schritt wird eine **Umweltprüfung** durchgeführt. Die so genannte erste Umweltprüfung ist dabei von zentraler Bedeutung. Sie ist der Ausgangspunkt eines Umweltmanagementsystems. Sie stellt einen ersten Check (Ist-Zustand) und eine genaue standortbezogene Bestandsaufnahme aller Bereiche des betrieblichen Umweltschutzes dar, die unter einer „ökologischen Lupe" genommen werden.
   Das Unternehmen muss sich einen Überblick verschaffen über die Auswirkungen, die von den eigenen Tätigkeiten, Produkten und Dienstleistungen entstehen. Alle Inputs (z.B. Ressourceneinsätze) und Outputs (z.B. Emissionen) müssen bekannt sein.
   Diese erste Bestandsaufnahme ist eine Schwachstellenanalyse aller betriebsinternen Details. Sie umfasst die technischen Einrichtungen, die Produktionsverfahren sowie die Umweltschutzorganisation. Außerdem erfolgt eine Prüfung, ob am Standort alle einschlägigen Umweltschutzvorschriften eingehalten werden.
   Bei der Umweltbetriebsprüfung im Sinne der EU-Öko-Audits handelt es sich um ein Managementinstrument, das eine systematische, regelmäßige und objektive Bewertung

der Leistung des Unternehmens, des Managements und der Abläufe zum Schutz der Umwelt handelt.

3. Auf Basis der Umweltprüfung wird ein **Umweltprogramm** erstellt. Die Ergebnisse der Umweltprüfung fließen in das Umweltprogramm für den Standort ein. Es beschreibt die quantitativ bestimmte und mit Zielvorgaben versehenen **Umweltziele** sowie zur Erreichung dieser Ziele in Betracht gezogene Maßnahmen und Tätigkeiten. Darüber hinaus werden die Verantwortlichen für die Umsetzung der Maßnahmen und die zur Durchsetzung zur Verfügung stehenden Mittel festgelegt.

4. Umsetzung der **Umweltziele** und Darstellung des **Umweltmanagementsystems** stellt das Kernstück des Öko-Audit-Systems. In den Umweltzielen wird die Umweltpolitik konkretisiert. Die Ziele werden so formuliert, dass die Verpflichtung zur kontinuierlichen Verbesserung des betrieblichen Umweltschutzes, wo immer es in der Praxis möglich ist, quantitativ bestimmt und mit Vorgaben versehen wird.
   Im Rahmen des Umweltmanagementsystems werden die Organisationsstruktur, Zuständigkeiten, Verhaltensweisen, förmliche Verfahren, Abläufe und Mittel für die Festlegung und Durchführung der Umweltpolitik festgelegt. Das Umweltmanagementsystem ist ein Hilfsinstrument zur Bewältigung umweltbedingter bzw. gesetzlich vorgegebener Erfordernisse in der betrieblichen Praxis. Hier werden Verfahren entwickelt, die sicherstellen, dass die aktuellen Umweltvorschriften an die entsprechenden Stellen zur Durchführung weitergeleitet werden.
   Die Vorgehensweise wird in einem Unternehmens Umweltmanagement-Handbuch festgeschrieben, in dem auch Richtlinien und Verfahrensanweisungen, etwa bei Abweichung von Umweltzielen, festgehalten sind.

5. Die Erstellung einer, in der Branche gültigen umweltbezogenen Rechtsvorschriften – **Rechtsverzeichnis** – ist verbindlich

6. Die Funktion des Umweltmanagements und die Durchführung der Umweltprogramme wird durch regelmäßige **Umweltbetriebsprüfungen** kontrolliert.
   Mit Hilfe unabhängiger Umwelt-Betriebsprüfer (Umwelt-Auditoren) – es können interne (Betriebsangehörige) oder externe Prüfer sein – wird regelmäßig, mindestens alle drei Jahre, die Wirksamkeit des Umweltmanagementsystems für die Umsetzung der betrieblichen Umweltpolitik geprüft. Es wird schriftlich dokumentiert, ob und wie die betriebliche Umweltpolitik, Umweltziele und Umweltprogramme am Standort umgesetzt werden und ob die geschaffenen Instrumente effizient arbeiten, die selbst gesteckten Ziele erreicht und neue anspruchsvollere Ziele formuliert sind.
   Damit ist die Umweltbetriebsprüfung – das eigentliche Umweltaudit – eine wirksame Kontrolle.

7. Nach Umweltprüfung und Umweltbetriebsprüfung wird eine **Umwelterklärung** zur Unterrichtung der Öffentlichkeit, der Kunden und der Mitarbeiter über die Umweltauswirkungen des Unternehmens erstellt.

Die Umwelterklärung umfasst eine Beschreibung der Unternehmenstätigkeit und ihrer Umweltrelevanz, Zahlenangaben über Schadstoffemissionen, Abfallaufkommen, Rohstoff-, Energie- und Wasserverbrauch sowie über Geräuschemission und andere umweltbezogene Aspekte.

8. Eine wichtige Bedeutung für die erhobenen Daten, festgelegten Leitlinien, Programme und Verantwortlichkeiten hat die Dokumentation. Sie ist die Voraussetzung für die regelmäßige Überprüfung der Soll-Ist-Konzeption, also für die Umweltbetriebsprüfung. Die Dokumentation ist auch die Basis für die Umwelterklärung und somit für das externe Audit. Die Umwelterklärung wird von staatlich zugelassenen, unabhängigen Sachverständigen (zugelassene Umweltgutachter) danach geprüft, ob Umweltpolitik, Umweltprogramme, Umweltmanagementsystem, die Umweltbetriebsprüfung und die Umwelterklärung eines Unternehmens der EU-Verordnung entsprechen (**Validierung**).
   Durch die Überprüfung der Umwelterklärung von einem unabhängigen, zugelassenen Umweltgutachter wird ihre Transparenz und Glaubwürdigkeit verstärkt. Die Umweltgutachter werden im Rahmen nationaler Systeme zugelassen und überwacht.

9. Die als gültig angenommene Umwelterklärung wird den zuständigen Stellen übermittelt, die das Unternehmen in eine Liste (**Umweltregister**) einträgt und eine Registernummer dem Unternehmen zuteilt (**Zertifizierung**).
   Die zuständigen Stellen sind die Industrie- und Handelskammer oder die Handwerkskammer. Das Unternehmen erhält anschließend eine Urkunde über eine erfolgreiche Teilname am EU-Öko-Audit, und darf mit seiner umweltfreundlichen Grundausrichtung mit dem EMAS-Logo auch werben.
   Die Registrierungen werden national zusammengetragen und von der EU einmal jährlich im Amtsblatt veröffentlicht.

Die einmal erfolgte Zertifizierung gilt nicht für alle Zeiten. Spätestens alle drei Jahre ist eine so genannte Revalidierung durch den Umweltgutachter vorgeschrieben. Außerdem ist im Regelfall eine jährliche Aktualisierung der Umwelterklärung erforderlich. Dies garantiert, dass auch tatsächlich eine kontinuierliche Verbesserung des Umweltschutzes im Unternehmen erzielt wird.

Die Vorteile die von einer durchgeführten Öko-Auditierung entsprechend der EU-Verordnung zu erwarten sind, können so zusammengefasst werden:

- Schaffung von Transparenz im betrieblichen Umweltschutz
- Bewertung und Verbesserung des betrieblichen Umweltschutzes
- Förderung des Bewusstseins der Belegschaft für Umweltschutzmaßnahmen und -Verantwortlichkeiten
- Senkung der Kosten in der Produktion bei Energieeinsatz und der Entsorgung
- Erleichterung bei der Erlangung von Versicherungsschutz im Bereich der Umwelthaftung

- Vermeidung von Umweltschäden
- Erleichterung bei staatlichen Überwachungspflichten und Kontrollen
- Werbung für den umweltgerechten Standort mit dem EMAS-Logo
- Steigerung der Glaubwürdigkeit bei Kunden und Öffentlichkeit.

3.7.2 EMAS und ISO 14001

Die Öko-Audit-Verordnung (EMAS) ist nicht das einzige mögliche Umweltschutz-Controlling-Instrument. Die Unternehmen haben die Wahl zwischen zwei standardisierten Systemen – dem europäischen EMAS und der internationalen Norm ISO 14001 (DIN EN ISO 14001). Diese Norm ging von Anfang an über den fertigungsbezogenen Umweltschutz hinaus. ISO 14001 hat die Organisation des Umweltschutzes in einem Unternehmen als Bezugsystem genommen und zielt auf die Förderung des Umweltschutzes über den gesamten Lebenszyklus der Produkte ab. Die Gemeinsamkeiten und Unterschiede zwischen beiden Öko-Audit-Systemen sind in **Tabelle 3.1** zusammengefasst.

Beide Öko-Audit-Systeme bieten den teilnehmenden Unternehmen Instrumente an, um den betrieblichen Umweltschutz in eigener Verantwortung kontinuierlich zu verbessern.

Tabelle3.1: Gemeinsamkeiten und Unterschiede zwischen EMAS und ISO 14001

Kriterien	EG-Öko-Audit	ISO-Norm 14001
Anwendung	alle Organisationen, die eine umweltorientierte Unternehmensführung anstreben	für Organisationen jeder Art und Teilen davon, kein Standortbezug
Erste Umweltprüfung	erforderlich	empfohlen
Überprüfung des Umwelt-Management-Systems	umfassende Umweltbetriebsprüfung mindestens alle 3 Jahre gefordert	regelmäßige Auditierung vorgeschrieben, aber keine absolute Zeitangabe
Was wird erfasst?	alle Umweltrelevanten Tätigkeiten, Produkte und Dienstleistungen	Umweltaspekte, die kontrollierbar und beeinflussbar erscheinen
Kontinuierliche Verbesserung	des betrieblichen Umweltschutzes im Hinblick auf die Reduzierung der Umweltauswirkungen des Unternehmens	von Umweltbelastungen
Technische Mittel	Anwendung der „besten verfügbaren, wirtschaftlich vertretbaren Technik“ zur Verringerung der Umweltauswirkungen	Berücksichtigung „technologischer Optionen“
Umwelterklärung	Muss erstellt und für gültig erklärt werden	Nicht gefordert
Verifizierung/Abnahme	Begutachtung mit Teilnahmeerklärung	Zertifizierung/Zertifikat
Öffentlichkeit	Pflicht zur Veröffentlichung der Umwelterklärung	Pflicht zur Veröffentlichung der Umweltpolitik
Geltungsbereich	EU-weit, gesetzlich geregelt, beinhaltet auch Regelungen für das Zulassungsverfahren von Umweltgutachtern	weltweit

Entsprechend der EU-Verordnung 1836/93 ist die „kontinuierliche Verbesserung" nicht nur auf eine Verbesserung des Umweltmanagementsystems bezogen, sondern auch darauf, dass eine tatsächliche (technisch orientierte) Verringerung von Umweltbelastungen aus einer Produktionsstätte nachgewiesen werden muss, d.h. Verringerung von schädlichen Emissionen in der Luft, im Wasser und im Boden, Verringerung der Abfallmenge, etc.

Im ISO 14001 bezieht sich die kontinuierliche Verbesserung nur auf das Umweltmanagement, allerdings des gesamten Unternehmens. Entsprechend ISO 14001 müssen die Unternehmen auch feststellen, wo die bedeutenden Umweltauswirkungen im Leben ihrer Produkte auftreten. Für die Automobilindustrie bedeutet dies, dass den Umweltauswirkungen während der Nutzungsphase weitaus größere Aufmerksamkeit gewidmet werden muss, weil bis zu 90 % aller Umweltauswirkungen im gesamten Lebenszyklus eines Automobils in dieser Phase entstehen. Bei ISO 14001 ist die Information der Öffentlichkeit durch eine Umwelterklärung nicht erforderlich.

Die externe Prüfung, die Validierung und Zertifizierung, erfolgt ebenfalls durch einen unabhängigen externen Auditor, der, anders als der EMAS-Gutachter, allerdings nicht durch staatliche Stellen zugelassen und überwacht werden muss. Mit der Normserie ISO 14001 schreibt ISO für die Automobilindustrie eine Umorientierung vom fertigungsbezogenem zum produktbezogenem Umweltschutz fest. In **Bild 3.14** sind wesentliche Elemente eines Umweltmanagementsystems (**UMS**) nach ISO Norm 14001 aufgezeigt.

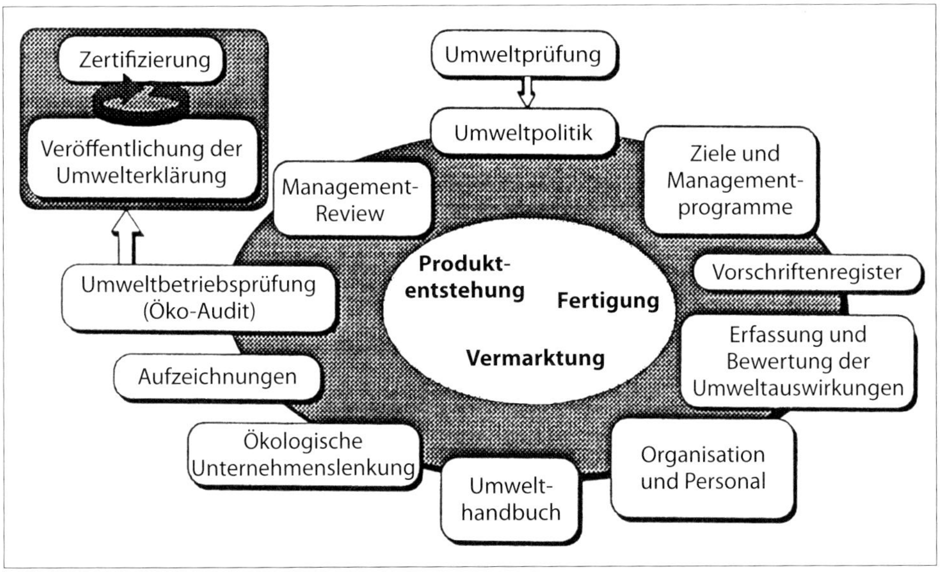

Bild 3.14: Aufbau eines UMS nach internationalem Standard (ISO 14001)

Abschließend kann zusammengefasst werden, dass die integrierten Umweltschutzmaßnahmen in einer Produktion folgende wesentlichen Schritte umfassen:

- Es muss schon bei der Entwicklung und Konstruktion eines Produkts begonnen werden („Design for Environment“).
- Der gesamte Produktionsprozess muss auch vom ökologischen Standpunkt aus betrachtet werden.
- Alle Produktionsphasen sollen in die ökologische Untersuchung einbezogen werden.
- Umweltbelastende Teilprozesse sind möglichst zu vermeiden.
- Wertstoffe und Energie aus Prozessabfällen müssen zurück gewonnen werden.

Umfragen bei Betrieben mit erfolgreichen Umweltschutzmanagement kamen zu folgenden Ergebnis: Im produzierenden Gewerbe lassen sich die Gesamtkosten eines Unternehmens um ca. 2 bis 4 % reduzieren. Die größten Einspareffekte erzielen die Bereiche der Roh-, Hilfs- und Betriebsstoffe sowie Energie-, Wasser-, Abwasser- und Abfallwirtschaft [25].

Beginnend Anfang der 60-iger Jahre, als es fast noch keine strengen Umweltschutzgesetze gab, die eine moderne Industrie heute erfüllen muss, wurden durch „Innovation“, nach dem „Prinzip der hohen Schornsteine“, die Schadstoffe großflächig verteilt, und damit lokale Belastungen vermindert, ohne jedoch die Emissionen selbst zu reduzieren. Als zweite Stufe, setzten danach Maßnahmen der technischen Nachsorge ein, wie Filtern oder Reinigen, die so genannten „End of Pipe“ Lösungen der 70-iger und 80-iger Jahre. Sie vermeiden aber auch keine Schadstoffe und Abfälle, sondern verschieben häufig nur räumlich und zeitlich die Probleme.

Heute heißt der Slogan „Weg von der „End of Pipe Technologie“ und den nachsorgenden und sanierenden Umweltschutz“. Dank eines entwicklungs- und prozessorientiertem Umweltschutzes ist die moderne Automobilproduktion nur noch durch eine minimale Belastung der Umwelt begleitet (**Bild 3.15**).

Der Weg zu dem idealen Ziel von Umweltschutzmaßnahmen in einem produzierenden Unternehmen, d.h. zu einer Null-Emission- und Null-Abfallproduktion, ist damit vorgezeichnet.

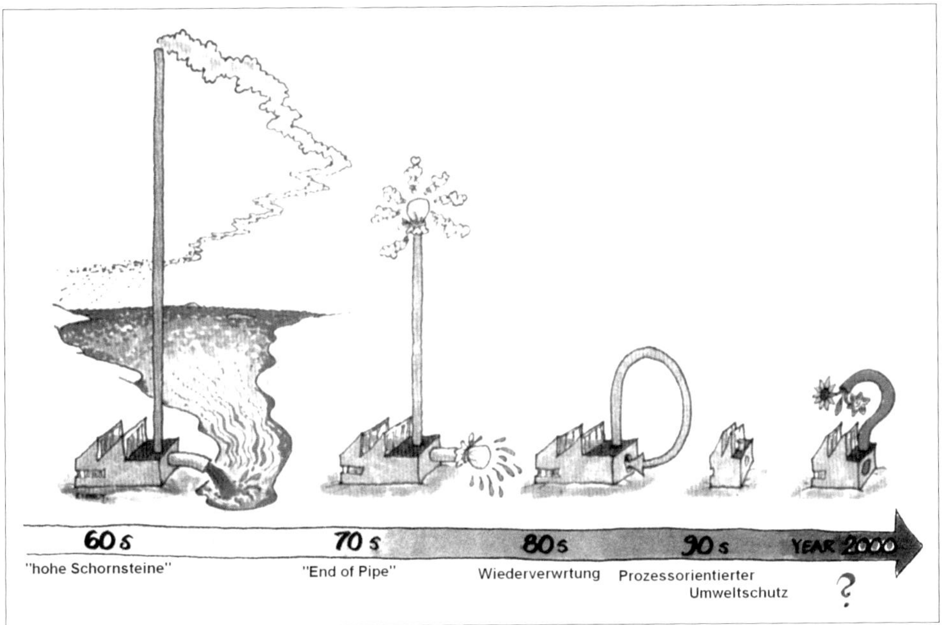

Bild 3.15: Historische Entwicklung der Umweltschutzmaßnahmen in der Automobilproduktion [Quelle: Volvo]

Literatur

[1] *Birnkraut, D., Burmeister, M.*: Wege zur umweltschonenden Fabrik VDI-Zeitschrift 135 (1993) 8

[2] Auto Jahresbericht 2004. Frankfurt: VDA, 2004

[3] Mineralöl und Umweltschutz. Hamburg: MWV, 1981

[4] Betriebliche Abfallwirtschaft optimieren. Umwelt 25 (1995) 4

[5] *Schweiner, G.W., Schuckert, M.*: Sachbilanz eines Golf. VDI-Berichte 1307, 1996

[6] *Rathje, W.L.*: Once and Future Landfills. National Geografic, May, 1991

[7] *Mischer, F., Schendel, A.*: Das Kreislaufwirtschaftsgesetz und seine Auswirkung. Umwelt-Magazin, Jan/Feb., 1995

[8] Umweltschutzhandbuch für Kfz-Reparaturbetriebe. VDA, ZDK, DEKRA, 1992

[9] *Fleischer, G.*: Strukturierung der Abfallvermeidung. TU Berlin, 1992

[10] Umweltschonende Lacke gewinnen Marktanteile. Handelsblatt Nr. 142,1995

[11] *Krüper, M.*: Umweltmanagement. DGMK-Haupttagung. Leipzig, 1994

[12] *Brunk, M., Günther, P.*: Umweltmanagement in der Metallindustrie. Frankfurt: VDMA, 1995

[13] Der Weg zur Zertifizierung nach EG-Öko-Audit-Verordnung. Karlsruhe: Landesanstalt für Umweltschutz, Baden-Württemberg, 1994

[14] EG-Umwelt-Audit-Wegweiser. Duisburg: Industrie- und Handelskammer, Nordrhein-Westfalen, 1995

[15] *Müller, B.*: Entscheidungskriterien für ISO 14001 und EMAS. UGA-Tagung, Bonn, Juni, 1997

[16] *Lieback, J.U., Schmalenbach, J. u.a.*: EG-Öko-Audit und Umweltmanagementsysteme in der Praxis. Umwelt 27 (1997) 1

[17] *Kirchgeorg, M.*: Kreislaufwirtschaft – neue Herausforderung an das Marketing. Wissenschaftliche Gesellschaft für Marketing und Unternehmensführung, 1995
[18] Whole Effluent Assessment (WEA). A new approach to assessment and control of water quality. CONCAWE Review 13 (2004) 1
[19] Towards a thematic strategy on the prevention and recycling of waste. EU-Document, Brüssel 2003
[20] Kreislaufwirtschaft und Abfallvermeidung in thermischen Prozessen. Landesumweltamt Nordrhein-Westfahlen, 1997
[21] Life Cycle Simulation of Automotive Painting Processes. Automotive Engineering Int. Febr., 1999
[22] Grünbuch zur integrierter Produktpolitik. Brüssel: Kommission der Europäischen Gemeinschaften, 2001
[23] *Maurer, U.*: Die Umsetzung der IVU-Richtlinie. WLB – Zeitschrift für Umwelttechnik (2005) 7/8
[24] Handel mit Emissionsrechten für Treibhausgase. Umwelt 2, 2002
[25] Unternehmen mit Zukunft – der Weg zum betrieblichen Umweltschutz. Ministerium für Umwelt und Verkehr Baden-Württemberg, 2003
[26] *Barankay, Th., Jürgens, G. u.a.*: Stoffstrommanagement deckt Kosten auf. UmweltWirtschafts Forum 8 (2000) 2
[27] *Kärst, H. Winkelbauer, W.*: Das Abfallwirtschaftskonzept Rastatt. UmweltWirtschaftsForum 8 (2000) 2
[28] 6th Environment Action Programme of the European Community – Environment 2010: Our Future – Our Choice. Brüssel, 2000
[29] *Gädicke, W.*: Zusammenarbeit mit Lieferanten im Rahmen einer umweltorientierten Fahrzeugentwicklung. UmweltWirtschaftsForum 8 (2000) 2
[30] Klimaanlagen. VDI-Nachrichten, Nr. 38, 2007
[31] R 152 a oder CO_2: Welches Kältemittel setzt sich durch. Automobil Industrie 7–8, 2004
[32] Umwelt Nr.4/2006. Berlin: Umweltministerium für Umwelt, Reaktorsicherheit und Naturschutz, 2006

4 Umweltauswirkungen des Ottomotors

4.1 Allgemeine Grundlagen

Trotz der intensiven Bemühungen und zahlreichen Versuche, ein anderes Antriebssystem für Kraftfahrzeuge zu entwickeln, ist der Hubkolbenverbrennungsmotor bis heute nicht nur für Krafftfahrzeuge, sondern auch für viele andere Anwendungsgebiete, das exklusive Antriebsaggregat geblieben.

Seit 130 Jahren zeigen Otto- und Dieselmotoren, dass sie die beste Antwort der Ingenieure auf die z. Zt. billigste und bequemste Energiequelle der Erde sind, nämlich auf das Erdöl. Keinem von anderen vorgeschlagenen Antriebsaggregaten ist es bislang gelungen, die in fossilen Kraftstoffen enthaltene Energie mit so einem guten Gesamtwirkungsgrad auszunutzen, wie dem Hubkolbenverbrennungsmotor.

Da sowohl Benzin als auch der Dieselkraftstoff normale Begleiterscheinungen einer Erdölraffination sind, stellen Otto- und Dieselmotoren keine Alternativen dar, die sich gegenseitig ausschließen, sondern sind zwei Aggregate, die sich ausgezeichnet vervollständigen in der wirtschaftlichen Nutzung des Erdöls.

Beide Motorenvarianten werden ihre Bedeutung, als Antriebsaggregate für Fahrzeuge auf absehbare Zeit hinaus behalten, aber bei beiden wird die Entwicklung von neuen Techniken für die Reduzierung des Kraftstoffverbrauches und der schädlichen Abgasemission auch weiterhin erfolgen.

4.1.1 Verbrennung als fundamentaler Prozess

Prometheus war von den Göttern bestraft worden, weil er den Menschen mit dem Feuer eine Wohltat beschert hat, die vorher das alleinige Privileg der Götter war. Die Beherrschung der Verbrennung gehört zweifellos zu den fundamentalen Ereignissen, welche der Menschheit den evolutionären Weg bis zum modernen Homo Sapiens ermöglicht haben.

In einem Verbrennungsmotor findet während der Verbrennung eine schnelle Oxidation der kohlenwasserstoffhaltigen Kraftstoffkomponenten (HC) statt. Diese Reaktion ist mit Wärmeentwicklung und mit Lichtstrahlung begleitet. Die freigesetzte Wärmeenergie wird weiter in die mechanische Arbeit umgewandelt.

Obwohl der Verbrennungsprozess eine Grundvoraussetzung für die Funktion eines Verbrennungsmotors ist, ist es bis heute noch nicht gelungen, eine vollkommen zufrieden stellende Theorie der Verbrennung zu definieren, die alle Phänomene des Verbrennungsprozesses im Zylinder des Motors in allen Details beschreibt. Die Ursache liegt darin, dass die Verbrennung ein verwickelter chemischer Prozess ist, der, bei sich schnell ändernden Zuständen von Temperatur, Druck und Konzentration der reagierenden Stoffe, abläuft.

Die chemischen Umwandlungen in einem Motor können nicht in die Reihe einfacher chemischer Reaktionen eingeordnet werden. Die Verbrennung von Kohlenwasserstoffen findet in Kettenreaktionen, in mehreren aufeinander folgenden und miteinander konkurrierenden Reaktionen statt. Im Zylinder eines Verbrennungsmotors verbrennen nicht homogene, einfache Kohlenwasserstoffe, sondern Kraftstoffe, die eine Mischung von diversen Kohlenwasserstoffmolekülen darstellen, mit verschiedenen Strukturen und in sehr unterschiedlichen gegenseitigen Verhältnissen.

Vereinfacht lässt sich die Verbrennung mit Hilfe des folgenden Schemas darstellen:

$$\text{Kraftstoff}\,(C_xH_y) + \text{Sauerstoff}\,(\text{Luft}) \rightarrow CO_2 + H_2O + CO + HC + NO_x + O_2 + N_2 + \ldots$$

Die Geschwindigkeiten chemischer Reaktionen hängen von den chemischen und physikalischen Eigenschaften der reagierenden Stoffe ab. Die Abhängigkeit der Reaktionsgeschwindigkeit von der Temperatur ist mit dem Gesetz von Arrhenius gegeben:

$$K = c \times e^{-E/RT}$$

mit:
c – Konstante
E – Aktivierungsenergie
R – Gaskonstante
T – Temperatur

Nach der Theorie der Kettenreaktionen gehen die Anfangsstoffe in die Endprodukte nicht unmittelbar, sondern in einer Reihe von Zwischenprodukten über. Bei vollständiger Verbrennung kohlenwasserstoffhaltiger Kraftstoffe würden theoretisch nur Kohlendioxid (CO_2) und Wasserdampf (H_2O) entstehen. Daneben sind aber auch überschüssiger Sauerstoff (O_2) und Stickstoff (N_2) in Verbrennungsprodukten enthalten. Da aber eine Verbrennung nie vollständig ablaufen kann, sind in den Abgasen noch viele andere Produkte enthalten.

Die unvollständigen und unerwünschten Verbrennungsprodukte: Kohlenmonoxid (CO), unverbrannte Kohlenwasserstoffe (HC), Stickstoffoxide (NO_x) und Partikel (PM) aus Abgasen von Millionen von Kraftfahrzeugmotoren haben insbesondere in großen Ballungsräumen zu einem neuen Problem für die Menschheit geführt, der Luftverunreinigung durch Abgase von Verbrennungsmotoren.

4.1.2 Kohlenmonoxid (CO)

Das Kohlenmonoxid entsteht bei unvollständiger Verbrennung des Kohlenstoffs aus Kohlenwasserstoffen des Kraftstoffs. Theoretisch sollte es bei genügend Sauerstoff (überstöchiometrische, „magere Gemische“) kein Kohlenmonoxid in Verbrennungsprodukten geben, sondern es sollte vollständig in das ungiftige Kohlendioxid (CO_2) verbrannt sein.

Die Messungen der CO-Konzentration im Abgas zeigen aber, dass bei stöchiometrischen Gemischen ($\lambda = 1{,}0$) die Kohlenmonoxidkonzentration im Abgas etwa 1 Vol % beträgt und, dass geringe CO-Mengen im Abgas auch bei mageren Gemischen ($\lambda > 1{,}0$) vorhanden sind.

Einen sehr großen Einfluss auf die Kohlenmonoxid Menge im Abgas hat, neben der Gemischzusammensetzung, die Reaktionstemperatur. Bei hohen Temperaturen laufen die Gegenreaktionen (CO_2-Dissoziation) immer ab. Durch rasche Abkühlung der Verbrennungsgase während der Expansion, wird das bei hohen Temperaturen hergestellte Gleichgewicht zwischen CO_2 und CO „eingefroren“, so dass im Abgas das Kohlenmonoxid bei allen Betriebszuständen und allen Kraftstoff-Luft-Verhältnissen vorhanden ist.

4.1.3 Unverbrannte Kohlenwasserstoffe (HC)

Der Großteil an unverbrannten Kohlenwasserstoffen, die ein Automobil in die Atmosphäre entlässt, stammt aus unvollständiger Verbrennung während des Verbrennungsprozess. Ort und Zeit der Entstehung von unverbrannten Kohlenwasserstoffen sind im Zylinder des Motors nicht genau definiert. Sie treten in Abgasen auch bei ausreichender Sauerstoffmenge zur vollkommenen Verbrennung auf, wenn sich die Flamme durch den Brennraum einwandfrei fortpflanzt, der Restgasanteil gering ist und die Ladung eine gute, ausgeprägte Turbulenz aufweist.

Der Großteil der Forscher ist der Meinung, dass die unverbrannten Kohlenwasserstoffe wegen der nicht kompletten Flammenausbreitung entstehen, weil die Flamme in der Nähe der kalten Wände erlischt (Grenzschichteffekt, „Wall quenching“). Die Theorie über die Erlöschung der Flamme an kalten Wänden („Flame quenching“) erklärt jedoch nur zum Teil die Entstehung von unverbrannten Kohlenwasserstoffen. Ein wesentlicher Anteil entsteht auch durch eine unvollkommene Verbrennung des Kraftstoffes infolge zu starker Verdünnung der Ladung durch Restgase, niedriger Zyklentemperaturen, usw. Eine bedeutende Quelle der unverbrannten Kohlenwasserstoffe stellen auch jene Räume im Zylinder dar, in die das Gemisch eindringt und dort von der Flamme nicht erfasst werden kann. Diese Toträume befinden sich zwischen dem Kolbenfeuersteg und der Zylinderwand, teilweise werden sie auch von den Kolbenringnuten gebildet (**Bild 4.1**). Es wird davon ausgegangen, dass zwischen 25 und 50 % der HC-Emission auf Schadstoffvolumina im Brennraum zurückzuführen sind.

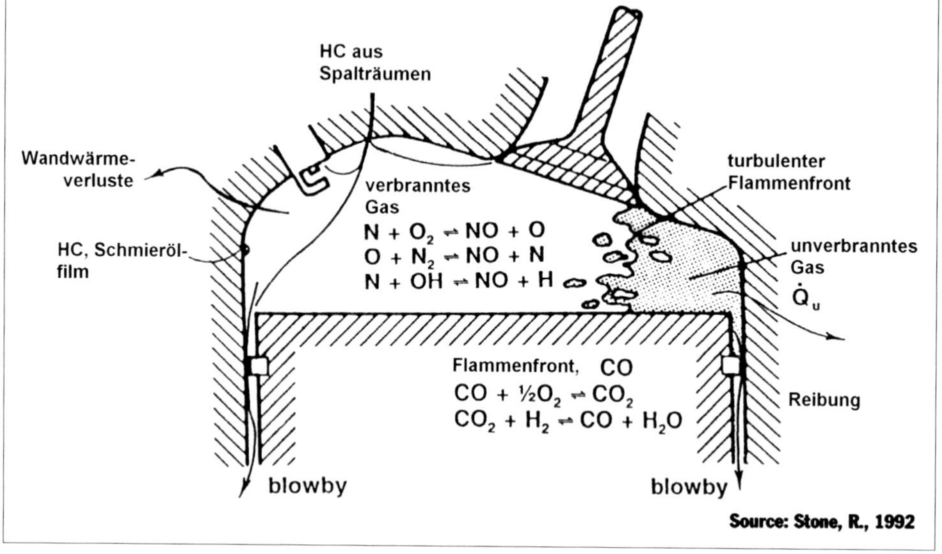

Bild 4.1: Quellen der HC-Emission im Brennraum

Die unverbrannten Kohlenwasserstoffe werden während der Expansion und des darauf folgenden Auspufftaktes mit Verbrennungsprodukten vermischt, so dass ihre Oxidierungsreaktionen fortgesetzt werden. Diese Reaktionen hängen von Temperatur, Konzentration der Kohlenwasserstoffe und des Sauerstoffs sowie der verfügbaren Zeit ab.

Die Gesamtmenge der unverbrannten Kohlenwasserstoffe im Abgas besteht aus einer Vielzahl verschiedener individueller Kohlenwasserstoffe. In Abgasen von Otto- und Dieselmotoren wurden mehrere hundert Kohlenwasserstoffverbindungen nachgewiesen, mit 1 bis 9 (und mehr) C-Atomen. Paraffine (Alkane), Olefine (Alkene), Aromaten, Acetylene und ihre Isomeren, zum Teil oxidierte Kohlenwasserstoffe (Aldehyde, Ketone, Alkohole) und organische Stickstoff- und Schwefelverbindungen bilden die Gesamtheit der unverbrannten Kohlenwasserstoffe. Einige von ihnen stammen unverändert aus dem Kraftstoff, wogegen die anderen, Produkte der unvollständigen Verbrennungsreaktionen sind.

Jede der einzelnen Kohlenwasserstoffverbindungen hängt von der Entstehungstemperatur ab; bei einer Änderung des Betriebszustandes wird auch ihr prozentueller Anteil an der Gesamtmenge stets geändert.

4.1.4 Stickstoffoxide (NO_x)

Die atmosphärische Luft, die für die Verbrennung im Verbrennungsmotor verwendet wird, besteht im Wesentlichen aus Molekülen des Stickstoffes und des Sauerstoffes. Unter normalen Bedingungen ist sie chemisch im Gleichgewicht und sehr stabil. Bei Temperaturen von mehreren Hundert Grad dissoziieren die zweiatomigen Stickstoff- und Sauerstoffmoleküle in die entsprechenden Atome und verbinden sich teilweise zu Stickstoffmonoxid (NO). Die Intensität dieser Reaktionen hängt von der Temperatur und vom Druck ab und ist mit einem starken Energieverbrauch verbunden.

Die hohen Temperaturen im Zylinder des Verbrennungsmotors ermöglichen, bei genügender Sauerstoffmenge, die teilweise Oxidierung des Stickstoffes aus der Verbrennungsluft in das Stickstoffmonoxid. Den dominierenden Einfluss auf die NO-Konzentration im Verbrennungsmotor haben die maximalen Verbrennungstemperaturen, die Zusammensetzung des Kraftstoff-Luft-Gemisches (Luftzahl λ) und die zum Ablauf der Reaktion zur Verfügung stehende Zeit. Es wird allgemein angenommen, dass während des Verbrennungsprozesses nur NO (Stickstoffmonoxid) entsteht. Andere Oxide des Stickstoffes, wie NO_2, N_2O, N_2O_3, N_2O_4 und N_2O_5 entstehen durch weitere Oxidation des Stickstoffmonoxides während der Expansion im Zylinder, im Auspufftakt und in der Atmosphäre.

Einmal gebildetes und bis auf die Umgebungstemperatur abgekühltes Stickstoffmonoxid oxidiert in der Atmosphäre rasch zu NO_2 (Halbwertszeit ca. 30 min.). Die weiteren Oxidierungsreaktionen von NO_2 in z.B. N_2O_4 erfolgen bei den Umgebungstemperaturen nur sehr langsam. Niedrige Temperaturen und sehr starke Verdünnung mit der Luft ermöglichen eine sehr lange Lebensdauer von Stickstoffoxiden in der Atmosphäre.

4.1.5 Partikel (PM)

Gleichzeitig mit den gasförmigen CO-, HC- und NO_x-Emissionen entstehen bei der Verbrennung inhomogener Gemische, wie im Dieselmotor, auch Partikel (PM). Gemäß der EU-Richtlinie 88/77 EG und US-EPA fasst man unter dem Begriff Partikel jene festen und flüssigen Abgasbestandteile zusammen, die bei einer definierten Maximaltemperatur von 51,7 °C (125 °F) aus dem, mit gefilterter Umgebungsluft verdünntem Abgas auf einem definierten Probefilter abgeschieden werden und sich durch Auswiegen nachweisen lassen.

Die Rußemission in den Abgasen von Dieselmotoren ist die offensichtlichste Art der Luftverunreinigung durch den Verbrennungsmotor. Sie ist allerdings ein ständiger Begleiter der Verbrennungsreaktionen von organischen Kraftstoffen, nur hängen die Menge und die Eigenschaften des Rußes von dem Ablauf des Verbrennungsprozesses ab.

In einer vorgemischten Flamme, wie im Ottomotor, stehen die Kraftstoffdämpfe und der Luftsauerstoff in direktem Kontakt, so dass es bei ausreichender Sauerstoffmenge ($\lambda \geq 1{,}0$) zu keiner Rußbildung kommt.

Die extrem heterogenen Bedingungen für die Verbrennung in einem Dieselmotor sind dadurch gekennzeichnet, dass ein Gemisch von Gasen, Dämpfen und flüssigen Kraftstoff simultan im Brennraum, in ständig wechselnden Konzentrationen existiert. Ein Ergebnis solcher heterogenen Verbrennungsbedingungen (Diffusionsflamme) ist, dass die chemischen Verbrennungsreaktionen unvollkommen ablaufen, so dass feste Teilchen (Partikel) sowie unverbrannte und zum Teil verbrannte Kohlenwasserstoffe in Abgasen auftreten.

Über die verschiedenen Reaktionen der Partikelbildung während der Verbrennung in einem Dieselmotor existieren viele Hypothesen, von denen keine diese Prozesse vollständig beschreiben kann. Es wird oft die Polymerisation als die primäre Ursache der Rußbildung in einer Diffusionsflamme angesehen. Außerdem sind Dehydrierung, Kondensation und Graphitisierung die Reaktionen, die auch zu Rußbildung führen können. Der Ruß entsteht also durch unterschiedliche chemische und physikalische Prozesse bei hohen Drücken und Temperaturen in der Flammenfront. In **Bild 4.2** ist ein Rußbildungsmodell gezeigt.

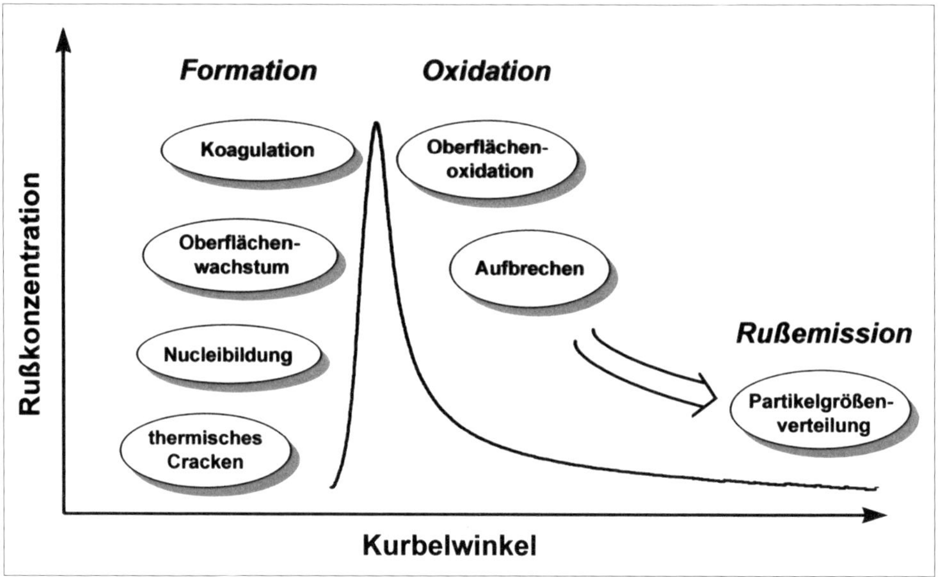

Bild 4.2: Rußbildungsmodell [Quelle: FVV/FEV]

Die Rußmenge im Abgas gilt beim Dieselmotor stets als ein Kriterium für die Qualität der motorischen Verbrennung. In seinen Abgasen können drei unterschiedliche Raucharten beobachtet werden: weißer, blauer und schwarzer Rauch.

Der **weiße Rauch** entsteht bei niedrigen Brennraumtemperaturen oder bei einem viel zu langen Zündverzug. Diese Art von Rauch wird nach dem Start des Motors beobachtet, wenn die Temperatur im Zylinder wohl für die Kraftstoffverdampfung ausreicht, nicht aber für seine Selbstzündung. Der **blaue Rauch** entsteht üblicherweise bei der Verbrennung von kleinen Mengen an Schmieröl im Brennraum. Der **schwarze Rauch** bei höheren Motorbelastungen besteht fast ausschließlich aus elementarem Kohlenstoff, der als Rückstand der unvollständigen dieselmotorischen Verbrennung auftritt. Der sichtbare schwarze Rauch entsteht, wenn weniger als 1 % des im Kraftstoff vorhandenen Kohlenstoffs in der Rußform in den Abgasen verbleibt.

Die am Ruß angelagerten organischen Verbindungen (Kohlenwasserstoffe) auch **SOF** (**s**oluble **o**rganic **f**raction) genannt, bestehen ihrerseits aus unverbrannten, teilverbrannten, teilgecrackten oder polymerisierten Kohlenwasserstoffen des Kraftstoffes und des Schmieröles. Außerdem lagern sich Sulfate an, die durch die Verbrennung des Schwefels aus dem Kraftstoff oder Schmierstoff entstehen. Weiterhin enthalten Partikel Rückstände der Schmieröl- und Kraftstoffadditive und angelagertes Wasser. Die Partikel, die das Abgasrohr verlassen bestehen aus vielen agglomerierten festen Kohlenstoffmaterial (Ruß) und absorbierten Kohlenstoff- und Schwefelkomponenten. **Bild 4.3** zeigt eine typische Zusammensetzung des Partikelgemisches eines Dieselmotors bei Volllast.

Sättigungsgrad der Kohlenwasserstoffe hat einen Einfluss auf die Partikelbildung. Das C/H-Verhältnis stellt also einen wichtigen Parameter zur Beurteilung der Rußneigung eines Kraftstoffes dar. Ungesättigte Kohlenwasserstoffe wie Aromaten im Kraftstoff tragen z.B. wesentlich mehr zur Rußbildung bei, als gesättigten Kohlenwasserstoffe, Paraffine. Die zuerst gebildeten Partikel haben eine näherungsweise kugelige Form mit einem Durchmesser von 0,002 bis 0,01 µm. Sie agglomerieren aber sehr schnell in Kettenformen zu Teilchen in der Größe zwischen 0,01 und 10 µm. Eine typische Rußaggregatpartikel ist anschließend ca. 0,01 bis 10 µm groß (**Bild 4.4**).

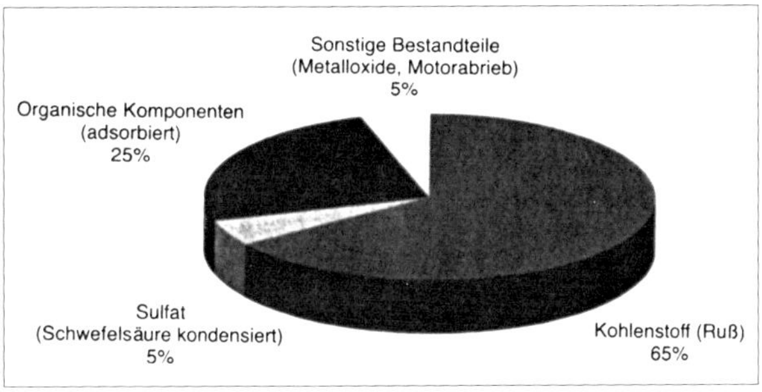

Bild 4.3: Zusammensetzung der Dieselpartikel bei Vollast [Quelle:Mahle]

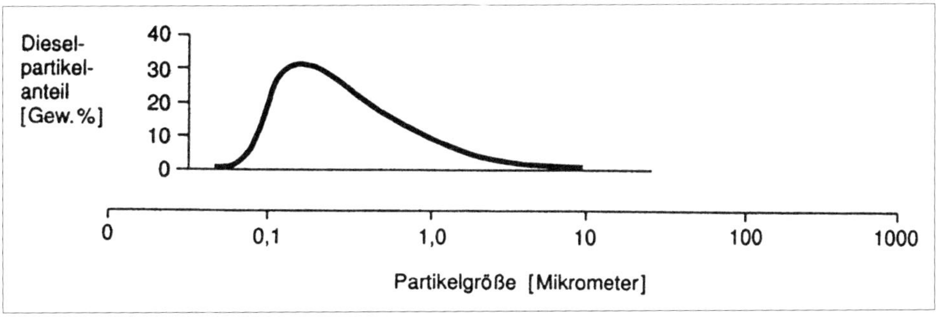

Bild 4.4: Partikelgrößenverteilung – Dieselruß

Mit dieser Größenordnung fällt Dieselruß in Bereiche, in denen auch viele andere Partikel vorhanden sind, so dass eine eindeutige Trennung zwischen Dieselrußpartikeln und Partikeln aus anderen Quellen in der Atmosphäre messtechnisch sehr schwierig ist (**Bild 4.5**).

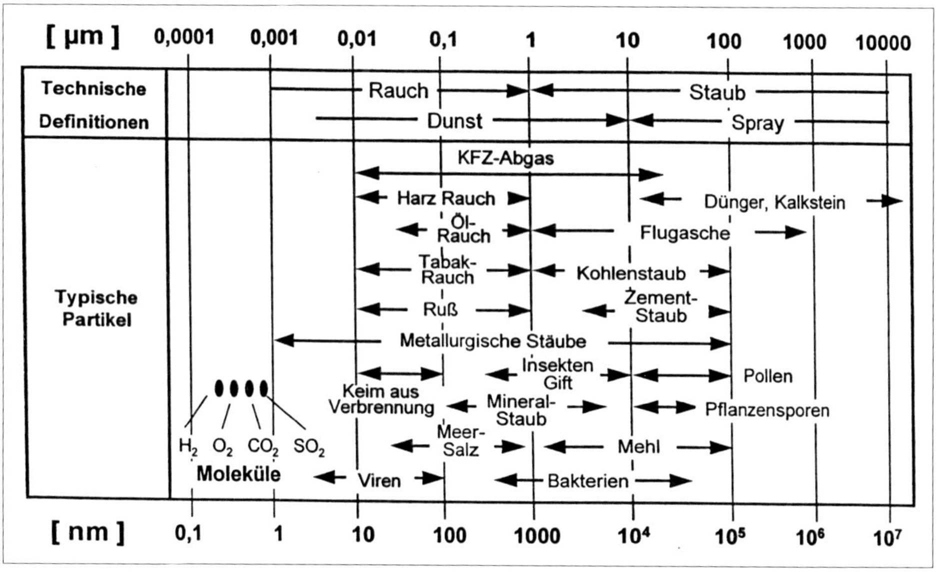

Bild 4.5: Größenbereiche verschiedener Partikel [Quelle: Lenz]

Kleine Partikel < 1 µ bleiben schwebend in der Luft für lange Zeit und vergrößern damit die Gefahr der langen Exposition. Bild 4.5 zeigt auch, dass der Partikelbereich von ca. 0,1 bis 10 µ, der bei der Messung der Außenluft erfasst werden muss, mit nur einem Messgerät allein nicht erfasst werden kann. Zur eindeutigen Messung und Zuordnung der Partikel müssen physikalischen Großen der Partikel bekannt sein.

4.2 Ottomotor

Als Nikolaus Augustus Otto im Jahr 1875 sein Patent angemeldet hatte, ahnte er wahrscheinlich nicht, welche Bedeutung seine Erfindung für die Menschheit erlangen wird. In einer mehr als 130 Jahre andauernden Geschichte hat sich der, nach seinem Erfinder benannter Ottomotor zu einer reifen Verbrennungskraftmaschine mit hohem Wirkungsgrad entwickelt. Zusammen mit dem Dieselmotor gehört der Ottomotor zu den thermischen Maschinen mit dem höchsten Wirkungsgrad. Damit haben beide Hubkolbenverbrennungsmotoren alle anderen bisherigen, intensiv untersuchten alternativen Antriebssysteme verdrängt.

Über 700 Millionen PKW, die weltweit im Verkehr sind und die über 90 % mit Viertakt-Ottomotoren betrieben werden, weisen auf die Bedeutung dieser Antriebsart für die Menschheit hin. Unterstellt man eine durchschnittliche Leistung eines PKW-Motors von 50 kW, dann entfalten alle PKW-Ottomotoren weltweit eine Leistung von über 35×10^9 kW. Die Auswirkungen dieser Leistung auf die Umwelt können nicht vernachlässigt werden. Deswegen muss natürlich bei Ottomotoren mit der Verminderung der Umweltbelastungen, vor allem mit der Reduzierung der schädlichen Abgasemission und des Kraftstoffverbrauches begonnen werden.

Die Eigenschaften des Viertakt-Ottomotors sind durch die Kraftstoffart (Benzin) die er verwendet vorbestimmt. Nach bisherigen Erfahrungen können Benzine nur in einer homogenen Mischung mit der Luft vollständig verbrennen. Deswegen wird beim Ottomotor der Kraftstoff schon während des Saughubes in das Saugrohr, oder in den Zylinder, eingebracht (**Bild 4.6**).

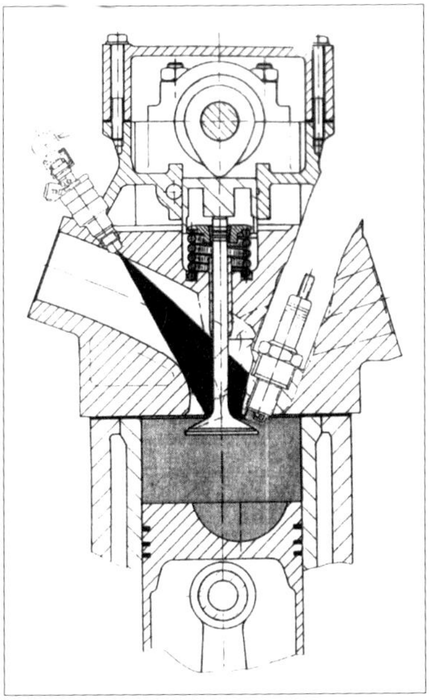

Bild 4.6:
Gemischbildung im Ottomotor

Für die Verdampfung des Kraftstoffes und die Gemischbildung zwischen Luft- und Kraftstoffdämpfen steht ausreichend Zeit zur Verfügung: der gesamte Saug- und Kompressionshub (360 °KW) bzw. 50 % des Arbeitszyklus.

Die homogenen Kraftstoff-Luft-Gemische besitzen die Eigenschaft, dass sie nur durch Fremdzündung, meistens mittels einer (oder manchmal durch mehrere) Zündkerze, zu einer geordneten, regulären Verbrennung gebracht werden können. Nach erfolgter Zündung des Gemisches breitet sich die Flamme mit einer Geschwindigkeit von 30 bis 50 m/s durch den Brennraum aus.

Der theoretisch dem Ottomotor darstellende Vergleichsprozess (**Bild 4.7**), der so genannte Ottokreisprozess, besteht aus adiabater Verdichtung (T_1-T_2), isohorer Wärmezufuhr (T_2-T_3), adiabater Expansion (T_3-T_4) und der isohoren Wärmeabfuhr bzw. Gaswechsel (T_4-T_1).

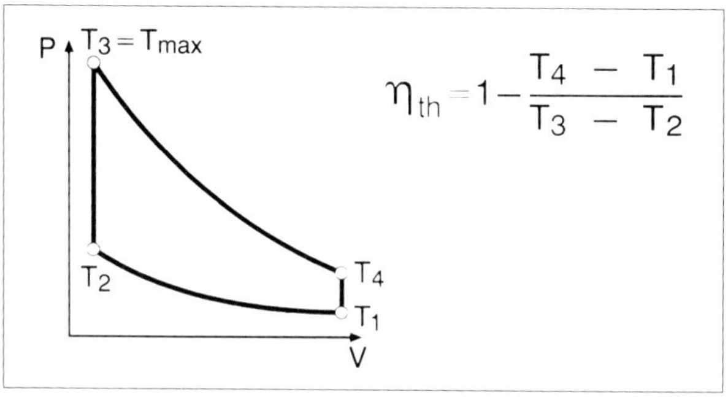

Bild 4.7:
Theoretischer Ottokreisprozess

Homogene Kraftstoff-Luft-Gemische im Ottomotor haben auch die Eigenschaft, dass sie nur in einem relativ engen Luftzahlbereich um das stöchiometrische Gemisch ($\lambda \approx 1{,}0$) gut verbrennen können. Diese Eigenschaft bedingt eine quantitative Lastregelung (Drosselung) des Ottomotors. Mit abnehmender Last muss sowohl die Kraftstoff- als auch die Luftmenge verringert werden, damit das Kraftstoff-Luft-Verhältnis ständig konstant bleibt. Dies bedeutet, dass mit abnehmender Last auch das Druck- und Temperaturniveau im Brennraum im Moment der Entzündung des Gemisches immer niedriger liegen (**Bild 4.8**).

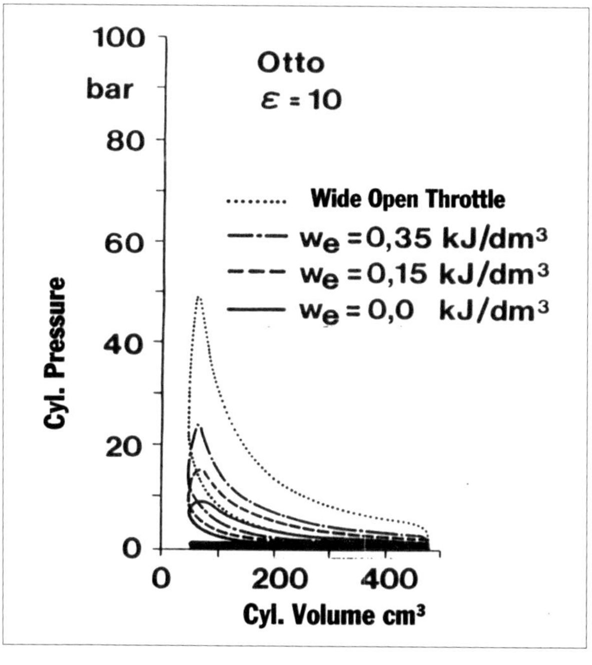

Bild 4.8:
p-V-Diagramm von Viertakt-Ottomotor bei unterschiedlichen Lasten

Neben den Drosselverlusten, liegt eine der Hauptursachen für den ungünstigen Wirkungsgrad des Ottomotors im Teillastbereich im niedrigen Druck- und Temperaturniveau, auf welchem der Verbrennungsprozess stattfindet. Beim Dieselmotor findet die Verbrennung stets auf einem hohen energetischen Niveau statt. In diesen energetischen Niveauunterschieden, auf welchen die Verbrennungsprozesse ablaufen, sind u. a. Unterschiede im Teillastverhalten von Otto- und Dieselmotoren zu suchen.

4.2.1 Leistung und Kraftstoffverbrauch

Einen sehr großen Einfluss auf die Eigenschaften des Ottomotors hat die Zusammensetzung des Kraftstoff-Luft-Gemisches bzw. die Luftzahl λ. In **Bild 4.9** sind die generellen Abhängigkeiten der motorischen Größen, der spezifischen Arbeit w_e (Mitteldruck p_e) bzw. effektiver Leistung P_e und des spezifischen Kraftstoffverbrauches b_e von der Luftzahl λ dargestellt.

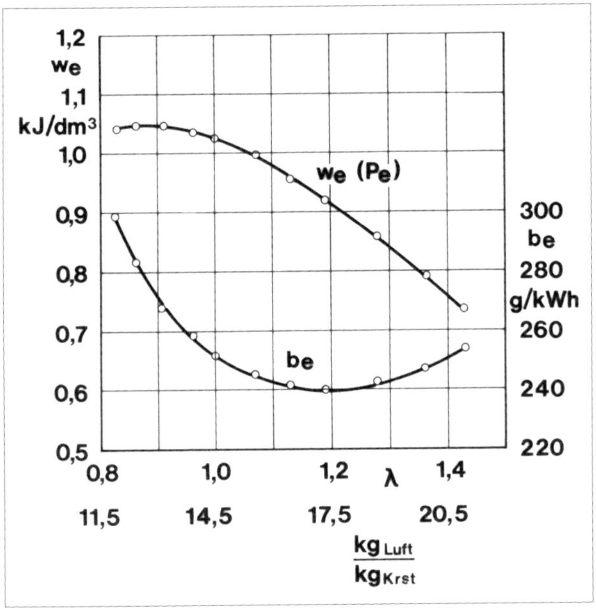

Bild 9:
Spezifische Arbeit w_e und spezifischer Kraftstoffverbrauch b_e in Abhängigkeit von der Luftzahl λ

Eine sichere Entzündung und Verbrennung der homogenen Kraftstoff-Luft-Gemische ist bei geringem Luftmangel, im so genannten „fetten" Bereich (λ = 0,8–0,9) immer gewährleistet. In diesem Bereich erreicht ein Ottomotor auch seine höchste spezifische Arbeit bzw. die höchste Leistung. Dies ist der Grund, dass die ersten Generationen von Ottomotoren im gesamten Betriebsbereich, von Start und Leerlauf aus, bis zur Volllast ausschließlich mit „fetten" Kraftstoff-Luft-Gemischen betrieben worden sind.

Diese Art des Motorbetriebes hatte nur geringe Ansprüche an die Regelung des Ottomotors gestellt. Für die Zumessung der erforderlichen Kraftstoff- und Luftmenge sorgte ein Vergaser. Die Steuerung des Zündzeitpunktes erfolgte über die Motordrehzahl mittels eines fliehkraftgesteuerten Verstellers im Zündverteiler sowie über die Last, mittels eines saugrohrdruckgesteuerten Unterdruckverstellers.

Die λ- und Zündzeitpunkt-Kennfelder eines Vergaser-Ottomotors, vom Anfang der 60er Jahre des vergangenen Jahrhunderts, sind in **Bild 4.10** dargestellt.

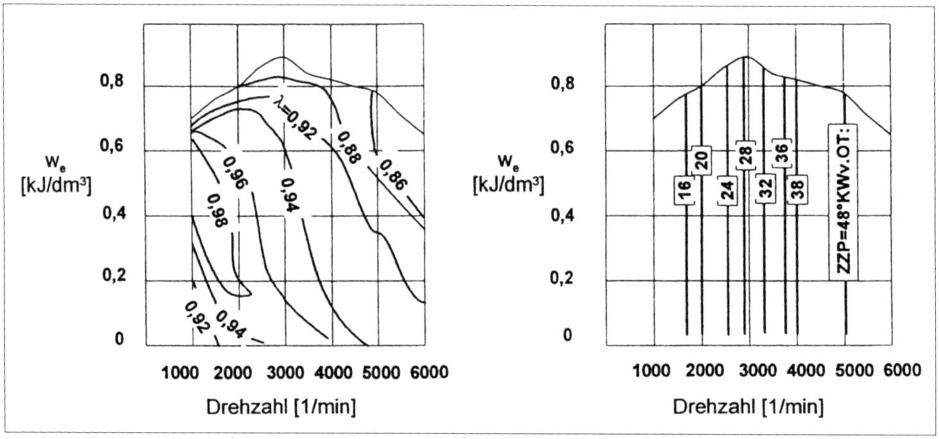

Bild 4.10: Luftzahl- und Zündzeitpunkt-Kennfelder der früheren Ottomotoren (um 1960)

Die Forderung nach einer Senkung der Abgaskomponenten CO, HC und NO_x entsprechend der gesetzlichen Grenzwerte sowie die permanenten Bemühungen der Motorenbauer den Kraftstoffverbrauch zu reduzieren, haben zu einer sehr komplexen elektronischen Regelung und Steuerung der Gemischbildung und Zündung bei modernen Ottomotoren geführt (**Bild 4.11**).

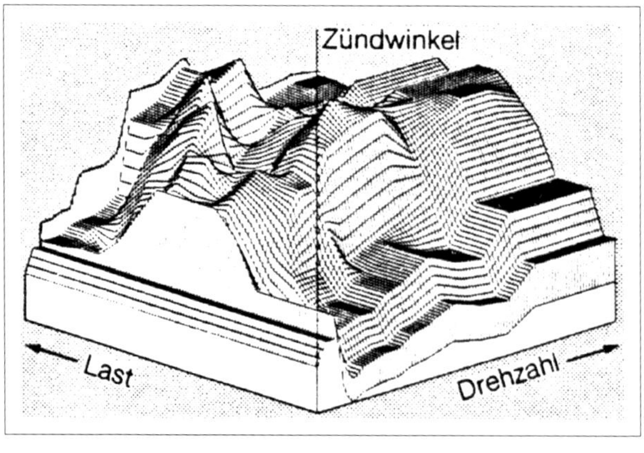

Bild 4.11: Zündzeitpunkt Kennfeld eines modernen Ottomotors [Quelle: Bosch]

Die elektronischen Motormanagementsysteme regeln heute Einspritzzeitpunkt, Einspritzmenge, Zündzeitpunkt, Zünddauer, Leerlaufdrehzahl, Abschaltung des Kraftstoffes im Schubbetrieb und vieles mehr. Sie passen die Motorfunktionen ab dem Startvorgang an die Betriebsbedürfnisse an und werten dabei Signale von vielen Sensoren aus. Ein moderner Ottomotor wird nur an der Volllast mit leicht fetten Kraftstoff-Luft-Gemischen ($\lambda \approx 0{,}9$) betrieben, um eine maximal mögliche Leistung bzw. maximal möglichen Drehmoment zu erreichen. Moderne freisaugende Ottomotoren erreichen dadurch eine spezifische Leistung von:

$$P_e = 45–85 \text{ kW/l}$$

und einen spezifischen Drehmoment von

$$M_d = 90–110 \text{ Nm/l.}$$

Im Teillastbereich werden moderne Ottomotoren fast ausschließlich mit stöchiometrischen Kraftstoff-Luft-Gemischen ($\lambda = 1{,}0$) betrieben, um eine optimale Voraussetzung für die Funktion des Drei-Wege-Katalysators zu schaffen. Die minimalen spezifischen Kraftstoffverbräuche, die moderne Ottomotoren erreichen, liegen in der Größenordnung zwischen:

b_e = 230 und 250 g/kWh (**Bild 4.12**)

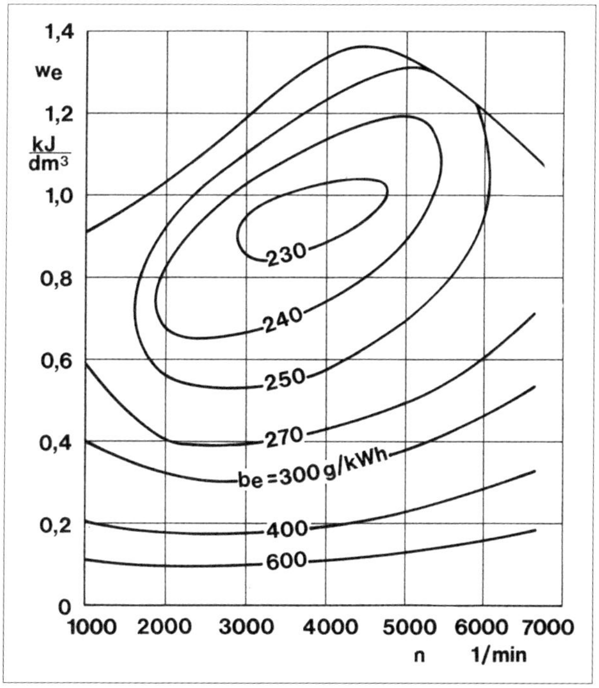

Bild 4.12:
Kennfeld des spezifischen Kraftstoffverbrauches eines modernen Ottomotors

4.2.2 Abgasemissionen

Seit der Einführung von ersten gesetzlichen Beschränkungen für die Schadstoffemission aus Verbrennungsmotoren, ist es für die Existenz des Ottomotors von großer Bedeutung, dass er alle vorhandenen und für die Zukunft geplanten Vorschriften über die Reduzierung der Umweltbelastungen erfüllen kann.

4.3 Motorinterne Maßnahmen zur Schadstoffreduzierung

An erster Stelle bei der Reduzierung der schädlichen Abgaskomponenten stehen sowohl bei Otto- als auch bei Dieselmotoren die so genannten motorinternen Maßnahmen. Durch die Wahl und Auslegung von Konstruktions- und Betriebsparameter des Motors, kann die Emission von vielen Abgaskomponenten am Ort der Entstehung, die so genannte „Rohemission", im Zylinder des Motors, beeinflusst und minimiert werden.

4.3.1 Betriebsparameter

4.3.1.1 Gemischbildung, Kraftstoff-Luft-Gemisch

Zahlreiche Untersuchungen über die Einflussgrößen auf die Abgasemission des Ottomotors haben gezeigt, dass die Zusammensetzung des Kraftstoff-Luft-Gemisches (Luftzahl λ, Air-Fuel-Ratio A/F) den größten Einfluss auf die Entstehung einzelner Komponenten im Brennraum und Abgasrohr ausübt (**Bild 4.13**).

Deutlicher als irgendeine andere Kenngröße des Verbrennungsprozesses ändert sich die Abgaszusammensetzung mit der Luftzahl. Durch sie wird ziemlich eindeutig der Betrieb des Ottomotors im fetten (λ < 1,0), stöchiometrischen (λ= 1,0) oder mageren (λ > 1,0) Gebiet charakterisiert.

Die hohe Konzentrationen an Kohlenmonoxid und unverbrannten Kohlenwasserstoffen beim Betrieb des Motors mit fetten Kraftstoff-Luft-Gemischen, sind eine Folge der unvollständigen Verbrennung aufgrund des Sauerstoffmangels, und können im Zylinder nicht wesentlich, außer durch die Vergrößerung der Luftzahl (Abmagerung des Gemisches), verringert werden. Der vorhandene Luftmangel verhindert die Bildung größerer NO_x-Mengen im Abgas, obwohl die maximalen Verbrennungstemperaturen relativ hoch sind.

Bei stöchiometrischen Gemischen (λ = 1,0) verschwindet das CO nicht aus den Abgasen, wie dies aufgrund der Gleichgewicht-Zustandsberechnungen zu erwarten wäre, sondern es verbleiben ca. 0,5 bis 1,0 Vol % im Abgas. Die Reaktionskinetik der CO-Verbrennung führt dazu, dass auch bei λ > 1,0 das Kohlenmonoxid in den Abgasen vorhanden ist.

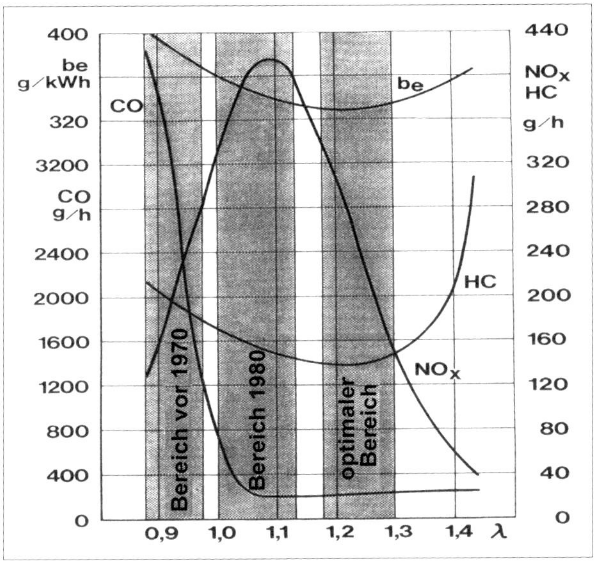

Bild 4.13:
Einfluss der Kraftstoff-Luft-Zusammensetzung auf die Abgasemission und Kraftstoffverbrauch

Die minimalen HC-Mengen treten im Bereich der mageren Gemische ($\lambda \approx 1{,}1$–$1{,}3$) also jener Luftzahl auf, bei welcher auch die beste Wirtschaftlichkeit, d.h. der niedrigste Kraftstoffverbrauch des Motors erreicht wird.

Die hohen Verbrennungstemperaturen und die ausreichende Luftmenge, die für die Oxidation von CO und HC erforderlich sind, bewirken bei $\lambda > 1{,}0$ einen steilen Anstieg der NO_x-Konzentration. Die maximale Menge an Stickstoffoxiden tritt im gleichen Luftzahlbereich auf, in welchen die Konzentration der unverbrannten Kohlenwasserstoffe und der Kraftstoffverbrauch minimal sind.

Bei weiterer Abmagerung des Gemisches werden die Bedingungen für die Verbrennung verschlechtert, maximale Verbrennungstemperaturen und -geschwindigkeiten nehmen ab und die Zeit für die vollständige Verbrennung nimmt zu. Die Abnahme des Temperaturniveaus und die Verschlechterung der Verbrennung spiegelt sich in dem Anstieg der HC-Konzentration und im steilen Absinken der NO_x-Konzentration im Abgas wider.

Bei einer zu großen Abmagerung des Gemisches werden Zyklen mit verschleppter Verbrennung und Zyklen mit vollkommenen Zündaussetzern immer häufiger. Das Ausbleiben der Entzündung und der Verbrennung führt zu sehr hohen Kohlenwasserstoffemissionen und einem erhöhten Kraftstoffverbrauch.

Für die Senkung der Schadstoffemission im Zylinder des Motors („Rohemission") sind insbesondere eine präzise Dosierung des Kraftstoffes und eine gute Gemischbildung wichtig. Bei konventionellen Multi-Point-Einspritzsystemen wird der Kraftstoff kontinuierlich zu jedem Zylinder zugeführt und vor dem entsprechenden Einlassventil vorgelagert.

Bei moderner sequentieller Einspritzung wird der Kraftstoff für jeden Zylinder im günstigsten Zeitpunkt geliefert. Insbesondere beim Kaltstart werden dadurch die Emissionen reduziert. Luftunterstützte Einspritzdüsen helfen dabei zusätzlich, die feinere Zerstäubung des Kraftstoffes und damit bessere Gemischbildung zu erreichen.

Bei Kaltstart und Warmlauf des Motors sowie bei instationären Vorgängen wird dadurch die HC-Emission deutlich vermindert.

4.3.1.2 Zündung

Einen sehr großen Einfluss auf das Betriebsverhalten des Ottomotors, seine Leistung, Drehmoment, Kraftstoffverbrauch und Abgaszusammensetzung haben die Parameter des Zündsystems. Dazu gehören die Eigenschaften der Zündkerze, ihre Lage im Brennraum, der Elektrodenabstand und der Zündzeitpunkt. Es ist nicht jeder Funke in der Lage, das Gemisch zu entzünden. Damit die Zündung erfolgen kann, muss der Zündfunke eine bestimmte minimale Zündenergie besitzen. Diese minimale Zündenergie hängt von den physikalisch-chemischen Eigenschaften des Gemisches in Zündkerzennähe und vom Zustand der Elektroden ab.

Ein Zündstrom von $I = 80$ bis 100 mA, eine Funkendauer von $t = 1{,}5$ bis 2,0 ms und eine Zündenergie von ca. 50 mJ reichen meistens aus, um den Betrieb des Ottomotors in einem breiten Bereich, auch mit mageren Gemischen, sicherzustellen. Viele Versuche haben gezeigt, dass eine Erhöhung der Zündenergie über die genannten Werte hinaus, keine Vorteile mehr bringt.

Die Lage der Zündkerze im Brennraum beeinflusst den Oktananspruch des Motors, die Grenze der möglichen Abmagerung des Gemisches und den Wirkungsgrad. Die Optimierung des Zündzeitpunktes (Vorzündungswinkel) erfolgt mit Rücksicht auf die Leistung und das Drehmoment bei voller Drosselklappenöffnung bzw. mit Rücksicht auf den Kraftstoffverbrauch im Teillastgebiet.

Die Änderung von Verbrennungsgeschwindigkeit und Temperatur mit der Änderung des Vorzündungswinkels beeinflusst auch die Abgasemission (**Bild 4.14**). Die exakte Einhaltung des festgelegten Zündzeitpunktes, entsprechend dem momentanen Zustand des Kraftstoff-Luft-Gemisches, ist für moderne Ottomotoren unabdingbar, wenn sie die vorgeschriebenen Abgasgrenzwerte, mit einem niedrigen Kraftstoffverbrauch erfüllen sollen.

Neben der Kraftstoff-Luft-Zusammensetzung und des Zündzeitpunktes haben auch alle anderen Betriebsparameter des Motors einen Einfluss auf die Abgaszusammensetzung. Dazu gehören Temperaturzustand der Ladung und des Motors bzw. Kühlmittels, Abgastemperatur, Ablagerungen im Brennraum, die Restgasmenge im Zylinder usw.

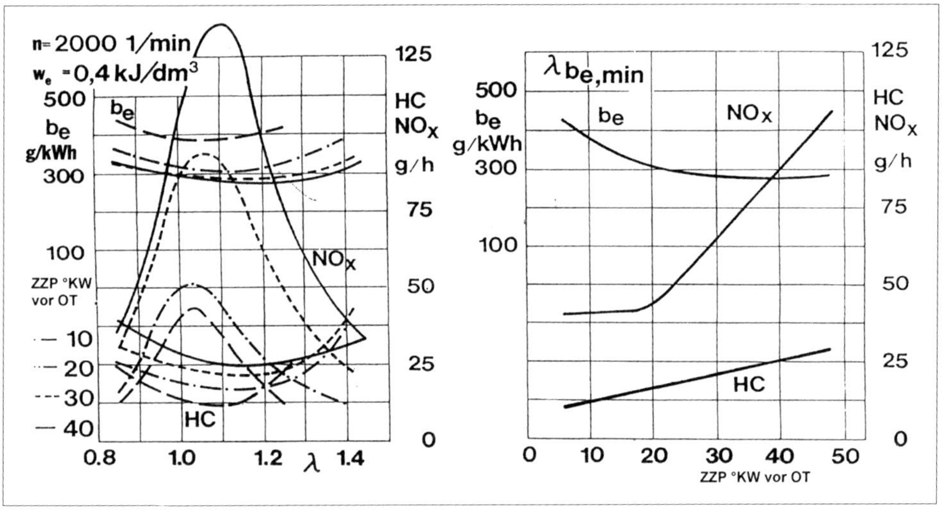

Bild 4.14: Einfluss des Zündzeitpunktes auf Kraftstoffverbrauch und Abgasemission

4.3.2 Konstruktionsparameter

Einen nicht weniger bedeutenden Einfluss auf die Verbrennung und Abgasemission haben die so genannten Konstruktionsparameter des Motors. Im besonderem sind dies: Brennraumform, Oberfläche-Volumen-Verhältnis, Verdichtungsverhältnis (ε), Hub-Bohrung-Verhältnis (S/D), Ventilsteuerzeiten, Zylindervolumen sowie Auslegung des Saug- und Abgassystems.

4.3.2.1 Brennraumform

Für die Erzeugung einer turbulenten Ladungsbewegung im Zylinder, die für die Entzündung und Verbrennung des Gemisches von wesentlicher Bedeutung ist, bestehen zwei Möglichkeiten. Im ersten Fall wird durch die Gestaltung des Saugrohres und des Einlasskanals der Ladung während des Saughubes eine gerichtete Bewegung (Drall oder Tumble) aufgeprägt, welche auch während des Kompressionshubes erhalten bleiben soll. Die andere Möglichkeit bietet die Brennraumgestaltung an, wodurch man mit Hilfe von Quetscheffekten eine intensive Turbulenz im Brennraum am Ende des Kompressionshubes erzeugen kann. Die Intensität der im Saugrohr und im Saugkanal induzierten Ladungsbewegung nimmt im Kompressionshub deutlich ab, so dass diese mit der Ladungsbewegung, die durch die Brennraumform hervorgerufen wird kombiniert werden muss. Damit werden optimale Bedingungen für eine gute Verbrennung, insbesondere mit mageren Gemischen, gewährleistet.

Eine Optimierung der Brennraumform ist besonders wirkungsvoll bei den Bemühungen die Abmagerungsgrenze eines Ottomotors zu höheren Luftzahlen zu verschieben (so genannte „Mager-Motoren") (**Bild 4.15**).

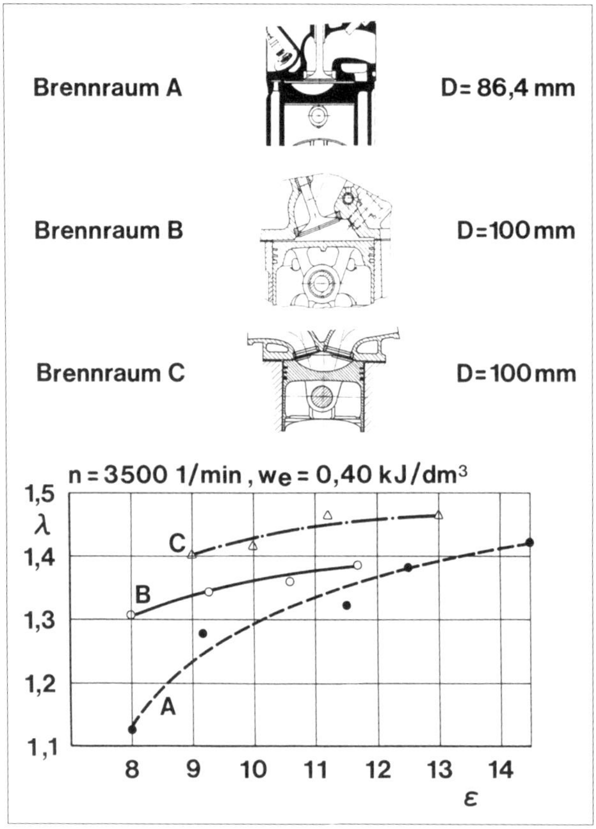

Bild 4.15:
Einfluss der Brennraumform auf die Abmagerungsgrenze

Besonders gute Ergebnisse werden mit sphärischen Brennräumen, mit zwei Einlass- und zwei Auslassventilen („4-Ventil-Motoren") sowie zentraler Lage der Zündkerze erreicht.

Für die Senkung der HC-Emission ist es dabei sehr wichtig, dass der Brennraum möglichst minimale Spalt- und Toträume sowie ein möglichst kleinen Verhältnis Oberfläche zu Volumen des Brennraumes aufweist. Die Kolben-Steghöhe ist bei der Minimierung der HC-Emission von besonderem Interesse.

4.3.2.2 Verdichtungsverhältnis (ε)

Die Erhöhung des Verdichtungsverhältnisses (ε) ist eine bekannte Maßnahme zur Verbesserung des Wirkungsgrades. Seine Grenze wird grundsätzlich durch die Klopffestigkeit des Kraftstoffes (Oktanzahl) vorbestimmt.

Durch Jahrzehnte wurde das Verdichtungsverhältnis nur mit Rücksicht auf Leistung und Drehmoment gewählt. Nach der Einführung der gesetzlichen Vorschriften über die Abgasemission wurde erkannt, dass durch das Verdichtungsverhältnis auch die HC- und

NO_x-Emission stark beeinflusst werden können. Heute erfolgt die Wahl des Verdichtungsverhältnisses mit Rücksicht auf Leistung, Drehmoment, Abgasemission und den Kraftstoffverbrauch. Ein hohes Verdichtungsverhältnis, welches in Abhängigkeit von Kraftstoffqualität, Zylinderbohrung, Brennraumgestaltung und Zündkerzenlage gewählt worden ist, ist eine der Voraussetzungen für den optimalen Betrieb des Ottomotors, insbesondere mit mageren Kraftstoff-Luft-Gemischen.

Die Gefahr der klopfenden Verbrennung bei hohen Verdichtungsverhältnissen, muss in Kombination mit der Auslegung der Brennraumform entschärft werden (**Bild 4.16**). Bei Brennräumen ohne eine intensive Ladungsbewegung im Brennraum ist ein Betrieb nur mit niedrigen Verdichtungsverhältnissen möglich. Der Abstand zwischen Abmagerungs- und Klopfgrenze ist sehr klein. Mit einer Intensivierung der Ladungsbewegung (Turbulenz) verschieben sich die Klopfgrenze zu höheren Verdichtungsverhältnissen, und die Abmagerungsgrenze zu höheren Luftzahlen. Nur so ist ein einwandfreies Betrieb in gesamten gewünschten Luftzahlbereich möglich.

Unter der Berücksichtigung aller Anforderungen (Leistung, Drehmoment, Kraftstoffverbrauch, Abgasemissionen) weisen moderne 4-Ventil-Ottomotoren als Kompromiss, Verdichtungsverhältnisse von $\varepsilon = 10$ bis 12 auf.

Diese hohen Verdichtungsverhältnisse haben bei der Herstellung von Ottomotoren eine Einengung von Produktionstoleranzen und die Verbesserung der Oberflächenbearbeitung

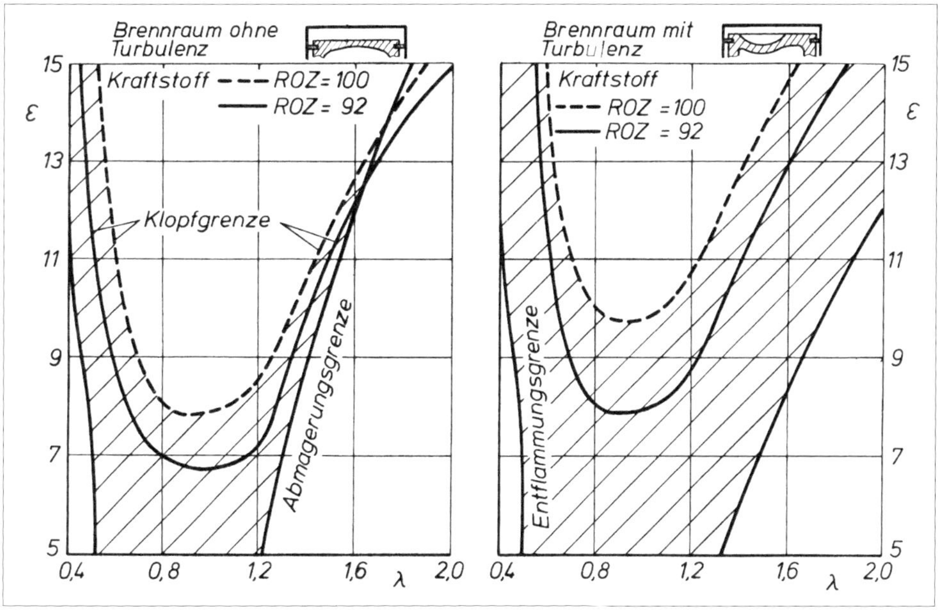

Bild 4.16: Einfluss des Verdichtungsverhältnisses und der Brennraumform auf die Abmagerungs- und die Klopfgrenze

von Zylinderbüchsen und Kolben zur Folge. Diese Maßnahmen wirken sich auch positiv auf die HC-Emission aus.

4.3.2.3 Saugsystem und Ventilsteuerzeiten

Die Gestaltung des Saugsystems mit variablen Längen und Volumina sowie variablen Ventilsteuerzeiten, sind bei modernen Ottomotoren integrierte Bestandteile geworden, um bessere Gemischbildung und eine Verbrennung durch Ladungsbewegung im gesamten Betriebsbereich zu erzielen. Auch bei dieser Gestaltung wird der Kompromiss zwischen Abgasemission, Kraftstoffverbrauch und Leistung gesucht.

4.3.3 Grenzen der Schadstoffreduzierung durch motorinterne Maßnahmen

Die ersten Maßnahmen zur Reduzierung der Abgaskomponenten CO und HC gingen, zunächst in Europa und später auch in den USA, konform mit den Anstrengungen, den Kraftstoffverbrauch zu verringern.

Seit der ersten Festlegung der Abgasgrenzwerte in der EU (EWG), der so genannten Regelung R 15 (im Jahr 1971) bis zu der Regelung R 15 04 (gültig bis 1993), konnten die Abgasemissionen und der Kraftstoffverbrauch von Fahrzeugen in Europa gemeinsam ausschließlich durch motorinterne Maßnahmen reduziert werden. Eine der wesentlichen Maßnahmen die dazu beigetragen hat, war die Abmagerung des Kraftstoff-Luft-Gemisches bei Ottomotoren, von den ursprünglich üblichen Luftzahlen von $\lambda = 0{,}8$ bis 0,9 zu Beginn der 70ger Jahre auf die Luftzahlen von $\lambda = 1{,}05$ bis 1,15 am Anfang der 90ger Jahre. Die letzte Generation der Ottomotoren in Europa, vor der Einführung der so genannten Abgasgrenzwerte Euro 1, die eine Abgasnachbehandlung verlangte, war mit mageren Kraftstoff-Luft-Gemischen betrieben.

Durch motorinterne Maßnahmen allein konnten folgende Emissionen an Abgaskomponenten im ECE-Test erreicht werden:

- CO = 6,0–8,0 g/km
- HC = 1,0–2,0 g/km
- NO_x = 1,5–2,5 g/km.

Diese Emissionswerte („Rohemissionen“) reichten nicht mehr aus, um weitere verschärfte Grenzwerte für die Abgasemission zu erfüllen. Durch die Einführung der strengen Abgasgrenzwerte, vor allem für die Stickoxide (NO_x), wurde der Trend einer gleichzeitigen Verbesserung der Abgasemissionen und des Kraftstoffverbrauches für eine Weile nicht mehr möglich. Die Anforderungen des Gesetzgebers konnten durch motorinterne Maßnahmen allein, nicht mehr erfüllt werden.

4.4 Motorexterne Maßnahmen zur Schadstoffreduzierung

Wenn die Optimierung motorinterner Parameter zur Verbesserung der Abgasqualität nicht mehr ausreicht, dann muss mit Hilfe von so genannten motorexternen Maßnahmen die Abgasemission der limitierten Abgaskomponenten weiter reduziert werden. Diese Maßnahmen üben in der Regel keinen direkten Einfluss auf den Kraftstoffverbrauch aus. Indirekt kann der Kraftstoffverbrauch jedoch über die erforderliche neue Einstellung des Motors, die für die Funktion der Abgasnachbehandlung erforderlich ist, beeinflusst werden.

4.4.1 Kraftstoffunempfindliche Maßnahmen

Zu der ersten Gruppe der motorexternen Maßnahmen zählen jene, die keine besonderen Anforderungen bezüglich der Kraftstoffqualität stellen. Dazu gehören Sekundärlufteinblasung, Abgasrückführung, Portliner und Thermoreaktoren.

4.4.1.1 Sekundärlufteinblasung

Als ein wirksames Mittel zur Senkung der schädlichen Abgasemissionen, insbesondere der HC-Emission, nach dem Kaltstart des Motors, hat sich die Sekundärlufteinblasung etabliert. Bei dieser Lösung wird die frische Luft während der ersten 30 bis 60 sec. des Kaltstarts in das Abgassystem mit dem Ziel eingebracht, die Oxidationsvorgänge von HC und CO im Auspufftrakt zu unterstützen. Diese Maßnahme ist bei einem „fetten" Kraftstoff-Luft-Gemisch (Kaltstart, Warmlauf, Beschleunigungsphasen) immer erforderlich und wirkungsvoll, weil die Abgase im fetten Bereich eine hohe chemische Energie besitzen. Eine Reduzierung der CO-Rohemission um 30 bis 50 % und der HC-Emission von 20 bis 40 % kann dadurch erreicht werden. Diese Maßnahme ist, bei extrem niedrigen Abgasgrenzwerten für viele moderne Ottomotoren, in Kombination mit katalytischer Abgasnachbehandlung, erforderlich. Das Sekundärluftsystem besteht aus einem Sekundärluftgebläse und einem Sekundärluftventil (**Bild 4.17**).

Die Sekundärluft wird mit Hilfe einer Pumpe (Sekundärluftpumpe) in den Auslasskanal, unmittelbar hinter dem Auslassventil während den kritischen Betriebsphasen eingebracht. Für den Antrieb der Sekundärluftpumpe ist eine Leistung von 1 bis 3 % der maximalen Motorleistung erforderlich, was sich entsprechend im Kraftstoffverbrauch niederschlägt.

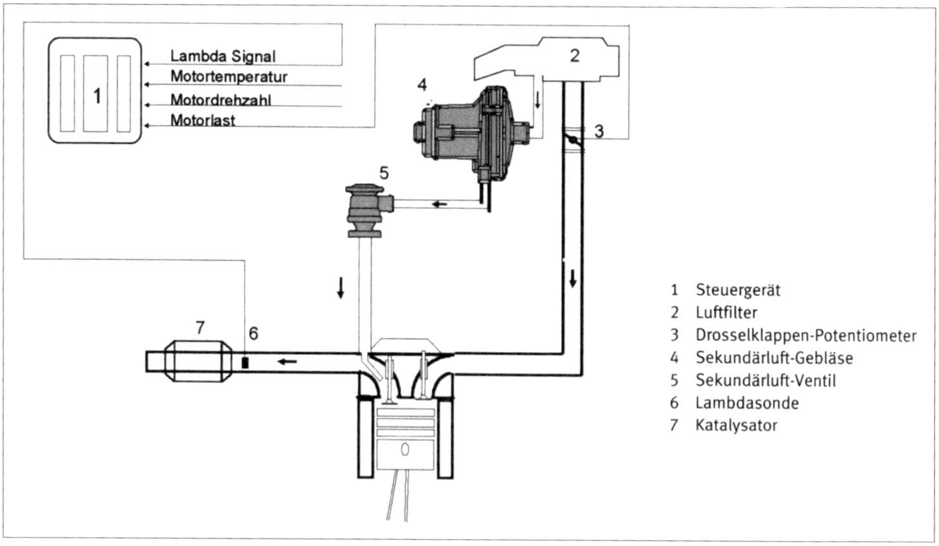

Bild 4.17: Sekundärluftsystem [Quelle: Pierburg]

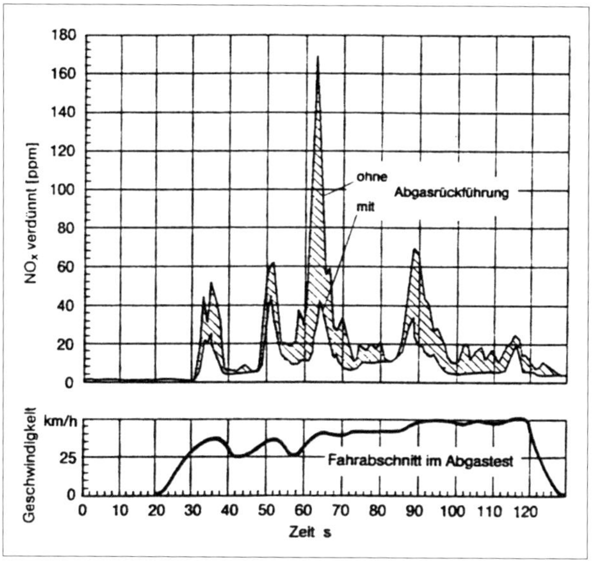

Bild 4.18: Einfluss der Abgasrückführung auf die NO_x-Emission

4.4.1.2 Abgasrückführung (AGR)

Die Rückführung eines Teils der verbrannten Ladung aus Abgasen zurück in den Zylinder, die so genannte **A**b**g**as**r**ückführung (**AGR** oder **EGR** = **e**xhaust **g**as **r**ecirculation) ist eine erprobte Maßnahme zur Reduzierung der NO_x-Emissionen (**Bild 4.18**).

Die AGR beeinflusst den Verbrennungsablauf in mannigfaltiger Weise. Durch sie werden Ladungswechselverluste zum Teil verringert, was zu einem höheren Druck und einer höheren Temperatur am Ende des Kompressionshubes und damit zur Verbesserung der Verbrennungsbedingungen führen kann. Die rückgeführten Abgase erwärmen die Frischladung, womit auch die Abmagerungsgrenze positiv beeinflusst wird. AGR, als inerte Komponente (Restgasmenge) verzögert aber den Flammenfortschritt und beeinflusst damit nicht nur die Bildung von NO, sondern auch die HC-Emission und die Abmagerungsfähigkeit des Motors. Aus diesen Gründen gehört eine genaue Dosierung der rückgeführten Abgasmenge zu den Voraussetzungen für eine erfolgreiche Realisierung eines modernen Ottomotors mit niedrigen NO_x-Emissionen.

4.4.1.3 Portliner

Die Erhaltung möglichst hoher Abgastemperaturen nach dem Auslassventil ist für die Nachreaktionen von HC und CO, insbesondere bei der Verwendung von katalytischer Abgasnachbehandlung sehr wichtig. Eine Möglichkeit dazu besteht in der Verhinderung des Wärmeüberganges vom Abgas an den Zylinderkopf durch wärmeisolierende Rohrstutzen, so genannte Portliner (**Bild 4.19**). Bei fetter Einstellung des Kraftstoff-Luft-Gemisches (Kaltstart, Warmlauf) zeigten Portliner nur in Verbindung mit Sekundärlufteinblasung Vorteile.

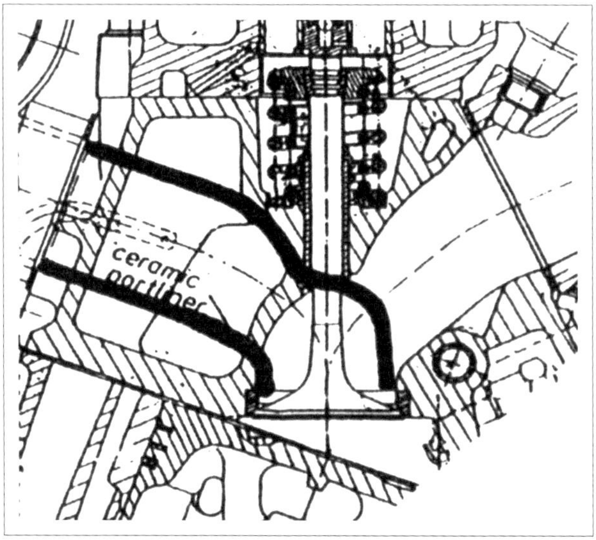

Bild 4.19: Keramische Portliner im Porsche 944

4.4.1.4 Thermische Abgasnachbehandlung

Für Kohlenmonoxid und unverbrannte Kohlenwasserstoffe wurden anfangs die Möglichkeiten gesucht, durch gut thermisch isolierte Auspuffrohre (so genannte Thermoreaktoren) Bedingungen für die Fortsetzung der im Zylinder begonnenen Verbrennungsreaktionen zu schaffen. Diese Lösungen wurden damals als technisch richtig und sinnvoll empfunden,

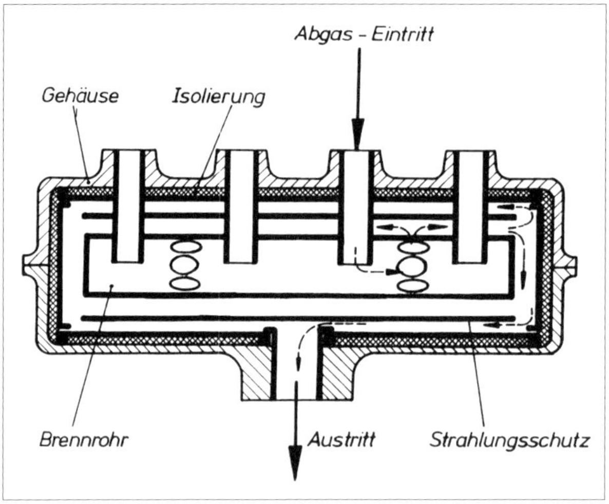

Bild 4.20:
Thermoreaktor

da ein Thermoreaktor als ein organisch integriertes Maschinenbauteil des Abgassystems betrachtet wurde (**Bild 4.20**).

Für wirkungsvolle Umwandlungsraten von HC und CO sind im Thermoreaktor Abgastemperaturen von 700 bis 800 °C erforderlich. Diese Temperaturen müssen auch bei niedrigen Last- und Drehzahlbereichen sowie kurz nach dem Kaltstart des Motors erreicht werden.

Die Erhöhung des Kraftstoffverbrauches, die durch die Abstimmung des Motors für hohe Abgastemperaturen entstand (Anfettung des Kraftstoff-Luft-Gemisches, Zurücknahme des Zündzeitpunktes), hat schnell zum Abbruch der Entwicklung an Thermoreaktoren geführt. Bei modernen Ottomotoren mit niedrigster Schadstoffemission gehören allerdings thermisch gut isolierte Auspuffrohre zum integrierten Bestandteil eines katalytischen Abgasnachbehandlungssystems.

4.4.1.5 Grenzen der Schadstoffreduzierung durch Kraftstoffunempfindliche motorinterne und motorexterne Maßnahmen

Durch Anwendung von kraftstoffunempfindlichen motorexternen Maßnahmen zur Schadstoffreduzierung (Sekundärlufteinblasung, Abgasrückführung, thermische Isolierung des Abgassystems) können, in Verbindung mit motorinternen Maßnahmen, folgende Abgaswerte im ECE-Test erreicht werden:

- CO = 4,0–6,0 g/km
- HC = 0,5–1,5 g/km
- NO_x = 0,5–1,5 g/km

Für die Erfüllung der strengen Grenzwerte für die Abgasemission reichten jedoch alle bisher erwähnten Maßnahmen zur Schadstoffreduzierung allerdings noch nicht aus.

4.4.2 Kraftstoffempfindliche Maßnahmen

In den USA und Japan haben sich nach Einführung der verschärften Abgasgrenzwerte im Jahr 1975 katalytische Abgasnachbehandlungssysteme durchgesetzt und seitdem überall bewährt. Diese Technologie brachte den entscheidenden Durchbruch in der Abgasreinigungstechnik, die eine weitere Existenz des Hubkolben-Ottomotors bis in die Gegenwart ermöglichte.

Die katalytische Abgasnachbehandlung unterscheidet sich von der thermischen Abgasreinigung durch eine grundsätzlich höhere Effizienz im gesamten Betriebsbereich, bei gleichzeitig günstigerem Kraftstoffverbrauch. Voraussetzung für die Einführung der katalytischen Abgasnachbehandlung war das Vorhandensein und das Angebot von bleifreien Kraftstoffen auf dem Markt. Katalysatoren auf Edelmetallbasis sind empfindlich gegen Blei, Schwefel und Phosphor und sind bei ihrer Anwesenheit im Kraftstoff einer relativ schnellen Alterung unterworfen.

4.4.2.1 Oxidationskatalysator

Im katalytischen Reaktor (Katalysator) werden die Oxidierungsreaktionen von CO und HC durch die katalytische Wirkung der dort verwendeten Metalle (Platin [Pt], Palladium [Pd]) stark unterstützt. Ab einer Abgastemperatur von 200 bis 250 °C werden bereits optimale Umwandlungsraten erreicht. Bei Betrieb mit mageren Kraftstoff-Luft-Gemischen sind die Voraussetzungen für CO- und HC-Reduzierung in einem Oxidationskatalysator optimal (**Bild 4.21**).

Bei Betrieb des Motors mit stöchiometrischen oder fetten Kraftstoff-Luft-Gemischen muss mittels einer Sekundärluftpumpe zusätzlich Luft vor dem Katalysator eingebracht werden,

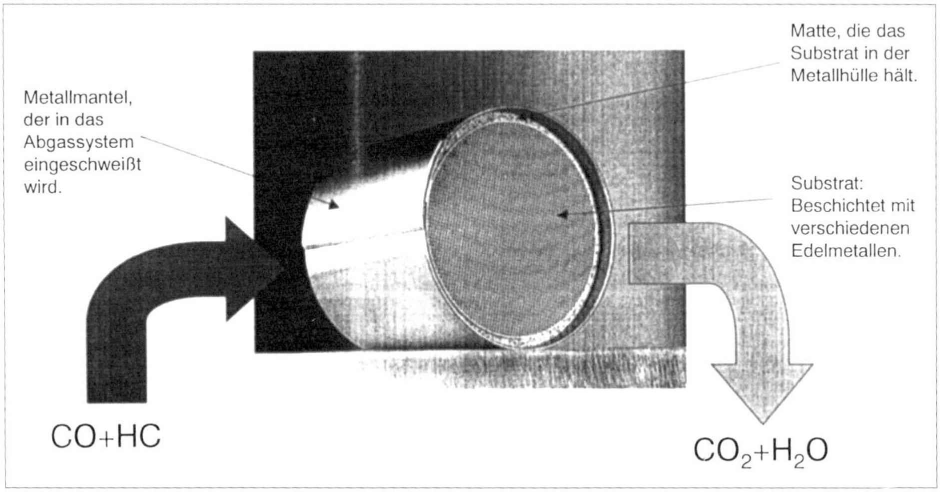

Bild 4.21: Oxidationskatalysator [Quelle: Corning]

um die Oxidation von CO und HC zu unterstützen. Ein Oxidationskatalysator lässt die NO_x-Emissionen nahezu unberührt durch.

4.4.2.2 Reduktionskatalysator

Reichen die motorischen Maßnahmen und die Abgasrückführung nicht aus um die erforderliche Reduktion der NO_x-Emission zu erreichen, dann besteht die Möglichkeit, mit Hilfe eines so genannten Reduktionskatalysators auf Rhodiumbasis (Rh), den NO_x-Ausstoß zu verringern.

Erforderlich für die NO_x-Reduktion ist eine sauerstoffarme Atmosphäre bzw. ein Betrieb des Motors mit fettem Kraftstoff-Luft-Gemisch. Mit dem im fetten Gemisch vorhandenem Kohlenmonoxid (CO) erfolgt die Reduktion von NO zu N_2 und CO_2:

$$2NO + 2CO \leftrightarrow N_2 + 2CO_2$$

Zur Oxidation der relativ großen Mengen an Rohemissionen von CO und HC bei Betrieb mit fetten Kraftstoff-Luft-Gemischen sind zusätzlich ein Oxidationskatalysator und eine Sekundärlufteinblasung nötig.

Ein solches Katalysatorkonzept, bestehend aus Reduktions- und Oxidationskatalysator, wird als Zwei-Bett-Katalysator bezeichnet. Wegen der erforderlichen fetten Einstellung des Kraftstoff-Luft-Gemisches und der zusätzlich erforderlichen Sekundärlufteinblasung, ist die Wirtschaftlichkeit (Kraftstoffverbrauch) dieser Lösung schlecht. Aus diesem Grund, haben die Automobilhersteller diesen Weg der Reduzierung der Abgasemission schnell verlassen.

4.4.2.3 Drei-Wege-Katalysator, Konzept λ-Sonde

Auf die gesetzliche Forderung, alle drei Abgaskomponenten CO, HC und NO_x drastisch zu reduzieren und gleichzeitig den Kraftstoffverbrauch zu verringern, reagierten die Motorenentwickler mit einer neuen Technik. Nach jahrelanger Forschung und Entwicklung wurde Ende der 60ger Jahre festgestellt, dass ein so genannter Drei-Wege-Katalysator, (**T**ree **W**ay **C**atalyst, **TWC**) bestehend aus einem festen Verhältnis an katalytischem Material von Platin (Pt), Rhodium (Rh) und/oder Palladium (Pd), die Eigenschaft hat, bei exakt stöchiometrischem Kraftstoff-Luft-Gemisch (λ = 1,0), alle drei gesetzlich limitierten Abgaskomponenten (CO, HC und NO_x) um deutlich mehr als 90 % zu reduzieren (**Bild 4.22**).

Die Reduzierung um diese Größenordnung war inzwischen notwendig, um die gesetzlichen Anforderungen zu erfüllen. Serienmäßig wurde zum ersten Mal 1977 von der Fa. Volvo ein Drei-Wege-Katalysator eingesetzt.

Kanäle in einem Drei-Wege-Katalysator sind mit Platin (Pt) und/oder Palladium (Pd) beschichtet um Kohlenmonoxid (CO) und unverbrannte Kohlenwasserstoffe in Kohlendioxid

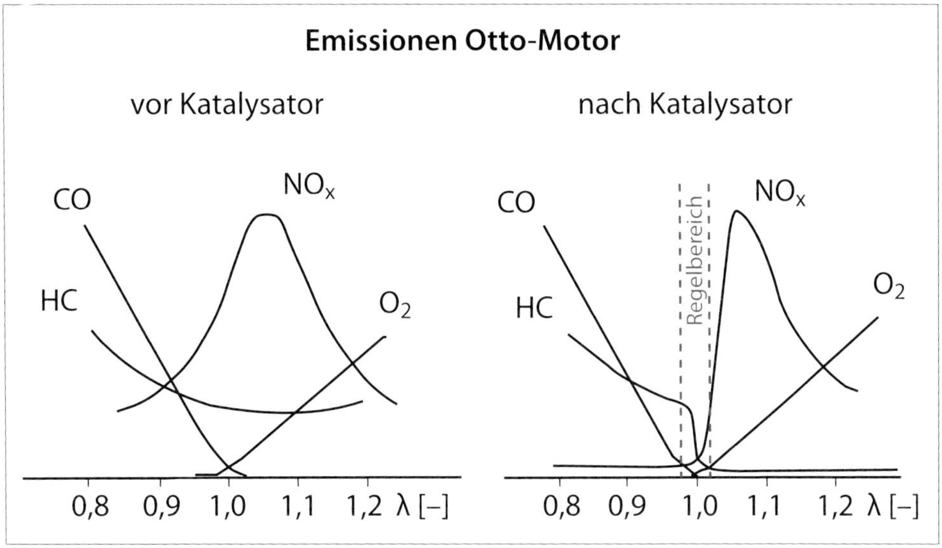

Bild 4.22: Abgasemissionen des Ottomotors mit und ohne Drei-Wege-Katalysator

(CO_2) und Wasserdampf (H_2O) zu oxidieren. Beschichtung mit Rhodium (Rh) dient der Reduktion von Stickstoffoxiden (NO_x) zu Stickstoff (N_2) und Sauerstoff (O_2). Modernste Drei-Wege-Katalysatoren mit Tri-Metall-Beschichtung (Pt, Pd, Rh) oder nur mit Palladium-Beschichtung (Pd-only-catalyst) haben deutlich bessere Eigenschaften als ihre Vorgänger. Sie spiegeln sich insbesondere in der Starttemperatur des Katalysators (so genannte „Light-off-performance") und in der Dauerhaltbarkeit wider.

Für die richtige Funktion des Drei-Wege-Katalysators ist es erforderlich sicherzustellen, dass die Zusammensetzung des Kraftstoff-Luft-Gemisches im überwiegenden Teil des Betriebskennfeldes bei exakt $\lambda = 1{,}0$ (A/F = 14,5) eingestellt ist. Es ist nur eine Abweichung von diesem, stöchiometrischen Wert um 1 % erlaubt, ansonsten ist die Erfüllung der gesetzlichen Abgasgrenzwerte nicht gewährleistet.

Ermöglicht wurde die Einhaltung des stöchiometrischen Kraftstoff-Luft-Gemisches durch die erfolgreiche Entwicklung der λ-Sonde (Sauerstoffsonde, Oxygensensor) zur Bestimmung des stöchiometrischen Kraftstoff-Luft-Verhältnisses im Abgas sowie durch die Verwendung von elektronischen Gemischregelungssystemen (**Bild 4.23**).

Die λ-Sonde (Sauerstoffsonde) liefert ein elektrisches, vom O_2-Gehalt des Abgases abhängiges, Spannungssignal als Regelgröße zur Korrektur des Kraftstoff-Mengen-Stromes. Die Konvertierungsraten für die limitierten Schadstoffkomponenten der modernen, betriebswarmen Drei-Wege-Katalysatoren liegen bei über 98 %, weshalb sich diese, mit Rücksicht auf die bestehenden und die geplanten Abgasgrenzwerte, zum modernen Stand der Technik etabliert haben.

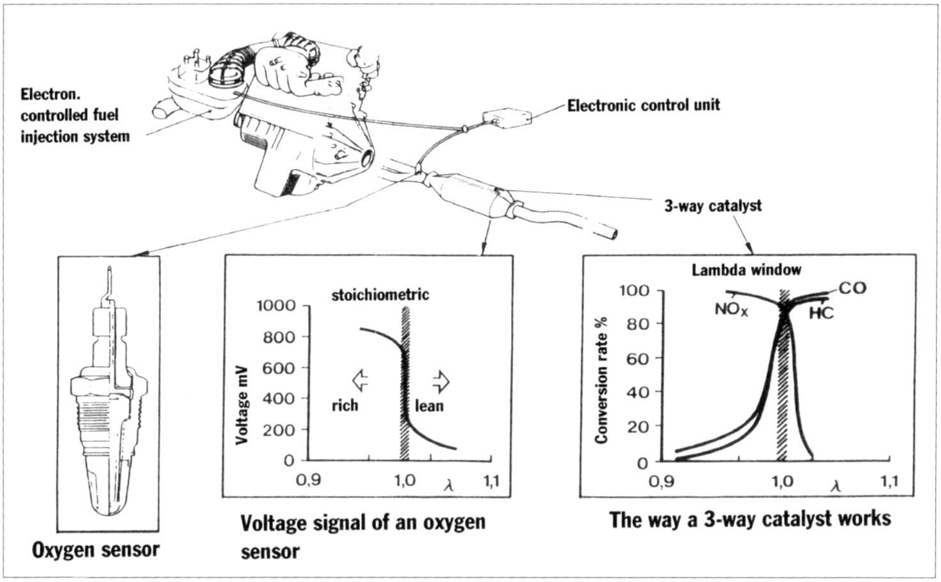

Bild 23: Ottomotor mit Drei-Wege-Katalysator und λ-Sonde

In einem breiten Betriebsbereich des Motorenkennfeldes müssen moderne Motoren mit exakt stöchiometrischem Gemisch (λ = 1,0) betrieben werden, um die verlangten Abgasgrenzwerte zu erfüllen. Nur an der Volllast sowie beim Kaltstart und in den Beschleunigungsphasen wird das Gemisch leicht angefettet, um die maximal mögliche Leistung aus dem vorgegebenen Hubvolumen des Motors zu erreichen und eine sichere Entzündung des Gemisches zu gewährleisten.

Bild 4.24 zeigt das Luftzahlkennfeld eines modernen λ = 1,0 geregelten Ottomotors mit Drei-Wege-Katalysator.

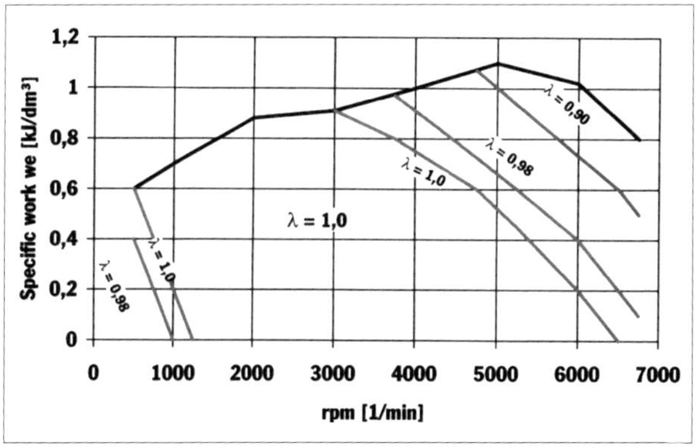

Bild 4.24: Luftzahlkennfeld eines λ = 1,0 geregelten Ottomotors

Abhängig von der benötigten Luftmasse, die mittels eines Luftmengenmessers im Saugrohr oder des Saugrohrdruckes (entsprechend der Zustandsgleichung $pV = mRT$) gemessen wird, wird für jeden Betriebszustand die notwendige Kraftstoffmenge dem Motor genau dosiert. Der Zündzeitpunkt wird, unter Berücksichtigung des entsprechenden Sicherheitsabstands zu der klopfenden Verbrennung, in Abhängigkeit von Last, Drehzahl, Temperatur und der erforderlichen Abgaszusammensetzung vorprogrammiert.

Bei schnellen Veränderungen des Betriebspunktes (schnelle Gaspedaländerung) kann eine λ-Sonde allein nicht die erforderliche Präzision gewährleisten. Deswegen werden zwei λ-Sonden eingebaut, eine vor und die andere hinter dem Katalysator. Die zweite λ-Sonde ist auch wegen der On-Board-Diagnose (OBD) erforderlich. Die so genannten ULEV-Standards in den USA verlangen eine präzise Kontrolle der Gemischzusammensetzung ($\lambda = 1{,}0$) in jedem einzelnen Zylinder des Motors.

Die Einführung des Drei-Wege-Katalysators und die kontinuierliche Verbesserung seiner Eigenschaften haben bislang die Durchsetzung anderer Konzepte zur Schadstoffreduzierung bei Ottomotoren nicht zugelassen.

Die Abgasnachbehandlung moderner PKW-Ottomotoren erfolgt heute ausschließlich mit $\lambda = 1{,}0$ geregelten Drei-Wege-Katalysatoren. Solche Katalysatoren sind in der Lage, im betriebswarmen Zustand, mit den heutigen bleifreien Kraftstoffen, CO, HC und NO_X zu 99,5 % in CO_2, H_2O und N_2 zu konvertieren.

Der beste Weg, die niedrigsten Schadstoffemissionen, die mit Euro 4, LEV- und ULEV-Standards vorgeschrieben sind, mit relativ niedrigen Kosten heute zu erreichen, besteht in einem möglichst nahem Einbau des Drei-Wege-Katalysators an den Motor in Verbindung mit einer Optimierung der Wärmekapazität aller abgasführenden Bauteile. Gut abgedichtete Auspuffsysteme sind dabei die Voraussetzung für langzeitstabile, niedrige Emissionen.

Durch den erzwungenen Betrieb des Ottomotors mit exakt stöchiometrischem Kraftstoff-Luft-Gemisch, wird mit Hilfe des Drei-Wege-Katalysators eine sehr niedrige Emission aller drei gesetzlich limitierten Abgaskomponenten erreicht. Der Ottomotor wird allerdings in einem Luftzahlbereich betrieben, der einen um 6 bis 15 % höheren Kraftstoffverbrauch und damit auch eine entsprechend höhere CO_2-Emission aufweist, als es dies ohne die strengen NO_X-Abgasgrenzwerte bei Betrieb mit mageren Gemischen möglich gewesen wäre. Den niedrigsten Kraftstoffverbrauch und damit die niedrigste CO_2-Emissionen weist ein Ottomotor im Bereich magerer Kraftstoff-Luft-Gemische auf.

4.4.2.4 Kaltstartverhalten und Langzeitstabilität des Drei-Wege-Katalysators

Der überwiegende Teil der Emissionen, insbesondere der HC-Emissionen, die ein moderner Automobil-Ottomotor in die Atmosphäre ausstoßt, entsteht in der Startphase des Motors, bevor der Katalysator seine Betriebstemperatur („Anspringzeit" „Light off Temperatur") erreicht hat (**Bild 4.25**).

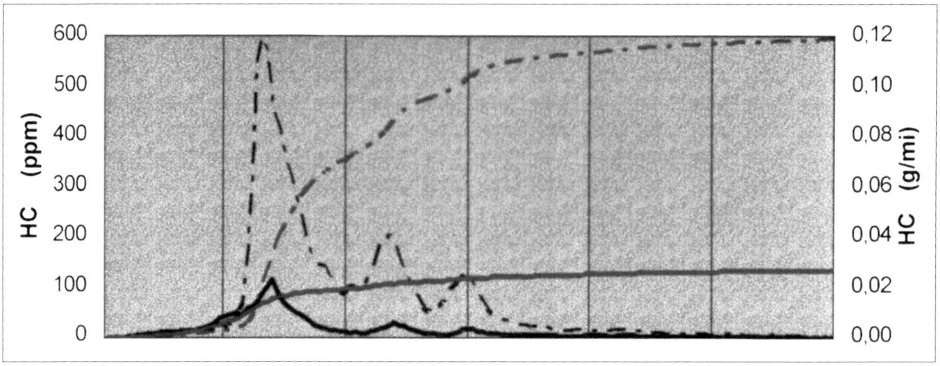

Bild 4.25: Abgasemission des Ottomotors nach dem Kaltstart

Zur Erfüllung der strengsten Emissionsgrenzwerte ist deswegen eine detaillierte Optimierung der ersten Verbrennungszyklen nach dem Start erforderlich. Eine extrem kurze „Anspringzeit" des Katalysators nach dem Motorstart ist insbesondere dann erforderlich, wenn niedrigste Abgasgrenzwerte zu erfüllen sind (Euro 4, LEV, ULEV). Die Katalysatortemperatur muss möglichst schnell Werte von 200 bis 300 °C überschreiten. Während der ersten 3 bis 5 Minuten nach dem Kaltstart entstehen 65 bis 80 % der gesamten HC-Emission in einem Abgastest. Die Ursachen hierfür sind Gemischanreicherung mit dem Kraftstoff um Kaltstart zu ermöglichen, unvollständige Verbrennung und kalter, noch nicht voll funktionierender Katalysator. Folglich konzentrieren sich Maßnahmen zum einen auf eine wirksame Reduzierung der Rohemissionen und zum anderen auf eine schnelle Katalysatoraufheizung. Zur Reduzierung der Rohemissionen sind sowohl die Optimierung von Gemischbildung und Verbrennung, eine optimierte Regelung während der Warmlaufphase, als auch die Reduzierung von Schadvolumina im Brennraum geeignet. Eine effektive und kostengünstige Maßnahme zur Senkung der HC-Rohemission in dieser Phase stellt die Zurücknahme des Zündzeitpunktes und damit die Erhöhung der Abgastemperatur dar (**Bild 4.26**).

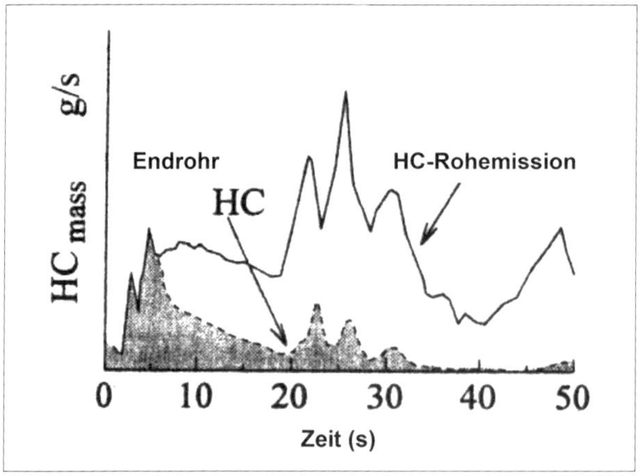

Bild 4.26: Senkung der HC-Emission durch späte Zündung beim Kaltstart

Der Einsatz einer Sekundärlufteinblasung zur schnellen Aufheizung des Katalysators zeigt ebenfalls Potential zur Emissionssenkung [23]. Eine Einblasung der Sekundärluft in den Abgaskrümmer führt dazu, dass:

- die CO und HC, die durch den Betrieb mit fetten Kraftstoff-Luft-Gemischen ($\lambda < 1{,}0$) vermehrt in der Kaltstart- und Warmlaufphase entstehen, gesenkt werden.
- der Katalysator nach dem Kaltstart durch die Nachverbrennung von CO und HC schneller seine „light off Temperatur" von ca. 300 °C erreicht.

Sowohl amerikanische Abgasgesetze (ULEV), als auch die europäischen Normen werden mit diesen Maßnahmen mit gutem Sicherheitsabstand erfüllt.

Weitere Maßnahmen zur Senkung der Abgasemission nach dem Kaltstart sind:

- Motornaher Einbau des Katalysators, mit einer möglichst großen katalytischen Oberfläche
- Gute Isolierung des Abgassystems, mit einer möglichst geringen Wärmekapazität
- Erhöhung der Leerlaufdrehzahl
- Einbau von Start- oder Vorkatalysatoren.

Um möglichst schnell die Katalysator-Starttemperatur zu erreichen, wurden noch folgende Systeme erprobt:

- HC-Absorber vor dem Katalysator, die während der Kaltstartphase die HC-Emission absorbieren und sie erst nach Erreichen der Anspringtemperatur durch den Katalysator entlassen.
- Elektrisch beheizte Katalysatoren
- Zusätzliche Brennersysteme im Auspufftrakt vor dem Katalysator, um ihn schnell aufzuheizen. Durch Zurücknahme des Zündzeitpunktes sowie Anfettung des Gemisches kann auch der Motor zum „Brenner" gemacht werden.
- Wärmespeicher, die über eine längere Stillstandzeitphase des Motors, den Katalysator auf Betriebstemperatur halten.

Allerdings konnten sich bislang alle diese angeführte Maßnahmen zur Reduzierung der Schadstoffemission nach dem Kaltstart nicht durchsetzen.

Die Katalysatoren aus Edelmetallen Pt, Pd und Rh unterliegen einer thermischen und chemischen Alterung. Die chemische Alterung des Katalysators, häufig auch als die „Vergiftung des Katalysators" bezeichnet, wird durch Kraftstoff- und Schmierstoffbestandteile (Blei [Pb], Schwefel [S_2], Phosphor [Ph] u. a.) verursacht. Die Alterung des Katalysators hat zur Folge, dass seine Konvertierung erst bei höheren Anspringtemperaturen einsetzt. Hierdurch sinkt die gesamt Effektivität des Katalysators und damit die Schadstoffumsetzung.

Moderne Fahrzeuge müssen auch nach hohen Laufleistungen (160.000 km bzw. 100.000 Meilen) die Einhaltung der Emissionsgrenzwerte gewährleisten. Deswegen werden im neuen Zustand Fahrzeuge so abgestimmt, dass sie deutlich unterhalb der vorgeschriebenen Emissionsgrenzwerte liegen. Dazu werden fahrzeugspezifische, so genannte „Engineering goals" oder „Engineering targets" festgelegt, damit die Einhaltung der Grenzwerte während der gesamten geforderten Laufzeit sichergestellt ist.

4.4.3 Maßnahmen zur Verringerung der Verdampfungsemissionen

Verdampfungsemissionen aus dem Fahrzeug werden durch Einrichtungen, die in Kraftstoffsystem integriert sind, reduziert. Dies geschieht mit Hilfe von zusätzlichen Behältern, die mit Aktivkohle gefüllt sind, den so genannten „Kohlekanistern". Diese absorbieren kontinuierlich alle Kraftstoffdämpfe und werden zugleich, durch Vorrichtungen für die Rückführung dieser Dämpfe in das Ansaugrohr des Motors, regeneriert

4.4.4 On-Board-Diagnose (OBD)

Ob alle Einrichtungen zur Schadstoffreduzierung während der gesamten vorgeschriebenen Lebensdauer korrekt funktionieren, wird über eine „On-Board-Diagnose" (OBD), d.h. über die Überwachung aller emissionsrelevanten Bauteile und Prozesse sichergestellt. Bei modernen Motoren ist die On-Board-Diagnose obligatorisch.

Die OBD umfasst die Überwachung folgender Komponenten und Prozesse:

- Katalysatorwirksamkeit, Konvertierungswirkungsgrad
- Verbrennungsaussetzer im Brennraum
- λ-Sonden: Regelung, Aufheizung und Alterung
- Kraftstoffversorgung, Einspritzventile
- Sekundärluftsystem
- Abgasrückführung
- Tankentlüftung, undichte Stellen im Tanksystem (nur USA)
- Alle Sensoren und Stellglieder im Antriebsstrang.

Diese Überwachung erfolgt über die Kontrolle der λ-Sonde, des Tankentlüftungsventils, Abgasrückführventils, der Sensoren für Drosselklappenlage, Lage der Kurbelwelle, Luftmengenmessung, Temperaturen, Fahrzeuggeschwindigkeit.

Bei der Katalysatorüberwachung werden zwei λ-Sonden verwendet (**Bild 4.27**). Eine λ-Sonde liegt vor dem Katalysator, eine hinter ihm. Bei intaktem Katalysator ist der Sauerstoffgehalt nach dem Katalysator relativ stabil, und eine dort angeordnete λ-Sonde zeigt nur geringe Spannungsschwankungen. Signale dieser Sonde werden mit Signalen der ersten Sonde verglichen. Auf diese Weise wird die Funktion des Katalysators überwacht.

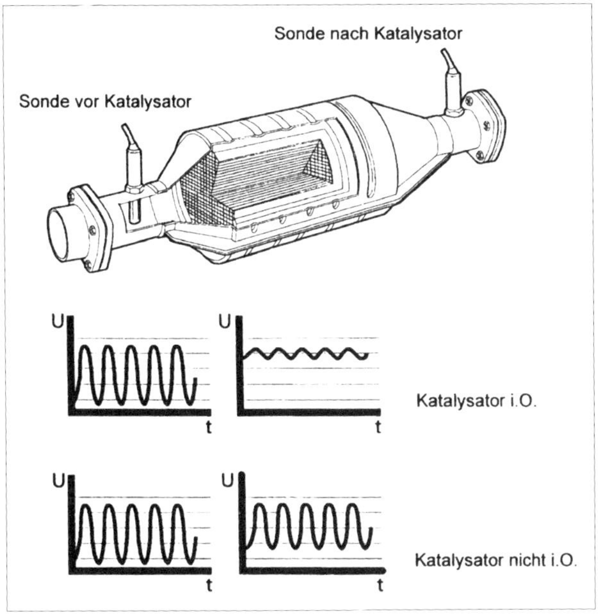

Bild 4.27:
Katalysator-Überwachung durch OBD [Quelle: Audi]

Die Verbrennungsaussetzer werden durch Messung der Motordrehzahl und Ermittlung der Laufunruhe erkannt. Es werden außerdem diverse Drücke und elektrische Spannungen geprüft sowie eine funktionelle Prüfung von Komponenten wie z.B. elektronisches Motorsteuergerät durchgeführt.

4.4.5 Übersicht von Maßnahmen für minimale Abgasemissionen bei Ottomotoren

Auch die Erfüllung der strengsten Abgasgrenzwerte wie Euro 4, ULEV oder SULEV hat zu keiner grundlegenden Änderung der seit Jahren bekannten und bewährten Motor- und Abgasreinigungskonzepte geführt. Die Maßnahmen für minimale Abgasemissionen bei modernen Ottomotoren umfassen Optimierungsarbeiten an folgenden Parametern und Systemen:

A. Zur Reduzierung der Motor-Rohemissionen:

- Gemischaufbereitung, z.B. Zylinder individuelle Kraftstoffeinspritzung
- Sequentielle Kraftstoffeinspritzung
- Zylinder individuelle Kontrolle der Gemischzusammensetzung (λ_{zyl}, A/F)
- Variable Saugrohrsysteme (Länge und Volumina)
- Auswahl des Verdichtungsverhältnis
- Variable Ventilsteuerzeiten

- Auswahl Hub-Bohrung Verhältnis
- Minimierung der Spalträume im Brennraum
- Optimierung des Zündzeitpunktes
- Elektronische Steuerung und Regelung der Gemischbildung und Zündung
- Präzise Regelung der Abgasrückführung
- Verringerung der Wärmekapazität des Motors, insbesondere des Auspuffsystems (Werkstoffe, Masse usw.)
- Verringerung der Reibungsverluste
- Erhöhte Drehzahl und Spätzündung im Leerlauf bei kaltem Motor.

B. Zur Reduzierung der Schadstoff-Emissionen durch Abgasnachbehandlung:
- Motornaher Einbau des Drei-Wege-Katalysators mit hoher Zellenzahl und optimaler Beschichtung
- Zwei λ-Sonden pro Katalysator
- Thermisch gut isoliertes Abgassystem
- Gut abgedichtetes Abgassystem
- Regelbare Sekundärlufteinblasung und eventuell
- Beheizbare Katalysatoren.

Zusätzlich müssen alle Fahrzeuge mit niedrigster Schadstoffemission auch ein Kohlekanister für die Verminderung von Verdampfungsemissionen sowie eine OBD besitzen.

Zur Einhaltung der strengsten Abgasgrenzwerte ist es außerdem zwingend erforderlich, dass das Management des gesamten Systems d.h. Motor, Katalysator, alle abgasrelevanten Baugruppen und der Antriebsstrang aufeinander abgestimmt ist. Elektronische Motormanagementsysteme zur Minderung der Abgasemission umfassen vor allem die Gemischbildung und Zündung. Sie sind bei modernen Fahrzeugen adaptiv, d.h. sie passen sich automatisch an Veränderungen von Umgebungsbedingungen, Kraftstoffqualitäten und Verschleiß von Komponenten neu an. Es ist dabei besonders wichtig, die instationären Vorgänge gut zu beherrschen. Elektronisch gesteuerte Drosselklappensysteme (Electronic Throttle Control) und elektronisch gesteuerte Abgasrückführungssysteme ermöglichen eine präzise Optimierung von instationären Vorgängen. Zu diesen Maßnahmen gehören auch moderne, elektronisch gesteuerte Getriebe. Diese nehmen verschiedene Informationen, wie z.B. Fahrzeuggeschwindigkeit, Motordrehzahl, Gaspedalstellung auf und können die günstigsten Getriebeübersetzungen auch in Hinblick auf die minimale Schadstoffemission wählen.

Aufgabe der zukünftigen Entwicklung ist es, alle bekannten Lösungen, die auf dem heutigen Stand der Technik basieren (λ = 1,0; Drei-Wege-Katalysator) weiter zu verfeinern und zu optimieren. Die erforderlichen Arbeiten dazu umfassen

- weitere Reduzierung der Motor-Rohemission und
- Erhöhung der Konvertierungsrate des Abgasnachbehandlungssystems.

4.5 Kraftstoffverbrauch und CO_2-Emission

Alle Anstrengungen, die Umweltfreundlichkeit des Ottomotors zu vergrößern und dabei vor allem die Schadstoffemission zu verringern sind seit den frühen 70er Jahren des letzten Jahrhunderts mit Bemühungen begleitet, auch den Kraftstoffverbrauch kontinuierlich zu reduzieren. Die Diskussion über den möglichen Einfluss der CO_2-Emission auf den Treibhauseffekt der Atmosphäre hat die Frage einer Kraftstoffverbrauchreduzierung zusätzlich deutlich verschärft.

Ingenieure in der Automobilindustrie nehmen im Laufe des Entwicklungsprozesses, immer wieder das gesamte Automobil unter die Lupe, und suchen stets nach Möglichkeiten den Kraftstoffverbrauch zu reduzieren (**Bild 4.28**).

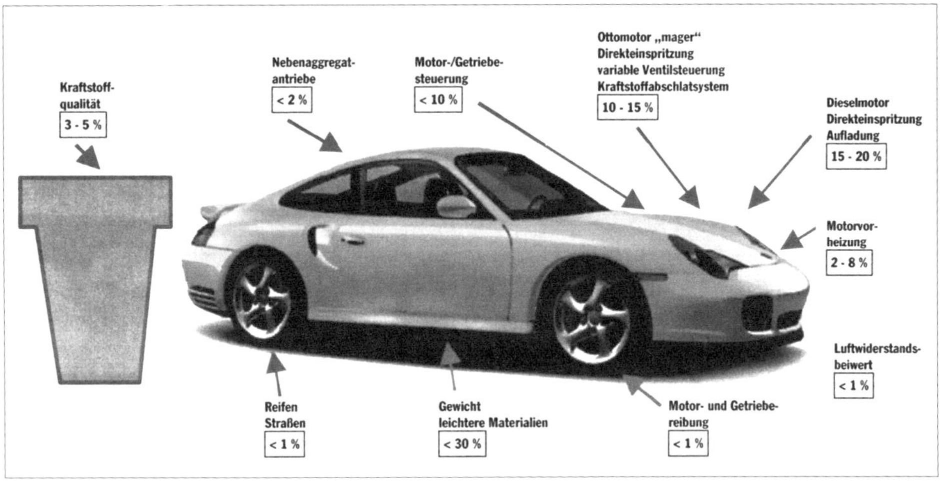

Bild 4.28: Potential zur Reduzierung des Kraftstoffverbrauches [Quelle: Porsche]

Die Entwicklung von Werkstoffen, Produktionstechnologien, Steuerungs- und Regelungsmöglichkeiten des gesamten Antriebsstranges ermöglichen immer wieder neue Wege den Kraftstoffverbrauch von Fahrzeugen kontinuierlich zu verbessern.

An fast allen Teilen und Komponenten eines Fahrzeugs können Maßnahmen unternommen werden, um den Kraftstoffverbrauch positiv zu beeinflussen. Die Verringerung von Roll- und Luftwiderstand, insbesondere bei höheren Geschwindigkeiten, spielt auch eine große Rolle (**Bild 4.29**).

Das größte Potential zur Kraftstoffreduzierung liegt aber eindeutig in dem Fahrzeuggewicht und im Motor selbst. Die Gewichtsreduzierung hat bei der Entwicklung von neuen verbrauchs- und emissionsoptimierten Automobilen die erste Priorität. Diesem Vorhaben

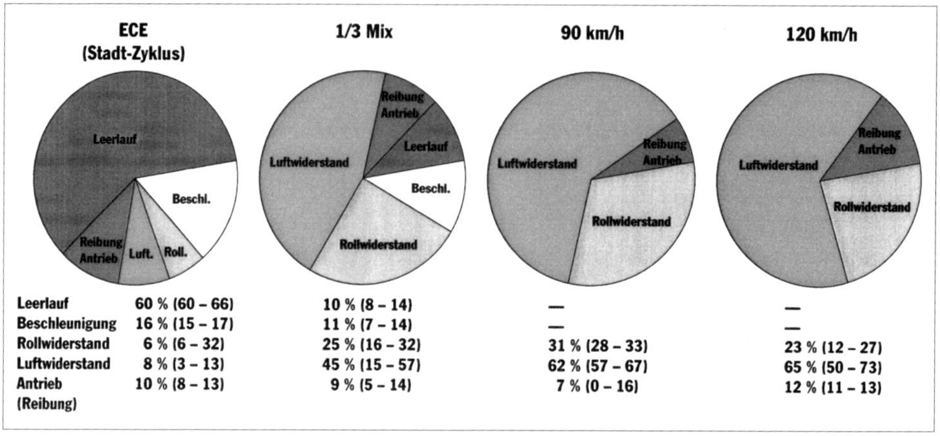

Bild 4.29: Kraftstoffverbrauchsanteile in unterschiedlichen Fahrzyklen

muss schon bei der Entwicklung eines jeden einzelnen Bauteils Rechnung getragen werden. So beeinflusst z.B. das Motorgewicht das Gewicht des Gesamtfahrzeugs. In den vergangenen Jahren sind am Motor und seinen Aggregaten viele Fortschritte auch bei der Reduzierung des Gewichts erreicht worden. Als Beispiele können moderne Starter, Generatoren, Kühler, Filter und Kolben genannt werden.

Die erreichte Reduzierung des Kolbengewichts (**Bild 4.30**) wirkt sich positiv auf da Gewicht des gesamten Triebwerks, und damit auf das Gewicht des Motors, aus.

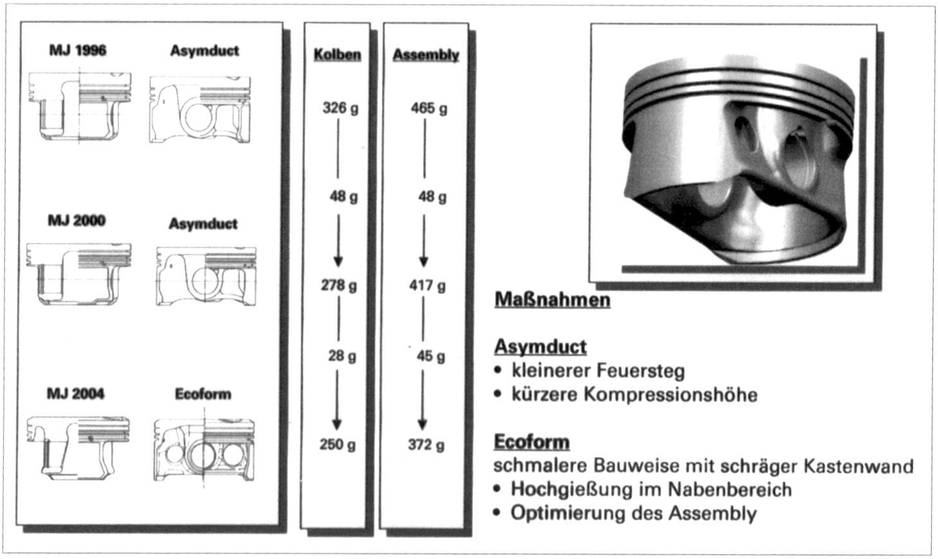

Bild 4.30: Gewichtsoptimierung – Beispiel Kolben [Quelle: Mahle]

Viele von motorinternen Maßnahmen zur Beeinflussung der Abgasemission haben auch einen Einfluss auf den Kraftstoffverbrauch. Dazu gehören sowohl die Konstruktionsparameter wie

- Verdichtungsverhältnis
- Brennraumform
- Hub-Bohrungsverhältnis
- Ventilsteuerzeiten
- Saugrohrgestaltung

als auch die Betriebsparameter:

- Kraftstoff-Luft-Zusammensetzung
- Zündzeitpunkt
- Temperatur
- Last und Drehzahl
- Abgasrückführung.

Bei modernen Fahrzeugen mit Katalysator wird fast die gesamte im Kraftstoff vorhandene Kohlenstoffmenge (C) als CO_2-Emission in die Atmosphäre ausgestoßen. Durch den erzwungenen Betrieb mit exakt stöchiometrischem Kraftstoff-Luft-Gemisch ($\lambda = 1{,}0$), wird ein moderner Ottomotor in einem Luftzahlbereich mit maximaler CO_2-Emission betrieben (**Bild 4.31**), in welchem der Kraftstoffverbrauch um 6 bis 15 % höher liegt, als es dies ohne die strengen NO_x-Abgasgrenzwerte, bei Betrieb mit mageren Kraftstoff-Luft-Gemischen, möglich gewesen wäre.

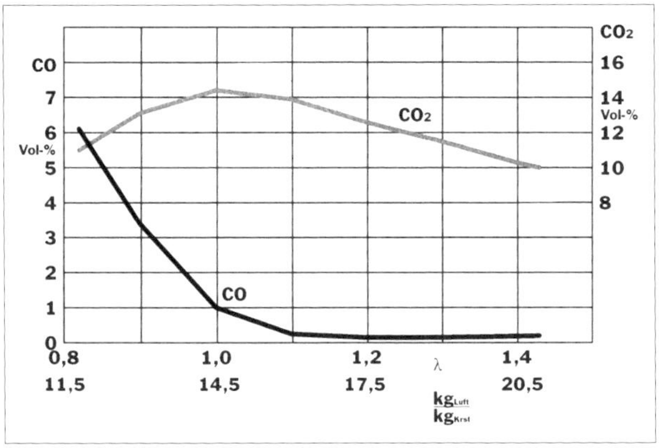

Bild 4.31:
Einfluss der Luftzahl auf die CO_2- und CO-Emission

Die Forderung, den Kraftstoffverbrauch bzw. die CO_2-Emission zu reduzieren und gleichzeitig immer strenger werdende Abgasgesetze zu erfüllen, erfordern eine immer größere Komplexität der Automobilmotoren und neue Überlegungen über die Gestaltung des Motors. Als ein Ziel der modernen ottomotorischen Entwicklung stellt sich deswegen die Realisierung eines Motorbetriebes im Bereich des besten Wirkungsgrades, beziehungsweise die Realisierung des Betriebes mit Kraftstoffverbrauchoptimaler Luftzahl λ in jedem Betriebspunkt dar. Diese wirkungsgradoptimale Betriebsweise muss gleichzeitig im Einklang mit allen anderen Anforderungen an den Motor gebracht werden.

4.6 Der Magermotor als Ziel der Entwicklung

Eine der technisch sinnvollsten Maßnahmen zur Reduzierung des Kraftstoffverbrauches und damit der CO_2-Emission von Ottomotoren ist die Entwicklung von Ottomotoren, die in der Lage sind mit mageren Kraftstoff-Luft-Gemischen betrieben zu werden. Magermotoren versprechen, im Vergleich zu vorwiegend mit $\lambda = 1{,}0$ betriebenen Ottomotoren, im Teillastbereich Verbrauchsvorteile von 6 bis 15 %. Für dieses Ziel müssen folgende, wesentliche Probleme zufrieden stellend gelöst werden:

- Sicherstellung einer regelmäßigen, ungestörten Entzündung und Verbrennung des Kraftstoff-Luft-Gemisches bei hohem Luftüberschuss, dem so genannten Magerbetrieb.
- Gewährleistung einer regelmäßigen, ungestörten Entzündung und Verbrennung magerer Kraftstoff-Luft-Gemische, auch bei instationären Vorgängen im Motor, hervorgerufen durch Beschleunigungen, Verzögerungen, Kaltstart und Warmlauf des Motors.
- Sicherstellung einer niedrigen Emission an gesetzlich limitierten Abgaskomponenten bei Luftüberschuss, gemäß den Anforderungen des Gesetzgebers.

Einer Serieneinführung von Magermotoren standen bisher die zu hohen NO_x-Emissionen im Wege, weil ein Drei-Wege-Katalysator bei Luftüberschuss die NO_x-Emissionen nicht reduzieren kann. Kohlenmonoxid und unverbrannte Kohlenwasserstoffe können im Gegensatz dazu durch die bewährte Technik, d.h. durch einen Edelmetall-Oxidationskatalysator, vollständig eliminiert werden. Für die erforderliche Reduzierung der NO_x-Emissionen bei Motorbetrieb mit mageren Kraftstoff-Luft-Gemischen war noch keine sichere, serienreife und dauerhafte Technik vorhanden.

Die bisherigen Erfahrungen aus der Motorenentwicklung zeigen, dass für alle drei Punkte, die für eine erfolgreiche Entwicklung und die Markteinführung des Magermotors erforderlich sind, auch eine sehr präzise Regelung der Vorgänge im Motor, insbesondere eine exakte Einhaltung des, für jeden Betriebszustand, optimalen Kraftstoff-Luft-Gemisches, eine der unabdingbaren Voraussetzungen ist.

4.6.1 Probleme beim Magerbetrieb

Eine der charakteristischen Eigenschaften der Verbrennung im Ottomotor, ist die Unregelmäßigkeit im Ablauf der aufeinander folgenden Arbeitszyklen. Viele Generationen der

Motorenforscher haben sich mit diesem Phänomen der „zyklischen Schwankungen“ („cycle by cycle variation“) beschäftigt.

Obwohl die Schwankungen der Arbeitszyklen, als stochastisches Problem, in einem Ottomotor immer auftreten, fallen sie im Bereich fetter oder stöchiometrischer Gemische nicht negativ auf. Erst mit fortschreitender Abmagerung über das stöchiometrische Verhältnis hinaus, nehmen die Schwankungen der Arbeitszyklen immer mehr zu. Dies macht sich in einer immer größeren Ungleichförmigkeit der Drehung der Kurbelwelle bemerkbar, wodurch der Fahrkomfort eines Fahrzeugs mit Magermotor stark beeinträchtigt werden kann.

Im **Bild 4.32** sind der Kraftstoffverbrauch, die HC- und NO_x-Emissionen eines konventionellen, serienmäßigen Otto- und eines „Mager-Ottomotors“ über λ für den Teillastpunkt $n = 2000$ 1/min und $p_e = 2$ bar visualisiert.

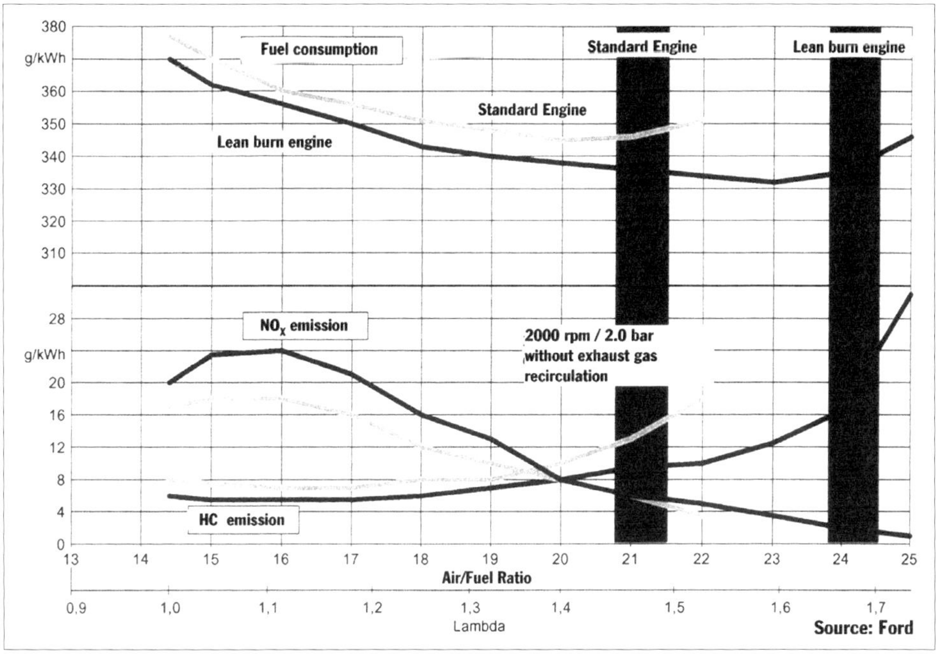

Bild 4.32: Abgasemission und Kraftstoffverbrauch. Konventioneller Otto- und Mager-Ottomotor [Quelle: Ford]

Der Kraftstoffverbrauch sinkt bis $\lambda = 1{,}3$ ab und strebt, bei weiterer Abmagerung, einem minimalen Wert entgegen. Beim serienmäßigen Motor kann dadurch in diesem Lastpunkt der Kraftstoffverbrauch um ca. 10 %, im Vergleich zu dem Wert bei $\lambda = 1{,}0$ vermindert werden. Eine Abmagerung über Werte von $\lambda = 1{,}45$ bewirkt beim serienmäßigen Motor einen Anstieg des Kraftstoffverbrauches, aufgrund immer ausgeprägter Verzögerung der

Verbrennung und Verschlechterung der Zündbedingungen, bis zu vollständigen Verbrennungsaussetzern, welche dann die Magerlaufgrenze bestimmen. In der Nähe der Magerlaufgrenze nehmen die Schwankungen der Arbeitszyklen sowie die HC-Emission deutlich zu. Die NO_x-Emissionen nehmen wegen der sinkenden Verbrennungstemperaturen jedoch stetig ab.

Die durch Zündaussetzer bedingte Laufgrenze des konventionellen Ottomotors kann durch gezielte Maßnahmen, wie Schaffung einer starken turbulenten Strömung im Brennraum, Anwendung hoher Verdichtungsverhältnisse und Einsatz von angepassten, Hochleistungszündanlagen, in den extremen Magerbereich hinausgeschoben werden. Ein Mager-Ottomotor soll möglichst nahe an der Magerlaufgrenze betrieben werden, um die NO_x-Rohemissionen zu minimieren, ohne dabei den Kraftstoffverbrauch wesentlich zu erhöhen.

4.6.2 Stand der Technik

Im Laufe der Jahrzehnte haben Ingenieure immer wieder versucht einen Betrieb des Ottomotors mit mageren Kraftstoff-Luft-Gemischen zu ermöglichen. Unterschiedliche Verfahren mit homogenen und heterogenen Kraftstoff-Luft-Gemischen sind vorgeschlagen worden. In den siebziger Jahren des letzten Jahrhunderts wurden mit großer Intensität die so genannten Schichtlademotoren untersucht (**Bild 4.33**).

Als einziger Schichtlademotor wurde der Honda **CVCC**-Motor (**C**ontrolled **V**ortex **C**ombustion **C**hamber) in ein serienmäßig produziertes Fahrzeug eingebaut. Die Produktion wurde eingestellt, weil dieser Motor, wie alle andere bisherigen „Mager-Ottomotoren" das Schicksal, beschrieben mit dem Moto: "Operation ist gelungen, aber der Patient ist gestorben" geteilt haben.

Die Entwicklung des klassischen Ottomotors bis zu seinem gegenwärtigen Stand, als moderner Ottomotor mit stöchiometrischem Kraftstoff-Luft-Gemisch ($\lambda = 1{,}0$) und Drei-Wege-Katalysator hat sich als bessere Lösung erwiesen, als die bislang entwickelten Magermotoren. Der Hauptgrund für den Misserfolg von Magermotoren lag in seiner Unmöglichkeit die niedrigen, gesetzlich vorgeschriebenen NO_x-Grenzwerte zu erfüllen.

Der gegenwärtige Trend bei der Entwicklung von Magermotoren geht in zwei Richtungen: der Realisierung von Magermotoren mit homogenem Kraftstoff-Luft-Gemisch und von Magermotoren mit heterogenem Kraftstoff-Luft-Gemisch. Bei Magermotoren mit homogenem Kraftstoff-Luft-Gemisch wird der Kraftstoff, wie bei einem konventionellem Ottomotor, in das Saugrohr vor das Einlassventil eingespritzt. In Ottomotoren mit heterogenem Kraftstoff-Luft-Gemisch (Schichtlademotoren) wird der Kraftstoff direkt in den Zylinder eingespritzt, so dass diese Motoren auch als Ottomotoren mit direkter Einspritzung (Otto-DE) bzw. als Gasoline Direct Injection Engine (GDI) bekannt sind. Ottomotoren mit direkter Einspritzung (DE) können auch als Motoren mit homogenem Gemisch ausgeführt und mit stöchiometrischem Gemisch betrieben werden.

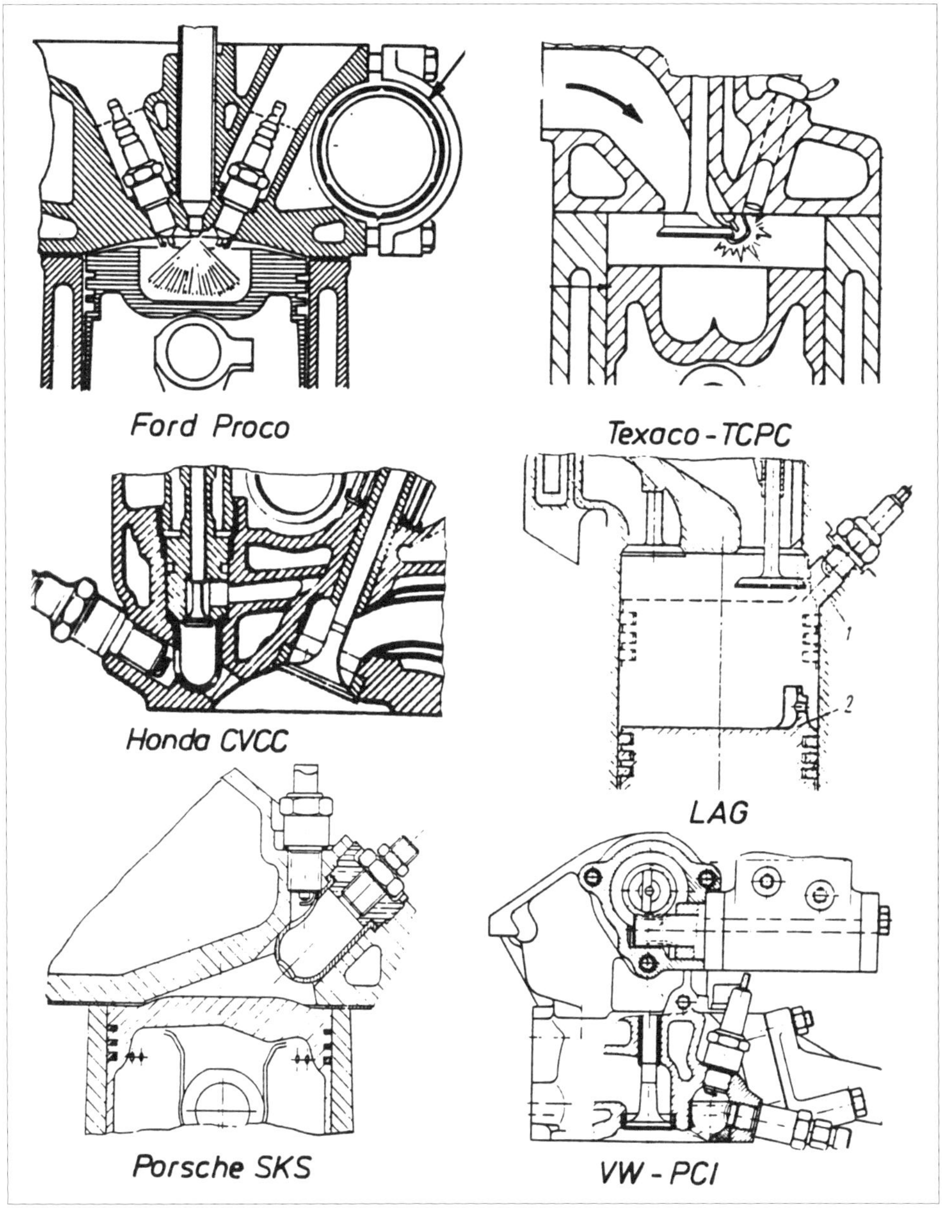

Bild 4.33: Brennraumformen, frühere Schichtlademotoren

Ein Mager-Ottomotor kann allerdings nur in Teilen des Kennfeldes sinnvoll mit magerem Gemisch betrieben werden. An der Volllast und hoher Teillast werden auch „Magermotoren" mit stöchiometrischem oder leicht angefettetem Gemisch betrieben, um ein maximal mögliches Drehmoment bzw. maximale Leistung zu erreichen. Auch im leerlaufnahen Bereich werden diese Motoren aus Komfortgründen mit nahezu stöchiometrischem Gemisch betrieben. **Bild 4.34** zeigt ein charakteristisches Luftzahlkennfeld von einem modernen Mager-Ottomotor mit direkter Einspritzung.

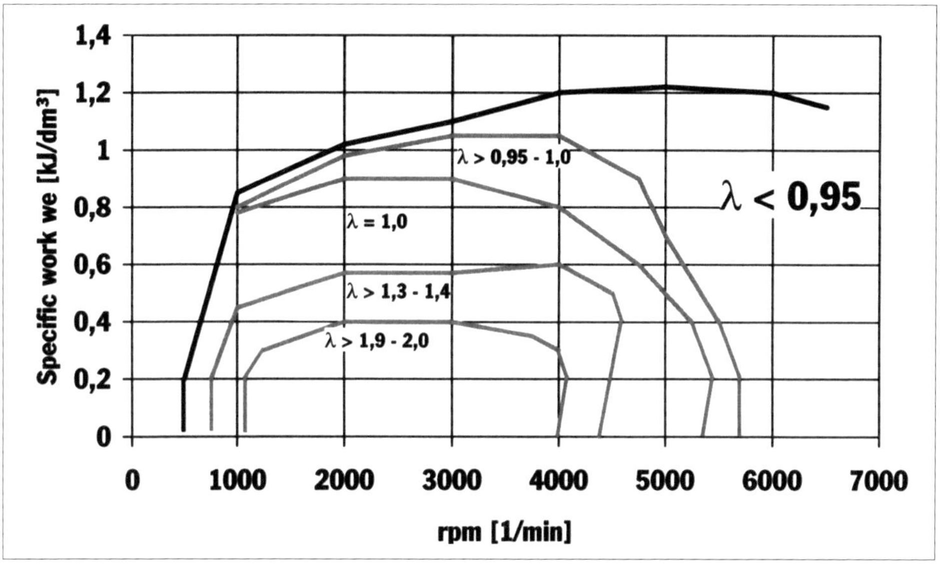

Bild 4.34: Luftzahlkennfeld eines Mager-Ottomotors mit direkter Einspritzung

4.6.3 Abgasnachbehandlung bei Magermotoren

Wie mehrmals betont, konnten die Anforderungen der Gesetzgeber bezüglich der erlaubten ausgestoßenen Abgaskomponenten CO, HC und NO_x nur durch die Anwendung von Drei-Wege-Katalysatoren erfüllt werden, d.h. mit einem Betrieb mit $\lambda = 1{,}0$. Auch einige von gegenwärtigen, serienmäßigen Ottomotoren mit direkter Einspritzung werden mit $\lambda = 1{,}0$ betrieben, um die Funktion eines Drei-Wege-Katalysators zu sichern. Bei Magermotoren ist die Abgasreinigung noch zusätzlich erschwert wegen der niedrigeren Abgastemperaturen und relativ hohen HC-Rohemissionen.

Eines der Hauptprobleme der Ottomotoren mit Magerkonzepten stellt die Emission an Stickstoffoxiden dar. Die NO_x-Emission erreicht im Bereich von $\lambda = 1{,}05$ bis 1,2 ihren maximalen Wert. Wegen des Betriebes mit noch höheren Luftzahlen und der dadurch niedrigen Verbrennungstemperaturen ist die NO_x-Rohemission des Magermotors allerdings deutlich geringer, als die Rohemission eines konventionellen Ottomotors mit stöchiometrischem Kraftstoff-Luft-Gemisch. Eine weitere erforderliche Reduzierung der Stickstoffoxide durch Abgasnachbehandlung ist in der sauerstoffreichen Atmosphäre (Luftüberschuss, Sauerstoffgehalt zwischen 5 und 9 %), mit bekannten Drei-Wege-Katalysatoren allerdings nicht mehr möglich.

Die Magermotoren stellen neue, spezifische Anforderungen an das Abgasnachbehandlungskonzept dar. Wird ein Motor mit höheren Luftverhältnissen betrieben, dann fungiert ein Drei-Wege-Katalysator bei ausreichender Sauerstoffkonzentration höchstens noch als ein sehr guter Oxidationskatalysator zur Umwandlung von HC und CO in Wasserdampf (H_2O) und Kohlendioxid (CO_2). Beim Betrieb mit mageren Kraftstoff-Luft-Gemischen kann im Drei-Wege-Katalysator die erforderliche NO_x-Reduktion nicht in verlangtem Maße stattfinden, weil die für die NO_x-Reduktion wichtigen Partner, das Kohlenmonoxid (CO) und unverbrannte Kohlenwasserstoffe (HC) nicht in ausreichender Menge vorhanden sind. Ein weiterer Grund liegt darin, dass bei niedrigen Abgastemperaturen und dem Restsauerstoff im Abgas eine Reduktion von NO_x sehr langsam vor sich geht.

Die Automobil Industrie arbeitet gemeinsam mit den Katalysatorherstellern an der Entwicklung von neuen Katalysatortechnologien, welche die NO_x-Reduktion in einer oxidierenden Atmosphäre ermöglicht. Für die nachmotorische NO_x-Verminderung bei mager betriebenen Ottomotoren oder beim Dieselmotoren bieten sich als Lösungen die katalytisch unterstützte NO_x-Spaltung oder die Reduktion von NO_x mit Hilfe eines Reduktionsmittels an.

4.6.3.1 DeNO_x(Spalt)-Katalysatoren

Im Laufe der Entwicklung wurden verschiedene Systeme zur nachmotorischen Verminderung der Stickstoffoxide bei hohen Luftverhältnissen erforscht und entwickelt. Die ideale Lösung zur NO_x-Minderung wäre ein Spaltkatalysator, der kein zusätzliches Reduktionsmittel benötigt. Aufgrund der thermodynamischen Instabilität der NO-Moleküle bezüglich des Zerfalls auf N_2 und O_2, ist dieser Weg grundsätzlich möglich:

$$2NO \leftrightarrow N_2 + O_2$$

Seit Anfang der 80er Jahre wurde über die katalytisch unterstützte NO_x-Spaltung mit so genannten Zeolithen berichtet.

Obwohl die Entwicklung von DeNO_x-Katalysatoren relativ weit fortgeschritten war, haben sich diese, wegen ungenügender Dauerhaltbarkeit, zu geringen Konversionsraten sowie wegen des schmalen Temperaturfensters in welchem diese Katalysatoren effizient funktionieren, nicht durchgesetzt. Zeolithe zeigten nur unter Laborbedingungen, welche für reales Abgas nicht relevant sind, eine signifikante NO_x-Spaltung.

4.6.3.2 NO_x-Speicherkatalysatorsysteme

Eine z. Zt. viel versprechende Methode zur Verminderung der NO_x-Emissionen bei Betrieb mit mageren Gemischen stellt die Verwendung von NO_x-Speicherkatalysatoren (NO_x-Adsorber) dar. Aufgrund der vergleichsweise hohen NO_x-Konversionsrate und der im System vorhandenen Dreiwegeeigenschaften bei ($\lambda = 1{,}0$)-Betrieb, stellen die NO_x-Speicher-Reduktionskatalysatoren (NSR-Katalysatoren) derzeit die aussichtreichste Lösung für eine effiziente Abgasnachbehandlung bei Ottomotoren mit magerem Kraftstoff-Luft-Gemisch dar.

Bei NSR-Verfahren werden Stickstoffoxide, beim Betrieb des Motors mit mageren Gemischen, nicht reduziert, sondern vorwiegend in einem NO_x-Speicher adsorbiert und dort eine Weile gespeichert. Die Funktionsweise der NO_x-Speicherkatalysatoren beruht auf einem Speichermedium im Katalysator, der außerdem noch die übliche Dreiwegeschicht aus Edelmetallen (Pt, Pd, Rh) besitzt. Das eigentliche Speichermedium besteht aus einer basischen Schicht, d.h. einer Oxidschicht aus Erdalkali- oder Alkalimetallen, oder der seltenen Erden, in Form von Oxiden oder Karbonaten. Der optimale Temperaturbereich liegt hier zwischen 250 und 400 °C.

Während des Magerbetriebes wird das im Motorabgas enthaltene Stickstoffmonoxid (NO) an Edelmetallen (Pt, Pd) des Katalysators durch Sauerstoff (O_2) weiter oxidiert und bildet das Stickstoffdioxid (NO_2). Das NO_2 reagiert anschließend mit der im Katalysator eingelagerten, stark alkalischen Beschichtung (meistens Bariumoxid [BaO]), die als Speichermaterial verwendet wird. In dieser Schicht bilden sich entsprechende Bariumnitrate ($Ba(NO_3)_2$; BaN_2).

Mit zunehmender gespeicherter NO_2-Menge sinkt die Verfügbare Bariumoxid- bzw. Bariumkarbonatmenge und die Effektivität der Nitratbildung nimmt ab. Wenn das Motormanagement-System ein Signal bekommt, dass eine Sättigung von BaO mit NO_2 stattgefunden hat, dann wird der Motorbetrieb vom „magerem“ auf „fettes“ Kraftstoff-Luft-Gemisch umgestellt, um ausreichende Mengen von CO und HC im Abgas zu bekommen.

Im stöchiometrischen und fetten Betrieb besitzt der NO_x-Speicherkatalysator nahezu identische Eigenschaften wie ein Drei-Wege-Katalysator, d.h. er reduziert in diesem Bereich alle drei Abgaskomponenten. Bei Betrieb des Motors mit fetten oder stöchiometrischen Kraftstoff-Luft-Gemischen ($\lambda \leq 1{,}0$) herrscht ein Überschuss an reduzierenden Bestandteilen CO und HC und gleichzeitig steigt die Abgastemperatur an. Das als Nitrat gebundene NO_2 wird aus der Schicht desorbiert und herausgelöst und reagiert mit CO und HC, wie in einem Drei-Wege-Katalysator, unter Bildung von N_2, H_2O und CO_2:

$$2CO + 2NO_2 \leftrightarrow N_2 + 2CO_2$$
$$CH_4 + 2NO_2 \leftrightarrow N_2 + 2H_2O + CO_2$$

Bariumnitrat wird wieder in das Bariumoxid oder das Bariumkarbonat umgewandelt.

Diese Strategie zur NO_x-Minderung setzt einen aktiv gesteuerten Wechsel zwischen magerem und fettem bzw. stöchiometrischem Motorbetrieb voraus. Der Wechsel des Motorbetriebes von $\lambda > 1{,}0$ auf Betrieb mit $\lambda < 1{,}0$ wird als so genannter „λ-Sprung“ bezeichnet.

Die genauen Mechanismen der NO_x-Adsorption im Magerbetrieb und der Nitrat Zersetzung bei $\lambda \leq 1{,}0$ sind noch nicht eindeutig geklärt. Ein möglicher Reaktionsmechanismus ist im **Bild 4.35**, für die Speicherschicht aus Bariumoxid (BaO) beschrieben.

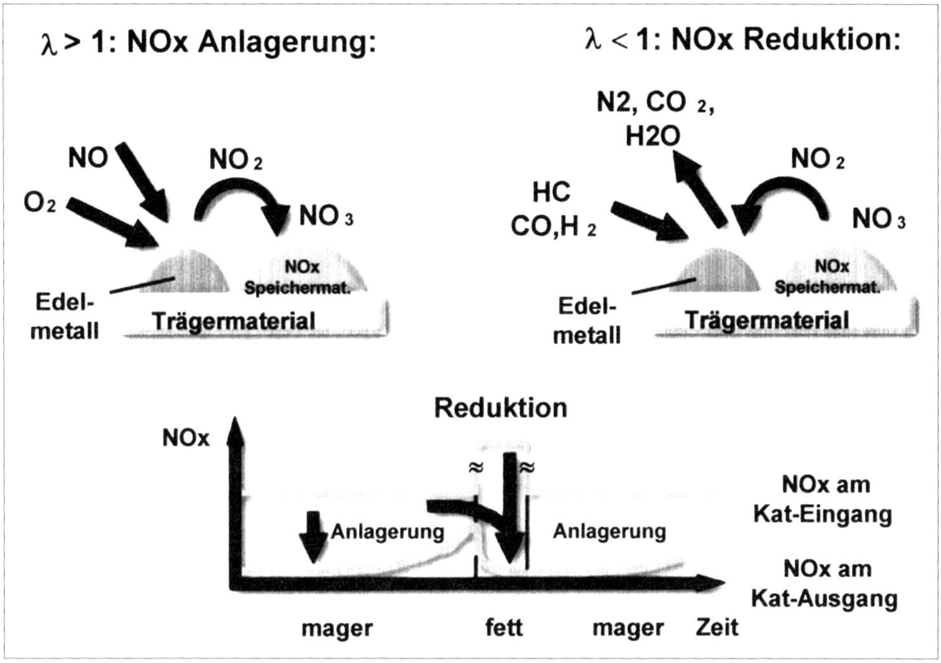

Bild 4.35: Adsorption und Nitratbildung von NO_x am Speichermedium Bariumoxid (BaO, bei $\lambda > 1{,}0$) und Nitrat Zersetzung (bei $\lambda \leq 1{,}0$) [Quelle: Metz]

Zur Regelung des Motorbetriebes in Zusammenspiel mit dem NO_x-Speicherkatalysator werden neue, so genannte „Breitband-λ-Sonden" (oder **UEGO**-Sensors = **U**niversal **E**xhaust **G**as **O**xigen Sensors) sowie NO_x-Sonden verwendet. Erstrebenswert ist eine Regelung auf das optimale Verhältnis zwischen „mageren" und „fetten" bzw. stöchiometrischen Phasen, bei insgesamt magerem Betrieb des Motors, um eine möglichst hohe NO_x-Reduzierung mit möglichst geringem Kraftstoffverbrauch zu erreichen. Unter optimalen Bedingungen und mit einer frischen, nicht gealterten Katalysatorkombination (Adsorber + Drei-Wege-Katalysator) ist, bei heutigem Entwicklungsstand, eine Stickstoffoxidreduktion von bis zu 90 % möglich. Durch die erforderliche Anreicherung des Kraftstoff-Luft-Gemisches zur Sicherstellung der Funktion von Speicherkatalysatoren, verringert sich das theoretische Potential der Verbrauchsreduzierung des Magermotors von ca. 6 bis 15 % auf die Werte unter 10 %.

Eines der Hauptprobleme liegt derzeit in der Behinderung der Funktion der NO_x-Speicherschicht und des Katalysators durch den Schwefelgehalt in herkömmlichen Kraftstoffen. In direkter Konkurrenz zur Speicherung der Stickstoffoxide im mageren Bereich steht die wesentlich schnellere Bildung von Sulfaten. Bereits geringste Mengen von Schwefel im Abgas (aus Kraftstoff oder Schmierstoff) verringern die Speichereffektivität und thermische Stabilität dieses Katalysators drastisch. Deshalb muss der Schwefel aus dem Kraftstoff weitestgehend entfernt werden.

4.7 Geräuschemission

Unter allen Umweltbeeinträchtigungen des Automobils stellt die Geräuschemission (Lärm) eines des strittigsten und komplexesten Probleme dar. Beim Automobil liegt eine Vielzahl der Schallquellen mit stark unterschiedlichen akustischen Auswirkungen vor (**Bild 4.36**):

- Antriebsaggregat (Motor, Kühlluftventilator, Lichtmaschine, Anlasser, Ansaug- und Auspuffgeräusche, Getriebe, Antriebstrang)
- Reifen und
- Aerodynamische Geräusche.

Als der Gesetzgeber vor 25 Jahren Geräuschgrenzwerte für PKW festgelegt hat, wurde als Testverfahren die „beschleunigte Vorbeifahrt“ gewählt. Ziel ist es damals gewesen, die „worst case“ Bedingungen im Straßenverkehr zu simulieren und damit die möglichst starke Geräuschminderung der damals dominierenden Teilschallquelle Motor und Abgasanlage zu erreichen. Gesamtgeräuschniveau steigt mit Motordrehzahl und Last, schätzungsweise um 4 bis 5 dB(A) pro 1.000 1/min bei PKW (**Bild 4.37**).

In der Akustik gilt, aufgrund der logarithmischen Additionsgesetze, die Regel, dass für eine wirkungsvolle Geräuschabsenkung zunächst die lauteste Geräuschquelle reduziert werden muss. Eine fühlbare Geräuschsenkung am Fahrzeug erfordert allerdings Maßnahmen an sämtlichen Einzelquellen.

Die Bedeutung der Abgasanlage hat sowohl durch Einführung der Katalysatortechnologie als auch durch Absenkung von Außen- und Innengeräusch besondere Wichtigkeit erlangt. Voraussetzung für eine optimale Funktionserfüllung ist eine gesamtdynamisch optimal gestaltete Abgasanlage, mit auf mehrere Teilvolumina aufgeteilten Schalldämpfervolumina sowie entsprechend abgestimmte Verbindungsrohre. Eine spezielle Optimierungsaufgabe

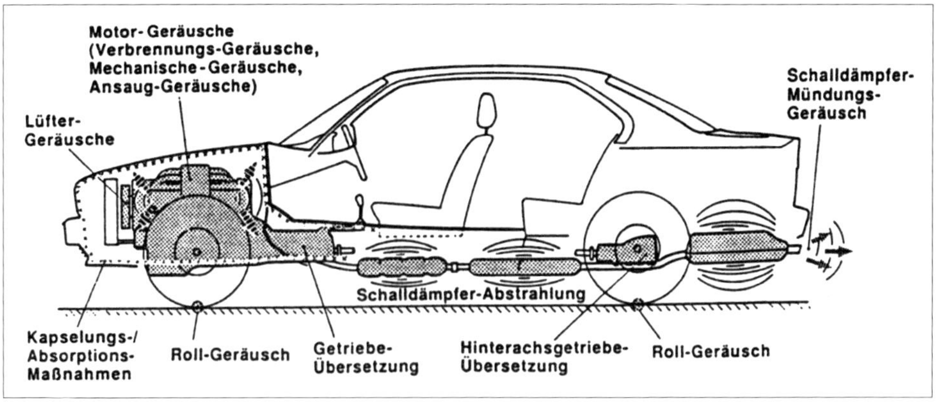

Bild 4.36: Dominante PKW-Teilschallquellen im Fahrzeug [Quelle: BMW]

besteht darin, den Katalysator in die Geräuschdämpfer Funktion gänzlich mit einzubeziehen.

Die Abgasanlage ist ein sehr komplexes Subsystem des Automobils geworden, das wie die anderen Baugruppen des Automobils, eine sorgfältige Entwicklung erfordert (**Bild 4.38**).

Die gesetzlich verlangte Absenkung des Geräusches in der Größenordnung von mehr als 10 dB(A) [von 84 dB(A) auf 74 dB(A)] konnte nicht allein durch Maßnahmen an den Geräuschquellen im Motor und in dem Abgasrohr selbst erreicht werden. Die Geräuschmin-

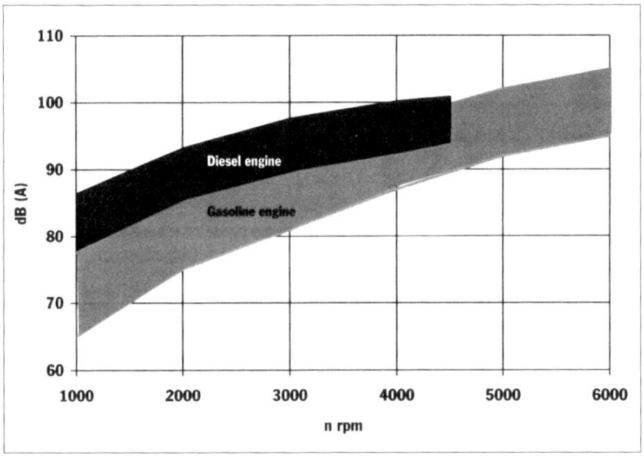

Bild 4.37: Verbrennungsgeräusche Otto- und Dieselmotoren

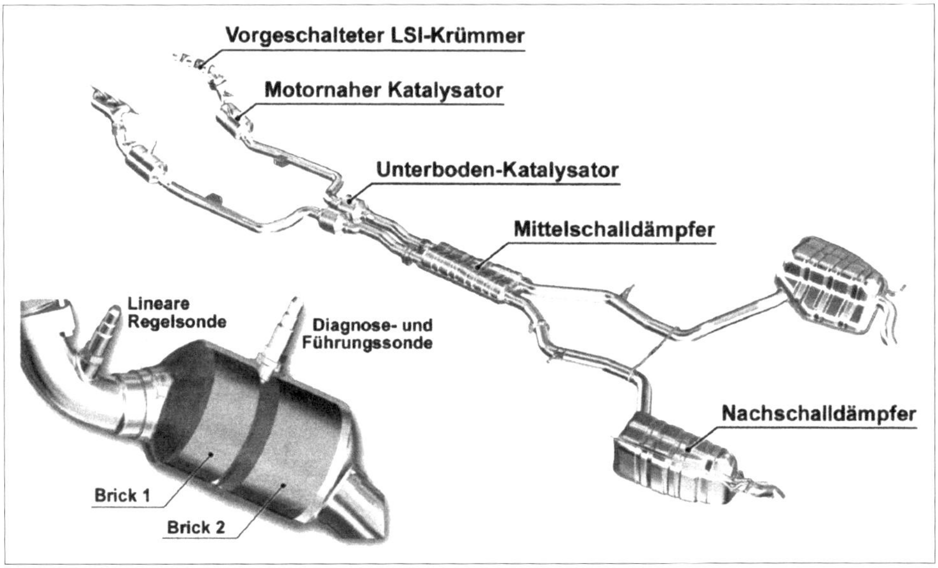

Bild 4.38: Abgasanlage eines modernen Ottomotors [Quelle: DaimlerChrysler]

derung in diesem Ausmaß hat eine Kapselung (Außenverkleidung) des Motors erfordert sowie eine weitgehende Ausschaltung der Körperschallübertragung von den kraftführenden Teilen des Motors an die Motoraußenwände. Diese Kapselung stellt neue Anforderungen an die Belüftung des Motorraumes dar, um eine ausreichende Wärmeabfuhr, vor allem beim Kurbelgehäuse und bei der Ölwanne, zu gewährleisten. Die Zu- und Abführungen (Luft, Wärme, Abgas, Betätigungseinrichtungen, Leitungen usw.) dürfen nicht behindert werden. Bis zu 100 kg Mehrgewicht können Geräusch mindernde Maßnahmen am Auto durch z. B Auspufftopf, Motorkonstruktion und -aufhängung sowie schalldämmende Materialien (20 bis 30 kg) verursachen.

Mit der stufenweisen Absenkung der Geräuschgrenzwerte und der Reduzierung der Geräuschemission von Motor und Abgasanlage hat sich der Anteil der Teilschallquelle „Reifen-Fahrbahn" zwangsläufig erhöht. Bereits bei Geschwindigkeiten über 40 km/h werden Straßenverkehrsgeräusche eindeutig vom Reifen-Fahrbahn-Geräusch dominiert. Das Reifen-Fahrbahn-Geräusch ist ein sehr komplexes Phänomen mit vielen möglichen Ursachen, die im unterschiedlichen Ausmaß in die Geräuschentwicklung beteiligt sind (**Bild 4.39**).

Die Lärmemission von Reifen, sowohl das Vorbeifahr-Geräusch als auch das Geräusch im Fahrzeuginnenraum, sind Kriterien bei der Beurteilung eines Reifens geworden. Durch konstruktive Maßnahmen, wie Auswahl des Reifenprofils und Material-Mischungsvarianten kann das Reifengeräusch um bis zu 3 dB(A) reduziert werden. Eine Absenkung der Reifen-Fahrbahn-Geräusche lässt sich aber nur dann erzielen, wenn der Straßenbau und die Reifenhersteller das System Reifen-Fahrbahn gemeinsam, unter Berücksichtigung der Sicherheitsaspekte, weiter entwickeln.

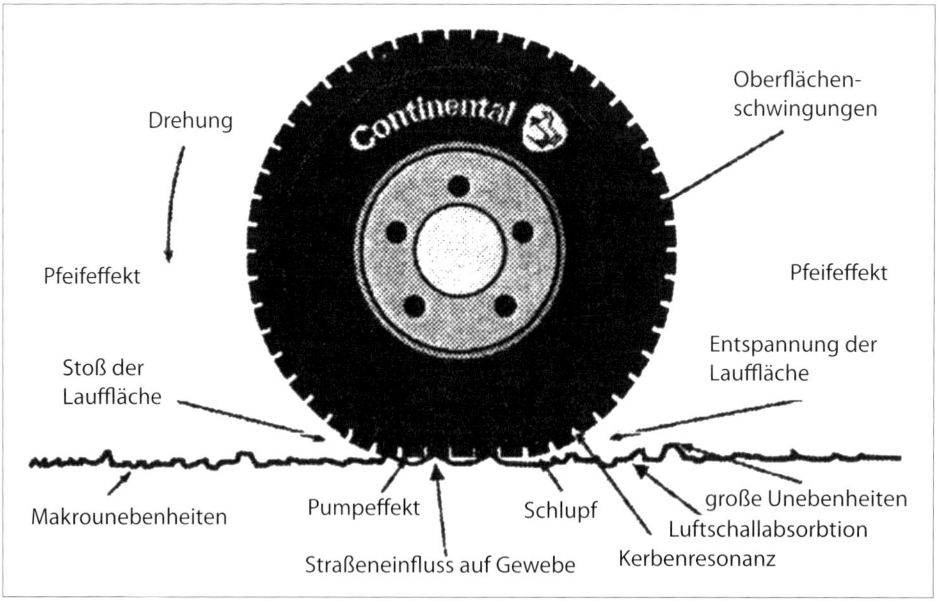

Bild 4.39: Quellen der Reifen-Fahrbahn-Geräusche [Quelle: Continental]

Literatur

[1] *Gaydon, A.G. Wolfhard, H.G.*: Flames. Their structure, radiation and temperature. London: Chapman and Hall, 1970
[2] *Taylor, C.F.*: The Internal Combustion Engine in Theory and Practice. Cambridge: The MIT Press, 1985
[3] *Stone, R.*: Introduction to Combustion Engines. London: The Macmillan Press, 1992
[4] Warnatz, J. Maas, U. u.a.: Verbrennung. Physikalisch-Chemische Grundlagen. Berlin, Heidelberg, New York: Springer-Verlag, 2001
[5] *Pischinger, S.*: Rußbildung und Oxidation im Dieselmotor. Frankfurt: FVV-Vorhaben „Rußoxidationsmodell", 1998
[7] *Eberan-Eberhorst, R.*: Abgasforschung zukunftsweisend für den Fahrzeug-Ottomotor. MTZ 30 (1969) 9
[8] *Daniel, W.A., Wentworth, J.T.*: Exhaust Gas Hydrocarbons – Genesis and Exodus. SAE-Paper 486 B
[9] *Gruden, D.*: Veränderungen und Grenzwerte der Abgasemission im 4-Takt-Fahrzeug Ottomotor und Wege zur Verringerung des Abgasgeruches. Dissertation. Wien: TU, 1971
[10] *Obländer,K., Nagel, A.*:Übersicht über Maßnahmen zur Minderung von Kfz-Emissionen. Staub-Reinhaltung der Luft 44 (1984) 9
[11] *Gruden, D., Markovac, U.*: Schadstoffarme Antriebssysteme – Entwicklungsstand, Wirtschaftlichkeit, Kosten. Bericht 2/80. Berlin. Umweltbundesamt, 1979
[12] *Gruden, I.*: Emissions- und verbrauchsoptimierte Regelung von homogen mager betriebenen Ottomotoren. Dissertation. Wien: TU, 2000
[13] *Wurster, W., Gruden, D.*: Die Verbrennung im Otto- und Dieselmotor mit direkter Einspritzung. 9. Int. Wiener Motorensymposium, 1988
[14] *Grebe, U.D.*: Zukunft des Ottomotors – Benzindirekteinspritzung oder Laststeuernde Variable Ventiltriebe. Wien: ÖVK, 2000
[15] *Moser, W.*: Benzin-Direkteinspritzung – ein Beitrag zur Absenkung der CO_2-Emissionen. VDA-Technischer Kongress, 1999
[16] *Baumgarten, H., Goerts, W.*: Niedrigstemissionskonzepte zur Erfüllung der SULEV-Emissionsstandards für Ottomotoren. MTZ 61 (2000) 10
[17] *Glück, K-H., Göbel, U.*: Die Abgasreinigung der FSI-Motoren von Volkswagen. MTZ 61 (2000) 6
[18] *Göbel, U., Kreuzer, T.*: Moderne NOx-Adsorber-Technologien. Grundlagen, Voraussetzungen, Erfahrungen. VDA-Technischer Kongress, 1999
[19] *Gruden, D. u.a.*: Entwicklungstendenzen auf dem Gebiet der Ottomotoren. Renningen: Experten Verlag, 1993
[20] Ideen, Produkte und Systeme für die Kraftfahrzeugausrüstung Robert Bosch GmbH, 1999
[21] *Kishi, N., Kukichi, Sh.*: The Research of zero level emissions vehicle using gasoline engine: efficient method for using the hybrid catalyst and EHC. JSAE-Review 21, 9–14, 2000
[22] Staff Report, Low-Emission Vehicle and Zero-Emission Vehicle Programme Review. California EPA, 1996
[23] *Hummel, K.-E., Katsivelos, H.*: Sekundärluftlader zur Senkung der Kaltstartemissionen. MTZ 65 (2004) 7/8
[24] Sources and Control of Oxides of Nitrogen Emissions. CARB-Report, 1997
[25] *Pelters, S., Richter, H.*: Abgasnachbehandlungskonzepte für aktuelle Porsche Boxermotoren. Essen: Haus der Technik, 1996
[26] Einfluss des Kraftstoffgehaltes auf das Emissionsverhalten und den Kraftstoffverbrauch von Kraftfahrzeugen mit Ottomotoren. Aachen: FEV, 1999
[27] OBD II – Performance of three-way catalyst. Automotive Engineering Int., July 1998
[28] *Krebs, R., Almstadt, K.*: On-Board-Diagnosesysteme für Ottomotoren – Anforderungen und Erfahrungen. Audi, 1999
[29] Zero or near zero emissions. Motor & Umwelt. AVL – Int. Congress, Graz, 1999
[30] Data of the sulphur effect on advanced emission control technology. Brüssel: ACEA, 2000

[31] *Weisweiler, W., Schneider, M.*: NO_x-Speicher-Reduktionskatalysatoren zur NOx-Minderung in Sauerstoffreichen Abgasen. Stuttgarter Symposium. FKFS, 1998
[32] *Grebe, D., Königsstein, A.*: Benzindirekteinspritzung – Anforderungen an das Motorenkonzept. 3-Stuttgarter Motorensymposium, FKFS, 2000
[33] Leise, ganz leise. Renault – Kollektion Forschung und Entwicklung, 1994
[34] *Baumgarten, H., Goertz, W. u.a.*: Niedrigstemissionskonzept zur Erfüllung der SULEV-Emissionsstandards für Ottomotoren. MTZ 61 (2000) 10
[35] *Gümpel, P., Schiller, D. u.a.*: Simulation des Korrosionsverhaltens von nichtrostenden Stählen in PKW-Abgasanlagen. ATZ 106 (2004) 4
[36] *Geib, W.*: Fahrzeugakustik, Komplexität, Zielkonflikte, Potentiale. Essen: Haus der Technik, 1996

5 Umweltauswirkungen des Dieselmotors

Die zweite Wärmekraftmaschine, die sich für die wirtschaftliche Nutzung der fossilen Kraftstoffe aus dem Erdöl am besten eignet, ist der Dieselmotor. Im Laufe der intensiven Forschung und Entwicklung am Ende des 19. Jahrhunderts, hat sich Rudolf Diesel das Ziel gesetzt, eine thermische Maschine zu entwickeln, die einen wesentlich höheren Wirkungsgrad haben sollte, als der Wirkungsgrad der damals schon 100 Jahre alten Dampfmaschine, der nur etwa 3 % betrug. Als Rudolf Diesel 1892 sein Patent angemeldet hat und in einer Studie „Theorie und Konstruktion eines rationellen thermischen Motors“ 1893 veröffentlichte, hatte er die Türe für eine neue Wärmekraftmaschine, bekannt als der Dieselmotor, weit geöffnet [1]. Schon die ersten Dieselmotoren, die um 1897 gebaut worden sind, hatten einen Wirkungsgrad von 26,2 % erreicht und damit um einen Faktor von 10 den Wirkungsgrad der Dampfmaschine übertroffen. Die Dampfmaschine wurde dann innerhalb der folgenden 50 Jahre durch den Dieselmotor vollständig verdrängt.

Dank seinem hohem Wirkungsgrad, dem enormen Fortschritt der Kraftstoffeinspritzung- und Abgasturbolader-Technologie, hat der Dieselmotor nicht nur im stationären Bereich, sondern in vielen Bereichen des Verkehrs eine dominierende Rolle erworben. Langsamlaufende Zweitakt-Schiffsdieselmotoren erreichen einen effektiven Wirkungsgrad von 53 %, was keinem anderen Antriebsaggregat bislang gelungen ist.

Fahrzeuge mit Dieselmotoren spielen vor allem im europäischen PKW- und NFZ-Verkehr eine wichtige Rolle. Die Vorteile des Dieselmotors in Hinblick auf den niedrigen Kraftstoffverbrauch, verbunden mit der, durch die Versteuerung, niedrigeren Preise des Dieselkraftstoffs, sind für den Fahrzeughalter eindeutig. Der niedrige Kraftstoffverbrauch trägt auch zur Reduzierung der CO_2-Emission bei.

5.1 Allgemeine Grundlagen

Wie im Ottomotor wird auch im Dieselmotor die chemische Energie des Kraftstoffs, während eines kontrollierten und gesteuerten Verbrennungsvorgangs in mechanische Arbeit umgewandelt. Der theoretische, dem Dieselmotor darstellende Vergleichskreisprozess (**Bild 5.1**), der so genannte Seiliger-Prozess, besteht aus: adiabater Verdichtung (1-2), isohorer (2-3) und isobarer (3-4) Wärmezufuhr, adiabater Expansion (4-5) und isohorer Wärmeabfuhr bzw. dem Gaswechsel (5-1) [1]. Auch im Dieselmotor sind die Prozesse der Gemischbildung, Entzündung und Verbrennung durch Kraftstoffeigenschaften stark geprägt. Die angesaugte frische Füllung, die Luft, wird während des Kompressionshubes auf einen hohen Druck- und Temperaturniveau gebracht (**Bild 5.2**).

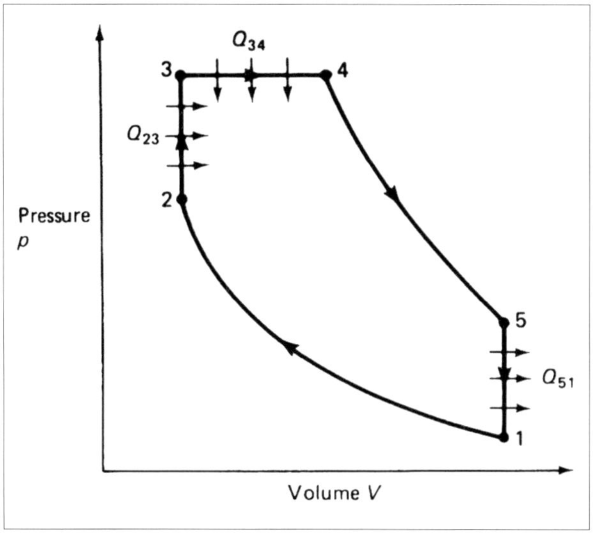

Bild 5.1:
Theoretischer Kreisprozess des Dieselmotors (Seiliger-Prozess)

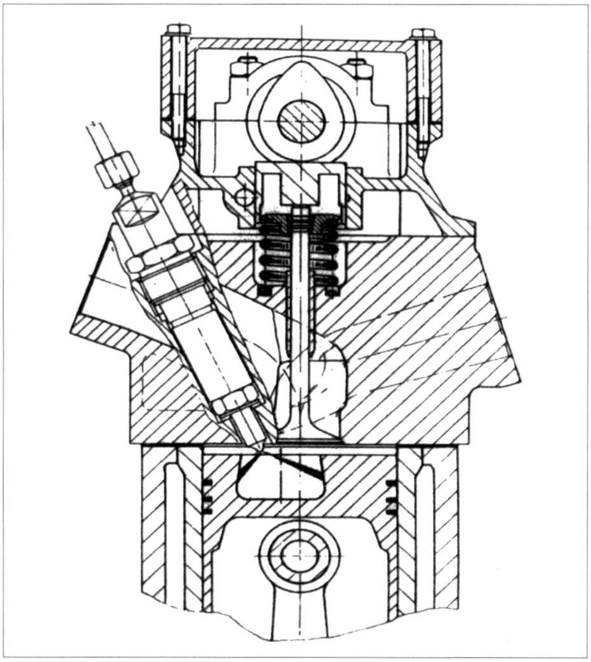

Bild 5.2:
Gemischbildung im Dieselmotor

In die komprimierte Luft wird, bevor der Kolben den oberen Totpunkt erreicht hat, der Kraftstoff eingespritzt. Er muss dann sehr schnell verdampfen, sich mit der Luft gut vermischen, entzünden und verbrennen. Weniger als 10 % (ca. 30 bis 50° KW) des Arbeitszyklus stehen für diese Vorgänge in einem Viertakt-Dieselmotor zur Verfügung. Um eine gute

Gemischbildung in dieser sehr kurzen Zeit zu ermöglichen, sind sehr hohe Einspritzdrücke, hohe Verdichtungsverhältnisse und hohe Luftzahlen bzw. ein hohes Luftüberschuss erforderlich. Brennraumform, Luftführung im Saugkanal und im Zylinder (Drall) sowie die Parameter des Einspritzsystems spielen beim Dieselmotor eine wesentlich wichtigere Rolle, als dies beim Ottomotor der Fall ist.

Im Moment der Entzündung ist das Kraftstoff-Luft-Gemisch im Brennraum des Dieselmotors heterogen. Es entzündet sich stochastisch durch die hohe Temperatur im Brennraum, an Stellen, dort wo die Bedingungen am günstigsten sind. Die Verbrennungsgeschwindigkeit erreicht mehrere hundert Meter pro Sekunde, so dass die Verbrennung mit hohen Druckänderungsgeschwindigkeiten und Spitzendrücken bis 200 bar, in einer relativ kurzen Zeit abläuft.

Die heterogenen Kraftstoff-Luft-Gemische im Dieselmotor können nur in Anwesenheit ausreichender Sauerstoff-(Luft-)Mengen gut verbrennen. Für die Selbstzündung des Kraftstoffes ist es wichtig, dass die Kompressionsendtemperaturen immer höher liegen, als die Selbstzündtemperatur der Kraftstoffdämpfe. Deswegen wird beim Dieselmotor, unabhängig von der Last, praktisch immer die gleiche Luftmenge in den Zylinder eingebracht und komprimiert. Am Ende des Kompressionshubes sind Druck und Temperaturniveau im Brennraum hoch und unabhängig von der Last (**Bild 5.3**).

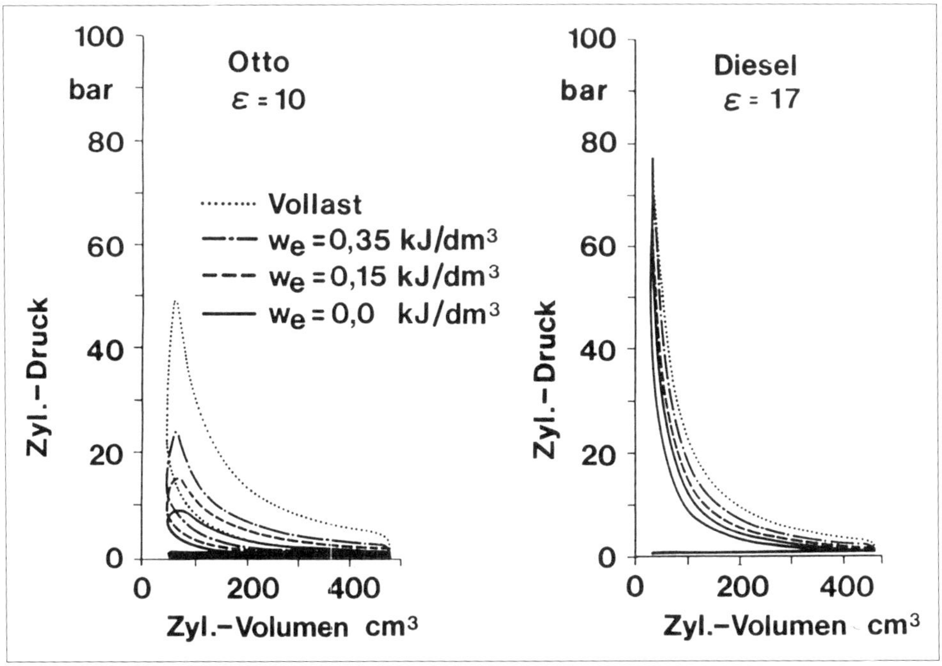

Bild 5.3: Realer Kreisprozess im Otto- und Dieselmotor

Die Verbrennung beim Dieselmotor erfolgt deswegen im gesamten Kennfeldbereich auf einem hohen energetischen Niveau, welches einen hohen energetischen Wirkungsgrad zur Folge hat. Auch im Teillastgebiet läuft ein Dieselmotor grundsätzlich ungedrosselt (qualitative Regelung) womit der Wirkungsgrad zusätzlich positiv beeinflusst wird.

Die Unterschiede in der Gemischbildung, Gemischzusammensetzung und im Verbrennungsablauf zwischen Otto- und Dieselmotor spiegeln sich im nutzbaren Kraftstoff-Luft-Verhältnis beider Motoren wider (**Bild 5.4**).

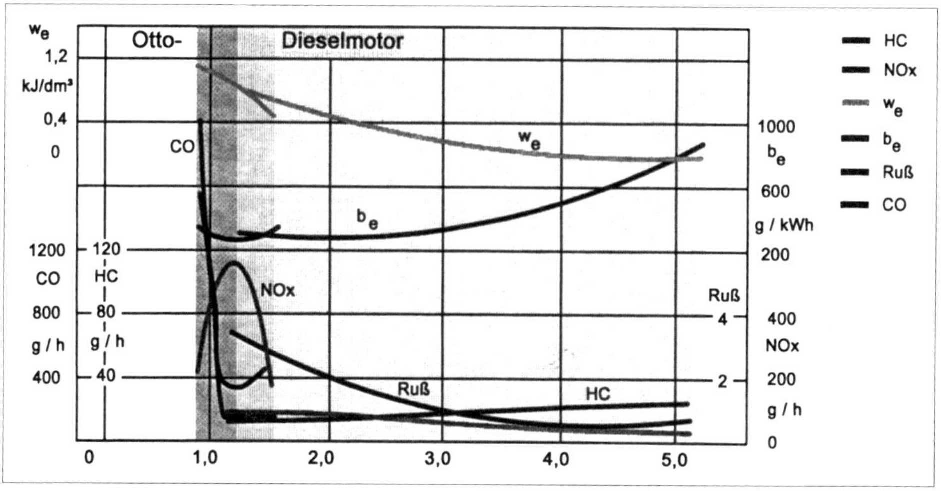

Bild 5.4: Luftzahlbereiche von Otto- und Dieselmotoren (volle Drosselklappenöffnung)

Der Ottomotor kann nur in einem relativ schmalen Luftzahlbereich um das stöchiometrische Kraftstoff-Luft-Gemisch (λ ca. 0,8 bis 1,5) ungestört betrieben werden. Der Dieselmotor muss zwangsweise nur mit mageren Gemischen arbeiten. Sein Luftzahlbereich erstreckt sich von $\lambda \approx 1{,}2$ bis $\lambda \approx 7$. Diese Unterschiede im nutzbaren Luftzahlbereich bestimmen u. a. auch den Ablauf von Abgaskomponenten CO, HC, NO_x und Partikel.

Sehr komplexe Vorgänge und Interaktionen zwischen Kraftstoffeinspritzung, Verdampfung, Gemischbildung, Entzündung und Verbrennung in einer äußerst kurzen Zeit begrenzen die maximale Drehzahl von Dieselmotoren auf $n_{max} \approx 4.500$ 1/min bei PKW-Motoren und bis $n_{max} \approx 3.000$ 1/min bei NFZ-Motoren. Diese Prozesse verlangen eine sehr intensive Luftbewegung, die durch die Drallbewegung der Luft während des Ansaughubes sowie ihre Intensivierung am Ende des Kompressionshubes durch die Brennraumform hervorgerufen werden muss.

Historisch gesehen wurden beim Dieselmotor unterschiedliche Verbrennungsverfahren angewandt, mit dem Ziel möglichst gute Gemischbildung und Verbrennung zu erzielen (**Bild 5.5**). Durch viele Jahre haben Dieselmotoren mit unterteiltem Brennraum: Wirbelkammer- und Vorkammermotoren die Szene im PKW-Bereich beherrscht. Moderne PKW-Dieselmotoren sind, wie schon längst ihre NFZ-Pendants, aus Kraftstoffverbrauchsgründen ausschließlich Dieselmotoren mit direkter Einspritzung.

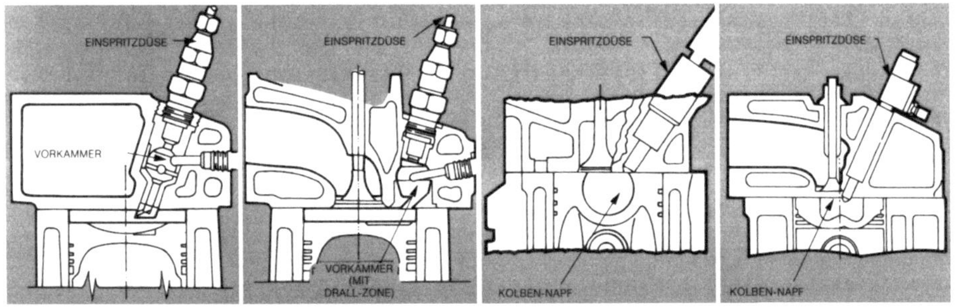

Bild 5.5: Verbrennungsräume bei Dieselmotoren [Quelle: Ford]

Für die gute Gemischbildung sind neben der intensiven Luftbewegung, auch hohe Einspritzdrücke unabdingbar. Drei Einspritzsysteme haben sich bei modernen Kraftfahrzeug-Dieselmotoren etabliert: die so genannten **P**umpen-**D**üsen (**PD**)-, **C**ommon-**R**ail (**CR**)-Einspritzsysteme und Radialkolben-Verteilerpumpen. Alle diese Systeme ermöglichen sehr hohe Einspritzdrücke (1.600 bis über 2.000 bar).

Zu den wichtigen Komponenten des Einspritzsystems gehören die Einspritzdüsen. Sie werden bei modernen PKW- und NFZ-Dieselmotoren als Mehrlochdüsen (mit 5, 6, 7, 8 oder mehr Bohrungen), mit einem Lochdurchmesser zwischen 0,15 und 0,18 mm ausgeführt. In der Entwicklung befinden sich Düsen mit Mikroöffnungen und einem Durchmesser von nur 0,06 mm.

Viele Funktionen, die von modernen Dieselmotoren heute verlangt werden, können nur mit Hilfe von elektronischen Motorenmanagementsystemen, zur elektronischen Regelung des Dieselmotors, realisiert werden.

5.2 Leistung und Kraftstoffverbrauch

Die erforderlichen Voraussetzungen für die Gemischbildung und Verbrennung im Dieselmotor verlangen einen Betrieb mit mageren Kraftstoff-Luft-Gemischen, d.h. stets mit Luftüberschuss. Die minimalen Luftzahlen, mit welchen ein Dieselmotor noch mit tolerablen Rußemissionen betrieben werden kann, liegen zwischen $\lambda \approx 1{,}25$ und 1,30. Dies ist einer der Gründe für die um 10 bis 15 % niedrigere Leistung von frei saugenden Dieselmotoren im Vergleich zu Ottomotoren. Der andere Grund liegt in der Drehzahlbegrenzung des Dieselmotors (n ≤ 4.500 1/min). Beide Faktoren führen hauptsächlich dazu, dass die Leistung von frei saugenden Dieselmotoren um 30 bis 50 % niedriger liegt, als bei frei saugenden Ottomotoren gleichen Hubraumes.

Um diesen Nachteil zu kompensieren, verwenden alle moderne Dieselmotoren Abgasturboaufladung. Durch die Aufladung wird die Menge an frischer Luft im Zylinder vergrößert, was eine größere Kraftstoffeinspritzmenge ermöglicht und so eine Steigerung der effektiven Leistung, ohne Hubraumvergrößerung, sichert. Auf diese Weise ist bei allen modernen Dieselmotoren der Schritt zu so genanntem „down sizing", d.h. eine Steigerung der Leistung bei kleinem Hubvolumen schon vollzogen.

Die Abgasturboaufladung, d.h. die Ausnutzung der Abgasenergie hat dem Dieselmotor die Tore für die breite Anwendung sowohl im PKW- als auch im NFZ-Bereich geöffnet. Abgasturboaufladung (ATL) mit Ladeluftkühlung (LLK) gehört zur Standard-Ausrüstung des modernen Dieselmotors mit direkter Einspritzung.

Im PKW-Bereich stellen 4- und 6-Zylindermotoren die große Mehrzahl dar. Bei NFZ überwiegen 6-Zylinder-Reihen- und V-Motoren, wobei 8-Zylinder V-Motoren zunehmend beliebter werden.

Moderne aufgeladene Dieselmotoren für PKW erreichen eine spezifische Leistung von Pe = 30–65 kW/l, mit Doppelaufladung bis Pe = 70 kW/l und ein spezifisches Drehmoment von Md = 100–150 Nm/l. Bei NFZ-Motoren werden Leistungen bis Pe = 35 kW/l und Drehmomente bis Md = 100 Nm/l erreicht.

Die minimalen Kraftstoffverbräuche moderner PKW-Dieselmotoren mit direkter Einspritzung liegen in einem Bereich zwischen be = 190–210 g/kWh (**Bild 5.6**). Bei NFZ-Motoren liegt der minimale spezifische Kraftstoffverbrauch bei be = 190–195 g/kWh (**Bild 5.7**).

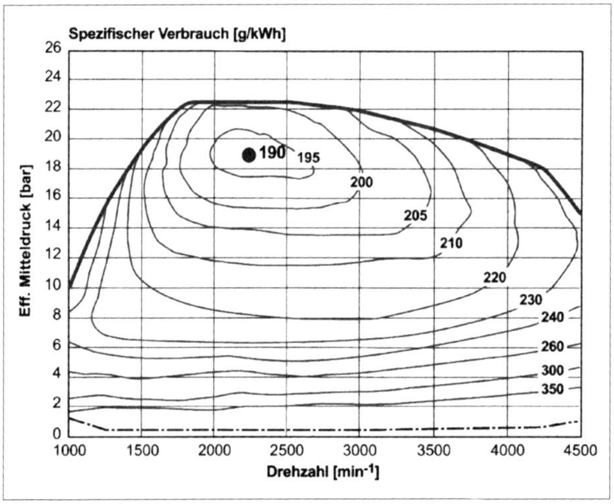

Bild 5.6: Kennfeld des spezifischen Kraftstoffverbrauches moderner PKW-Dieselmotoren [Quelle: DaimlerChrysler]

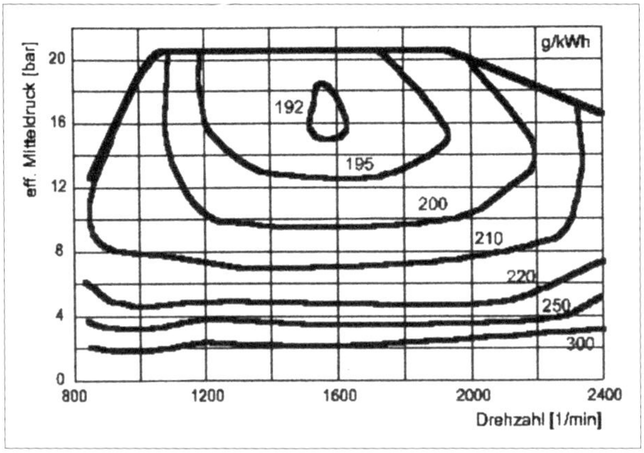

Bild 5.7: Kennfeld des spezifischen Kraftstoffverbrauches moderner NFZ-Dieselmotoren [Quelle: MAN]

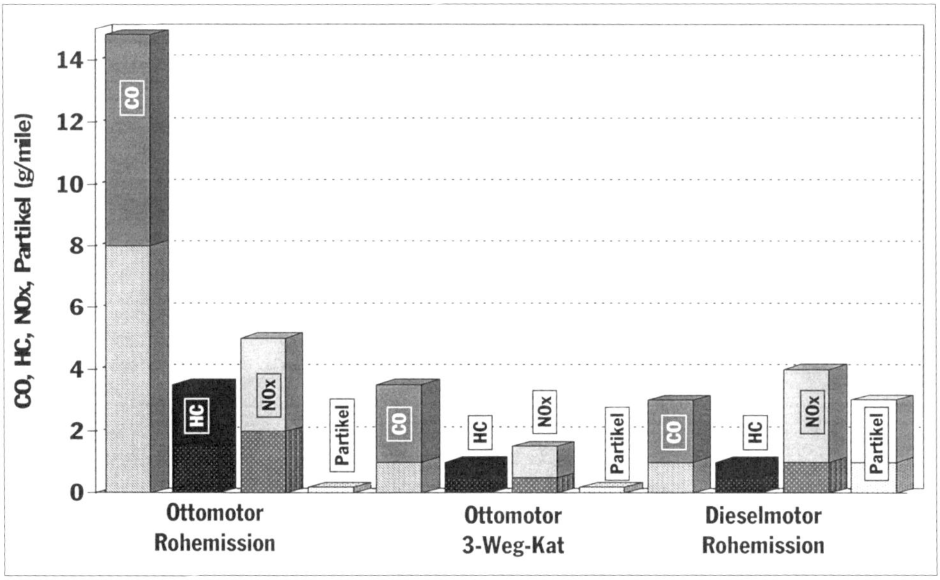

Bild 5.8: Abgasemissionen von Otto- und Dieselmotoren im Abgastest

5.3 Abgasemissionen

Die Abgase von Dieselmotoren beinhalten, ähnlich wie die Abgase von Ottomotoren, unterschiedliche Bestandteile, als ein Resultat der verwickelten chemischen Reaktionen zwischen Kraftstoff und Luft (**Bild 5.8**).

Die Art der Bildung von heterogenen Kraftstoff-Luft-Gemischen und ihre Verbrennung ausschließlich im Luftüberschussgebiet reduzieren die Rohemissionen von CO und HC auf ein sehr niedriges Niveau.

Die Emission an Kohlenmonoxid (CO) stellt bei Dieselmotoren praktisch kein ernstes Problem dar. Die weitere Reduzierung der unverbrannten Kohlenwasserstoffen (HC) kann, insbesondere bei Motoren mit direkter Einspritzung, besondere Maßnahmen erforderlich machen. Probleme treten bei Dieselmotoren vor allem in Verbindung mit Emissionen von Stickstoffoxiden (NO_x) und Partikeln (PM) auf.

Die Haupteinflussgrößen auf die NO_x- und PM-Bildung sind:

- die lokalen Temperaturen (T) in und hinter der Flammenfront
- das lokale Luftverhältnis (λ) im verbrannten Gemisch, als ein Maß für die Konzentration der an den Reaktionen beteiligten Stoffe
- die Reaktionszeit der betrachteten Gasmasse bei T und λ.

Diese Faktoren beeinflussen die NO_x- und PM-Emissionen meistens auf unterschiedliche Weise. Maßnahmen die NO_x reduzieren, erhöhen meistens die PM-Emission und umgekehrt (**Bild 5.9**).

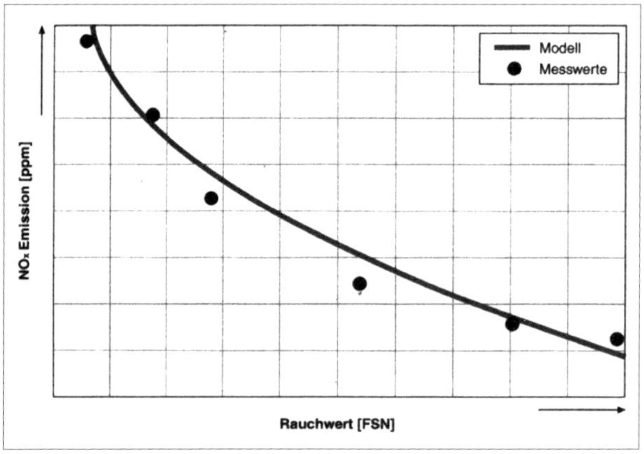

Bild 5.9:
Trade-off-Kurve zwischen NO_x und PM

Wie beim Ottomotor wird auch beim Dieselmotor zunächst versucht durch motorinterne Maßnahmen, die Rohemission auf ein möglichst niedriges Niveau zu senken. Reichen diese Maßnahmen nicht aus, dann werden durch motorexterne Maßnahmen, d.h. durch Abgasnachbehandlung die gewünschten Abgasgrenzwerte erreicht.

5.4 Motorinterne Maßnahmen zur Schadstoffreduzierung

Die Optimierung von Prozessen der Gemischbildung zwischen Kraftstoff und Luft und der Verbrennung stellen einen wichtigen Schritt bei der Reduzierung der Schadstoffemission am Ort der Entstehung, im Motorbrennraum, dar. Diese Prozesse sind im Dieselmotor durch eine Vielzahl von Betriebs- und Konstruktionsparameter bestimmt.

Die Gestaltung des Verbrennungsprozesses im Dieselmotor mit dem Ziel, die Emission an Schadstoffen zu reduzieren und gleichzeitig den typischen niedrigen Kraftstoffverbrauch beizubehalten, stellen eine der größten Herausforderungen an die Entwicklung des Dieselmotors dar.

Erfolgsversprechende Lösungswege dieses Problems müssen zunächst in dem Zusammenspiel zwischen den Parametern des Einspritzsystems und der Luftbewegung im Brennraum gesucht werden.

5.4.1 Betriebsparameter

5.4.1.1 Luftbewegung, Drall

Eine intensive Bewegung der Ladung am Ende des Kompressionshubes ist eine Hauptvoraussetzung für den Erfolg der Gemischbildung und Verbrennung. Zu den wesentlichen Elementen des Verfahrens mit direkter Einspritzung (DE) gehören speziell ausgeführte Einlasskanäle zur Erzeugung der intensiven Luftdrehung (Drall) im Zylinder. Die Drallbewegung der Ladung erfolgt in enger Abstimmung mit der Brennraumform. Eine strömungsgünstige Realisierung des optimalen Einlassdrallniveaus lässt sich bei Vierventil-Motoren durch Anordnung und Gestaltung der Ladungswechselkanäle besser beherrschen, als bei Zweiventil-Motoren. Mit steigender Zylinderbohrung verringert sich die Drallintensität am Ende des Kompressionshubes, so dass der Einspritzdruck und die Zahl der Düsenlöcher entsprechend erhöht werden müssen.

5.4.1.2 Einspritzdruck

Eine Schlüsselfunktion für die Funktion des Dieselmotors hat das Einspritzsystem. Für alle Eigenschaften des Dieselmotors, und insbesondere für seine Abgasemission haben die Parameter des Einspritzsystems wie Einspritzdruck, Ausführung der Einspritzdüse, Zahl und Geometrie der Düsenlöcher (Lochdurchmesser und Lochlänge), Einspritzzeitpunkt, Einspritzgesetz und die Einspritzmenge eine entscheidende Bedeutung.

Ein hoher Einspritzdruck sichert eine gute Zerstäubung des Kraftstoffes und als Resultat seine gute Mischung mit der Luft, Verdampfung und Verbrennung. Mit steigendem Einspritzdruck werden der Kraftstoffverbrauch und die Partikelemission positiv beeinflusst. Die gleichzeitige Steigerung der Verbrennungstemperatur bringt aber eine Erhöhung der NO_x-Emission mit sich (**Bild 5.10**).

Bei modernen Dieselmotoren werden zur Emissionsreduzierung neben der Vierventil-Technik, weiterentwickelte Hochdruck-Einspritzsysteme eingesetzt. Drücke von über

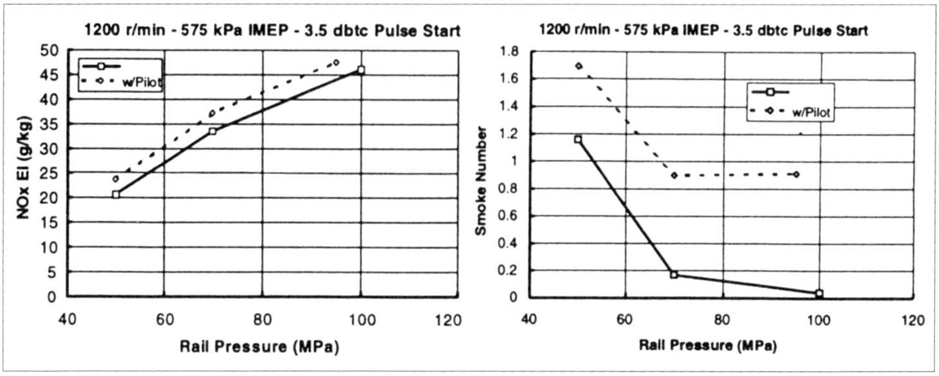

Bild 5.10: Einfluss des Einspritzdruckes auf NO_x- und PM-Emission (mit und ohne Voreinspritzung)

1600 bar sind erforderlich um den Zündverzug und die Qualität der Verbrennung zu verbessern sowie Ruß- und NO_x-Emission zu senken. Die Radialkolben-Verteilerpumpen mit Einspritzdruck von 1600 bis 1800 bar; die Pumpen-Düse-Elemente mit Druck von 1600 bis fast 2500 bar und die Common-Rail-Systeme mit Einspritzdruck von 1350 bis über 2.000 bar waren im Einsatz. Im Laufe der letzten Jahre haben sich Common-Rail-Systeme, gegenüber anderen Einspritzsystemen, fast durchwegs durchgesetzt.

5.4.1.3 Einspritzzeitpunkt, Einspritzgesetz

Bei Dieselmotoren spielt erfahrungsgemäß der zeitliche Verlauf der Kraftstoffeinbringung in den Zylinder eine wesentliche Rolle bei der danach folgenden Energieumsetzung. Der Einspritzzeitpunkt, die Menge und der Druck des eingespritzten Kraftstoffes beeinflussen die Abgaszusammensetzung, insbesondere die Menge an Stickstoffoxiden und Ruß.

Die sorgfältige Bestimmung des Einspritzzeitpunktes in jedem Betriebspunkt des Kennfeldes gehört zu den wichtigen Maßnahmen bei der Optimierung des Dieselmotors (**Bild 5.11**).

Durch den Spritzbeginn wird der Verbrennungsvorgang und damit immer auch NO_x, PM und der Kraftstoffverbrauch beeinflusst. Ein früher Spritzbeginn wirkt sich auf den Kraftstoffverbrauch und die Partikelemission positiv, auf die NO_x- und Geräuschemission negativ aus. Durch eine späte Einspritzung kann NO_x deutlich reduziert werden, allerdings auf Kosten eines erhöhten Kraftstoffverbrauches.

Bei modernen Dieselmotoren wird durch das Einspritzgesetz, d.h. durch Voreinspritzung (Pilot-Einspritzung), Verlauf der Haupteinspritzung und Nacheinspritzung der beste Kompromiss zwischen Kraftstoffverbrauch und Abgas- sowie Geräuschemission gesucht (**Bild 5.12**).

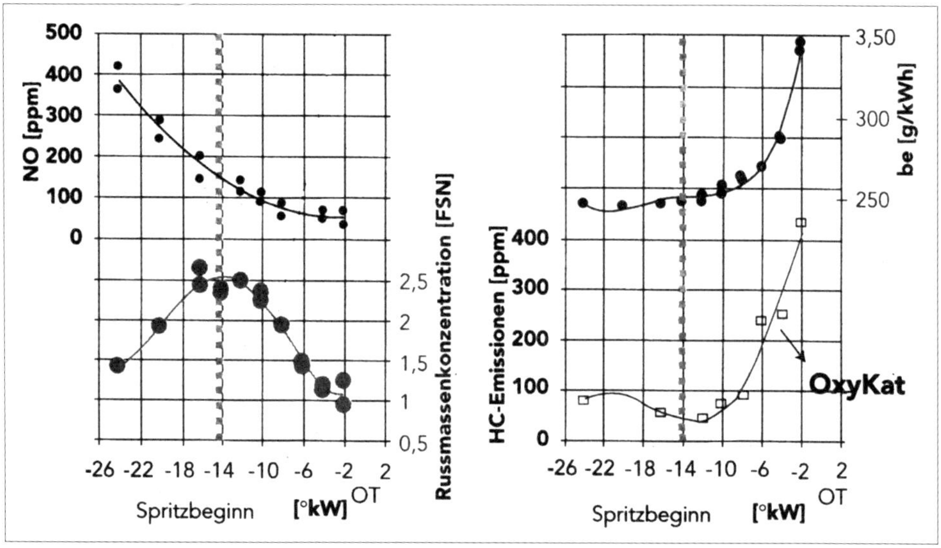

Bild 5.11: Einfluss des Einspritzzeitpunktes auf Abgasemission und Verbrauch [Quelle: Automobil Revue]

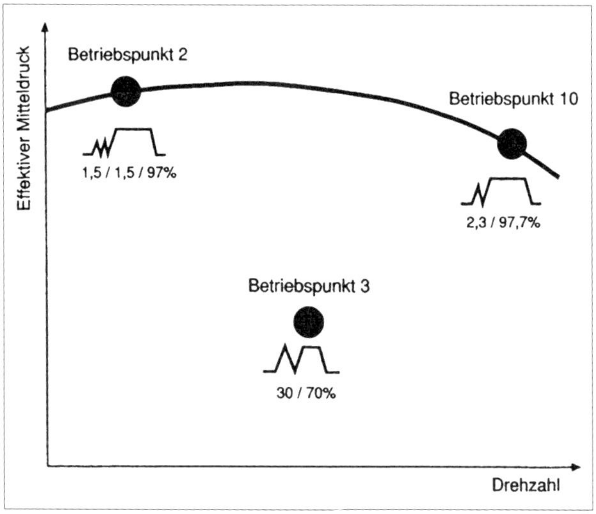

Bild 5.12: Unterschiedliche Einspritzgesetze im Kennfeld des Dieselmotors [Quelle: Bosch]

Eine Voreinspritzung, die sich positiv auf die Geräuschemission auswirkt, hat negativen Effekt auf die PM-Emission. Die Menge des als Voreinspritzung eingespritzten Kraftstoffs („pilot Injection") ist sehr klein, sie beträgt zwischen 1 und 5 mm^3 pro Arbeitszyklus.

Präzise elektronische Regelung der eingespritzten Kraftstoffmenge und des Einspritzzeitpunktes ist eine Anforderung an moderne Einspritzsysteme. Dadurch kann der Zusammenhang zwischen NO_x- und PM-Emission leichter kontrolliert werden.

5.4.1.4 Aufladung

Wie erwähnt, sind alle moderne PKW- und NFZ-Dieselmotoren Motoren mit Abgasturboaufladung zur Erhöhung der Leistung ausgerüstet. Besondere Aufmerksamkeit wird auch bei der Aufladung dem Ladungswechselvorgang gewidmet. Die hohen Luftüberschüsse bei aufgeladenen Motoren sind für niedrige Kraftstoffverbräuche und niedrige Ruß-, HC- und CO-Emissionen günstig. Die Ladeluftkühlung bietet zusätzliche Hilfe, um die Verbrennungstemperatur und damit die NO_x-Emission zu senken.

Immer mehr finden Turbolader mit variabler Turbinengeometrie oder zweistufige Aufladesysteme Anwendung, um eine konstante Füllung und ein hohes Drehmoment unabhängig von der Drehzahl zu ermöglichen. Für NFZ-Dieselmotoren stellt die zweistufige Aufladung eine Grundvoraussetzung dar, zukünftige Abgasgrenzwerte zu erfüllen. Die zweistufige geregelte Aufladung mit Ladeluftkühler bietet im Bezug auf die Reduktion von Stickoxid- und Partikelemission zusätzliche Freiheitsgrade zur Optimierung des Gesamtsystems.

5.4.2 Konstruktionsparameter

5.4.2.1 Brennraumform, Lage der Einspritzdüse

Die Gemischbildungs- und Verbrennungsprozesse im Dieselmotor hängen entscheidend von der Luftbewegung im Brennraum sowie von der Verteilung und Zerstäubungsqualität des eingespritzten Kraftstoffes ab. Da Vierventil-Motoren mit direkter Einspritzung wesentliche Vorteile gegenüber Zweiventil-Motoren aufweisen haben sie sich im Bau von modernen Dieselmotoren durchgesetzt. Vier Ventile pro Zylinder sichern gute Füllung mit der Luft.

Neben dem Einlassdrall wird die Luftbewegung im Brennraum maßgebend von der Kolben-Muldengeometrie und der Muldenlage bestimmt. Als optimal hat sich bei Vierventil-Motoren mit direkter Einspritzung eine zentrale, senkrechte Lage der Einspritzdüse sowie zentrale Anordnung der Kolbenmulde gezeigt (**Bild 5.13**).

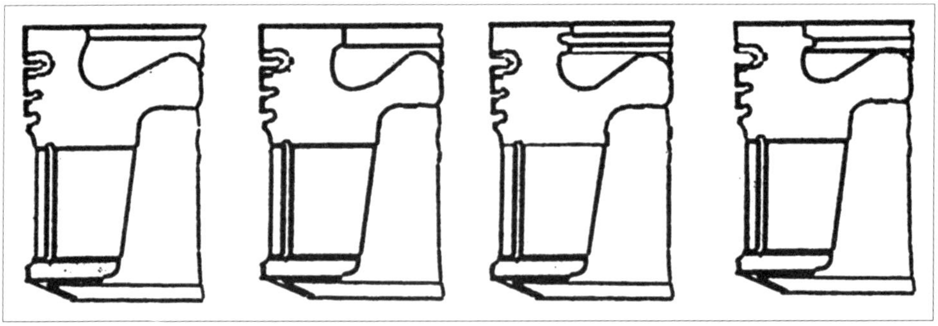

Bild 5.13: Brennräume von Dieselmotoren mit direkter Einspritzung

Die gleichmäßige Kraftstoffverteilung führt in Verbindung mit der symmetrischen Luftbewegung in der Kolbenmulde zu einer nahezu vollständigen Gemischbildung und einer rußarmen Verbrennung. Nur ein geringer Spielraum für weitere Optimierung des Brennraumes ist noch vorhanden.

5.4.2.2 Verdichtungsverhältnis

Zu den wesentlichen Elementen des dieselmotorischen Verbrennungsverfahrens gehört die sorgfältige Abstimmung des Verdichtungsverhältnisses (ε). Die Gemischbildung und der Beginn der Verbrennung in Dieselmotoren sind sehr stark von dem so genannten Zündverzug abhängig. Je größer der Zündverzug ist, desto mehr Kraftstoff wird in den Brennraum vor Verbrennungsbeginn zugeführt und nach dem Verbrennungsbeginn unmittelbar umgesetzt. Die Folgen sind hohe Geräusch- und NO_x-Emissionen. Ein kürzerer Zündverzug bietet die Möglichkeit, den Brennverlauf stärker an den Einspritzverlauf anzupassen und somit eine gezielte Steuerung der Verbrennung, durch die Formung des Einspritzgesetzes vorzunehmen. Neben der Cetanzahl des Kraftstoffes hat die Temperatur am Ende des Kompressionshubes, und damit mittelbar die Wahl des Verdichtungsverhältnisses, einen wesentlichen Einfluss auf den Zündverzug.

Bei Dieselmotoren mit unterteiltem Brennraum waren Verdichtungsverhältnisse zwischen $\varepsilon = 22–24$ erforderlich, um die Verbrennungsvorgänge unter allen Umgebungsbedingungen (Kaltstart bei $t < -20$ °C) sicherzustellen.

Bei Dieselmotoren mit direkter Einspritzung sind Wärmeverluste im Brennraum, aufgrund eines günstigeren Verhältnisses von Oberfläche/Volumen des Brennraumes, geringer, so dass ein Start des Motors bei niedrigen Umgebungstemperaturen schon mit $\varepsilon = 14–16$ möglich ist. Diese relativ niedrigen Verdichtungsverhältnisse haben einen positiven Effekt auf den mechanischen und damit auf den effektiven Wirkungsgrad des Motors. Es zeigt sich jedoch, dass das Verdichtungsverhältnis in enger Abstimmung mit NO_x- und PM-Emission festgelegt werden muss. Deswegen liegen bei aufgeladenen PKW-Dieselmotoren mit direkter Einspritzung Verdichtungsverhältnisse zwischen $\varepsilon = 17–18$ vor. Bei NFZ-Motoren sind noch höheren Verdichtungsverhältnisse erforderlich $\varepsilon = 19–21$.

Neben den aufgeführten Betriebs- und Konstruktionsparametern üben noch viele andere motorinterne Parameter, wie Hub-Bohrung Verhältnis, Zylinder Hubraum, Ausführung der Einspritzdüse, Aufladegrad, Temperaturen u.s.w. einen Einfluss auf Abgas- und Geräuschemissionen aus.

Die Gesamtverbesserung von allen Eigenschaften eines Dieselmotors, auch in Hinblick auf seine Rohemission, kann nur durch sorgfältige Abstimmung der einzelnen motorinternen Parameter aufeinander erzielt werden.

5.4.3 Grenzen der Schadstoffreduzierung durch motorinterne Maßnahmen

Durch motorinterne Maßnahmen allein konnten Fahrzeuge mit Dieselmotoren die Abgasgrenzwerte bis zu der Norm Euro 2 (gültig bis 1.1.2000) erreichen:

- CO = 1,0 g/km
- HC + NO_x = 0,7 g/km
- PM = 0,08 g/km

Bei NFZ-Motoren konnten folgende Abgasgrenzwerte erreicht werden (ECE R49 Zyklus):

- CO = 4,0 g/kWh
- HC = 1,1 g/kWh
- NO_x = 7,0 g/kWh
- PM = 0,15 g/kWh.

5.5 Motorexterne Maßnahmen zur Schadstoffreduzierung

Beschriebene motorinterne Maßnahmen reichen weder aus um die Abgasgrenzwerte für PKW ab Euro 3, noch die NFZ-Grenzwerte ab Euro II zu erreichen. Zusätzliche technische Lösungen sind erforderlich, um Dieselmotoren für die Erfüllung von immer strenger werdenden Abgasgrenzwerten fähig zu machen. Entsprechend dem heutigen Stand der Technik, können niedrige, gesetzlich vorgeschriebene Abgasgrenzwerte auch bei Dieselmotor nur mit Abgasnachbehandlung erreicht werden.

Eine sehr große Herausforderung stellt neben der Reduzierung der Schadstoffemission bei unverändertem Verbrauch, die Sicherung der Dauerhaltbarkeit und Langzeitstabilität von Abgasnachbehandlungssystemen von über 160.000 km (100.000 Meilen) bei PKW-Motoren bzw. bis 1.500.000 km bei NFZ-Motoren dar.

Folgende motorexterne Maßnahmen werden für die Abgasreinigung bei Fahrzeug-Dieselmotoren verwendet bzw. entwickelt:

5.5.1 Abgasrückführung (AGR)

Neben einer immer präziserer Kontrolle der Luftströmung im Zylinder und der Kraftstoffeinspritzung, bekommen geregelte hohe Abgasrückführraten für NO_x-Reduzierung, selektive katalytische NO_x-Reduktion und regenerative Partikelfilter eine immer wichtigere Rolle bei Nachbehandlung von Abgas aus Dieselmotoren. Die externe, gekühlte Abgasrückführung (AGR, oder EGR = Exhaust Gas Recirculation) ist eine effektive Maßnahme zur Minderung der Stickstoffoxidemission (**Bild 5.14**)

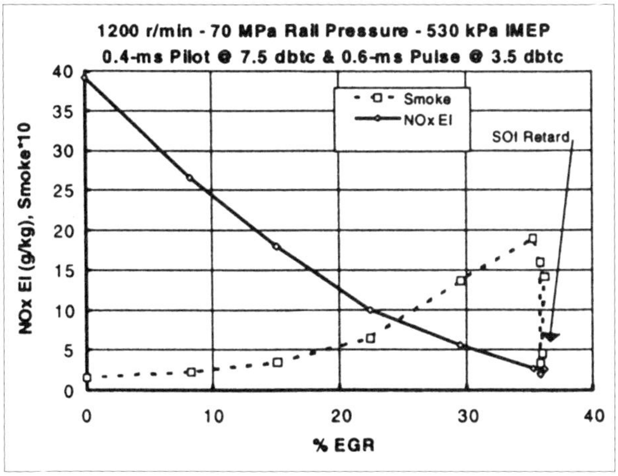

Bild 5.14:
Einfluss der Abgasrückführung auf NO_x- und PM-Emission

Die physikalische Ursache für die Absenkung der NO_x-Emission und gleichzeitig der Anstieg der Rußemission, liegt in der mit AGR zusätzlich in den Brennraum eingebrachten inerten Restgasmenge. Damit wird der Sauerstoffgehalt, der erforderlich für die NO_x-Bildung ist, reduziert, die Verbrennung verlangsamt und die maximalen Verbrennungstemperaturen abgesenkt.

Bei PKW-Motoren sind Abgasrückführraten bis zu 60 % erforderlich, um NO_x-Reduktionen um bis zu 80 % zu ermöglichen. Bei NFZ-Motoren liegen die Abgasrückführraten zwischen 5 und 30 %. Damit wird die NO_x-Emission um 20 bis 30 % reduziert. Die Regelung der rückgeführten Abgasmenge muss in Abhängigkeit von Last und Drehzahl, präzise und sehr schnell erfolgen.

Moderne elektronische Motormanagementsysteme für die Regelung des Dieselmotors und schnelle Aktuatoren sind in der Lage, die geforderte Präzision bei Abgasrückführung zu liefern (**Bild 5.15**).

Mit gekühlten AGR werden die heute gültigen NO_x-Abgasgrenzwerte erfüllt. Die Abgasrückführsysteme sind wassergekühlt, mit hoch effizienten Wärmetauschern. Zur Verbesserung der Verbrennungsstabilität und Verringerung der HC- und CO-Emission im Warmlauf wird das Abgas durch einen schaltbaren Bypass am EGR-Kühler vorbeigeführt (**Bild 5.16**).

Durch die Möglichkeit den AGR-Kühler in Abhängigkeit von Betriebszustand ab- und zuzuschalten, sind nicht nur bei NO_x-, sondern auch bei HC- und CO-Emissionen erhebliche

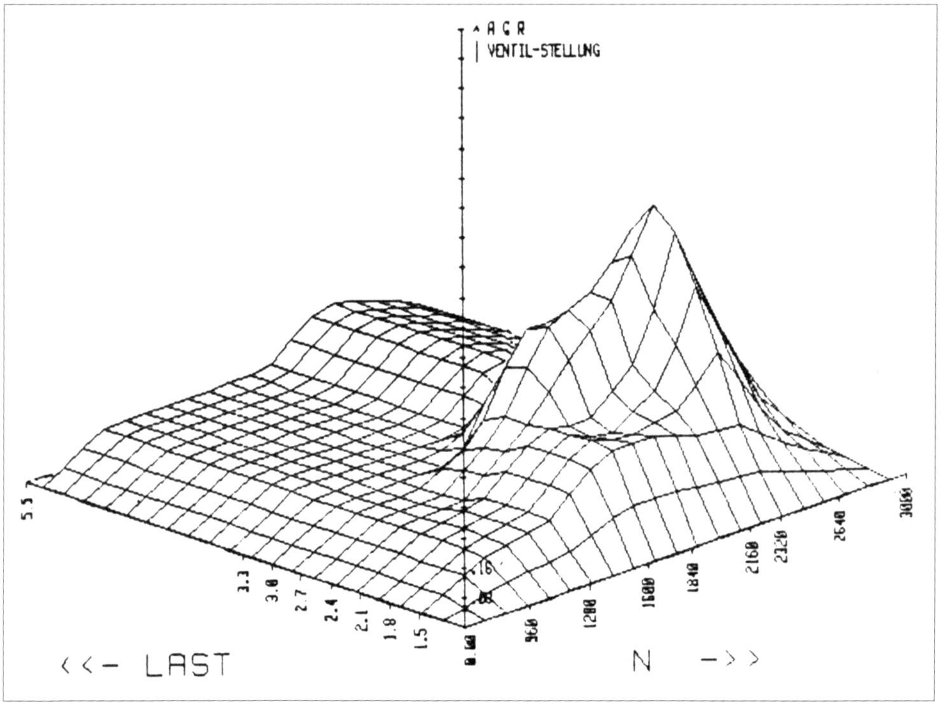

Bild 5.15: Kennfeld der Abgasrückführung beim Dieselmotor [Quelle: Bosch]

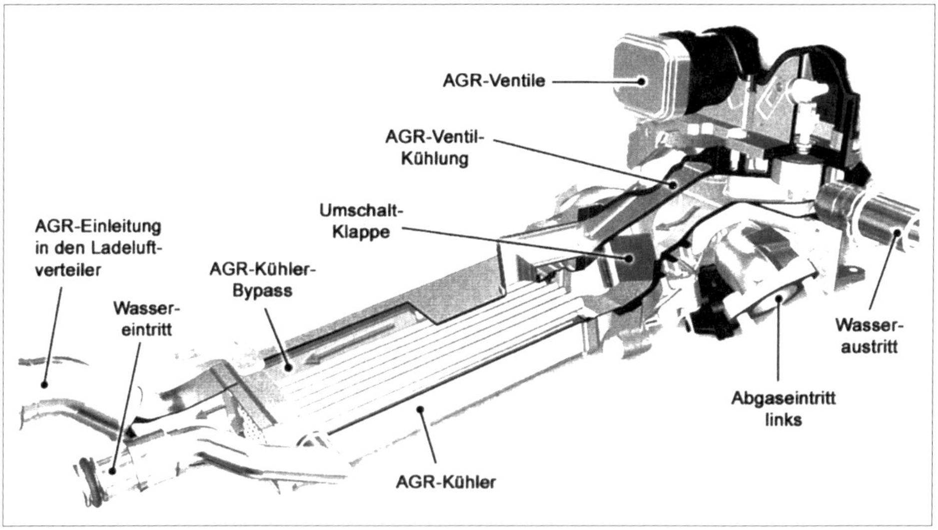

Bild 5.16: AGR-Kühler moderner PKW-Dieselmotoren [Quelle: BMW]

Verbesserungen erzielbar. Die erforderliche Leistung für einen AGR-Kühler beträgt zwischen 20 und 30 % der Motornennleistung, was sich entsprechend in der AGR-Kühlergröße widerspiegelt.

5.5.2 Oxidationskatalysator

Die Möglichkeit, die CO-, HC- und PM-Emission gleichzeitig zu verringern bietet ein Oxidationskatalysator. Da ein Dieselmotor immer mit Luftüberschuss betrieben wird, sind die Bedingungen für die Konvertierung von CO in CO_2 und HC in CO_2 und H_2O in einen mit Edelmetallen beschichteten Oxidationskatalysator meistens gut.

Wenn die Betriebstemperatur des Katalysators (> 200 °C) erreicht wird, dann liegen die Konvertierungsraten bis zu über 80 %. Neben CO und HC werden auch an den Rußkernen angelagerte flüchtige Kohlenwasserstoffe mit oxidiert (**Bild 5.17**).

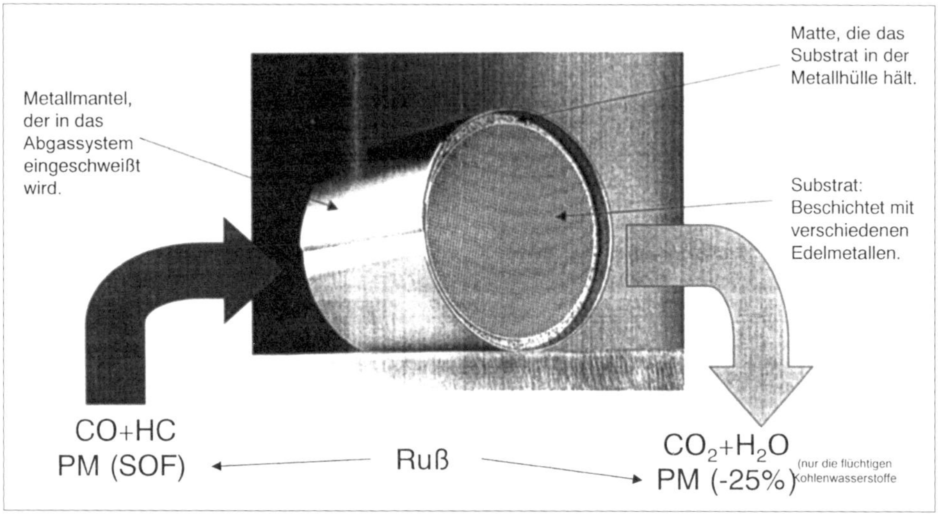

Bild 5.17: Oxidationskatalysator beim Dieselmotor [Quelle: Corning]

Der Oxidationskatalysator wird als Unterstützung anderer Nachbehandlungssysteme für NO_x und PM eingesetzt, die z.T. die CO- und HC-Emissionen erhöhen.

Abhängig von der Beschichtung des Katalysators und seinem Temperaturniveau sind folgende Minderungen möglich:

- HC = 50–80 %
- CO = 40–90 %
- NO_x = 5–20 %
- PM = 20–30 %.

In modernen PKW-Dieselmotoren gehört ein Oxidationskatalysator zur Standardausrüstung. Es werden meistens die gleichen Drei-Wege-Katalysatoren, wie bei Ottomotoren verwendet. In Kombination mit optimierten motorinternen Maßnahmen, werden mit diesem System die Euro 3 Grenzwerte erreicht.

Bei Anwesenheit von Schwefel im Dieselkraftstoff bilden sich durch die Oxidierung von SO_2 im Katalysator Sulfate, die die Funktion des Katalysators beeinträchtigen können.

5.5.3 Reduktionskatalysator

Für die Erfüllung der NO_X-Abgasgrenzwerte Euro 5 und US-NO_X-Abgasgrenzwerte sind bei PKW-Dieselmotoren Reduktionsraten von über 70 % erforderlich. Derart hohe NO_X-Reduktionsraten lassen sich, nach dem derzeitigen Stand der Technik, nicht mit motorinternen Maßnahmen und AGR erzielen. Mit der Einführung der Euro IV Abgasnorm ab Ende 2005 wurde auch die NFZ-Industrie mit der Einführung einer Abgasnachbehandlungstechnologie in der Serienproduktion konfrontiert.

Da ein Drei-Wege-Katalysator in einem, mit Luftüberschuss ($\lambda >> 1{,}0$) betriebenen Dieselmotor die NO_X-Emission nicht reduzieren kann, müssen, wie bei Mager-Ottomotoren, neue, die so genannte DeNO_X-Katalysatoren entwickelt werden. Die Entwicklung dieser Katalysatoren spielt eine Schlüsselrolle bei den Bemühungen, die NO_X-Emission von Dieselmotoren weiter auf das vorgeschriebene Maß zu reduzieren.

Folgende Systeme werden zur Abgasnachbehandlung von NO_X entwickelt:

- **NSCR** = Nicht selektive katalytische Reduktion (**n**on **s**electiv **c**atalytic **r**eduction)
- **SCR** = Selektive katalytische Reduktion (**s**electiv **c**atalytic **r**eduction) und
- **NOx** – Speicherkatalysatoren.

5.5.3.1 NSCR-Katalysatoren

Diese Katalysatoren nutzen die unverbrannten Kohlenwasserstoffe (HC) aus dem Abgas als reduzierendes Mittel, um die NO über eine Reaktion, wie z.B.

$$4NO + 2CH_2 + O_2 \rightarrow 2N_2 + 2H_2O + CO_2.$$

zu reduzieren.

NO_X wird im katalytischen Material eingelagert und durch kurzzeitiges "fettes" Gemisch, mit Anreicherung durch Kohlenwasserstoffe (HC) abgebaut.

Die Katalysatoren aus Zeolithen sind mit Edelmetallen (Pt) oder Kupfer (Cu) beschichtet. Der Begriff „Non selectiv catalytic reduction“ beschreibt den Nachbehandlungsprozess, bei welchen ein breites Spektrum unterschiedlicher Reaktionen stattfinden kann. Wegen des nicht selektiven Charakters der Reaktionen im NSCR-Katalysator, ist es schwierig, hohe Umwandlungsraten für NO_x zu erreichen. Sie bewegen sich in der Größenordnung zwischen 15 und 65 %.

Ein Nachteil dieser Katalysatoren liegt auch in ihrer Eigenschaft, dass sie nur in einem engen Temperaturfenster (etwa 200 bis 250 °C) funktionieren, welches nur für Stationärmotoren interessant ist.

Die Sicherung der Funktionsfähigkeit des NSCR-Systems mit relativ großen erforderlichen HC-Mengen im Abgas (durch die Nacheinspritzung in den Zylinder oder in das Abgasrohr) erhöht erheblich, bis zu 15 %, den Kraftstoffverbrauch. Für Fahrzeug-Dieselmotoren sind solche Systeme nicht interessant.

5.5.3.2 SCR-Katalysatoren

Die wichtigste in Frage kommende Sekundärmaßnahme zur Reduzierung der NO_x-Emission auf das Niveau von Euro V für NFZ, ist die selektive katalytische Reduktion. Sie ist der Schlüssel für sehr niedrige NO_x-Emissionen. Selektive katalytische Reduktion ist zunächst entwickelt worden, um die NO_x-Emission von großen stationären Anlagen mit Dieselmotoren und Gasturbinen zu reduzieren.

Eine Reduktion der NO_x-Moleküle in Anwesenheit von Sauerstoff erfordert die Zugabe eines selektiv wirkenden Reduktionsmittels in den Abgasstrom durch ein separates System. Das Abgas durchströmt dann, zusammen mit dem Reduktionsmittel, den Katalysator (**Bild 5.18**).

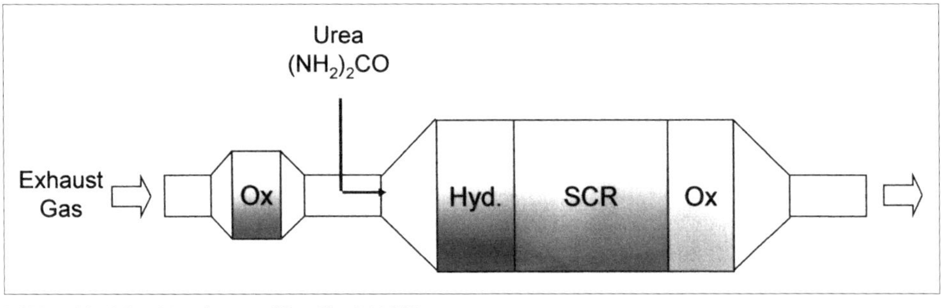

Bild 5.18: SCR-Katalysator [Quelle: MAN]

Als Reduktionsmittel eignet sich insbesondere Ammoniak (NH_3). Die Stickstoffoxide (NO_x) werden in Anwesenheit von Ammoniak (NH_3) zu Stickstoff (N_2) und Wasser (H_2O) umgesetzt. Die wichtigsten Reaktionen für Ammoniak sind vereinfacht dargestellt:

$$4NH_3 + 2NO_2 + O_2 \rightarrow 2N_2 + 6H_2O$$

$$2NH_3 + NO + NO_2 \rightarrow 2N_2 + 3H_2O$$
$$4NH_3 + 4NO + O_2 \rightarrow 4N_2 + 6H_2O$$
$$8NH_3 + 6NO_2 \rightarrow 7N_2 + 12\ H_2O$$

Daneben laufen noch einige andere Reaktionen. Ohne Katalysator laufen diese Reaktionen bei Temperaturen über 800 °C; mit Katalysator bei t = 200–450 °C.

Ammoniak (NH_3) ist ein farbloses, giftiges Gas (MAK = 25 ppm) mit einem unangenehmen Geruch (Geruchsschwelle zwischen 5 und 40 ppm). Statt Ammoniak wird oft Harnstoff $(NH_2)_2CO$, (NH_2–CO–NH_2) bzw. seine wässrige Lösung verwendet.

Harnstoff (Urea) ist farblos, geruchsfrei, ungiftig und biologisch abbaubar. Die 32,5 % Lösung des Harnstoffes, unter dem kommerziellen Namen AdBlue bekannt, wird bei SCR-Katalysatoren anstelle von Ammoniak als Reduktionsmittel verwendet. AdBlue ist in DIN 70070 beschrieben. Harnstoff als selektives Reduktionsmittel hat keine Nebenwirkungen.

Unmittelbar vor dem SCR-Katalysator wird AdBlue in einem Hydrolysekatalysator in Ammoniak zersetzt. Bei dieser Zersetzung entsteht primär je ein Molekül Ammoniak (NH_3) und ein Molekül Isocyansäure (HNCO):

$$NH_2–CO–NH_2 \rightarrow NH_3 + HNCO$$

HNCO reagiert weiter mit Wasserdampf aus dem Abgas und wird rasch zu NH_3 hydrolisiert.

Wegen des möglichen NH_3 Schlupfes im Fahrbetrieb ist eine Kontrolle der NH_3 Zufuhr zum Katalysator unabdingbar. Ziel der Harnstoffdosierung muss es sein, einerseits Harnstoff so ausreichend zu dosieren, dass genügend NH_3 für die Stickoxidreduktion entsteht, andererseits nur so wenig Ammoniak zu speichern, dass insbesondere bei instationären Vorgängen nicht zu Ammoniakschlupf aus dem SCR kommt.

Z. Zt. existieren noch keine Grenzwerte für NH_3-Emissionen aus Automobilabgasen. Das Deutsche Umweltbundesamt (UBA) empfiehlt, dass NH_3-Emission im Abgas < 15 ppm sein soll, was etwa seiner Geruchsschwelle entspricht. In dieser Konzentration sind keine gesundheitlichen Gefährdungen von Menschen zu erwarten [22].

Hauptbestandteil des SCR-Systems ist der Katalysatormodul, der von Abgas und einer Harnstofflösung (AdBlue) durchströmt wird. Der Träger ist ein Monolith, meistens auf Basis von Titanoxid (TiO_2), Aluminium (Al) oder Zeolithen, die mit Vanadiumoxid (V_2O_5) und Wolframoxid (WO_3) beschichtet sind. In diesem Katalysator erfolgt die Umsetzung von NO_x mit Hilfe von NH_3.

Ein komplettes SCR-System besteht aus folgenden Komponenten:

- einem SCR-Katalysator
- einem Hydrolysekatalysator, der die Zerfallsreaktion des zudosierten Harnstoffs (AdBlue) zu Ammoniak beschleunigt
- einem nachgeschalteten Oxidationskatalysator um den unerwünschten Ammoniakschlupf zu verhindern
- einem, dem SCR-Katalysator vorgeschalteten Oxidationskatalysator, der das überwiegend im Abgas vorhandene NO zu NO_2, bis zu einem Verhältnis $NO/NO_2 = 1:1$ oxidiert.

Das SCR-Verfahren mit Ammoniak als Reduktionsmittel hat das größte Potential, eine signifikante NO_x-Reduktion im Dieselmotor zu realisieren. Die Reduktionsraten liegen Zwischen 80 und 90 %. Der Kraftstoffverbrauch wird dabei nur wenig negativ beeinflusst, da die Anspringtemperatur des Katalysators schon bei 150 bis 200 °C liegt. Die relativ niedrige Raumgeschwindigkeit im Katalysator, die für den Ablauf der Reaktionen notwendig ist, verlangt ein relativ großes Volumen des SCR-Katalysators. Für das gleiche Abgasvolumen sind SCR-Katalysatoren um bis zu 20 mal größer als Drei-Wege-Katalysatoren.

Die Bereitstellung des Reduktionsmittels Ammoniak, als zusätzlichen Betriebsstoff an Bord des Fahrzeugs, stellt eine große Herausforderung dar. Ein spezieller AdBlue-Tank muss am Fahrzeug installiert und eine entsprechende flächendeckende Infrastruktur zur Versorgung mit AdBlue aufgebaut werden. Da AdBlue bei $t \leq -11$ °C zufriert, müssen weitere entsprechende Maßnahmen am Fahrzeug vorgesehen werden. Pro 1.000 l Dieselkraftstoff werden ca. 40 bis 50 Lit. AdBlue benötigt, dies entspricht einer Harnstoffmenge von ca. 4 bis 5 % des Kraftstoffverbrauches. Neben der wässrigen Harnstofflösung (AdBlue), wird auch die Verwendung von festen, pulvrigen Ammoniak träger (Ammoniak Carbonat) erprobt. Diese Lösung bietet Vorteile beim Platzbedarf und bei Tieftemperaturverhalten.

Entsprechend dem gegenwärtigen Stand der Technik, sind SCR-Katalysatoren eine Lösung vor allem für schwere NFZ. Ohne Adblue ist die Erreichung von Euro V Grenzwerten für NFZ nicht möglich. Beim PKW stehen noch immer hohe Kosten, wenig Platz für den Einbau des Katalysators sowie relativ niedrige Temperaturen im Abgasstrang einer breiten Anwendung im Wege. Wegen der hohen Effizienz und des größeren nutzbaren Betriebstemperaturbereichs beginnen SCR-Systeme auch für PKW-Dieselmotoren interessant zu sein. Sie versprechen niedrige Stickoxidemissionen, ohne die Verbrauchs-CO- und -HC-Vorteile des Dieselmotors aufzugeben.

Gegenwärtig fehlt noch eine flächendeckende Infrastruktur für die Versorgung mit Harnstoff (AdBlue) sowie ein ausgebildetes Personal für Wartung und Reparatur.

5.5.4 NO_x-Speicherkatalysator

Für PKW-Dieselmotoren sind auch DeNO$_x$-Speicherkatalysatoren geeignet (**Bild 5.19**).

Sie funktionieren auf die gleiche Weise, wie beim Mager-Ottomotoren. Der Einsatz von Speicherkatalysatoren ist bei Dieselmotoren jedoch mit größeren Schwierigkeiten verbunden. Die Hauptschwierigkeit liegt darin, die größere Mengen von HC im Abgas, erforderlich für die Katalysatorregeneration, zu realisieren. Normalerweise ist die HC-Konzentration im Abgas von Dieselmotoren relativ niedrig und für NO_x-Reduzierung nicht ausreichend. Als Konsequenz müssen Kohlenwasserstoffe zusätzlich zugeführt werden. Der notwendige Aufwand dazu, kann eine Kombination von folgenden Maßnahmen umfassen:

- Kraftstoffeinspritzung vor dem Katalysator
- Kraftstoffnacheinspritzung in den Brennraum
- Anhebung der AGR-Rate
- Drosselung der Ansaugluft und dadurch die Anfettung des Gemisches durch Verringerung der Luftzahl λ.

Alle diese Maßnahmen haben einen negativen Einfluss auf den Kraftstoffverbrauch, HC- und CO-Emission. Außerdem liegen die Abgastemperaturen beim Dieselmotor niedriger als beim Ottomotor, was die Funktionsfähigkeit des Katalysators zusätzlich erschwert. Umfangreiche Motormanagementsysteme sind notwendig für einwandfreie Funktion dieser Technologie.

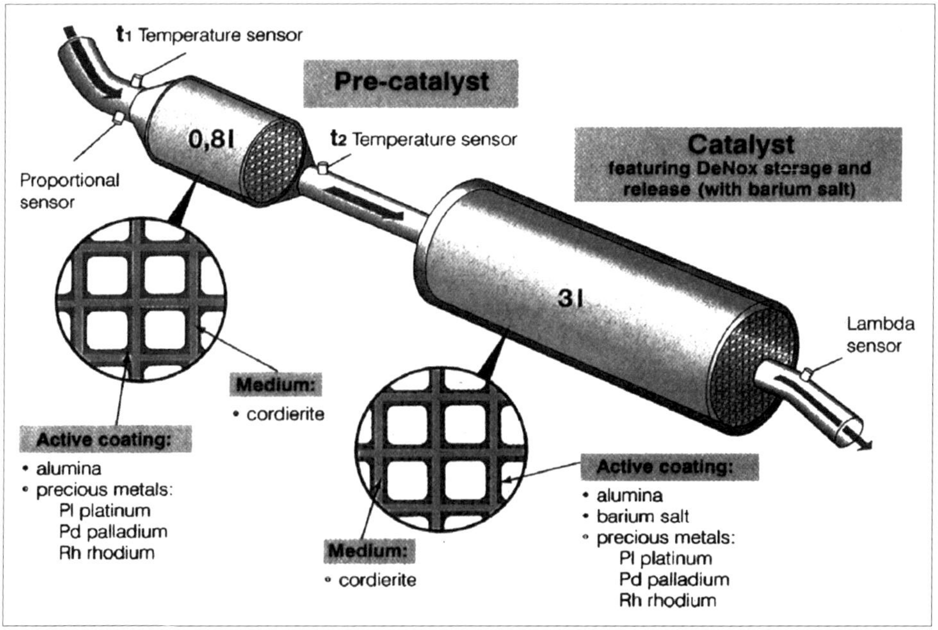

Bild 5.19: Diesel-Speicherkatalysator [Quelle: VW]

Die NO_x-Konvertierungsraten von 35 bis 65 % sind im Neuzustand des Katalysators möglich. Die Verwendung von einem NO_x-Speicherkatalysators erfordert auch einen nachgeschalteten Oxidationskatalysator, um HC und CO zu reduzieren und eventuell auch einen Vorkatalysator.

Eine unabdingbare Voraussetzung für den Einsatz des NO_x-Speicherkatalysators ist, wie bei Ottomotoren, das Vorhandensein von schwefelfreien Kraftstoffen auf dem Markt. Bei relativ niedrigen Abgastemperaturen im Dieselmotor ist die Entfernung von gebildeten Sulfaten aus dem Katalysator nicht einfach.

5.5.5 Partikelfilter

Die Diskussion über mutmaßliche Gesundheitsrisiken durch Partikel aus Dieselabgasen ist gegenwärtig sehr aktuell und wird oft kontrovers geführt. Wegen ihrer Kanzerogenität und toxischen Wirkung stehen sie unter Verdacht, für die menschliche Gesundheit relevant zu sein.

Viele Faktoren können die PM-Emission eines Dieselmotors beeinflussen:

- Motor-Typ
- Verbrennungsverfahren (direkte Einspritzung oder Kammereinspritzung)
- Ladungswechsel (frei saugend oder aufgeladen)
- Einspritzsystem (Pumpen-Düse, Common-Rail oder Verteilerpumpe)
- Fahrzeuggewicht (Verhältnis Motorleistung zu Fahrzeuggewicht)
- Kraftstoffqualität (Cetanzahl, Schwefel- und Aromatengehalt)
- Betriebszustand (Last, Drehzahl)
- Abgasnachbehandlungssystem

Die nachhaltigsten Partikelabsenkungen wurden bislang durch innermotorische Maßnahmen erreicht. Auch für die Zukunft haben Weiterentwicklungen an Einspritzsystemen und Brennverfahren ein hohes Potential zur Reduzierung der Partikelemission. Mit dem Einsatz verbesserter, schwefelfreier und aromatenarmer Kraftstoffe ist eine weitere Entlastung möglich, welche sich unmittelbar auf die gesamte Flotte der im Verkehr befindlichen Fahrzeuge auswirken wird.

Durch rein motorische Maßnahmen und durch die verbesserten Kraftstoffqualitäten lassen sich jedoch die z. Zt. vorgeschriebenen und die geplanten PM-Abgasgrenzwerte, weder für PKW noch für NFZ, erreichen.

Die Filtrierung des Abgases ist die wirkungsvollste nachmotorische Maßnahme zur Absenkung der Partikelemission. Mit Wirkungsgraden von mehr als 90 % sind Partikelfilter wohl die effizienteste Methode, um eine Reduzierung der Partikelemission aus Abgasen von Dieselmotoren zu erreichen.

Die Reduzierung der besonders gesundheitsbedenklichen ultrafeinen Partikel (< 0,1 μ) ist nur durch Einsatz von hocheffizienten, so genannten „Wall-Flow-Filtern" möglich. Die überwiegende Zahl der Partikelfilter sind Wabensysteme auf Basis von Silizium-Carbid oder Cordierkeramik (**Bild 5.20**). Die Rußpartikel werden an den porösen und teildurchlässigen Einlasskanal des Keramikfilters abgeschieden, das gereinigte Abgas tritt dann am Austrittskanal aus. Neben keramischen Modulen, finden auch PM-Filter auf Metallbasis Verwendung [30, 32, 33].

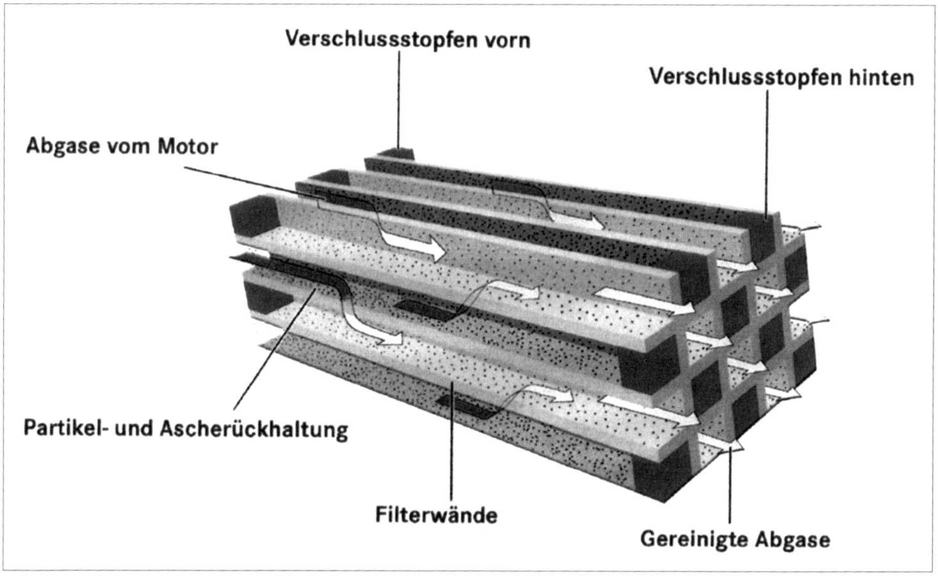

Bild 5.20: Partikelfilter

Während der Wanddurchströmung von Abgas lagert sich Ruß im Filter an und der Gegendruck im Abgassystem steigt entsprechend an. Dadurch werden die Leistung des Motors und der Kraftstoffverbrauch beeinflusst. Nach Erreichen der maximal zulässigen Partikelbeladung – diese wird von der Motorsteuerung über die Differenzdruckmessung überwacht – ist eine Regeneration des Partikelfilters erforderlich. Die Reinigung des Filters, die so genannte Filterregeneration stellt sich als ein wichtiges Problem heraus. Der auf dem Filter abgelagerte Ruß muss regelmäßig abgebrannt werden, damit die Druckverluste im Abgasstrom nicht zu groß werden.

Dieselruß besteht zum großen Teil aus Kohlenstoff (C). Dieser reagiert bei hohen Temperaturen mit Sauerstoff (O_2) zu Kohlenmonoxid (CO). CO als gasförmig kann porösen Filterwand passieren und in CO_2 oxidieren. Der Ruß wird dadurch aus dem Filter entfernt. Dazu sind Temperaturen oberhalb 600 °C erforderlich, um durch den Rußbrand die Selbstreinigung des Filters zu sichern (thermische Regeneration). Nur in der Nähe der Volllast werden bei Dieselmotoren diese Abgastemperaturen erreicht. Im leerlaufnahen Betriebsbereich liegen die Abgastemperaturen zwischen 100 und 150 °C. Der für den Rußbrand erforderlichen Temperaturen von ca. 600 °C müssen, je nach Betriebspunkt des Motors, durch verschiedene luft- und einspritzseitige Maßnahmen erreicht werden.

Zu den motorischen Maßnahmen, die für die Anhebung der Abgastemperatur im Partikelfilter zur Verfügung stehen, gehören die Zurücklegung des Einspritzzeitpunktes, die mehrfache Einspritzung und die Ansaugluftdrosselung, kombiniert mit dem abgesenkten Ladedruck. Alle diese Maßnahmen bewirken aber auch eine Erhöhung des Kraftstoffverbrauches.

Die zuverlässige und dauerhafte Regeneration oder Reinigung der Partikelfilter, unter allen Betriebsbedingungen, ist eine der Voraussetzungen für ihre Anwendung im automobilen Bereich. Die Auslegung des Filters erfordert eine Ausbalancierung zwischen Speichervolumen, Abgasgegendruck und Bauraum. Normalerweise ist ein PM-Filter in etwa 1,5- bis 2-mal so groß wie der Hubraum des Motors [$V_F \approx (1{,}5–2{,}0)\ V_H$]. Eine thermische Regeneration findet alle 500 bis 2.000 km statt.

Durch eine katalytische Beschichtung der Partikelfilter können Oxidationstemperaturen der gesammelten Partikel gesenkt werden und damit zu einer besseren Regeneration beitragen. Moderne Dieselpartikelfilter vereinen Filter und einen mit Platin (Pt) beschichteten Oxidationskatalysator in einem Bauelement. Eine andere Möglichkeit, die Oxidationstemperatur des Rußes zu senken, besteht in der Verwendung von Additiven im Abgas als Katalysatoren zur Förderung der Regeneration. Diese Additive können die Entzündungstemperatur des abgelagerten Rußes deutlich senken und eine Regeneration des Filters unter normalen Abgastemperaturen initiieren. Diese katalytischen Additive werden entweder dem Kraftstoff zugemischt, wie z.B. bei Peugeot (**Bild 5.21**) oder werden dem Abgas zudosiert.

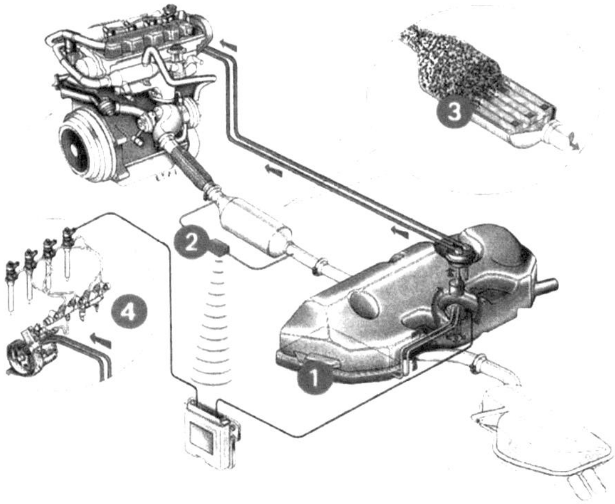

Beim PSA-System wird das Additiv Cer in einem eigenen Tank ❶ mitgeführt und dem Dieselkraftstoff vom Motorsteuergerät permanent beigemischt. Ein Drucksensor ❷ erkennt die Ruß-Beladung des Filters ❸ und gibt über die Motorelektronik den Befehl an das Common-Rail-System ❹ für eine Nacheinspritzung. So steigt die Abgastemperatur, und die heißeren Gase führen zusammen mit Cer zum Abbrennen des Rußes.

Bild 5.21: Partikelfiltersystem Peugeot

Diese Art der Reinigung hat den Vorteil, dass sich der „Katalysator“ stets im Abgas befindet und nicht auf der Oberfläche des Partikelfilters.

Unterschiedliche Additive sind erprobt worden: Cer (Cr), Mangan (Mn), Molibdän (Mo), Nickel (Ni), Kupfer (Cu), Zink (Zi), Eisen (Fe),... Diese Metalle lagern sich bei der motorischen Verbrennung im Rußpartikel an. Dort wirken sie katalytisch auf den Ruß bzw. auf die daran angelagerten Kohlenwasserstoffe. Im Filter zündet dann, bei Erreichen der geeigneten Temperatur, der Ruß selbstständig. Durch zufällige örtliche Zündung wird die Regeneration des Filters initiiert. Nach der Verbrennung verbleibt das Additiv als Ascherückstand im Filter und kann u.U. das System blockieren.

Als Kraftstoffadditive für die Regeneration des Partikelsystems werden heute fast ausschließlich Eisen (Fe) oder Cer (Cr) verwendet. Als besonders wirkungsvoll haben sich Additive auf Cer-Basis gezeigt. Mit Cer liegt die Entzündungstemperatur des Rußes bei 450 °C, um ca. 150 °C niedriger als bei spontaner Verbrennung bei 600 °C.

Voraussetzung für diese Art der Filterreinigung ist ein Additivtank im Fahrzeug, eine genaue Zudosierung des Additivs sowie eine ausreichend hohe Abgastemperatur unter allen Betriebsbedingungen. **Bild 5.22** zeigt die Verringerung der Partikelemission durch den Partikelfilter.

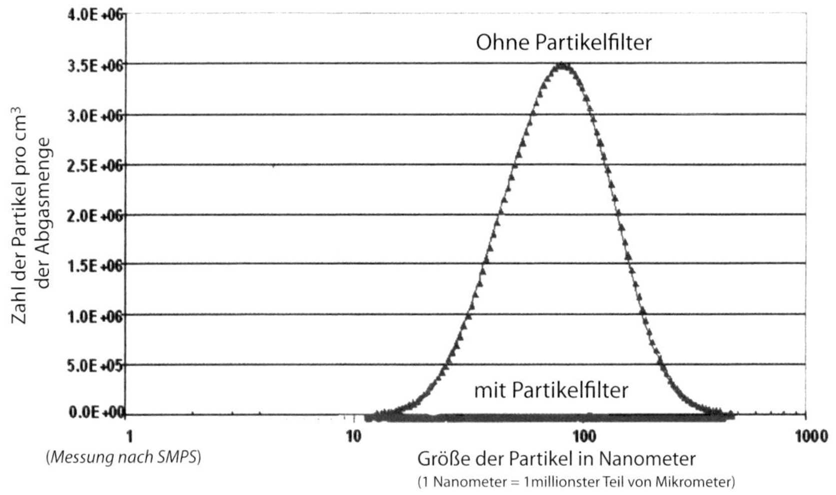

Bild 5.22: Partikelemission mit und ohne Partikelfilter [Quelle: Peugeot]

Bei dem Peugeot **FAP**-Filter (**f**iltre **à** **p**articules) wird 37,5 ml (ca. 1,9 g) Cer auf 60 l Kraftstoff beigefügt. Die Partikelemission wird um 60 % reduziert. Andere Quellen deuten darauf hin, dass für 10.000 l Dieselkraftstoff ca. 1 l Cer-Additiv notwendig ist, um eine Cer-Konzentration von 50 ppm, erforderlich für die Filterregenerierung, zu erreichen.

Ein geringer Teil des Additivs wird, trotz des Einsatzes eines Rußfilters, in die Atmosphäre emittiert. Bei einer Rußreduktion von 1 kg, wird ca. 1 g Cer, als Ceroxid (CeO) emittiert. Bei der Auswahl eines Additivs ist neben der katalytischen Wirkung auch seine Umweltauswirkung von Bedeutung. Eine der wesentlichen Anforderungen der Umweltbehörde bezüglich der Ausrüstung mit Abgasnachbehandlungssystemen besteht darin, dass durch diese keine umwelt- oder gesundheitsschädlichen Emissionen erzeugt werden dürfen.

Während die US-EPA strikt gegen den Einsatz der bekannten metallischen Additive zum Zweck der Reinigung von PM-Filter ist, sind in der EU einige Additive wie z.B. Cer zugelassen. Das deutsche Umweltbundesamt (UBA) akzeptiert die Regenerationsadditive auf Cer-Basis (50 bis 100 ppm Cer im Kraftstoff) oder auf Eisenbasis (60 bis 120 ppm Ferrocen) in Dieselkraftstoffen nur in Verbindung mit Partikelfiltern. Ohne Partikelfilter jedoch nicht.

Die Partikelfilter Lösung mit Additiven ist für NFZ, wegen der großen Laufleistung von NFZ (> 1.000.000 km) nicht geeignet.

5.5.5.1 CRT – Continuously Regenerating Trap

Eine andere elegantere Möglichkeit zur kontinuierlichen Reinigung der Partikelfilter, bei relativ niedrigen Temperaturen bieten die so genannten **CRT**-Systeme (**C**ontinuously **R**egenerating **T**rap) (**Bild 5.23**).

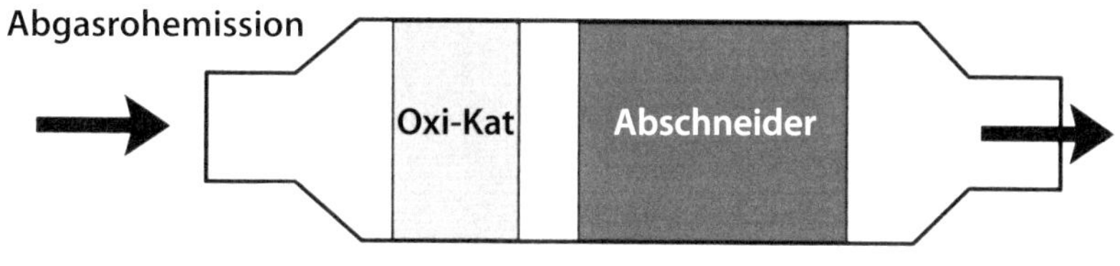

Oxidationskatalisator

$$2NO + O_2 \rightarrow 2NO_2$$
$$2CO + O_2 \rightarrow 2CO_2$$
$$CH_x + O_2 \rightarrow 2CO_2 + H_2O$$

Abschneider

$$C + 2NO_2 \rightarrow CO_2 + 2NO$$

erforderliche Voraussetzung:
Schwefelgehalt im Kraftstoff: **max. 10 ppm**
Abgastemperaturen: **200–450 °C**

Bild 5.23: CRT-System [Quelle: MAN]

CRT ist meistens verwendete passive, selbst regenerierende Partikelfilter [31]. Er wandelt kontinuierlich Partikel (PM) in Kohlendioxid (CO_2). Hierbei macht man sich die Tatsache zu Nutze, dass die Zündtemperatur der Rußpartikel (elementarer Kohlenstoff) in Anwesenheit von NO_2 erheblich gesenkt wird. CRT-Systeme bestehen deswegen in der Regel aus einem vorgeschalteten, mit Platin beschichteten Oxidationskatalysator, der das im Abgas befindliche NO zu NO_2 oxidiert, sowie einem keramischen Wabenfilter zur Filtration der Rußpartikel. Im vorgeschalteten Oxidationskatalysator findet folgende Reaktion statt:

$$2NO + O_2 \rightarrow 2NO_2$$

Im vorgeschalteten Oxidationskatalysator werden auch CO und HC verringert.

Der NO_2 dient als Sauerstoffträger und ist in der Lage, die im Partikelfilter angesammelten Rußpartikel zu oxidieren. Im Filter finden dabei exotherme, langsame Reaktion statt:

$$C + NO_2 \rightarrow CO + NO_2$$
$$C + 2NO_2 \rightarrow CO_2 + 2NO$$
$$C + O_2 \rightarrow CO_2$$

Ein solches Filtersystem funktioniert schon ab 200 bis 250 °C, so dass sich eine quasi kontinuierliche Verbrennung des Rußes und damit die Regeneration des Partikelfilters einstellen. Das entstandene NO und CO aus dem Rußfilter werden in einem nachgeschalteten Katalysator auf Pt-Basis zu NO_2 und CO_2 oxidiert. Das CRT-System reduziert HC-, CO- und Rußemission um 80 bis über 95 %.

Für eine einwandfreie Funktion des CRT-Systems muss hinreichend viel NO_2 zur Verfügung stehen. Die NO_2-Konzentration im Abgas soll zwischen 200 und 800 ppm betragen, damit die Oxidation von Rußpartikel ab einer Temperatur von 250 °C stattfinden kann. Dabei ist auch das Verhältnis zwischen den angesammelten Rußpartikeln und NO_2 wichtig. Für die Verbrennung von 1 g Ruß sind ca. 4 bis 8 g NO_2 erforderlich.

Das Volumen des Partikelfilters im CRT-System beträgt den ca. 2fachen Motorhubraum ($2 \times V_H$). Zum sicheren Betrieb des Partikelfilters ist ein Regenerationsmanagement in der Motorsteuerung zwingend erforderlich. Insbesondere bei niedrigen Abgastemperaturen des Dieselmotors, sind auch bei CRT-Systemen Maßnahmen zur Erhöhung dieser Temperaturen erforderlich:

- motornahe Position ist neben der Katalysatorbeschichtung wesentlich und damit verantwortlich, dass Ruß im normalen Fahrbetrieb durch NO_2 oxidiert wird
- wärmeisolierte Abgasrohre
- Kraftstoffnacheinspritzung während der Expansion
- Drosselung der Ansaugluftmenge zur Absenkung von Luftzahl und Erhöhung der NO_x-Emission
- AGR-Abschaltung, um NO_2-Konzentration im Abgas zu erhöhen
- Kontrolle der Lade-Lufttemperatur.

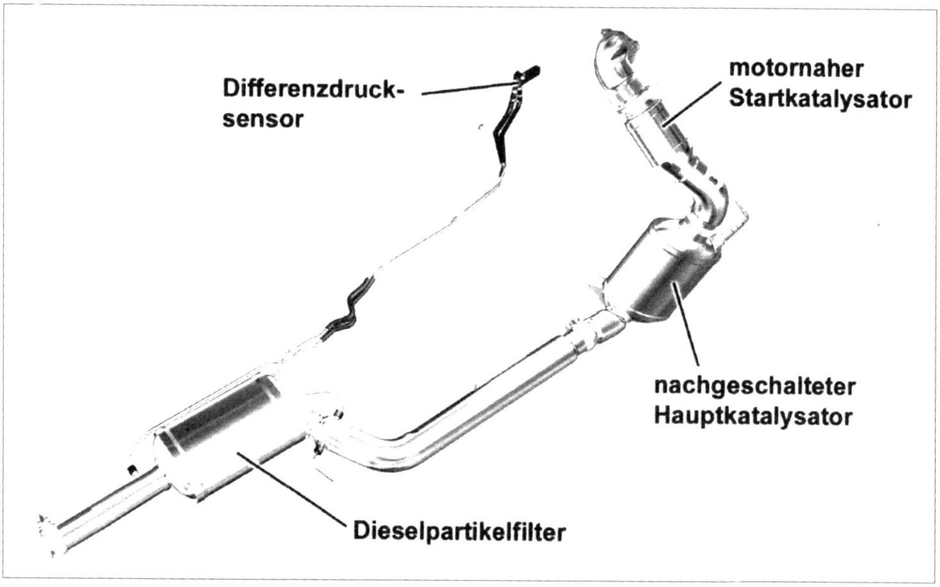

Bild 5.24: Thermisch isolierte Abgasanlage moderner Dieselmotoren [Quelle: VW]

Bei relativ motorferner Position des PM-Filters ist eine aufwendige Wärmeisolierung der vorderen Abgasanlage (**Bild 5.24**) bis zu Partikelfilter notwendig.

Zur Überwachung des Filterzustands und zur Regelung des Regenerationsvorgangs werden Abgastemperatursensoren und Abgasdrucksensoren genutzt. Zusätzlich wird noch eine Breitband-λ-Sonde für die Kontrolle der Kraftstoffeinspritzmenge verwendet. Die Überwachung des Partikelfiltersystems ist ein wichtiger und sehr umfangreicher Teil des Motorsteuerung Software.

Die Nachteile des CRT-Systems liegen in einer erhöhten NO_2-Emission. Eine Abhilfe wird geschaffen durch die Nachschaltung eines SCR-Systems. Zusammen wird dies als **SCRT**-System (**S**electiv **C**atalytc **R**egenerating **T**rap) bezeichnet. Das System verlangt sehr niedrige Schwefelmengen im Kraftstoff (S_2 < 10 ppm) und auch neue Formulierungen von Schmierölen.

Die Sicherung einer relativ hohen Abgastemperatur ist mit einer Erhöhung des Kraftstoffverbrauches um 1,2 bis 2 % begleitet.

5.5.6 Sonstige Maßnahmen zur Schadstoffreduzierung im Dieselmotor

Im Laufe der Entwicklungsgeschichte fehlte es nicht an Versuchen, die Schadstoffemission des Dieselmotors durch unterschiedliche unkonventionelle Maßnahmen zu verringern. Eine Verlangsamung der NO_X-Bildung kann durch Absenkung der lokalen Temperatur im verbrannten Gemisch erreicht werden. Wird z.B. während der Hochdruckphase der Verbrennung das Wasser in den Brennraum eingebracht, so wird durch die zum Verdampfen benötigte Wärmemenge dem Gas im Zylinder entzogen. Dies führt zum Absinken der Verbrennungsspitzentemperatur und trägt damit zur Reduktion der NO_X-Bildung bei. Das Wasser kann in den Brennraum eingespritzt oder als Emulsion mit dem Kraftstoff eingebracht werden. NO_X-Reduktionen zwischen 15 und 60 % können dadurch erreicht werden. Die ungelösten Probleme mit dem Zusatzwassertank, mit dem Einfrieren des Wassers bei $t \leq 0$ °C, mit Korrosionseigenschaften des Wasserdampfs, mit der Entmischung der Kraftstoff-Wasser-Emulsion, u a. haben die Anwendung dieser Methode im mobilen Bereich bislang nicht ermöglicht.

Neben den katalytisch und additiv gestützten Regenerationsverfahren wurden bei Partikelfiltersystemen auch Verfahren mit selbst tragender elektrischer Regeneration, mit Plasmaverfahren oder mit einem Brenner erprobt. Einen typischen Einsatz hierfür finden sie in stationären und Aggregatemotoren. Im Bereich der Straßenfahrzeuge konnten sich solche Systeme bislang nicht durchsetzen [26].

5.5.7 On-Board-Diagnose (OBD)

In Anlehnung an die bestehenden Richtlinien für Fahrzeuge mit Ottomotoren, gilt auch ab dem Jahr 2004 für Fahrzeuge mit Dieselmotoren, dass das OBD-System in der Lage sein muss, signifikante Verschlechterungen der Abgasemission festzustellen und dem Fahrer anzuzeigen. Der Fokus liegt an den Partikel- und NO_X-Emissionen. OBD soll die Wirksamkeit moderner Abgasnachbehandlungssysteme – wie Dieselpartikelfilters und des NO_X-Speicherkatalysators – über die Lebensdauer eines Fahrzeugs permanent überwachen. Die EU-Direktive 99/96/EC schreibt auch eine On-Board-Diagnose (OBD) für die Kontrolle der Abgasemission bei Nutzfahrzeugen vor.

Die Einführung von OBD für NFZ erfolgt in zwei Stufen. In der ersten Stufe wird nur die Funktionsfähigkeit der Überwachungssysteme für Abgasemission (Druck- und Temperatursensoren) permanent elektrisch überprüft. In der zweiten Stufe werden Kontrollsysteme die Überschreitung von bestimmten, spezifischen Schwellenwerten für alle abgasrelevanten Sensoren an den Fahrer melden.

Als letzte Stufe der Überwachung der Abgasemissionen von Fahrzeugen im Verkehr ist eine **O**n-**B**oard-**M**easurement (**OBM**) vorgesehen, d.h. On Board Messung der aktuellen

Fahrzeugemission. Vor der Einführung von OBM müssen die entsprechenden Sensoren, die diese Abgasmessung durchführen können, noch entwickelt werden.

Während bei PKW-Motoren die Funktionsfähigkeit aller emissionsrelevanten Bauteile über eine Laufstrecke von 160.000 km (100.000 Meilen) nachgewiesen werden muss, muss im NFZ-Bereich der Nachweis einer Praxistauglichkeit für typische NFZ-Fahrleistungen von 1.000.000 km, und zwar bei allen denkbaren Einsatzbedingungen (Klima, Witterung, etc.) erbracht werden.

5.5.8 Übersicht von Maßnahmen zur Schadstoffreduzierung beim Dieselmotor

Im Laufe der letzten 20 Jahre, hat die Entwicklung des Dieselmotors, auch auf dem Gebiet der Reduzierung der Schadstoffemission große Erfolge gezeigt. Moderne Fahrzeug-Dieselmotoren emittieren nur noch etwa 10 % der schädlichen Emissionen, die ihre Vorgänger um 1990 emittiert haben. Dazu haben unterschiedliche motorinterne Maßnahmen zur Reduzierung der Rohemission in Kombination mit Abgasnachbehandlungssystemen und einem entsprechenden Motor- und Abgasemissions-Management beigetragen (**Bild 5.25**).

Die Erfüllung der gegenwärtigen Abgasemissionsgesetze bei PKW und NFZ verlangt eine Kombination von folgenden Maßnahmen am Dieselmotor:

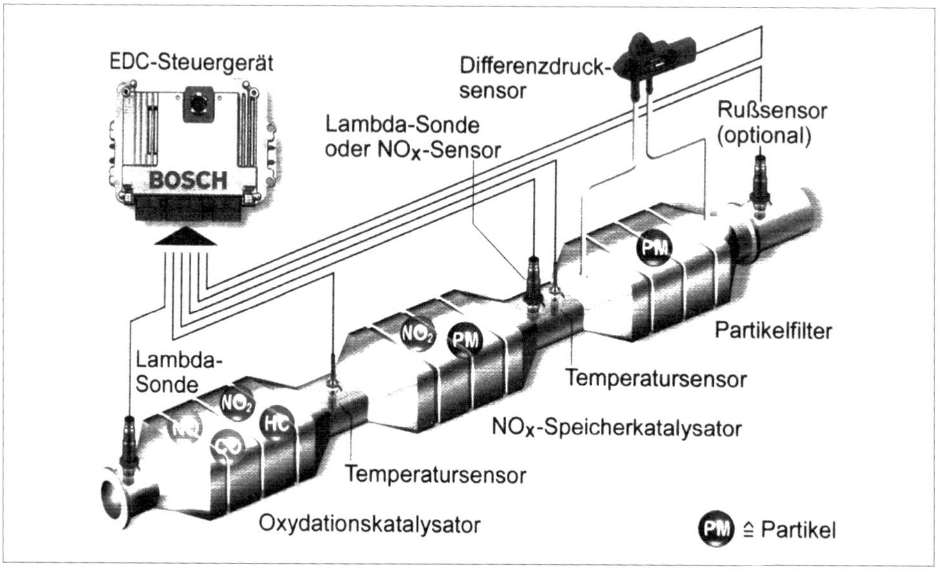

Bild 5.25: Abgasreinigungssystem beim Dieselmotor [Quelle: Bosch]

- Brennverfahren mit direkter Einspritzung (DE)
- Vierventil-Technik
- Angepasstes Verdichtungsverhältnis ($\varepsilon \approx 18$ bei PKW; $\varepsilon \approx 20$ für NFZ)
- Sehr hohe Einspritzdrücke (1.600 bis 2.400 bar)
- Mehrloch-Einspritzdüsen (Optimierte Düsenlöcher und -durchmesser. 6 bis 8 Löcher)
- Angepasstes Einspritzgesetz
- Abgasturboaufladung (ATL) mit Ladeluftkühlung (LLK)
- Zweistufige Aufladung oder Turbo Compound Aufladung mit LLK bei NFZ
- Gekühlte Abgasrückführung (AGR)
- Hohe Verbrennungsspitzendrücke (bis 200 bar bei NFZ)
- Minimale Spalträume im Brennraum
- Oxidationskatalysator
- $DeNO_x$-Adsorberkatalysator für PKW, und SCR für NFZ
- Partikelfilter (mit Additiven oder CRT)
- OBD

Die Erfüllung der extrem strengen US-Abgasgrenzwerte ab 2010 wird nicht nur höchste Ansprüche an die Reduzierung der Motor-Rohemission stellen, sondern zusätzlich den Einsatz von Systemen zur Abgasnachbehandlung mit Wirkungsgraden von mindestens 90 % erfordern. Zu all diesen Maßnahmen, die zur Verringerung der schädlichen Abgasemission dienen, gehört auch die Verbesserung der Qualität von Dieselkraftstoffen. Sie wird sich einerseits sofort bei allen Fahrzeugen im Verkehr positiv auswirken und andererseits die richtige Funktion von vielen Abgasnachbehandlungssystemen erst ermöglichen [24].

5.6 Kraftstoffverbrauch und CO_2-Emission

Der niedrige Kraftstoffverbrauch des Dieselmotors hat vor allem dazu beigetragen, dass der Dieselmotor ein fast ausschließliches Antriebsaggregat für NFZ geworden ist und eine immer größere Bedeutung auch im PKW-Bereich erlangt. Bei den Bemühungen den CO_2-Ausstoß des Straßenverkehrs zu minimieren, spielt deswegen der Dieselmotor eine wichtige Rolle. Im **Bild 5.26** sind CO_2-Emissionen von PKW mit Otto- und Dieselmotoren in Abhängigkeit vom Fahrzeuggewicht dargestellt.

Im Bereich des Güterverkehrs spielen die Betriebskosten eine sehr wichtige Rolle. Sie sind vor allem durch Kraftstoffkosten beeinflusst, weil diese mit über 70 % die Gesamtbetriebskosten über die Lebensdauer eines Nutzfahrzeugs ausmachen können (**Bild 5.27**).

Die bisherigen Erfolge bei der Senkung des Kraftstoffverbrauches und damit der CO_2-Emission bei Nutzfahrzeugen, sind im **Bild 5.28** dargestellt.

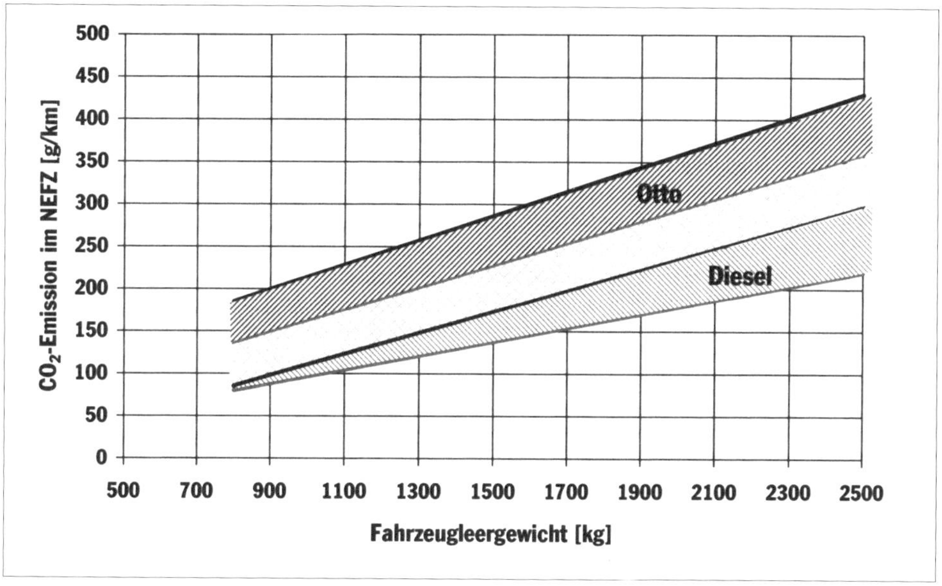

Bild 5.26: CO_2-Emissionen und Fahrzeuggewicht

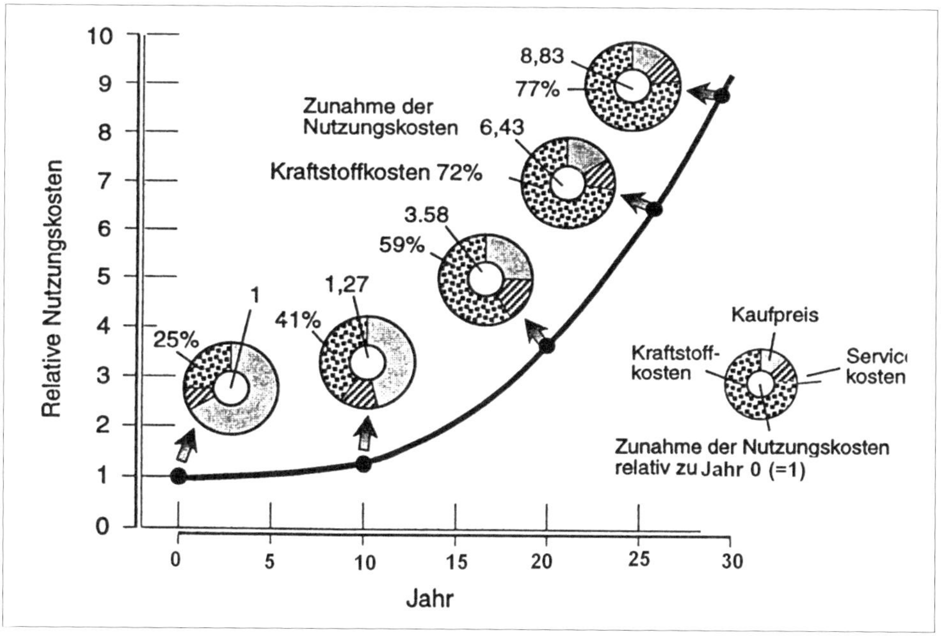

Bild 5.27: Betriebskosten während der NFZ-Nutzungsdauer [Quelle: JSAE]

Mit der Anforderung die Euro 4 und Euro 5 Abgasgrenzwerte im PKW-Bereich sowie Euro IV und US-Abgasgrenzwerte 2007 für NFZ zu erfüllen, läuft der Dieselmotor die Gefahr,

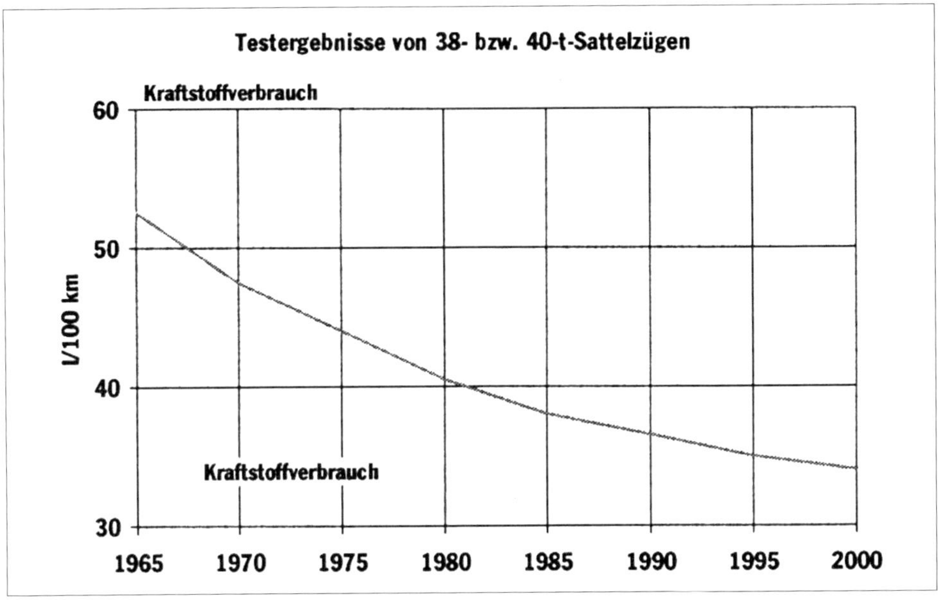

Bild 5.28: Entwicklung des Kraftstoffverbrauches von Fernverkehr NFZ [Quelle: DaimlerChrysler]

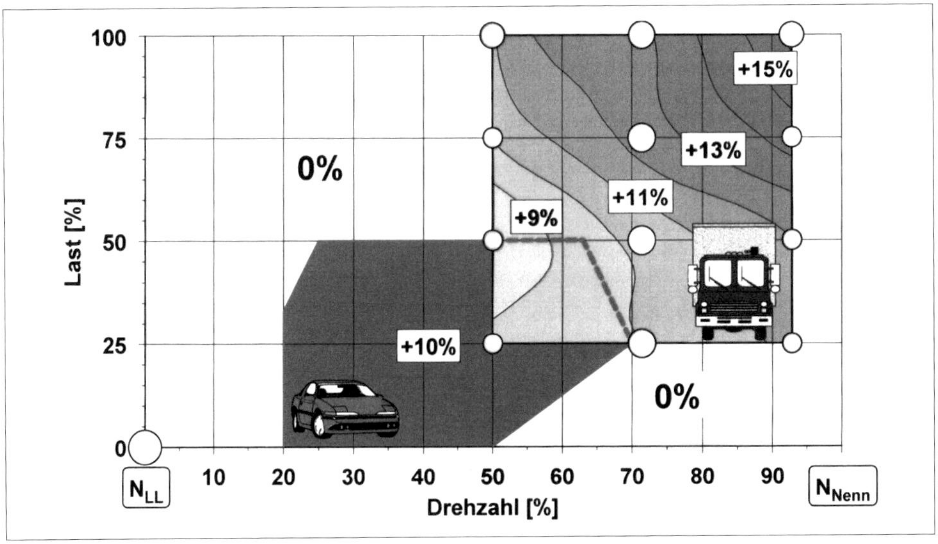

Bild 5.29: Verbrauchserhöhung beim Dieselmotor durch Maßnahmen zur NO_x-Reduzierung [Quelle: Bosch]

seine bisher unbestrittene Sparsamkeit zu verlieren. Die Reduzierung der NO_x-Emission mit SCR-Katalysatoren um 60 %, kann, durch erforderliche Regenerationsvorgänge, den Kraftstoffverbrauch um 10 bis 15 % erhöhen (**Bild 5.29**). In ähnlicher Größenordnung steigt der Kraftstoffverbrauch beim Dieselmotor, wenn er die niedrigen vorgeschriebenen Euro 5 Grenzwerte für die PM-Emission erfüllen soll.

5.7 Geräuschemission

Ausgehend vom Stand der 70er Jahre, als der Grenzwert für PKW-Außengeräusch-Emission in mehreren Stufen von 82 dB(A) auf 74 dB(A) abgesenkt wurde, wurde bei NFZ die Geräuschemission von 91 dB(A) auf den, seit 1995 vorgeschriebenen Wert von 80 dB(A) festgelegt. Diese Reduktion bedeutet, dass ein NFZ des Baujahres 1974 so laut ist, wie acht bis zwölf NFZ des Baujahres 2004 (**Bild 5.30**).

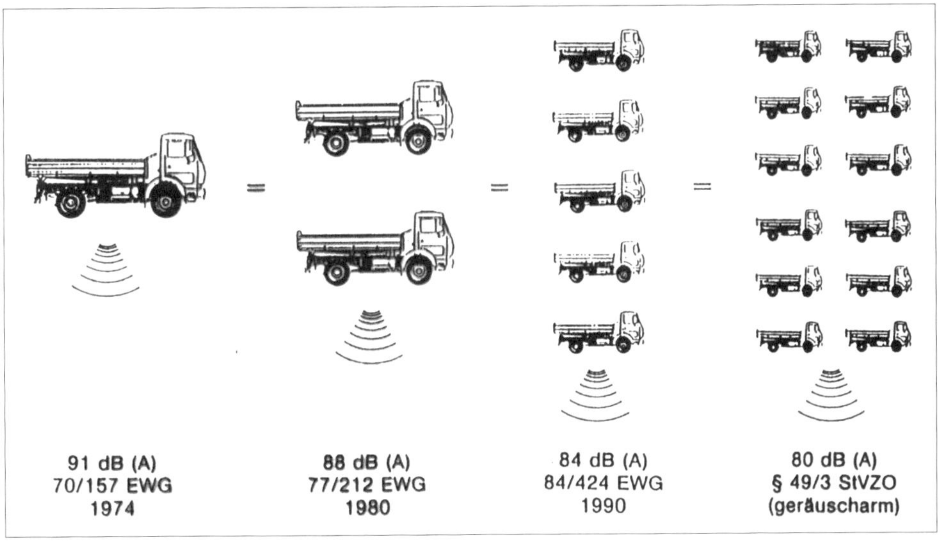

Bild 5.30: Verringerung der Geräuschemission von NFZ seit 1974 [Quelle: Ebner]

Das Nutzfahrzeug Außengeräusch stellt aber noch immer eine technische Herausforderung dar. NFZ haben an der Geräuschbelästigung der Umwelt wesentlich mehr Anteil als PKW, weil sie ihre volle Motorleistung viel häufiger in Ortsgebieten in Anspruch nehmen. Ein NFZ verursacht beim Betrieb auf der Straße etwa so viel Lärm wie 5 bis 10 PKW zusammen. Die Reduzierung des Geräusches auf das verlangte Niveau ist nur durch fahrzeugtechnische Maßnahmen an allen Teilschallquellen möglich (**Bild 5.31**) [25, 26, 36].

Dominant in einem NFZ ist zunächst die Geräuschquelle Motor, als Folge von Verbrennungs-, Ansaug-, Abgas-, Ventil-, Zahnräder- und Lüftergeräuschen. Motorgeräusche beim Dieselmotor hängen noch von der Zylinderbohrung und der Motordrehzahl ab. Als heraus-

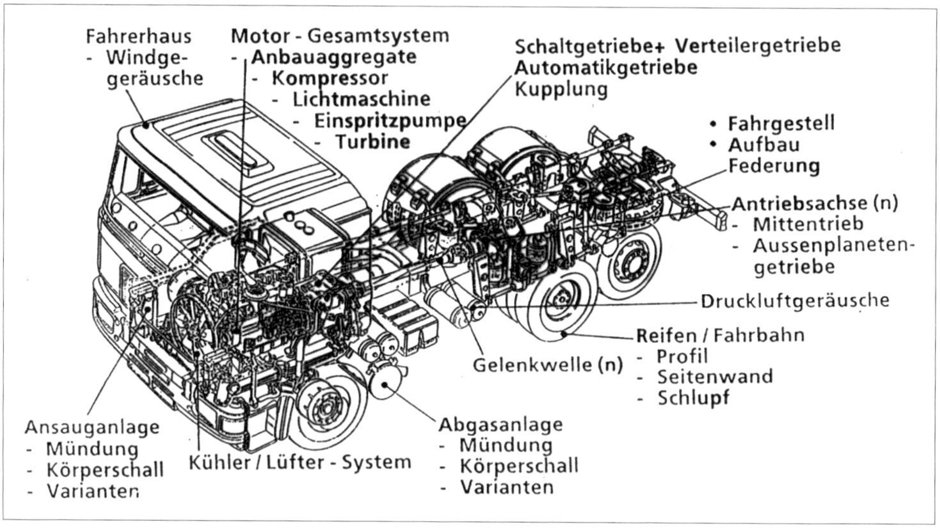

Bild 5.31: Wichtige Teilschallquellen am Nutzfahrzeug [Quelle: MAN]

ragendes Geräusch erscheint oft das von Kurbeltrieb ausgehendes Geräusch, als Folge von Massenkräften (oszillierende Teile, wie Kolben, Pleuel, Pleuelstange).

Durch aktive Maßnahmen an der Quelle selbst, wie z.B.

- wirksame Abgasschalldämpfer
- Ansaugluftschalldämpfer
- Drehzahlbegrenzung (mittlere Kolbengeschwindigkeit $c_m < 12$ m/s)
- Kühler-Lüfter-Gruppe (Drehzahl)
- Optimierung des Hub-Bohrungs-Verhältnisses

können Geräuschabsenkungen in der Größenordnung von 6 bis 10 dB(A) erreicht werden [25, 26].

Die elastische Lagerung von Motor, Getriebe, Gelenkwellen, Vorderachse, Hinterachse Abgas-Schalldämpfer, Katalysatoren, Partikelfilter, Luftfilter, Kühler usw. führt zu Reduzierung der Körperschallübertragung und ist eine wesentliche Voraussetzung zur Geräuschminderung. Durch den Einsatz höher dämpfender Werkstoffe, wie z.B. geschäumter Aluminium („Aluschaum“) kann eine Verbesserung der akustischen Eigenschaften des Motors auch erreicht werden.

Für weitere Reduktionen kommen praktisch nur passive Maßnahmen zum Einsatz, welche die Schallausbreitung in irgendeiner Weise unterbinden. Dazu zählen: integrierte Motorkapsel, fahrzeuggebundene Verkleidungen und völlig geschlossene Kapselungen.

Größte geräuschmindernde Erfolge [10 bis 15 dB(A)] werden durch Kapselung des Motorraumes erzielt. Die Hauptaufgabe der Motorkapselung besteht darin, möglichst wenig

Geräusch aus dem Motorraum austreten zu lassen, dabei aber alle Zu- und Abführungen (Luft, Wärme, Abgas, Leitungen usw.) nicht zu behindern.

In **Bild 5.32** sind Maßnahmen aufgezeichnet, durch die der Schritt der Geräuschreduzierung bei NFZ, von 84 dB(A) auf 80 dB(A) möglich war.

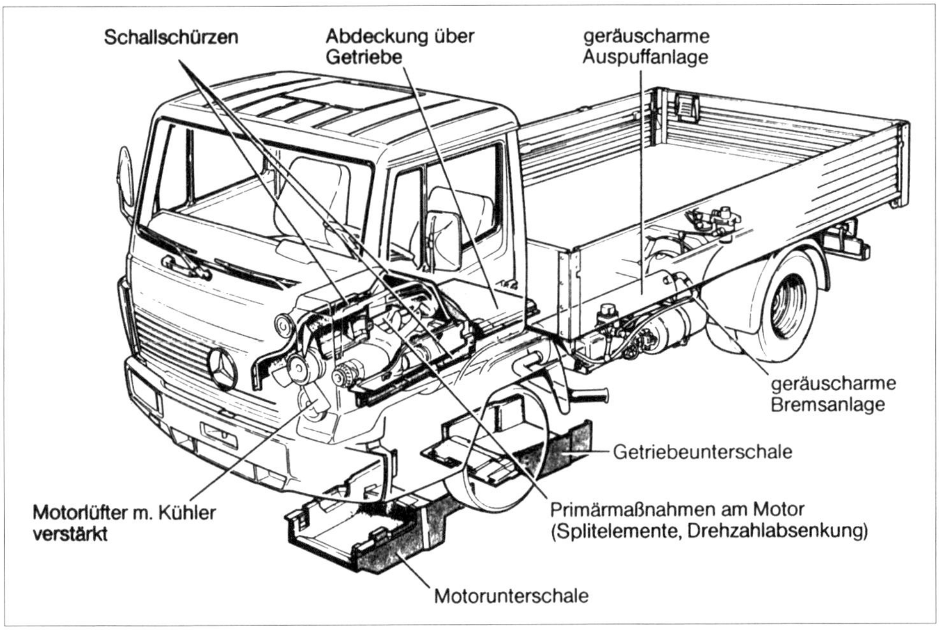

Bild 5.32: Maßnahmen zur Geräuschreduzierung an NFZ [Quelle: Daimler Chrysler]

Durch die aufgezählten fahrzeugseitigen Maßnahmen wurde eine Situation geschaffen, dass ¾ des gesamten Vorbeifahr-Schallpegels im ISO-Zyklus bei modernen NFZ, dem Reifen-Fahrbahn-Geräusch zuzuordnen ist [24, 25, 26].

Bereits bei Geschwindigkeiten ab 40 km/h werden Straßenverkehrsgeräusche eindeutig von Reifen-Fahrbahn-Geräuschen dominiert. Die Rollgeräusche von NFZ sind, wegen ihrer Reifengröße, deutlich lauter als beim PKW.

Folgende Maßnahmen werden als Potentiale für weitere Geräuschminderung bei NFZ identifiziert:

- geräuscharme Reifen (Längs- und Traktionsprofil) ca. 2–7 dB(A) (**Bild 5.33**)
- geräuscharme Fahrbahnbelage („Flüsterasphalt“) ca. 4–6 dB(A) (**Bild 5.34**)

Eine der Grundvoraussetzungen für die Verwendung dieser beiden Maßnahmen ist jedoch, dass die Fahrsicherheit in keiner Weise beeinträchtigt werden darf.

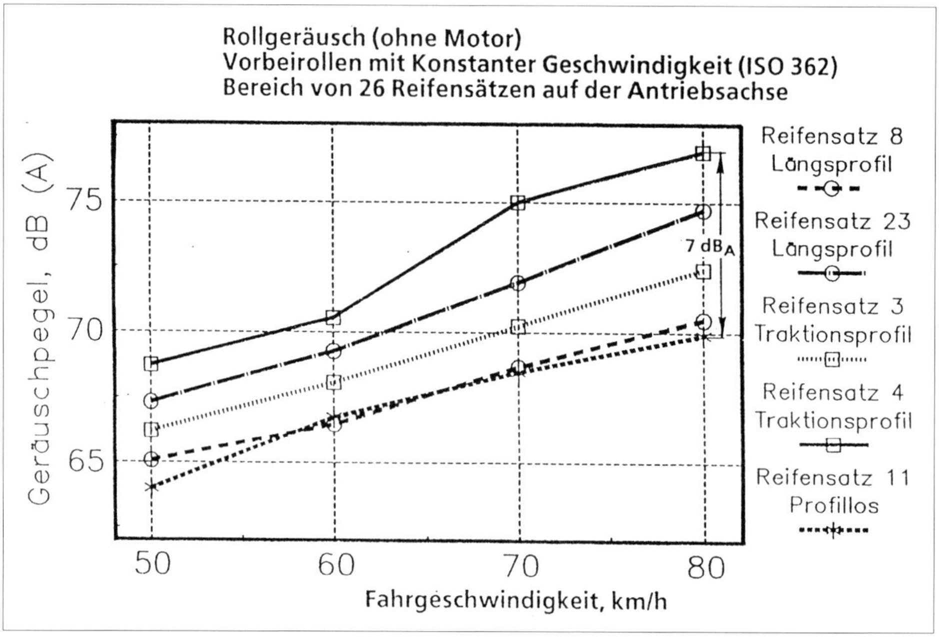

Bild 5.33: Einfluss des Reifenprofils auf den Geräuschpegel [Quelle: MAN]

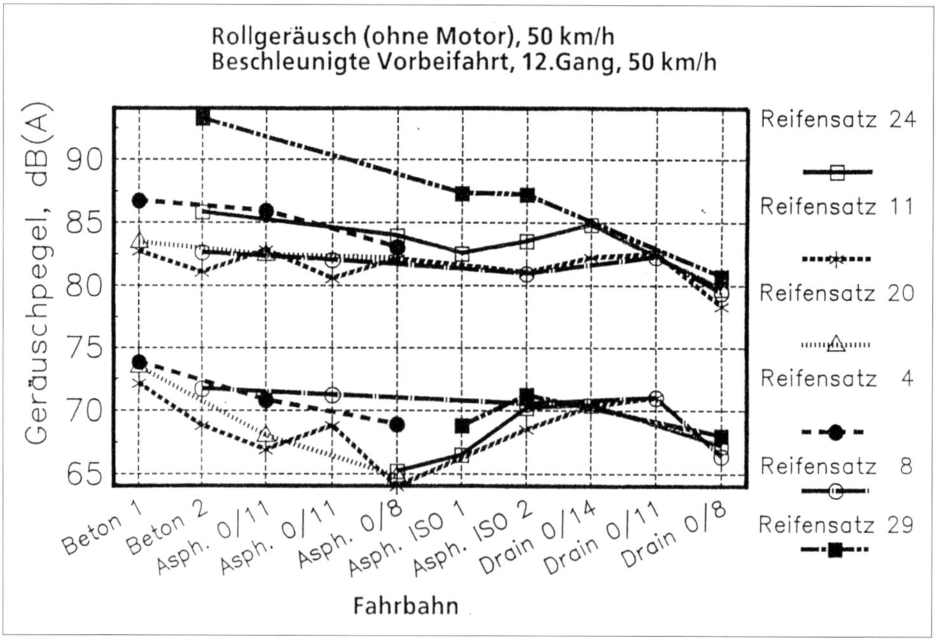

Bild 5.34: Einfluss der Fahrbahnoberfläche auf den Geräuschpegel [Quelle: MAN]

Der heute erzielte, hohe akustische Stand der Fahrzeuge ist allerdings mit einem Fahrzeugmehrgewicht von 100 bis 250 kg verbunden. Mehr als die Hälfte davon hat ihren Grund in akustischen Maßnahmen am Motor, seinen Zusatzaggregaten und seinen Zusatzsystemen (z.B. Abgasanlage).

Die Aufgabe der nächsten Schritte bei der Geräuschreduzierung ist es deshalb, möglichst viele Maßnahmen anzuwenden, ohne dabei ein Mehrgewicht an den Fahrzeugen zu verursachen. Dazu ist es notwendig, dass zunächst die Schallentstehung möglichst verhindert wird und dass die Resonanzen in der Kette „Schallquelle – Schallübertragung – Schallabstrahlung" durch die entsprechende Abstimmung aller Eigenfrequenzen und Dämpfungen vermieden werden.

Alle geeigneten technischen und konstruktiven Maßnahmen können zusätzlich durch die Fahrweise, d.h. durch ein vernünftiges und moderates Fahrverhalten, mit niedriger Motordrehzahl unterstützt werden und dadurch zu deutlicher Lärmminderung, sowohl beim PKW- als auch beim NFZ-Betrieb, wesentlich beitragen. Durch die Kombination von Straßenbelag und der Fahrweise, kann der Geräuschpegel um bis zu 10 dB[A] gesenkt werden.

Literatur

[1] *Borgmann, K.,Hiemesch, O.*: The Diesel Engine. Traffic and Environment. Heidelberg: Springer-Verlag, 2003

[2] *Cartellieri, W.P., Schukoff, B.*: Die direkte Einspritzung als Verbrennungsverfahren für leichte Dieselmotoren. FISITA-Kongress, Budapest, 1978

[3] Die Stickoxidemission – die Herausforderung an den Dieselmotor. 2. Dresdner Motorenkolloquium, 1997

[4] *Gärtner, U., Koch, Th.*: Verdichtungsverhältnis und Zylinderspitzendruck. Einfluss auf das thermodynamische Verhalten von NFZ-Dieselmotoren. MTZ 66 (2005) 1

[5] *Moore, K.*: Engine Strategies for Euro 3 and beyond. Automotive Engineer. Sept. 2004

[6] VDA – Technischer Kongress, Frankfurt, 1999

[7] *Krüger, M., Nisius, P. u.a.*: Ein kompaktes Feststoff-SCR-System als NOx – Minderungsmaßnahme im PKW und leichten Nutzfahrzeug. MTZ 64 (2003) 6

[8] Truck de NOx Strategies stir controversy. Automotive Engineer. Sept. 2004

[9] *Ebner, S., Flörchinger, P.*: Systeme zur Abgasnachbehandlung in Nutzfahrzeugen. MTZ 65 (2004) 9

[10] *Frank, W., Hüthwohl, G. u.a.*: SCR–Technologie für Nutzfahrzeuge. MTZ 65 (2004) 9

[11] ACEA-Programme on emissions of fine particles from passenger cars. ACEA-Report, Brüssel, 1999

[12] *Schunart, K.*: Die Bedeutung des Dieselmotors als Antriebsmaschine für Kraftfahrzeuge. 60 Jahre MTZ, 1999

[13] *Cartellieri, W.*: Entwicklungspotential des Nutzfahrzeugmotors hinsichtlich Abgasemission und Kraftstoffverbrauch. Essen: HTD, 1995

[14] *Monaghan, M.*: How long will the light duty diesel be with us? Automotive Engineer, June 1999

[15] *Nozi, A., Montali, M.*: Truck and Environment: an industrial approach. Ingenieurs de l'automobile. Juin-Juillet, 1999

[16] *Held, W.*: Die Weiterentwicklung des Nutzfahrzeugdieselmotors unter Euro3-Gesichtspunkten. 5. Aachener Kolloquium Fahrzeug- und Motorentechnik, 1995
[17] 10 Jahre TDI-Motor von Audi. MTZ Sonderausgabe, 1999
[18] *Chmela, F.G., Jager, P. u.a.*: Emissionsverbesserung an Dieselmotoren mit Direkteinspritzung mittels Einspritzverlaufsformung. MTZ 60 (1999) 9
[19] *Peters, A.*: Das Common Rail-Einspritzsystem – Ein Potential für den Direkteinspritz-Dieselmotor. 3. Stuttgarter Symposium Kraftfahrwesen- und Verbrennungsmotoren 1999
[20] *Marquardt, K-J., Tillmann, B. u.a.*: Ein Abgasnachbehandlungssystem für Dieselmotoren auf Basis der SCR-Technologie. 3. Stuttgarter Symposium Kraftfahrwesen- und Verbrennungsmotoren, 1999
[21] U.S. interest will boost metallic additives. World Refining. July/August 1999
[22] Harnstoffverfahren für Dieselmotoren. Umweltmagazin, Juni 1998
[23] *Braunschweig, M., Czarnecki, Th.*: On-Board-Diagnose bei Dieselmotoren. MTZ 65 (2004) 7–8
[24] *Moser, F.X.*: Dieselmotor. Gesetzgeberisches Augenmaß gefordert. MTZ 65 (2004) 7–8
[25] Geib, W.: Fahrzeugakustik. Komplexität, Zielkonflikte, Potentiale. Essen: Haus der Technik, 1996
[26] *Kürer, R.*: Lärmminderung bei Nutzfahrzeugen. Automobil Revue, Nr. 4/1989
[27] *Christmann, R., Schmalze, H.P. u.a.*: Zweistufig geregelte Aufladung für PKW- und NFZ-Motoren. MTZ 66 (2005) 1
[28] *Schömmers, J., Mürwald, N. u.a.*: Der neue 4,0 L-V8-Dieselmotor von Mercedes-Benz. MTZ 67 (2006) 1
[29] *Koebel, M.*: Chemie der selektiven katalytischen Reduktion von Stickoxiden mit thermischen Zersetzungsprodukten von Harnstoff. Luftreinhaltung (1988) 6
[30] 26 Internationales Wiener Motorensymposium. Wien 2006
[31] *Müller, W., Jacob, E.*: Stickoxidreduktion bei SCR-Technik. MTZ-Extra, Nov. 2006
[32] *Hoßfeld, Ch., Ranalli, M.*: Katalysatorkonzept zur Reduzierung des Dieselpartikel-Volumens. MTZ 67 (2006) 9
[33] *Boger, Th., Rose, D. u.a.*: Untersuchungen der Eigenschaften neuer Dieselpartikelfilter. MTZ 66 (2005) 9
[34] *Braunschweig, M., Czarecki, Th.*: On-Board Diagnose bei Dieselmotoren. MTZ 65 (2004) 9
[35] Diesel come under pressure. AutomobilEngeenering. January 2007
[36] *Höfler, D., Priebisch, H. u.a.*: Geräuschreduktion von Motorbauteilen durch hoch dämpfende Werkstoffe. MTZ 67 (2006) 1

6 Betriebsstoffe und Umwelt

6.1 Einleitung

Eine der billigsten und bequemsten Energiequellen der Erde stellt seit über 150 Jahren das Erdöl dar. Die Entdeckung dieser Energiequelle Mitte des 19. Jahrhunderts hat eigentlich den Weg für die etwas später stattgefundene Erfindung des Hubkolbenverbrennungsmotors geebnet. Aus dem Erdöl können unterschiedliche Kraftstoffe gewonnen werden (**Bild 6.1**), wovon das Benzin und der Dieselkraftstoff die bekanntesten sind.

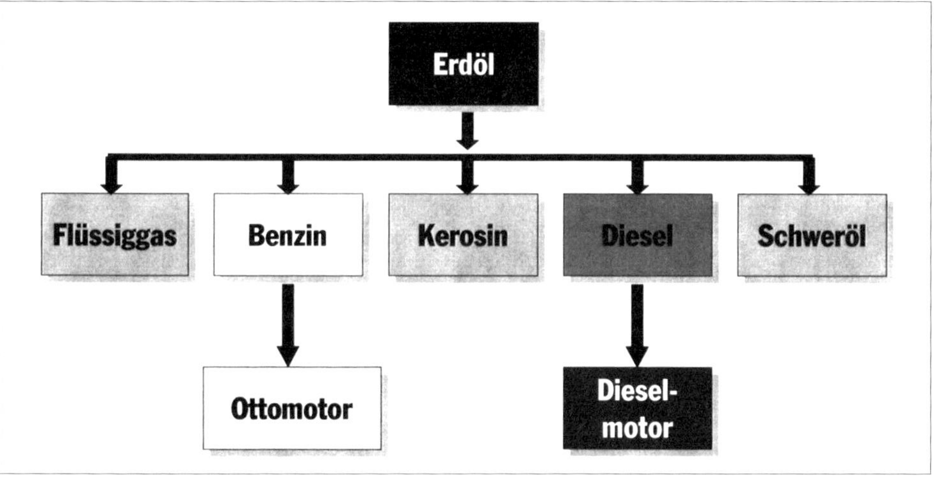

Bild 6.1: Kraftstoffe und Motoren

Diese zwei Hauptkraftstoffe, die aus dem Erdöl gewonnen werden, haben durch ihre Eigenschaften bestimmt, wie die Verbrennungsmotoren, in denen sie verwendet werden, auszusehen haben. Die Eigenschaften von Otto- und Dieselmotoren hängen eindeutig von den Kraftstoffeigenschaften ab. Diese Symbiose zwischen einem bequemen und relativ preiswerten Kraftstoff und einem relativ einfachen und effizienten Verbrennungsmotor hat zu der massenhaften Ausbreitung dieses Antriebsaggregats in allen Sparten der menschlichen Gesellschaft geführt. Fast ausschließliche Anwendung fand der Verbrennungsmotor als Antriebsaggregat im Automobilbau.

Trotz zahlreicher Versuche konnte sich bislang kein anderes alternatives Antriebsaggregat neben dem Otto- und Dieselmotor durchsetzen. Diese beiden Verbrennungsmotoren haben sich als die besten Maschinen für die Umsetzung der chemischen Energie der Kraftstoffe in die mechanische Arbeit erwiesen.

6.2 Kraftstoffe und Motoreigenschaften

6.2.1 Siedekurve

Ohne Kraftstoff gäbe es keinen Verbrennungsmotor. Dies bedeutet jedoch nicht, dass jeder beliebiger Kraftstoff in Verbrennungsmotoren eingesetzt werden kann. Wie sensitiv Motoren auf die Kraftstoffeigenschaften reagieren, zeigt die Aufteilung nach Otto- und Dieselmotoren, entsprechend der Siedekurve des Erdöls (**Bild 6.2**).

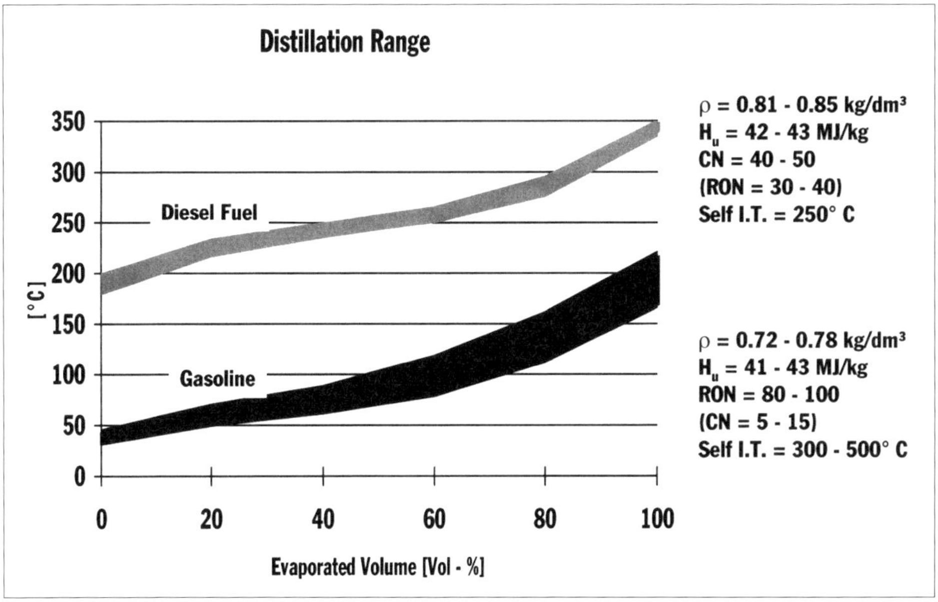

Bild 6.2: Charakteristische Eigenschaften von Otto- und Dieselkraftstoffen

Ein Benzin besteht aus 200 bis 300 unterschiedlichen Kohlenwasserstoffen, mit Siedegrenzen, die zwischen Raumtemperatur (ca. 25 °C) und ca. 220 °C liegen. Nach dem heutigen Kenntnisstand können Benzine nur in Ottomotoren, d.h. in einem überwiegend homogenen, fremdgezündeten Kraftstoff-Luft-Gemisch gut verbrennen. Dieselkraftstoffe, mit Siedegrenzen zwischen etwa 180 und 350 °C, eignen sich für die Verbrennung in heterogenen, selbstgezündeten Gemischen.

Alle Versuche, Benzin in Dieselmotoren oder Dieselkraftstoff in Ottomotoren zu verwenden, sind bislang ohne Erfolg geblieben. Der Traum von einem Vielstoffmotor, der in der Lage wäre, alle Kraftstoffe aus Raffinerieprozessen zu verbrennen, kann mit Rücksicht an die Anforderungen, die ein moderner Verbrennungsmotor zu erfüllen hat, nicht realisiert werden. Damit bleiben Otto- und Dieselmotoren auch für die absehbare Zukunft die

Haupttransformationsmaschinen für die Umwandlung der chemischen Energie der Kraftstoffe in mechanische Arbeit.

Die Siedekurve des Erdöls entscheidet nicht nur über die Menge an Benzin und Dieselkraftstoff, sie übt auch innerhalb einer Kraftstoffsorte einen sehr großen Einfluss auf das Betriebsverhalten des Motors aus. Im **Bild 6.3** sind beispielhaft die Bereiche der Siedekurve gekennzeichnet, die für das Verhalten des Ottomotors von besonderer Bedeutung sind.

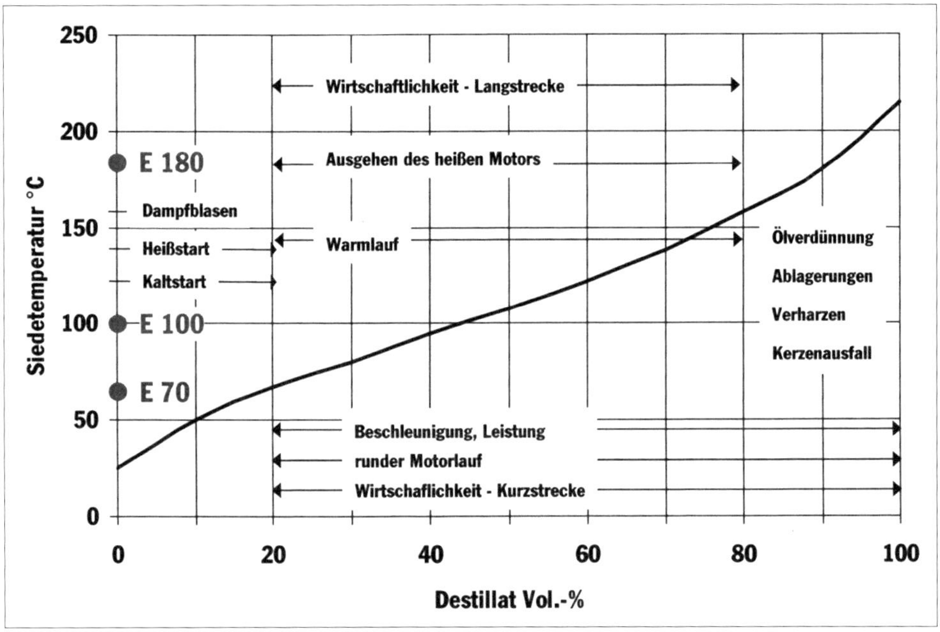

Bild 6.3: Siedekurve eines Kraftstoffs für Ottomotoren (Benzin)

Um den steigenden Anforderungen der modernen Motorentechnik zu entsprechen, sollte das Benzin eine Siedekurve aufweisen, die über dem gesamten Siedebereich weder zu hoch noch zu niedrig liegt. Neben den charakteristischen Punkten, wie Siedebeginn und Siedeende, sind in diesem Zusammenhang auch die Mengen an Kraftstoff die bei 70 °C, 100 °C und 180 °C verdampfen (Punkte E70, E100 und E180), für die Beurteilung eines Benzins sehr wichtig. Beim Dieselkraftstoff ist der Punkt T95, bei welchem 95 % der Kraftstoffmenge verdampft, von besonderer Bedeutung. Neben der Siedekurve sind noch viele andere Kenndaten des Kraftstoffes für die Eigenschaften des Motors wichtig (**Bild 6.4**).

Die physikalischen Eigenschaften des Kraftstoffs haben einen signifikanten Einfluss auf die Gemischbildung und die Verbrennung, sowohl in zeitlicher als auch in räumlicher Dimension. Der Grad der Zerstäubung und der Durchdringung des Einspritzstrahls hängt von Viskosität, Verdampfungsfähigkeit und der Dichte des Kraftstoffes ab. Die freigesetzte Energie von seinem Heizwert.

Benzin	**Diesel**
Chemische Struktur	Chemische Struktur
Dichte	Dichte
Heizwert	Heizwert
Siedekurve	Siedeende
Dampfdruck	Viskosität
Oktanzahl	Cetanzahl
Bleigehalt	Schwefelgehalt
Schwefelgehalt	Polyaromatengehalt
Additive	Additive

Bild 6.4: Wichtige Kraftstoffeigenschaften für Benzin und Dieselkraftstoff

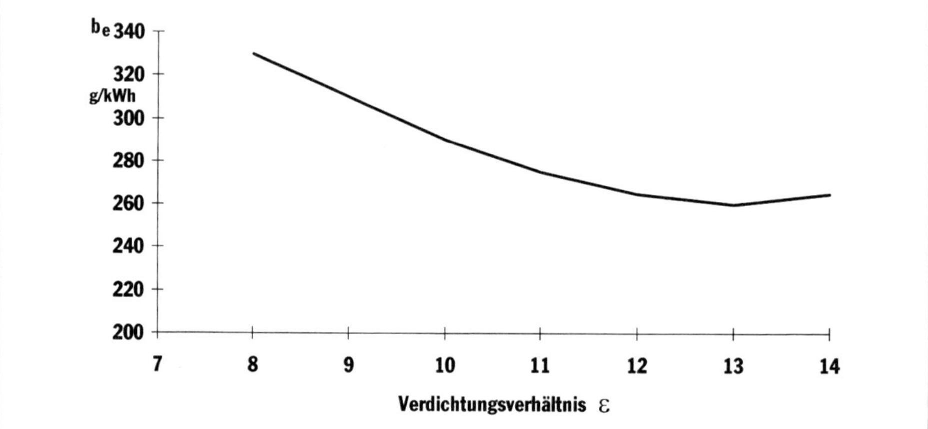

Bild 6.5: Verdichtungsverhältnis und Kraftstoffverbrauch (Ottomotor)

6.2.2 Oktanzahl

Schon bei der konstruktiven Auslegung des Ottomotors spielt die Oktanzahl des Benzins eine herausragende Rolle. Sie gibt Auskunft über die Klopffestigkeit des Kraftstoffes. Eine genügend hohe Oktanzahl ist für eine reguläre und effiziente Verbrennung im Ottomotor sehr wichtig.

Bei den Bemühungen den Kraftstoffverbrauch und damit die CO_2-Abgasemission bei modernen Motoren zu reduzieren, hat die Wahl des Verdichtungsverhältnisses eine große Bedeutung. Erst bei relativ hohen Verdichtungsverhältnissen zwischen $\varepsilon = 10$ und 12 werden niedrigste Kraftstoffverbräuche im Ottomotor erzielt (**Bild 6.5**).

Maßgebend für die Wahl des Verdichtungsverhältnisses ist die Höhe der Oktanzahl. Je höher die Oktanzahl ist, desto höher kann das Verdichtungsverhältnis für einen Motor gewählt werden (**Bild 6.6**). Aus vielen Versuchen und gesammelten Daten aus der Literatur, ergab sich das Bild einer positiven Auswirkung der Oktanzahl, nicht nur auf den Kraftstoffverbrauch, sondern auch auf die spezifische Arbeit (Leistung) (**Bild 6.7**). Wie feinfühlig ein Kraftstoff und ein Motor gegenseitig abgestimmt werden müssen, um die besten Ergebnisse zu erzielen, zeigt das **Bild 6.8**.

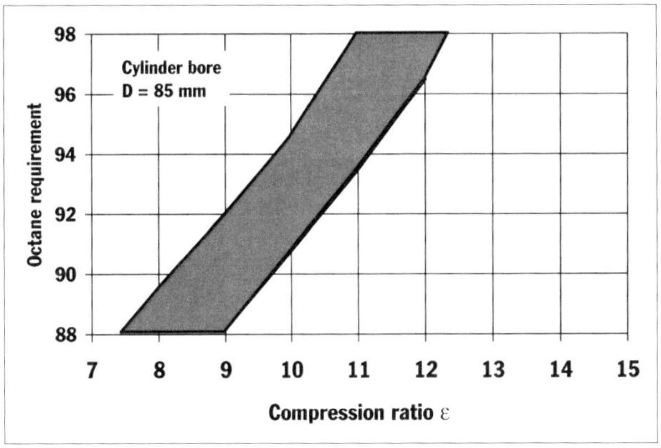

Bild 6.6:
Verdichtungsverhältnis und Oktananspruch

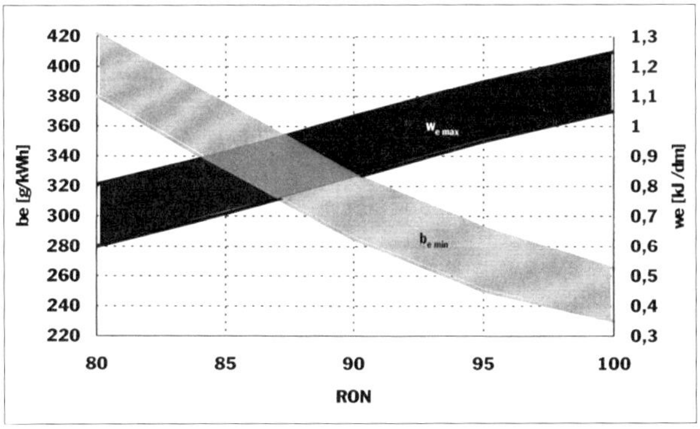

Bild 6.7:
Oktanzahl, minimaler spez. Kraftstoffverbrauch und max. spez. Arbeit

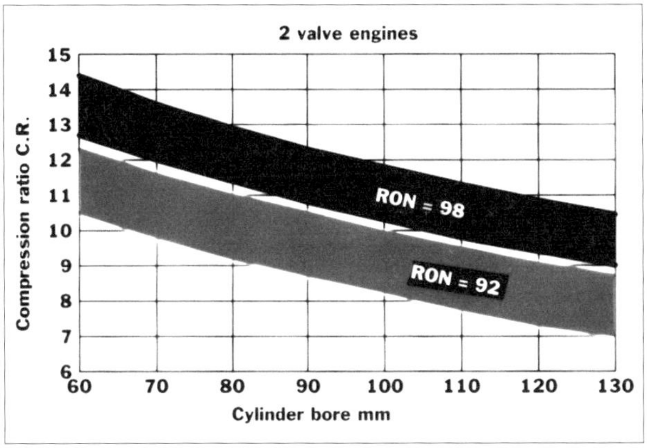

Bild 6.8:
Einfluss der Zylinderbohrung auf das optimale Verdichtungsverhältnis (Ottomotor)

Bei einem kompakten Brennraum, mit kleiner Zylinderbohrung und kurzen Flammenwegen zwischen der Zündkerze und den Endgaszonen, kann ein relativ hohes Verdichtungsverhältnis schon mit einer niedrigen Oktanzahl (ROZ = 92) realisiert werden. Bei größeren Zylinderbohrungen (lange Flammenwege) müsste für die gleiche Kraftstoffqualität ein deutlich niedrigeres Verdichtungsverhältnis gewählt werden um klopfende Verbrennung zu vermeiden, mit entsprechenden Auswirkungen auf den Kraftstoffverbrauch und die Leistung des Motors. Der eigentliche Oktananspruch eines Ottomotors ist allerdings nicht konstant, sondern hängt sehr stark von dem Motorbetriebszustand ab (**Bild 6.9**).

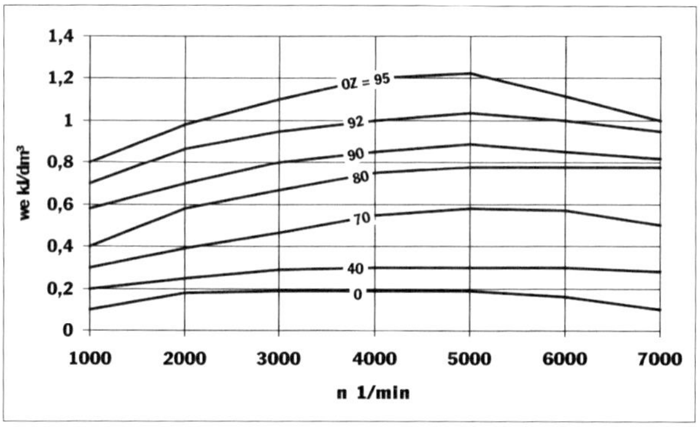

Bild 6.9:
Oktananspruch eines Ottomotors

Bei niedrigen Lasten findet auch mit niedrigen Kraftstoffoktanzahlen keine klopfende Verbrennung statt. Der tatsächliche Oktanbedarf des Motors wird ausschließlich aufgrund der Anforderungen der Volllast ermittelt.

Ein Motor mit variablem Verdichtungsverhältnis oder mit variabler Kraftstoffqualität (On-Board-Mischung der Kraftstoffe mit hoher und niedriger Oktanzahl) wäre theoretisch die richtige Antwort auf dieses Motorverhalten. Die praktische Realisierung so eines Motors stieß bislang auf unüberwindbare Schwierigkeiten.

6.2.3 Cetanzahl

Für das Betriebsverhalten des Dieselmotors ist die Cetanzahl sehr wichtig. Sie ist bei Dieselkraftstoffen ein Maßstab für die Zündwilligkeit bzw. für den Zündverzug, das Zeitintervall zwischen dem Moment der Kraftstoffeinspritzung in den Brennraum und dem Beginn der Verbrennung. Je höher die Cetanzahl desto kürzer ist der Zündverzug (**Bild 6.10**), d.h. desto besser kann der Verbrennungsvorgang im Dieselmotor beherrscht werden.

Die Schwierigkeiten bei der experimentellen Bestimmung der Cetanzahl führten zu der Definition eines rechnerischen Werts, des so genannten Cetanindex. Zwischen Cetanzahl und Cetanindex besteht eine eindeutige Korrelation. Auch zwischen der Oktanzahl und der Cetanzahl besteht ein enger Zusammenhang (**Bild 6.11**).

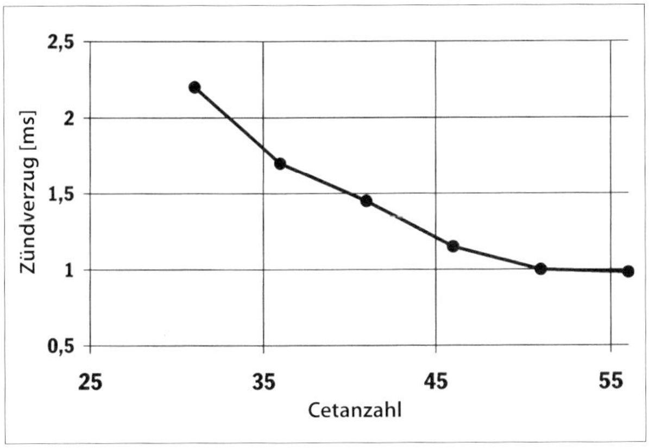

Bild 6.10:
Cetanzahl und Zündverzug

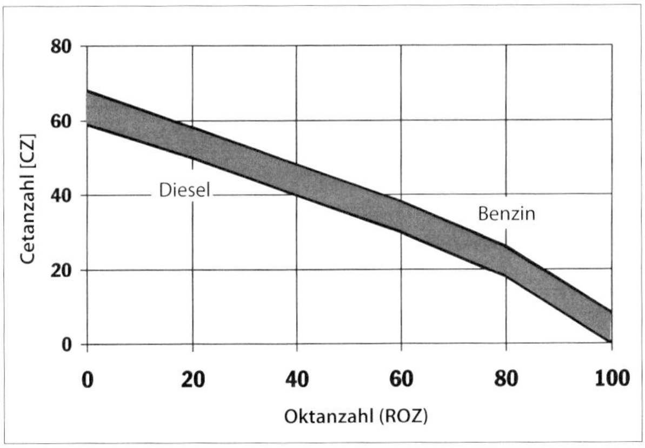

Bild 6.11:
Zusammenhang zwischen Oktan- und Cetanzahl

Je höher die Oktanzahl des Kraftstoffes ist, desto niedriger ist seine Cetanzahl – und umgekehrt.

Diese ausgewählten Beispiele der engen Abhängigkeit zwischen der Kraftstoffqualität und den Motoreigenschaften weisen darauf hin, dass der Kraftstoff genauso ein wesentlicher Bestandteil des Motors ist, wie andere wichtige Motorenteile: Kolben, Kurbelwelle, Ventile usw.

In der Motorenindustrie gehört zu einem normalen Alltag, dass die mechanischen Teile und Baugruppen des Motors in enger Zusammenarbeit mit der Zulieferindustrie in harten, umfangreichen Tests entwickelt werden. Eine ähnliche Zusammenarbeit zwischen der Automobilindustrie und der Mineralölindustrie bei der Kraftstoffentwicklung gab es in der Vergangenheit nicht. Für die weitere Entwicklung des Systems Motor-Kraftstoff ist sie jedoch von sehr großer Bedeutung.

6.3 Kraftstoffe und Abgasemission

Obwohl schon frühzeitig erkannt wurde, dass Kraftstoffe einen Einfluss auf die Abgasemission ausüben und daher für die Abgastests klar definierte Testkraftstoffe vorgeschrieben sind (Referenzkraftstoff, Direktive 99/96/EC), wird bis heute das Potential einer Schadstoffreduzierung durch die Kraftstoffzusammensetzung noch nicht vollständig ausgenützt.

Alle Verbindungen, die in Motorabgasen zu finden sind, mit Ausnahme von Stickstoffoxiden und des Sauerstoffs, haben ihren direkten Ursprung in der Kraftstoffzusammensetzung.

Kraftstoffe für Otto- und Dieselmotoren sind Mischungen von gesättigten und ungesättigten Kohlenwasserstoffen (Paraffinen, Olefinen, Aromaten) und können verschiedene sauerstoffhaltigen Komponenten enthalten. Schon die Strukturformel dieser Kohlenwasserstoffe verdeutlicht, dass ihre Verbrennungsprodukte eine sehr unterschiedliche Zusammensetzung haben müssen (**Bild 6.12**).

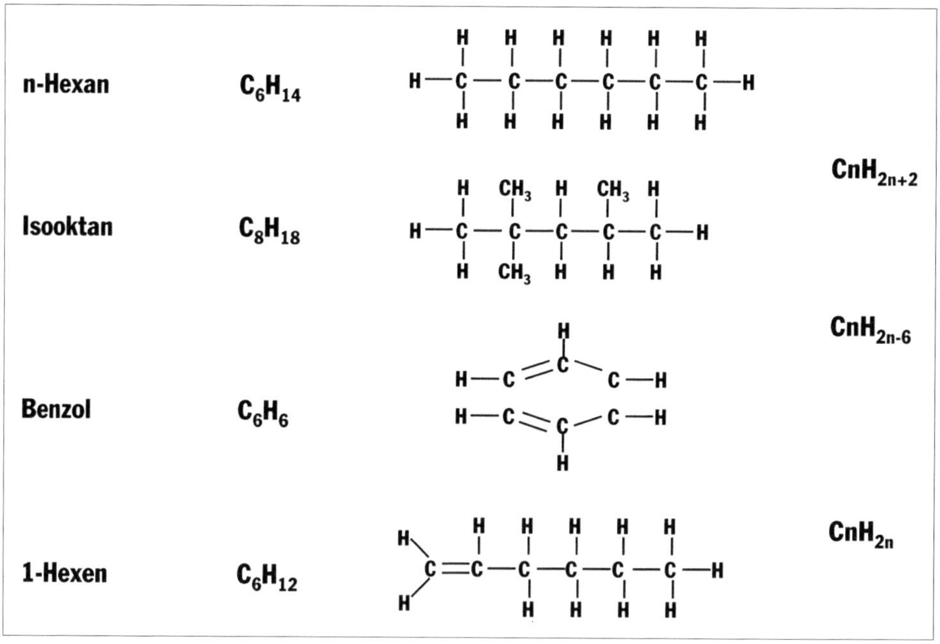

Bild 6.12: Gesättigte und ungesättigte Kraftstoffkomponenten

Die einzelnen Komponenten des Kraftstoffes verbrennen im Motor jeweils anders; die dabei entstehenden Verbrennungsprodukte werden im Katalysator nochmals unterschiedlich „umgesetzt". Es ist deshalb verständlich, dass unterschiede in der Kraftstoffzusammensatzung auch Auswirkungen auf die Abgaszusammensetzung haben.

6.3.1 Limitierte Abgaskomponenten

6.3.1.1 Ottomotor

Im Rahmen des Auto/Oil-Programms, das Ende der 90iger Jahre gemeinsam von der Automobil- und Mineralölindustrie sowie der Europäischer Union getragen wurde, wurde der Einfluss der Kraftstoffzusammensetzung auf gesetzlich limitierte Schadstoffkomponenten und die CO_2-Emission untersucht. Es wurde wiederholt festgestellt, dass fast alle Kraftstoffeigenschaften die Abgaszusammensetzung in erheblichen Maßen beeinflussen können.

Durch die Beeinflussung der Siedekurve und die Erhöhung der Siedemenge bei E100 von 35 % auf 65 % wird die CO-Emission durchschnittlich um 17 %, die HC-Emission um 10 bis 30 % und die CO_2-Emission um 5 % reduziert (**Bild 6.13**).

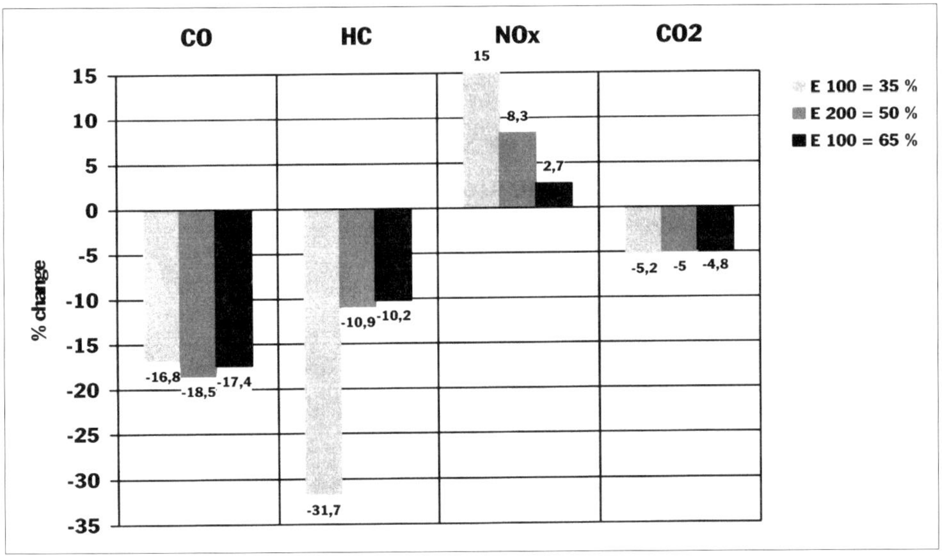

Bild 6.13: Auswirkungen der Verdampfungseigenschaften auf die Abgasemission [Quelle: Hublin]

Die Reduzierung des Aromatengehaltes im Kraftstoff stellt eine wirkungsvolle Maßnahme zur positiven Beeinflussung der CO-, HC- und NO_x-Emission dar. Auch durch die Senkung des Kraftstoffdampfdruckes ist z.B. eine deutliche Reduzierung der Verdampfungsemission erzielbar (**Bild 6.14**). Der Dampfdruck des Kraftstoffes (**RVP** – **R**aid **V**apour **P**ressure) ist der bestimmende Parameter des Kraftstoffs bei Kaltstart und Warmlauf des Motors.

Viele durchgeführte Untersuchungen haben gezeigt, dass durch die Kraftstoffzusammensetzung die Abgasemission eines Ottomotors deutlich beeinflusst werden kann (**Bild 6.15**):

- der Kraftstoffverbrauch und die CO_2-Emission um 3 bis 8 %
- die CO-Emission zwischen 20 und 25 %

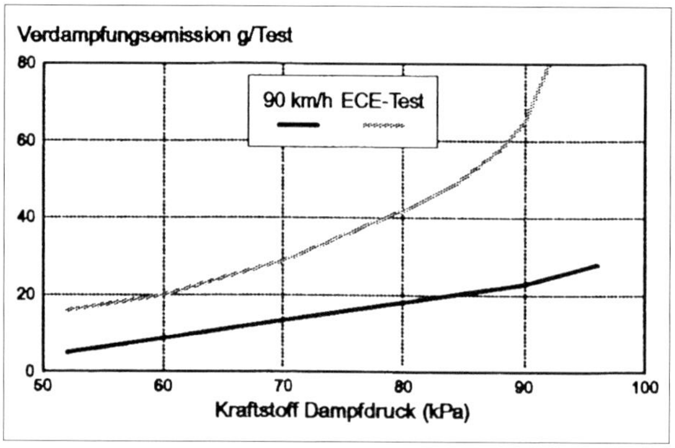

Bild 6.14:
Einfluss des Dampfdruckes auf KFZ-Verdampfungsemission [Quelle: Volvo]

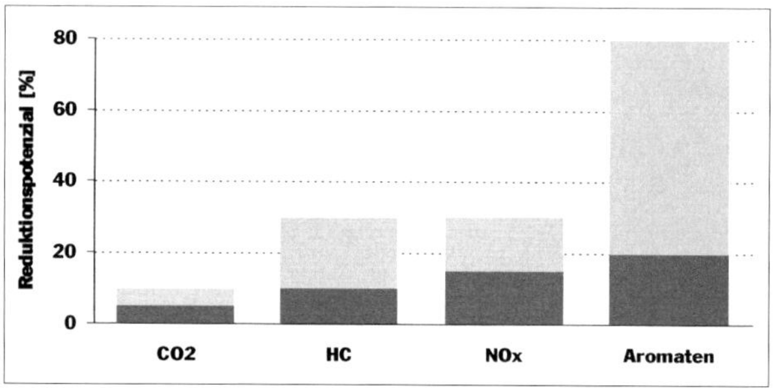

Bild 6.15:
Einfluss der Benzinzusammensetzung auf die Schadstoffemission

- die HC-Emission zwischen 10 und 30 %
- die NO_x-Emission zwischen 5 und 30 %
- die Gesamtaromatenmenge zwischen 20 und 80 %.

6.3.1.2 Dieselmotor

Auch beim Dieselmotor hat der Kraftstoff einen nicht zu vernachlässigenden Einfluss auf die Abgasemission. Hohe Cetanzahlen unterstützen nicht nur den Selbstzündungs- und Verbrennungsvorgang, sie wirken sich auch auf die Verminderung der Schadstoffe, insbesondere der Partikelemission, günstig aus (**Bild 6.16**).

Im EU-Auto/Oil-Programm wurde der Einfluss von Dieselkraftstoff auf das Abgasverhalten von Dieselmotoren mit direkter Einspritzung und Kammer-Dieselmotoren untersucht (**Bild 6.17**).

Die Kraftstoffeigenschaften, insbesondere die Cetanzahl und der Aromatengehalt sind für das Verhalten des Dieselmotors sehr wichtig. Es wurde ein signifikanter allgemeiner Effekt auf den spezifischen Kraftstoffverbrauch und die Abgasemission festgestellt:

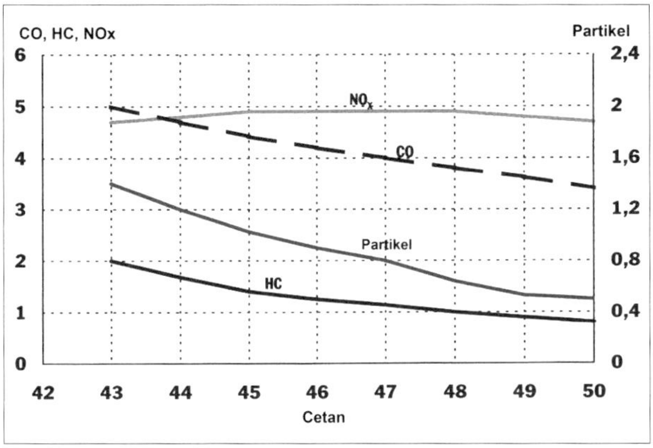

Bild 6.16: Einfluss der Cetanzahl auf die Emissionen [Quelle: Peugeot]

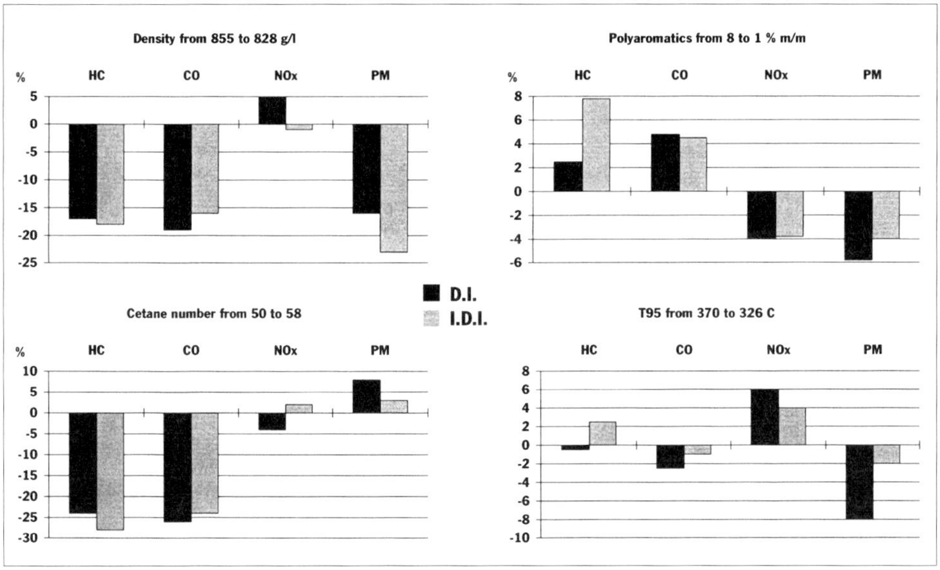

Bild 6.17: Auswirkungen der Änderung der Kraftstoffzusammensetzung auf Emissionen (DI- und IDI-Dieselmotoren) [Quelle: Hublin]

- der Kraftstoffverbrauch und die CO_2-Emission 2–6 %
- das Kohlenmonoxid (CO) 5–45 %
- die unverbrannten Kohlenwasserstoffe (HC) 10–60 %
- die Stickstoffoxide (NOx) 5–15 %
- die Partikel (PM) 5–35 %.

Die Cetanzahl bzw. die Selbstzündwilligkeit des Dieselkraftstoffs ist auch für die Härte der Verbrennung und damit für die Geräuschemission maßgebend. Bis zu 6 dB(A) kann die Geräuschemission eines Dieselmotors durch die Erhöhung der Cetanzahl positiv beeinflusst werden.

Ähnliche Ergebnisse über den Einfluss der Kraftstoffzusammensetzung auf die Abgasemission von Automobilabgasen wurden auch in den USA im Rahmen des US-Auto/Oil-Programms festgestellt [7].

6.3.2 Nichtlimitierte Abgaskomponente

Neben den „konventionellen", seit Jahrzehnten gesetzlich limitierten Schadstoffkomponenten, widmet der Gesetzgeber den so genannten nichtlimitierten Abgasbestandteilen immer mehr Aufmerksamkeit. Dazu gehören z.B. Benzol, polyzyklische aromatische Kohlenwasserstoffe (**PAH** = **P**olycyclic **A**romatic **H**ydrocarbons), Formaldehyd, Lachgas, Methan usw. In den USA werden noch so genante Air-Toxic-Components definiert, unter welchen man kanzerogene Abgaskomponente wie Benzol, Formaldehyd, polyzyklische aromatische Verbindungen usw. versteht. Auf alle diese Abgaskomponente sowie auf das so genannte Ozonbildungspotential hat die Kraftstoffzusammensetzung einen eindeutigen Einfluss.

Beispielhaft zeigt das **Bild 6.18** den Einfluss des Aromatengehaltes im Kraftstoff auf die Benzolemission im Abgas. Schon frühzeitige Versuche haben gezeigt, dass Benzol im Abgas vor allem eine direkte Folge des Benzol- und des Aromatengehaltes im Kraftstoff ist.

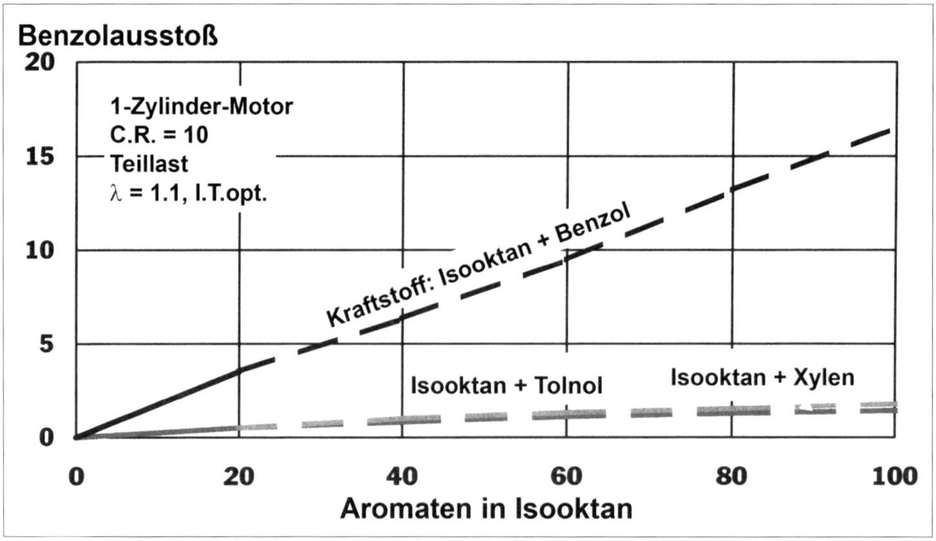

Bild 6.18: Einfluss der Aromaten im Kraftstoff auf den Benzolausstoß

Die Diskussion über die Reduzierung der Benzolemission aus Motorenabgasen war deswegen eng mit der Diskussion über die Kraftstoffzusammensetzung verbunden.

Durch eine Änderung der Kraftstoffzusammensetzung im Rahmen der gegenwärtigen Kraftstoffnorm kann die Benzolemission um 20 bis 30 % und die Formaldehydemission um 6 bis 8 % reduziert werden. Diese Erkenntnisse führten zu der Begrenzung der Benzolmenge im Ottokraftstoffen auf max. 1 Vol.%.

Die Einführung von so genannten Reformulated Gasoline (RFG, oder „Clean Fuels") in den USA hat seit 1995 zur Reduzierung von Verdampfungsverlusten (VOC = Volatile Organic Compounds) und der Air-Toxic-Components um mehr als 22 % geführt.

6.3.2.1 CO_2-Emission

In der öffentlichen Diskussion über nichtlimitierten Abgaskomponenten steht an erster Stelle das vollständige Verbrennungsprodukt, das Kohlendioxid (CO_2), wegen seines möglichen Einflusses auf den anthropogenen Teil des Treibhauseffektes und damit auf das Klima. Die CO_2-Menge im Abgas hängt eindeutig von dem C-Gehalt im Kraftstoff ab. Die erste Aufgabe der Automobilindustrie, bei der Diskussion über die CO_2-Emission besteht darin, den Kraftstoffverbrauch ihrer Fahrzeuge zu reduzieren. Die CO_2-Emission ist bei fossilen Kraftstoffen direkt dem Kraftstoffverbrauch proportional. Für benzinbetriebene Ottomotoren gilt:

$$CO_2\ [\text{g/km}] \approx 24 \times B\ [\text{l/100 km}] \qquad [(23{,}6 - 24{,}1) \times B]$$

Für Dieselmotoren und Dieselkraftstoffe wird mit folgendem Umrechnungsfaktor gerechnet:

$$CO_2\ [\text{g/km}] \approx 27 \times B\ [\text{l/100 km}] \qquad [(26{,}3 - 29{,}2) \times B]$$

Wobei B der Kraftstoffverbrauch [l/100 km] ist.

Umfangreiche Entwicklungsarbeiten sind im Gange, um den Kraftstoffverbrauch von Automobilen zu reduzieren. Sie sind nicht nur auf den Motor beschränkt, sie erstrecken sich auch auf das Gesamtfahrzeug: sein Gewicht, seinen Luft- und Rollwiderstand, seinen Antriebsaggregat usw.

Die Reduzierung der CO_2-Emission in Rahmen der Selbstverpflichtung der Europäischen Automobilindustrie verlangt eine große Anstrengung aller Beteiligten, wenn man berücksichtigt, dass seit 1995 auch die Grenzen für Schadstoffemission mit den Stufen Euro 3 (2000) und Euro 4 (2005) zweimal verschärft wurden.

Bei der Suche nach Möglichkeiten, die CO_2-Emission zu reduzieren, darf der mögliche Beitrag des Kraftstoffes nicht außer Acht gelassen werden (**Bild 6.19**).

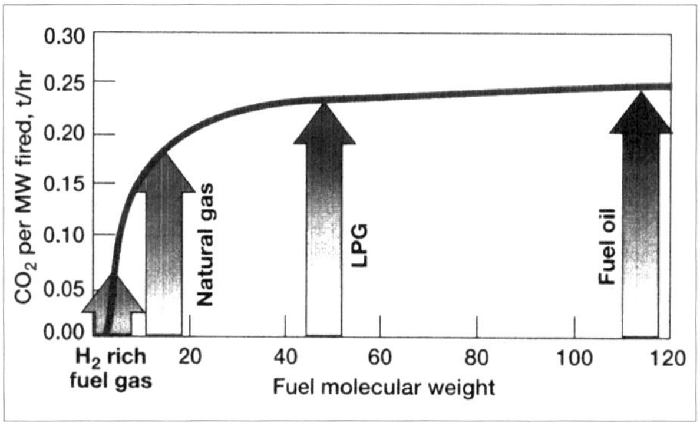

Bild 6.19: Einfluss der Kraftstoffzusammensetzung auf die CO_2-Emission [Quelle: PTQ]

Die Verringerung des Aromatengehaltes und die Erhöhung des Anteils an gesättigten Kohlenwasserstoffen trägt zur Reduzierung der CO_2-Emission bei. Zwischen 4 und 8 % Verminderung der CO_2-Emission kann bei einer Änderung der Kraftstoffzusammensetzung bei heute marktüblichen Kraftstoffen erreicht werden.

Der eindeutig merkbare Einfluss der Kraftstoffqualität auf die Abgaszusammensetzung sowohl bei Otto- als auch bei Dieselmotoren, rechtfertigt die Forderung der Automobilindustrie nach einer engeren Spezifikation und Normung der Kraftstoffe. Die Emissionen an gesetzlich limitierten Schadstoffen (CO, HC, NO_x und Partikel) können bis zu 30 % reduziert werden, die z. Zt. nicht limitierten Abgaskomponenten (Benzol, Formaldehyd, PAH, Schwefelverbindungen usw.) können von wenigen Prozenten bis zur vollen Eliminierung beeinflusst werden. Auch die CO_2-Emission kann signifikant, zwischen 2 und 6 %, vermindert werden.

Eine zusätzliche positive Seite der Verbesserung der Kraftstoffqualität liegt darin, dass sie sich sofort an der gesamten Fahrzeugpopulation der im Verkehr befindlichen Fahrzeuge (PKW und NFZ), ohne Rücksicht auf ihr Alter und Zustand, im Sinne einer Umweltentlastung auswirkt.

6.4 Anforderungen an Kraftstoffe

Wie schon betont, hängt die Auslegung des Verbrennungsmotors vor allem von der Art der verwendeten Kraftstoffe ab. Motoren haben sehr bestimmte Anforderungen an die Kraftstoffqualität, um die Aufgaben, für die sie gebaut sind zufrieden stellend zu erfüllen. Wie die Fahrzeuge und ihre Motoren haben sich auch Kraftstoffe seit über 100 Jahren ständig weiterentwickelt und sind heute mit den ursprünglichen Produkten kaum mehr vergleichbar.

Spezifikationen für Kraftstoffe sind in den letzten 40 Jahren einer evolutionären Entwicklung unterworfen. Vor 1970 wurden grundsätzlich keine Umweltaspekte an die Kraftstoffe gestellt. Anfang der 90er Jahre hat die amerikanische US-Environmental Protection Agency (EPA) das Potential zu einer Verringerung der Schadstoffemission an den im Verkehr befindlichen Fahrzeugen untersucht. Dabei wurde festgestellt, dass durch regelmäßige Wartung und technische Kontrolle der im Verkehr befindlichen Fahrzeuge, die Schadstoffemission um bis zu 30 % reduziert werden konnte. Um 15 % konnten die Schadstoffe durch bessere, sauberere bzw. durch so genannte „reformulierte" Kraftstoffe vermindert werden. Demgegenüber stand die Verminderung von Schadstoffen von nur 2 %, die durch eine weitere Verschärfung der damals gültigen Abgasgrenzwerte für Neufahrzeuge erreicht werden konnte.

Die Vorteile, die neue Motoren- und Abgasnachbehandlungskonzepte bieten, können nur dann voll ausgenutzt werden, wenn das gesamte System optimiert wird. Kraftstoffe, als wesentliche Bestandteile des Motors, mit ihren vielen Eigenschaften müssen in diesen Optimierungsprozess eingeschlossen werden.

Die kontinuierliche und wirkungsvolle Anpassung der Kraftstoffqualität an sich ständig ändernde Randbedingungen für Kraftfahrzeuge, die durch Anwendungstechnik, Abgas- und Geräuschgesetze, Sicherheit und eine Diversifizierung der Energieressourcen hervorgerufen werden, erfordert weitere Forschung und Entwicklung, um die Eigenschaften von Kraftstoffen zu optimieren und an die Erfordernisse neuer Motorengenerationen anzupassen. Automobilhersteller und Mineralölindustrie müssen eng zusammenarbeiten, damit sie die Anforderungen der Kunden und die immer schärfer werdenden Anforderungen des Gesetzgebers bezüglich des Umweltschutzes gemeinsam erfüllen [24].

Mehr als hundert Jahre waren Vergaser-Ottomotoren die Hauptantriebsaggregate für PKW. Sie verwendeten die so genannten „Vergaserkraftstoffe", deren Eigenschaften für Motorenkonzepte mit Vergaser abgestimmt waren. Die Eigenschaften dieser Kraftstoffe sind in der Norm EN 228 spezifiziert.

In den letzten 20 Jahren sind Vergaser-Ottomotoren aus dem Markt der Industrieländer praktisch verschwunden. Moderne Ottomotoren verwenden als Gemischbildungssysteme die Saugrohreinspritzung bzw. die so genannte „**M**ulti-**P**oint-**I**njection (**MPI**). Es ist interessant, dass die Anforderungen der neuen Gemischbildungssysteme an die Kraftstoffqualität bislang noch nicht ausreichend definiert sind, obwohl sich viele Grenzbedingungen, die von Vergasermotoren bekannt waren, inzwischen verändert haben, wie z.B. Kraftstoffdruck und Temperatur, Saugrohrunterdruck, Kraftstoffverweilzeit im Saugrohr, usw.

Die wichtigsten Automobilhersteller der Welt haben durch ihre Verbände (ACEA für EU, Alliance und EMA für die USA und JAMA für Japan) in ihren **W**orld **W**ide **F**uel **C**harter (**WWFC**) die minimalen Anforderungen festgeschrieben, die Kraftstoffe weltweit erfüllen sollen (**Bild 6.20**). Diese Anforderungen nehmen Rücksicht auf die Unterschiede in der wirtschaftlichen und technologischen Entwicklung diverser Regionen.

Bild 6.20:
World Wide Fuel Charter

Die Automobilindustrie hat in dem WWFC die Anforderungen an Kraftstoffe gestellt, die erfüllt werden müssen, weil nur durch eine kombinierte Wirkung der Motorentechnologie und der Kraftstoffqualität, die schädlichen Abgasemissionen der Fahrzeuge im Verkehr weltweit verbessert werden können.

Die EU-Kommission hat ihre neuen Vorschläge für die Änderung der Qualitäten für Benzin und Dieselkraftstoff in der Direktive 98/70/EC veröffentlicht. Die wichtigsten Änderungen betreffen die Mengen an Aromaten, Benzol und Schwefelgehalt in Benzinen sowie Cetanzahl, Dichte, Polyaromaten- und Schwefelgehalt in Dieselkraftstoffen (**Tabelle 6.1**).

Seit 1996 hat Kalifornien die so genannten „reformulated-“ oder „clean-fuels“ eingeführt. Dabei wurden folgende Kraftstoffeigenschaften berücksichtigt:

- Dampfdruck (RVP, limitiert)
- Aromatengehalt (reduziert)
- Olefingehalt (reduziert)
- Sauerstoffgehalt (vorgeschrieben)
- Benzolgehalt (begrenzt)
- Schwefelgehalt (reduziert)

Tabelle 6.1: Kraftstoffeigenschaften entsprechend EU-Directive 98/70/EC

Benzin	**2000**	**2005**
Aromaten Vol. %	42	35
Benzol Vol. %	< 1	< 1
Schwefel ppm	150	< 50 (10)

Diesel	**2000**	**2005**
Cetanzahl	min. 51	
Dichte g/cm^3	845	
Polyaromaten Vol. %	11	
Schwefel ppm	350	< 50 (10)

Die „clean fuels" haben dazu beigetragen, dass die Abgas-CO-Emission um 11 %, HC- und NO_x-Emission um 15 %, Benzolemission um 50 % und SO_2-Emission um 80 % reduziert wurde.

Die neuen Anforderungen an Kraftstoffe der neuen Motorengeneration, die z. Zt. in der Automobilindustrie entwickelt wird, werden in den kommenden Jahren, parallel mit der Entwicklung neuer Motoren, immer präziser sein. Ziel der künftigen Entwicklung der Kraftstoffe für den Straßenverkehr muss es sein, nur die Kraftstoffe zu verwenden, die weniger Umwelt belasten, einen wesentlichen Beitrag zu der CO_2-Reduktion leisten und schließlich aus regenerativen Energiequellen hergestellt werden.

Der Erfolg von Mager-Ottomotoren mit direkter Einspritzung wird stark von der Verfügbarkeit der geeigneten Kraftstoffe und Schmierstoffe abhängen. Zurzeit werden übliche Kraftstoffe für ihre Entwicklung und ihren Betrieb verwendet, aber es ist nicht sicher, ob diese Kraftstoffe den speziellen Anforderungen des Konzeptes des Systems mit direkter Einspritzung voll entsprechen.

Aus der heutigen Sicht werden folgende Kraftstoffeigenschaften weiterhin eine große Rolle auch bei künftigen Motorengenerationen spielen:

- Oktanzahl bei Benzinen
- Cetanzahl bei Dieselkraftstoffen

Die Mineralöl- und die Automobilindustrie sollen gemeinsam ermitteln, welche Oktanzahl für moderne Motoren optimal vom ökologischen und ökonomischen Standpunkt aus ist. Die Oktanzahl ROZ = 95 wurde Mitte der 70er Jahre als optimal für die damalige Vergasermotorengeneration ermittelt und soll für moderne Motoren unter heutigen Rahmenbedingungen überprüft werden.

Die Verdampfungseigenschaften (Siedekurve) des Kraftstoffes spielen eine entscheidende Rolle bei Kaltstart und Warmlauf, auch bei D.I.-Ottomotoren, und haben einen großen Einfluss auf die Fahrbarkeit. Es ist möglich, dass neue Testmethoden entwickelt werden müssen, um diese Phasen unter neuen Bedingungen besser optimieren zu können.

Prozesse der Ablagerungsbildung im Einspritzsystem, im Verbrennungsraum, am Kolben, an den Zündkerzen und AGR Ventilen und ihre thermische Stabilität sind noch nicht ausreichend geklärt. Es ist nicht bekannt, wie die Einlassventile bei Ottomotoren mit direkter Einspritzung oder ihre Brennräume sauber gehalten werden können.

Besondere Aufmerksamkeit muss den Anforderungen bezüglich dem Gehalt an **Aromaten, Benzol und Olefinen in Benzinen** sowie **Dichte, Polyaromaten, Siedeende und Schmierfähigkeit bei Dieselkraftstoffen** gewidmet werden, so wie sie im WWFC beschrieben sind. In der EU ist außerdem auch der **Wassergehalt** im Kraftstoff begrenzt.

Die Spezifikationen für künftige Kraftstoffe für Otto- und Dieselmotoren werden zu engeren Produktionstoleranzen in den Raffinerien führen und zur Erhöhung des Anteils an gesättigten Kohlenwasserstoffen (Parafinen), d.h. zu einer Erhöhung des H/C-Verhältnisses im Kraftstoff.

6.4.1 Additive

Eine immer wichtigere Bedeutung bei der Sicherung der gewünschten Kraftstoffqualität spielen die angepassten, chemischen Zusätze in Kraftstoffen und Schmierstoffen, die so genannten Additive. Der störungsfreie und emissionsarme Betrieb moderner Motoren wäre ohne geeignete Additive überhaupt nicht möglich. Kraftstoff und Schmierstoffadditive leisten signifikante direkte und indirekte Beiträge zum Umweltschutz. Ohne sie müssten höhere Kraftstoffverbräuche und höhere Abgasemissionen in Kauf genommen werden.

Zu den Additiven zählen grundsätzlich alle Stoffe, die dem Kraftstoff in einer Menge von ≤ 1 Vol. % zugegeben werden. Dazu werden aber oft auch die sauerstoffhaltigen Komponenten **MTBE** (**M**ethyl-**T**ertiär-**B**utyl-**E**ther) und **ETBE** (**E**thyl-**T**ertiär-**B**utyl-**E**ther) gezählt, die als Oktanzahlverbesserer (Octanbuster) dem Benzin, in einer Menge von bis zu 2,7 Vol % O_2 beigemischt werden.

Additive werden den Ottokraftstoffen zugegeben, um auch andere Eigenschaften, wie Kraftstoffstabilität, Schmierfähigkeit, Kaltstartverhalten, Sauberkeit von Einspritzdüsen, Einlassventilen und Brennraum und manchmal auch Abgasemissionen zu verbessern.

Additive im Dieselkraftstoff erhöhen die Cetanzahl bzw. die Zündwilligkeit und senken dadurch den Kraftstoffverbrauch, reduzieren die Partikelemission, sorgen für Fließfähigkeit, auch bei niedrigen Temperaturen, Schützen vor Korrosion, verbessern die Schmierfähigkeit und haben positiven Einfluss auf viele andere Eigenschaften des Dieselmotors, bis hin zum Kraftstoff- und Abgasgeruch.

Die Voraussetzung für die Verwendung von Additiven ist aber, dass die Abgasemission bei Betrieb mit additivierten Kraftstoffen vergleichbar sein muss mit der bei Betrieb mit nicht additivierten Kraftstoffen. Es dürfen keine zusätzlichen, neuen Schadstoffemissionen auftreten.

6.4.2 Schwefelgehalt (S_2-Gehalt)

Ab 01.01.2005 müssen alle in der EU neu verkauften PKW kompatibel mit den Abgasgrenzwerten Euro 4 sein. Parallel hat die Automobilindustrie ihre Bemühungen verstärkt, durch die Entwicklung neuer Techniken die CO_2-Emission zu reduzieren. Diese neuen Entwicklungen zur Erfüllung strenger Abgasgrenzwerte und Reduzierung der CO_2-Emission erfordern neue Abgasnachbehandlungskonzepte.

Die bekannten, wirkungsvollen Technologien die CO_2-Emission zu senken, verlangen nach neuen Kraftstoffqualitäten, insbesondere nach einer Reduzierung von Schwefelgehalt im Kraftstoff. Der Schwefel ist ein natürlicher Bestandteil des Rohöls und nimmt an der Verbrennung im Motor teil, falls er nicht in Raffinerieprozessen aus dem Kraftstoff entfernt wird.

Dem Ottomotor mit direkter Einspritzung werden für die Zukunft die großen Chancen eingeräumt. Der Dieselmotor mit direkter Einspritzung ist schon heute Stand der Technik. Beide Motorenarten verlangen nach neuer, effektiver NO_x-Reduktion bei ihrem Betrieb mit mageren Kraftstoff-Luft-Gemischen (Luftüberschuss).

Alle untersuchten Abgasnachbehandlungssysteme: DeNO_x-Katalysator, NO_x-Speicherkatalysator, Diesel-Oxidationskatalysator und Diesel-Partikelfilter zeigen tendenziell eine Verringerung ihrer Aktivität mit steigendem Schwefelgehalt im Kraftstoff (**Bild 6.21**).

Die Alkali- und Erdalkalielemente in NO_x-Speicherkatalysatoren zeichnen sich nicht nur durch die gewünschte Bildung von Nitraten aus, sondern auch durch ihre starke Neigung zur Sulfatbildung, so dass die „Vergiftung" des Katalysators, durch im Abgas vorhandenes SO_2, relativ schnell und irreversibel verläuft. Der thermische Zerfall der gebildeten Sulfate findet in den sauerstoffreichen Abgasen erst oberhalb von 1.000 °C statt, Temperaturen die unter realistischen Fahrbedingungen fast nie vorkommen.

Der Schwefelgehalt im Kraftstoff hat auch einen sehr signifikanten Effekt auf die Partikelemission des Dieselmotors (**Bild 6.22**). Je höher die S_2-Menge ist, desto höher ist die PM-Emission.

In einem Partikelfilter oxidiert S_2 weiter und bildet dort Sulfate, welche dann als Partikel im Abgas gemessen werden.

Einen großen negativen Effekt hat der Schwefel auch auf die Umwandlungsrate von Katalysatoren bei modernen Motoren. Ein hoher Schwefelgehalt beeinträchtigt die Funktion eines Drei-Wege-Katalysators vor allem in der Warmlaufphase. Dieser negative Effekt ist umso ausgeprägter, je niedriger die Abgasgrenzwerte sind, die ein Fahrzeug zu erfüllen hat (Euro 4, Euro 5, LEV, ULEV, SULEV). Schwefel beschädigt irreversibel die Beschichtung des Katalysators und die metallischen Katalysatorkomponenten. Es existieren z. Zt. keine S_2-resistente Katalysatoren.

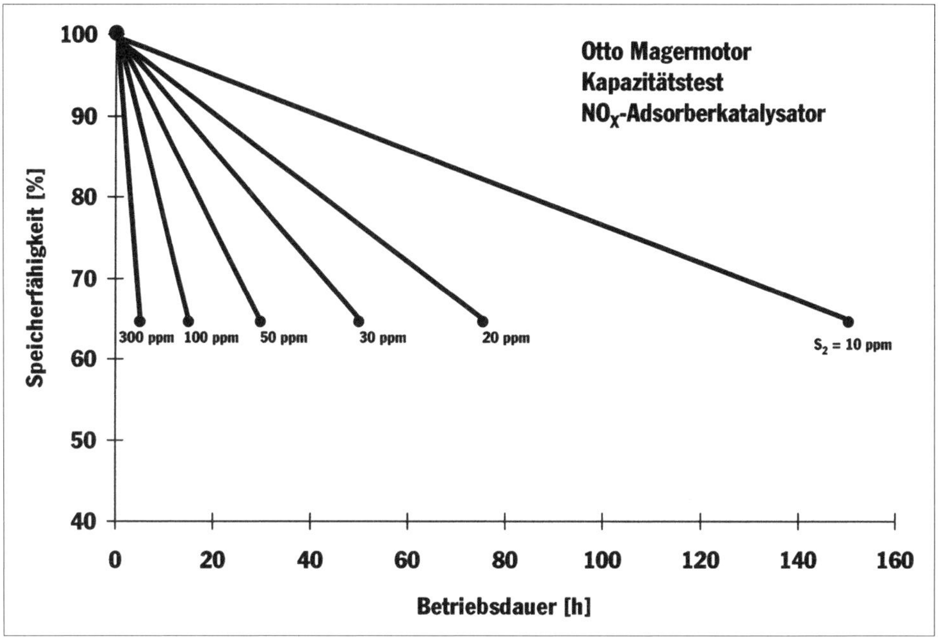

Bild 6.21: Einfluss des Schwefelgehaltes im Kraftstoff auf das Speicherverhalten des NO_x-Speicherkatalysators

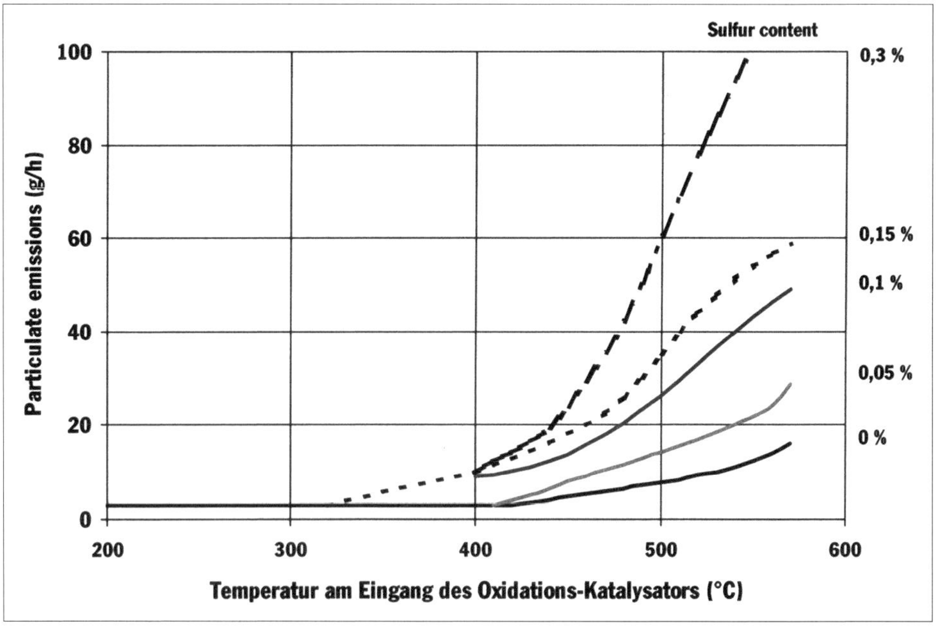

Bild 6.22: Einfluss des Schwefelgehaltes im Kraftstoff auf die Partikelemission eines Dieselmotors

Der Schwefel im Kraftstoff stört auch das OBD-System bei der Suche nach Fehlern in den Abgasnachbehandlungssystemen. Die λ-Sonde ist empfindlich gegenüber S_2 weil die Sulfatablagerungen an der Sonde ihr Signal verfälschen.

Zusammenfassend kann gesagt werden, dass sowohl moderne Motoren und ihre Abgasnachbehandlungssysteme, als auch neue Entwicklungen nach schwefelfreien Kraftstoffen verlangen, um über die geforderte Lebensdauer ihre Funktion erfüllen zu können. Deswegen sind die Forderungen der Automobilindustrie nach schwefelfreien Kraftstoffen voll berechtigt. Die Beseitigung des Schwefels aus dem Kraftstoff hat sofort folgende positive Auswirkungen:

- Wirkung bei allen im Verkehr befindlichen Fahrzeugen
- Verlängerung der Wirksamkeit von Abgasnachbehandlungssystemen
- Verringerung der Abgasemission an:

  CO um 10 bis 50 %

  HC um 10 bis 30 %

  NO_x um 15 bis 30 %

  PM um 5 bis 20 % (bei Dieselmotoren)

Gleichzeitig findet eine Verringerung der CO_2-Emission um 4–8 % statt.

In der EU sind seit 1.1. 2005 max. 50 ppm Schwefel für Otto- und Dieselkraftstoffe erlaubt. Die Herstellung und Vertreibung von schwefelfreien Kraftstoff (max. 10 ppm S_2) ist in der EU ab 1.1. 2005 verlangt und wird regional eingeführt; ab 2009 wird der schwefelfreie Kraftstoff für alle EU Länder obligatorisch.

Ab 1.1. 2006 müssen die US-Raffinerien Benzine mit S_2-Gehalt von durchschnittlich 30 ppm (max. 80 ppm) anbieten. Dies bedeutet eine Reduzierung von 90 % gegenüber dem heutigen Niveau. In der Diskussion ist eine weitere Reduzierung des Schwefelgehalts auf durchschnittlich 5 ppm [8].

6.5 Ökologische Bilanz

Die Verbesserung der Kraftstoffqualität und insbesondere die Reduzierung bzw. Beseitigung des Schwefelgehaltes ist in der Raffinerie mit einem Mehrbedarf an Energie und damit mit einer erhöhten CO_2-Emission begleitet. Bei der Reduzierung des Schwefelgehaltes muss sichergestellt werden, dass alle anderen Kraftstoffeigenschaften in der vorgeschriebenen Spezifikationen bleiben, vor allem die Oktan- und die Cetanzahlen.

Es wird behauptet, dass für die Herstellung von schwefelfreien Kraftstoffen, durch den erforderlichen höheren Aufwand, für jede Million Tonnen Kraftstoff ca. 500 bis 78.000

Tonnen CO_2 in den Raffinerien mehr entsteht. Eine CONCAWE-Studie ging von einer Erhöhung der CO_2-Emission in der EU, infolge der Herstellung von S_2-freien Kraftstoffen von 4,6 Mio. t CO_2/Jahr bzw. mit einem Anstieg der CO_2-Emissionen in den Raffinerien um 0,5 bis 0,7 % aus [11].

In der gesamten CO_2-Bilanz eines Kraftstoffes über den gesamten Lebenszyklus von der Energiegewinnung, über die Raffinerieprozesse und über alle Transport- und Verteilungswege, bis hin zur Verbrennung in einem Fahrzeugmotor („Well to Wheel"-Analyse, **Bild 6.23**) sind die Raffinerieprozesse mit einem CO_2-Anteil von 4 bis 7 % beteiligt. An die Verbrennung im Motor entfallen 85 bis 94 % der gesamten CO_2-Emission (**Bild 6.24**).

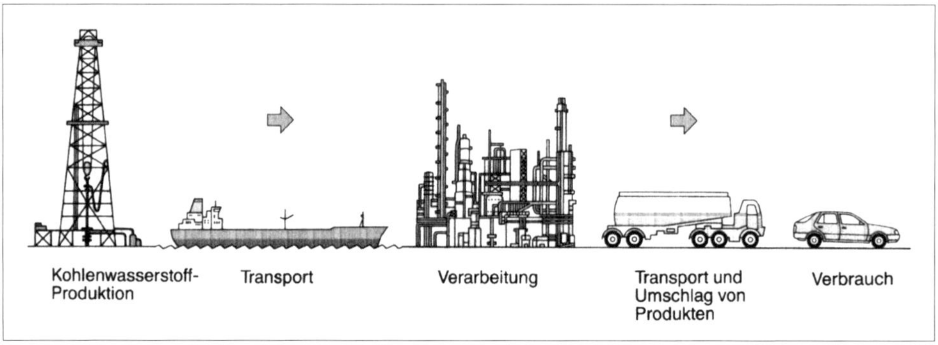

Bild 6.23: „Well to Wheel"-Analyse der Kraftstoffe [Quelle: Shell]

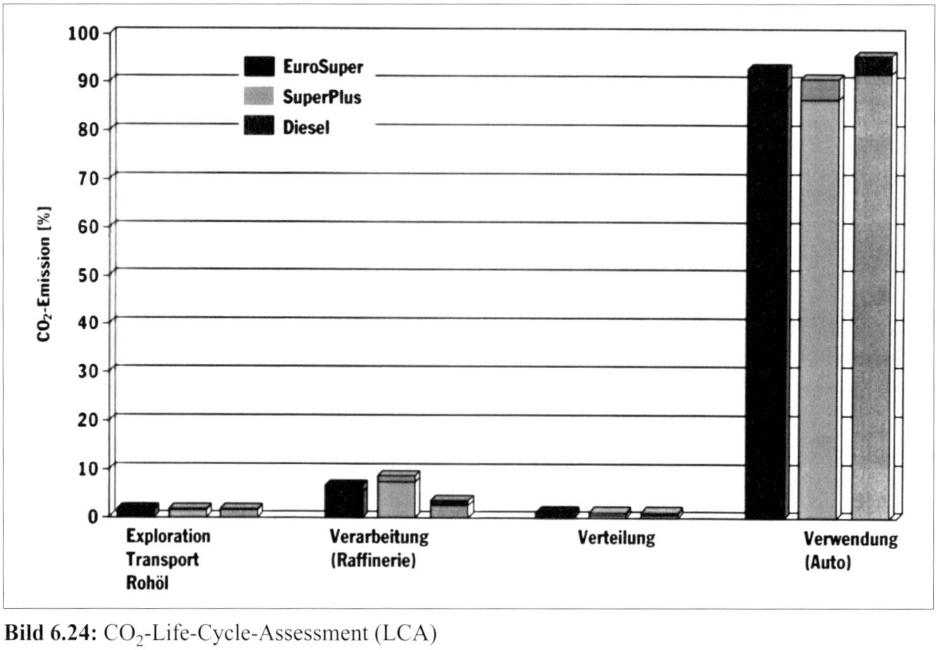

Bild 6.24: CO_2-Life-Cycle-Assessment (LCA)

Durch die Einführung von schwefelfreien Kraftstoffen wird der Kraftstoffverbrauch der Fahrzeugflotte und damit die CO_2-Emission um durchschnittlich mindestens ca. 5 % reduziert. Damit steht jeder Erhöhung der CO_2-Emission in der Raffinerie bei der Herstellung von sauberen Kraftstoffen eine Reduzierung der CO_2-Emission, der im Verkehr befindlichen Fahrzeuge entgegen. Diese Reduzierung kompensiert, in der gesamten Bilanz, bei weitem die Erhöhung der Emissionen in der Raffinerie.

Von der Seite der Mineralölindustrie wird oft der Einwand erhoben, dass Änderungen bei der Kraftstoffqualität vergleichsweise nur einen marginalen Beitrag zur Emissionsminderung leisten. Ohne eine entsprechende Kraftstoffqualität ist allerdings die Einführung neuer Technologien, welche die geforderten, niedrigen Schadstoffemissionen über eine lange Lebensdauer des Automobils gewährleisten (100.000 Meilen = 160.000 km bei PKW und über 1.000.000 km bei NFZ) aber nicht möglich.

Je besser die Kraftstoffqualität ist, desto leichter ist es gute Motoren zu bauen, die alle Anforderungen der modernen Gesellschaft erfüllen. Nur durch eine ganzheitliche Optimierung des gesamten Systems, von der Raffinerie bis zum Recycling des Autos können die Anforderungen der modernen Gesellschaft sinnvoll erfüllt werden. Hier vor allem gilt: „Saubere Motoren brauchen saubere Kraftstoffe“.

6.6 Alternative Kraftstoffe

Durch Jahrhunderte waren Wind und Wasser (Wind- und Wassermühlen, Segelschiffe) neben menschlicher und tierischer Energie die wichtigsten Energiequellen. Die Industrierevolution, die mit der Erfindung der Dampfmaschine im 17. Jahrhundert begann, hat Kohle an erste Stelle gebracht. Vor 150 Jahren ist eine neue, feste Symbiose zwischen den fossilen Kraftstoffen aus dem Erdöl und dem Hubkolbenverbrennungsmotor entstanden. Diese Symbiose wird weiterhin bestehen, so lange das Erdöl seine dominierende Rolle als Energiequelle für die Menschheit beibehält. Die Energieversorgung des Verkehrs erfolgt heute praktisch ausschließlich mit „klassischen“, fossilen Kraftstoffen auf Erdölbasis. Mobilität und Transportleistung sind also existenziell abhängig von einer funktionierenden Ölversorgung.

Die Prognosen über die verbleibenden Erdölreserven werden in regelmäßigen Abständen immer wieder korrigiert. Anfang der 70er Jahre des vergangenen Jahrhunderts haben die bekannten Erdölreserven, nach damaligen Prognosen, für noch 30 Jahre gereicht. Die modernen Prognosen gehen von Erdölvorräten für die nächsten 40 bis 70 Jahre aus, d.h. bis weit in die Mitte dieses Jahrhunderts, je nach dem welche Randbedingungen man unterstellt. Weltweit sind die geprüften Erdgasreserven doppelt so groß wie die des Erdöls. Ihre Reichweite wird auf 70 bis 120 Jahre geschätzt [10].

Jede Diskussion über den künftigen Energiebedarf darf allerdings die Zahl der auf dieser Welt lebenden Menschen nicht außer Acht lassen. Die wachsende Weltbevölkerung und die aufstrebenden Wirtschaftsregionen haben einen steigenden Bedarf an Energie. Die Menschen in Wachstumsländern trachten nach demselben Lebensstandard wie in der industrialisierten Welt. Daher wird die Nachfrage an Energiequellen, d.h. auch an Erdöl gewaltig steigen. Es wird damit gerechnet, dass der weltweite Energieverbrauch um 75 % bis 2020 steigen wird. Der Großteil davon wird durch fossile Kraftstoffe gedeckt. Unabhängig davon, wie weit in die Zukunft die Erdölvorräte der Erde für die Menschheit reichen, weißt man von Anfang an, dass diese Vorräte mit Sicherheit begrenzt sind. Die Suche nach anderen Kraftstoffen als Benzin und Diesel zum Antrieb von Fahrzeugen ist deshalb keine neue Entwicklung.

Das Bewusstsein über die Begrenztheit der Erdölreserven und die politisch instabile Lage in den erdölreichen Regionen der Welt, waren permanent die treibende Kraft bei der Suche nach neuen, alternativen Energiequellen. Insbesondere nach den Ölkrisen 1973 und 1979 wurden Alternativen untersucht, um die Abhängigkeit von Ölimporten aus den ölreichen Ländern zu reduzieren.

Im letzten Drittel des letzten Jahrhunderts kam noch die Sorge um die Umweltbeeinträchtigungen durch die Verbrennungsprodukte von Millionen von Kraftfahrzeugen hinzu (**Bild 6.25**). Die Automobilindustrie braucht „klimaneutrale" Kraftstoffe, um ihre globalen und lokalen Ziele, trotz des Klimawandels realisieren zu können. Für die Reduzierung von klimarelevanten Gasen und lokalen Schadstoffemissionen, sind deswegen auch Änderungen der Kraftstoffe erforderlich.

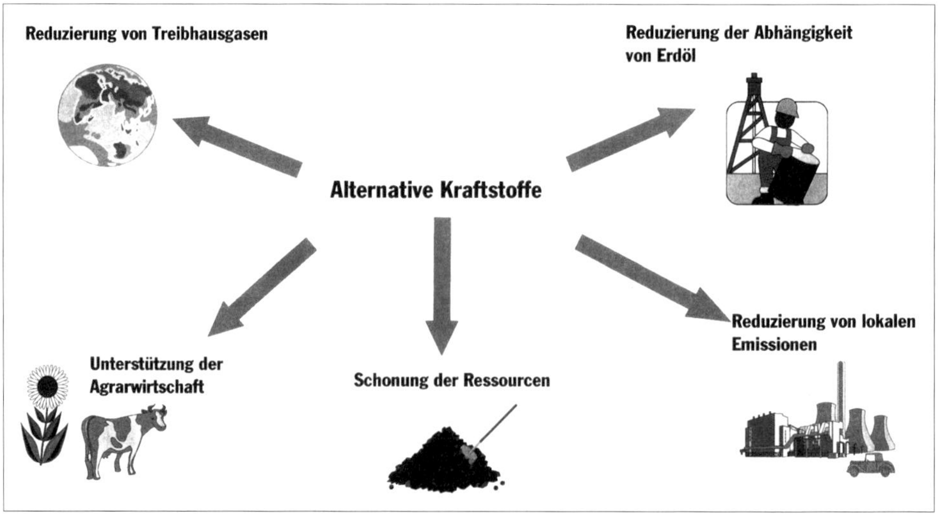

Bild 6.25: Gründe für die Suche nach alternativen Kraftstoffen [Quelle: Krumm]

Es scheint immer dringlicher zu sein, saubere und brauchbare Alternativen zu entwickeln, welche die Mineralölprodukte zunächst ergänzen und dann schließlich völlig ersetzen können. Im **Bild 6.26** sind mögliche Energiequellen fossilen und nicht fossilen Ursprungs aufgezählt, die als Alternative intensiv erforscht und eventuell in absehbarer Zeit in großem Maßstab eingesetzt werden können.

Fossil	**Nicht Fossil**
Erdöl	**Biomasse**
Erdgas	**Wasser**
Kohle	**Wind**
Ölschiefer / Ölsand	**Sonnenenergie**
	Gezeiten
	Geothermische Energie
	Kernkraft

Bild 6.26:
Alternative Energiequellen

Bis die Erschließung nicht fossiler Energieträger möglich sein wird, besteht eine der Hauptaufgaben für die Automobilindustrie in der Reduzierung des Kraftstoffverbrauches. Durch diese Reduzierung werden vorhandene Erdölreserven zeitlich gestreckt und so die kostbare Zeit für die Erschließung neuer, heute unwirtschaftlicher oder noch unbekannter Energiequellen gewonnen.

6.6.1 Alternative Kraftstoffe fossilen Ursprungs

Anfang der 80er Jahre des vorigen Jahrhunderts wurde die Erscheinung von alternativen Kraftstoffen für das Ende des 20. Jahrhunderts vorausgesagt. Kraftstoffe aus Ölschiefer, Ölsand und Kohle sollten eine große Rolle spielen. Kraftstoffe fossiler und nicht fossiler Art, die damals als Alternativen in Betracht kamen (**Bild 6.27**), werden auch heute noch als Alternativen für die Zukunft angesehen. Die Bewertung ihrer Zukunftschancen hat sich aber inzwischen deutlich geändert.

Gegenwärtig werden alternative Kraftstoffe vorwiegend unter umweltpolitischen Gesichtspunkten diskutiert, insbesondere in Hinblick auf die Möglichkeit zur Verringerung der CO_2-Emission. Zu diesen Kraftstoffen zählen vor allem: Erdgas und Flüssiggas, Methanol (aus Erdgas, Biomasse und Kohle), Kraftstoffe aus Biomasse (Ethanol und Pflanzenöle) sowie Wasserstoff. Manchmal wird noch Elektrizität als Energiequelle für Elektrofahrzeuge zu den „umweltfreundlichen“ Alternativen gezählt.

Alternative Kraftstoffe kommen für den kurz- bis mittelfristigen Zeitraum nur dann in Frage, wenn sie in den Otto- oder Dieselmotoren des derzeitigen Fahrzeugbestandes einsetzbar sind, und die vorhandene Infrastruktur für Transport und Verteilung weitgehend genutzt werden kann.

Energiequelle	Prognosen 1980	Status heute	Prognosen 2000
Erdöl	- Begrenzte Verfügbarkeit - politisch instabile Quellen - Preis wird dramatisch steigen	↔	- gleich - gleich - billiger als 1980
Erdgas	- Begrenzte Verfügbarkeit	↑	- nachgewiesene Reserven für 40 bis 60 Jahre – Hauptkraftstoff für elektrische Energie und evtl. Transport
Kohle	- Die wirtschaftlichste Alternative für synthetische Kraftstoffe und el. Strom	↓	- Sorge um Treibhauseffekt kann die Ausnutzung behindern
Kernkraft	- Wird die Hauptquelle der Elektrizität	↓	- In den USA wird kein Ausbau der Kapazität geplant
Ölschiefer und Ölsand	- Sehr großes Potential als Quelle für synthetische Kraftstoffe	↓	- spielen z.Zt. keine Rolle, evtl. in der Zukunft
Solar	- Solarenergie und Biomasse werden im Jahr 2000 große Rolle spielen	↓	- Befindet sich in F&E Phase. Keine wichtige Quelle für die nächsten Jahre
Kernfusion	- Endtraum	↔	- gleich

Bild 6.27: Quellen der Primärenergie

Die einzigen Treibstoffe, die gegenwärtig neben dem Erdöl bereits eine Rolle im Straßenverkehr spielen, sind Erdgas und Flüssiggas. Erdgas und Flüssiggas gehören als Nebenprodukte bei der Gewinnung des Erdöls, zu den fossilen Kraftstoffen. Die Technologie für den Betrieb des Verbrennungsmotors mit Erdgas oder Flüssiggas ist seit Jahren bekannt und gut erprobt. Sie werden seit mehr als 60 Jahren im automobilen Sektor in begrenzten Mengen verwendet. Etwa 2 % des weltweiten KFZ-Bestandes werden mit diesen, alternativen Kraftstoffen betrieben. Wegen der fehlenden Infrastruktur für gasförmige Kraftstoffe, werden oft KFZ-Motoren als Zweistoff-Motoren, d.h. für ein Betrieb sowohl mit Benzin, als auch mit Erdgas (bi-fuel engines) ausgelegt,.

6.6.1.1 Erdgas

Erdgas (Natural Gas) wird in Sedimenten 1.000 bis 5.000 m unter der Erdoberfläche gefunden. Es ist weltweit an vielen Stellen zu finden. Das Erdgas ist leichter als die Luft und wird in komprimierter (**CNG** = **C**ompressed **N**atural **G**as), flüssiger (**LNG** = **L**iquefied **N**atural **G**as) oder absorbierter Form (**ANG** = **A**bsorbed **N**atural **G**as) als Alternative für Kraftstoffe für Ottomotoren verwendet.

Erdgas besteht vorwiegend aus Methan (CH_4, 85–99 %). Der Rest ist Ethan (C_2H_6) sowie inerte Gase wie N_2, CO_2, H_2S. Es kann auch kleine Mengen an Propan (C_3H_8) und Butan (C_4H_{10}) beinhalten. Das Erdgas verbrennt „sauber" mit um 65 bis 90 % weniger CO als bei Benzinbetrieb und praktisch ohne Partikelemission. Die nicht Methan HC-Emission (NMHC) ist sehr niedrig, die NO_x-Emissionen sind mit der bei der Verbrennung von flüssigen Kraftstoffen vergleichbar.

Weil die Speicherung von Erdgas wesentlich aufwendiger ist als bei flüssigen Kraftstoffen, brauchen Erdgasmotoren einen wesentlich größeren Tank und erlauben deutlich kürzere Fahrstrecken (200 bis 300 km) als Benzin- oder Dieselbetrieb. Obwohl die Erdgasleitungen stark ausgebreitet sind, sind noch immer nur wenige Erdgastankstellen für die Betankung von PKW vorhanden. Der Betankungsvorgang ist zudem relativ langsam.

CNG wird unter einem Druck von > 200 bar getankt. Die Größe und das Gewicht des CNG-Tanks im Fahrzeug werden als ein wesentlicher Nachteil des Systems betrachtet. Bei gleichem Energieinhalt ist ein CNG-Tank um 5- bis 6-mal schwerer, als ein Tank für Benzin oder Dieselkraftstoff. Die Größe und die Form des CNG-Tanks stellen auch Probleme bei dem Einbau ins Fahrzeug dar.

LNG wird bei Temperaturen von $t = -162$ °C verflüssigt. Auch für ihn müssen aufwendige, gut isolierte und gut abgedichtete Tanksysteme entwickelt werden.

6.6.1.2 Flüssiggas

Flüssiggas (**L**iquefied **P**etroleum **G**as = **LPG**), manchmal auch Propan (C_3H_8) genannt, ist eine flüssige Mischung von ca. 90 % Propan, 2,5 % n-Butan (C_4H_{10}) und anderen Kohlenwasserstoffen wie Propen (C_3H_6), Isobutan und diversen Butenen (C_4H_8) sowie Spuren an Ethan und Propylen. Es ist ein Nebenprodukt bei der Gewinnung von Erdgas (ca. 3 % der Erdgasmenge) oder bei den Raffinerieprozessen des Erdöls (ca. 5 % der Raffinerieprodukte).

Flüssiggas ist der am meisten verbreitete alternative Kraftstoff. Ca. 4 Millionen Fahrzeuge weltweit werden mit Flüssiggas betrieben. Die öffentlichen Tankstellen existieren flächendeckend. Auch Flüssiggas verlangt aufwendige, große, schwere und teure Kraftstofftanks. Die Betankung von Flüssiggas erfolgt unter einem Druck von 30 bar.

Die Leistung, des Motors, das Beschleunigungsverhalten und die maximale Geschwindigkeit des Fahrzeugs sind vergleichbar wie bei einem equivalenten Betrieb mit Benzin. Der Radius der mit Flüssiggas betriebenen Fahrzeuge ist etwas kleiner als beim Benzinbetrieb.

Die hohen Oktanzahlen von Erdgas (ROZ = 140) und Flüssiggas (ROZ = 120) ermöglichen beim reinen Gasbetrieb eine Auslegung des Motors mit hohem Verdichtungsverhältnis. Die bessere Gemischbildung und damit auch die vollständigere Verbrennung bei gasbetriebenen Motoren führt dazu, dass die Menge an Kohlenmonoxid (CO) und an unverbrannten Kohlenwasserstoffen (HC) niedriger liegt als beim Betrieb mit flüssigen Kraftstoffen. Die Zusammensetzung von Erdgas (überwiegend Methan CH_4) bzw. Flüssiggas (überwiegend Propan C_3H_8) mit günstigen H/C-Verhältnis führt auch zu einer günstigeren CO_2-Emission.

Gasförmige Kraftstoffe können also zu einer Reduzierung sowohl von limitierten als auch von nichtlimitierten Abgaskomponenten und insbesondere von Partikelemissionen beitragen. Es ist im Allgemeinen jedoch nicht möglich die verlangten niedrigen Abgasgrenzwerte nur mit Gasbetrieb, ohne Abgasnachbehandlung zu erreichen.

Eine Schwierigkeit bei der Entwicklung von Erdgas- und Flüssiggasmotoren stellt auch die Tatsache dar, dass es noch keine internationalen Standards für die Qualität und die Eigenschaften von Erdgas und Flüssiggas gibt.

6.6.1.3 GTL (Gas to Liquid)-Kraftstoffe

Durch die Anwendung von so genanntem „**G**as **t**o **L**iguid-Verfahren" (**GTL**), beginnen gasförmige Kraftstoffe langsam aber auch als Rohstoff für die Herstellung von flüssigen, synthetischen Kraftstoffen, vorläufig nur für Dieselmotoren, zu dienen. Die gegenwärtige Kapazität für GTL-Kraftstoffe beträgt ca. 8 % des weltweiten Verbrauches an Dieselkraftstoff [24].

Bei synthetischen Kraftstoffen werden die Kraftstoffbestandteile genau an die Anforderungen moderner Motorenkonzepte zugeschnitten. GTL-Dieselkraftstoffe leisten einen großen Beitrag bei der Verbesserung der Abgasemission des Dieselmotors. CO- und HC-Emissionen werden um bis zu 90 %, die Partikelemissionen um 20 bis 30 % reduziert. Die NO_x-Emission wird um 5 % bei PKW und bis zu 20 % bei NFZ verringert. CO_2-Emissionen sind um bis zu 5 % niedriger als bei konventionellen Dieselkraftstoff.

Neben dem GTL-Verfahren werden gegenwärtig auch andere Rohstoffe zur Herstellung der synthetischen Kraftstoffen untersucht wie z.B. Kohle oder Biomasse, **CTL** = **C**oal **t**o **L**iquid (Fischer-Tropsch-Synthese) oder **BTL** = **B**io **t**o **L**iquid.

Verfahrensauswahl und Produktzusammensetzung bei der Vergasung sind für Biomasse und Kohle ähnlich, weil beide Einsatzstoffe ähnliche elementare Zusammensetzung aufweisen:

- Biomasse $CH_{1,6}O_{0,7}$
- Kohle $CH_{0,6}O_{0,1}$

6.6.1.4 Methanol (CH_3OH)

Methanol oder Methylalkohol kann aus Ergas, Kohle und Biomasse hergestellt werden. Es ist flüssig (Siedepunkt 68 °C) und kann mit relativ wenigen Änderungen am Motor als Kraftstoff für Ottomotoren verwendet werden. Die schlechten Kaltstarteigenschaften von Methanol schon ab etwa $t < -5$ °C führen dazu, dass Methanol nicht rein sondern erst in einer Mischung mit Benzinen als sinnvoller Kraftstoff eingesehen wird. Als besonders interessant wurde der Kraftstoff M85 (85 % Methanol und 15 % Benzin) intensiv untersucht. Es wurden auch die so genannten „Flexible Fuel Vehicles" entwickelt, die in der Lage sind mit jeder Mischung zwischen Methanol und Benzin zu fahren.

Die Verbrennung von Methanol läuft mit besserem Wirkungsgrad als die Verbrennung von Benzin. Die hohe Oktanzahl (ROZ = 111) ermöglicht außerdem die Auslegung des Motors mit einem hohem Verdichtungsverhältnis.

Die Abgase von methanolbetriebenen Motoren beinhalten um 30 bis 50 % weniger toxische Abgaskomponenten (mit Ausnahme des Formaldehyds) als Benzinmotoren. Methanol, wie auch andere Alkohole, verbrennen rußfrei.

Wegen des hohen Sauerstoffanteils (ca. 50 % O_2) ist der Heizwert des Methanols halb so hoch wie bei Benzin, was dazu führt, dass die Reichweite eines Methanolfahrzeugs nur 60 % der Reichweite des vergleichbaren benzinbetriebenen Fahrzeugs beträgt. Eine breite Anwendung des Methanols scheiterte bislang an der mangelnden und unwirtschaftlichen Produktion.

6.6.1.5 Dimethylester (DME)

In den letzten Jahren wird als alternativer Kraftstoff fossilen Ursprungs der **Di**m**e**thylester (DME) für Dieselmotoren vorgeschlagen (**Bild 6.28**). Dimethylester (CH_3–O–CH_3) kann aus Erdgas und Kohle gewonnen werden. Es hat einen Sauerstoffgehalt von 35 % und verbrennt rußfrei. Der niedrige Siedepunkt von –25 °C erfordert Kraftstoffsysteme unter

	DME	Diesel Kraftstoff	Methanol	Ethanol	CNG (Methan)
Chemische Formel	CH_3-O-CH_3		CH_2-OH	CH_3-CH_2-OH	CH_4
Unterer Heizwert (MJ/kg)	27.6	42.5	19.5	25.0	50.0
Dichte (g/ml)	0.66	0.84	0.79	0.81	
Cetanzahl (-)	>> 55	40 + 55	5	8	
Selbstzündtemperatur (°C)	235	250	450	420	650
Oktanzahl	–	–	111	108	130
Stöchiometrisches Luftverhältnis (-)	9.0	14.6	6.5	9.0	17.2
Verdampfungstemperatur (°C)	-25	180+370	65	78	-162
Verdampfungswärme (kJ/kg)	460 at –20° 410 at 20°	250	1110	904	–
Zündgrenzen (% Gas in der Luft)	3.4+18	0.6+6.5	5.5+26	3.5+15	5+15
Gew-% des Kohlenstoffs	52.2	86.0	37.5	52.2	75.0
Gew-% des Wasserstoffs	13.0	14.0	12.5	13.0	25.0
Gew-% des Sauerstoffs	34.8	0	50.0	34.8	0

Bild 6.28: Eigenschaften von DME im Vergleich zu Diesel und anderen Alternativen Kraftstoffen [Quelle: AVL]

Druck von 10 bis 20 bar. In den Brennraum wird DME unter einem Druck von 200 bis 300 bar eingespritzt.

Von Standpunkt der Umweltauswirkungen aus zeigt DME deutliche Verbesserungen in allen Schadstoffkomponenten. Bei seiner Verbrennung entstehen weniger NO_x, HC, PM und CO_2 als bei der Verbrennung von Dieselkraftstoff. Wegen des hohen Sauerstoffanteils ist der volumetrische Kraftstoffverbrauch größer als beim Dieselbetrieb (1 l Dieselkraftstoff ≈ 1,9 l DME). Die Lösung der Frage einer wirtschaftlichen Produktion von DME wird über seine Zukunft entscheiden [12].

6.6.1.6 MTBE (Methyl-Tertiär-Butyl-Ether)

Aus Methanol kann in der Raffinerie **M**ethyl-**T**ertiär-**B**utyl-**E**ther (**MTBE**) hergestellt werden. Es kann zu den Benzinen beigemischt und sofort in bestehenden Motoren verwendet werden. Neben dem positiven Einfluss auf die Oktanzahl des Benzins, wirkt sich MTBE als Träger von Sauerstoffhaltigen Komponenten, günstig auf die Abgasemission aus.

Die EU-Direktive 98/70/EC lässt die Beimischung von bis zu 15 Vol. % MTBE zu Benzinen zu. Üblich sind Beimischungen zwischen 2 und 3 %.

Wegen seiner toxischen Wirkung und der Verunreinigung des Grundwassers durch Undichtigkeiten an Tankstellen ist MTBE seit 2002 in Kalifornien und einigen anderen US-Staaten als Zusatz zu Kraftstoffen nicht mehr erlaubt.

6.6.1.7 Wasserstoff (H_2)

Als besonders reizvoll erscheint der Wasserstoff als Treibstoff für Verbrennungsmotoren. Wasserstoff ist der eigentliche Originalkraftstoff (der Urkraftstoff) des Universums und die Basis für die Hoffnung der Menschheit über die Energieversorgung in der Zukunft.

Da über 96 % des Wasserstoffs z. Zt. aus Erdöl, Erdgas und Steinkohle gewonnen wird, zählt er heute zu den Kraftstoffen fossilen Ursprungs. Bei seiner Herstellung werden große Mengen an CO_2 befreit. Für die Produktion von 1 t Wasserstoff aus Erdgas werden 10 t CO_2 in die Atmosphäre emittiert.

Wasserstoff wird oft als idealer Kraftstoff für Verbrennungsmotoren angesehen, weil seine Verbrennungsprodukte nur Wasserdampf (H_2O) und in kleinen Mengen, Stickstoffoxide (NO_x) sind. Die Fragen der Motoradaptation für Wasserstoffbetrieb und seiner Verbrennung im Motor sind seit Jahren beantwortet.

Die Probleme beim Wasserstoff liegen in seiner Herstellung, seinem Transport, seiner Betankung und Speicherung. Die sehr geringe Energiedichte des Wasserstoffs macht den Transport und die Speicherung sehr aufwendig und teuer. Wasserstoff kann gespeichert werden als Flüssigkeit bei einer Temperatur von –253 °C oder als komprimiertes Gas bei 300 bar. Der Weg der Speicherung von Wasserstoff in Metallhydriden, scheint nicht mehr interessant zu sein. Beispielhaft ist im **Bild 6.29** ein KFZ-Wasserstofftank für flüssigen Wasserstoff gezeigt.

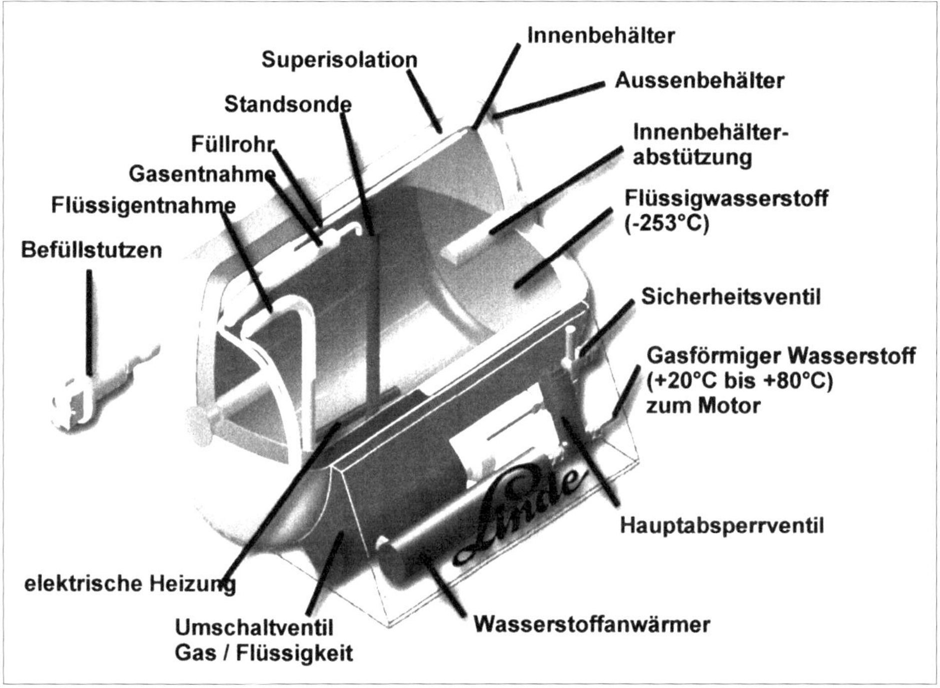

Bild 6.29: KFZ-Wasserstofftank [Quelle: Linde]

Zudem fehlt vollkommen die Infrastruktur für die Verteilung des Wasserstoffs. In den USA wurden für die Deckung von 10 % des Energieverbrauches im Straßenverkehrs durch Wasserstoff, Investitionen von 100 Milliarden US $ für den Ausbau der erforderlichen Infrastruktur veranschlagt. Die Kalifornische Umweltbehörde (CARB) beurteilt den Wasserstoff als „weder technisch noch wirtschaftlich geeignet für die Anwendung im automobilen Sektor in vorhersehbarer Zukunft“. Im Gegensatz dazu werden dem Wasserstoff in der EU mittelfristig Chancen für die breitere Anwendung eingeräumt [13].

6.6.2 Kraftstoffe aus nachwachsenden Rohstoffen

Bei der Suche nach einem Ersatz für Mineralölprodukte, in erster Linie für Kraftstoffe, scheinen Weiterentwicklungen regenerierbarer Energien aus Sonne, Biomasse, Wasserkraft und Wind vom Umweltstandpunkt aus besonders attraktiv. Die Erdoberfläche emp-

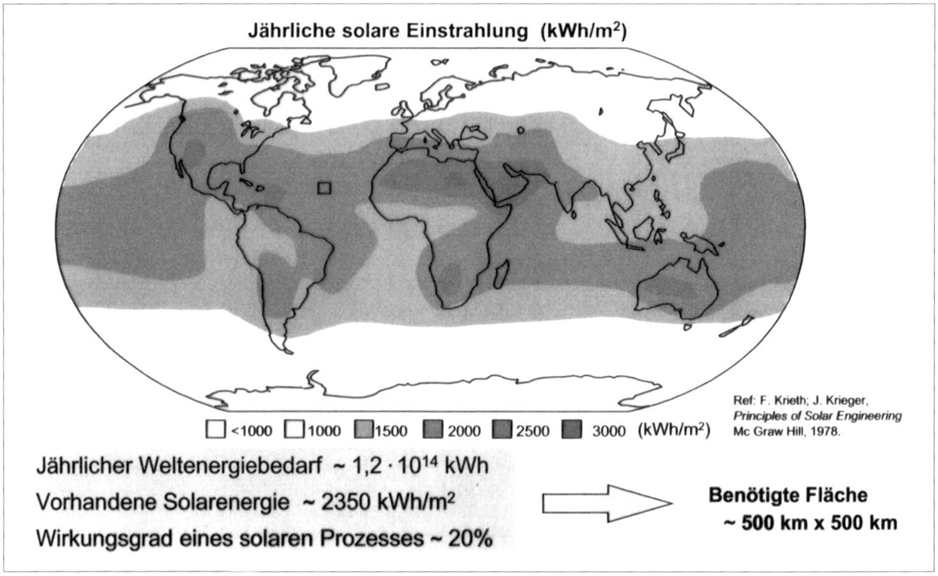

Bild 6.30: Potential der Sonnenenergie [Quelle: PSI]

fängt jährlich von der Sonne schätzungsweise das Zehnfache an Energie, die im gesamten Weltvorrat an fossilen Brennstoffen und Uran enthalten ist (**Bild 6.30**). Diese Menge entspricht dem 15.000fachen des jährlichen Energiebedarfs der Welt.

Trotz dieses enormen Potentials wird heute nur ein winziger Bruchteil der Sonnenenergie von den Menschen genutzt. Das Hauptproblem liegt in der geringen Energiedichte dieser Quelle. In den lebenden Pflanzen der Erde ist allerdings ebensoviel Sonnenenergie gespeichert, wie in allen nachgewiesenen Erdöl-, Erdgas- und Kohlereserven zusammen. Die Natur produziert jährlich 170 Mrd. t Biomasse. Davon nutzt der Mensch ca. 6 Mrd. t oder 3,5 %, vor allem für die Ernährung (97 %). Nur ein kleiner Teil dient als Rohstoff in der Petrochemie. Durch biologische Verfahren konnte jedoch relativ schnell ca. 5 % des Weltenergiebedarfes durch nachwachsende Rohstoffe gedeckt werden [18, 20, 23].

Biokraftstoffe begleiten auch die Entwicklung des Verbrennungsmotors von Anfang an. Rudolf Diesel stellte schon 1912 fest: „Der Gebrauch von Pflanzenölen als Kraftstoff mag heute unbedeutend sein. Aber derartige Öle können im Laufe der Zeit ebenso wichtig werden wie Petroleum und die Kohle-Teer-Produkte von heute".

„Biomasse" ist der Sammelbegriff für alle pflanzlichen Stoffe und deren Abfälle, für Rückstände aus Wäldern und Nutzkulturen, ferner für alle tierischen Abfälle sowie organischen Stoffe aus Haushaltsmüll.

Das Potential der Energieerzeugung durch Pflanzen wurde bislang kaum genutzt, dennoch könnte die jährlich zuwachsende Biomasse theoretisch den gesamten weltweiten Kraftstoffbedarf decken. 1 ha Wald z. B. kann jährlich über Abfallholz ca. 200 bis 300 l Heizöl ersetzen. Der fundamentale Unterschied zwischen Energie aus fossilen Brennstoffen und Energie aus Biomasse besteht darin, dass CO_2, das bei der Verbrennung von Biokraftstoffen entsteht, Teil eines ständig erneuerbaren Kreislaufs ist, da es für die Photosynthese und damit für die Erzeugung pflanzlicher Materie unerlässlich ist. Die Photosynthese (**Bild 6.31**), eine hervorragende „Erfindung" der Natur, eröffnet theoretisch einen attraktiven Weg zum „Recycling" der automobilen Kraftstoffe.

Aus Kohlendioxid und Wasser in der Atmosphäre entsteht mit Hilfe der Sonnenenergie die „Biomasse", ein hervorragender Rohstoff für die Gewinnung von so genannten Biokraftstoffen, die sehr gute Motorenkraftstoffe sind.

Biokraftstoffe sind ein breiter Begriff, der alle Kraftstoffe umfasst, die aus biologischen Quellen hergestellt sind. Sie sind demnach nachwachsende, Kohlendioxid neutrale und um-

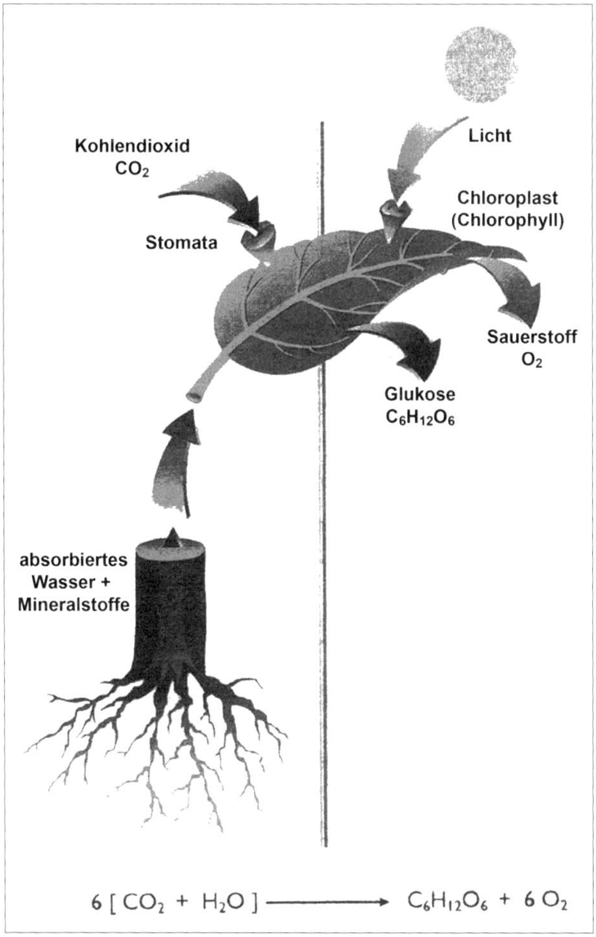

Bild 6.31:
Prinzip der Photosynthese
[Quelle: Peugeot]

weltfreundliche Kraftstoffe aus Biomasse. Im Motor entstehen als Verbrennungsprodukte dieser Biokraftstoffe das Kohlendioxid und der Wasserdampf, die eigentlichen Rohstoffe für die Produktion der Biomasse. So wird ein geschlossener Kreislauf des Kohlenstoffs und des Wasserstoffs in der Natur gebildet. Es kommt zu keinem Anstieg der Kohlendioxidkonzentration in der Atmosphäre mehr (**Bild 6.32**).

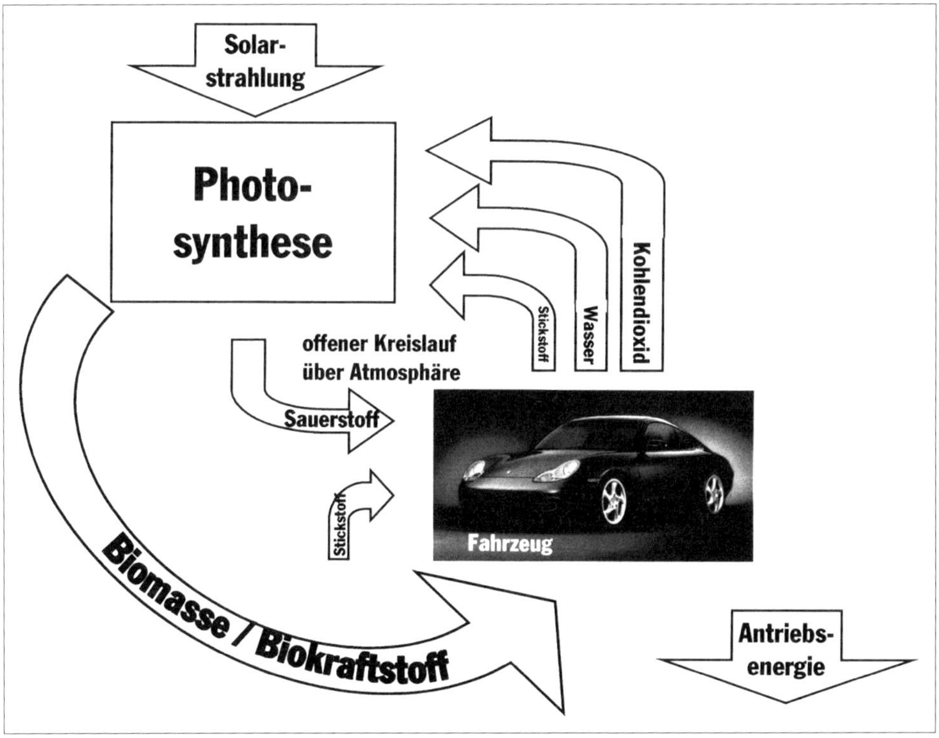

Bild 6.32: CO_2-Kreislauf bei Biokraftstoffen

Die gegenwärtige Motivation biogene Kraftstoffe erneut zu erforschen, liegt in der Hoffnung, dass sie einen größeren Beitrag zu einer umwelt- und klimaverträglicheren Deckung der Energienachfragen leisten können. Nach heutigem Wissensstand ist dieser Weg der Gewinnung von Kraftstoffen allerdings noch nicht wirtschaftlich genug.

Nur ca. 20 % der eingesetzten Energie bei der Herstellung von Biokraftstoffen der so genannten 1. Generation bleibt am Ende der Umwandlungskette übrig. „Die nachwachsenden Rohstoffe" haben außerdem noch folgende Nachteile: sie sind über das Jahr nicht von bleibender Qualität und Quantität. Ihre Zusammensetzung ist veränderlich und der Preis nicht stabil. Zu den Nachteilen zählen, nach gegenwärtigem Wissensstand der Landwirtschaft, höhere Eutrophierung und Versäurerung des Bodens und des Grundwassers sowie Ozonabbau. Hierfür sind die, bei der landwirtschaftlichen Produktion entstehende Stickstoffverbindungen verantwortlich. Die Bereitstellungskosten für Biokraftstoffe liegen grundsätzlich höher als die von konventionellen fossilen Kraftstoffen. Diese Nachteile sind jedoch nicht so dramatisch, als das sie die positive Gesamtbilanz in Frage stellen.

6.6.2.1 Flüssige Biokraftstoffe erster Generation

Heute sind zwei primäre Biokraftstoffe auf dem Markt: Ethanol und Biodiesel. Wegen ihrer Flüssigkeit sind diese Kraftstoffe für den Einsatz im Straßenverkehr besonders geeignet. Vertrieb und Lagerung von flüssigen Biokraftstoffen sind unkompliziert. Sie fügen sich problemlos in die bestehende Vertriebs-, Lager- und Einzelhandelsnetze ein.

Eine der wichtigsten Eigenschaften von flüssigen Biokraftstoffen, im Vergleich zu anderen alternativen Kraftstoffen ist, dass sie auch sofort in existierenden Motoren eingesetzt werden können. Diese Eigenschaft eliminiert sofort das „Chicken-and-Egg"-Dilemma, d.h. wer zuerst auf dem Markt angeboten werden soll, neue Kraftstoffe oder neue Motoren.

Ethanol (C_2H_5OH)

Relativ einfach können Biokraftstoffe mit Hilfe von Fermentationsprozessen (Gärung), von Weizen, Zuckerrüben, Mais, Zuckerroh, Maniok, Früchten und anderer zuckerreichen Pflanzen, und ihre Umwandlung in Alkohole, vor allem Ethanol, gewonnen werden (**Bild 6.33**).

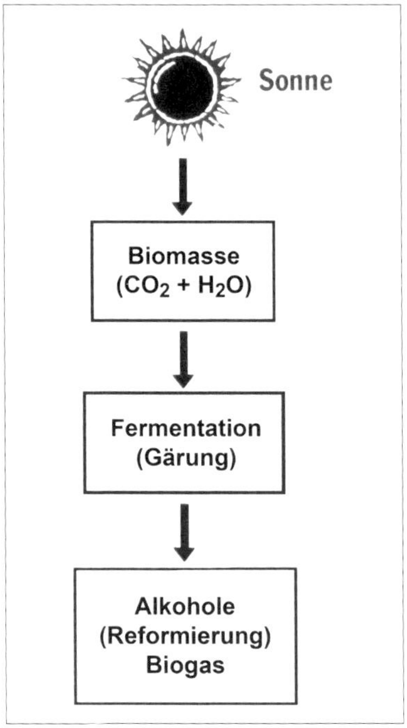

Bild 6.33:
Kraftstoffgewinnung durch Gärungsprozesse

Die Forscher untersuchen z. Zt. wie Ethanol aus Holz und pflanzlicher Cellulose hergestellt werden kann, um diese ökologisch sinnvolle Alternative auch wirtschaftlich attraktiv darzustellen. Die Verwendung von Ethanol im Ottomotor verlangt gewisse Änderungen am Motor und am Kraftstoffsystem. Er verbrennt mit besserem Wirkungsgrad als Benzin und hat weniger schädliche Abgasbestandteile. Ethanol ist z. Zt. teuerer als Benzin. Die erforderlichen großen landwirtschaftlichen Flächen für die Produktion von Biomasse für Ethanol, können einen negativen Effekt auf die Natur ausüben, einschließlich der Emission an Treibhausgasen (vor allem N_2O). Deswegen werden in der Landwirtschaft intensiv die Wege gesucht, den landwirtschaftlichen Ertrag zu steigern und gleichzeitig die negativen Auswirkungen auf die Umwelt zu minimieren.

In den USA wird Ethanol als Kraftstoff für Ottomotoren zum Benzin in einer Menge von 15 % beigemischt und als E 85 Kraftstoff verkauft (85 % Benzin und 15 % Methanol). In Brasil werden seit 30 Jahren viele Fahrzeuge mit Ethanol betrieben. In der EU ist eine Beimischung von Ethanol zum handelsüblichen Benzin in einer Menge von bis zu 5 % zugelassen. Viele Untersuchungen zeigen, dass auch eine Zumischung von bis zu 10 % in vielen EU-Regionen möglich ist.

Die Beimischung von Ethanol zu Benzin hat den Nachteil, dass es den Dampfdruck des Kraftstoffes erhöht und sich in Anwesenheit von Wasser entmischen kann, was insbesondere beim Transport, Lagerung und Betankung ein Problem darstellen kann. Als bessere Lösung wird die Umwandlung von Ethanol in Ether (ETBE = Ethyl-Tertiär-Butyl-Ether) betrachtet. ETBE mischt sich leicht mit Benzin, hat eine hohe Oktanzahl und erhöht den Dampfdruck der Mischung nicht. Gegenwärtig sind 15 Vol % ETBE bzw. maximal 2,7 Vol % sauerstoffhaltige Komponente in europäischen Benzinen erlaubt.

Die hohen Oktanzahlen von Alkoholen und ihren Ether können bei neuen Motorenkonstruktionen ausgenutzt werden, um durch Auslegung des Motors den Wirkungsgrad zu verbessern.

Kraftstoffe mit sauerstoffhaltigen Komponenten – Methanol, Ethanol, MTBE, ETBE – werden gegenwärtig in der EU nur als Zusätze zu konventionellen Kraftstoffen beigemischt, seltener als reine Kraftstoffe verwendet. Für diese Mischungen ist nur eine leichte Anpassung von Ottomotoren erforderlich und die gesamte vorhandene Infrastruktur kann sofort genutzt werden.

Pflanzenöle, Biodiesel

Viele Pflanzenöle können grundsätzlich durch eine einfache Verarbeitung in Dieselmotoren verbrennen. Die Verwendung von reinen Pflanzenölen führt jedoch relativ schnell zu einem unregelmäßigen, instabilen und gestörten Betrieb des Dieselmotors. Deswegen werden Pflanzenöle mit Methanol oder Ethanol estherifiziert und als Pflanzenester (Fettsäuremethylester, **FAME** = **F**atty **A**cid **M**ethyl **E**ster), als gute Kraftstoffe in Dieselmotoren verwendet.

FAME ist die übergreifende Bezeichnung für alle Methylester, die aus pflanzlichen Ölen oder tierischen Fetten erzeugt werden. Die meisten den gegenwärtig hergestellten Biodiesel-Kraftstoffe entstehen durch basisch-katalysierte Umesterung des Öls mit Alkohol. Das Basisöl wird direkt in FAME umgewandelt, welches in angepassten Dieselmotoren rein, als 100 % Biodiesel verwendet werden kann.

Zur Herstellung von Biodiesel können verschiedene Öle verwendet werden, darunter unbearbeitetes Rohpflanzenöl, gebrauchte Pflanzenöle sowie tierische Fette. Raps, Sonnenblumen, Sojabohnen, aber auch andere Pflanzen wie Senf, Hanf, Palm, Jatropha und sogar Algen sind geeignete Rohstoffe für Biodiesel.

Biodiesel kann beliebig mit konventionellen Dieselkraftstoffen gemischt und in vielen herkömmlichen Dieselmotoren eingesetzt werden. Als gängige Kurzbezeichnung für Biodieselkraftstoffe hat sich der Buchstabe B, ergänzt mit dem prozentuellen Anteil des FAME etabliert. B20, eine international häufig verwendete Mischung, besteht aus 20 % FAME und 80 % fossilen Dieselkraftstoff. Gegenwärtig sind B2, B5 und B20 häufigste Mischungen zwischen FAME und Fossildiesel.

Die Pflanzenöle haben hohe Cetanzahlen, beinhalten keinen Schwefel und besitzen eine gute Schmierfähigkeit. Mit Biodiesel werden einige Emissionen besser (HC, PM), während andere nur wenig beeinflusst werden (NO_x).

Der bekannteste Biodiesel-Kraftstoff ist z. Zt. das Rapsmethylester (RME) oder Rapsöl. RME gilt als ein guter Kraftstoff, allein (B 100) oder in einer Mischung bis zu 50 % (B 50) mit konventionellem Dieselkraftstoff. Am meisten verbreitet ist eine Mischung von 5 % Biodiesel mit konventionellem Dieselkraftstoff (B 5).

Den ökologischen Vorteilen der Biokraftstoffe stehen einige technische Schwierigkeiten bei der Anwendung in Dieselmotoren gegenüber. Eine typische betrifft die herkömmliche Kraftstofffilter, die sich bei Biokraftstoffen wesentlich schneller zusetzen können, insbesondere beim Kaltstart und niedrigen Temperaturen [25].

Ein weiteres Problem von Biokraftstoffen, insbesondere bei Verwendung von E100 oder B100 besteht darin, dass diese Kraftstoffe chemisch mit anderen Werkstoffen reagieren und bestimmte Al-Legierungen, Gummidichtungen und Kunststoffleitungen chemisch angreifen. Biokraftstoffe sind außerdem gute Lösungsmittel die zu Ablösung von Ablagerungen, Schmutz-Lack- und Oxidpartikel im Fahrzeugkraftstoffsystem führen können, die für sehr empfindliche Hochdruck-Einspritzpumpen und Düsen gefährlich sein können. Deswegen werden neue Filtersysteme entwickelt, die speziell auf die Anforderungen bestimmter Biokraftstoffe abgestimmt sind [25].

Für Biodiesel ist außerdem wichtig, dass der Gehalt an Phosphor (P) sowie an K, Na, Ca und Mg im Kraftstoff sehr niedrig, unter 5 mg/kg gehalten wird, weil sonst die Gefahr der Verunreinigungen des Motors und seines Abgasnachbehandlungssystems besteht.

Als einziger Biokraftstoff ist der Biodiesel in der EU durch die Norm DIN EN 14214 erfasst (ρ = 0,88 kg/l; Hu = 37,1 MJ/kg; CZ = 54–58). In den USA gilt die Norm ASTM D6751.

6.6.2.2 Synthetische Biokraftstoffe (BTL, Biokraftstoffe der 2. Generation)

Die derzeit üblichen Verfahren der Produktion von Biokraftstoffen weisen allerdings noch erhebliche Verbesserungsmöglichkeiten auf. So wird meist nur ein kleiner Teil der Pflanzen tatsächlich für die Herstellung von Kraftstoffen genutzt. Im Fall von Raps sind es lediglich die Saatkörner, die zu Rapsöl bzw. zu Rapsmethylester weiter verarbeitet werden. Bei Weizen, Zuckerrohr, Zuckerrübe u. ä. ist es ebenfalls nur der Pflanzensaft, der über alkoholische Gärung in Bioethanol umgewandelt wird. Mehr als zwei Drittel der Pflanze bleiben ungenutzt. Neue Herstellungsverfahren wurden gesucht um auch die Abfallstoffe (Stroh) für die Produktion von Biokraftstoffen auszunutzen [16].

Der Gas-to-Liquid (GTL)-Prozess ist vom Prinzip her nicht nur auf das Erdgas beschränkt. Vielmehr kann auch die Biomasse dazu eingesetzt werden. Das geschieht dann in einem **B**iomass-**t**o-**L**iquids (**BTL**)-Verfahren. Diese Umwandlung von Biomasse in synthetische Kraftstoffe über Vergasung und Fischer-Tropsch-Synthese ermöglicht die Erzeugung hochwertiger Kraftstoffe aus regenerativen, nichtfossilen Rohstoffen, der Biokraftstoffe der so genannten zweiten Generation. Langfristig werden wahrscheinlich auf diesem Weg regenerative synthetische Kraftstoffe für Automobilsektor produziert (**Bild 6.34**).

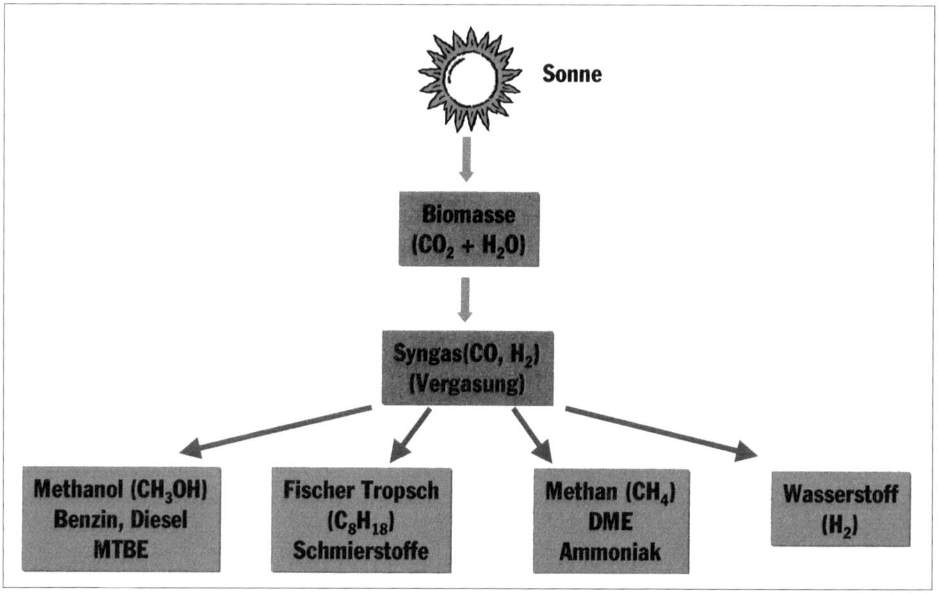

Bild 6.34: Biokraftstoffe der zweiten Generation über Synthesegas [Quelle: Choren]

Bei der Herstellung von Biokraftstoffen der zweiten Generation zeichnet sich ein höherer Energieertrag pro Fläche und ein hohes Mengenpotential aus. Dies führt zu einer wesentlich besseren CO_2-Bilanz aus, als bei Biokraftstoffen der ersten Generation. Mit BTL-Kraftstoffen werden Klima relevanten Emissionen um 85 % reduziert.

Als ökologischer Sicht bieten sich besonders Abfallpflanzenöle (**V**aste **V**egetable **O**ils = **VVO**) an. Die Verwendung von landwirtschaftlichen und anderen Abfällen hat folgende Vorteile:

- Es werden Abfälle verwendet, die zurzeit keine Verwendung finden und üblicherweise auf Deponie landen.
- Es werden Umweltbelastungen reduziert, durch Verwendung von regenerativen Quellen und damit niedrigeren Emissionen an schädlichen Komponenten.
- Es wird ein gewisser Prozentsatz an herkömmlichen Dieselkraftstoff ersetzt.

6.6.2.3 Gasförmige Biokraftstoffe

Biomasse kann im Prinzip auch als Quelle für die Produktion von gasförmigen Kraftstoffen wie Biogas und Wasserstoff dienen.

Biogas, besteht im wesentlichem aus Methan CH_4 (60 bis 70 %), und dem Rest aus CO_2, N_2, H_2O und H_2S, und kann in der Landwirtschaft aus diversen Biorohstoffen hergestellt werden.

Auch **Wasserstoff** (H_2) kann aus Bioethanol und anderen biologischen Kohlewasserstoffen produziert werden. Allerdings wird der Wasserstoff erst dann als Kraftstoff an Attraktivität gewinnen, wenn er aus Wasser mit Hilfe der elektrischen Energie (Elektrolyse) solaren Ursprungs hergestellt wird. Die Verfügbarkeit dieser Technologie wird aber erst in der zweiten Hälfte dieses Jahrhunderts erwartet. Bislang ist die Massenherstellung von Wasserstoff aus Wasser ein unerfüllter Traum der Menschheit geblieben. Die Herstellkosten für den Wasserstoff über die Elektrolyse des Wassers sind heute 60mal höher als die Herstellkosten für Benzin oder Dieselkraftstoff [14, 15, 16].

Allgemein aber gilt, dass für den Straßenverkehr gasförmige Biokraftstoffe wegen der fehlenden Logistik und Infrastruktur, nicht geeignet sind. Viel sinnvoller ist es, sie in stationären Anlagen, in Industrie und Haushalten anzuwenden, dort wo sie flüssige Kraftstoffe ersetzen und für den Straßenverkehr befreien können.

Der aus Biomasse und anderen Quellen hergestellte Wasserstoff kann aber auch für die Anreicherung der ungesättigten Kohlenwasserstoffe (Aromaten und Olefine) in konventionellen Kraftstoffen dienen, um den Gehalt an gesättigten Kohlenwasserstoffen (Paraffinen) zu erhöhen und damit ein günstiges H/C-Verhältnis des Kraftstoffes zu erreichen. Mit anderen Worten, konventionelle fossile Kraftstoffe können als Speicher für den Wasserstoff dienen. Damit wären viele Probleme des Transports und der Speicherung von Wasserstoff an Bord des Fahrzeugs gelöst.

6.7 Aussichten für die Zukunft

Die Symbiose zwischen Hubkolbenverbrennungsmotoren (Otto und Diesel) und fossilen Kraftstoffen aus dem Erdöl (Benzin und Dieselkraftstoff) ist charakteristisch für den Straßenverkehr seit mehr als 130 Jahren. Die immer strengeren Anforderungen an Kraftfahrzeuge und ihre Motoren können nur durch eine gemeinsame Entwicklung von Motoren und ihren Kraftstoffen erfüllt werden. Auch für die absehbare Zeit dieses Jahrhunderts wird das Automobil das wichtigste Verkehrs- und Transportmittel bleiben. Viele Wege, die bei der Entwicklung neuer umweltfreundlicher Fahrzeuge beschritten werden müssen, tangieren teilweise direkt, die vom Automobil benötigten Kraftstoffe.

Die heutige Motorengeneration sowie die Motoren und ihre Abgasnachbehandlungssysteme, die für die künftigen Gesetze entwickelt werden, stellen neue und schärfere Anforderungen an die Kraftstoffe, als in der Vergangenheit. Diese Anforderungen sind von der internationalen Automobilindustrie im World Wide Fuel Charter (WWFC) festgeschrieben.

Moderne Kraftstoffe für Otto- und Dieselmotoren müssen die geforderten Oktan- bzw. Cetanzahlen haben, frei von Schwefel sein und alle andere Parameter erfüllen, die im WWFC definiert sind. Die neuen Anforderungen an Kraftstoffe werden parallel mit der Entwicklung neuer Motoren entstehen. Dabei wird, von der Umweltseite her, der Fokus auf die Erfüllung der gesetzlichen Anforderungen bezüglich der schädlichen Abgasemission und gleichzeitig auf die Reduzierung der CO_2-Emission bzw. des Kraftstoffverbrauches gerichtet sein.

Die konventionellen Kraftstoffe fossilen Ursprungs, Benzin und Dieselkraftstoff, bieten nach dem heutigen Stand der Technik immer noch die wirtschaftlichste Lösung für die meisten Transportaufgaben. Der umweltbelastende Charakter des Erdöls wird aber zu einem immer größeren Handicap. Die Mineralölindustrie muss die Qualität ihrer Kraftstoffe ständig verbessern und damit zu einer deutlichen Minderung des Schadstoffausstoßes beitragen.

Die derzeitigen Prioritäten auf dem Gebiet der Kraftstoffe können deshalb wie folgt zusammengefasst werden:

1. Weitere Verbesserung der Qualität von konventionellen Kraftstoffen. Motoren mit guten Eigenschaften verlangen qualitativ gute Kraftstoffe, um das vorhandene Potential voll ausnutzen zu können. Je besser die Kraftstoffqualität ist, desto leichter ist es, gute, effiziente Motoren mit niedrigem Schadstoffausstoß zu bauen. Schon 1919 hat Charles F. Kettering geschrieben: „das Kraftstoffproblem hat eine Automobil- und eine petrochemische Seite. Die vollständige Lösung ist ohne enge Zusammenarbeit beider Industrien nicht möglich".
2. Reduzierung des Kraftstoffverbrauches von Otto- und Dieselmotoren. Durch diese Reduzierung können vorhandene Erdölreserven zeitlich gestreckt und so die kostbare Zeit für die Entwicklung neuer, heute unwirtschaftlicher oder unbekannter Energiequellen gewonnen werden.

3. Es ist sinnvoll und erforderlich sich intensiv mit der Rolle von „alternativen Kraftstoffen“ eingehend zu befassen. Bislang haben alternative Kraftstoffe – abgesehen von einigen regionalen Erfahrungen – im Weltmaßstab noch keine nennenswerte Bedeutung.

Die wichtigsten Gründe dafür sind: **umständliche Handhabung sowie Komforteinbußen** bzw. Einschränkung der Fahrzeugnutzung. Im **Bild 6.35** sind die Energiedichten verschiedener diskutierter Energieträger miteinander verglichen.

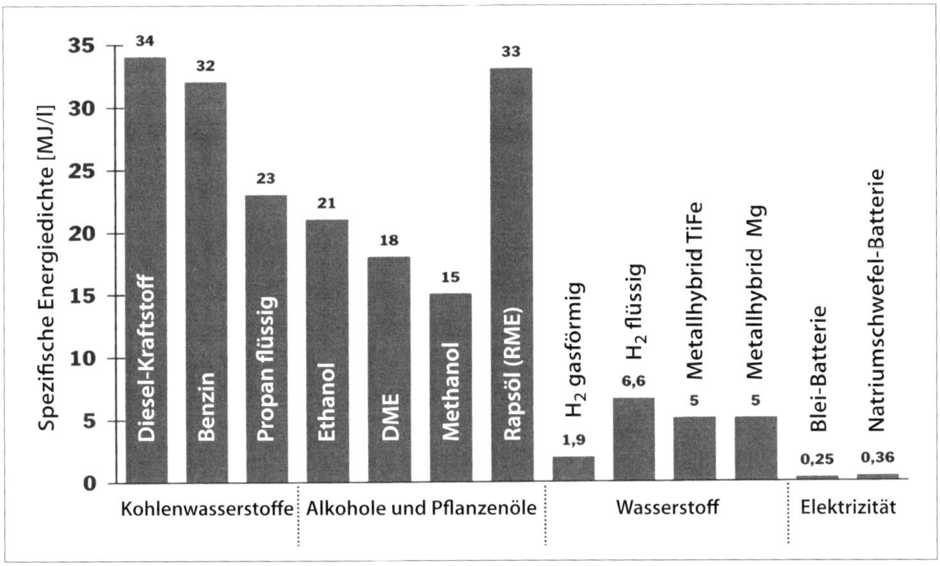

Bild 6.35: Energiedichten unterschiedlicher Energieträger

Proportional zu der energiedichte verhält sich die Reichweite eines Fahrzeugs mit einem unveränderten Tankvolumen (**Bild 6.36**).

Bei ökologischer Betrachtung unterschiedlicher Treibstoffe spielt heute die CO_2-Emission eine wichtige Rolle. Ein Vergleich der CO_2-Gesamtemissionen verschiedener Kraftstoffe ist im **Bild 6.37** gezeigt. Dabei ist die gesamte CO_2-Emission von der Kraftstoffbereitstellung bis zur Emission des Fahrzeugs, berücksichtigt.

Methanol und Ethanol sowie MTBE und ETBE auf Biomassebasis, RME und Biogas emittieren insgesamt wesentlich weniger CO_2 als die fossilen Kraftstoffe Benzin und Diesel. Ein weiterer wesentlicher Vorteil von Biokraftstoffen ist die Schonung fossiler Ressourcen durch „Recycling“ und ständige Erneuerung von Kraftstoff-Grundkomponenten.

Zu hohe Entstehungskosten. Relativ niedrige Erdölpreise in den letzten Jahrzehnten haben die Entwicklung selbst aussichtsreicher Alternativen deutlich behindert. Noch Ende

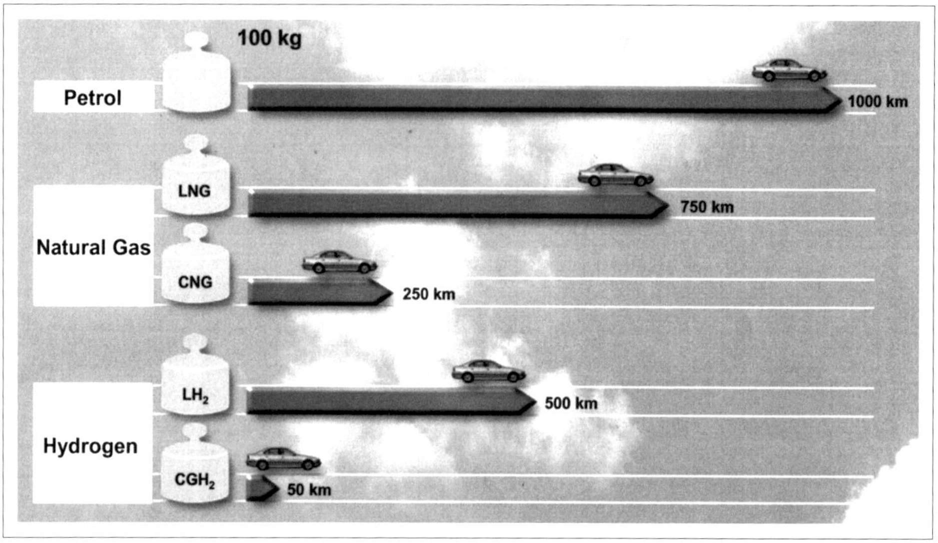

Bild 6.36: Reichweiten mit unterschiedlichen Kraftstoffen [Quelle: BMW]

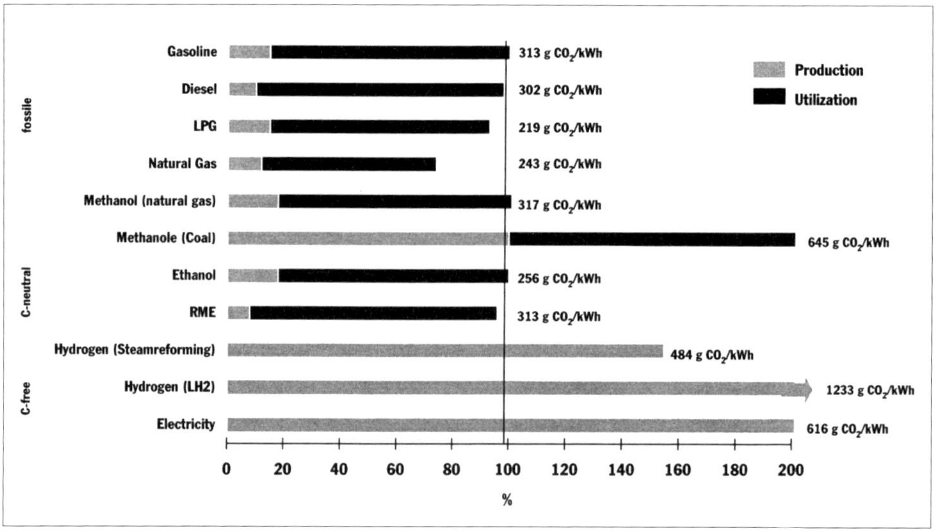

Bild 6.37: Gesamtbilanz der CO_2-Emission für unterschiedliche Kraftstoffe [Quelle: DaimlerChrysler]

der 80er Jahre wurde prognostiziert, dass bis zum Jahr 2000 mehr als 10 % des Bedarfs an Primärenergie durch regenerative Energiequellen gedeckt sein wird. Dieser Anteil beträgt heute weltweit weniger als 2 %.

Die EU-Direktive 2003/30/EC verpflichtet die EU-Staaten dazu, ein gewisser Anteil an Biokraftstoffen an gesamten Kraftstoffverbrauch zu verwenden. Die gültige Forderung verlangt ein Minimum von 2 % Biokraftstoffe (**Bild 6.38**). Eines der Ziele der EU ist es, bis zum Jahr 2010 den Anteil der Kraftstoffe biologischen Ursprungs auf 5,75 % und bis 2020 auf 8 % zu erhöhen. Der Anteil der regenerativen Energien soll insgesamt auf über 20 % steigen. Dabei werden als alternative Hauptkandidaten Biokraftstoffe (Ethanol und Pflanzenöle), BTL, Erdgas und H_2 angesehen.

	Biofuel	Natural gas	Hydrogen	Total
2005	2			2
2010	6	2		8
2015	(7)	5	2	14
2020	(8)	10	5	(23)

Bild 6.38: EU Forderung nach alternativen Kraftstoffen

Die prozentuelle Angabe bezieht sich auf Energieinhalt. Für Benzin bedeutet 5,75 Vol % Biokraftstoffe, ca. 8,5 Gew. % Ethanol bzw. 14 Gew. % ETBE.

Das mittelfristige Potential der Biomasse als Quelle für Kraftstoffe für den Straßenverkehr wird auf 17 % (11 bis 24 %) für die EU und auf 40 % weltweit geschätzt. Damit konnten Treibhausgase in der Kette „Well to Wheel" um etwa 85 % reduziert werden. Theoretisches Potential ist weltweit wesentlich größer (**Bild 6.39**) [21, 23, 24].

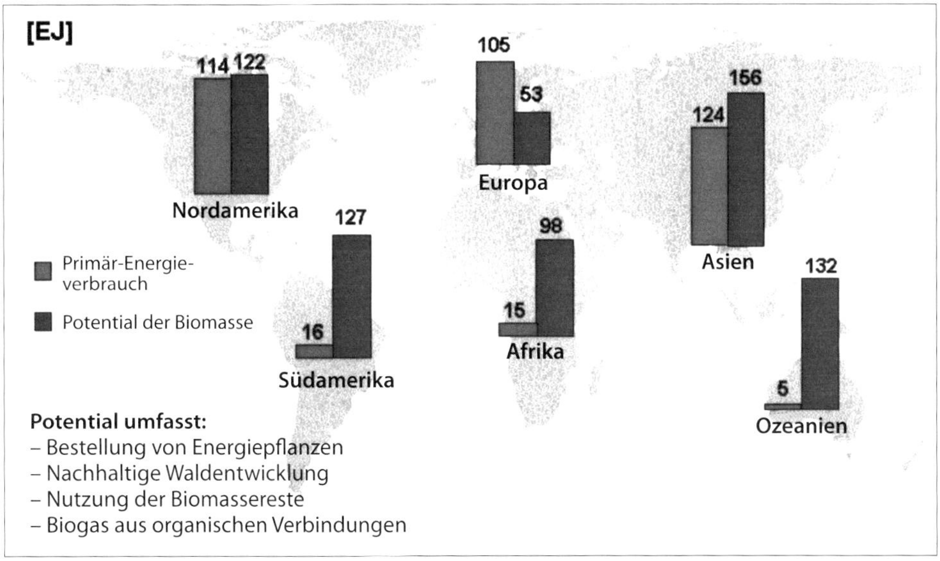

Bild 6.39: Das theoretische Potential der weltweiten Biomasseproduktion [Quelle: TU-München]

Anteil der erneuerbaren Energien in Deutschland liegt zurzeit bei 4,6 % und soll bis zu Mitte des Jahrhunderts auf 20 bis 30 % gesteigert werden. In Schweden soll die Abhängigkeit vom Erdöl, durch Einsatz von Biokraftstoffen bis 2020 beendet werden. Nach dem Plan der **I**nternationalen **E**nergie **A**gentur (**IEA**) sollen bis Mitte des 21. Jahrhunderts mindestens 40 % des globalen, weltweiten Energiebedarfs durch erneuerbare Energie gedeckt werden [20, 22, 23].

Die Hauptherausforderungen für diese Kraftstoffe liegen in ihrer Produktion, ihrem Transport, ihrer Verteilung und Speicherung zu angemessenen Preisen. Aber der Mensch ist auf dem Wege zu lernen die Energie für sich zu produzieren, ähnlich wie er in der Vergangenheit gelernt hat die Nahrung für sich herzustellen!

6.8 Andere Betriebsstoffe

6.8.1 Schmierstoffe

Etwa 1 % des gesamten weltweiten Mineralölverbrauches wird zur Herstellung von Schmierstoffen für Verbrennungsmotoren verwendet. Auch Schmierstoffe unterliegen diversen Umweltanforderungen. Sie können die Abgasemission direkt und indirekt beeinflussen. Beim Dieselmotor kann z.B. der Betrag der aus Schmieröl stammenden Partikel so groß sein, dass das Erreichen der Partikel-Emissionsgrenzwerte in Frage gestellt wird. Die Senkung des Schmierölverbrauchs ist daher eine äußerst wichtige Maßnahme zur Partikelreduzierung. Es wurde auch die Verminderung der Katalysatoreffektivität („Katalysatorvergiftung") durch den Zink und Phosphor sowie Schwefel aus Schmieröladditiven nachgewiesen.

Schmieröle werden als umweltakzeptabel bezeichnet, wenn

- sie durch ihre Verbrennung im Motor zu keiner Beeinträchtigung von Abgasnachbehandlungssystemen und zu keiner Erhöhung der Abgasemission führen,
- sie in der Natur biologisch schnell abbaubar und möglichst wenig toxisch gegenüber Menschen, Flora und Fauna sind, d.h. möglichst der Wassergefährdungsklasse 0 entsprechen.

6.8.2 Kühlmittel

Kühlmittel in flüssigkeitsgekühlten Motoren bestehen aus 20 bis 40 % Ethylen- oder Propylenglykol; 60 bis 80 % Wasser und 2 bis 4 % Additive. Additive auf Phosphat-, Nitrat- oder Nitritbasis, dienen als Schutzmittel gegen Korrosion und Ablagerungen im Kühlsystem.

Durch undichte Stellen im Kühlsystem kann das Kühlmittel in die Umwelt gelangen und dort in das Grund- oder Oberflächenwasser eindringen. Ethylen- und Propylenglykol sind in dem Wasser löslich und gelten als biologisch abbaubar, mit einer Halbwertszeit zwischen 2 und 20 Tagen. Die Menge an Stickstoff- und Phosphatverbindungen in der Umwelt, die aus Leckagen an Kühlsystemen der KFZ-Motoren stammen, wird auf weniger als 0,1 % geschätzt und als unwesentlich für die Umwelt betrachtet.

Literatur

[1] *Scott, H.W.*: Energy – Past, Present and Future. SAE-Paper 760 402

[2] *Meurer, J.S.*: Auch Automobile bedürfen neuer unerschöpflicher Energiequellen. Fisita-Kongress. Belgrad, 1986

[3] *Kane, E.D.*: The future of automotive fuels and lubricants. Automotive Engineering 88 (1980) 10

[4] *Graeser, U., Keim, W. u.a.*: Perspektiven der Petrochemie. Erdöl Erdgas Kohle 1 (1995) 5

[5] *Krumm, H., Lange, W.W. u.a.*: Geringere Umweltbelastung durch verbesserte Fahrzeugbetriebsstoffe. Shell Technischer Dienst, 1996

[6] *Mirabella, W.*: European Petrol Quality: Directive vs Needs. 97EN060. ISATA-Kongress 1997

[7] US-Auto/Oil Air Quality Improvement Research Program. AQIRP Final Report, 1993

[8] *Maholland, M.K.*: Reducing gasoline sulphur with additives. PTQ, spring 2001

[9] Boyd, J.: Introduction of California´s cleaner-burning gasoline. World conference on international Fuel Quality and Vehicle Technology, May 1996

[10] Esso – Energieprognosen 2003

[11] Advanced Vehicles and Fuels. CONCAWE-Review, 13 (2004) 1

[12] *Wojik, K.*: Der zukunftsweisende AVL Leader im Diesel- wie auch im DME-Betrieb. Wien: ÖVK-TU, 1996

[13] Directive 2003/30/EC of the European Parliament and of the Council in promotion of the use of bio fuels or the renewable fuels for transport. Official Journal of the European Union, 17.05.2003

[14] World-Wide Fuel Charter. ACEA, Alliance, EMA, JAMA, April 2000

[15] Alternative fuels in the automotive market. Brüssel: CONCAWE, 1995

[16] *Schaub, G., Unruh, D. u.a.*: Synthetische Kraftstoffe aus Biomasse über Fischer-Tropsch-Synthese. Grundlagen und Perspektiven. Erdöl Erdgas Kohle 120 (2004) 10

[17] R&D Technology Road Map. Brüssel: Furore, 2004

[18] *Reinhardt, G. u.a.*: CO_2-neutrale Wege zukünftiger Mobilität. Frankfurt: FVV-Studie, 2004

[19] Alternative fuels for a better climate, environment and improved public health. Stockholm: Ministry of the Environment, 1999

[20] *Coburn, C.B., Hudgens, R.D. et al*: Environmental Effects of Engine Coolant Additives. SAE-Paper 1999-01-0137

[21] *Nitsch, J., Gärtner, S. u.a.*: Ökologisch optimaler Ausbau der Nutzung erneuerbarer Energien in Deutschland. Heidelberg: DLR, IFEU, WIE, 2004

[22] *Stempel, G., Beckwith, P. u.a.*: Ultimate – eine neue Generation von Otto- und Dieselkraftstoffen. MTZ 66 (2005) 6

[23] Biofuels 2007. Plant&Technology. PTQ Supplement, January 2007

[24] *Warnecke, W., Louis, J.*: Kraftstoffe für das 21. Jahrhundert. MTZ-Sonderausgabe, Antriebe der Zukunft, Oktober 2006

[25] *Pearce, A.*: Filtertechnik für Biokraftstoffe. MTZ 67 (2006) 12

[26] *Guibet, J.C.*: Fuels and Engines. Institut Fançais du Pétrole Publication, Paris 1999

7 Auto im Verkehr

7.1 Einleitung

Nach dem ein neu hergestelltes Fahrzeug alle gesetzlichen Typprüfungen bestanden hat, wird es als Verkehrsmittel zugelassen und im Verkehr eingesetzt. Mit diesem Einsatz treten erst für die Öffentlichkeit nicht nur die positiven, sondern auch die negativen Auswirkungen des Automobils auf die Umwelt auf.

7.2 Mobilität und Verkehr

Durch die Geschichte der Menschheit hinweg bedeutet „Mobilität" die Bewegung von Leuten und Gütern mit Geschwindigkeiten die, von der eines Fußgängers bis zu der eines modernen Flugzeugs, ständig stiegen.

Biologisch gesehen ist der Mensch von Natur aus zu Mobilität verurteilt, weil Mobilität auch Ortswechsel bedeutet. Die Fähigkeit zum Ortswechsel ist in der Tierwelt – und dazu gehört auch der Mensch – die Voraussetzung fürs Überleben. Der Austausch von Waren und Informationen sowie die Begegnungen von Menschen setzen Mobilität voraus. Mobilität resultiert schließlich auch aus den in allen Gesellschaften und zu allen Zeiten vorhandenen Verpflichtungen bzw. Wünschen zur Durchführung bestimmter Tätigkeiten wie Ausbildung, Arbeiten, Einkaufen, Wahrnehmung gesellschaftlicher und sozialer Kontakte außerhalb der eigenen vier Wände und ist somit eine elementare Form menschlicher Lebensäußerung [15].

Sie ist nicht nur ein individuelles Grundbedürfnis, sondern auch eine der wichtigsten Säulen der Wirtschaft. Deswegen wird sie als ein Grundrecht für den Bürger und für die Gesellschaft angesehen. Lebensweise und Wirtschaftssysteme der modernen Menschen sind sehr stark mit der Mobilität verbunden. Sie ermöglicht außerdem, dass Güter und Informationen zu rechten Zeit an die richtige Stelle gebracht werden können.

Der Verkehr, als eine wichtige Form der Mobilität, ist die Versorgungs- und Existenzgrundlage der Wirtschaft und der Gesellschaft bzw. eine unerlässliche Voraussetzung für Wohlstand, Arbeitsplätze und soziale Sicherheit.

Effiziente Verkehrssysteme tragen dazu bei, die Lebensstandards von Menschen in allen Teilen der Welt zu verbessern. Die Verzahnung von Wirtschaft und Verkehr ist an der korrelierenden Entwicklung von Wirtschaftsleistungen und Verkehr, ausgedrückt durch das Bruttosozialprodukt (**GDP** = **G**ros **D**omestic **P**roducts) und die Fahrzeugdichte pro Einwohner erkennbar (**Bild 7.1**).

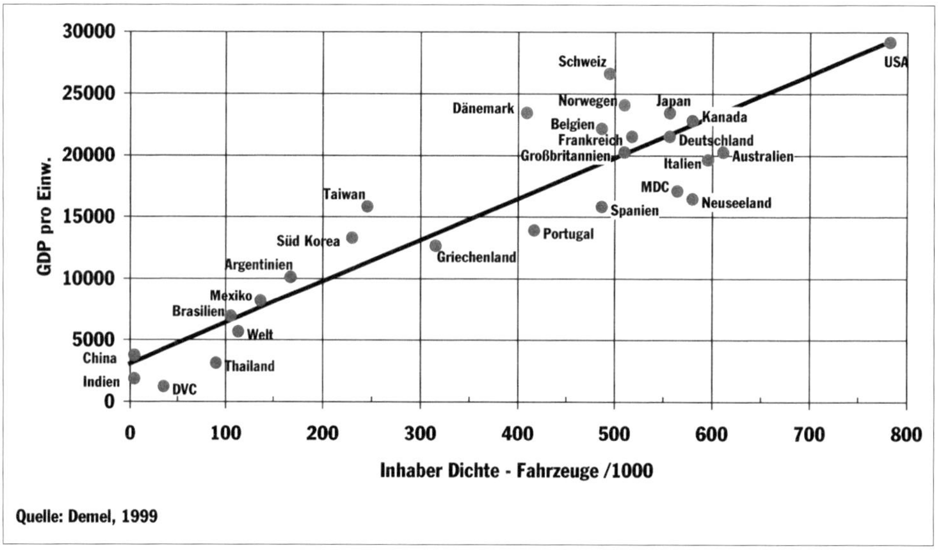

Bild 7.1: Bruttosozialprodukt und Fahrleistung

Mehr den je bestimmt heute die Mobilität von Menschen und Gütern die Wirtschaftskraft und die Wettbewerbsfähigkeit einer Gesellschaft. Dabei steht fest, dass die freie Mobilität von Personen, Waren und Dienstleistungen in einer globalen Weltwirtschaft als Standortfaktor immer wichtiger ist. Denn nur wer mobil ist, kann Chancen aufgreifen, die nicht in seiner unmittelbaren Umgebung geboten werden. Ohne Mobilität können die Verpflichtungen gegenüber Familie, Schule, Arbeit sowie Freizeitaktivitäten kaum erfüllt werden.

Das menschliche Urbedürfnis nach Mobilität und seine technischen Realisierungsmöglichkeiten haben insbesondere in den letzten 100 Jahren Gesellschaft, Wirtschaft und Umwelt dramatisch verändert. Summarisch kann gesagt werden, dass das Thema „Mobilität" alle ganz unmittelbar betrifft und deshalb ein hohes Maß an öffentlicher Aufmerksamkeit findet [1, 9, 12].

7.3 Auto und Mobilität

Der Automobilverkehr wird als ein wesentlicher Bestandteil der Mobilität der modernen Menschen angesehen, er wird ja oft mit ihm identifiziert. Die Attraktivität des modernen

Automobils ist in seiner Eigenschaft begründet, die er seinem Besitzer anbietet. Kein anderes Verkehrsmittel gibt eine dem Automobil ähnliche Freiheit bei der Entscheidung über Ziel, Weg und Zeitpunkt einer Reise, so wie auch die damit verbundene Freizügigkeit bei der Wahl und Kombination von Zielorten und Bewegungsrouten. Deswegen ist das Automobil unangefochten das Verkehrsmittel Nummer eins schlechthin, weil es den Mobilitätsbedürfnissen der Menschen besser als die anderen Verkehrsmittel entspricht.

Im Gütertransport erreicht nur das NFZ die Flexibilität und Einsatzvielfalt, die den Anforderungen der modernen Gesellschaft entsprechen. Deswegen wird die Diskussion über Mobilität und über Verkehr häufig auf das Thema Auto-Mobilität bzw. Individualverkehr reduziert.

Heute werden jährlich weltweit ca. 50 Millionen, davon in der EU 17 Millionen, Kraftfahrzeuge produziert. Die kolossale Steigerung der weltweiten Automobilproduktion begann nach dem II. Weltkrieg, von 5 Millionen Fahrzeuge pro Jahr, auf das heutige Niveau (**Bild 7.2**).

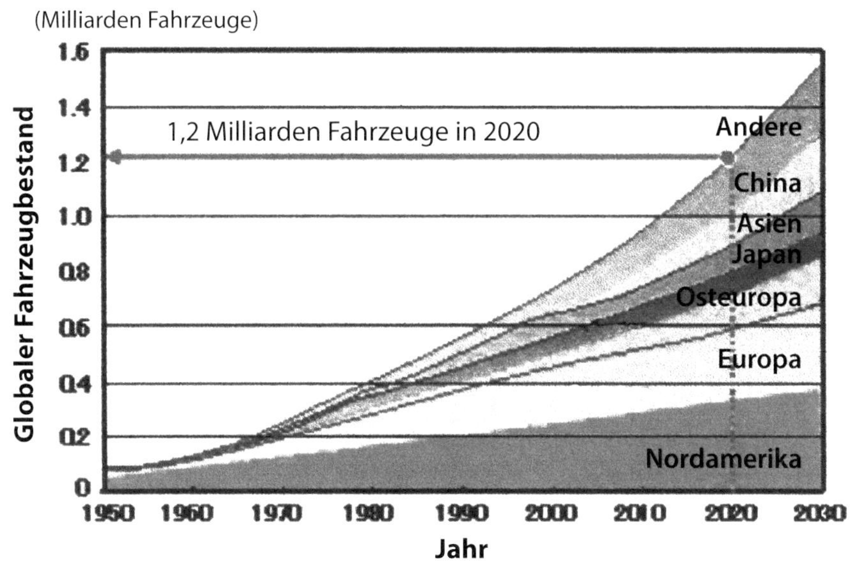

Bild 7.2: Die Entwicklung der Fahrzeug-Weltproduktion [Quelle: Handbook of automotive industry 2001]

Seit 1950 wurden zunächst jedes Jahr ca. 1 Million Fahrzeuge mehr produziert als ein Jahr vorher. Zwischen 1970 und 2000 betrug die Zuwachsrate bei PKW ca. 3 % pro Jahr und ca. 2,8 % bei NFZ. In der EU fahren heute 170 Millionen PKW und 23 Millionen NFZ auf der Straße. Jede Person in der EU legt im Durchschnitt jährlich mindestens 13.000 km im

Auto zurück. So werden im Individualverkehr Europas jährlich 4.000 Milliarden Kilometer bewältigt. Diese Distanz entspricht etwa 10 Millionen mal der Distanz zwischen Erde und Mond oder 3.000 mal der Distanz zwischen Erde und Sonne. Über 90 % des Personenverkehrs werden auf der Straße abgewickelt, 10 % davon per Bus (**Bild 7.3**), und mit über 70 % der Gütertransportleistung in tkm bewältigt der Straßenverkehr sechs mal so viel wie die Bahn (**Bild 7.4**) [5, 9, 15].

Die rasante Entwicklung des Straßengüterverkehrs ist in dem letzten Jahrzehnt durch die neue Organisationsformen in der Produktion, bekannt unter den Namen „Just in time", mitverursacht. „Just in time" bedeutet, dass die Güter zum richtigen Zeitpunkt am richtigen Ort ankommen sollen. Aufgrund ihrer Systemvorteile, werden auch in Zukunft PKW und NFZ tragende Säulen des Personen- und Güterverkehrs bleiben. Es wird damit gerechnet, dass in der EU zwischen 2000 und 2010 der Güterverkehr um 38 % und der Personenverkehr um 18 bis 24 % steigen werden. Der Großteil dieses Wachstums wird auf den Straßenverkehr entfallen. Die prozentuale Aufteilung dieser Verkehrsleistung auf einzelne menschliche Tätigkeiten ist im **Bild 7.5** dargestellt.

Der Freizeitverkehr und der Einkaufsverkehr haben den größten Anteil an der Gesamtzahl aller zurückgelegten Personenkilometer. Studien belegen, dass der durchschnittliche tägliche Zeitaufwand, der für Mobilität verwendet wird, auf der ganzen Welt etwa gleich groß ist. Dies gilt unabhängig von Lebensstandard, sowohl für Entwicklungsländer, als auch für

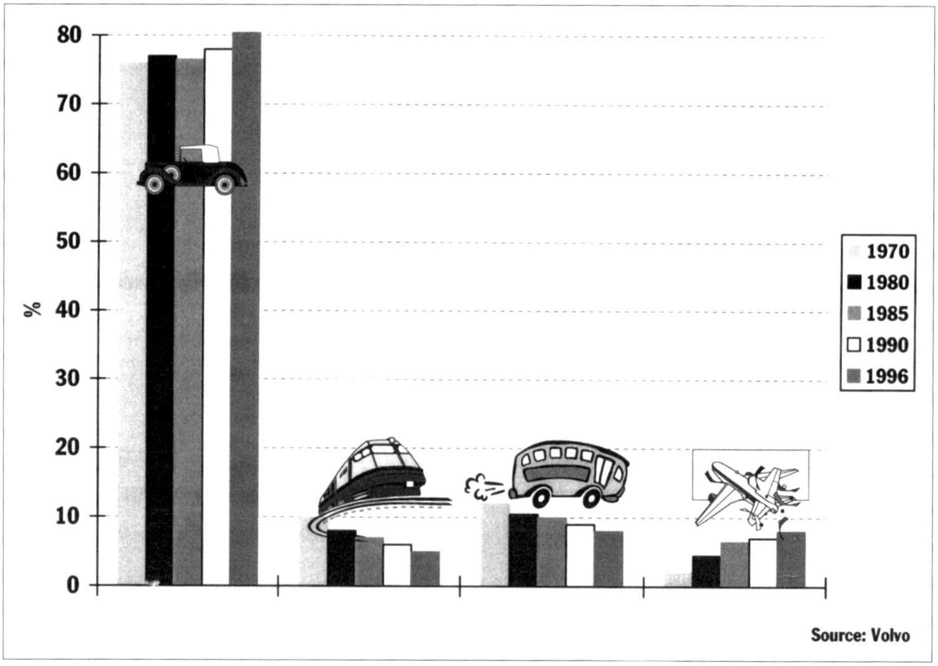

Bild 7.3: Entwicklung des Personenverkehrs in der EU

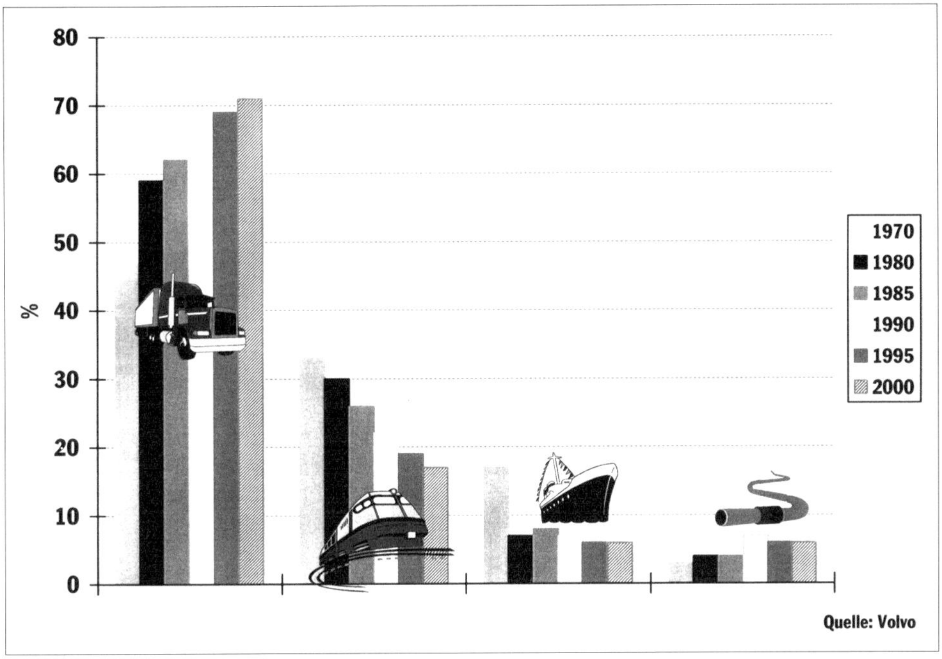

Bild 7.4: Entwicklung des Güterverkehrs in der EU

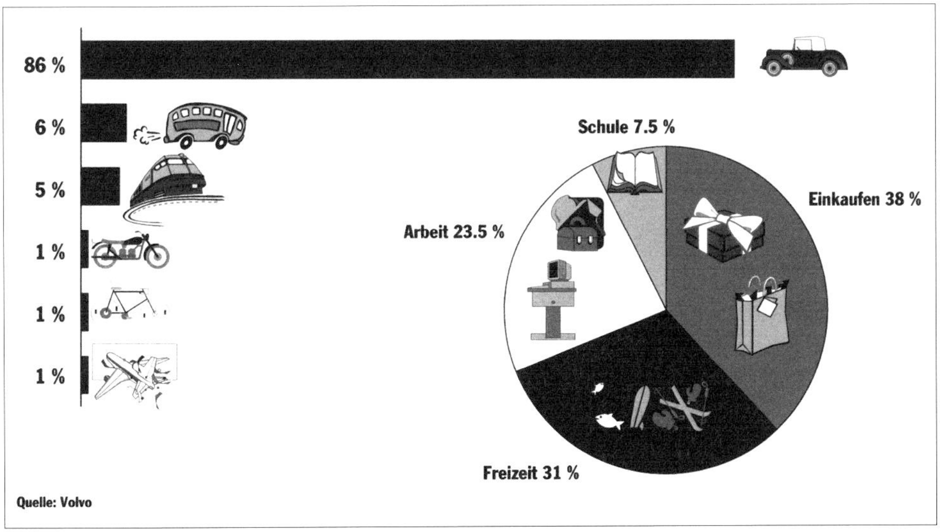

Bild 7.5: Verkehrsleistung nach Personenkilometer in der EU

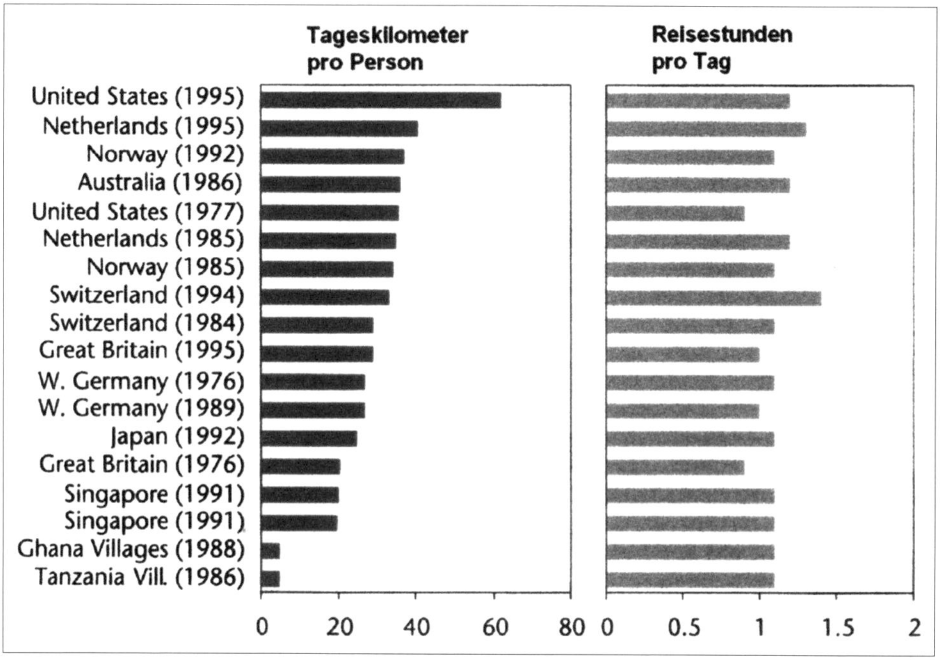

Bild 7.6: Durchschnittlicher weltweiter Aufwand für Mobilität (Weg, Zeit) [Quelle: Schäfer]

Industriestaaten (**Bild 7.6**) [10, 12]. Natürlich, hängt dabei die bewältigte Reisestrecke von dem verfügbaren Verkehrsmittel ab.

Im Schnitt verbringt der Mensch zwischen 60 und 90 Minuten am Tag damit, auf den eigenen Füssen oder mit einem Verkehrsmittel unterwegs zu sein. Für die Mobilität gibt er im Durchschnitt etwa 10 bis 15 % seines verfügbaren Einkommens aus.

7.4 Umweltbelastungen des Verkehrs

Wegen seiner großen Ausbreitung ist der Straßenverkehr weltweit eine der wesentlichen Quellen der Umweltbelastungen. Er wird als einer der größten Energieverbraucher und als eine der Hauptquellen für unerwünschte Abgasemissionen angesehen. Der Gesamtumfang der Lärmbelästigungen durch den Verkehr, hat in vielen Orten eine Dimension erreicht, die diejenigen, die ihn erdulden müssen nicht mehr unberührt lässt.

Parallel mit der Entwicklung des Verkehrs wird aber in den letzten Jahrzehnten eine verstärkte Anpassung der Verhaltensweise der Gesellschaft und seiner Bürger auf eine ökologisch orientierte Lebensweise registriert, ohne jedoch die Grundstrukturen des Wirtschaftens, des Konsums und des Wunsches nach Mobilität in Frage zu stellen. Die Menschen wollen weiterhin ungehindert mobil sein, aber zunehmend die Folgen dieser Mobilität, wie Energieverbrauch, Abgasemissionen, Lärm, Landverbrauch usw. nicht mehr akzeptieren. Die Umweltbelastungen, die durch den Straßenverkehr entstehen rücken deswegen immer stärker ins öffentliche Bewusstsein. Der Verkehr steht oft in Konflikt mit Lebensanforderungen der Menschheit in Bezug auf die Umwelt. Dieses Problem kann so beschrieben werden: jeder will Mobilität – aber keiner will die Belastungen die vom Verkehr herausgehen [3, 15, 16].

Da alle Teile der Gesellschaft von den effizienten Transportsystemen abhängen, müssten konsequenter weise auch alle die Verantwortung für seine weitere umweltverträgliche Entwicklung tragen. Die Transportkapazitätsprobleme zu lösen und gleichzeitig die negativen Umweltauswirkungen zu reduzieren, stellt eine enorme Herausforderung dar. Die Automobilindustrie ist dabei gefordert, einen Weg zwischen den menschlichen Wünschen nach Mobilität und den ökologischen Notwendigkeiten nach Senkung der Umweltbeeinträchtigungen zu finden. Eine der gegenwärtig primären Aufgaben in der Automobilindustrie besteht in der Verbesserung der Leistungsfähigkeit des Verkehrssystems bei gleichzeitiger Minimierung der verkehrsbedingten Umweltbelastungen. Der Erhalt von individueller Mobilität und umweltverträglichem Verkehr sind heute keine Gegensätze mehr.

7.4.1 Energieverbrauch und Emissionen einzelner Verkehrsträger

Bei der Diskussion über umweltfreundliche Mobilität und umweltfreundliche Verkehrsträger wird oft die Meinung vertreten, dass alles was elektrifiziert und vor allem öffentlich als Massenverkehrsmittel (Bus und Bahn) eingesetzt wird umweltfreundlich ist, während alles was sich individuell und mit dem Verbrennungsmotor fortbewegt (PKW), umweltschädlich ist. Diese Beurteilung entspricht nicht einem charakteristischen Trend im menschlichen Verhalten, von allgemeinen Großsystemen zu den individuell genutzten Geräten überzuwechseln [15].

Ein Ziel der Technikentwicklung bestand bislang darin, technische Geräte herzustellen, die allein, überall und dauernd, also individuell, räumlich und zeitlich unabhängig, benutzt werden können.

Während der Übergang von öffentlicher Kirchturmuhr zur Armbanduhr, oder von öffentlichem Kino zum Fernseher, oder von Großcomputer zum PC von allen als Fortschritt akzeptiert wird, wird der Übergang vom öffentlichen Verkehrsmittel, Eisenbahn und Bus, zum Auto von manchen stark in Frage gestellt [15].

Als ein erstes Beurteilungskriterium für die Umweltfreundlichkeit einzelner Verkehrsträger dient der Energieverbrauch. Nachdem fast ⅓ des Energieverbrauches in der EU auf den Transport entfällt, wird das Auto häufig als „Energiefresser Nr. 1“ bezeichnet. Der Energieverbrauch hängt von der eingesetzten Technik, jeweiliger Fahrleistung aber auch, was sehr wichtig ist, von dem Auslastungsgrad der Verkehrsträger ab. Bei voller Auslastung (100 %) ist der Energieverbrauch eines Mittelklassewagens (PKW 100 % Auslastung) in etwa gleich so groß wie bei Bus oder Eisenbahn bei voller Auslastung (**Bild 7.7**).

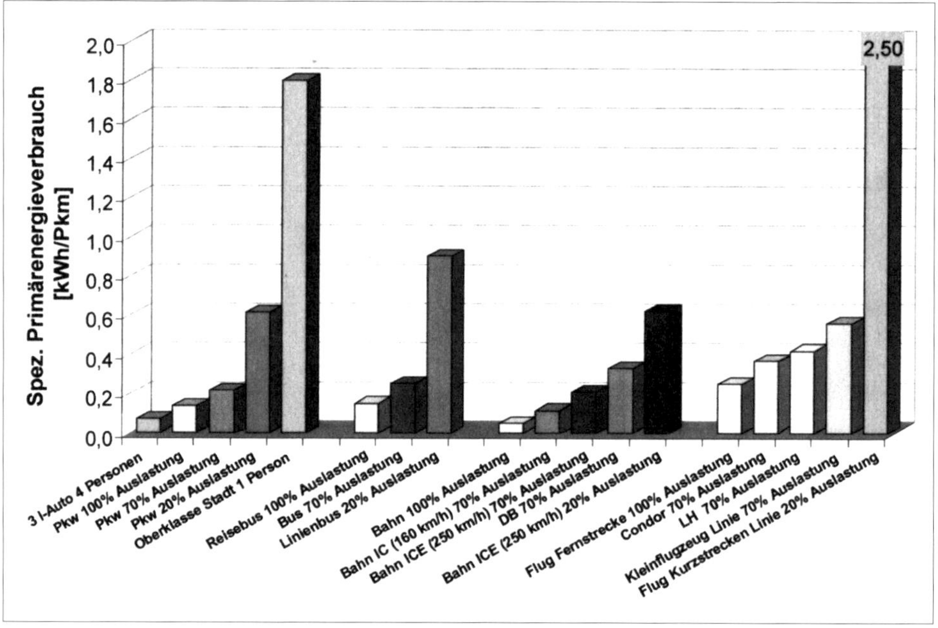

Bild 7.7: Energieverbrauch der Verkehrsträger [Quelle: Lenz]

Ein vollbesetzter PKW verbraucht weniger Energie pro Person und Kilometer, als Busse und Bahnen bei durchschnittlicher Auslastung, die im öffentlichen Verkehr zwischen 30 und 45 % ermittelt wurde. Die durchschnittliche Sitzbelegung eines PKW in der EU wird zwischen 1,6 und 1,8 Personen angegeben, d.h. in gleicher Größenordnung wie bei Bussen und Bahnen (35 bis 45 %). Im Flugverkehr wird mit einer Auslastung von 66 % gerechnet.

Busse und Bahnen tragen als energieeffiziente Verkehrsmittel wesentlich zur umweltverträglicher Gestaltung unserer Mobilität bei, aber nur unter Voraussetzung, dass sie voll besetzt sind. Die Auslastung der NFZ im Straßengüterverkehr ist teilweise noch immer nicht ausreichend. Je nach Fahrtzweck wird eine Auslastung von 40 bis 60 % ermittelt. In der gleichen Größenordnung liegt also auch die Zahl der Leerfahrten. Volle Auslastung der Kapazitäten stellt deswegen eine der ersten Maßnahmen bei der Senkung des Energieverbrauches im Verkehr dar.

Proportional zum Energieverbrauch verhält sich auch die CO_2-Emission einzelner Verkehrsträger (**Bild 7.8**).

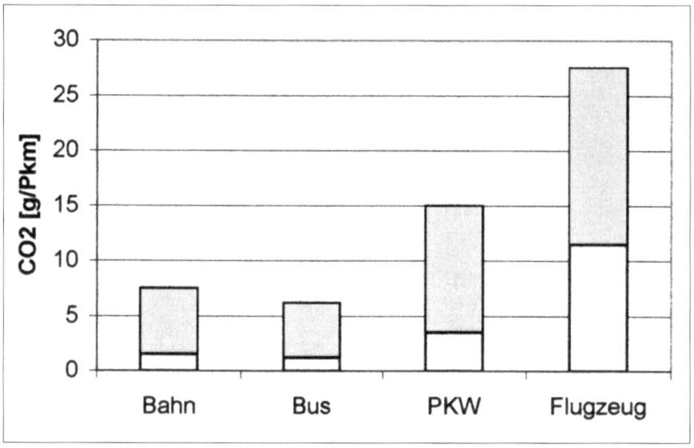

Bild 7.8:
Streubreite der CO_2-Emission einzelner Verkehrsträger

Im Omnibusverkehr, bei einer Reiseentfernung von 500 km, werden zwischen 1,2 bis 5,2 gCO_2 pro 100 Passagier-Kilometer [gCO_2/100Pkm] emittiert. Im Vergleich dazu werden im Schienenverkehr zwischen 1,5 und 7,5 gCO_2/100Pkm ausgestoßen. Ein PKW emittiert durchschnittlich zwischen 5 und 15 gCO_2/100Pkm.

Die bisherigen Energieeinsparungen im Straßenverkehr sind fast ausschließlich durch die Verbesserung der technischen Effizienz der Kraftfahrzeuge erreicht worden. Die Wirkung zahlreicher Maßnahmen, wie die Reduzierung des Fahrzeuggewichts, Verbesserung der Motoren und des gesamten Antriebsstrangs, Verringerung von Luft- und Rollwiderstand, verbesserte Kraftstoffe und Schmierstoffe, haben zu dieser Kraftstoffverbrauchsreduzierung geführt.

Zu Beginn der gesetzlichen Limitierung von Abgaskomponenten und des Kraftstoffverbrauches in den USA Anfang der 70er Jahre, hatte dort ein durchschnittlicher PKW ein Gewicht von ca. 1800 kg (4000 lbs) und verbrauchte ca. 14,5 l/100km Kraftstoff (entsprechend einer Fuel Economy (FE) = 15,8 MpG). Würde ein Fahrzeug, mit gleichem Gesamtgewicht und ohne Änderung von Verhältnis Gewicht zu Leistung (G_{Fzg}/P_e) mit heutiger Technologie gebaut, dann betrüge sein Kraftstoffverbrauch ca. 8,9 l/100 km (–40 %) bzw. seine Fuel Economy 26,4 MpG (+ 67 %).

7.5 Verkehrsmanagement

Eine Voraussetzung dafür, dass Verkehr seine Funktion erfüllen kann, ist eine bedarfsgerechte Infrastruktur. Der Verkehrsfluss wird nicht nur von der Zahl der Fahrzeuge, sondern auch von dem Zustand der Straßen und der Verkehrsorganisation bestimmt.

Der Begriff Verkehrsmanagement umfasst den Verkehr als Ganzes mit allen seinen Wechselwirkungen. Ein optimales Verkehrsmanagement sorgt dafür, dass jeder Verkehrsteilnehmer und jedes Transportgut so rasch, sicher und effizient wie möglich seinen Zielort erreicht. Ein Verkehrsmanagementsystem soll bei der Wahl von:

- Verkehrsmittel,
- Fahrtbeginn und Ankunftszeit,
- Fahrroute und des
- Fahrverhaltens

helfen, um das Verkehrsgeschehen sicher, wirtschaftlich und umweltgerecht zu gestalten. Mit einem optimalen Verkehrsmanagement soll der Verkehr gleichmäßiger auf den knappen Verkehrsraum verteilt werden, um damit die Mobilität mit möglichst geringem Verbrauch an natürlichen Ressourcen sowie mit minimalen Umweltbelastungen zu ermöglichen [3, 9, 10].

Strategien einer integrierten Verkehrsplanung umfassen:

- Vermeidung von unnötigen Fahrten
- Verlagerung der Fahrten auf näher gelegene Ziele sowie ihre zeitliche Abstimmung,
- Planung der Fahrten mit Rücksicht auf Umweltschutz,
- Lenkung des motorisierten Individualverkehrs.

Sehr wichtig für einen Betrieb des Fahrzeugs mit niedrigem Kraftstoffverbrauch und niedriger Schadstoffemission ist der Einsatz des Motors nur zur Erfüllung des gewünschten Zwecks. Jede Störung zwischen Start und Ziel bedeutet mehr Energieverbrauch und mehr CO_2- und anderer Emissionen.

An erster Stelle von Maßnahmen zur Reduzierung des Energieverbrauches und der Schadstoffemission im Straßenverkehr steht die Sicherung eines fließenden Verkehrs. Viele Staus und zähfließender Verkehr können bis zu ⅔ der fahrzeugtechnischen Energieeinsparungen wieder zunichte machen. Es wird geschätzt, dass durch Stau und Stop-and-go-Verkehr in Deutschland rund 18 % des Gesamtkraftstoffverbrauchs und der CO_2-Emission im Straßenverkehr mehr entstehen als notwendig [21]. Diese Verluste sind nicht nur theoretisch vermeidbar. Durch sinnvolle Schaltung von Ampelanlagen in Städten kann die Staubildung vermieden und der Verkehr flüssig gehalten werden, was eine erhebliche Verminderung des Kraftstoffverbrauches und der Emissionen zur Folge haben kann. Bei einem durch ungeeignete Ampelregelung verursachten Stop-and-go-Verkehr können Kraftstoffverbrauch und die Schadstoffemissionen für gleiche Verkehrsleistung auf ein vielfaches der Werte bei fliesendem Verkehr anwachsen (**Bild 7.9**).

Der Verkehrsfluss erzwingt sehr häufig eine Fahrweise, bei der Kraftstoffverbrauch, Schadstoff- und Geräuschemissionen besonders ungünstig sind. Je geringer die Durchschnittsgeschwindigkeit auf einer Stadtstraße ist, desto höher sind der Kraftstoffverbrauch und die Abgasemissionen (**Bild 7.10**). So beträgt der Kraftstoffverbrauch bei einer Durchschnittsgeschwindigkeit von 10 km/h (zäh fließender Verkehr) ca. 20 l/100 km ($\approx$ 500 gCO_2/km), etwa das Dreifache (Bild 7.10), die CO-Emission das Zehnfache und die HC-Emission etwa das Doppelte der Werte bei einem Geschwindigkeitsschnitt von 60 km/h.

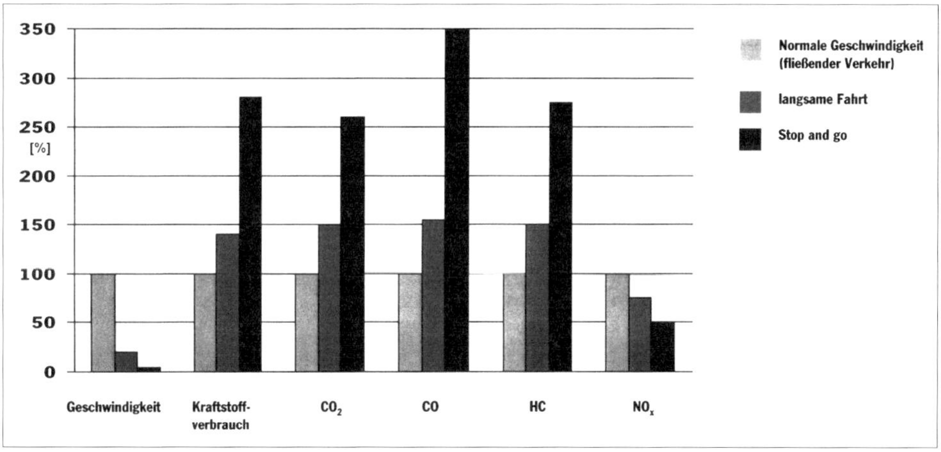

Bild 7.9: Verkehrsfluss, Kraftstoffverbrauch und Emissionen [Quelle: DeLorenzo]

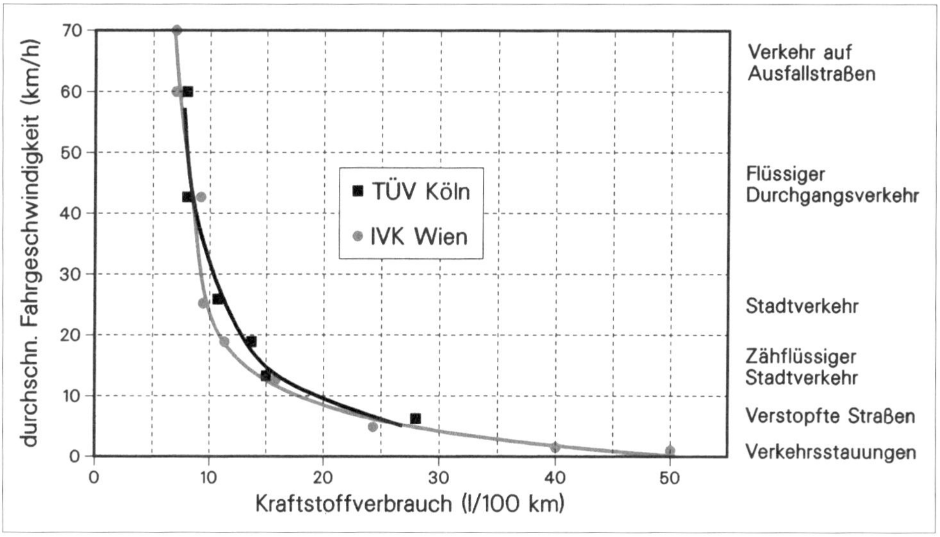

Bild 7.10: Kraftstoffverbrauch und Durchschnittsgeschwindigkeit

Eine bedarfsgerechte Straßeninfrastruktur muss dafür sorgen, dass der Kraftstoffverbrauch und die Emissionen des Verkehrs minimiert werden und, dass fahrzeugtechnische Fortschritte bei Emissions-, Geräusch- und Kraftstoffverbrauchsreduzierung in alltäglichen Verkehr nicht im Stau und Stop-and-go-Verkehr verloren gehen. Eine optimale Reduktion von Kraftstoffverbrauch und der Abgasemissionen kann demnach durch einen fließenden Verkehr mit gleichmäßiger Geschwindigkeit, ohne Staus und Stop-and-go-Verkehrs, erreicht werden.

Oft wird als Maßnahme zur Senkung der Emissionen und des Kraftstoffverbrauches auf Autobahnen und Landstraßen ein generelles Tempolimit gefordert. **Bild 7.11** zeigt beispielhaft die Streubreite der CO-, HC- und NO_x-Abgasemissionen in Abhängigkeit von der Fahrgeschwindigkeit für Fahrzeuge mit und ohne Drei-Wege-Katalysator.

Während bei alten Fahrzeugen, ohne Katalysator, ein generelles Tempolimit als eine Maßnahme zur Senkung der Schadstoffemissionen noch einen Sinn hatte, hat diese Maßnahme bei modernen Fahrzeugen mit Drei-Wege-Katalysator keine Wirkung mehr. Gerade bei höheren Geschwindigkeiten bzw. bei höherer Motorbelastung erreichen Abgasnachbehandlungssysteme ihre optimale Arbeitstemperatur und reduzieren die schädlichen Abgasemissionen fast vollständig.

Tabelle 7.1 zeigt die Einsparmöglichkeiten der gesetzlich limitierten Abgasemissionen sowie der CO_2-Emission bei einem generellen Tempolimit von 120 km/h auf deutschen

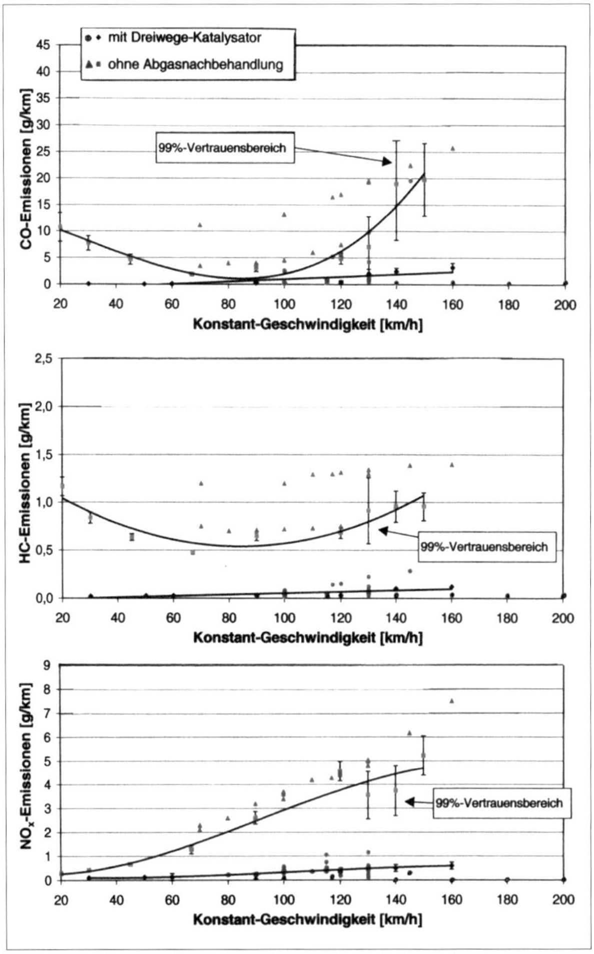

Bild 7.11:
Fahrgeschwindigkeit und Abgasemissionen [Quelle: Lenz, Prüller]

Autobahnen bzw. 100 km/h auf Autobahnen, 80 km/h auf Landstraßen und 30 km/h im Stadtverkehr bei einem 100 % Befolgungsgrad durch die Autofahrer.

Tabelle 7.1: Auswirkungen des Tempolimits auf Emissionen in Deutschland [Quelle: Lenz]

	100/80/30 [km/h]	120 [km/h]
CO [%]	–(6,0 bis 7,0)	–3,9
HC [%]	–(0,1 bis 0,3)	–0,2
NO_x [%]	–(2,2 bis 3,0)	–1,0
PM [%]	–0,2	–0,2
CO_2 [%]	–(0,6 bis 1)	–0,3

Die Erfahrungen aus den Niederlanden, Schweden, Österreich und Deutschland deuten auf eine niedrige Akzeptanz eines starren Tempolimits hin. Nur etwa 70 % der PKW-Fahrer und nur 40 % der NFZ-Fahrer folgen z.B. in den Niederlanden der vorgeschriebenen Höchstgeschwindigkeit von 120 km/h. Ähnliches Verhalten zeigen auch Autofahrer in vielen anderen Länder. Wesentlich effektiver als starre, haben sich flexible, von Straßen-, Witterungs- und Verkehrsverhältnissen abhängige Tempolimits gezeigt (**Bild 7.12**).

Die flexiblen Verkehrssysteme bestehen aus Wechselsignalen, die je nach Verkehrs- und Witterungsverhältnissen ein- und ausgeschaltet werden und Geschwindigkeit-Wechselsignalen, mit denen der Verkehrsablauf bei einer Überlastung der Straße harmonisiert werden kann.

So wurde kurze Zeit nach der Einführung der flexiblen Verkehrssignale auf dem Autobahnring um München, eine Verringerung der Zahl der Verkehrsunfälle um ca. 19 %, der Zahl

Bild 7.12: Wechselverkehrszeichen am Autobahnring München [Quelle: BMW]

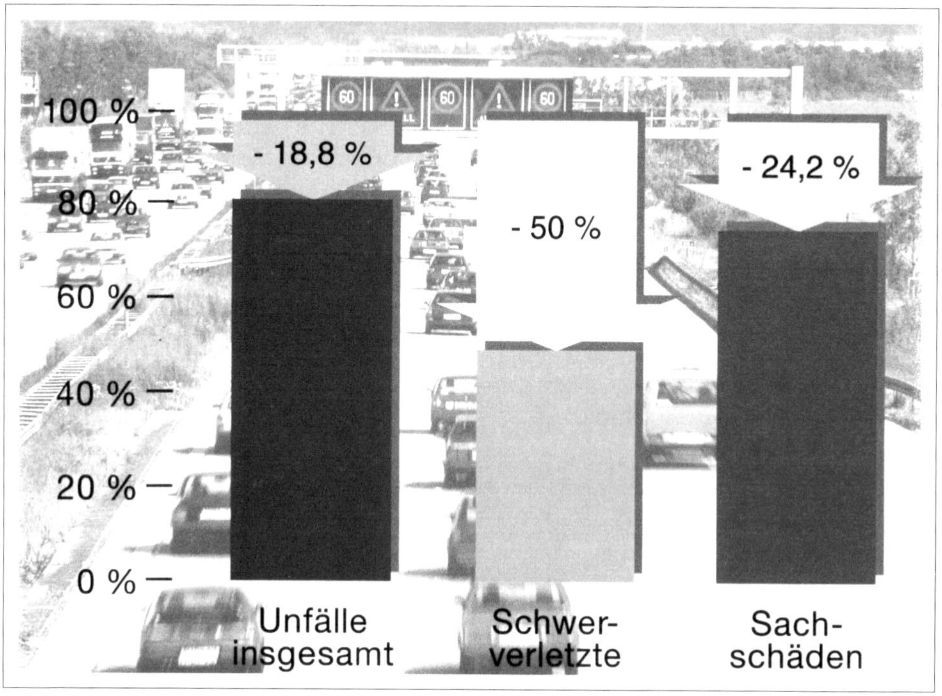

Bild 7.13: Verbesserung der Verkehrssicherheit durch variable Verkehrszeichen [Quelle: BMW]

der Schwerverletzten um über 50 % und die Verringerung der Sachschäden um fast 25 % festgestellt (**Bild 7.13**). Dabei wurden bemerkenswerte Verbesserungen der Abgasemissionen, der Senkung von Kraftstoffverbrauch und von CO_2-Ausstoß registriert: Kraftstoffverbrauch und CO_2-Emission –24 %; Kohlenwasserstoffe, HC –30 %; Kohlenmonoxid, CO –24 %; Stickstoffoxide, NO_x –4 % und Partikel, PM –36 %.

Den Verkehr, durch intelligente Verkehrsplanung zu gestalten bedeutet auch ihn umweltfreundlich zu gestalten. Es ist z.B. oft im Güterverkehr möglich das gleiche Transportvolumen mit weniger Kraftstoffverbrauch, d.h. mit weniger Kosten und weniger Umweltbelastung zu realisieren.

Das Ziel des Flottenmanagements im Güterverkehr liegt vor allem darin, den Fahrtvorgang zu verbessern und damit Fehl-, Such- und Leerfahrten zu vermeiden. Die Aufgabe für ein Unternehmen heißt, den Transport so zu organisieren, dass der gesamte gewählte Verkehrsweg so klein wie möglich gehalten wird (**Bild 7.14**) [10, 11, 13].

Dies kann entweder durch den Kreisverkehr, die so genannten „Milch Routen“ (milk rounds“), oder mit Hilfe von so genannten Verteilerzentren geschehen. Konzepte wie Güterverkehrszentren und City-Logistik können nicht nur die Anzahl der Leerfahrten mini-

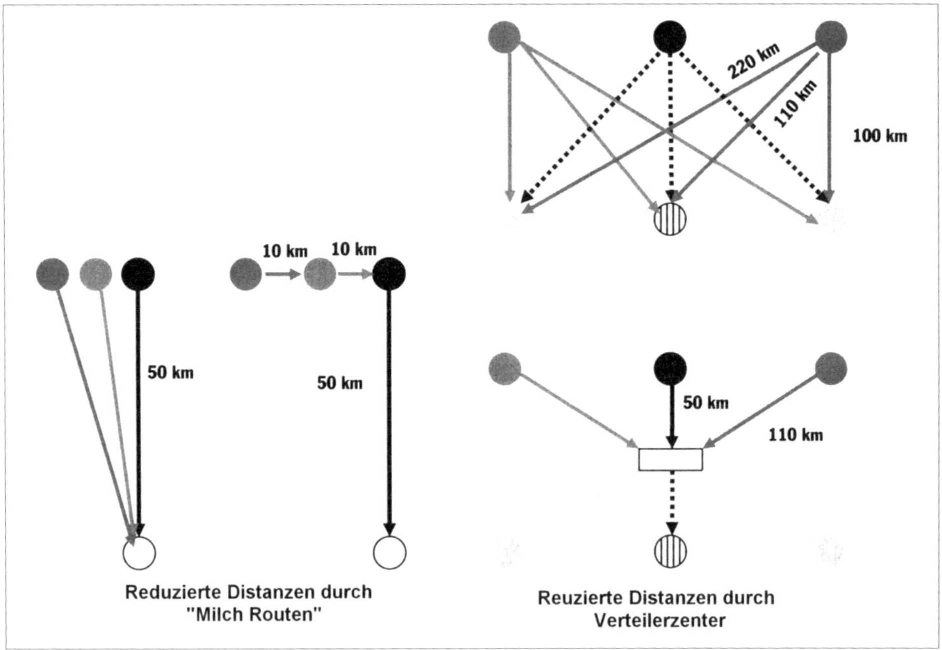

Bild 7.14: Reduzierung der Transportwege durch Routenplanung [Quelle: Volvo]

mieren, sondern auch die Verkehrsbewegungen im Güterverkehr insgesamt reduzieren. Die Routenplanung ist auch eine effektive Methode, um die Zahl der Distributionsfahrzeuge um ca. 15 % zu reduzieren [5, 7].

Ansatzpunkte für einen ökologischen Transport von Wirtschaftsgütern sind demnach: zuverlässige Produktionsplanung und bessere Auslastung der Transportmittel, d.h. effizienter Einsatz von Nutzfahrzeugen. Ein verkehrspolitisches Konzept, dass Fragen des Umweltschutzes außer Acht lässt, darf sich heutzutage nicht mehr durchsetzen. Deswegen muss die Organisation der Verkehrsabläufe durch Verkehrsmanagement:

- dem Autofahrer das Umfahren von Staus und das Auffinden von Parkplätzen erleichtern,
- Individualverkehr und öffentlichen Verkehr besser aufeinander abstimmen,
- Leerfahrten im Güterverkehr vermeiden.

7.6 Information und Kommunikation (Telematik)

An vielen Stellen können die bestehenden Verkehrsinfrastrukturen kaum noch ausgebaut werden. Zur Lösung der dringendsten Verkehrsprobleme und der damit zusammenhängenden Umweltbelastung richten sich große Erwartungen auf moderne Kommunikations-, Leit- und Informationstechniken. Informations- und Kommunikationstechnologien (IKT) im automobilen Verkehr werden immer wichtiger und vielfältiger und sollen in Zukunft die Mobilität weiterhin ermöglichen.

Der Einsatz moderner Informations- und Kommunikationstechnik ist eine Grundvoraussetzung für ein modernes Verkehrsmanagement. Sie wird deshalb als neues wichtiges Gestaltungselement des Verkehrs, neben der bisher beachteten Infrastruktur und Fahrzeugtechnik auftreten. Sie sollen die Leistungsfähigkeit der bestehenden Straßen deutlich erhöhen. Es wird erwartet, dass diese Techniken in den kommenden 15 Jahren Bedingungen schaffen, welche gegenüber heute einen um etwa 50 % erhöhten Verkehrsfluss auf EU-Straßen ermöglichen [17].

Die vorrangige Rolle der IKT im Bereich des Verkehrs und der Mobilität besteht darin, die Entwicklung intelligenter Fahrzeuge und den Einsatz fortschrittlicher, intelligenter Verkehrssysteme in das Verkehrsleitsystem zu ermöglichen, nach dem Motto: Intelligente Fahrzeuge auf intelligenten Straßen [2].

Jede Autofahrt beginnt und endet auf einem Parkplatz. Somit ist das Thema Parken, der erste Teilprozess, welcher im Verkehr verbessert werden soll. Mit einer in ein Gesamtsystem eingebundener Leittechnik können gezielte Informationen über den Verkehr sowie über die freien Parkplätze im Innenstadtbereich an den Autofahrer vermittelt werden. Die Bedeutung dieser Maßnahme kann aus dem Tatbestand abgeleitet werden, dass zwischen 30 und 40 % des gesamten privaten Straßenverkehrs in Großstädten auf vergebliche Parkplatzsuche zurückzuführen sind. Moderne Parkleitsysteme weisen den kürzesten Weg zu freien Parkplätzen und Parkhäusern. Sie entlasten die Städte von unnötigem Suchverkehr, von Lärm und von unnötigen Abgasemissionen.

Beginn einer Reise und der Versand von Gütern beruhen meistens auf individuellen Entscheidungen einzelner Personen. Diese wiederum hängen von Informationen ab, die ihr vorliegen. Dynamische und exakte Verkehrsleitsysteme sollen die Entscheidungen der Verkehrsteilnehmer erleichtern und so entscheidend zu einer besseren Auslastung der Kapazität der bestehenden Verkehrswege beitragen.

Ein Beispiel aus den Anfängen der Entwicklung von modernen Verkehrsleit- und Informationssystemen ist im **Bild 7.15** dargestellt [7, 8].

Die mit elektronisch gesteuerten Wechselzeichen, Wechselwegweisen und Warnzeichen bereits installierten Verkehrsbeeinflussungsanlagen tragen dazu bei, dass:

- Der Verkehrsfluss durch rechtzeitige und zuverlässige Informationen der Autofahrer sowie durch flexible Geschwindigkeitsempfehlungen erhöht wird,
- Staus erheblich reduziert oder ganz vermieden werden,
- Die Umwelt durch den verringerten Kraftstoffverbrauch entlastet wird,
- Die Sicherheit im Verkehr erhöht wird.

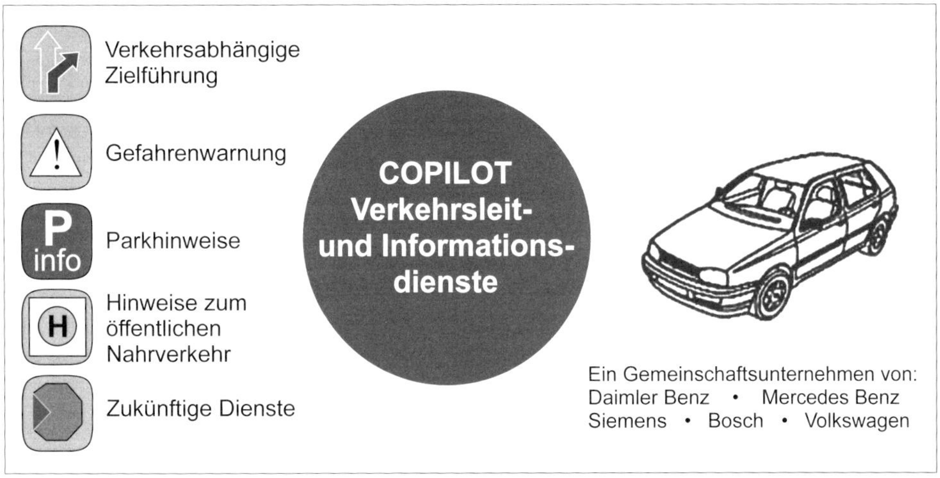

Bild 7.15: COPILOT – Verkehrsleit- und Informationsdienste

Es wurden bisher folgende Erfolge registriert:

- Rückgang der Unfälle insgesamt, zwischen 20 und 30 %,
- Rückgang der Auffahrunfälle um 50 %,
- 10 % weniger Kraftstoffverbrauch bzw. CO_2-Emissionen durch den Abbau von Staus und Infrastrukturengpässen,
- 5 % weniger CO_2-Emissionen durch Vermeidung der Suchfahrten und durch individuelle Zielführung,
- 5 % weniger Kraftstoffverbrauch durch bessere Verknüpfung des Individualverkehrs mit öffentlichen Verkehrsmitteln.

Telematik (= **Tele**kommunikation + Infor**matik)** als Begriff verbindet Telekommunikations- mit Informationstechnik und umfasst neben Technik auch Dienste und macht Mobilitätsmanagement erst richtig möglich. Der Einsatz der Telematik im Verkehr kann viele verkehrstechnische Maßnahmen wirksam ergänzen und unterstützen. Durch Telematik werden Fahrer zeitnah über die Verkehrssituation informiert und bekommen damit die Möglichkeit einer vorausschauenden Reiseplanung. Die Anwendung von Telematik im Straßenverkehr bietet folgende Potentiale und weitere Verbesserungsmöglichkeiten:

- Vermeidung von Zielsucheverkehrs durch moderne Navigationssysteme,
- Vermeidung des Parksucheverkehrs durch Informationssysteme und Reservierungssysteme,
- Erhöhung der Verkehrssicherheit und Verringerung der Unfälle durch Verkehrsleitsysteme,
- Verbesserung des Verkehrsflusses (30 % weniger Staulänge und Stauzeit, mit entsprechend weniger Kraftstoffverbrauch),

- Verminderung von Leerfahrten durch bessere Nutzung vorhandener Verkehrskapazitäten (Frachtbörsen und Flottenmanagement),
- Verringerung der Schadstoffemission um 15 bis 40 %,
- Bereitstellung von aktuellen Verkehrsinformationen über öffentliche Personennahverkehrssysteme (ÖPNV),
- Bessere Kopplung zwischen Individualverkehr und ÖPNV.

Der wohltuende Einfluss der Verkehrsflussoptimierenden Maßnahmen, wie Parkplatzmanagement, Park-and-Ride(P+R)-Konzepte und Beseitigung von stauträchtigen Engpässen in der Infrastruktur, steht außer Frage. Abgesehen von Einsparungen der Milliardenbeträge für nicht benötigten Kraftstoff und nicht im Stau verbrachte (Arbeits-)Zeit ergibt sich dadurch ein weiteres Potential für Minderung der CO_2-Emission um bis zu 20 % [16, 17, 21, 22].

7.7 Integration unterschiedlicher Verkehrssysteme

Für die Sicherung einer ökologisch verträglichen Mobilität muss ein Gesamtverkehrssystem organisiert werden, das auf Grundlage einer integrierten Infrastruktur und Informationstechnik, die Verkehrsströme von Güter und Personen vernetzt. Dabei wird ein Verkehrskonzept gefordert, das die wachsende Umweltsensibilität der Gesellschaft und ihre steigenden Mobilitätsansprüche auf einen Nenner bringt. Vernünftige Verkehrssysteme und damit eine intelligente Mobilität werden als eine der Voraussetzungen für die Funktion der modernen Gesellschaft angesehen. Drei wesentliche Parameter beeinflussen heute die Wahl des Verkehrsmittels: die Zeit, der Fahrkomfort und der Preis [5, 9, 20].

Als erster Schritt zur Vernetzung verschiedener Verkehrssysteme wird eine bessere Verzahnung zwischen individuellen und öffentlichen Personennahverkehr angesehen. Darüber hinaus müssen auch Schienenverkehr, Schifffahrt und Luftverkehr in ein optimales Güterverteilungs- und Transportsystem eingebunden werden. Es wird davon ausgegangen, dass der Verbund zwischen Schienenverkehr, Binnenschifffahrt und Straßenverkehr zunehmend Synergieeffekte zur Folge haben wird, die zu einer größeren Effizienz, einem höheren Sicherheitsniveau und einer besseren Umweltverträglichkeit führen werden.

Durch die Nutzung moderner Informationssysteme kann sich der Fahrer schon vor der Reise für den richtigen Verkehrsmittel entscheiden: PKW, Bus, Bahn oder etwas anderes.

Private und öffentliche Verkehrsträger müssen aber durch intelligente Systeme miteinander verknüpft werden. Eine optimale Vernetzung der verschiedenen Verkehrsträger ist jedoch noch ein ungelöstes Problem. Die Gründe dafür liegen in den Schwierigkeiten der Integration einzelner Glieder an den Schnittstellen in die Kette des integrierten Verkehrssystems. Die Bahn z.B. mit dem klassischen Gleisanschlussangebot kann den Anforderungen der verladenden Wirtschaft nicht gerecht werden. Zu diesen Anforderungen gehören insbesondere die zeitliche und mengenmäßige Flexibilität. Bei den bestehenden Strukturen, ist eine Umlagerung des Straßengüterverkehrs auf den Schienenverkehr kaum zu realisieren. Diese Reibungen an den Schnittstellen sollen durch bessere Infrastruktur, besseren Zugang zu Parkplätzen, leichtere Bewegung und Handhabung von Gütern und bessere Information vermieden werden. Daraus ergeben sich auch komplexe Themenfelder für Telematik-Verkehrsprogramme:

- Strategische Kontrolle von Infrastruktur (Straßen, Parkplätze).
- Reise- und Verkehrsinformationen,
- Integriertes Verkehrsmanagement in Ortschaften,
- Fahrerunterstützung,
- Management des öffentlichen Personennahverkehrs (ÖPNV).

Die Verkehrsgestaltung in urbanen Regionen hat sich in den letzten Jahrzehnten geändert, von einer „verkehrsgerechten Stadt“ in den 50ger Jahren, zu einem „stadtgerechten Verkehr“ heute [8, 12, 14, 16].

44 % aller Autofahrten in einer europäischen Stadt sind nach ca. drei Kilometern beendet; 13 % sogar nach nur einem Kilometer. Es wurde schon längst begriffen, dass der Fußgängerverkehr das „Verkehrsmittel Nr.1“ der Nähe, d.h. der Stadt ist. Seit Jahrzehnten gehört z.B. in vielen Städten die Bewegung „zu Fuß“ nach dem PKW zu der zweitwichtigsten Bewegungsmittelwahl. Eine Untersuchung aus der Schweiz ergab, dass sogar 44 % der Wege in einer Stadt zu Fuß bewältigt werden, in 26 % wird ÖPNV und in 23 % das Auto benutzt, 7 % der Stadtbewohner benutzen das Fahrrad. **Bild 7.16** zeigt den Anteil an Verkehrsmittelwahl in deutschen städtischen und ländlichen Gebieten [6, 10, 23].

Die Forderung des Fußgängerverkehrs muss sich zunächst auf den Ausbau adäquater Infrastruktur konzentrieren. Die Wahl des geeigneten Verkehrsmittels wird durch Siedlungsgegebenheiten und die damit verbundene Verkehrsinfrastruktur bestimmt. Dazu gehört vor allem auch eine gute Erschließung des öffentlichen Personennahverkehrs (**Bild 7.17**).

Während in Zürich (1995) 560 Fahrten pro Einwohner und Jahr in öffentlichen Verkehrsmitteln registriert wurden, betrug diese Zahl in Bochum nur ca. 170 Fahrten pro Einwohner und Jahr.

Im **Bild 7.18** ist das moderne vernetzte Verkehrskonzept einer Großstadt (Aachen) dargestellt. Je nach Situation erreicht man sein Ziel mit öffentlichen Verkehrsmitteln schneller und bequemer als mit dem Auto. Individuelle Leitsysteme im Datenverbund mit den Informationssystemen der Verkehrsbetriebe erleichtern den Umstieg vom Auto auf Bahn oder Bus, so kann ein Mobilitätsverbund geschaffen werden, der unter ökologischen, wie auch ökonomischen Gesichtspunkten eine deutliche Verbesserung darstellt.

Obwohl sich das Umweltbewusstsein der modernen Gesellschaft seit Jahren auf einem relativ hohen Niveau bewegt, spielen Umweltgedanken, insgesamt betrachtet, nur eine gerin-

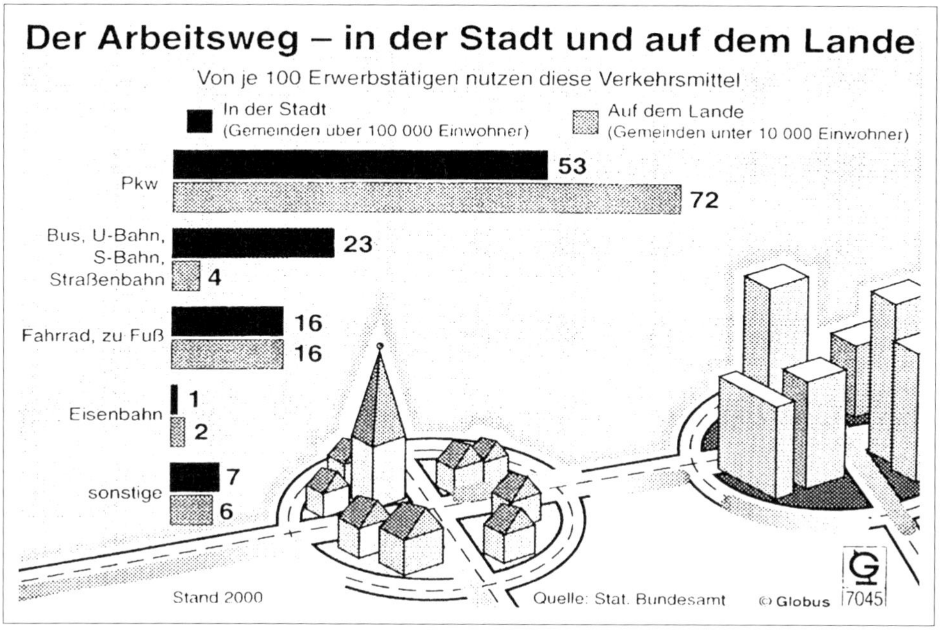

Bild 7.16: Verkehrsmittelwahl in Deutschland [Quelle: Metz]

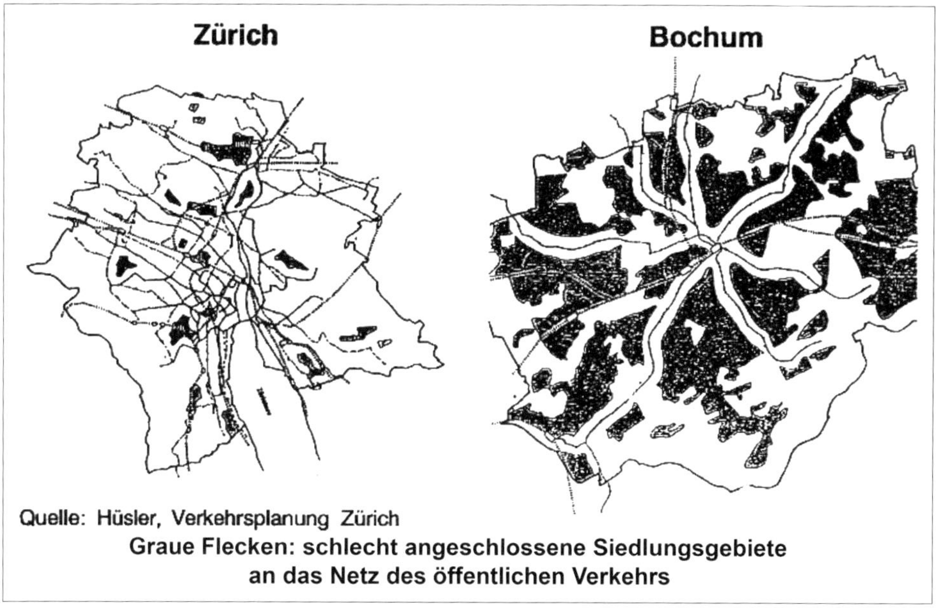

Bild 7.17: Erschließung des öffentlichen Verkehrs an Siedlungsgebiete (Zürich und Bochum, 1995)

Bild 7.18: Das vernetzte Verkehrskonzept am Beispiel Aachen

ge Rolle bei der Wahl des Verkehrsmittels. Bewusster Umgang mit Mobilität heißt mobil zu sein in einer lebenswerten Umwelt. Dies bedeutet möglicherweise auch den Abschied von mancher angenehmen Gewohnheit. Jeder einzelne ist aufgefordert, mehr an Verantwortung für die Umwelt zu übernehmen.

Zu den Maßnahmen, die zum Verzicht auf Verkehrsdienste des motorisierten Individualverkehrs sowie zur Verlagerung der Verkehrsleistung vom Automobil auf andere Verkehrsmittel beitragen sollen, gehören vor allem die Erhöhung der Attraktivität der öffentlichen Verkehrsmittel in Hinblick auf Preis, Zeitvorteil, Bedienungsfähigkeit und Komfort. Zu einer Verhaltensänderung bei der Wahl des Transportmittels wird nur ein attraktives Angebot führen. Die Verkehrspolitik muss die notwendigen Rahmenbedingungen und Anreize schaffen, um Alternativen mehr Raum zu geben.

Bei der Wahl der Verkehrsmittel darf grundsätzlich keinesfalls mit Zwangsmaßnahmen entschieden werden. Es wird manchmal eine Botschaft vermittelt, dass nur ein stressiger, zerhackter Autoverkehr von Nutzen ist, weil dadurch die Autofahrer am ehesten von den Vorteilen der öffentlichen Verkehrsmittel zu überzeugen sind.

Mobilitätsbehinderungen, Reglementierungssucht, Gebote und Verbote sind allerdings keine geeigneten Maßnahmen, die zum Umsteigen auf öffentliche Verkehrsmittel motivieren.

In der verkehrspolitischen Diskussion wird immer wieder auch die Verlagerung des Güterverkehrs von der Straße auf die Schiene als Teil eines Konzeptes zur Überwindung bestehender Engpässe im Straßenverkehr gefordert. Obwohl dies ein wünschenswertes Ziel ist, lässt sich eine nennenswerte Entlastung von Straßen auf diesem Wege jedoch kaum schnell verwirklichen. Neben den Schwierigkeiten an den Schnittstellen, würde eine Verlagerung von nur 10 % des Güterverkehrs in der EU von der Straße auf die Schiene eine Verdoppelung der Kapazität des Schienenverkehrs bedeuten, was in kurzer Zeit nicht realisierbar ist [19].

Durch Eingriffe in das Verkehrssystem lässt sich im Wesentlichen nur eine begrenzte Verlagerung zwischen verschiedenen Verkehrsmitteln, nicht aber eine echte Verkehrsreduzierung errechen. Dabei muss vor allem eine Effizienzsteigerung beim Ausbau von Schnittstellen zwischen den Verkehrsträgern erreicht werden. Güterverkehrszentren und Umschlaganlagen des kombinierten Verkehrs, d.h. See-, Binnen- und Flughafen, müssen in ihrer Infrastruktur so gestaltet sein, dass ein Wechsel von einem zu anderen Verkehrsmittel problemlos erfolgen kann.

Bei allen Bemühungen um Verkehrsverlagerung auf Schiene und Wasserwege, wird der Straßenverkehr auch in Zukunft der wichtigste Verkehrsträger bleiben. Er muss jedoch in jeder Hinsicht noch umweltverträglicher gestaltet werden und zwar in Bezug auf die technische Entwicklung der Verkehrsmittel und der Verbesserung des Fahrerverhaltens, ebenso wie hinsichtlich der gesamten Infrastruktur, bis zu der Versorgung mit entsprechender Kraftstoffqualität.

Verkehr ist heute allerdings keine Angelegenheit eines einzelnen Landes oder einer Region. Fragen des Verkehrs müssen zunehmend in europäischer und globaler Dimension betrachtet werden. Dabei können die Probleme des Verkehrs von heute nicht mit den Mitteln von gestern bewältigt werden, sonder erfordern neue Wege.

Integrierte, umweltfreundliche Verkehrssysteme bieten eine Chance für das weitere sinnvolle Wachstum des globalen Warenhandels an. „Shared space“ heißt ein EU-Verkehrsprojekt, in dem Autos, Fußgänger, Radfahrer, Mopeds und andere Verkehrsteilnehmer gleiche Berechtigung im Stadtverkehr haben. „Ohne Regeln“ wird der Verkehr sicherer, lautet das Motto dieses Projekts, das in sieben europäischen Städten z. Zt. getestet wird: keine Ampel, keine Schilder, keine Verkehrspolizisten [23].

7.8 Individuelles Fahrverhalten

Neben allen technischen Verbesserungen am Fahrzeug und seinem Antriebsstrang, der Wahl der Fahrzeuggröße, Sitzplatzbelegung oder Auslastungsgrad sowie anderen physikalischen Faktoren, übt das Verhalten des Fahrers eine nicht unwesentliche Rolle beim Energieverbrauch, Abgas- und Lärmemissionen im Straßenverkehr aus. Moderne, hoch entwickelte Fahrzeuge können ihre positiven Eigenschaften nur bei ihrem sinngemäßen Gebrauch voll entfalten. Durch Missbrauch der Technik werden viele der guten Fahrzeugeigenschaften zunichte gemacht.

Die Fahrweise der Fahrer hat auf den Kraftstoffverbrauch, auf die Abgasemission und den Lärm einen sehr großen Einfluss. Im **Bild 7.19** ist die Abhängigkeit des Kraftstoffverbrauches von der Fahrgeschwindigkeit und der Gangwahl, für einen Mittelklassewagen gezeigt.

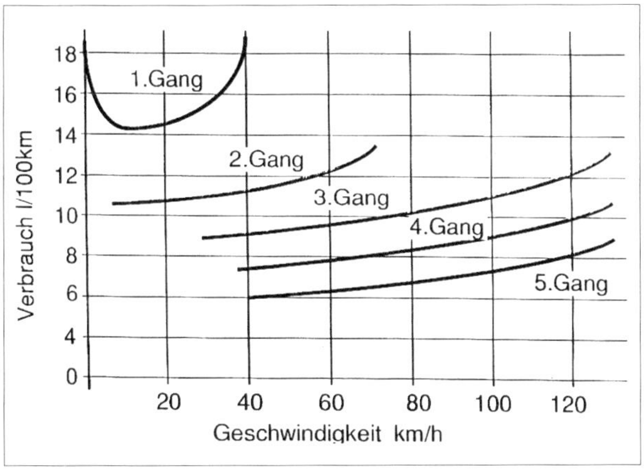

Bild 7.19: Kraftstoffverbrauch, Gangwahl und Fahrgeschwindigkeit

Bei konstanter Fahrgeschwindigkeit kann sich der Kraftstoffverbrauch, bei einer nicht richtig gewählten Gangwahl nahezu verdoppeln. Verbrauchsbewusste Fahrweise, d.h. die Nutzung niedriger Drehzahlen führt zu geringerem Kraftstoffverbrauch (**Bild 7.20**) und geringeren Emissionen. Frühzeitiges Hochschalten, falls dies die Verkehrssituation erlaubt, hilft nicht nur Kraftstoff zu sparen, sondern verursacht auch weniger Lärm und verringert den Schadstoffausstoß. Frühzeitig heißt bei modernen Motoren schon ab einer Motordrehzahl von $n \approx 2000$ bis 2500 1/min.

Zu den empfohlenen Maßnahmen für ein energiesparendes und damit umweltverträgliches Fahren, gehören auch folgende Ratschläge:

- Nach Kaltstart Motor nicht im Stand warm laufen lassen, sondern sofort losfahren. Motoren sollen so rasch wie möglich ihre Betriebstemperatur erreichen.
- Gaspedal mit Gefühl betätigen, unnötige Beschleunigungen vermeiden.

Gaspedal-stellung	Fahrstufe	Motor-umdrehungen	Verbrauch auf 100 km
 3/4 Gas	5. Gang	1'300/min.	6,2 Liter
 1/2 Gas	4. Gang	1'500/min.	7,8 Liter
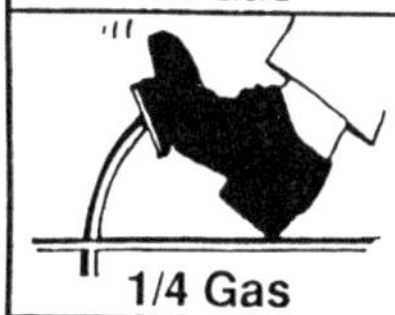 1/4 Gas	3. Gang	2'200/min.	9,6 Liter

VSZ Veltheim

Bild 7.20: Gangwahl, Motordrehzahl und Kraftstoffverbrauch bei 60 km/h

- So schnell fahren wie nötig, grundsätzlich im höchst möglichen Gang. Die Motordrehzahl hat einen entscheidenden Einfluss auf den Kraftstoffverbrauch. Durch richtige Schaltpunktwahl kann der Verbrauch deutlich reduziert werden, um bis zu 5 % bei Otto- und 3 % bei Dieselmotoren.
- Vorausschauend fahren, damit unnötiges Bremsen vermieden wird.
- Kein Transport von unnötigem Gewicht im Fahrzeug. 100 kg Mehrgewicht entspricht zwischen 0,3 und 0,8 l/100 km Mehrverbrauch.
- Regelmäßige Reifendruckkontrolle. Ein korrekter Reifendruck ist ausschlaggebend für das Fahrverhalten und den Kraftstoffverbrauch eines Fahrzeugs. 20 % weniger Druck in Reifen als vorgeschrieben kann den Kraftstoffverbrauch um 2 bis 3 % erhöhen.
- Sicherstellen, dass Fahrzeuge nach den Angaben des Herstellers gewartet und eingestellt sind.
- Wann immer möglich Routen ohne Staus und viel Verkehr wählen.
- Vorteile der modernen Routenplanung nutzen, um Staus zu vermeiden.
- Leerfahrten bei NFZ vermeiden.

Es wurden mehrmals Kraftstoffverbrauchsunterschiede bis zu 36 % festgestellt, bei gleichem Auto, gleichen Strecken, gleichen Straßen- und Verkehrsverhältnissen, die nur durch unterschiedliche Fahrer und ihre Fahrweise verursacht wurden.

Die Schulung der Fahrer auf sparsame Fahrweise, so dass sie ihre Fahrzeuge gebrauchen und nicht missbrauchen, hat bei der Ausbildung von modernen Menschen eine hohe Priorität. Durch Missbrauch der Technik entstehen viele Umweltprobleme. Wie bei vielen anderen Tätigkeiten stellen energiesparende Maßnahmen auch im Straßenverkehr die höchste Form des Umweltschutzes dar. Nach einer Untersuchung des schweizerischen Touring Clubs (TCS) wird bei energiesparender Fahrweise, die durch „10 ökolomischen Gebote" („Ökolomisch" = **Ökolo**gisch + Ökono**misch**) beschrieben worden sind (**Bild 7.21**), die CO-Emission um fast 50 %, die HC-Emission um 30 % und die NO_x-Emission um 25 % reduziert (**Bild 7.22**).

Die zehn «ökolomischen» Gebote

- den Reifendruck bei jeder zweiten Tankfüllung kontrollieren
- im unteren Drehzahlbereich mit fast durchgetretenem Gaspedal beschleunigen
- den nächsthöheren Gang möglichst früh einlegen
- stets im höchstmöglichen Gang fahren
- Bremsen nur im Notfall, wenn es die Sicherheit erfordert. Sonst so weit vorausschauend fahren, dass das Bremsen vermieden werden kann
- Motor an Lichtsignalen und bei längeren Wartezeiten abstellen und ohne Gas starten
- den optimalen Unterhalt des Fahrzeuges sicherstellen und möglichst Leichtlauföl verwenden
- unnötiges Gewicht aus dem Fahrzeug entfernen
- Ski- und Gepäckträger unverzüglich abmontieren, wenn sie nicht mehr benötigt werden
- und vor allem Geduld und Toleranz hinter dem Lenkrad ausüben.

Bild 7.21: Die Zehn „ökolomischen" Gebote [Quelle: TCS]

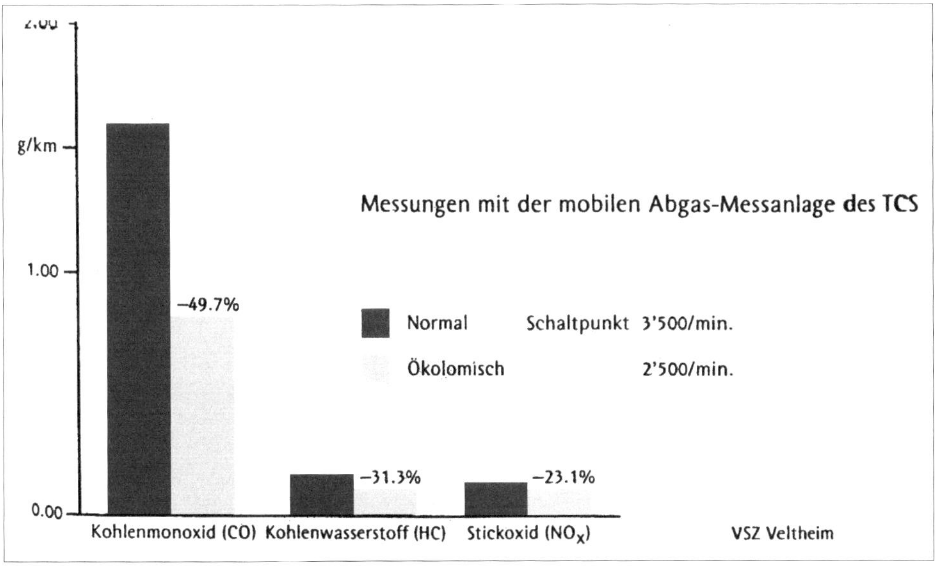

Bild 7.22: Verringerung der Schadstoffemission bei energiesparender Fahrweise [Quelle: TCS]

Eine Entlastung der Umwelt durch den Verkehr wird nur dann möglich sein, wenn die Umweltplanung und der Umweltschutz in einem stärkeren Maße als bisher auf alle Verkehrsgeschehnisse ausgerichtet werden. Stadtgestaltung, Verkehrsplanung, Entwurf von Straßen und Knotenpunkten, Verkehrsleittechnik und Verkehrsinformationstechnik zusammen mit Verkehrsmitteln müssen auf eine Versöhnung des Verkehrs mit der Umwelt ausgerichtet sein.

Diese Probleme werden nicht durch die Ablehnung des Automobils überwunden, sondern durch Akzeptanz seiner weiteren Entwicklung, wobei der Umweltschutzgedanke mehr als bis jetzt in den Verkehr integriert werden soll.

Der Energieverbrauch, die Abgas- und Geräuschemissionen aus dem Verkehr sind durch die technische Weiterentwicklung des Automobils und anderer Verkehrsmitteln beeinflussbar. Als Alternative stehen heute ein motorisierter Individualverkehr (PKW), der öffentlicher Personennahverkehr (ÖPNV – Bus und Straßenbahn), der Eisenbahnverkehr und der Flugverkehr zur Verfügung.

Die Wirksamkeit der erzielten Verbesserungen durch technische Maßnahmen an Fahrzeugen dürfen aber keinesfalls durch nicht adäquate Verhaltensweise der Konsumenten in Frage gestellt werden.

Literatur

[1] Umweltgerecht mobil in Europa: Menschen und Güter auf neuen Wegen. Akademie für Natur und Umweltschutz Baden-Württemberg, 1997

[2] *Bujnoch, S., Metz, N. u.a.*: Denkendes Auto – intelligente Straße. Science Fiction oder Realität? Wien: ÖVK-Vortrag, 1998

[3] Umwelt und Verkehr. Beiträge für eine nachhaltige Politik. München: Aktuell, 1997

[4] Koch, P.: Auswirkungen der gezielten Weiterbildung. SATG-Tagung Mobilität und Umwelt. Will, CH 1995

[5] Energy, Transport and the Environment. Volvo Car Corporation, 1996

[6] Fußgängerfreundliche Verkehrs- und Stadtplanung. Verkehrsministerium Baden-Württemberg, 1995

[7] *Riemenn, A.*: Konzepte für einen umweltgerechten Straßenverkehr. SATG-Tagung Mobilität und Umwelt, Will, CH, 1995

[8] Nachhaltige Entwicklung und Informationsgesellschaft. Forum, Info 1998

[9] Straße und Gesellschaft. Stellenwert der Straße aus heutiger Sicht. Ministerium für Umwelt und Verkehr Baden-Württemberg, 1998

[10] Urban mobility. Brüssel: ACEA, 2000

[11] A positive action plan for trucks and the environment. Commercial Motor, 35, 1995

[12] Mobility 2001. World Busines Council for Sustainable Development. Genf, 2001

[13] Mehr Autos – weniger Verkehr? Hamburg: Shell, 2001

[14] VDA – Technischer Kongress, Frankfurt, 2000

[15] Mobility, Professional Congress. Hannover: VDI – World Engineers Convention, 2000

[16] Integrated Environment and Sustainable Development into Energy and Transport Policies: Review Report 2001 and Implementation of the Strategies. Brüssel: Commision of the European Communities, 2001

[17] Informations- und Kommunikationstechnologien für sichere und intelligente Fahrzeuge. Brüssel: Kommission der Europäischen Gemeinschaften, 2003
[18] *Löwenadler, L.-G.*: Nutzfahrzeugsicherheit – eine Vision bis zum Jahr 2015. VDA-Technischer Kongress, 2000
[19] Nutzfahrzeuge, die bessere Lösung. Frankfurt: VDA, 2002
[20] *Förster, A.J.*: Das Kraftfahrzeug in der Zukunft – ökonomische, ökologische und verkehrspolitische Zusammenhänge. Esslingen: TA, 1982
[21] Auto Jahresbericht. Frankfurt: VDA, 2004
[22] Verkehrssysteme und variable Tempolimiten. Automobil Revue Nr. 17, 2005
[23] Städte erleben „Verkehrchaos“ als Elixir. VDI-Nachrichten, 15.12.2006
[24] CO_2-Minderung im deutschen Verkehrssektor. Eine Zwischenbilanz. Frankfurt: VDA, 2007

8 Über das Recycling von Altfahrzeugen

8.1 Einleitung

Ein komplexes Produkt, wie das Automobil beeinflusst die Umwelt auf sehr mannigfaltige Art und Weise während der gesamten Nutzungsdauer. Diese wird heute, für durchschnittliche Fahrzuge in der EU, auf ca. 10 bis 14 Jahre geschätzt. Nach dieser Nutzungsdauer stellt sich die Frage, wohin mit dem Altauto? Was soll mit einem Altauto, das oft als Schrottauto bezeichnet wird, geschehen?

Weltweit erreichen jährlich 20 bis 22 Millionen Fahrzeuge diesen, als „Autoschrott" oder als „ELV" (**E**nd of **L**ife **V**ehicle) bezeichneten Zustand. Davon in der EU zwischen 7 und 9 Millionen (Deutschland zwischen 3 und 3,5 Millionen, Österreich ca. 200.000), in den USA zwischen 9 und 10 Millionen und bis 5 Millionen in Japan.

Nicht alle, sondern nur etwa die Hälfte der abgemeldeten Kraftfahrzeuge in der EU werden über Altautoverwertungsbetriebe einem Wiederaufbereitungsprozess zugeführt, um Rohstoffe aus ihnen zu gewinnen. Ein großer Teil der abgemeldeten Fahrzeuge wird auf anderen Märkten außerhalb der EU weiterhin eingesetzt.

Das Problem des Altautos ist für die Automobilindustrie und die Wirtschaft nicht neu. Seit dem Ende des Zweiten Weltkrieges sind zuerst in den USA und dann weltweit Techniken entwickelt worden, die dazu dienen, Wertstoffe aus einem Altauto wieder zu gewinnen und sie in den Werkstoffkreislauf zurück zu geben.

Ein Auto besteht aus rund 10.000 Teilen und ca. 40 verschiedenen Werkstoffen, davon:

- 58–70 % Stahl und Eisenmetalle (F_e-Fraktion)
- 3–8 % Leichtmetalle (Aluminium und Magnesium)
- 8–18 % Kunststoffen
- 3–5 % Gummi
- 3–4 % Glas
- 2–5 % Betriebsflüssigkeiten
- 5–11 % andere Materialien.

Die wesentlichen Werkstoffgruppen europäischer Fahrzeuge sind im **Bild 8.1** zusammengefasst. Es sind nur wenig andere Produkte bekannt, die aus einer so hohen Zahl unterschiedlicher Materialien zusammengebaut und in einem so hohen Grad schon heute recycelfähig sind, wie das Automobil (**Bild 8.2**).

Heute wird etwa 85 % des Gewichtes eines Automobils wiederverwertet. Vor allem kann der Großteil der Metalle weitgehend in den Wirtschaftskreislauf zurückgeführt werden. Der

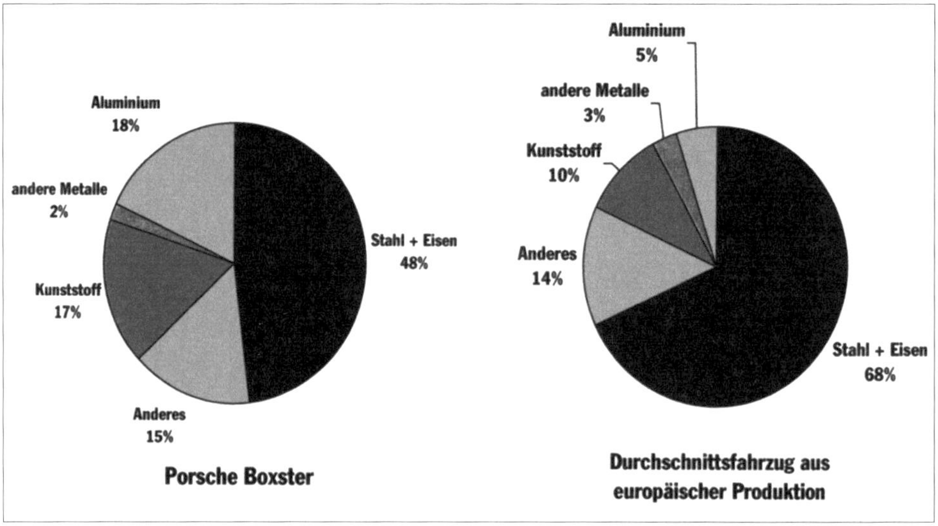

Bild 8.1: Werkstoffliche Zusammensetzung von PKW

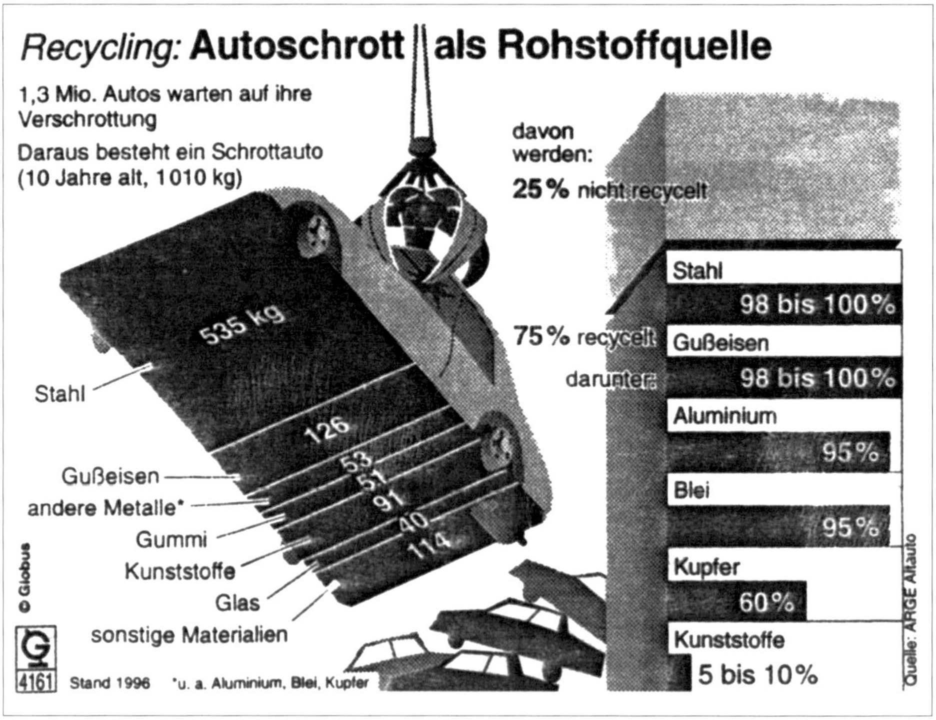

Bild 8.2: Auto als Rohstoffquelle [Quelle: VDI-Nachrichten]

Markt für Eisen- und Nicht-Eisen-Metalle existiert seit Jahrzehnten. Anders sieht es bei der Vielzahl der Kunststoffe aus, die in den vergangenen Jahren im Automobilbau eingeführt wurden. Es ist aber eine steigende Tendenz beim Recycling auch hier zu beobachten.

Viele von Kunststoffen sind schwer oder überhaupt nicht recyclebar. Nur ein Anteil von 5 bis 10 % der Kunststoffe wird z. Zt. stofflich wiederverwertet. Der Rest wird auf andere Weise verwertet oder landet auf der Deponie.

8.2 Produktverantwortung

Wesentlicher Ausgangspunkt für die verstärkte Aktivität der Industrie auf dem Recycinggebiet ist das Prinzip der Produktverantwortung. Gemäß Kreislaufwirtschaftsgesetz (KrWG) unterliegt derjenige der Produktverantwortung, der Erzeugnisse entwickelt, herstellt, be- und verarbeitet oder vertreibt. Das Kreislaufwirtschaftsgesetz hat zum Ziel, natürliche Ressourcen zu schonen sowie eine umweltverträgliche Beseitigung von Abfällen zu gewährleisten. Die Produktverantwortung umfasst:

- die Entwicklung, Herstellung und Vertrieb von Erzeugnissen
- den vorrangigen Einsatz von verwertbaren Abfällen und sekundären Rohstoffen bei der Herstellung
- die Kennzeichnung von schadstoffhaltigen Erzeugnissen, um die umweltverträgliche Verwertung oder Beseitigung sicherzustellen
- die Rücknahme der Erzeugnisse nach Gebrauch sowie deren nachfolgende Verwertung und Beseitigung.

Grundsätzlich müssen Abfälle zunächst vermieden werden. Insbesondere ihre Menge und Schädlichkeit muss vermindert werden. In zweiter Linie sind Abfälle stofflich zu verwerten oder zur Gewinnung von Energie zu nutzen (energetische Verwertung). Erst in letzter Instanz sollen die Abfälle auf Deponien beseitigt werden.

Das Problem des Recyclings von Altautos ist hauptsächlich ein Problem der PKW. Nutzfahrzeuge werden in der Regel nicht verschrottet. Durch ihre Langlebigkeit (Lebensdauer 20 bis 30 Jahre) durchlaufen sie unterschiedliche Nutzungsphasen. Nach der Ausmusterung dienen Alt-NFZ oft als vielfältige Ersatzteilquellen. Der Anteil der Eisen- und Nicht-Eisen-Metalle liegt bei NFZ bei 80 bis 83 %.

Damit Produkte und Stoffe nach Ende ihrer Verwendung erneut nutzbar gemacht werden können, bedarf es wirtschaftliche Recyclingverfahren. Das Altautorecycling soll einen geschlossenen Kreislauf bilden und nicht etwa ein offenes System darstellen, das nur als Verlagerung und nicht als Lösung des Entsorgungsproblems dienen soll.

8.3 Stand der Technik bei Recycling von Altautos

8.3.1 Gesetzliche Rahmenbedingungen

Seit Jahrzehnten funktioniert weltweit ein Abfallwirtschaftssystem, das sich ausschließlich auf den wirtschaftlichen Markterfolg orientiert hat. Die Anstrengungen der modernen Gesellschaft, die Umweltschutzauswirkungen der menschlichen Tätigkeit zu minimieren, lassen auch das Ende eines Produktlebens („**E**nd of **L**ife **V**ehicle“, **ELV**) nicht außer Acht. Nach jahrelanger Diskussion zwischen dem Gesetzgeber und den betroffenen Industrien wurde im Oktober 2000 die Altautoverordnung der Europäischen Union in Kraft gesetzt, die ab 2002 in allen Mitgliedsstaaten in nationale Verordnungen umgesetzt werden sollte.

Eines der Ziele der EU-Rahmenverordnung 2000/53/EG über Altfahrzeuge besteht darin die Anforderungen bei der Entsorgung von Altfahrzeugen in der EU zu harmonisieren. Das ist wichtig vor dem Hintergrund, dass die Kraftfahrzeuge der einzelnen Hersteller in allen Mitgliedsstaaten verkauft und zugelassen werden.

Aufgrund der EU-Altautoverordnung wurden Automobilhersteller zunächst verpflichtet ihre Fahrzeuge, die nach dem 1.1.2002 hergestellt sind, kostenlos für den Letztbesitzer zurückzunehmen. Ab 1.1.2007 gilt diese Regelung für alle Fahrzeuge. Die Hersteller von Fahrzeugen sind außerdem verpflichtet selbst, oder durch Beauftragung, flächendeckend Rückgabemöglichkeiten durch Rücknahmestellen für Altfahrzeuge zu schaffen.

Ab 1.1.2006 muss, bei allen neu im Verkehr zugelassenen Fahrzeugen, nach Ende ihrer Nutzungsdauer, von einer früher anerkannten Recyclingquote von 75 % (**Bild 8.3**), ein Anteil von 85 % des durchschnittlichen Fahrzeuggewichts für Wiederverwendung oder Verwertung in die Praxis umgesetzt werden (so genannte „Recyclingquote“). Davon dürfen lediglich 5 % energetisch verwertet werden; 15 % dürfen auf Deponien beseitigt werden.

Ab Januar 2015 erhöht sich die Verwertungsquote auf 95 %. Davon dürfen energetisch 10 % verwertet werden, während nur noch max. 5 % des Fahrzeuggewichts auf Deponien beseitigt werden dürfen. Der Nachweis der Wiederverwertbarkeit für Fahrzeuge, die neu auf den Markt gebracht werden, ist eine Voraussetzung für die Erteilung der Typgenehmigung.

Für alle ab dem 1. Juli 2003 in den Verkehr gebrachten PKW gilt noch das Verbot der Materialien Blei (Pb), Cadmium (Cd), Quecksilber (Hg) und sechsvalentiges Chrom (Cr VI). Im Anhang II der EU-Verordnung werden allerdings gewisse Ausnahmen zugelassen. Fahrzeugbauteile mit diesen Stoffen müssen gekennzeichnet und vor dem Schreddern des Altfahrzeugs ausgebaut werden. Die Kennzeichnungspflicht gilt auch für alle Bauteile und Werkstoffe, die wieder verwendet bzw. verwertet werden können.

Für jedes moderne Fahrzeug muss ein Trockenlegungs- und ein Demontagehandbuch bereitgestellt werden, mit brauchbaren Informationen darüber, was mit einzelnen Teilen und

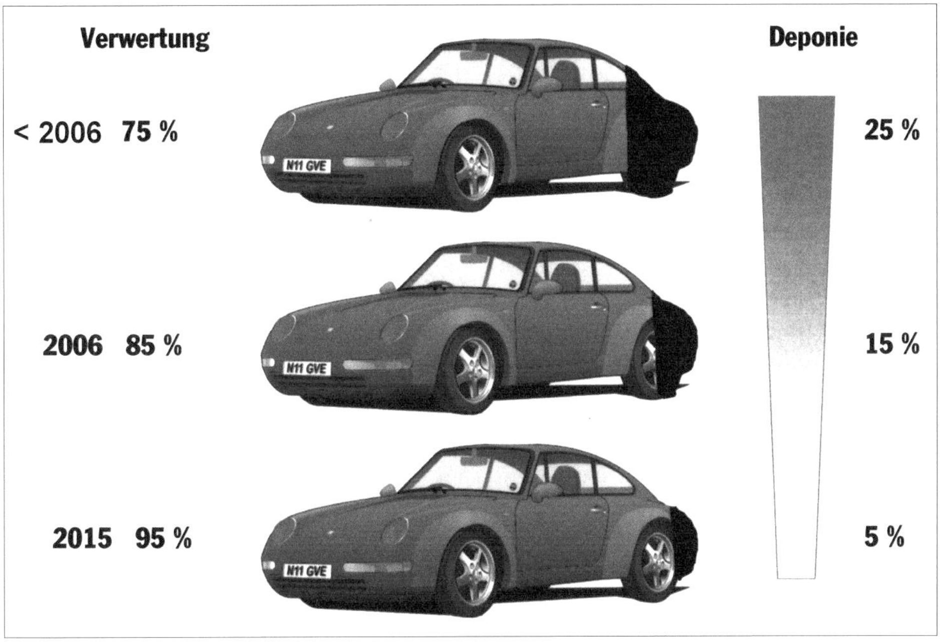

Bild 8.3: Verwertungsquote. PKW-Altautoverordnung

Komponenten des Fahrzeuges nach Erreichen des Schrottstadiums geschehen soll. Schon bei der Produktentwicklung müssen Demontage, Wiederverwendung und Wiederverwertung umfassend berücksichtigt werden. Dabei soll das recyclierte Material verstärkt eingesetzt werden [1, 5].

8.3.2 Annahmestellen

Der Aufbau eines flächendeckenden Verwertungsnetzes, die eine umweltverträgliche Verwertung und Entsorgung von Altfahrzeugen gewährleisten gehört zu den Säulen des Recyclingsystems. Die Verwerterbetriebe nehmen die Altfahrzeuge an (**Bild 8.4**).

Nach der Eingangskontrolle und der Begutachtung hinsichtlich Wiederverwertbarkeit, wird der Letztbesitzer über die Annahmestelle von seiner Versicherungs- und Steuerpflicht entlassen. Er bekommt den Nachweis über die Löschung des Fahrzeugs aus dem KFZ-Register. Die Annahmestelle prüft und katalogisiert das Fahrzeug und lagert es in abgeschirmten, befestigten Flächen.

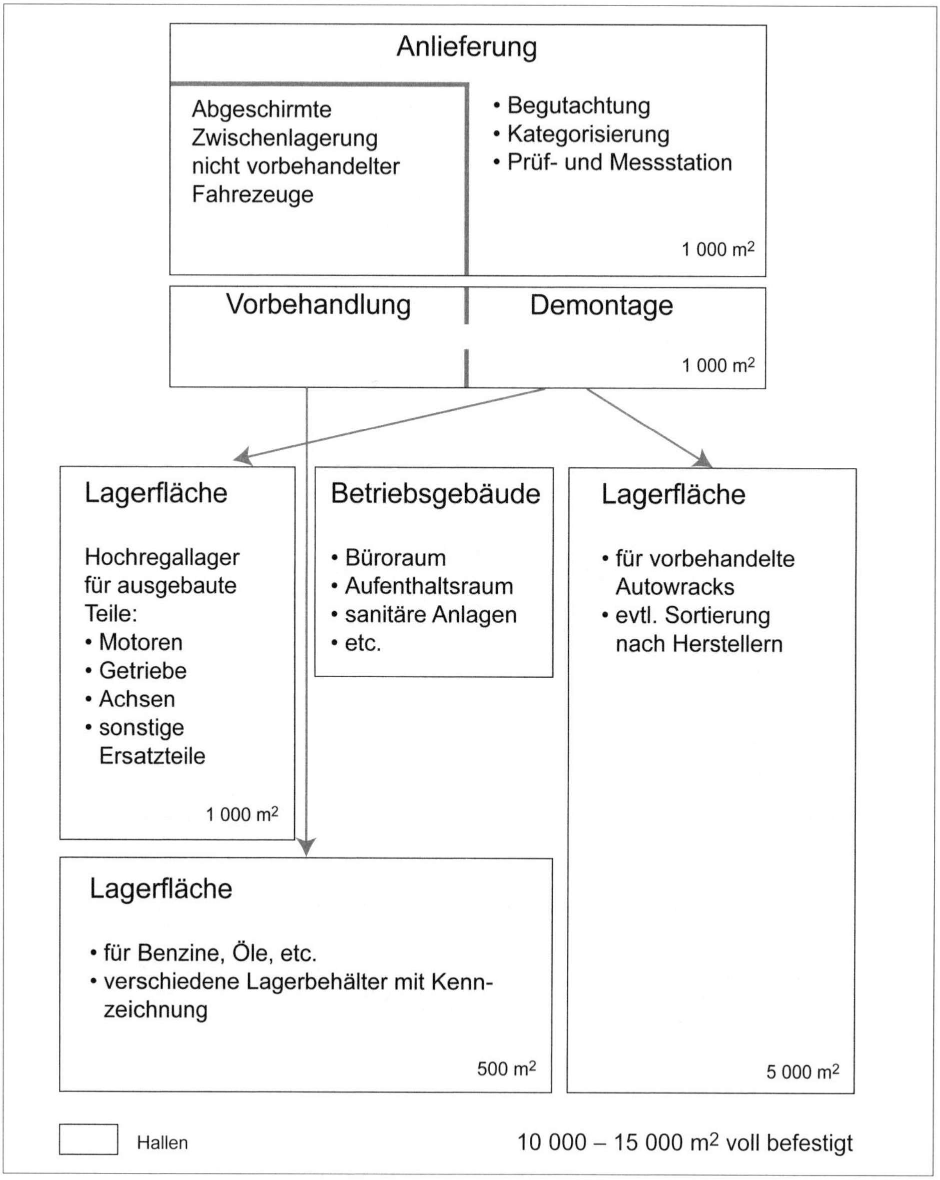

Bild 8.4: Optimierter Altauto-Verwertungsplatz [Quelle: VW]

8.3.3 Trockenlegung

Nach der Annahme und der Begutachtung werden Fahrzeuge „trockengelegt", d.h. alle Betriebsstoffe und Betriebsflüssigkeiten werden möglichst vollständig und fachgerecht entsorgt (**Bild 8.5**).

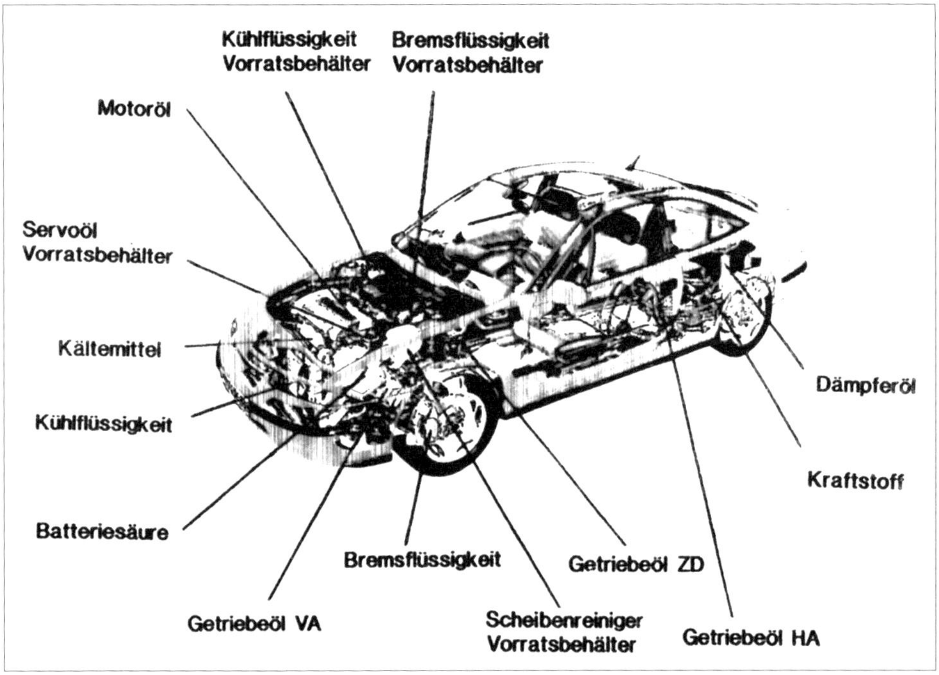

Bild 8.5: Betriebsflüssigkeiten am Beispiel Opel Calibra 4x4 [Quelle: Opel]

Vor der Trockenlegung werden aus dem Fahrzeug sämtliche lose Teile und Behälter, wie z.B. Feuerlöscher, Spraydosen, Flüssiggaskartuschen etc., entfernt. Bei den in Kraftfahrzeugen verwendeten Betriebsflüssigkeiten handelt es sich fast ausnahmslos um boden- und gewässergefährdende Stoffe. Deswegen ist der Einsatz von Entnahmesystemen erforderlich, die festgelegte Vorgaben erfüllen. Alle Flüssigkeiten werden sortenrein, also jede für sich, in speziellen Behältern gesammelt. Sie müssen aus dem Fahrzeug möglichst vollständig abgelassen werden, weil ihre Rückstände den Schreddermüll erheblich belasten können.

Benzin und Dieselkraftstoffe werden separat in speziellen Tanks gesammelt und wieder verwendet.

Motoren-, Getriebe- und Differentialöle bestehen aus Grundölen, die mit verschiedenen Additiven legiert werden. Beim Betrieb des Fahrzeugs werden die Grundöle kaum verschlissen. Hingegen lässt die Wirkung von Additiven mit der Zeit nach. Diese Altöle fallen in die Kategorie der wiederaufbereitbaren Öle. In Raffinerieprozessen werden sie gereinigt und mit neuen Additiven versetzt und als Zweitraffinat auf den Markt gebracht. Chlorgehalt in Altölen darf dabei 0,2 Gew. % nicht überschreiten. Motoren- und Getriebeöle dürfen untereinander nicht gemischt werden, weil dies eine Aufbereitung zu neuen Motoren- und Getriebeölen erschwert [13].

Kühlflüssigkeiten bestehen aus

- 60 bis 80 Vol. % Wasser
- 20 bis 40 Vol. % Ethylen- oder Propylenglykol
- 2 bis 4 Vol. % Additiven zum Korrosionsschutz der Werkstoffe im Motor.

Sie sind biologisch vollständig abbaubar und lassen sich auch wiederaufbereiten.

Hydrauliköle, Bremsflüssigkeit und Öle für Servolenkung werden gesammelt und wieder aufbereitet. Hohe Sicherheitsanforderungen an modernen Fahrzeugen, die auch an die Bremsflüssigkeit gestellt werden, verbieten es, dass sie als Recyclat wieder verwendet wird. Sie wird zu anderen Produkten verarbeitet, z.B. zum Verdünner und zum Reinigungs- oder Putzmittel. Sonstige Ölquellen im Fahrzeug sind Stoßdämpfer, Verteilergetriebe usw. Alle diese Öle werden auf ähnliche Weise gesammelt und gegebenenfalls wiederverwertet.

Kältemittel aus Klimaanlagen. Bei alten Fahrzeugen wurden FCKW-haltige R12 (CF_2-Cl_2) Kühlmittel verwendet, die inzwischen wegen ihres hohen Ozonabbaupotentials (**ODP** = **O**zon **D**epletion **P**otential) (**Bild 8.6**) verboten sind.

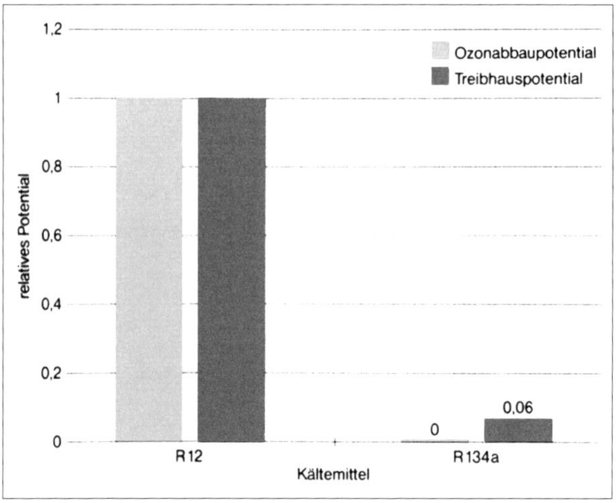

Bild 8.6:
Ozonabbau – Treibhauseffektpotential für R12 und R 134a

Bei neueren Fahrzeugen wird als Kühlmittel das R 134a eingesetzt. Beide Kühlmittel werden mit speziell angefertigten Recyclinggeräten abgesaugt. R12-Kühlmittel wird entsprechend den Vorschriften entsorgt. R 134a wird gereinigt und abschließend wieder verwendet.

Scheibenwischerwasser kann wieder verwendet werden.

8.3.4 Demontage

Nach der Trockenlegung des Fahrzeugs werden – soweit wie möglich – diverse Teile ausgebaut, insbesondere wenn geschlossene Recyclingkreisläufe bestehen, die eine spürbare Reduzierung der Abfallmenge ermöglichen. Der traditionelle Recyclingweg geht zunächst von der Ausnutzung von wertvollen Aggregaten und Teilen des Fahrzeugs und zusätzlich noch von der Rückgewinnung der metallischen Werkstoffe aus.

Aggregate, wie Motoren, Getriebe, Lichtmaschinen, Anlasser, werden ausgebaut, wiederaufbereitet und verkauft. Karosserieteile, wie Kotflügel, Motorhauben, Sitze etc. können ohne größeren Aufwand wieder verwendet werden. Diese Teile werden, wenn möglich, unversehrt geborgen, wieder aufbereitet, Instand gesetzt und dem Ersatzteilgeschäft zugeführt. Auch andere Bestandteile des Fahrzeugs, wie z.B. Stoßfänger, Scheiben, Seitenbeplankung werden mit Absicht einer direkten Wiederverwendung oder des stofflichen Recyclings demontiert.

Die EU-Altautoverordnung schreibt, neben vollständiger Trockenlegung, noch den Ausbau folgender Komponenten vor:

1. **Starterbatterie:** Die EU-Richtlinie 2006/66/ECE über Altbatterien und Akkumulatoren ist seit September 2006 in Kraft. Bei der Zerlegung von Altautobatterien wird die Batteriesäure aufgefangen und einer Aufbereitung zugeführt. Blei wird vollständig recycliert und Batteriegehäuse wird in der Kunststoffindustrie wiederverwertet.
2. **Alle Flüssigkeitstanks:** Derzeit fallen jährlich rund 6.000 t gebrauchte Kunststoff-Kraftstoffbehälter und Kunststoff-Heizöltanks an, die mit Kraftstoff kontaminiert sind. Diese Menge wird bis 2015 auf 15.000 t/a anwachsen [15]. In Kraftfahrzeugen werden außerdem zunehmend immer mehr Funktionen in die Kraftstofftanks integriert (**Bild 8.7**): Kraftstoffpumpe, Tankfüllstandmessung, Be- und Entlüftung, Filtereinheiten, was zu komplexen Demontagevorgängen führt und zusätzlich das Recycling von Kraftstofftanks erschwert.
3. **Pyrotechnische Treibsätze von Airbags und Gurtstraffern:** Von zunehmender Bedeutung sind Informationen zur Behandlung pyrotechnischer Einrichtungen aus Altautos. Wie alle pyrotechnischen Erzeugnisse unterliegen auch Airbags und Gurtstraffer wegen der darin enthaltenen chemischen Treibsätze besonderen gesetzlichen Vorgaben, die unter anderem in der Gefahrgutverordnung Straße, der Gefahrstoffverordnung und dem Sprengstoffgesetz geregelt sind [17].
   Bei der Verschrottung können nicht gezündete pyrotechnische Komponenten eine Gefahr für Mensch und Umwelt darstellen. Aus diesem Grund dürfen ungezündete pyrotechnische Komponenten nicht in den normalen Schrott gelangen.
   Bei Altfahrzeugen, die zur Wiederverwertung anstehen und die mit pyrotechnischen Bauteilen ausgestattet sind, ist in jedem Fall sicherzustellen, dass diese Bauteile durch geeignete Maßnahmen von geschultem Fachpersonal unschädlich gemacht werden. Deutsche Automobilhersteller haben eine „Verwertungsempfehlung für Airbags und Gurtstraffer" erarbeitet.
   Eine anschließende Demontage ermöglicht die Entnahme hochwertiger Bauteile, mit dem Ziel sie nach Aufbereitung wieder einzusetzen.

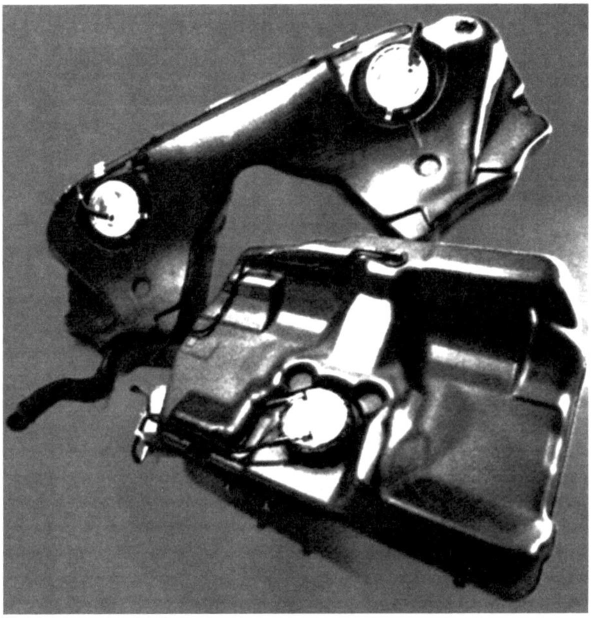

Bild 8.7:
Kraftstofftank

4. **Katalysatoren:** Die Lebensdauer eines Autokatalysators ist etwa gleich wie die Nutzungsdauer eines Automobils, im Durchschnitt ca. 180.000 bis 200.000 km.
   Das Recycling von Katalysatoren ist aus wirtschaftlichen und ökologischen Gründen unabdingbar. Ein Katalysator enthält zwischen 3 und 8 g Platin (Pt) und 0,6 bis 1,5 g Rhodium (Rh) und Palladium (Pd). Etwa ⅓ der weltweiten Platin- und ¾ der weltweiten Rhodiumproduktion gehen in die Katalysatorherstellung.
   Für 1 g Pt müssen im Bergwerk ca. 300 kg Gestein gelöst, gefördert, gemahlen und aufbereitet werden. Eine Tonne Katalysatorschrott (vom Edelstahlgehäuse befreit) enthält etwa 1.500 g Pt und 300 g Rh. Die Rückgewinnungsquote für Pt aus Altkatalysatoren liegt bei 90 bis 98 % und bei Rhodium zwischen 70 und 98 %. Die Rückgewinnung von Pt aus Altkatalysatoren ist von nur ca. 5 kg Abfall begleitet [4, 5].
   Der Aufwand für Katalysatorrecycling (**Bild 8.8**) besteht aus Ausbau, Lagerung, Logistiktransport, Abtrennen des Trägers und Edelmetallrückgewinnung.
   Die Versorgung der Katalysatorindustrie mit Platin und Rhodium wird auf die Dauer größtenteils durch Recycling aus Altkatalysatoren gesichert werden.
5. **Reifen:** Ein typischer Mittelklassewagen besteht zu ca. 3–5 % aus Gummi. Der Grossteil davon befindet sich in Reifen. 250 Millionen Autoreifen werden in der EU pro Jahr produziert und etwa die gleiche Menge in den USA. Ihre durchschnittliche Lebensdauer liegt zwischen 35.000 und 50.000 km für PKW-Reifen, 60.000 km für leichte und 100.000 km für schwere NFZ.
   Jedes Jahr fallen in Frankreich ca. 500.000 t und in Deutschland ca. 600.000 t Altreifen an. Ein Teil davon, zwischen 15 und 55 % werden meistens in Zementfabriken und in Kraftwerken energetisch verwertet. Zwischen 2 und 20 % der PKW-Altreifen werden runderneuert und wieder verwendet. Die Runderneuerungsquote bei NFZ-Reifen

Bild 8.8:
Katalysatorrecycling

beträgt ca. 40 %. Runderneuerung bedeutet die Entfernung von altem, gebrauchtem Material und die Vulkanisierung neuer Gummischicht auf Grundreifen. Dadurch wird an der Energie für die Herstellung von Reifen gespart. Für die Herstellung eines neuen PKW-Reifens wird ca. 30 bis 35 l Öl, für die Runderneuerung ca. 5,5 bis 10 l Öl benötigt [6].

PKW-Reifen werden aus Sicherheitsgründen nur einmal runderneuert. Bei NFZ-Reifen kann dieses Verfahren mehr als dreimal angewendet werden.

Etwa 9 % der Altreifen werden zerkleinert und als Füllstoff und Dämmmaterial Baustoffen zugemischt.

Der Großteil der Altreifen, zwischen 45 und 80 %, werden heute verbrannt, weil die Deponierung von ganzen Altreifen in der EU seit 2003 nicht mehr erlaubt ist. Ab Juli 2006 sollte auch die Deponierung von geschredderten Reifen verboten werden.

Nur ein geringer Teil der Altreifen (zwischen 3 und 12 %) kann heute stofflich zu Granulat oder Gummimehl recycliert werden.

6. **Metallische Komponenten aus Kühler, Heizungs- und Klimaanlagen, die Cu, Al und Mg enthalten:** Kühlmittelkühler werden wegen ihres hochwertigen Materials traditionell bei der Verschrottung von Fahrzeugen ausgebaut und demontiert. Der Kühlerblock kann wiederverwertet werden, der verschmutzte und mit Frostschutzmittel verunreinigte Wasserkasten aus Kunststoff z. Zt. noch nicht.
   Neue Heizungs- und Klimaanlagen werden bei modernen Fahrzeugen recyclinggerecht konstruiert, d.h. mit lösbaren Verbindungen, verringerter Werkstoffvielfalt und stofflich gekennzeichneten Bauteilen.
7. **Kabelstränge:** Zwischen 1 und 3 km Kabel mit einem Kupfergewicht bis zu 50 kg werden in moderne Fahrzeuge eingebaut. Kupfer gehört zu den schädlichsten Verunreinigungen im Stahl. Deshalb sollten kupferhaltige Bauteile, wie Elektromotoren und Kabelstränge gut zugänglich und leicht demontierbar angeordnet werden, um eine Demontage vor dem Schredder zu ermöglichen.

Bei neueren Fahrzeugen kann der Kabelstrang in einem Stück aus dem Fahrzeug herausgenommen werden. Schwieriger wird es bei Kabelbäumen, die aus älteren Fahrzeugen demontiert werden müssen.
Zurück zu gewinnen sind bislang nur Metallanteile aus Kabelsträngen, die gewichtsmäßig etwa 50 % des Gesamtgewichts ausmachen. Die Kunststoffisolierungen, Umhüllungen, Steckverbindungen wandern auf die Deponie.

8. **Große Kunststoffteile:** Es kann durchaus sein, dass in ein Auto etwa 150 verschiedene Kunststoffsorten eingebaut sind. Insgesamt finden sich in einem durchschnittlichen modernen PKW bis zu 2.000 Kunststoffteile.
Das Werkstoffrecycling von Kunststoffen ist heute nur unter Einhaltung einiger Randbedingungen technisch machbar, wenn höchste Maßstäbe an Sortenreinheit und Sauberkeit vorliegen. Die Verwertung verunreinigter oder kontaminierter Kunststoffe ist im werkstofflichen Recycling, trotz einer Vielzahl von Versuchen, noch immer nicht befriedigend. Für die gegenwärtig vorliegenden Recyclingqualitäten ist eine Wiederverwendung von Kunststoffen im originären Einsatzgebiet nur in begrenztem Umfang möglich [9, 12, 19, 22].
Neuteile aus Thermoplast-Recyclaten stellen heute kein Problem mehr dar. Durch farbige Gestaltung in Demontagehandbüchern ist eine schnelle Identifizierung des Werkstoffs bei der Demontage erleichtert. Dadurch sind Voraussetzungen für eine sortenreine Trennung von polymeren Werkstoffen geschaffen.
Das Recyclingpotential von Kunststoffen aus Altautos, die heute recycliert werden ist jedoch nicht hoch. Direkt in die gleiche Anwendung zurück können rund 10 % der Kunststoffe recycliert werden. Etwa 25 % werden zu weniger anspruchsvollen Anwendungen verwertet.
Heute werden recycliert: Stoßfänger, Heck- und Blinkleuchtverkleidungen, Kühlergrills und Lüftungsgitter, Radkastenverkleidungen, Batterieabdeckung, Saugrohre, Kühlmittelausgleichbehälter, Nockenwellenabdeckung, Sicherheitsgurte.
Ein Auszug aus dem Demontagebuch für Porsche-Boxster Fahrzeuge mit gekennzeichneten Kunststoffen ist im **Bild 8.9** gezeigt.

9. **Glas:** Die Glasdemontage aus einem Altfahrzeug dauert 20 bis 30 min. Theoretisch kann das Glas immer wieder zur Glasherstellung – ohne Qualitätseinbußen – eingesetzt werden. Beim Altautoglas treten jedoch aus verschiedenen Gründen Probleme auf. Inzwischen werden Techniken zur Trennung von Klebstoffresten, Folien und Metalleinschlüssen entwickelt, die eine so hohe Reinheit des gewonnen Glasgranulats ermöglichen, dass es problemlos in Gebrauchs- und auch Hohlglasproduktion eingesetzt werden kann.
Durch den Einsatz von 1 t Altglas können 0,72 t Glassand, 0,43 t Dolomit und Kalkstein und 0,25 t Kochsalz bei der Glasherstellung eingespart werden.
Fahrzeuge die in der Mehrzahl heute zu Verwertung anstehen, waren noch nicht recyclinggerecht konstruiert. Hier hat die Demontage von nicht metallischen Werkstoffen (Kunststoffe, Glas,...) in seltenen Fällen einen Sinn. Der Schredderbehandlung der Karosserie, mit nachfolgender Aufbereitung der **S**chredder-**L**eicht**f**raktion (SLF) ist hier den Vorzug zu geben [18, 19].

Nr.	Benennung	Kunststoff
1	Bugteil	
2	Heckteil	PP+EPDM
11	Lufteinlassgitter vorn	
3	Bodenverkleidung	
5	Radhausschalen	
9	Hauptscheinwerfergehäuse	PP
13	Abdeckung Wasserkasten vorn	
14	Kofferraumabdeckung vorn	
6	Blinkerscheibe	PMMA
	Blinkergehäuse vorn	ABS
8	Blinkerscheibe	PMMA
	Blinkergehäuse hinten	ABS
10	Zusatzbremsleuchte	PMMA
4	Außenspiegelgehäuse	PC+ABS
12	Lufteinlaßgehäuse /-gitter	PPS+PC
15	Hauptscheinwerferscheibe	PC
7	Heckspoiler	PA

Bild 8.9: Kunststoffe im Fahrzeug (Karosseriebereich) [Quelle: Porsche]

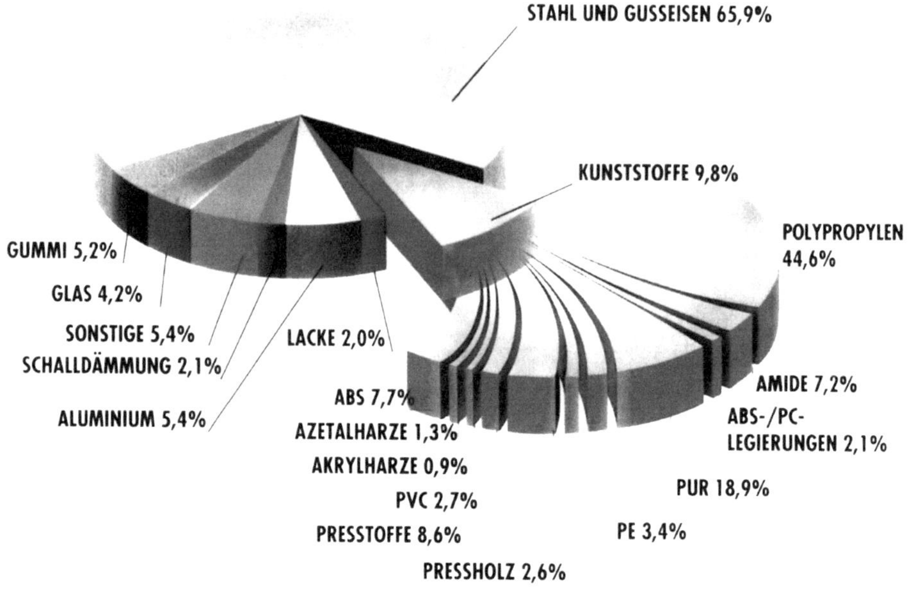

Bild 8.10: Zusammensetzung „End of Life Vehicles“ (vor Schredder) [Quelle: Fiat]

10. Rest des Automobils (End of Life Vehicle, ELV): Nach dem Ausbau wertvoller und recyclingfähiger Teile, entsprechend dem Demontagehandbuch des Herstellers, kommt der Rest des Autos, im wesentlichem die nackte Karosserie in den Schredder. Die Zusammensetzung eines Autorests vor dem Schredder ist im **Bild 8.10** gezeigt.

8.3.5 Schredder

Schredderanlage, der teuerste und aufwendigste Teil einer Recyclinganlage, ist nach dem Prinzip der Hammermühle aufgebaut (**Bild 8.11**).

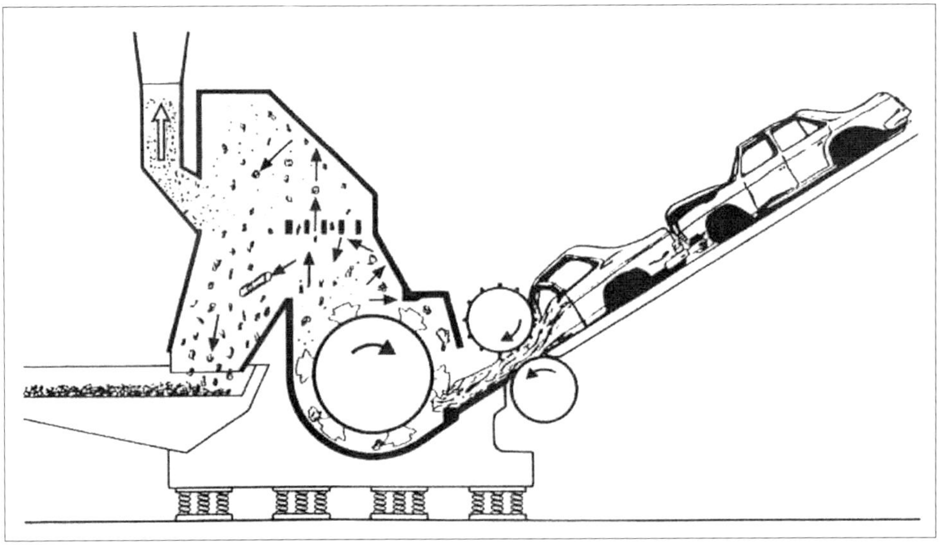

Bild 8.11: Das Schredderprinzip

Im Schredder werden die Autowracks in etwa faustgroße Stücke zerschlagen. Mittels einer nachgeschalteten Windsichtungsanlage werden flugfähiger Abfall und Staub, welche die Schredder-Leichtfraktion bilden, abgesaugt (**Bild 8.12**).

Nach der Windsichtung wird das Restmaterial durch magnetische Separatoren in Eisen- und Nicht-Eisen-Fraktion sortiert. Nicht-Eisen-Fraktion enthält neben schweren Müllpartikeln auch Aluminium (Al), Magnesium (Mg), Kupfer (Cu), Zink (Zn), Blei (Pb) und andere Nicht-Eisen-Metalle. Durch Schwimm-Sink-Anlagen oder andere Sortieranlagen werden vor allem Al und Cu wieder gewonnen.

Der Schredderrest, als **S**chredder-**L**eicht**f**raktion (**SLF**) oder **A**utomotive **S**hredder **R**esidue (**ASR**) bzw. „fluff" genannt, wird auf die Deponie abgestellt. Bei dem Vorhaben, die Stoffe aus dem Schredderprozess in einen Recyclingkreislauf zu integrieren, sollen zunächst folgende Fragen beantwortet werden:

- Kann das gewählte Material recycliert werden?
- Existieren die Techniken für das Recycling?
- Existiert die Infrastruktur für ein wirtschaftliches Recycling?
- Welche Wirtschaftlichkeit ergibt sich beim Recycling?

Für jedes Recyclingkonzept muss deshalb vorher eine entsprechende Infrastruktur geschaffen werden.

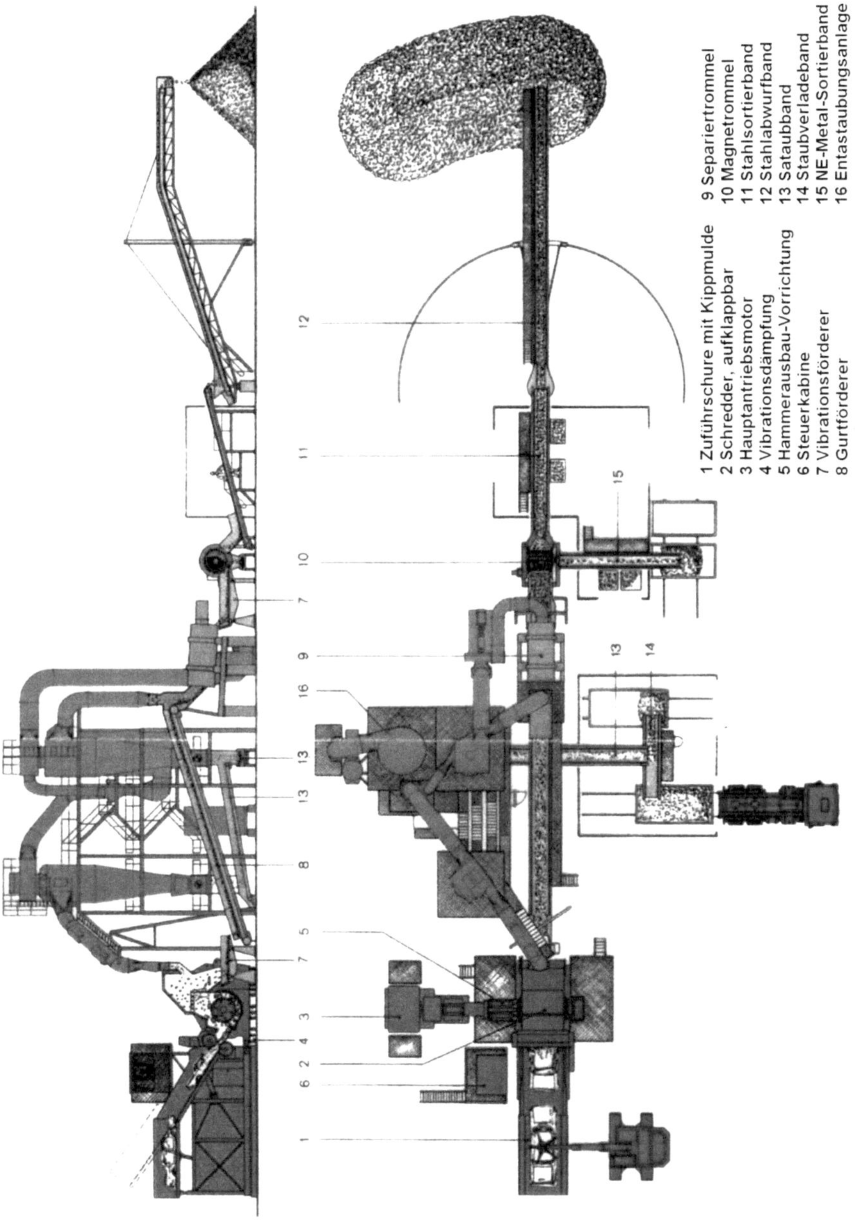

Bild 8.12: Schredderanlage [Quelle: Lindemann]

8.3.5.1 Eisen-Fraktion

Die metallischen Werkstoffe der Restkarosse fließen über den „Schredderweg“ in die bestehende Verwertungskreisläufe für Eisen- (Stahlwerke) und Nicht-Eisen-Metalle (Umschmelzbetriebe). Bei der Eisen-Fraktion (Fe-Fraktion) liegt die Recyclingquote bei über 98 %. Sie kann in der Regel auch mehrfach wiederverwertet werden, ohne dass die Qualität darunter leidet.

Die Infrastruktur für die Wiederverwertung des Eisengehaltes funktioniert seit vielen Jahrzehnten erfolgreich. Durch diesen Sekundär-Rohstoffeinsatz brauchen weltweit mehrere hundert Millionen Tonnen Eisenerz nicht abgebaut, aufbereitet, transportiert und verhüttet werden. Außerdem wird für die Verhüttung von Erz bei der Stahlproduktion zweimal mehr Energie benötigt, als für das Schmelzen von Stahlschrott. Damit werden durch Altautorecycling bedeutende Einsparungen an Energie, Rohstoffen, Wasser und Prozesskosten erreicht.

Verunreinigungen des Stahls mit Kupfer muss vermieden werden. Deshalb sollen kupferhaltige Bauteile, wie Elektromotoren und Kabelstränge gut zugänglich und leicht demontierbar angeordnet werden.

8.3.5.2 Nicht-Eisen-Metalle

Zwischen 10 und 20 Gew. % des Durchschnittsfahrzeugs bestehen aus nicht Fe-Metallen. Unterschiedliche Legierungen müssen vor dem Recycling identifiziert und sortenrein gesammelt werden. Die zurück gewonnenen Stoffe werden zu ihren Herstellern, z.B. Hütten- oder Chemieindustrie transportiert und dort zu neuem Material aufbereitet. Über 90 % des Aluminiums aus Altfahrzeugen werden zurück gewonnen. Die Herstellung von Sekundäraluminium aus Al-Schrott ist ohne Qualitätseinbußen möglich. Recycliertes Al erfordert 80 bis 90 % weniger Energie als die Al-Herstellung aus Bauxit.

8.3.5.3 Kunststoffe

Mittlerweile konnten, neben der Wiederverwertung der metallischen Teile, auch Materialkreisläufe für manche Kunststoffe, wie Polypropylen (PP), Polyethylen (PE), Polyurethan (PU), Polycarbonat (PC) und glasfaserverstärkte Styrol-Maleinsäure geschlossen werden.

8.3.5.4 Schredder-Leichtfraktion (SLF)

Von einem geschredderten PKW verbleiben ca. 200 bis 300 kg in der so genannten Schredder-Leichtfraktion (SLF, ASR, „fluff“), die aus Gummi, Textilien, Glas, Lackresten, geringen Metallteilen und zu etwa 35 bis 40 % aus Kunststoffen sowie anderen Verunreinigungen besteht (**Bild 8.13**).

Diese Rückstände stellen derzeit das kritischste Glied in der Entsorgungskette von Altfahrzeugen dar. Schredderreste könnten bisher nur teilweise recycliert werden. Die ge-

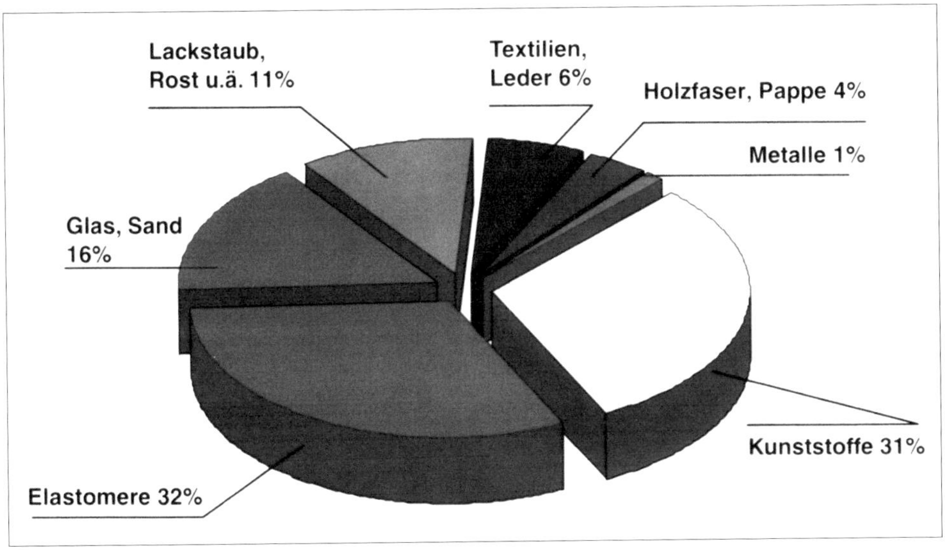

Bild 8.13: Zusammensetzung Schredder-Leichtraktion [Quelle: VDA]

bräuchlichste Alternative zur Entsorgung der Schredder-Leichtfraktion ist noch immer die Deponie. Die Menge an abfallenden Schredderrückständen aus Altfahrzeugen beträgt in Deutschland ca. 200.000 t/a. Die Anstrengungen des Gesetzgebers gehen in die Richtung der Verringerung dieser Deponiemengen von 25 % des Fahrzeuggewichtes vor 2006, auf 15 % ab 2006 und nur noch auf 5 % ab 2015 [18].

Durch mechanische Aufbereitung von SLF können noch dorthin enthaltene Metalle zurück gewonnen werden (z.B. Kupfer aus verbleibenden Kabeln) und ein relativ homogener und weitestgehend metallfreier Brennstoff für Synthesegas hergestellt werden (als Rohstoff für die Fischer-Tropsch-Methode, GTL bzw. BTL-Verfahren, oder „Schwarze Pumpe").

Es gibt viele verschiedene Kunststoffe im Automobilbau, die sich noch in verschiedenen Varianten durch Additive und Farben untereinander unterscheiden können. Der Großteil dieser Kunststoffe kann nicht untereinander gemischt werden, um recycliert zu sein. Kunststoffabfälle sind in der Regel auch so verschmutzt, dass sie sinnvoll nur noch deponiert oder verbrannt werden können. Nur dort wo Kunststoffe sortenrein erfasst werden können, ist eine Wiederverwertung möglich. Der Schlüssel für das Recycling von Kunststoffen liegt deshalb in der sorgfältigen Trennung, Sortenreinheit und Sauberkeit des Materials [22, 23].

Die Vielzahl der verwendeten Kunststoffe, ihre mangelhafte Kennzeichnung bei der heute zur Verwertung anstehenden Altautos, die Verwendung untrennbarer Verbundteile aus verschiedenen Kunststoffen, stellen die Recyclingindustrie gegenwärtig vor eine sehr aufwendige Aufgabe.

Zur Sicherstellung einer hohen Sortenreinheit ist die Materialkennzeichnung sehr wichtig, aber alleine nicht ausreichend. Deswegen werden auch Geräte zur Identifikation von Kunststoffen entwickelt, wobei Unterschiede in den physikalischen Eigenschaften genutzt werden. Als praktisch und vergleichsweise zuverlässig hat sich die Infrarotspektroskopie erwiesen.

Zur Reduzierung der SLF-Menge werden neben Demontage und Trockenlegung von nichtmetallischen Baugruppen, neue Wege gesucht. Neue hocheffiziente „Post-Schredder-Verfahren", wie z.B. VW-SiCon-Verfahren [32] ermöglichen, dass die in der Schredderleichtfraktion enthaltene Stoffe einer stofflichen Verwertung zugeführt und so beinahe vollständig verwertet werden.

8.4 Recyclingverfahren

Das Recycling auf möglichst hohem Werteniveau bzw. die Werkstoffregeneration ist für die Ressourcenschonung sehr wichtig. Neben der Wiederverwendung von instand gesetzten Teilen aus Altautos werden beim Recycling von Restautos folgende Recyclings- bzw. Verwertungsverfahren benutzt:

- Materielles (stoffliches) Recycling
- Rohstoffliches (chemisches) Recycling
- Thermische Verwertung (energetisches Recycling)

Dabei wird unter **Recycling** (Recyclingfähigkeit) die Wiederverarbeitung des Abfallmaterials in einem Produktionsprozess für das ursprüngliche Produkt, oder für andere Zwecke verstanden, unter Ausschluss der Verfahren zur Gewinnung von Energie.

Unter **Verwertung** (Verwertbarkeitsquote) versteht man die Wiederaufbereitung des Abfallmaterials in einem Produktionsprozess für den ursprünglichen Zweck, oder für andere Zwecke sowie zur Verarbeitung zur Energiegewinnung (**Bild 8.14**) [10].

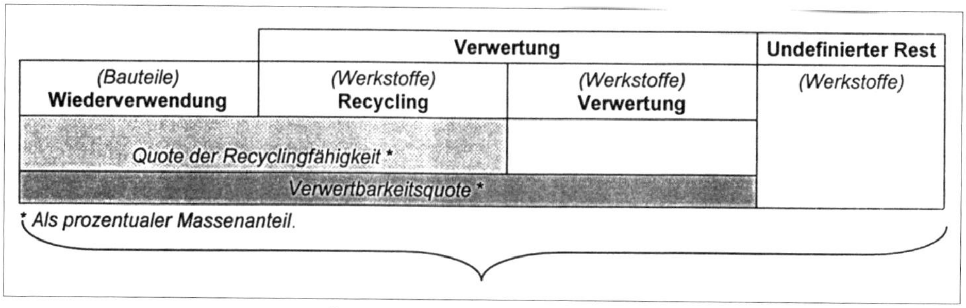

Bild 8.14: Allgemeine Begriffe – Überblick

8.4.1 Materielles (stoffliches) Recycling

Beim stofflichen Recycling sollen die gebrauchten Teile in geschlossenen Materialkreisläufen wiederaufbereitet und zur Herstellung neuer Produkte verarbeitet werden. Die Recyclingrate bei Eisen- und Nicht-Eisen-Metallen aus Altautos kann bis 98 % betragen.

Das stoffliche Recycling von gebrauchten Kunststoffen hängt von den Trennverfahren ab. Für hochwertige Recyclate taugen nur sortenreine, unvermischte Kunststoffabfälle. Durch ihre mechanische Aufbereitung (Zermahlung und Reinigung) werden sie direkt zu verarbeitungsfähigen Mahlgütern oder Recyclaten vorbereitet (physikalisches Recycling). Ihre chemische Struktur und die stofflichen Eigenschaften bleiben dabei erhalten. Folgende Kunststoffe aus einem PKW können heute stofflich recycliert werden:

- Polyester (Sicherheitsgurte, Sitze, Türverkleidung)
- ABS-Acryl-Butadien Styrol (harter Kunststoff für Interieur)
- Polyolefine – PP, PE (Stoßdämpfer, Batteriegehäuse, Saugrohre, Filter)
- Polyurethane (Instrumenttafel, Sitze, Stoßdämpfer)

Wegen ihrer Komplexität und unterschiedlichen Zusammensetzung, und weil viele Teile klein und leicht sind, lohnt sich das Recycling, ökologisch und ökonomisch, nicht für alle, sondern nur für eine Anzahl von Großteilen [21, 22, 24, 27].

Mit nur 4 Teilen (**Bild 8.15**) kann über 40 % der Kunststoffmenge im Automobil schon erfasst werden.

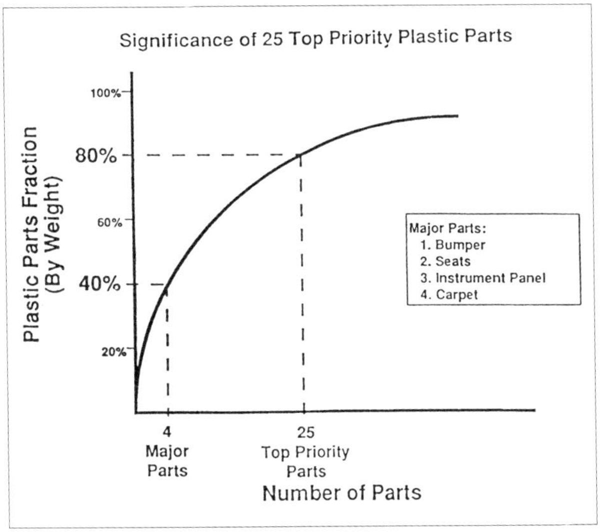

Bild 8.15: Wichtigkeit von Kunststoffteilen für PKW-Recycling

8.4.2 Rohstoffliches (chemisches) Recycling

Vom speziellen Interesse ist das rohstoffliche oder chemische Recycling von Kunststoffen. Beim rohstofflichen Recycling werden Polymere durch Einwirken von Wärme oder der Lösungsmittel zu niedermolekularen Verbindungen (Monomeren) gespalten. Die Produkte sind petrochemische Grundstoffe (flüssige Kohlenwasserstoffe, Öle und Gase) die zur Herstellung neuer Kunststoffe, oder auch für andere Zwecke genutzt werden können.

Die Verfahren zur rohstofflichen Wiederverwendung von Kunststoffen befinden sich z. Zt. in einer lebhaften Entwicklung. Dazu zählen: Pyrolyse, Hydrolyse, Verkokung und Hydrierung. Das rohstoffliche Recycling ist für verschmutzte und verschmierte Kunststoff-Fraktionen geeignet.

Beim Recycling von Kunststoffen kann der energetische Aufwand unverhältnismäßig hoch und der ökologische Nutzen zweifelhaft sein. Es stellt sich manchmal die Frage, warum man Kunststoff erst aufwendig in raffineriegerechte Produkte umwandeln muss, wenn er durch energetische Nutzung (Verbrennung) sinnvoller verwertet werden kann.

8.4.3 Thermische Verwertung (energetisches Recycling)

Die Kunststoffe in heutigen Automobilabfällen wurden vor 15 bis 20 Jahren eingesetzt, als ihre Recyclingfähigkeit bei Werkstoffauswahl noch kaum eine Rolle spielte. Entsprechend groß ist die Vielfalt der verwendeten Kunststoffsorten. Eine Trennung der vermischten, verschmutzten und schadstoffbelasteten Kunststoffe in reine Fraktionen bereitet enorme technische Schwierigkeiten und verursacht hohe Kosten. Sammlung, Transport, Trennung, Sortierung und Zerkleinerung (Mahlung) verursachen häufig mehr als 50 % der Gesamtkosten bei Kunststoffverwertung.

Für die vermischten und stark verunreinigten Reststoffe aus der Schredder-Leichtfraktion ist die thermisch energetische Verwertung, also die Verbrennung mit Nutzung der Wärmeenergie, als Prozesswärme für die Gewinnung von Dampf und Strom, sinnvoll. Dadurch wird der erforderliche Brennstoff aus Erdöl substituiert.

Kunststoffe sind wegen ihres großen Energiegehaltes für die thermische Verwertung überall dort geeignet, wo aus ökonomischen und ökologischen Gründen ein stoffliches Recycling nicht möglich und sinnvoll ist. Energetische Verwertung ist dann zulässig, wenn:

1. der Heizwert des einzelnen Abfalls mindestens 11 MJ/kg beträgt
2. ein Verbrennungswirkungsgrad von mindestens 75 % erzielt wird und
3. die entstehende Wärme genutzt wird.

Im **Bild 8.16** sind die Wärmeinhalte verschiedener Brenn- und Werkstoffe sowie des Abfalls aufgeführt.

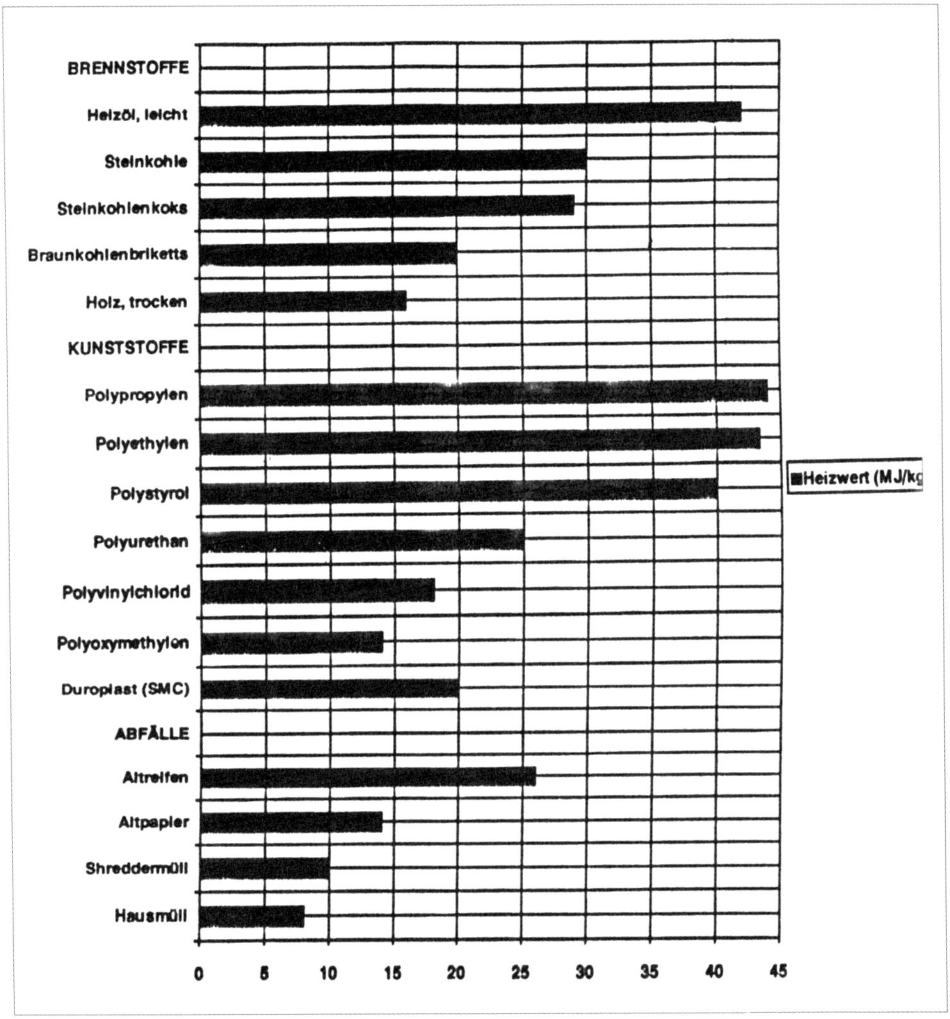

Bild 8.16: Wärmewerte verschiedener Brenn- und Werkstoffe

Heute werden Kunststoffe auf drei Weisen thermisch verwertet:

1. In der Metallindustrie dienen granulierte Kunststoffe als Reduktionsmittel und Energielieferant. Sie ersetzen dort Koks oder das Schweröl. Der Chlorgehalt der eingesetzten Kunststofffraktion ist dabei auf max. 0,5 Gew. % beschränkt.
2. Kunststoffe wie auch Altreifen werden als Energielieferant in Zementfabriken verwendet. Aufgrund ihres relativ hohen Heizwertes (25–30 MJ/kg) sowie ihrer definierten Zusammensetzung ist die Verwendung von Altreifen als Ersatzbrennstoff seit Jahren die gängige Praxis. Chlor- und Bromgehalt sind bei dieser Verwendung sehr streng begrenzt. Bei Verbrennung von Altreifen wird nur 10 bis 15 % der Energie gewonnen, die für die Herstellung von neuen Reifen erforderlich ist. Mit Rücksicht auf die Herstel-

lungstechnologie von Zement darf nur 20 % der Wärmeenergie aus Altreifen kommen. Der Rest wird durch andere Energiequellen gedeckt, die ohne Stahl und restlichen in Altreifen vorhandenen Verunreinigungen sind [12].

3. Kunststoffe werden auch mit dem kommunalen Abfall in den Kehrichtverbrennungsanlagen (KVA) verbrannt.

Beim Vergleich unterschiedlicher Recyclings- und Verwertungsverfahren für Kunststoffe gibt es keinen generellen Vorteil des stofflichen gegenüber anderen Verwertungsverfahren (**Bild 8.17**).

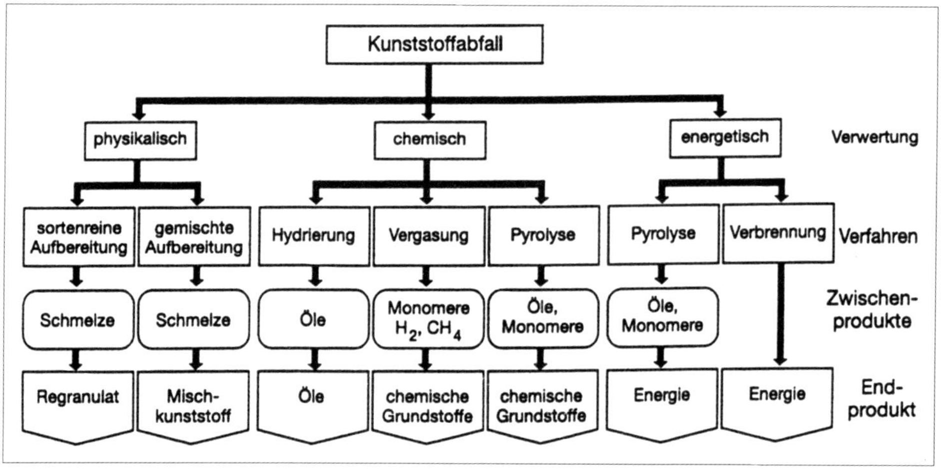

Bild 8.17: Möglichkeit der Verwertung von Kunststoffabfällen [Quelle: Richter]

Im Vergleich zur Deponierung, tragen alle Verwertungsverfahren zu der Schonung der Ressourcen bei. Anzustreben ist eine, der Art und der Beschaffenheit des Abfalls entsprechend hochwertige Verwertung. Vorrang hat die jeweils umweltverträglichere Verwertungsart. Diese entfällt, wenn die Beseitigung die umweltverträglichste Lösung darstellt [12].

8.5 Design for Recycling – Recyclinggerechtes Konstruieren

Am Anfang schon ans Ende denken!

Automobilhersteller sind aufgerufen ihre Fahrzeuge im Einklang mit gesetzlichen Anforderungen bezüglich Sicherheit, Kraftstoffverbrauch, Abgas- und Geräuschemissionen,

Wirtschaftlichkeit, Fertigungskosten und vielen anderen Fahrzeugeigenschaften zu konstruieren.

Die Verantwortung des Konstrukteurs ist nicht nur mit der funktionellen, fertigungstechnischen und wirtschaftlichen Konzeption seines Produktes beendet, sondern erstreckt sich viel mehr in einer „ganzheitlichen Produktverantwortung" über den gesamten Lebensweg des Produktes, bis zu dessen Gebrauchsende und deren anstehenden Wiederverwertung bzw. umweltgerechten Entsorgung.

Die europäische Automobilindustrie steht gegenwärtig vor der Aufgabe, dass 85 % des Gewichtes, von neu in den Verkehr gebrachten Fahrzeugen, am Ende ihrer Funktion wiederverwertet werden muss. Dieser Anteil soll ab dem Jahr 2015 auf 95 % ansteigen. Dieses Ziel kann nur dann erreicht werden, wenn bereits in der Definitions- und Konstruktionsphase eines Automobils neben technischen und wirtschaftlichen Vorgaben auch die Umwelt- und Recyclinganforderungen formuliert werden [15, 20, 29].

Die recyclinggerechte Konstruktion eines Automobils bildet, neben den Untersuchungen zur Wiederverwertbarkeit, einen wesentlichen Schwerpunkt des Recyclingkonzeptes. Bei langlebigen Produkten, wie das Automobil eines ist, besteht die Herausforderung für den Konstrukteur insbesondere darin, dass er während der Produktgestaltung recyclingorientierte Entscheidungen treffen muss, obwohl der eigentliche Recyclingfall erst nach 15 oder 25 Jahren eintreten wird und dann die eingesetzte Technologie eine andere sein kann, als zunächst vorausgesetzt. Dies bedeutet aber, dass der Konstrukteur stets die neuesten Erkenntnisse für ein recyclinggerechtes Produkt berücksichtigen und fortentwickeln muss.

Bei der Konstruktion soll jedes Bauteil, neben seiner technischen und wirtschaftlichen Eignung nach den Kriterien „stoffliche Wiederverwertbarkeit", „Kreislaufeignung" und „Problemstoffe", auch ökologisch beurteilt werden.

Die meisten Hersteller haben eigene, spezielle Recyclingnormen, die von den Konstruktionsabteilungen berücksichtigt werden müssen. Diese Normen sind für Konstrukteure in der Automobil- und der Zulieferindustrie gleichermaßen verbindlich. Die Zusammenarbeit mit der Zulieferindustrie ist für weitere nachhaltige Verbesserung des Recyclingprozesses sehr wichtig. Hier wird an die Entwicklung des Internationalen **M**aterial-**D**atenblatt-**S**ystems (**IMDS**) hingewiesen, das gemeinsam von fast allen weltweiten Automobilherstellern und ihren Zulieferern entwickelt wird. Das Ziel von IMDS ist genaue Beschreibung der chemischen Zusammensetzung aller Bauteile im Fahrzeug, weil wer im Jahr 2015 gemäß der EU-Altautoverordnung 95 % eines Fahrzeugs verwerten will, muss bereits heute die Zusammensetzung seiner Produkte genau kennen.

Die Materialien, aus welchen ein Fahrzeug zusammengebaut ist, werden in folgende 7 Materialgruppen unterteilt:

1. Metalle
2. Polymere
3. Elastomere

4. Glas
5. Flüssigkeiten
6. **M**odifizierte **o**rganische **N**aturstoffe (**MON**, z.B. Leder, Holz, Papier, Karton)
7. Sonstige Materialien, für welche eine detaillierte Materialaufschlüsselung nicht aufgestellt werden kann (z.B. Verbundwerkstoffe, elektrische und elektronische Bauteile).

Schwerpunkte der recyclingoptimierten Produktgestaltung stellen die Werkstoffauswahl und die Wahl der Verbindungstechnik dar.

Folgende Empfehlungen werden Konstrukteuren in Bezug auf das „recyclinggerechte Konstruieren" gegeben [29]:

- So wenig wie möglich unterschiedliche Materialien verwenden, um sie leichter zu identifizieren und für den Recyclingprozess zu separieren.
- Wo immer möglich, nicht nur das recyclebare Material, sondern auch Werkstoffe mit einem Anteil an recyclebaren Material verwenden.
- Problemstoffe auf ein Minimum reduzieren. Substanzen, die gefährlich für die Produktion oder das Recycling sein können, eliminieren [28].
- Die Vielzahl unterschiedlicher Verbindungen und Klebstoffe auf ein nötiges Minimum reduzieren.
- Verbindungen wählen, die nach Ende der Nutzungsdauer des Automobils leicht zerlegbar sind.
- Kunststoffe nach ISO-Norm kennzeichnen.

8.5.1 Auswahl von Werkstoffen

Eines der wichtigen Ziele im Entwicklungslastenheft eines neuen Fahrzeugs stellt seine Verwertung am Ende seiner Nutzungsdauer dar. Recyclebarkeit von Altautos ist eng verbunden mit der Zahl und Art der verwendeten Materialien und der Einfachheit mit welcher sie identifiziert und getrennt werden können.

Dabei konzentrieren sich die Aktivitäten der Konstrukteure vor allem auf die Wahl umweltverträglicher und recyclebarer Werkstoffe, auf die Reduzierung der Vielfalt der Materialien und auf deren Kennzeichnung.

Die Materialvielfalt soll zunehmend verringert werden. Im Idealfall sollten sämtliche Einzelteile einer Baugruppe aus nur einem Werkstoff, oder aus chemisch verträglichen Werkstoffen bestehen. Die Verwendung von recycliertem Material oder Werkstoffen mit einem hohen Prozentsatz an recycliertem Material vergrößert die Recyclingfähigkeit.

Tragendes Prinzip der „ recyclinggerechten Konstruktion" („Design for Recycling") ist deshalb der Aufbau bzw. die Nutzung wirtschaftlicher Werkstoffkreisläufe. Durch die Verwendung von recyclebaren Material, unterstützt die Automobilindustrie diese Kreisläufe.

Als Voraussetzung für eine verstärkte Verwendung von Recyclaten haben Automobilhersteller Freigaben für den Einsatz von Sekundärmaterialien bei der Produktion von Neufahrzeugen erteilt. Das recyclierte Material muss dabei den Standards und Normen für Neumaterial voll entsprechen. Sicherheit und Qualität dürfen nicht geopfert werden.

Ein im Hintergrund stehendes Ziel der Altautoverwertung ist die maximale Erhaltung von Materialien durch stoffliche Verwertung auf höchster Wertstufe, insbesondere in Hinblick auf die Entsorgungsproblematik.

Die so genannten Problem- oder Gefahrenstoffe, d.h. Stoffe, die bei der Aufbereitung oder Verwendung eine Gefahr für Mensch, Umwelt oder Anlagen darstellen, sind zu vermeiden. Falls eine Vermeidung nicht möglich ist, sind sie gut zu kennzeichnen und leicht abtrennbar bzw. entleerbar anzuordnen.

Verband der Automobilindustrie (VDA) hat eine Liste für deklarationspflichtige Stoffe („Inhaltsstoffe in Bauteilen und Werkstoffen") definiert, welche im so genannten Erstmuster-Prüfbericht angegeben werden müssen [28]. Dies gilt für

- krebserzeugende Stoffe
- fortpflanzungsgefährdende Stoffe
- erbgutverändernde Stoffe
- sensibilisierende Stoffe
- giftige Stoffe
- umweltgefährdende Stoffe.

Als Problemstoffe gelten alle Materialien, Stoffe und Elemente, die wegen ihrer Umweltgefährdung bzw. Toxizität oder anderen Bestimmungen zu vermeiden sind, z.B. Asbest, Blei, Quecksilber, FCKW, usw.

Artikel 4, Absatz 2 der EU-Altautoverordnung soll sicherstellen, dass Werkstoffe und Bauteile, die nach 1.1.2005 im Automobilbau verwendet werden – mit Ausnahme der im Anhang II genannten Fälle – kein Blei, Quecksilber, Cadmium und Chrom VI enthalten dürfen. Die Lieferanten von Kaufteilen sind auf die gesetzlichen Anforderungen hinzuweisen. Es müssen Absprachen getroffen werden, dass die Lieferanten unaufgefordert die Inhaltstoffe, der von ihnen gelieferten Teile dokumentieren (u.a. durch Bereitstellung des Materialdatenblattes im IMDS) und diese Dokumentation pflegen. Die vollständige Kenntnis der werkstofflichen Zusammensetzung aller Einzelteile und des Gesamtfahrzeugs ist sicher zu stellen.

Eine der verbleibenden Herausforderungen ist die Kontrolle der Verwendung von chemischen Verbindungen. Die Menschheit kennt ca. 10 Millionen chemischer Verbindungen. Etwa 100.000 davon sind Inhalt chemischer Produkte in der heutigen Welt. Es gibt ca. 30.000 produzierte Chemikalien, die in einer Menge von über 1 t pro Jahr produziert und verwendet werden, für welche nur wenig oder keine Kenntnisse über die Risiken ihrer Anwendung für menschliche Gesundheit und die Umwelt existieren [31].

Durch die neue Europäische Chemikalienpolitik **REACH** (**R**egistration, **E**valuation and **A**ccreditation of **Ch**emicals) die ab 1. Juni 2006 in Kraft getreten ist, soll auf diesem Gebiet Klarheit geschaffen werden.

8.5.1.1 Energiebedarf

Die erwünschte Wirkung des Recyclings ist die Verringerung des Verbrauchs an Rohstoffen und Energie. Die spezifische Energie, die für die Herstellung eines Werkstoffs im Recyclingprozess erforderlich ist, beinhaltet die so genannte Primär- und Sekundärenergie. Die Primärenergie umfasst alle Energieverbräuche, die für die Gewinnung von Rohstoffen aus natürlichen Ressourcen und ihre Weiterverarbeitung erforderlich sind. Alle Transportenergien sind auf diesem Weg darin erfasst.

Als Sekundärenergie wird die Summe aller Energien genannt, die im Recyclingprozess eines Werkstoffs erforderlich sind, um das gleiche Produkt zu erzeugen wie aus der „Neuware". Die spezifischen Primär- und Sekundärenergien für eine Anzahl der im Automobilbau verwendeten Materialien sind in der **Tabelle 8.1** gezeigt.

Tabelle 8.1: Primär- und Sekundärenergien für verschiedene Werkstoffe

	Primärenergie kJ/kg	Sekundärenergie kJ/kg
Stahl	40.000	18.100
Eisen	34.000	24.000
Aluminium	190.000	26.700
Glas	30.000	13.000
Blei	41.100	8.000
Kupfer	100.000	45.000
Gummi	67.600	43.600
Polypropylen	74.300	42.300
Polyvinylchlorid	65.400	29.300
Polyester	95.800	50.000

Die energetische Betrachtung zur Herstellung von diversen Materialien zeigt, dass durch einen vermehrten Einsatz von recycliertem Material im Automobilbau, deutliche Einsparungen an Energie möglich sind.

Der sekundäre Stahl braucht etwa die Hälfte der Energie und der Wassermenge, die für die Herstellung des Stahls aus Eisenerz erforderlich sind. Sekundäres Aluminium braucht um 80 bis 90 % weniger Energie für seine Produktion als Aluminium aus Bauxit. Recycling von 1 t Aluminium spart außerdem ca. 9,1 t CO_2. Beim Recycling von 1 t Papier werden 0,9 t CO_2 und beim Recycling von 1 t Polyethylen (PET) ca. 1,8 t CO_2 weniger emittiert.

Diverse Verunreinigungen erschweren bei recyclierten Material oft die Verwendung mit dem Reinigungsgrad, wie der ursprüngliche Originalwerkstoff. Wo es technisch sinnvoll und möglich ist, sollte trotzdem einem Recyclatwerkstoff der Vorzug gegenüber einer „Neuware" gegeben werden. Die Gewinnung und der Ersatz von Sekundärrohstoffen werden in der Zukunft immer wichtiger.

8.5.1.2 Kunststoffe

Kunststoffe spielen im Automobilbau eine immer größere Rolle und sind aus der Automobilherstellung nicht mehr wegzudenken. Ihre guten Verarbeitungsqualitäten, ihr guter Gebrauchswert und insbesondere ihr geringes Gewicht, erfüllen die Anforderungen der Automobilindustrie. Ihr Anteil am Leergewicht moderner Automobile beträgt bereits über 15 %.

In den heutigen Fahrzeugen im Verkehr werden mehrere Hundert unterschiedliche, zum Teil speziell auf das jeweilige Bauteil zugeschnittenen Kunststoffe eingesetzt (**Bild 8.18**). Die Sortenvielfalt wird durch Polymeradditive erhöht, die zur gezielten Verbesserung bestimmter Eigenschaften beigemischt werden.

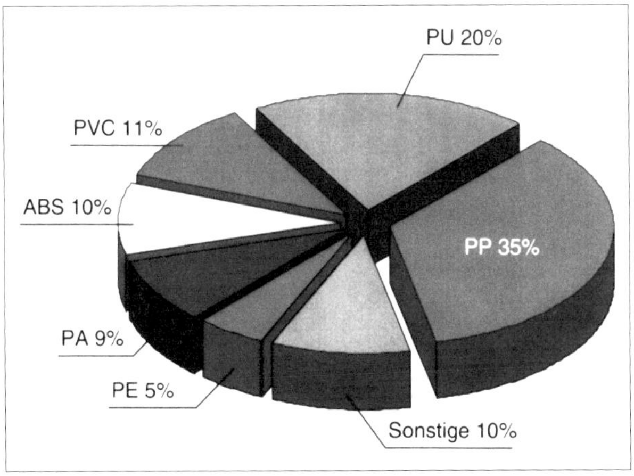

Bild 8.18:
Kunststoffe im Automobilbau

Die Auswahl von Kunststoffen spielt bei recyclinggerechter Konstruktion eine wichtige Rolle. Es gilt deshalb, von Anfang an, die richtige Kunststoffauswahl für alle Komponenten zu treffen und insbesondere eine möglichst geringe Anzahl an Kunststoffvarianten einzusetzen. Dabei ist von Vorteil, wenn einheitliche oder untereinander kompatible Kunststoffe gewählt werden können [24, 25, 27, 29].

Die Kunststoffe werden zunächst in zwei Hauptgruppen aufgeteilt: Monomere und Polymere. Zu den Monomeren gehören: Ethylen, Propylen usw. Nach ihrem thermischen Verhalten werden polymere Werkstoffe unterteilt in:

- Thermoplaste (Polyolefine, Polystyrole,...)
- Thermoplastische Elastomere
- Elastomere (Kautschuk, Gummi,...)
- Duromere oder Duroplaste (Polyurethan, Polyester,...)
- Polymere Verbundmaterialien (Textilien, ...)
- Prozesspolymere (Lacke, Kleber, Dichtstoffe, PVC,...)

Kunststoffe galten bis Ende der 80ger Jahre des vergangenen Jahrhunderts allgemein als umweltbelastend, da sie nicht oder nur sehr schwer abbaubar sind bzw. nur unzureichend wiederaufbereitet wurden. Seit 1990 entwickeln Automobil- und Kunststoffindustrie Konzepte für ein effizientes Recycling von Kunststoffteilen. Im modernen Auto beträgt der Anteil der Kunststoffe aus Recyclaten ca. 10 %. Das nächste Ziel ist es, den Recyclateinsatz bei den Kunststoffen auf über 15 % zu steigern (**Bild 8.19**).

Bild 8.19: Kunststoffanteil aus 100 % Recyclaten, Porsche 911 Turbo, BJ 2003 [Quelle: Porsche]

Aus heutiger Sicht eignen sich besonders die Thermoplaste Polyolefine [Polypropylen (PP), Polyethylen (PE) sowie Polystyrole (PS) [Acryl-Butadien-Styrol-Copolymerisat (ABS), Polycarbonat (PC), Styrol-Maleinhydrid-Copolymerisat (SMA)] für eine Wiederverwertung auf hohem Niveau.

Elastomere, Duroplaste und Prozesspolymere eignen sich für eine stoffliche Wiederverwertung nicht, da bei jedem neuen Plastifizierungsvorgang starke Abbauprozesse in ihren Molekülen auftreten.

Kunststoffteile sollen grundsätzlich aus nur einem einzigen Werkstoff bestehen. Es soll versucht werden auf Metalleinlagen, faserverstärkte Füllung sowie unlösbare Verbindungen

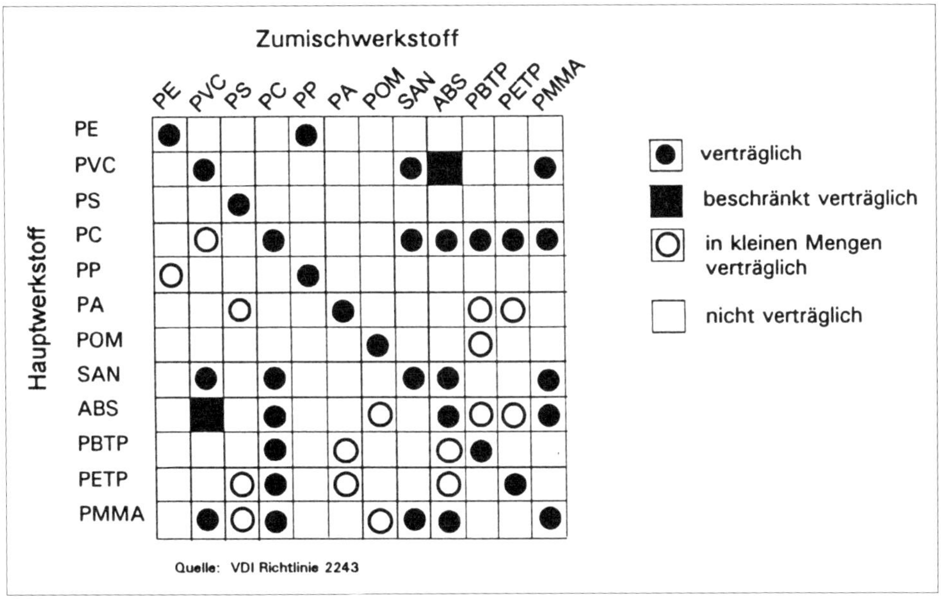

Bild 8.20: Chemische Verträglichkeit wichtiger Kunststoffe [Quelle: Opel]

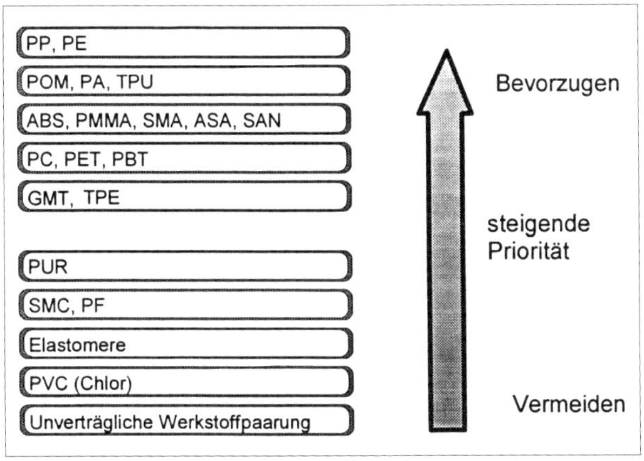

Bild 8.21: Recycling- und umweltgerechte Materialauswahl für sortenreine Kunststoffe [Quelle: Opel]

von unterschiedlichen Kunstoffen zu verzichten und diese durch konstruktive Gestaltung, wie Eigenverstärkung, Rippenanordnung etc. zu ersetzen. Verbundteile aus unterschiedlichen, d.h. chemisch verschiedenen Polymerwerkstoffen sind sorgfältig zu wählen. Nicht alle Kunststoffe sind als Werkstoffe untereinander verträglich (kompatibel). Die gezielte Auswahl kompatibler Materialien aus einer Werkstofffamilie kann die Rückgewinnung und das Recycling deutlich vereinfachen (**Bild 8.20**).

Bild 8.21 zeigt die Prioritätenliste für recycling- und umweltgerechte Kunststoffauswahl für sortenreine Kunststoffbauteile.

Eine wichtige Voraussetzung für das Recycling von Kunststoffen ist auch ihre Kennzeichnung, die eine sortenreine und damit hochwertige Wiederverwertung überhaupt erst möglich macht. Nach der Entscheidung der EU-Kommission gilt in der EU ab 1.7.2003 die Richtlinie 2000/53/EG über Kennzeichnungsnormen für Bauteile und Werkstoffe. Für die Kennzeichnung und Identifizierung von Fahrzeugbauteilen und Werkstoffen, mit einem Gewicht über 100 g gelten folgende Normen: ISO 1043 und ISO 11469 (Basispolymere, Füllstoffe, Kunststoffformteile); ISO 1629 (Elastomere); VDA-Richtlinie 260 über Kennzeichnung von Bauteilen aus polymeren Werkstoffen sowie SAE Norm J 1344.

Der große Nachteil von **Kompositmaterialien** im Automobilbau – keine Möglichkeit ihrer Verwendung als Recyclingmaterial – hat die ursprüngliche Begeisterung für diesen Werkstoff stark gedämpft. Das Problem liegt darin, dass die Fasern, die dem Kompositmaterial die Verstärkung sichern, schwer vom anderen Material zu trennen sind.

Bauteile aus nachwachsenden Rohstoffen (Nawaros) müssen ihre Vorteile gegenüber konventionellen Werkstoffen noch beweisen, bevor sie in der Serienfertigung breit eingesetzt werden. Naturfasern aus Baumwolle, Flachs, Jute, Kokos, Banane, Ramie und Sisal werden als Verstärkungsfaser und Füllstoffe für Kunststoffe, für Herstellung von Verkleidungsteilen, Dämmmatten und Sitzpolster schon verwendet (**Bild 8.22**).

Zu den positiven Eigenschaften von Naturfasern gehören: ein relativ geringer Energieeinsatz bei ihrer Herstellung, günstige mechanische und verarbeitungstechnische Eigenschaften, die CO_2-Neutralität sowie oft eine deutliche Gewichtsersparnis (**Bild 8.23**).

Zusammenfassend können folgende Empfehlungen für eine recyclinggerechte Materialauswahl von Kunststoffen an den Konstrukteur gegeben werden:

- Recyclingfähigkeit und Wiederverwertung der Teile müssen gewährleistet sein
- Wiederverwertbarkeit der Werkstoffe auf hohem Niveau ermöglichen
- Einzelne Bauteile sollen aus nur einem einzigen Werkstoff bestehen
- Verbundteile sind aus chemisch kompatiblen Werkstoffen zu konzipieren
- Bauteile müssen hinsichtlich ihrer Werkstoffgruppe gekennzeichnet sen.

Erst aber die Optimierung sämtlicher Anforderungen, die an die Entwicklung eines Automobils gestellt werden (**Bild 8.24**), führt letztlich zu der Entscheidung über die Wahl und die Anwendung eingesetzter Materialien. Ein ausschließlich auf die Entsorgungsphase optimiertes Design von Fahrzeugen, muss, ganzheitlich betrachtet, nicht zu ökologisch positiven Ergebnissen führen.

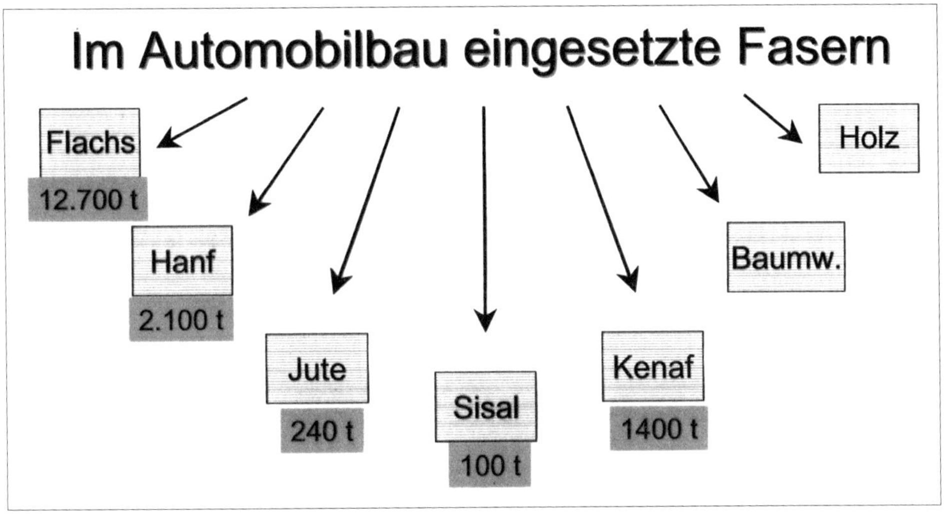

Bild 8.22: Nachwachsende Rohstoffe im Automobilbau [Quelle: Audi]

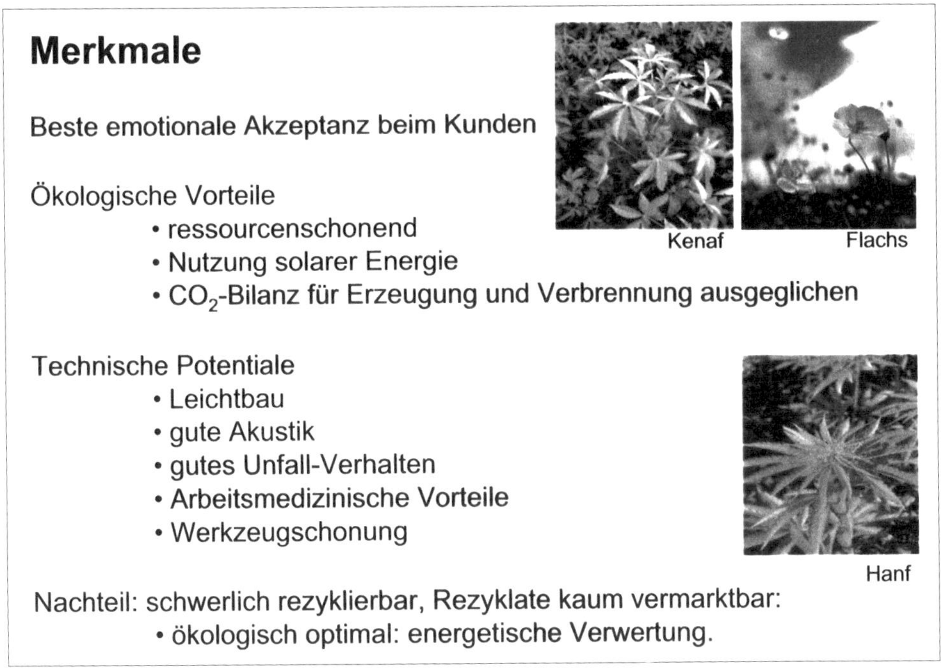

Bild 8.23: Eigenschaften von nachwachsenden Rohstoffen [Quelle: Audi]

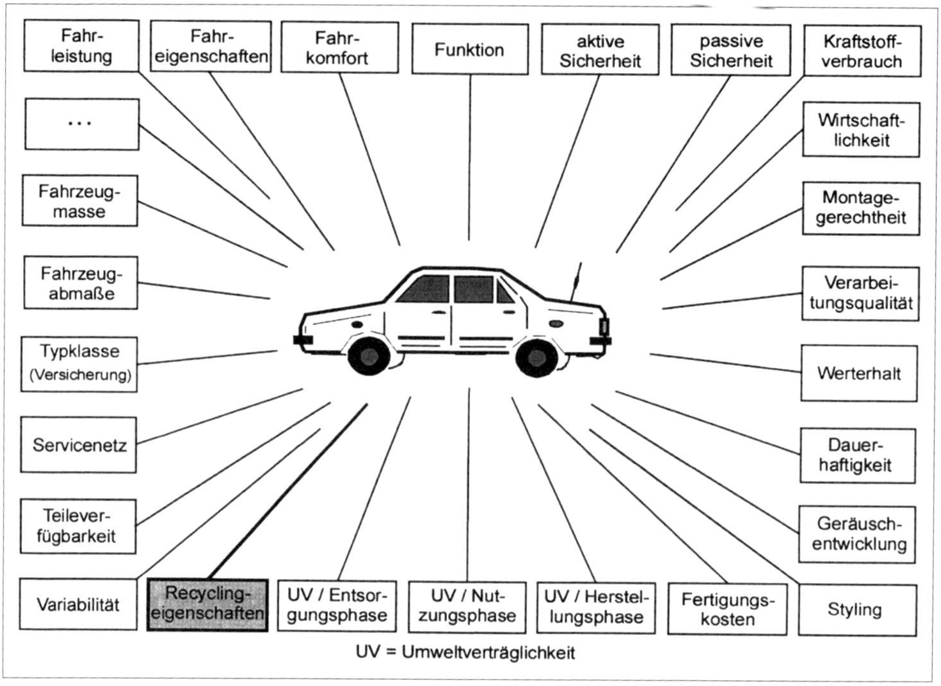

Bild 8.24: Anforderungen an das Automobil [Quelle: VDA]

8.5.2 Demontagegerechte Konstruktion

Die leichte Demontierbarkeit der wieder zu verwendenden Bauteile stellt ein weiteres wichtiges Kriterium für eine recyclinggerechte Konstruktion dar. Die vorgegebenen Verwertungsquoten für Altautos können nur dann erreicht werden, wenn eine sortenreine Trennung der wieder verwertbaren Baugruppen, Teile und Werkstoffe gewährleistet ist (**Bild 8.25**).

Die Hersteller von Fahrzeugen sind verpflichtet, für jeden in den Verkehr gebrachten neuen Fahrzeugtyp, Demontageinformationen bereitzustellen. Die Demontageinformationen vieler europäischer Automobilhersteller fließen in elektronischer Form in das internationale Informationssystem (IDIS).

Die wichtigsten Kriterien zur Beurteilung einer Fahrzeugdemontage sind die Demontagezeit, das Gewicht sowie die Zusammensetzung der demontierten Teile. Insbesondere belastet die Demontagezeit die Wirtschaftlichkeit des gesamten Recyclingprozesses.

Bekannte Regeln zur montagegerechten Konstruktion sind nicht ohne weiteres auf die demontagegerechte Konstruktion anwendbar. Bei der heutigen Fahrzeug- und Bauteilentwicklung wird darauf geachtet, dass die Demontage von Teilen und die Trennung von Materialien möglichst einfach und schnell erfolgen können. Dabei sollen Verbindungen für

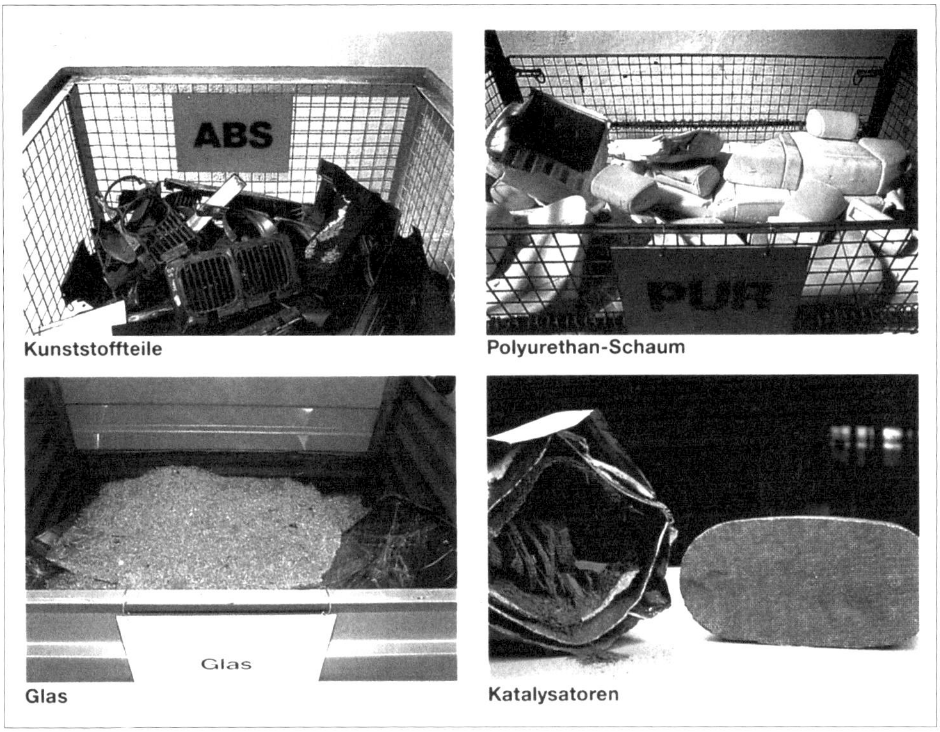

Bild 8.25: Sortenreine Trennung

eine Wiederverwendung von Aggregaten und Baugruppen zerstörungsfrei zu lösen sein. Dieses Kriterium ist allerdings, als Konstruktionsziel „Reparaturfreundlichkeit" schon längst bekannt.

Beim werkstofflichen Recycling ist die primäre Zielsetzung auf die Gewinnung der Werkstoffe ausgerichtet. Es kommt hier nicht darauf an, das Bauteil unbeschädigt zu erhalten, sondern lediglich den Werkstoff zu gewinnen, so dass durchaus eine „gewaltsame" Demontage vorgesehen werden kann.

Grundvoraussetzung für eine demontagegerechte Konstruktion ist die gute Zugänglichkeit der zu demontierenden Bauteile, möglichst ohne Einsatz von Sonderwerkzeugen. Die Zugänglichkeit zur Demontage muss deshalb ebenso beachtet werden, wie die Zugänglichkeit bei der Montage. Flüssigkeitstragende Bauteile müssen mit geeigneten Ablassmöglichkeiten versehen sein. Schon bei der Konstruktion wird darauf geachtet, dass Behältnisse für Motor-, Getriebe-, Differential- und Servoöl gut zugänglich sind und möglichst über Ablassöffnungen an der tiefsten Stelle verfügen [29].

Eine entsprechend optimierte Verbindungstechnik gehört deshalb zu den wesentlichen Voraussetzungen für ein funktionierendes Recycling. Im **Bild 8.26** sind verschiedene Verbindungselemente mit unterschiedlicher Recyclingeignung dargestellt. Die Eignung unterschiedlicher Verbindungselemente für eine recyclinggerechte Demontage ist im **Bild 8.27** gezeigt.

		Stoffschluß		Kraftschluß			Formschluß			
Verhalten der Verbindung	Verbindungsprinzip	Kunststoff/Metall Kleben	Schweißen	Klettverschluß	Schraube/Mutter	Federverschluß	Schnappverbindung	Spannverschluß	¼-Drehverschluß	Band mit Schloß
Tragverhalten	Zugfestigkeit	◆	●	◆	●	◆	◆	●	○	●
	Scherfestigkeit	◆	◆	○	◆	◆	◆	○	●	○
	Wechselfestigkeit	○	◆	○	●	◆	○	◆	◆	●
Füge-Löseverhalten	Fügeaufwand	◆	○	○	●	◆	○	◆	◆	○
	Löseaufwand	◆	○	○	●	◆	○	◆	◆	○
	Zerstörungsaufwand	●	○	●	● Kunststoff	●	●	○	○	●
Recyclingbeurteilung		◆	◆	●	◆	●	●	●	●	◆

Bewertung: ● gut ◆ mittel ○ schlecht

Bild 8.26: Beurteilung unterschiedlicher Verbindungselemente bezüglich ihrer Demontierbarkeit [Quelle: Opel]

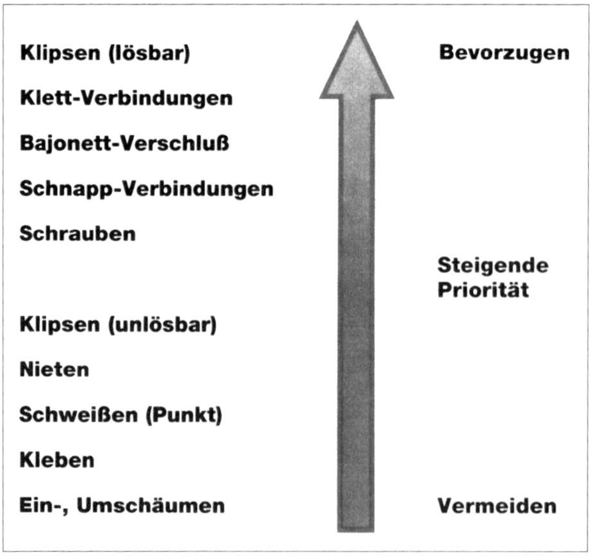

Bild 8.27: Demontagegerechte Verbindungselemente für verschiedene Materialien [Quelle: Opel]

Auf unlösbare Verbindungstechniken (z.B. Kleben, Nieten, usw.) soll, sofern möglich, zugunsten rasch lösbarer Verbindungselemente (Steck- und Clipsverbindungen) verzichtet werden.

Durch eine Beschränkung auf leicht lösbare Verbindungselemente, und ein Verzicht auf unlösbare Verbindungen, kann leichte Trennbarkeit der Einzelnkomponenten eines Bauteils gewährleistet werden.

Neben den Vorteilen, die sich für den Recyclingbereich ergeben, tragen die zerstörungsfreien, lösbaren Verbindungen auch zur Verbesserung der Reparaturfreundlichkeit bei. Wo Schrauben oder andere Metallfixationen unumgänglich sind, sollen diese zumindest magnetisch sein, damit sie bei der Metallseparation abgezogen werden können.

Für eine vereinfachte Demontage eignen sich auch die Sollbruchstellen.

Die demontagegerechte Konstruktion des Automobils ist zusammen mit der recyclinggerechten Werkstoffauswahl ein tragender Teil des recyclinggerechten Konstruierens. Aber selbst bei der Berücksichtigung aller Empfehlungen für eine recyclinggerechte Konstruktion dürfen Qualität und Sicherheit nicht dem Recycling geopfert werden. Das Fahrzeug darf durch „Design for Recycling“ auf keinen Fall schlechter werden als heute üblich.

Summarisch kann gesagt werden, dass bei der Verringerung des Abfallaufkommens aus der Altautoentsorgung und bei der Erfüllung der gesetzlichen Anforderungen grundlegend drei Wege begangen werden:

- Recyclinggerechte Konstruktion (Design for Recycling)
- Wiederverwertung und Recycling sowie
- energetische Verwertung.

Diese Wege schließen sich nicht aus, sondern ergänzen sich gegenseitig.

8.6 Langlebigkeit der Produkte

Grundsätzlich gilt, dass eine Verdoppelung der durchschnittlichen Nutzungsdauer eines Produktes zu einer Verminderung der jährlichen Abfallmenge um 50 % beiträgt. Bau-, Ersatz- und Austauschteile sollen so konstruiert und hergestellt werden, dass sie eine möglichst lange Lebensdauer erreichen, dass sie leicht demontierbar sind und, soweit technisch möglich, wieder verwendet werden können. Die beste Werteerhaltung, vom Standpunkt der Ressourcenschonung aus gesehen, wird durch Aufbereitung von Tauschteilen erzielt. Instandsetzung und Modernisierung sind wichtige Elemente des Produktrecyclings. Durch Produktrecycling kann, im Vergleich zur Verwendung von neuen Produkten eine Einsparung an Materialien um 30 %, an Produktionsenergie um 40 % und eine Verringerung der Produktionszeit um 140 % erreicht werden. Ein generalüberholter Austauschmotor kostet zudem rund 40 % weniger als ein neues Produkt [23].

Aber auch mit der Verlängerung der Nutzungsdauer und Anwendung von recyclierten Werkstoffen, wird das Problem der Altautoentsorgung nicht gelöst, sondern nur zeitlich verschoben. Sie fällt nämlich spätestens erneut dann an, wenn die aus Recyclaten hergestellten Produkte endgültig ausgedient haben und definitiv entsorgt werden müssen.

8.7 Ökobilanz – Life Cycle Assessment (LCA)

Das gesamte Produktionslebenszyklus eines Automobils umfasst Entwicklung, Herstellung, Nutzung und am Ende der Nutzungsdauer, das Recycling des Altfahrzeugs und wird daher als ein geschlossenes System betrachtet. Ein ganzheitliches Instrument zur Beurteilung der Umweltauswirkungen von Produkten ist die Ökobilanz oder **L**ife **C**ycle **A**ssessment (**LCA**). Hierbei werden Bauteile hinsichtlich der verursachten Rohstoff- und Energieströme sowie der dabei entstehenden Emissionen untersucht und zwar über den gesamten Lebenszyklus eines Autos hinweg (**Bild 8.28**) [33].

Bei der Durchführung einer ganzheitlicher Ökoanalyse (Life Cycle Assessment), ist zuerst sehr wichtig die Systemgrenzen für die betrachtete Analyse festzustellen (**Bild 8.29**).

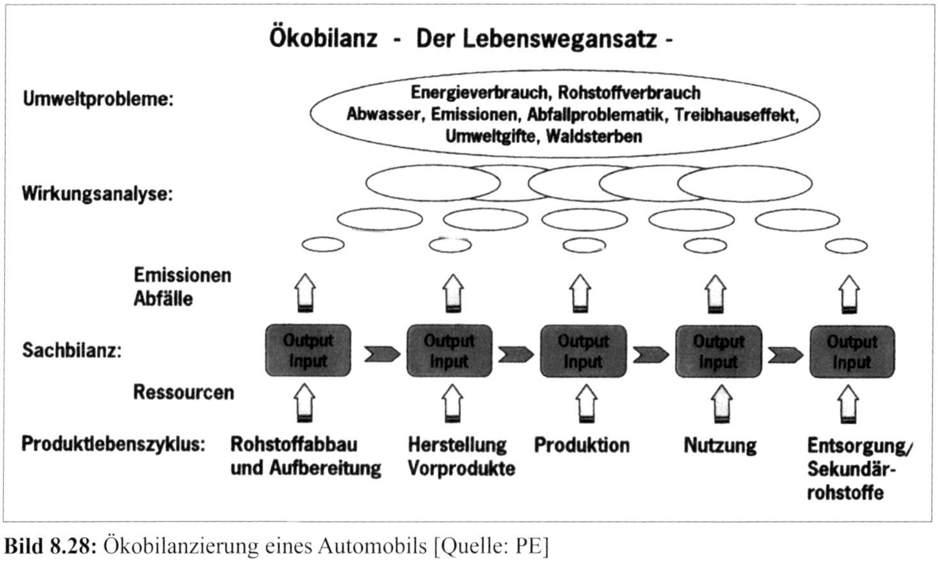

Bild 8.28: Ökobilanzierung eines Automobils [Quelle: PE]

Die kumulierten Stoffe, Energien und Emissionen werden dann nach ihrer ökologischen Auswirkungen bewertet (**Bilder 8.30** und **8.31**).

Es ist ersichtlich, dass Recycling (Abfallentsorgung) lediglich nur einen kleinen Teil bei der Bewertung der Umweltbelastungen durch das Automobil darstellt und soll deshalb nicht überbewertet werden.

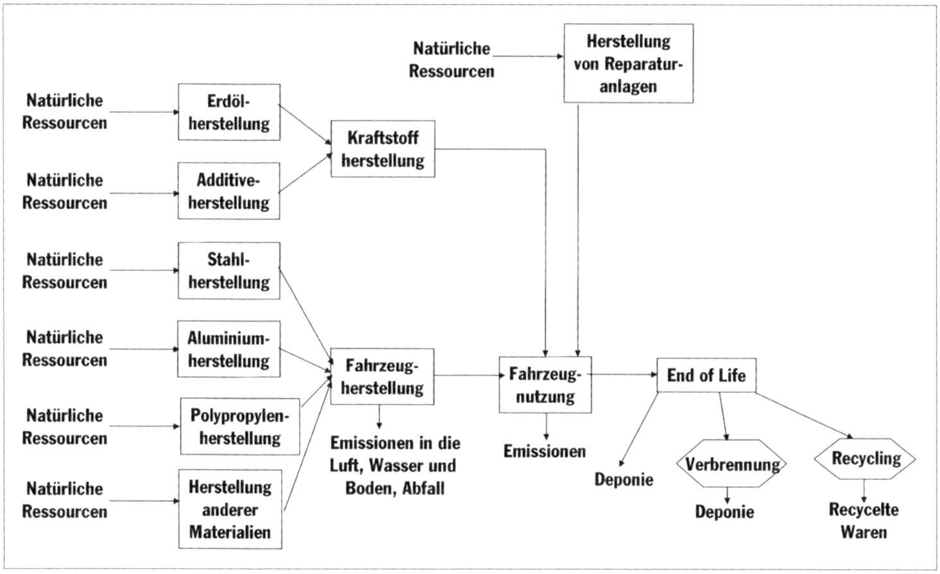

Bild 8.29: Systemgrenzen bei Ökobilanzierung eines Automobils

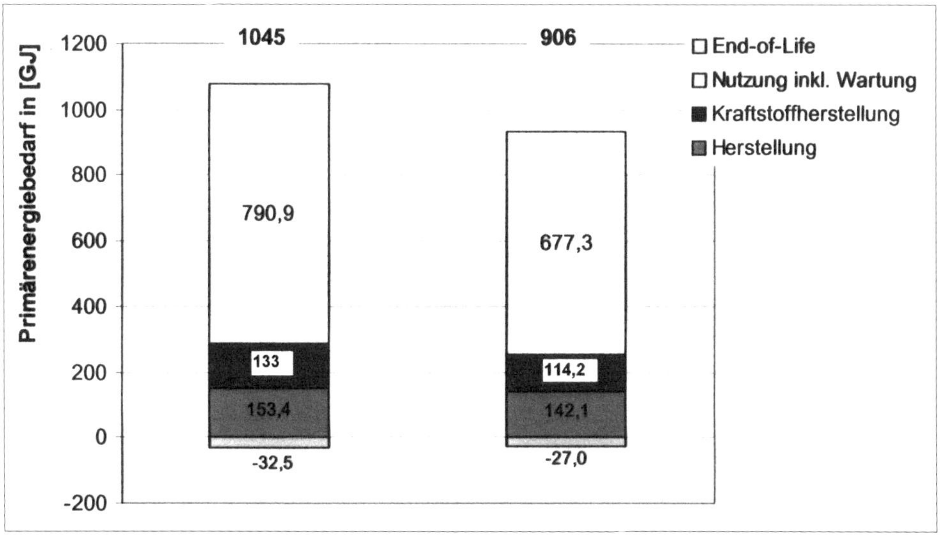

Bild 8.30: Energieverbräuche im Lebenszyklus von zwei mittelklasse PKW

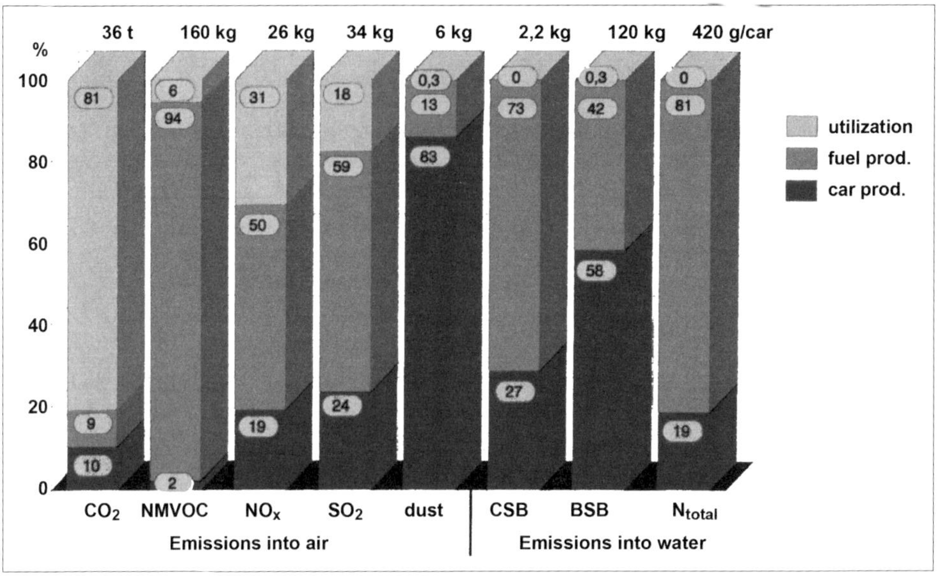

Bild 8.31: Abgasemissionen und Umweltbelastungen im Lebenszyklus eines Automobils [Quelle: VW]

Die Methodik der Ökobilanzierung ist eine relativ junge wissenschaftliche Disziplin, die sich noch in der Entwicklung befindet. In dieser Methodik entstehen noch immer oft große Unterschiede, die zu stark abweichenden Ergebnissen führen können.

Entsprechend der ISO-Serie 14040 wird Life Cycle Assessment definiert als: „Systematik zur Sammlung und Analyse der stofflichen und energetischen Inputs und Outputs eines Systems und der damit verbundenen Umweltbelastungen, bezogen auf die Funktion eines Produktes oder einer Tätigkeit über den gesamten Lebensweg".

Etwa 80 % der Umweltauswirkungen eines Produktes werden bei seiner Entwicklung „geboren", d.h. sind von den Entwicklungsabteilungen zu verantworten. Die in der Entwicklung festgelegte Produktionskonzeption bindet alle nachfolgenden Stellen. Deshalb muss bereits bei der Produktentwicklung genau überlegt werden, welche Umweltauswirkungen die benötigten Herstellprozesse ausüben oder wie das Produkt nach Ende seiner Nutzung, umweltschonend entsorgt werden kann.

Die Entwicklung hat deshalb im Umweltschutz eine Schlüsselposition inne, da sie die Grundvoraussetzungen für spätere Umweltauswirkungen sowohl hinsichtlich ihrer Produkte als auch der Produktionsverfahren schafft.

Literatur

[1] *Bertram, H.-U.*: Die EU-Richtlinie über Altfahrzeuge – kritische Anmerkung aus Sicht des Vollzugs. Stahl, Recycling und Entsorgung, 2000
[2] Umweltverträgliches Alt-PKW-Recycling. Freiwillige Vereinbarung in Österreich. Wien: Wirtschaftskammer, 2000
[3] Waste from Road Transport. Bern: INFRAS, 2001
[4] *Warnecke, G., Geelhaar, S.*: Produkte entwickeln durch Informationskreisläufe. Umwelt 29 (1998) 3
[5] *Goldmann, D., Heinrich, H. u.a.*: Einfluss der EU-Gesetzgebung auf das Automobil-Recycling. VDA-Technischer Kongress, 2001
[6] Tyer disposal, recovery and recycling. Ford Motor Company, 2000
[7] Kunststoffe im Automobilbau. Einsatz und Verwertung. Frankfurt: Verband Kunststofferzeugende Industrie e.V., 1996
[8] Kontamination kein K.O.-Kriterium. Umweltmagazin, Januar/Februar 2002
[9] Composite Industy Faces Recycling Challenge. Auto Technology 6/2004
[10] Road Vehicles – Recyclability and Recoverability – Calculation Method – ISO/DIN 22682. 2001
[11] *Lemann, M.*: PVC thermisch entsorgen. Umwelt 29 (1998) 3
[12] *Richter, E.*: Verwertung von Kunststoffen. Umwelt 27 (1997) 3
[13] *Gorman, W.A., Bruhnke, D.*: Recovery base oil from lubricants. PTQ – Petroleum Technology Quarterly Q4/2005
[14] Life cycle analysis: Getting the picture on vehicle engineering alternatives. Automotive Engineering, March 1996
[15] Design for Recyclability. Renault Standard 00-10-060/AA,11/97
[16] *Weber, R.*: Recycling und Automobilbau – Gesichtspunkte für zukünftige Entwicklungen. Automobil Industrie (1975) 4
[17] Verwertung und Entsorgung von Airbags und Gurtstraffern. Verband der Automobilindustrie (VDA), Frankfurt 1997
[18] Schredderabfall: verbrennen ist sinnvoll. Umweltschutz 12/1996
[19] *Murphy, J.*: Plastic Recycling – the need for an infrastructure. Automotive interiors international 1998
[20] Design for Recycling. Automotive Engineering, August 1997
[21] *Schlotter, U.*: Werkstoffliche Verwertung von Kunststoffen aus Altfahrzeugen. Kunststoffe 86 (1996) 8
[22] *Kramer, B., Brüdgam, S. u.a.*: Kunststoffrecycling: Aufgaben und Realisierung. DGMK-Tagungsband, Hamburg, 1996
[23] *Fuhrmann, E., Schäfer, R.*: Studie „Forschungsprojekt Langzeitauto“. ATZ 77 (1975) 4,5
[24] Optimizing plastic parts for Recycling. Automotive Engineering, May 1996
[25] *Aumann, S., Wörle, G. u.a.*: Ökologische Effizienz des neuen BMW 3er. ATZ/MTZ Sonderausgabe, Mai 2005
[26] Environment 2010: Our future, our choce. 6th Environmental Action programme of the European Community, Bruxelles, 2000
[27] Focus on Materials – Plastics and Composits. Automotive Engineering, March 1997
[28] VDA-Liste für deklarationspflichtige Stoffe. Frankfurt: VDA, 2001
[29] Recyclinggerechte Konstruktion. Adam Opel AG, 2000
[30] *Schenk, M.*: Die Verwertung von Automobil – Schredderleichtfraktion. Essen: HdT, 1999
[31] Chemikalien unter der Lupe. Umwelt, BUWAL, CH 2/06
[32] *Krinke, S., Boßdorf-Zimmer, B. u.a.*: Ökobilanz Altfahrzeug Recycling. Volkswagen AG, 2005
[33] *Pflieger, I.*: Grundsatz Ökobilanz. CTI Forum Co2. Sindelfingen, 2007

9 Umweltauswirkungen des Automobils

9.1 Auto als Teil der Gesellschaft

Kaum eine andere Erfindung der Menschheit ist so begehrt wie das Automobil. Über 700 Millionen Kraftfahrzeuge, die weltweit im Verkehr sind, sind ein deutliches Zeichen dafür, dass sich die Menschheit eindeutig für das Automobil entschieden hat. Keine Gesellschaft und fast keine Einzelperson möchte auf die Annehmlichkeiten des Automobils verzichten.

Diese Beliebtheit und seine weltweite Ausbreitung verdankt das Automobil vielen seinen Eigenschaften. Vor allem ist das Streben nach Unabhängigkeit, auch in der Bewegungsfreiheit, im Wesen der Menschen tief verwurzelt.

Die Massenmotorisierung hat aber auch unerwünschte Nebenerscheinungen des technischen Fortschritts zu Tage gebracht, die zu ernsthaften Beeinträchtigungen der Lebensbedingungen geführt haben. Der immer dichter werdende Verkehr nach dem Zweiten Weltkrieg beanspruchte die Rohstoffe sowie Lebensraum bereits so stark, dass nicht mehr gut zu machende Schaden zu erkennen waren.

Die Erforschung unerwünschter Nebenerscheinungen des Automobilverkehrs, die Entwicklung von Abhilfen und die Festlegung von Mindestanforderungen an die Automobilkonstruktion sowie die Festlegung zulässiger Grenzwerte für Luft-, Wasser- und Bodenverunreinigungen, ist längst zu einer Aufgabe von überragender Bedeutung geworden.

Das Automobil ist, wie kein anderes Gebrauchsgut, Gegenstand einer kontroversen öffentlichen Auseinandersetzung zum Thema Umwelt. Die Vorwürfe sind zahlreich:

- Das Auto ist der größte Umweltverschmutzer
- Das Auto ist der größte Energieverschwender
- Das Auto ist der größte „Klimakiller“
- Das Auto verursacht die Verbetonierung der Landschaft.

9.2 Prophezeiungen über Katastrophen

Das in den Ballungszentren der Industrie und in Großstadtsiedlungen besorgniserregende Ansteigen der Luftverunreinigungen durch Motorenabgase sowie die rapide Zunahme der Weltbevölkerung hat schon in der Vergangenheit viele düstere und alarmierende Prognosen und Prophezeiungen über mögliche, durch Kraftfahrzeuge hervorgerufene „Katastrophen“, angeregt:

- **1960**: Die Erdölreserven reichen für 30 bis 40 Jahre
- **1965**: Der Sauerstoffvorrat der Luft wird in 10 Jahren verbraucht
- **1975**: Wichtige Rohstoffressourcen der Erde werden bis Ende des 20. Jahrhunderts verbraucht
- **1980**: Fisch- und Waldbestände sind durch sauren Regen bedroht. Bis Mitte der 90er Jahre wird es in Deutschland keinen Wald mehr geben
- **1990**: In 50 Jahren wird es durch die Verbrennung von fossilen Kraftstoffen (CO_2-Emission) zu einer Klimakatastrophe kommen, mit unübersehbaren Folgen für Mensch, Flora und Fauna

Durch die Weltpresse geisterte Mitte der 60er Jahre die düstere Prophezeiung eines Wissenschaftlers: die Kraftfahrzeuge mit ihren Verbrennungsmotoren verbrauchen jährlich 10 % des Sauerstoffvorrats der Erde. Bei diesem Verbrauch des gesamten Weltvorrates an Luftsauerstoff blieben der Menschheit gerade 10 Jahre bis zum Erstickungstod [1].

Mitte der 70er Jahre wurde durch die so genannte „Meadows Studie“ des angesehenen „Club of Rome“, der Verbrauch der wesentlichen Rohstoffressourcen der Erde bis Ende des 20. Jahrhunderts prognostiziert [3].

Anfang der 80er Jahre kam die Bedrohung des weltweiten Fisch- und Waldbestandes durch den „sauren Regen“ und das so genannte „Waldsterben“ dazu. Bis Mitte der 90er Jahre sollte sich Deutschland in eine kahle Steppe verwandeln.

Wie unterschiedliche Autoren zu diesen dramatischen Aussagen kamen, ist nicht immer nachvollziehbar. Wissenschaftliche Studien, die diese Behauptungen, die zu Doktrinen hochstilisiert wurden, seinerzeit zu widerrufen versuchten, wurden von den Medien entweder gar nicht wahrgenommen – oder als verkappte Propaganda der Automobilindustrie abqualifiziert [4].

Mit den Versuchen, den Verbrennungsmotor mit fiktiven Katastrophenprognosen in Verruf zu bringen, wurden in unverantwortlicher Weise Emotionen geweckt, Ängste geschürt und eine hoch entwickelte Technologie diskreditiert.

Seit Mitte der 80er Jahre wird eine intensive Diskussion über ein neues globales Umweltproblem geführt. Durch den steigenden Energieverbrauch der Menschheit, vor allem in Form der Verbrennung fossiler Kraftstoffe, steigt die CO_2-Konzentration in der Atmosphäre. Dadurch wird ihr Treibhauseffekt verstärkt, was zu einer Klimaänderung bzw. sogar zu einer neuen „Klimakatastrophe“ führen wird. Auch für den Treibhauseffekt wird das Auto in besonderer Weise mitverantwortlich gemacht.

9.3 Umweltauswirkungen des Automobils

Für das Auto ist sein eigener, massenhafter Erfolg offensichtlich zum Problem geworden. In öffentlichen Medien und Diskussionen wird das Automobil oft als „Umweltfeind Nummer 1" oder als „Klimakiller Nummer 1" schlechthin bezeichnet.

Für viele aktive Teilnehmer die an der Entwicklung, dem Bau und Betrieb des Automobils tätig sind, ist diese Bezeichnung nicht befriedigend. Die Ingenieure in der Automobilindustrie fühlen sich keinesfalls als Ingenieure der Katastrophen, sondern arbeiten mit voller Verantwortung an ihrem Produkt, unter Berücksichtigung der umgebenden Natur sowie Erfüllung aller gesetzlichen Vorlagen auch beim Thema Umweltschutz.

Womit hat das Automobil sein „Umweltfeindlichkeitsbild" verdient? Wie groß ist sein Beitrag an der Umweltbelastung tatsächlich?

Als wesentliche Beeinträchtigungen des Automobils bzw. des Straßenverkehrs zählen Flächeninanspruchnahme für den Straßenbau (Flächenverbrauch), Trennwirkung und Zerschneidungseffekte der Landschaft, Verkehrssicherheitsprobleme, Geräusch- und Schadstoffemissionen sowie Energie- und Rohstoffverbrauch.

9.3.1 Flächenverbrauch

Unabhängig davon, für welche Kommunikationsmittel sich die Menschheit entscheidet, sie muss entsprechende Wege für ihren störungsfreien Betrieb sichern. Diese Wege ändern zwangläufig das bisherige Bild der Natur und geben der Umgebung ein neues Aussehen. Wenn es um den Aus- oder Neubau von Straßen geht, fällt oft das Schlagwort von der „Zubetonierung" der Landschaft. Knapp 5 % der Fläche in der Bundesrepublik Deutschland entfällt z.B. auf den Verkehr (**Bild 9.1**).

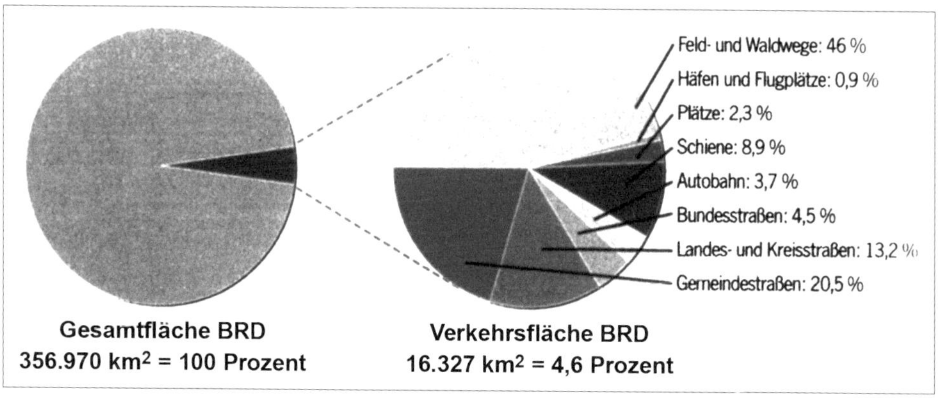

Bild 9.1: Aufteilung der Fläche der Bundesrepublik Deutschland [Quelle: Statistisches Bundesamt]

Darin ist vom Feldweg über öffentliche Plätze, Flugfelder, Straßen- und Schienenwege alles inbegriffen. Fast die Hälfte dieser gesamten Verkehrsfläche entfällt auf die überwiegend unbefestigten Feld- und Waldwege. Die andere Hälfte beanspruchen Straßen- und Bahntrassen. Die Landfläche, die für den Schienenverkehr beansprucht wird, ist größer als die Fläche für Bundesstraßen und Autobahnen.

Die versiegelten Verkehrsflächen, wie zum Beispiel Fahrbahnoberflächen, haben einen Anteil von weniger als 1,5 % der Gesamtfläche der Bundesrepublik. Durch den beanspruchten Flächenverbrauch hat das Automobil offensichtlich die Beurteilung „Umweltfeind Nr.1" zu sein, jedenfalls nicht verdient.

Der Ruf nach sinnvoller Modernisierung, Umbau- und Neubau der Autostraßen ist vom Standpunkt des Umweltschutzes sinnvoll. Die Sicherung eines fließenden Verkehrs ohne Stau, kann wesentlich mehr zu der Verringerung des Kraftstoffverbrauches, der CO_2- und der Schadstoffemission beitragen, als viele technische Maßnahmen am Fahrzeug.

9.3.2 Verkehrssicherheit – Verkehrsunfälle

Der Umweltschutz birgt Sorge um die Natur und damit um das menschliche Leben in sich. Die Verkehrsunfälle gehören zur wesentlichen Umweltproblematik des Automobils. Obwohl seit Jahrzehnten eine Verringerung der Verkehrsunfälle und Verkehrstoten in allen Industrienationen registriert wird (**Bild 9.2**), stellt die Verringerung dieser tragischen Zahl eine der Hauptaufgaben der Ingenieure in der Automobilindustrie dar.

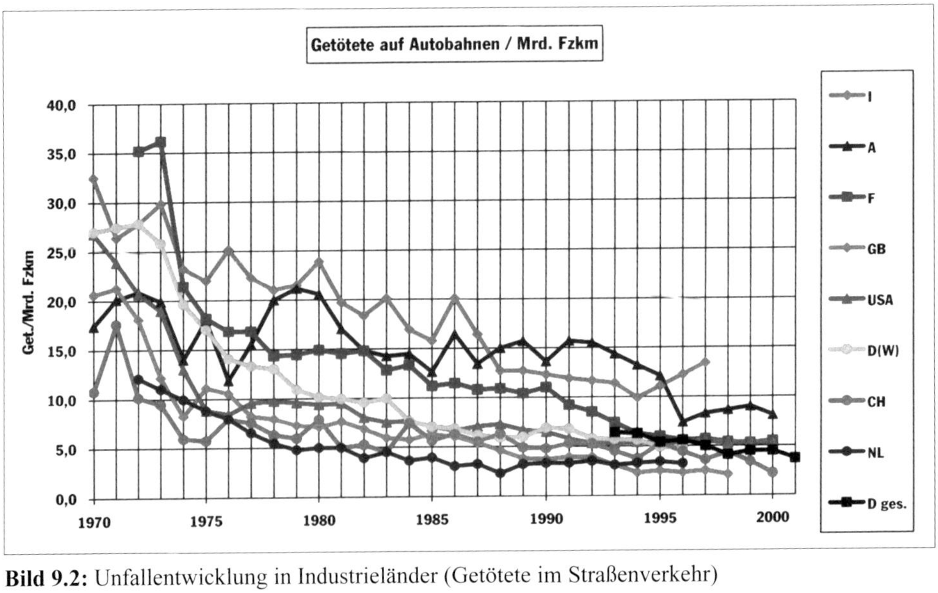

Bild 9.2: Unfallentwicklung in Industrieländer (Getötete im Straßenverkehr)

Von 20.421 Unfällen mit tödlichem Ausgang in Deutschland im Jahr 2003 wurden 33 % (6.829) im Straßenverkehr verzeichnet. Im Jahr 2006 wurde bisher die niedrigste Zahl der Unfalltoten im Straßenverkehr seit 1970 registriert (5.107). Etwa die Hälfte der Verunglückten saß in einem PKW, die anderen waren Fußgänger, Motorrad- und Fahrradfahrer, Buspassagiere, NFZ-Fahrer und andere.

Der Großteil der Verkehrsunfälle mit tödlichem Ausgang (mehr als 88 %) geschieht auf geschwindigkeitsbegrenzten Landstraßen sowie im Stadtverkehr. Weniger als 12 % dieser Unfälle werden auf deutschen Autobahnen registriert, obwohl dort über 30 % der Fahrleistung des Straßenverkehrs erbracht wird.

Die öffentliche Diskussion über die Verringerung dieser tragischen Zahl schrumpft seit Jahren ausschließlich auf die Forderung nach einem Tempolimit auf noch geschwindigkeitsfreien Strecken der deutschen Autobahnen. Auf Autobahnstrecken ohne Tempolimit ereignen sich keineswegs mehr oder schwerere Unfälle als auf Abschnitten mit einer Geschwindigkeitsbegrenzung [7].

Ein Vergleich der Unfallsituation in Deutschland mit anderen Industrieländern mit unterschiedlichen Tempolimits zeigt, dass Deutschland hier keineswegs schlechter abschneidet als andere Länder (Bild 9.2). Ein generelles Tempolimit auf deutschen Autobahnen wird kaum einen Effekt auf die Unfallstatistik ausüben. Bei fast einem Drittel der Straßenverkehrsunfälle mit tödlichem Ausgang sind junge Leute im Alter zwischen 18 und 24 Jahren beteiligt (**Bild 9.3**). In dieser Altersgruppe sind Straßenverkehrsunfälle die Todesursache

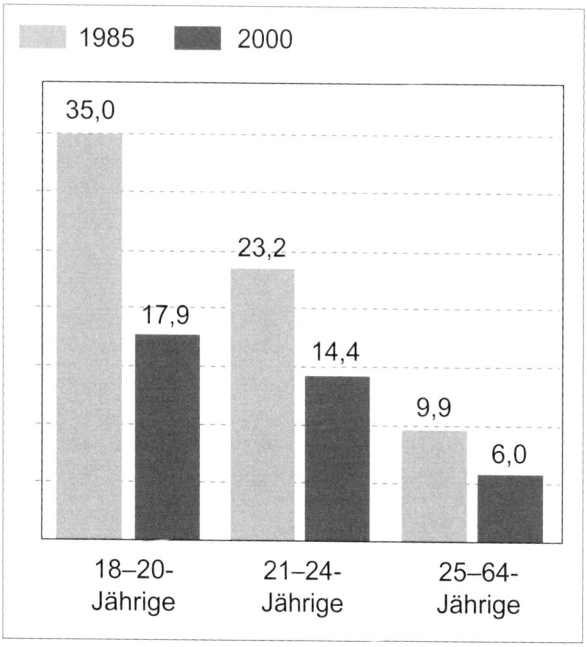

Bild 9.3: Getötete Verkehrsteilnehmer [Quelle: Stuttgarter Zeitung]

Nummer eins. In der Bevölkerungsstruktur ist diese Altersgruppe mit nur etwa 8 % vertreten.

Eine der Hauptursachen für die überproportional hohe Beteiligung der jungen Leute an Verkehrsunfällen ist der Missbrauch von Alkohol und Drogen. Nach einer Untersuchung aus der Schweiz können 47 % der Unfälle auf diese Ursache zurückgeführt werden.

Alle Teile der Gesellschaft – Politiker, öffentliche Medien, Schule, aber auch die Automobilindustrie – sind gerufen, eine kontinuierliche und umfangreiche Aufklärungs- und Erziehungsarbeit über die Gefahren des Alkoholmissbrauchs durchzuführen, falls diese tragische Zahl verringert werden soll.

9.3.3 Lärmbelästigung

Es ist schwierig einen Platz in unserer Umgebung, oder eine Minute in unserem Alltag zu finden, wo wir die Geräusche der Technik nicht wahrnehmen. Die Lärmemission aus allen menschlichen Tätigkeiten, auch aus dem Verkehr, stellt eine ernsthafte Umweltbelastung dar und muss mit entsprechender Priorität behandelt werden. Verschärfte Geräuschvorschriften haben Lärmbelästigung durch Fahrzeuge inzwischen wesentlich eingeschränkt.

Wie schon gezeigt (Kapitel 2) wurde der Geräuschpegel von PKW und NFZ durch gesetzliche Regelungen seit 1966 permanent gesenkt. Der gegenwärtige Geräuschgrenzwert für PKW von 74 dB(A) bedeutet, dass ein einziges Fahrzeug Baujahr 1966 den gleichen Lärm emittierte wie 10 moderne Fahrzeuge.

Mit der stufenweisen Absenkung der Geräuschgrenzwerte und der Reduzierung der Geräuschemission von Motor und Abgasanlage, hat sich der Anteil der Teilschallquelle „Reifen – Fahrbahn" in den Vordergrund verschoben. Bereits bei Geschwindigkeiten über 40 km/h werden Straßenverkehrsgeräusche eindeutig von Reifen-Fahrbahn-Geräuschen dominiert.

Die Aufgabe der Ingenieure ist nicht einfach. Sie möchten die Umwelt von der übertriebenen Lärmemission schützen, und dabei möchten sie alle gesetzlichen Vorlagen über Geräuschemissionen erfüllen, aber gleichzeitig dürfen sie die Fahrsicherheit und den Wunsch nach Senkung des Kraftstoffverbrauches und der CO_2-Emission nicht außer Acht lassen.

9.3.4 Energieverbrauch

Wie schon mehrfach erwähnt, verdankt das Automobil seine weltweite Ausbreitung seinem Hubkolbenverbrennungsmotor, welcher mit besserem Wirkungsgrad als alle anderen bekannten alternativen Antriebssysteme das Erdöl ausnützt.

Da die Erdölreserven auf diesem Planeten, trotz immer steigender, neu entdeckter Vorkommen doch begrenzt sind, stellt die Senkung des Kraftstoffverbrauches bzw. die Erhöhung des Wirkungsgrades des Motors eine der Uraufgaben der Ingenieure in der Automobilindustrie dar. Die so genannten Energie- oder Ölkrisen 1973 und 1980 machten allen deutlich, dass die Ölvorräte nicht unbegrenzt sind. Der Kraftstoffverbrauch war auf einmal nicht mehr eine Frage der Kosten allein, sondern rückte in Vordergrund der motorischen Entwicklung. **Bild 9.4** zeigt die Entwicklung des Kraftstoffverbrauches in Deutschland zwischen 1978, als zum ersten Mal die gemessenen Verbrauchswerte veröffentlicht wurden und 2005.

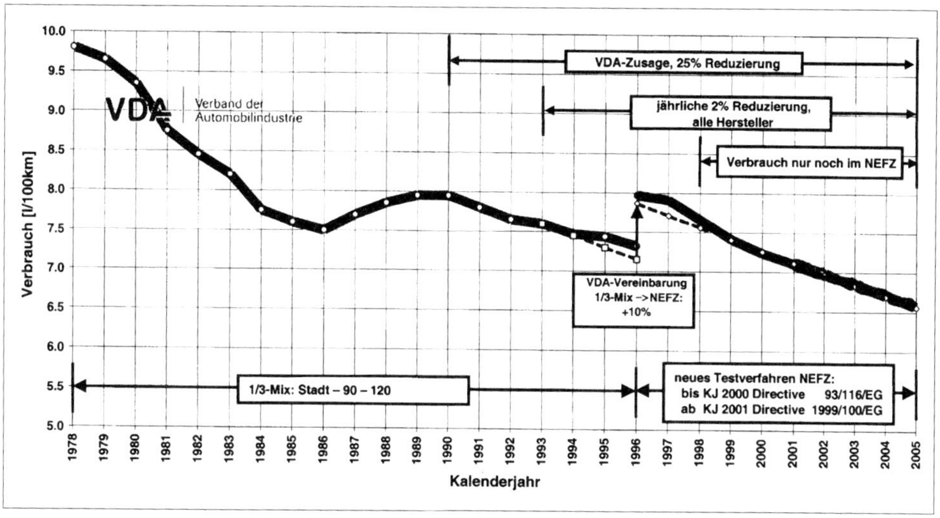

Bild 9.4: Entwicklung des durchschnittlichen Kraftstoffverbrauchs in Deutschland [Quelle: VW]

Bei gleicher Leistung verbrauchen moderne Fahrzeuge heute um 40 % weniger Kraftstoff: 6,5 statt 10,8 l/100km (in NEFZ). Dabei darf nicht vergessen werden, dass die Fahrzeuge durch gesetzliche Vorgaben (Sicherheitsvorschriften, Abgas- und Geräuschgesetze) sowie durch gestiegene Komfortansprüche deutlich schwerer geworden sind (**Bild 9.5**) [24].

Eine ähnliche Entwicklung wurde auch bei Nutzfahrzeugen vollzogen. Ein 40-t-Lastzug verbraucht um rund 1/3 weniger Kraftstoff als sein Vorgänger in den sechziger Jahren [10]. Die generelle Steigerung der Effizienz, nicht nur des Verbrennungsmotors sondern von allen technischen Prozessen, d.h. die Verringerung des Energieverbrauchs wird sich auf vielen Gebieten positiv auswirken. Alle thermischen Prozesse nutzen heute maximal 35–40 % der in Kraftstoff gebundenen Energie. 60–65 % des Weltenergiebedarfs werden als Abwärme in die Umgebung abgegeben. Die Auswirkungen dieser Abwärme auf die Umwelt werden bislang nicht untersucht. Die Bemühungen der Ingenieure, die Effizienz ihrer Anlagen zu steigern, werden gleichzeitig die Verringerung der Umweltbelastung durch die CO_2-Emission und die Abwärme bedeuten.

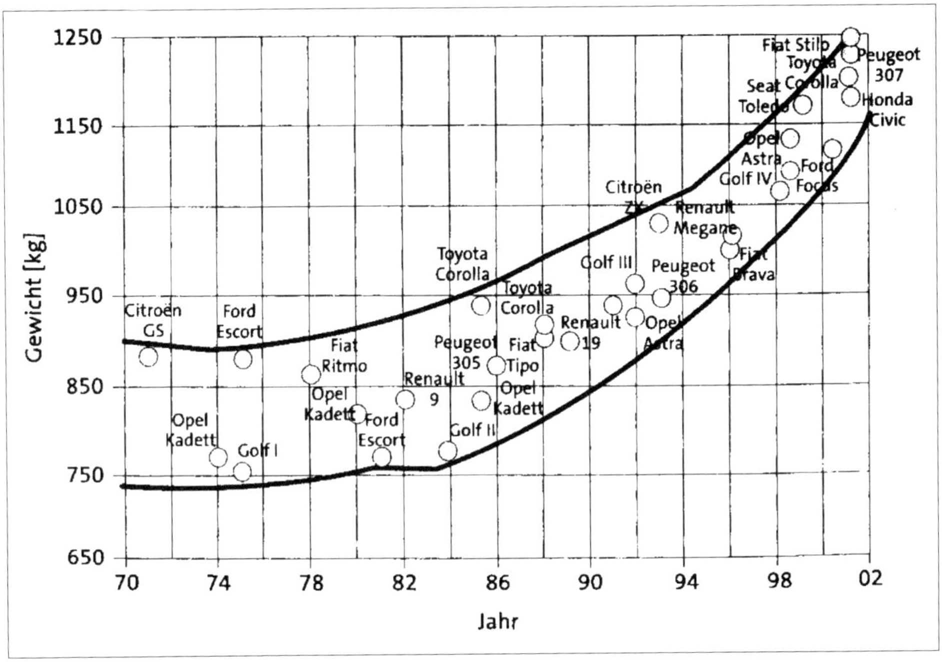

Bild 9.5: Gewichtszuname in der Kompaktklasse [Quelle: Automobil Produktion]

9.3.5 Rohstoffverbrauch

Andere Rohstoffe, die auf diesem Planeten vorhanden sind und für die Herstellung diverser Produkte – auch Autos – benötigt werden, sind entweder in diesen Produkten (**Bild 9.6**) oder auf Müllhalden wieder zu finden.

Die Ingenieure haben gelernt, all diese Stoffe, nach Ablauf ihrer Lebensdauer in den alten Produkten, in geschlossenen Kreisläufen in neuen Produkten immer wieder zu verwenden. Durch Recycling werden Rohstoff- und oftmals auch Energievorräte der Erde geschont, gleichzeitig werden Müllhalden verringert. Die gesamte Abfallmenge in Deutschland betrug 2002 rund 379 Millionen Tonnen (**Bild 9.7**). Allein Bauschutt, Bodenaushub und Baustellenabfälle machen gut 60 % davon aus.

Der Automobilbereich trägt mit ca. 200.000 t, oder weniger als 0,1 % zu der deponierten Gesamtabfallmenge bei. In Großbritannien wird der Automüll mit ca. 1 % an der gesamten Abfallmenge geschätzt. Im Gegensatz zu der öffentlich verbreiteten Meinung, kann das Automobil auch durch seinen Beitrag zu der Müllmenge nicht als „Umweltfeind Nr. 1" deklariert werden. Ein Ziel der gegenwärtigen Entwicklung ist, dass das Automobil die Eigenschaften des legendären Vogels Phönix bekommt: aus der Asche der Alten, werden neue Automobile entstehen.

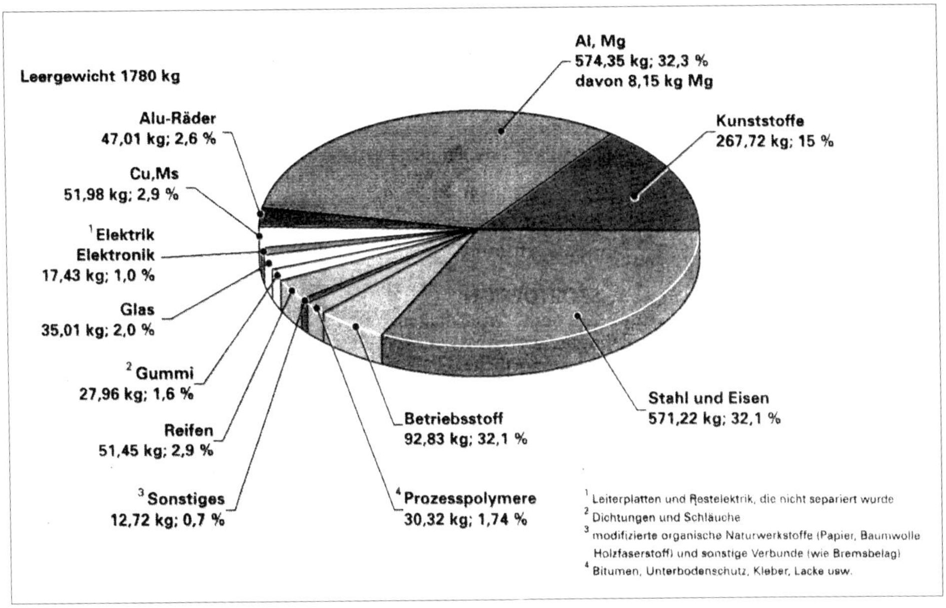

Bild 9.6: Werkstoffe im Automobilbau [Quelle: Automobil Revue]

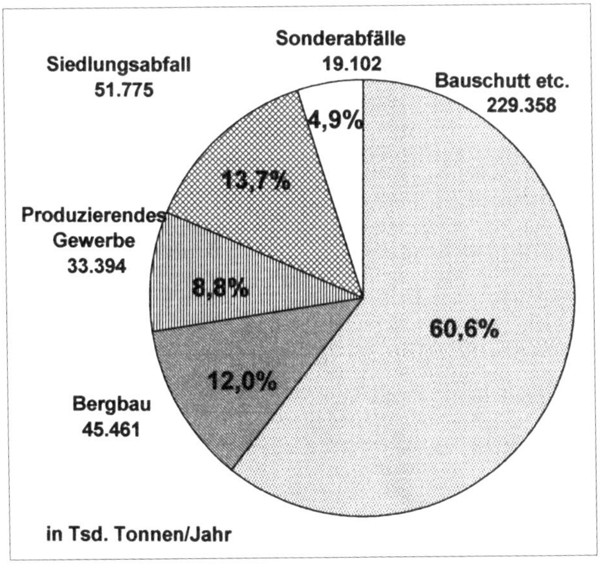

Bild 9.7: Abfallaufkommen in Deutschland 2002 [Quelle: Statistisches Bundesamt]

9.3.6 Luftschadstoffe

Durch die Verbrennung fossiler Kraftstoffe in Verbrennungsmotoren wird die erforderliche Arbeit gewonnen und die Verbrennungsprodukte gebildet. Ein moderner PKW-Ottomotor mit Drei-Wege-Katalysator emittiert über 99 % der Abgase, die durch Jahrzehnte als unbedenklich galten: ca. 72,5 % Stickstoff (N_2), ca. 13,5 % Kohlendioxid (CO_2), 12,5 % Wasserdampf (H_2O) sowie 0,8 % Sauerstoff (O_2) und andere inerten Gase. Weniger als 1 % der Abgase wird als schädlich betrachtet (NO_x, HC, CO und Partikel) und entsprechend vom Gesetzgeber limitiert.

Schädliche Abgasbestandteile, die früher in Abgasen vorzufinden waren, wie z.B. Blei (Pb), Schwefel (S_2), Benzol (C_6H_6) wurden durch Begrenzung ihrer Menge im Kraftstoff aus Verbrennungsprodukten eliminiert. Diese Verbindungen waren nie ein Gegenstand der gesetzlichen Abgaslimitierung.

Diese und einige andere Abgaskomponenten werden gemeinsam unter dem Begriff „nicht-limitierte Abgaskomponente" zusammengefasst. In den USA verlangt der „Clean Air Act" von Fahrzeugherstellern, dass sie für ihre Modelle die so genannten „Umweltverträglichkeit Zertifikate" („environmental impact certificate") ausstellen. In diesen sollen alle möglichen potentiellen schädlichen Abgaskomponenten aufgelistet werden. Aber, weder sind die Messmethoden für ihre Feststellung vorgeschrieben, noch sind die Grenzwerte für einzelne Komponenten definiert [12].

In der Öffentlichkeit wird noch immer der Eindruck verbreitet, dass die Schadstoffe in der Luft fast ausschließlich aus Automobilabgasen stammen. Die Automobilindustrie ist es jedoch durch die konsequente Reduzierung der Abgasemissionen von Otto- und Dieselmotoren gelungen, trotz steigender Zahl der Fahrzeuge und steigender Fahrleistungen, die gesetzlich limitierten Abgase des Straßenverkehrs deutlich zu senken. **Bild 9.8** zeigt am Beispiel des Porsche Fahrzeugs 911 die Entwicklung seit dem ersten Abgastest bei Porsche und einem der ersten in Europe überhaupt – im Jahre 1966.

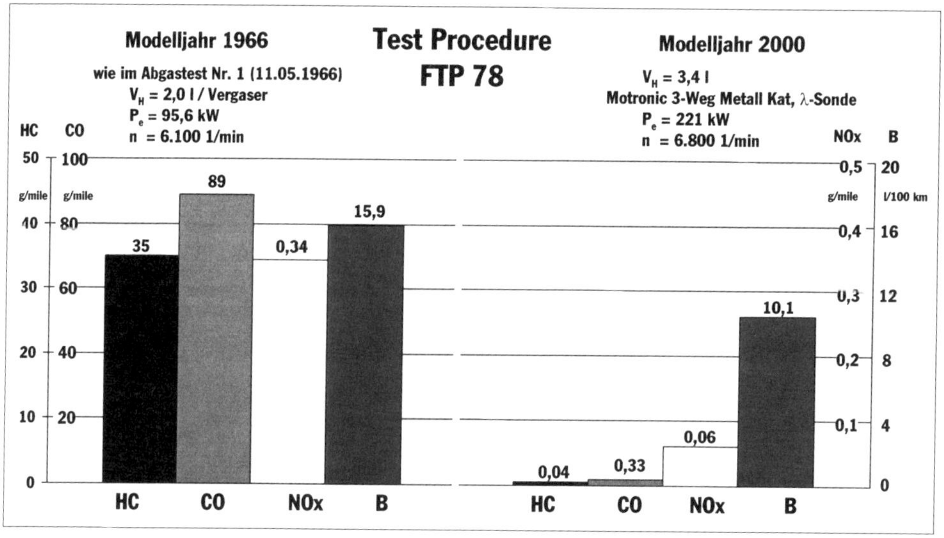

Bild 9.8: Entwicklung der Abgasreduzierung in Europa. Beispiel Porsche 911

Über 300 moderne Porsche 911 Fahrzeuge emittieren weniger Schadstoffe, als nur ein einziger Porsche aus dem Jahr 1966. Ein ULEV-Fahrzeug in den USA emittiert nur noch 0,04 g/Meile HC. Im Vergleich zu dem ersten HC-Grenzwert in den USA von 15 g/Meile (1967) bedeutet dies eine Reduzierung von 99,7 %. Moderne Motoren haben zudem mehr Leistung, mehr Drehmoment und verbrauchen um 35 % weniger Kraftstoff bzw. emittieren um 35 % weniger CO_2-Emission.

Die Forderung nach immer niedrigeren Abgasgrenzwerten wird auch durch die Argumentation bekräftigt, wonach der Anstieg der Fahrzeugpopulation und der Fahrleistung die Erfolge der Schadstoffreduzierung an einzelnen Fahrzeugen überkompensiert. Die Gegenüberstellung der Fahrleistungen und Emissionen macht deutlich, wie eindrucksvoll die Emissionen im Straßenverkehr seit der ersten Limitierung der Schadstoffe im Jahr 1970 reduziert wurden und diese weiter zu reduzieren sind (**Bild 9.9**).

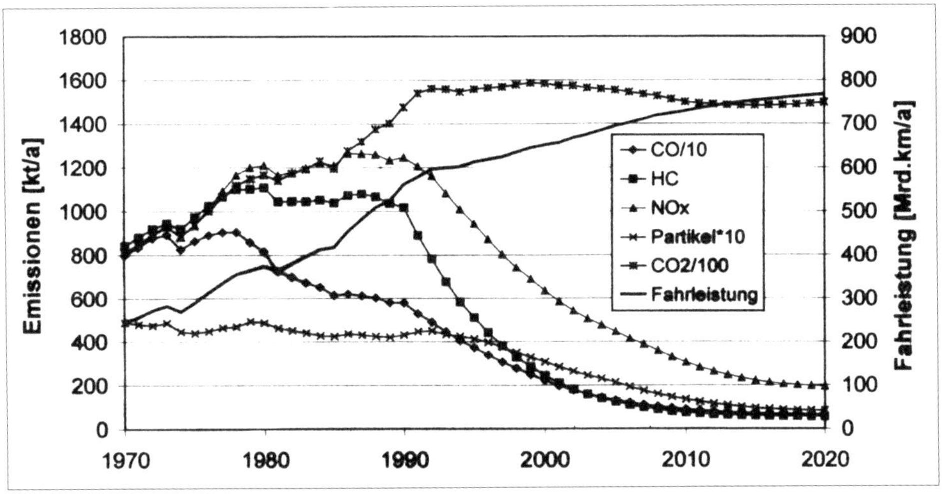

Bild 9.9: Emissionsentwicklung in Deutschland [Quelle: Lenz, Prüller]

Heute emittieren 43 Millionen PKW in Deutschland um über 90 % weniger Kohlenwasserstoffe (HC) und Kohlenmonoxid (CO) und um 70 % weniger NO_x, als 14 Millionen Fahrzeuge 1970, zu Beginn der ersten gesetzlichen Limitierung der Abgaskomponenten.

Diese eindeutige Reduzierung der Schadstoffemissionen aus PKW-Motoren spiegelt sich naturgemäß in der Immissionssituation der Luft wider. Die Immissionsmessungen in vielen deutschen und anderen europäischen Städten belegen, dass die Luftqualität seit Jahren sich positiv entwickelt hat und es nur noch wenig Anlas zu Beanstandungen gibt (**Bild 9.10**).

Die gesetzlich vorgeschriebenen lufthygienischen Grenzwerte (Immissionsgrenzwerte) für CO, NO_x, O_3, C_6H_6 und SO_2 liegen deutlich unter den lufthygienischen Grenzwerten. Der seit 2005 geltende Tagesgrenzwert für Feinstaub (PM_{10}) und der ab 2010 einzuhaltende

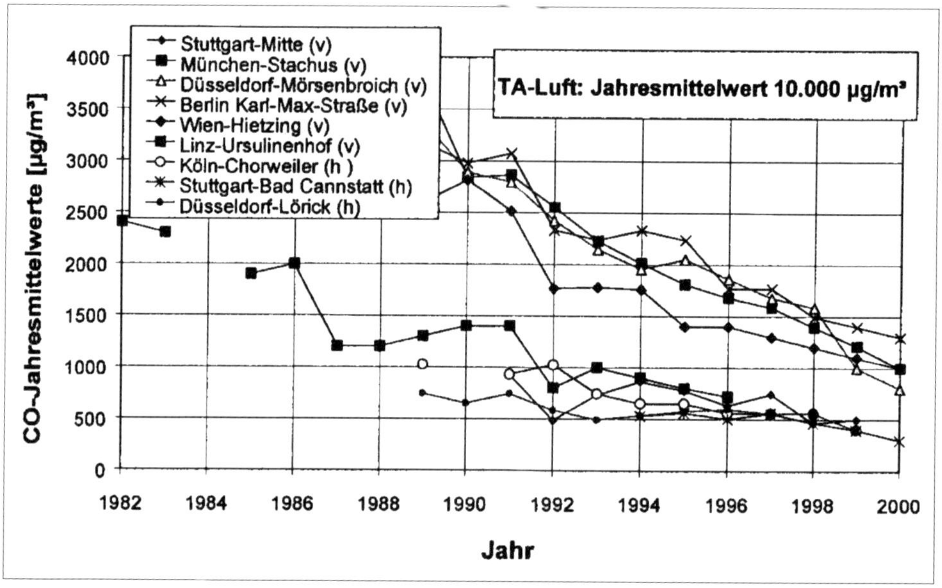

Bild 9.10: Immissionsentwicklung von Kohlenmonoxid (CO) [Quelle: Lenz, Prüller]

Jahresgrenzwert für Stickstoffdioxid (NO_2) werden z. Zt. in einigen Ballungsräumen jedoch überschritten.

Die Richtlinie 2001/81/EG des Europäischen Parlaments und des Rates über nationale Emissionshöchstmengen für bestimmte Luftschadstoffe (**NEC** – **N**ational-**E**missions-**C**eilings-Richtlinie) legt die maximale Emissionsmengen für Luftschadstoffe: Schwefeldioxid (SO_2), Stickstoffoxide (NO_x), flüchtige organische Verbindungen ohne Methan (NMVOC) und Ammoniak (NH_3) fest, die von einzelnen Staaten bis 2010 zu erreichen sind und danach nicht mehr überschritten werden dürfen (**Tabelle 9.1**) [13].

Die Obergrenzen für 2010 sind nur der erste Schritt für eine langfristige Planung, mit dem Ziel, alle toxischen Komponenten unter dem gesundheitsschädlichen Niveau zu senken. Die Ziele für 2020 bedeuten eine Senkung von SO_2 um 82 %, NO_x um 60 %, VOC um 51 % und NH_3 um 50 % im Vergleich zum Jahr 2000.

9.3.6.1 Schwefeldioxid (SO_2)

Bild 9.11 zeigt die Entwicklung der anthropogenen SO_2-Emission in Deutschland. Ab dem Jahr 1986 ist ein starker Rückgang der SO_2-Emissionen zu verzeichnen. Gründe hierfür sind die Einführung der SO_2-Grenzwerte für industrielle Anlagen (TA-Luft), der rückläufige Energiebedarf durch wirtschaftliche Umstrukturierung, der Einsatz schwefelarmer Brennstoffe zur Energieerzeugung und auch die Änderung der Verbrauchgewohnheiten der Bevölkerung.

Tabelle 9.1: Nationale Höchstmengen

Land	SO_2 Kilotonnen	NO_x Kilotonnen	VOC Kilotonnen	NH_3 Kilotonnen
Österreich	39	103	159	66
Belgien	99	176	139	74
Dänemark	55	127	85	69
Finnland	110	170	130	31
Frankreich	375	810	1050	780
Deutschland	520	1051	995	550
Griechenland	523	344	261	73
Irland	42	65	55	116
Italien	475	990	1159	419
Luxemburg	4	11	9	7
Niederlande	50	260	185	128
Portugal	160	250	180	90
Spanien	746	847	662	353
Schweden	67	148	241	57
Vereinigtes Königreich	585	1167	1200	297
EG 15	3850	6519	6510	3110

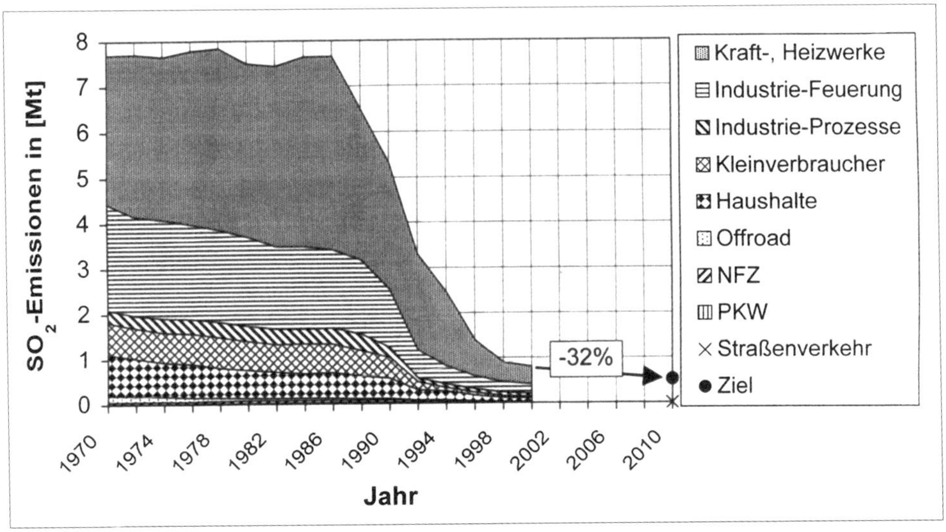

Bild 9.11: SO_2-Emissionsentwicklung in Deutschland [Quelle: Lenz, Prüller]

Für die SO_2-Emissionen in Autoabgasen existieren keine gesetzlichen Grenzwerte. Ihre Menge hängt von der Schwefelmenge in Kraftstoffen ab. Mit weniger als 2 % ist der Beitrag des Straßenverkehrs an den gesamten SO_2-Emissionen allerdings unbedeutend.

9.3.6.2 Stickstoffoxide

Die Entwicklung der Stickstoffemission in Europa ist im **Bild 9.12** gezeigt. Der Straßenverkehr trägt in der Europäischen Union mit etwa 30 % bei (**Bild 9.13**). Der Beitrag der Landwirtschaft, der selten in der Literatur ausgewiesen wird, wurde mit 25 % errechnet und mit 35 % geschätzt [16]. **Bild 9.14** zeigt die Entwicklung der anthropogenen Stickstoffoxid Emissionen in Deutschland.

Bis zum Jahr 1988 emittierten die Kraft- und Heizwerke die größten Mengen an Stickstoffdioxid. Durch den Umbau auf emissionsarme Feuerungssysteme und Abgasentstickung

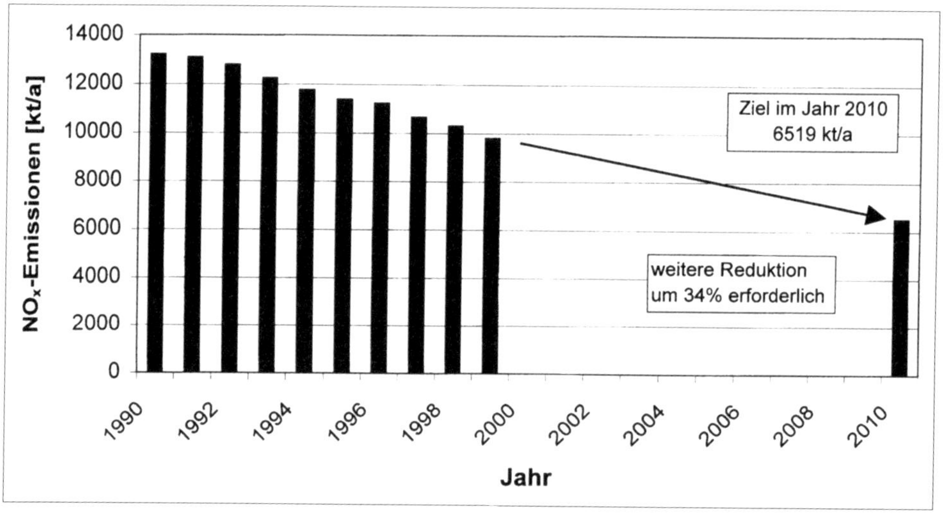

Bild 9.12: Anthropogene Stickstoffoxid Emissionen in Europa (EU 15)

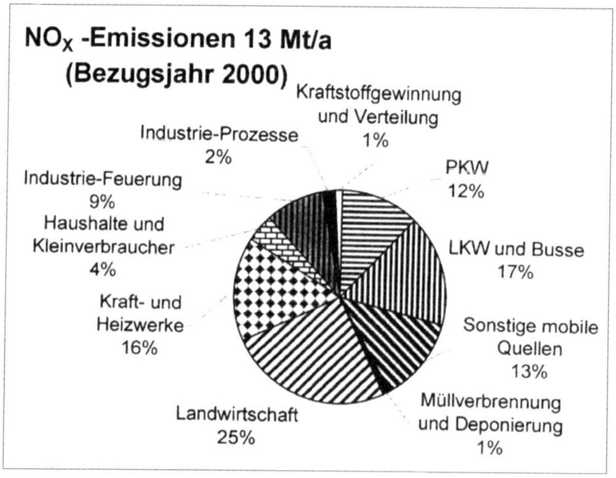

Bild 9.13: Anteile der Emittenten an der anthropogenen NO_x-Emissionen in Europa (EU 15)

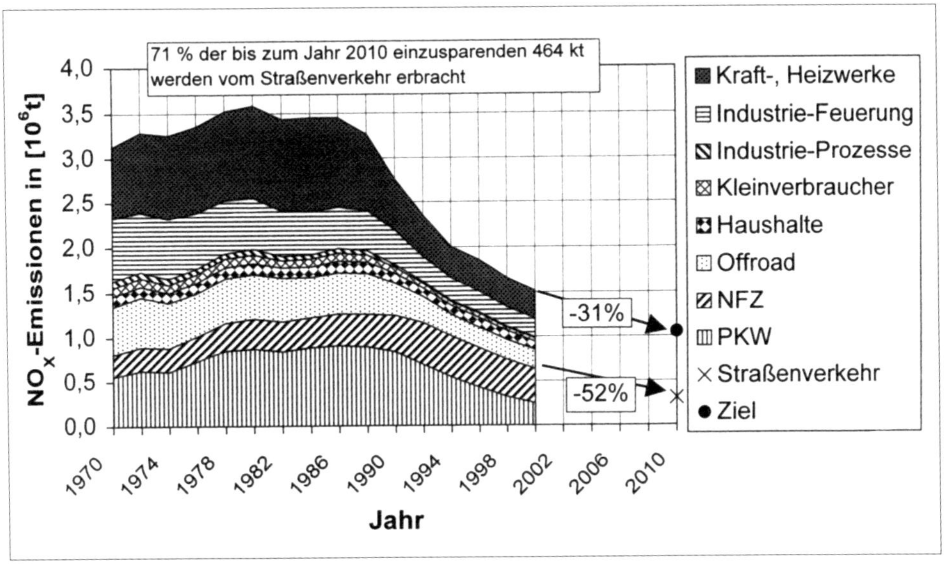

Bild 9.14: Zeitliche Entwicklung der anthropogenen NO_x-Emissionen in Deutschland [Quelle: Lenz, Prüller]

sowie Schließung von hoch emittierenden Industriebetrieben sanken die Emissionen aus diesem Sektor rapide.

Im Jahr 2000 betrugen die gesamten anthropogenen NO_x-Emissionen in Deutschland 1515 kt. Bis zum Jahr 2010 soll eine Reduzierung der NO_x-Emission um 31 % erfolgen, um die nationale Höchstgrenze von 1051 kt zu erreichen. Bis zum Jahr 2005 wurde bereits ein großer Teil des Weges zur Erhaltung der Emissionshöchstmenge zurückgelegt.

Im Verkehrsbereich sollen die NO_x-Emissionen um noch 36 kt reduziert werden [13]. Dies soll erreicht werden u.a. durch Verschärfung der NO_x-Grenzwerte für schwere Nutzfahrzeuge (Euro VI) sowie der Einführung einer Grenzwertnorm Euro 5 und Euro 6 für PKW und leichte NFZ. Die Entwicklung der Stickstoffdioxid-Immissionssituation, dargestellt als Jahresmittelwert an ausgewählten Messstationen in Deutschland und Österreich, zeigt **Bild 9.15**.

Die Immissionswerte sind sowohl an den urbanen Hintergrundstationen als auch an den verkehrsnahen Stationen fallend. Der gegenwärtige Immissionsgrenzwert von 80 $\mu g/m^3$ wird an allen betrachteten Messstationen klar unterschritten. Allerdings wird der künftige europäische Grenzwert von 40 $\mu g/m^3$, der ab 1. Januar 2010 erreicht werden muss, derzeit nur an wenigen Stationen unterschritten.

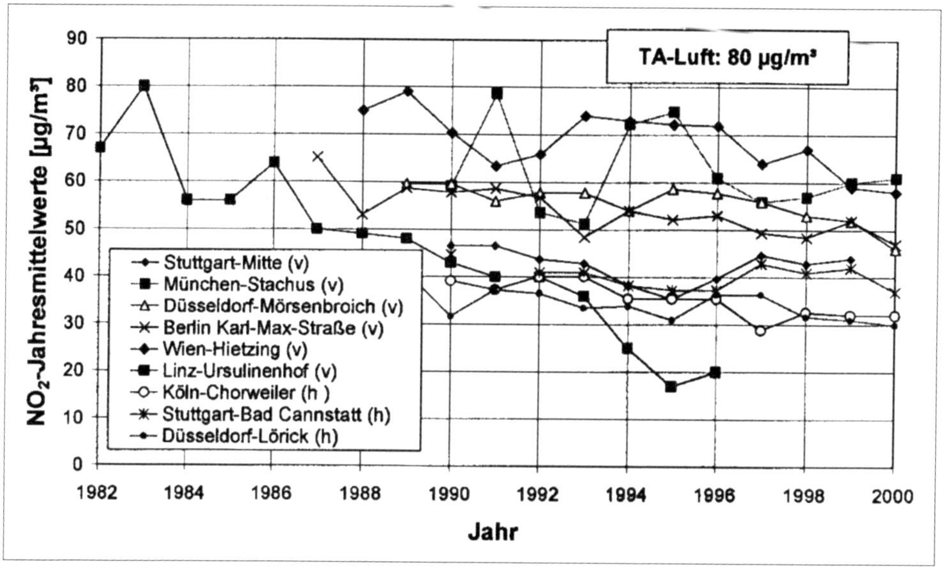

Bild 9.15: Verlauf der NO_2-Jahresmittelwerte für verkehrsnahe (v) und urbane Hintergrundstationen (h) [Quelle: Lenz, Prüller]

9.3.6.3 Flüchtige organische Verbindungen (NMVOC)

Die Nicht-Methan-Kohlenwasserstoffemissionen aus anthropogenen Quellen in Europe folgen dem gleichen Trend wie die Stickstoffemissionen, mit einem Maximum 1989 und danach sinkenden Emissionen (**Bild 9.16**).

Die mengenmäßig größte anthropogene VOC-Emission in der Europäischen Union im Bezugsjahr 2000 entstand bei der Verwendung von Lösemitteln (32 %), gefolgt von der Abgasemissionen von PKW (13 %) (**Bild 9.17**).

Im **Bild 9.18** ist die zeitliche Entwicklung der anthropogenen Nicht-Methan-Kohlenwasserstoffemissionen in Deutschland dargestellt.

Die gesamten NMVOC-Emissionen im Jahr 2000 in Deutschland betrugen 1650 kt. Für das Erreichen des Emissionszieles im Jahr 2010 von 995 kt ist eine Reduzierung von 39 % erforderlich. Im selben Zeitraum wird eine Verringerung der Straßenverkehrsemission von 79 % vorausgesagt. Von der zu erzielenden Einsparung von 655 kt an NMVOC-Emissionen werden fast 30 % vom Straßenverkehr erbracht. Im Jahr 2010 wird der Anteil der von allen Personenkraftwagen verursachten NMVOC ca. 5 % und von Neuwagen nur 3 % betragen.

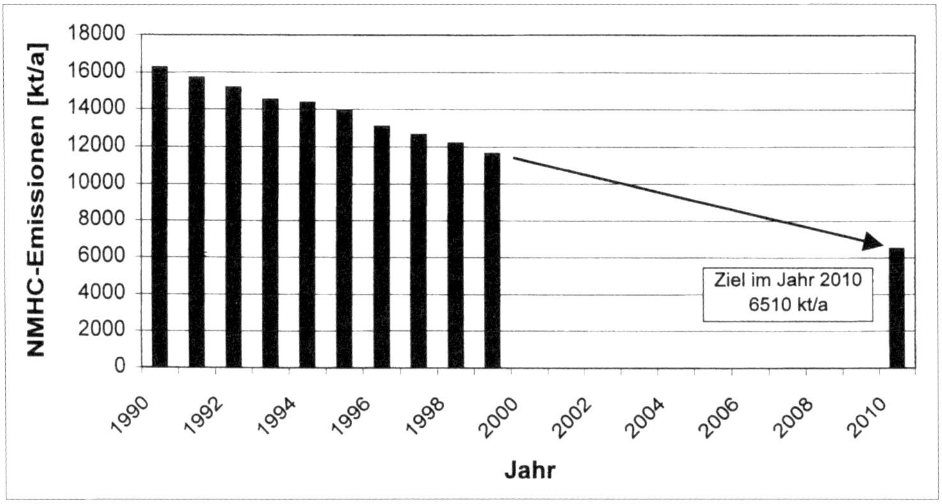

Bild 9.16: Zeitliche Entwicklung der anthropogenen flüchtigen (Nicht-Methan) organischen Verbindungen (NMVOC) in Europe (EU15)

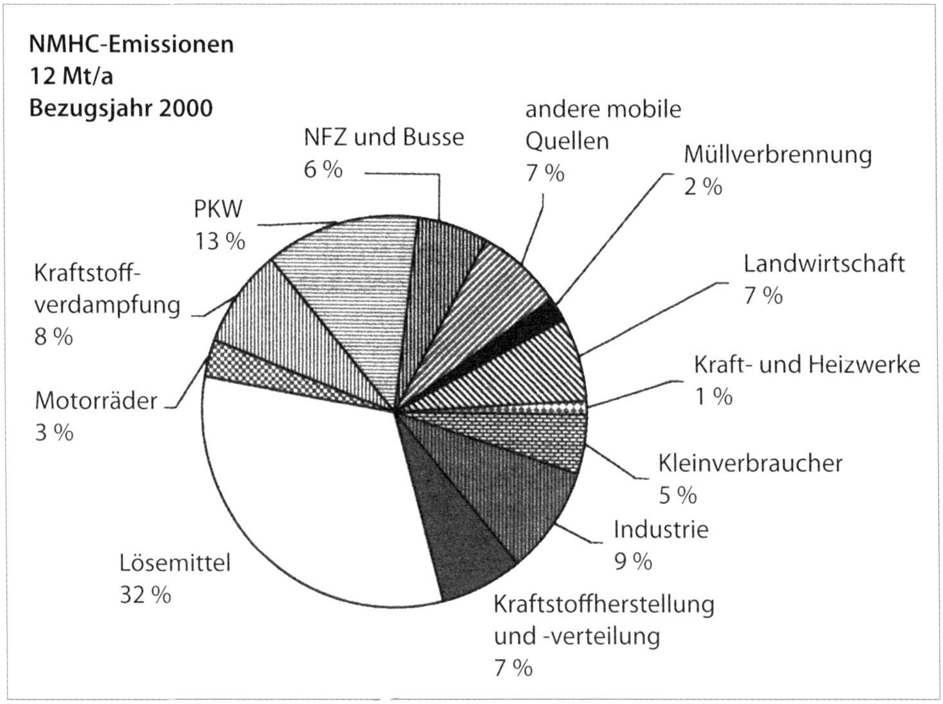

Bild 9.17: Anteil der Emissionen an anthropogenen NMVOC-Emissionen in Europa (EU15)

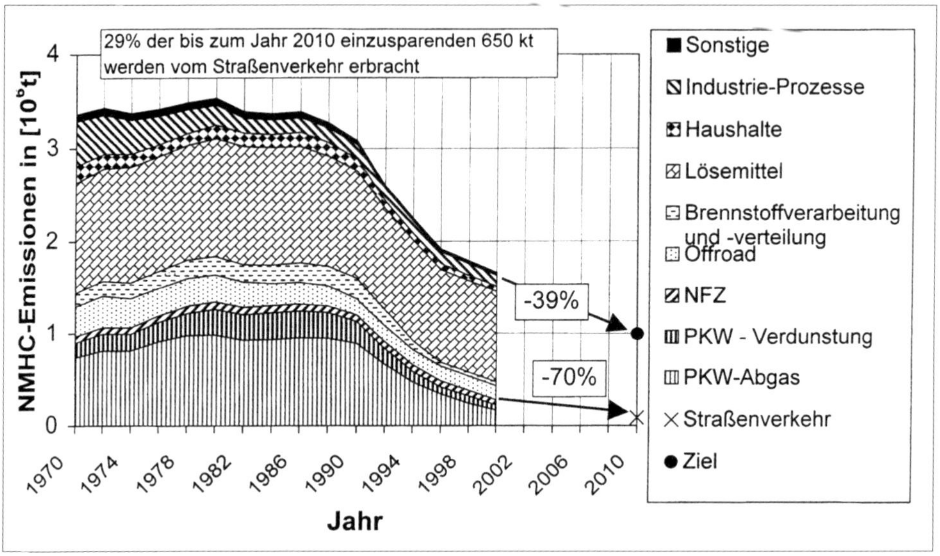

Bild 9.18: Zeitliche Entwicklung der anthropogenen NMVOC-Emissionen in Deutschland [Quelle: Lenz, Prüller]

9.3.6.4 Partikel

Bei der Betrachtung möglicher Auswirkungen von Automobilabgasen auf die menschliche Gesundheit dominiert seit einigen Jahren die Diskussion über Dieselmotorabgase wegen einer möglichen Krebsgefährdung durch Dieselrußpartikel.

Während noch bis vor Kurzem die an Partikel angelagerte polyzyklischen Kohlenwasserstoffe (PAH) im Mittelpunkt der Diskussion standen, hat sich diese mittlerweile auf Feinpartikel (PM_{10}) verlagert. Bis heute ist aber, aus den epidemiologischen Daten keine quantitative Risikoabschätzung der Wirkung von automobilen Dieselrußabgasen möglich, wie es für eine Berechnung eines eventuellen Umweltrisikos erforderlich wäre. Dennoch arbeitet die Automobilindustrie seit Jahren intensiv auch an der Absenkung der Partikelemission.

Aus der verfügbaren Literatur kann keine sichere Partikelemissionsbilanz für die Europäische Union erstellt werden. In [12] wurden jedoch PM_{10}-Emissionen für die Europäische Union (EU 15) abgeschätzt (**Bild 9.19**). Der Straßenverkehr ist mit etwa 15 % an der PM_{10}-Emission in der EU beteiligt. Je kleiner die Partikel sind ($PM_{2,5}$; $PM_{0,1}$) desto größer wird der Anteil des Straßenverkehrs an der PM-Emission (17 %; 27 %) [12]. Die Entwicklung der anthropogenen PM_{10}-Emission in Deutschland zeigt **Bild 9.20**.

Die rückläufige Entwicklung der Partikelemissionen ist vor allem auf die Stilllegung veralteter Feuerungs- und Industrieanlagen, Umstellung von festen auf emissionsärmere flüssige und gasförmige Brennstoffe in den Kraft- und Fernheizwerken zurückzuführen.

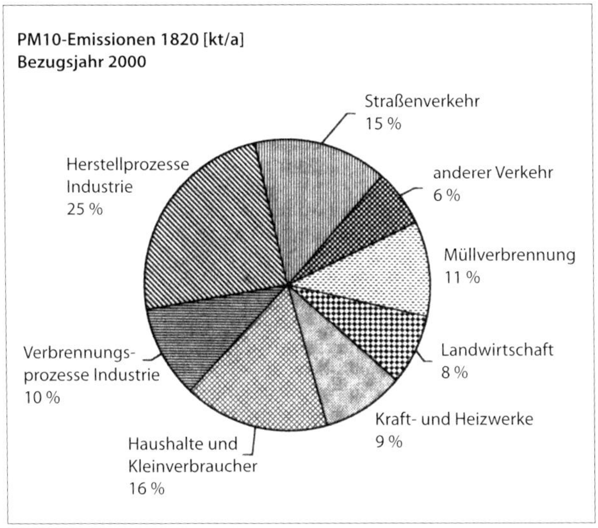

Bild 9.19: Quellen der anthropogenen PM_{10}-Emissionen in Europa (EU 15)

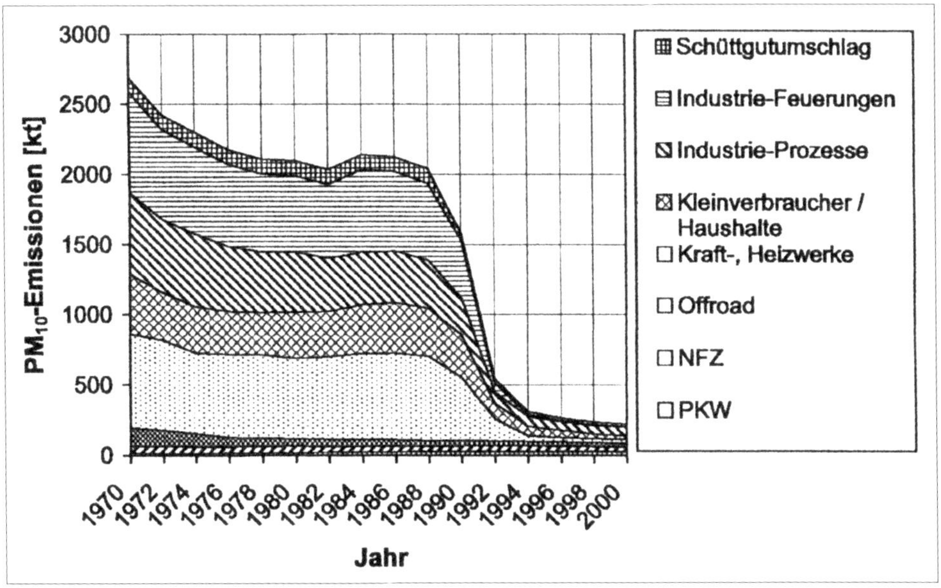

Bild 9.20: Anthropogene PM_{10}-Emissionen in Deutschland [Quelle: Lenz, Prüller]

Trotz gestiegener Gesamtfahrleistung konnten zwischen 1985 und 2005 die PKW-Partikelemissionen auf ein Zwanzigstel reduziert werden. Neben der modernen Technik zur Reduzierung der Partikelemissionen aus Dieselmotoren, hat die Reduzierung und Eliminierung des Schwefelgehaltes im Dieselkraftstoff ebenfalls entscheidend zur Partikelabsenkung beigetragen.

Der Anteil des PKW-Verkehrs bei PM_{10}-Emissionen in Deutschland liegt bei 12 %, und des NFZ-Verkehrs bei 13 %. Auf Abrieb von Reifen entfällt rund 40 % der PM_{10}-Emission des Straßenverkehrs (**Bild 9.21**).

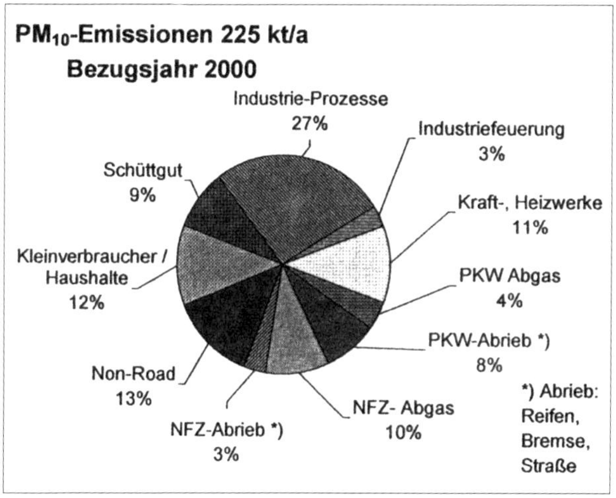

Bild 9.21: Quellen der anthropogenen PM_{10}-Emissionen in Deutschland

Dennoch wird der Straßenverkehr oft als stärkste lokale PM10-Quelle bezeichnet. Er soll bis zu 50 % zu der gesamten Immissionsbelastung beitragen [13]. **Bild 9.22** zeigt die PM_{10}-Immissionssituation an ausgewählten Stationen in Deutschland. Der seit 1.1. 2005 geltende Grenzwert von 40 µg/m³ (Jahresmittelwert) wird an einigen Stellen noch überschritten.

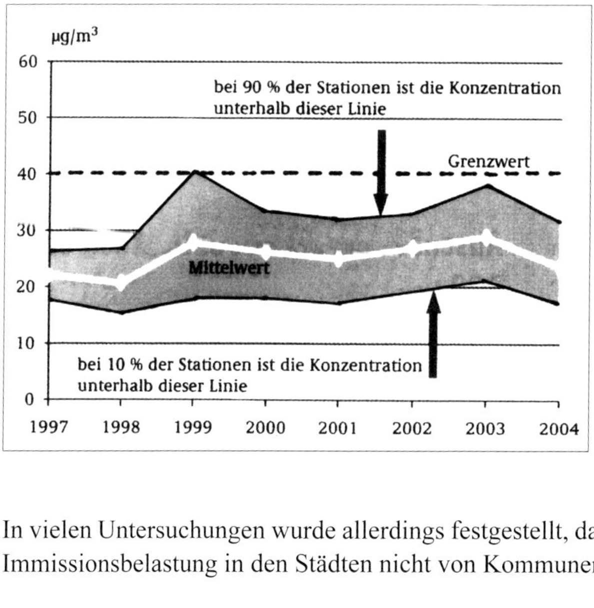

Bild 9.22: Verlauf der PM_{10}-Jahresmittelwerte in Deutschland [Quelle: UBA]

In vielen Untersuchungen wurde allerdings festgestellt, dass ein erheblicher Teil der PM_{10}-Immissionsbelastung in den Städten nicht von Kommunen selbst verursacht wird, sondern auf den „großräumigen Hintergrund" zurückgeführt werden muss. Dieser „großräumige Hintergrund" kann nur durch nationale und EU-weite Maßnahmen reduziert werden [13].

Zur Minderung der Luftbelastung durch Feinstaub sollen von den zuständigen lokalen und Landesbehörden Maßnahmepläne – so genannte Luftreinhalte- bzw. Aktionspläne – vorbereitet werden. Als geplante verkehrliche Maßnahmen werden dabei genannt [13]:

- Verbesserung des Verkehrsmanagements durch Steuerung, Lenkung, Geschwindigkeitsbegrenzung, Sperrung, Einschränkung und Parkraumbewirtschaftung.
- Verlagerung des PKW-Verkehrs auf den öffentlichen Verkehr
- Verstärkte Nutzung emissionsarmer Kraftstoffe und Partikelfilter
- Stadtentwicklung, etc.

Bild 9.23 zeigt den voraussichtlichren Erfolg der geplanten verkehrlichen Maßnahmen bei der Reduzierung der PM-Belastung.

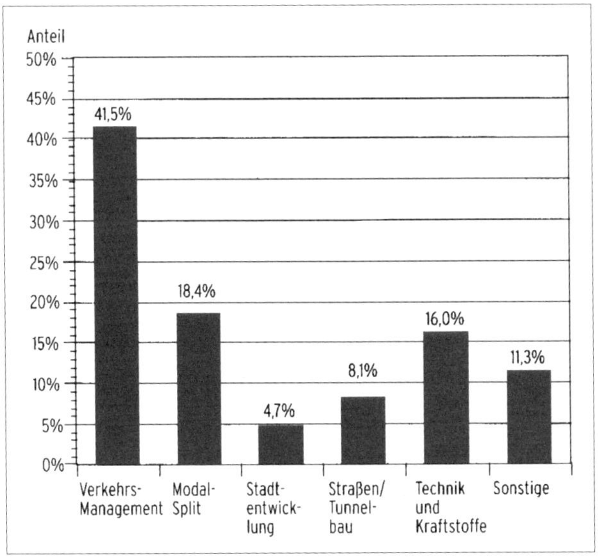

Bild 9.23: Geplante Maßnahmen im Verkehrsbereich zur Minderung der PM10-Belastung [Quelle: Umwelt]

In zahlreichen Forschungsvorhaben wurde jedoch festgestellt, dass bereits ergriffenen und geplanten lokalen Maßnahmen kurzfristig nicht zur flächendeckenden Einhaltung der PM_{10}-Immissionsgrenzwerte führen werden. Eine sofortige vollständige Nachrüstung aller Diesel-Kraftfahrzeuge in Deutschland mit Partikelfilter würde die PM_{10}-Jahresbelastung im Jahr 2010 um etwa 5 % senken. Lokale Durchfahrverbote für NFZ würden die PM_{10}-Jahresbelastung um etwa 4 % mindern. Eine Verringerung des Verkehrsaufkommens um 30 % würde zu einer Absenkung des PM_{10}-Jahresmittelwerts um ca. 4 % führen [13].

Der überwiegende Anteil der Feinstaubbelastung ist durch Hintergrundemissionen noch immer viel zu hoch. Aus diesem Grund hat die Europäische Kommission in ihrem Vorschlag für eine neue Richtlinie zur Verbesserung der Luftqualität, die Möglichkeit der Inanspruchnahme einer Fristverlängerung zur Einhaltung des PM_{10}-Grenzwerts bis 2009 vorgeschlagen.

9.3.6.5 CO_2-Emission

Seit einem viertel Jahrhundert steht der vermutete Einfluss der menschlichen Tätigkeit auf das Klima der Erde im Mittelpunkt der öffentlichen Umweltdiskussion. Ungezählte Naturwissenschaftler sind damit beschäftigt, das Klima und damit den vermuteten Klimawandel zu verstehen. Für Intergovernmental Panel of Climate Change (IPCC) ist allerdings die Hypothese vom Klimawandel innerhalb der letzten einhundert Jahre belegt [18].

Obwohl Daten über die Klimaveränderung auf Hochrechnungen basieren, d.h. sie sind nicht messbar im eigentlichen Sinn [19], prägt die Position von IPCC eindeutig weltweite politische Entscheidungen über den so genannten Klimaschutz. Fast alle Staaten der Erde haben den „Klimaschutz“ zum zentralen Thema der Umweltpolitik erklärt. Die Europäische Union (EU) sieht die Klimaveränderung als das wichtigste Umweltproblem der gesamten Union. Die Reduzierung der so genannten Treibhausgase steht deswegen auch im Zentrum der europäischen Umweltpolitik. Der europäische Klimaschutzprogramm (The **E**uropean **C**limate **C**hange **P**rogramm – **ECCP**) ist ein sehr ehrgeiziges Plan für die Verringerung der CO_2-Emission, initiiert und geleitet von der Europäischen Kommission. Da, nach Meinung des Europäischen Parlaments, der Großteil der CO_2-Emission aus dem Verkehr stammt, muss man vor allem hier ansetzen, um die künftige Klimaveränderung zu verhindern.

In Hinblick auf die gigantische wirtschaftliche Konsequenzen, die die vereinbarten Kyoto- und andere politischen Ziele auf alle Bereiche der menschlichen Tätigkeit und insbesondere die Existenz der Automobilindustrie ausüben, scheint die Klärung der tatsächlichen Rolle der CO_2-Emission auf mögliche Klimaveränderung von außerordentlicher Bedeutung.

Der starke Druck auf die Automobilindustrie, die CO_2-Emission ihrer Fahrzeuge deutlich zu verringern, hat die Automobilindustrie veranlasst, die Größenordnung ihres Beitrags zu der gesamten anthropogenen CO_2-Emission zu ermitteln [15,16]. In der öffentlichen Diskussion wird über die CO_2-Emissionen des Verkehrs gesprochen, aber nur auf PKW werden Anforderungen bezüglich einer Reduzierung der CO_2-Emission gestellt.

In globalen Dimensionen stellt der Wasserdampf (H_2O) das wichtigste Treibhausgas. Zwischen 60 und 95 % des natürlich verursachten Treibhauseffekts wird durch Wasserdampf verursacht (**Bild 9.24**).

Interessant ist aber, dass in Diskussionen über den anthropogen induzierten Treibhauseffekt der Wasserdampf überhaupt nicht erwähnt wird. Sein Treibhausgaspotential ist nicht bekannt. Alle Diskussionen sind auf das Kohlendioxid (CO_2) fixiert. Das Kohlendioxid aus natürlichen Quellen trägt mit etwa 5 bis 40 % zu dem natürlichen Treibhauseffekt bei.

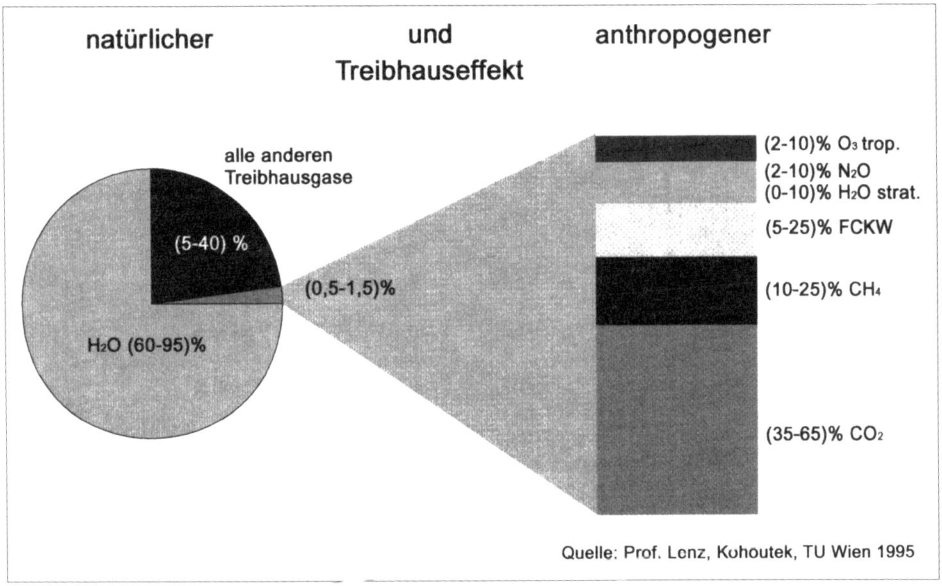

Bild 9.24: Anteil der Treibhausgase am Treibhauseffekt [Quelle: Lenz, Kohoutek]

Etwa 1 % der Treibhausgase in der Natur wird durch menschliche Aktivitäten verursacht. Davon entfällt etwa die Hälfte auf die anthropogenen CO_2-Emissionen; andere Treibhausgase sind Methan (CH_4), Fluorchlorkohlenwasserstoffe (FCKW), Lachgas (N_2O), Ozon (O_3), usw. Die größte Quelle der anthropogenen CO_2-Emissionen stellen weltweit die Kraftwerke dar (25 %), danach folgen Haushalte (23 %), Industrieanlagen (19 %) und die Verbrennung der Biomasse (Rodung der Wälder) (14 %) (**Bild 9.25**).

Der weltweite Straßenverkehr (PKW und NFZ) ist mit ca. 12 % an der anthropogenen CO_2-Emission beteiligt. Dabei entfällt ca. die Hälfte (6 %) auf PKW. Ein ähnliches Bild ergibt sich bei der Analyse der anthropogenen CO_2-Emission in der EU und in Deutschland. Auch hier stellen die Kraftwerke (31 bzw. 39 %), Haushalte (19 bzw. 21 %) und Industrie (18 %) die bedeutendsten CO_2-Emitenten dar. Der Anteil des PKW-Verkehrs ist mit ca. 14 bis 17 % größer als in weltweitem Maßstab. Der Straßenverkehr – gemessen am CO_2-Beitrag – steht also nicht an der Spitze der Verursachersektoren. Kraftwerke, Industrieanlagen und Haushalte emittieren jeweils mehr CO_2 als der Straßenverkehr. Obwohl nur mit lediglich 6 % an der globalen anthropogenen CO_2-Emission beteiligt, steht der PKW-Verkehr im Mittelpunkt der öffentlichen Kritik. Trotz des relativ geringen Anteils des weltweiten PKW-Verkehrs an den globalen anthropogenen CO_2-Emissionen, nimmt die Automobilindustrie die Aufgabe der Reduzierung der CO_2-Emission aus ihren Produkten sehr ernst.

Da die CO_2-Emission direkt dem Kraftstoffverbrauch proportional ist, deckt sich zum Teil die politische Forderung nach der Reduzierung der CO_2-Emission mit der ureigenen Auf-

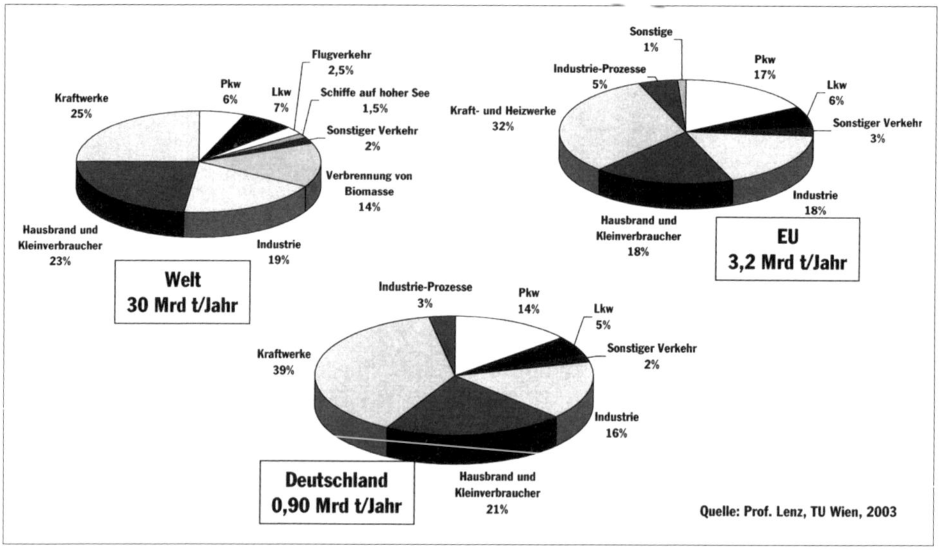

Bild 9.25: Anthropogene CO_2-Emissionen [Quelle: Lenz, Cozzarini]

gabe der Automobilentwicklung, den Wirkungsgrad des Motors zu steigern und damit den Kraftstoffverbrauch und die CO_2-Emission zu senken.

Vor dem Hintergrund des Kyoto-Protokolls, das 1977 von fast allen Staaten der Welt unterschrieben wurde, hat sich die europäische Automobilindustrie, versammelt in ihrem Verband ACEA, freiwillig verpflichtet, die durchschnittliche CO_2-Emission der Gesamtflotte ihrer Fahrzeuge zwischen 1995 und 2008 um 25 % zu reduzieren, von durchschnittlich 186 g CO_2/km (1995) auf durchschnittlich 140 gCO_2/km (2008).

Im Jahr 2005 haben die CO_2-Emissionen des Straßenverkehrs in Deutschland das Niveau von 1990 erreicht, obwohl die Fahrleistungen um 48 % gestiegen sind und sich die Gütertransporte um mehr als 132 % mehr als verdoppelt haben. Die Erfolge bei der Reduzierung der CO_2-Emission, die von verschiedenen Herstellern bis zum Jahr 2006 erreicht worden sind, sind im **Bild 9.26** dargestellt.

Parallel mit der Reduzierung der CO_2-Emission wurden auch andere Treibhausgase (CH_4, CO, N_2O) aus Automobilabgasen reduziert, so dass zwischen 1975 und 2000 der so genannte „Treibhauspotential" eines durchschnittlichen Fahrzeugs um mehr als 50 % reduziert wurde (**Bild 9.27**) [12].

Die EU-Kommission hat eine verbindliche durchschnittliche CO_2-Emission für die Flotte der Neuwagen von 130 gCO_2/km (Durchschnittsverbrauch 5,2 l/100km) ab 2012 angekündigt. Die Neuverkaufte PKW sollen diesen Wert allein durch Verbesserung der Technologie im Antriebsstrang erreichen. Die 10-Gramm-Differenz zum vorläufigen Ziel von

					CO_2 emissions g/km		
Ranking	Brand	Sales	1997 average	2005 average	Reduction 1997-2005	Reduction target	% of target achieved
1	Fiat	681,613	169	139	–30	–21	140%
2	Citroen	875,389	172	144	–28	–24	115%
3	Renault	1,361,607	173	149	–25	–25	100%
4	Ford	1,167,602	180	151	–29	–30	95%
5	Peugeot	1,049,819	177	151	–26	–28	94%
6	Opel/Vauxhall	1,262,798	180	156	–24	–30	81%
7	Toyota	704,723	189	163	–26	–35	76%
8	Kia	231,434	202	170	–32	–44	72%
9	Skoda	265,486	165	152	–13	–19	71%
10	Seat	344,693	158	150	–8	–13	63%
11	Honda	224,258	184	166	–18	–31	60%
12	Mercedes-Benz	626,824	223	185	–38	–64	59%
13	Hyundai	294,468	189	170	19	–34	57%
14	Volkswagen	1,387,628	170	159	–11	–22	48%
15	BMW	575,087	216	192	–23	–58	40%
16	Volvo	224,415	219	195	–24	–61	39%
17	Audi	582,220	190	177	–13	–38	35%
18	Mazda	214,105	186	177	–9	–32	27%
19	Suzuki	172,941	169	165	–4	–20	22%
20	Nissan	332,742	177	172	–5	–26	20%

Bild 9.26: Reduzierung der CO_2-Emission in der Automobilindustrie [Quelle: European Automotive Design]

120 gCO_2/km soll durch den erhöhten Einsatz von Biokraftstoffen sowie durch technische Verbesserungen an Klimaanlagen, geringerem Rollwiderstand, genauer Reifendruckkontrolle, Einsatz von Schaltanzeigen u.ä. erreicht werden [5].

Im **Bild 9.28** sind Entwicklung (seit 1980) und Prognose (bis 2020) der weltweiten anthropogenen CO_2-Emissionen dargestellt [12, 15].

Im Bild sind auch die CO_2-Emissionen des gesamten Straßenverkehrs und des PKW-Verkehrs gezeigt. Selbst wenn der gesamte weltweite PKW-Verkehr stillgelegt werden würde, könnten die Kyoto-Ziele nicht erreicht werden. Die Anstrengungen aller Beteiligten sind erforderlich, wenn die geforderte Reduzierung der weltweiten CO_2-Emission und damit die Erreichung der in Kyoto gesetzten Ziele, für den Klimaschutz so wichtig sind. „Klima Problem ist ein globales Problem und verlangt gemeinsame, globale Antwort“ sagte 1977 in Kyoto der Generalsekretär der Vereinten Nationen Kofi Annan.

Neben den technischen Maßnahmen zu Reduzierung der CO_2-Emission an der Quelle der Entstehung sieht das Kyoto-Protokoll auch weitere, so genannte flexible Mechanismen

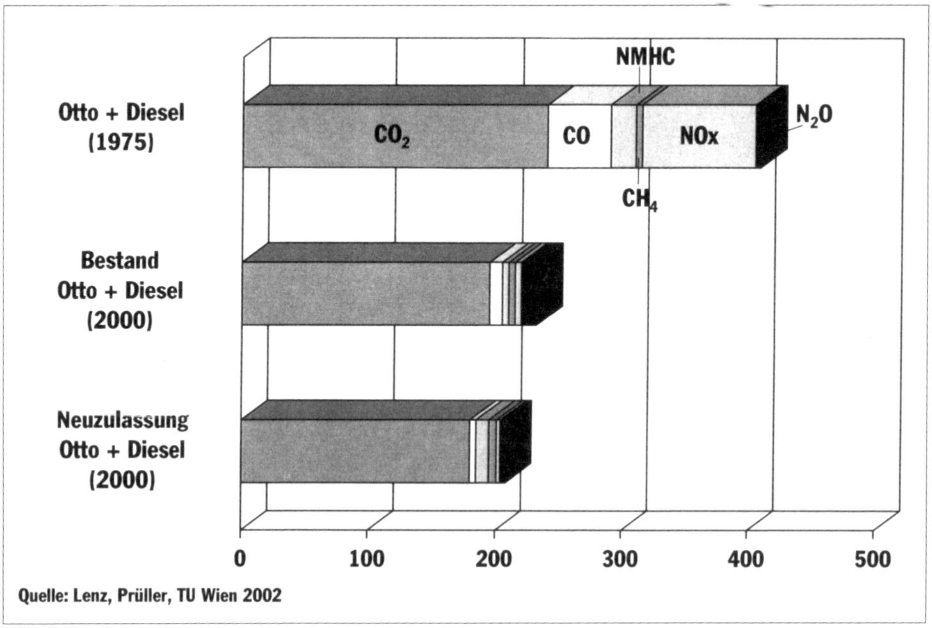

Bild 9.27: Treibhauspotential eines durchschnittlichen Fahrzeugs als CO_2-Equivalent

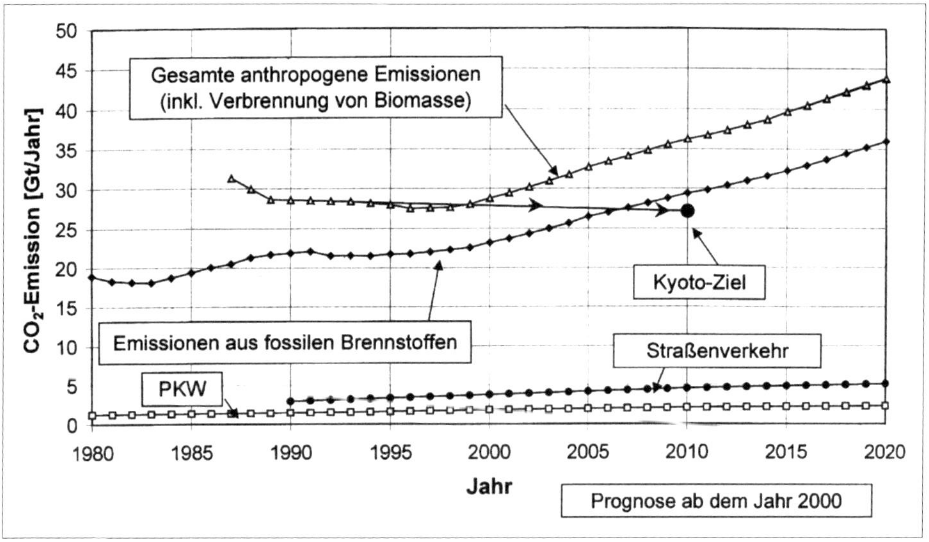

Bild 9.28: Zeitlicher Verlauf der globalen CO_2-Emissionen

vor. Da es auf die gesamte CO_2-Emission ankommt und nicht auf die Beiträge einzelner Emittenten, entspricht es am ehesten den Kyoto-Prinzipien, die CO_2-Emissionsminderung dort vorzunehmen, wo dies mit geringsten Kosten am besten möglich ist.

Im Bereich des PKW-Straßenverkehrs werden CO_2-Minderungskosten zwischen 200 und 300 €/tCO_2 angegeben [21]. Auch die CO_2-Minderunskosten bei Verwendung von Biokraftstoffen unterliegen z. Zt. einer relativ großen Streubreite (**Bild 9.29**) [22].

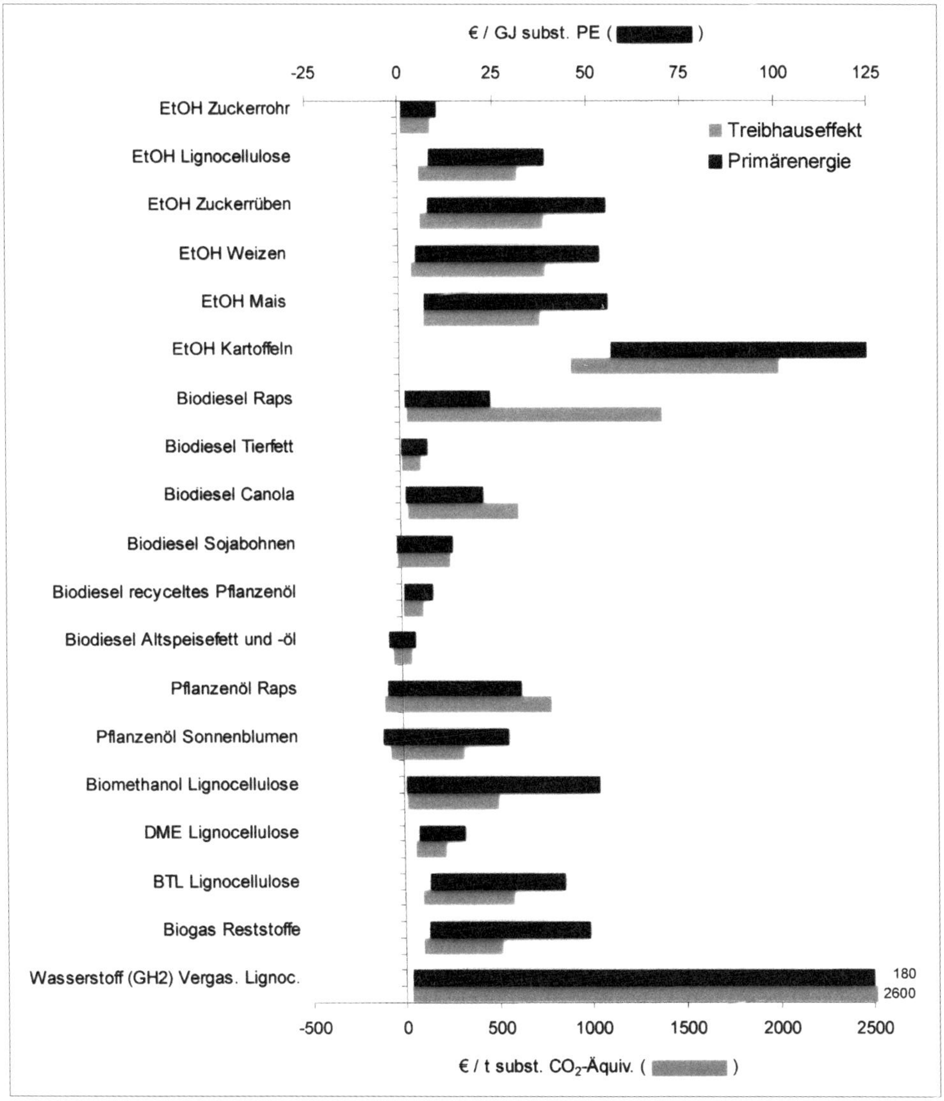

Bild 9.29: Streubreite der Kosten und des Energieverbrauchs bei Herstellung von Biokraftstoffen [Quelle: Reinhardt]

Die CO_2-Vermeidungskosten für Biodiesel werden zwischen 50 und 1400 €/tCO_2 angegeben; für Ethanol aus Weizen oder Mais zwischen 100 und 700 €/tCO2. Die Verwendung von Biomasse zur Strom- oder Wärmeerzeugung weist mit ca. 10 €/tCO2 deutlich geringere Vermeidungskosten auf, als der Biomasseneinsatz im Straßenverkehr.

9.4 Umweltauswirkungen des Automobils im Vergleich zu anderen Emittenten

Zu den wichtigsten technischen Produkten der modernen Menschen gehört zweifellos das Automobil. Mit ihm konnte der im Mensch tief verwurzelte Drang nach Freiheit, Unabhängigkeit und Mobilität für viele realisiert werden.

Die enorme weltweite Zuwachsrate nimmt die Ingenieure in der Automobilindustrie in die Pflicht, alles zu tun um das Automobil ständig in allen seinen Eigenschaften weiter zu verbessern. Dazu gehören auch die weitere Senkung des Kraftstoffverbrauches und der CO_2-Emission sowie Minimierung anderer negativen Umweltauswirkungen. Denn die Sorge um Umweltbeeinträchtigungen nimmt mit steigendem Wohlstand zu.

Die Entwicklung des Automobils läuft seit Jahrzehnten in einem gesellschaftlichen Klima, das zumindest in der öffentlichen Diskussion das automobil als „Umweltfeind" oder „Klimakiller Nummer eins" anprangert. Trotz der großen Anstrengungen in der Automobilindustrie wird noch immer vielfach angenommen, dass das Automobil noch immer größte negative Auswirkungen auf die Umwelt hat. Das Auto wurde für „sauren Regen", „Waldsterben", „Sommer-Smog", „Winter-Smog", „Ozonloch" und „Klimakatastrophe" verantwortlich gemacht.

Die tatsächlichen Auswirkungen des Automobils auf die Umwelt sind heute wohl bekannt. Die Größenordnung dieser Auswirkungen – im Vergleich zu Auswirkungen und Spuren anderer menschlichen Tätigkeiten – lässt die Feststellung zu, dass das Automobil zu Unrecht und diskriminierend als „Umweltfeind Nummer 1" bezeichnet wird (**Bild 9.30**).

Da keine Gesellschaft auf die Dienste des Automobils verzichten will, und da es keine ernst zu nehmende Alternative für sein Antriebsaggregat – den Verbrennungsmotor – gibt, sind die Automobilingenieure verpflichtet, das bekannte Automobil weiter evolutionär zu entwickeln, nicht gegen, sondern in vollen Einklang mit der Natur und ihren Gesetzen. Die Aufgabe der Ingenieure in der Automobilindustrie ist, das Automobil so zu entwickeln, dass es sich in Strukturen der Gesellschaft und der Natur einfügt, ohne sie zu zerstören.

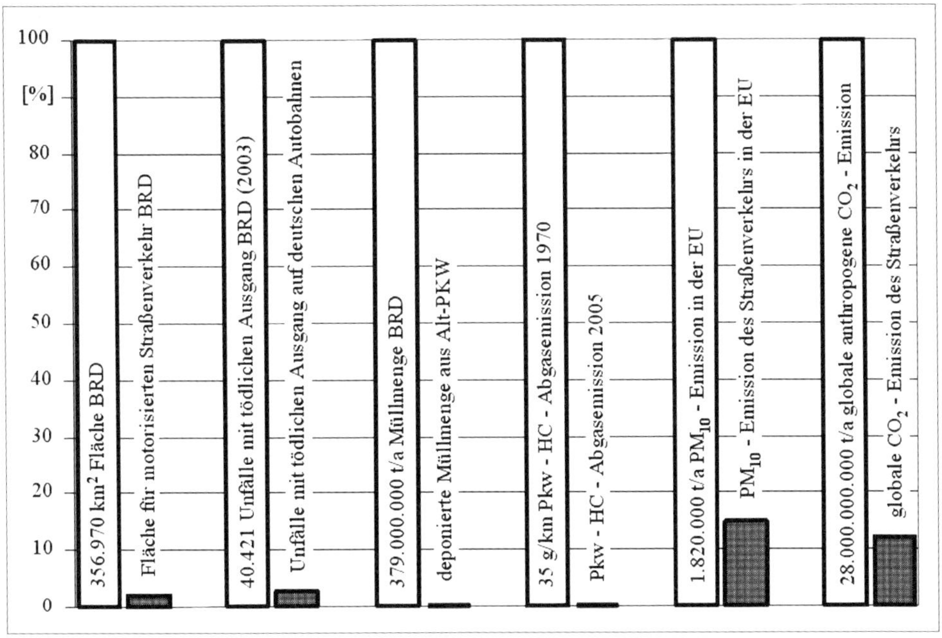

Bild 9.30: Umweltauswirkungen des Automobils

Literatur

[1] *Eberan-Eberhorst, R.*: Die Luftverunreinigung durch Automobilabgase und ihre künftige Beseitigung. Tagung „Pro Aqua – pro Vita", Basel, 1971
[2] Aktiv für die Umwelt. Dr.Ing.h.c. F. Porsche AG. Umweltbericht 2002/2003
[3] *Meadows, D. L. et al.*: The Limits To Growth. Club of Rom 1972
[4] Holzwege und andere Irrtümer. Süddeutsche Zeitung, Nr. 2007, 7.9.1996
[5] Auto-Jahresbericht. Frankfurt, VDA, 2007
[6] *Gruden, D.*: Das Auto im Spannungsfeld zwischen Mobilitätswünschen und Umweltanforderungen. Antrittsvorlesung TU-Wien. Die evolutionäre Weiterentwicklung des Automobils, Wien: Eurotax, 1994
[7] Uniroyal Verkehrsuntersuchung 1994
[8] Mobilität mit hohem Risiko – junge Fahrer sollen sicherer werden. Stuttgarter Zeitung 22.12.2006
[9] *Friedel, B., Kreuzinger, T.*: Passive Sicherheit von Nutzfahrzeugen und Kombibussen. VDA – technischer Kongress, 2000
[10] Nutzfahrzeuge. Die bessere Lösung. Frankfurt: VDA, 2002
[11] Die Abfallmenge Deutschlands. Umwelt & Gesundheit 2007
[12] *Gruden, D., Lenz, H.-P.*: Trafic and Environment. Berlin, Heidelberg: Springer Verlag, 2003
[13] Programm zur Verminderung der Ozonkonzentration und zur Erfüllung der Emissionshöchstgrenzwerten. Umwelt Nr. 7/8, 2007
[14] *Honeywill, T.*: Not just NO_x. Automotive Engineer, June 2007
[15] *Lenz, H-P., Prüller, S.*: Emissionen und Immissionen von Abgaskomponenten. Fortschritt – Berichte VDI Reihe 12, Nr. 528. Düsseldorf: VDI-Verlag, 2003

[16] *Lenz, H-P., Cozzarini, Ch.*: Emissionen und Luftqualität. Fortschritt – Berichte VDI Reihe 12, Nr. 365. Düsseldorf: VDI-Verlag, 1998
[17] Car-makers and EU-head for a CO_2 showdown. European Automotive Design, Nov. 2006
[18] IPCC First Assessment Report 1990; Fourth Assessment Report: Climate Change, 2007
[19] *Langrock, Th., Petersen, R. u.a.*: Bedeutung der klimarelevanten Emissionen des PKW-Verkehrs und Beurteilung von Minderungsstrategien. Wuppertal Institut für Klima, Umwelt, Energie, 2002
[20] TERM 2001. Indicators tracking transport and environment integration in the European Union. Copenhagen: European Environment Agency, 2001
[21] ACEA Integrated Approach
[22] *Reinhardt, G. u.a.*: CO_2 – neutrale Wege der künftigen Mobilität durch Biokraftstoffe. FVV-Forschungsbericht, Frankfurt, 2004
[23] Die Mineralölverarbeitende Industrie in Deutschland 2004. Erdöl, Erdgas, Kohle 121 (2005) 7/8
[24] Gewichtentwicklung in der Kompaktklasse. Automobil-Produktion, Dezember 2003

10 Die Zukunft des Automobils und seines Verbrennungsmotors

10.1 Einleitung

„Weil die Lebensdauer des Menschen begrenzt ist, weil er sterblich ist, muss er die Entfernung im Raum und das Säumen der Zeit besiegen. Für einen Gott, dessen Dasein unsterblich ist, hätte das Automobil keinen Sinn“ (José Ortega y Gasset).

Die oft irrationale Bindung der Menschen ans Auto lässt sich vielleicht so erklären: Das Automobil ist für fast alle Menschen ein von wenigen, wirklich teueren Konsumartikel, das sie kaufen und besitzen um frei und mobil zu sein.

Aus Wirtschafts- und Verkehrsdaten von Entwicklungs- bis zu Industrieländer ist zu entnehmen, dass höhere Wirtschaftsleistung immer auch mit größerer Verkehrsleistung zusammenhängt. Verkehr ist einerseits Voraussetzung für Wirtschaftsleistung, andererseits auch die Konsequenz des höheren Lebensstandards.

Ein zentrales Ergebnis vieler Studien und Analysen deutet auf eine weitere Zunahme der Mobilität sowohl beim Individualverkehr, als auch beim öffentlichen Verkehr in den bevorstehenden Jahrzehnten hin. Die globalisierte Gesellschaft des 21. Jahrhunderts wird Mobilität als noch ein höheres Gut ansehen, als dies in der Vergangenheit der Fall war. Im Personenverkehr wird das Auto seine dominierende Stellung nicht nur behaupten sondern noch weiter ausbauen. Dies beruht insbesondere auf den noch weiter zunehmenden Freizeit- und Urlaubsverkehr.

Es wird prognostiziert, dass sich bis Mitte des Jahrhunderts die Anzahl der Fahrzeuge im weltweiten Verkehr fast verdoppeln wird, von ca. 700.000 im Jahr 2000, auf über 1,1 Milliarden [2].

Politischer und gesellschaftlicher Druck auf die Automobilindustrie Fahrzeuge zu entwickeln, die hinsichtlich Kraftstoffverbrauch, Abgas- und Geräuschemissionen, Recyclingfähigkeit d.h. hinsichtlich ihrer Umweltfreundlichkeit noch besser sind als heute, wird permanent bestehen.

Der technische Fortschritt und die Durchsetzung eines Produktes im Markt lässt sich aber nicht durch Gesetze erzwingen, wie das Beispiel Kaliforniens und die Forderung nach „Zero Emission Vehicles“ eindrucksvoll gezeigt hat [19].

Die Aufgabe eines Automobils kann nicht darin bestehen, kein Kraftstoff zu verbrauchen und keine Abgasemission zu produzieren. Die Vorteile welche das Automobil bietet müssen auch bezahlt werden, durch den Kraftstoffverbrauch und durch die Abgasemissionen. Die Aufgabe der Ingenieure in der Automobilindustrie besteht darin diese Kosten möglichst niedrig zu halten.

Seit Jahrzehnten ist die Aufgabe der Ingenieure darauf ausgerichtet, den Kraftstoffverbrauch sowie die Schadstoff- und Geräuschemission zu senken, ohne dabei auf die guten Eigenschaften von Motoren und Fahrzeugen zu verzichten. Während in der Vergangenheit vor allem Kostenseite und technischen Daten im Vordergrund der Entwicklung standen, haben die Gesichtspunkte des Umweltschutzes und des Rohstoffverbrauchs vor Jahrzehnten den gleichen Stand genommen.

10.2 Das Problem der CO_2-Emission

Die Sorgen über die Folgen einer erhöhten CO_2-Konzentration in der Atmosphäre und des Treibhauseffekts sind z. Zt. zu einer der wichtigsten Aspekten bei der Entwicklung eines Automobils geworden. Eine zentrale umweltpolitische Herausforderung liegt in der Bekämpfung der anthropogenen Treibhausemissionen, nicht nur von CO_2, sondern auch von CH_4, N_2O, PFC, HFC und SF_6, wie dies im Kyoto-Protokoll 1977 festgelegt wurde. Im Vordergrund dieser Bekämpfung stehen Steigerung der Energieeffizienz, Maßnahmen zur Energieeinsparung und Förderung der erneuerbaren Energie. Dabei zeigt sich stets das Energiesparen die höchste Form des Umweltschutzes darstellt.

10.2.1 Möglichkeiten zur Reduzierung der CO_2-Emission außerhalb des Automobils

Das Kyoto-Protokoll sieht nicht nur ausschließlich technische Maßnahmen zur Senkung der CO_2-Emission vor. Es bietet insbesondere in den Artikeln 4, 6, 12 und 17 eine Bandbreite von Instrumenten, die so genannten „Flexible Mechanism", zur Reduzierung der CO_2-Emission an. Hierzu zählen die Schaffung von „**C**lean **D**evelopment **M**echanism" (**CDM**) und „**J**oint **I**mplementation" (**JI**) Programme, die auf die Etablierung von Märkten für Handel von Emissionsgutschriften (CO_2-Trading) hinauslaufen, aber auch die Nutzung von CO_2-Senken (CO_2-Sequestierung) erlauben [4].

Die Grundprämisse von CDM besteht darin, dass eine Reduktion der Treibhausgase, die durch Projekte in einem Entwicklungsland erreicht wird, zu der CO_2-Emissionsreduzierung zugerechnet wird, die das Geberland zu erreichen hat.

Voraussetzung für den Emissionshandel sowie für die Anwendung von flexiblen Mechanismen des Kyoto-Protokolls sind allerdings klare Vorgaben des Gesetzgebers.

Das Thema des CO_2-Senken wird als ein wichtiger Bestandteil der internationalen Klimapolitik gesehen. Dabei spielt terrestrische Sequestrierung, d.h. die Bindung von Treibhausgasen durch Wälder, Boden und Meeresoberflächen, eine wichtige Rolle im globalen Kohlenstoff-Management. Im Gegensatz zu den verfahrenstechnischen Lösungen, ist die terrestrische Biosphäre das effizienteste und über Millionen Jahre erprobte System zur CO_2-Sequestierung [5, 6].

Durch photosynthetische Prozesse fangen die Pflanzen die Sonnenenergie auf und verwandeln sie zusammen mit Kohlendioxid (CO_2) und Wasser (H_2O) in energiereiche Stoffe für ihr eigenes Wachstum und befreien dabei den Sauerstoff (O_2). Durch diese Prozesse wird der Wald zu einem wichtigen Kohlenstoffspeicher und gleichzeitig zu einer ständig erneuerbaren Rohstoffquelle für Holz und Energie.

Ein Baum bindet, abhängig von Klimazone, zwischen 70 (Nadel und Laubbäume) und 550 kg (Tropenbäume) CO_2 pro Jahr bzw. zwischen 5 und 55 t CO_2/ha und Jahr. Theoretisch wären 10 Millionen km^2 Wald notwendig um die gesamte jährliche anthropogene CO_2-Emissionen durch Photosynthese der Bäume aufzunehmen. Rekultivierung, Aufforstung und verbesserte Anbaumethoden könnten das globale CO_2-Sequestierungspotential, zu relativ niedrigen Kosten, auf mehrere Milliarden Tonnen pro Jahr erhöhen [6].

Im Einklang mit dem Kyoto-Protokoll haben einige Unternehmen (z.B. Toyota, Peugeot, Shell) bekannt gegeben, dass sie durch Aufforstung bzw. durch Revitalisierung des Ökosystems einen Teil der eigen produzierten CO_2-Emission absorbieren [7, 8].

Bewaldung der feuchten tropischen Zonen scheint der beste und schnellste Weg zu sein, um CO_2 zu sequestrieren. Dort wachsen die Bäume schneller und nehmen mehr CO_2 auf, als in gemäßigten Klimazonen. Für die globale Kohlenstoffbilanz ist es wichtig, dass der Kohlenstoff möglichst lange in der Biomasse gebunden bleibt. Durch den geschlossenen CO_2-Kreislauf zwischen Pflanzenwuchs und die Nutzung der Biomasse als Brennstoff wird die globale CO_2-Bilanz deutlich entlastet. Die Reduzierung der CO_2-Emission durch diese Joint-Implementation(JI)-Programme ist wesentlich kostengünstiger, als durch viele Maßnahmen an technischen Anlagen.

10.3 Alternative Antriebssysteme

Seit es den Viertakt-Hubkolbenverbrennungsmotor gibt, gilt er mit seinem Hubkolbenmechanismus als eine aufwendige Wärmekraftmaschine, die mit wesentlich einfacheren Maschinen zu ersetzen sei. Im Laufe einer über 130 Jahre andauernden Geschichte des Verbrennungsmotors fehlte es nicht an Versuchen, den aufwendigen Hubkolbenmotor durch andere, alternative Antriebsysteme zu ersetzen.

Die sehr niedrigen gesetzlichen Grenzwerte für schädliche Abgasbestandteile haben weltweit dazu geführt, dass alternative Antriebsmöglichkeiten für Fahrzeuge immer wieder untersucht worden sind.

Die weltweite Automobilindustrie investiert Milliarden Euros in Forschung und Entwicklung von Alternativen. Viele bereits seit langem bekannte Verfahren und Technologien wurden erneut überprüft, und ihr Einsatz unter den Gesichtspunkten des Umweltschutzes untersucht. All diese Alternativen können im wesentlichen in zwei Gruppen aufgeteilt werden:

1. Zu der ersten Gruppe zählen Wärmekraftmaschinen, die ähnlich wie Otto- und Dieselmotoren die chemische Energie des Kraftstoffes über den Verbrennungsprozess in die mechanische Arbeit umwandeln. Die bekanntesten sind:
   - Zweitaktmotor
   - Wankelmotor
   - Gasturbine
   - Stirlingmotor
   - Dampfmotor
2. Zu der zweiten Gruppe zählen Antriebe, die in der Lage sind, Energie zu speichern oder direkt die chemische Energie des Treibstoffes in elektrische Energie umzuwandeln:
   - elektrische Batterie
   - Schwungradspeicher
   - Brennstoffzelle.

Fast alle diese Antriebssysteme zeigen in einzelnen Beurteilungskriterien bessere Eigenschaften als der Viertakt-Verbrennungsmotor. Die Prognosen über ihren Einsatz als PKW-Antriebsaggregat waren in der Vergangenheit sehr optimistisch (**Bild 10.1**) [12,13]. In der Summe aller Eigenschaften, die für den Betrieb von Kraftfahrzeugen in einem breiten Last- und Drehzahlbereich und über eine lange Lebensdauer erforderlich sind, blieben diese Alternativen dem Otto- und dem Dieselmotor stets unterlegen.

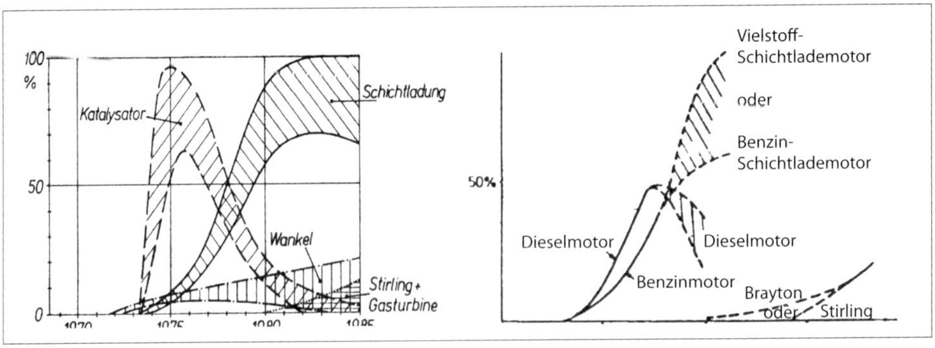

Bild 10.1: Frühere Prognosen über mögliche Szenarien für Automobilmotoren [Quellen: Eaton, Jet Propulsion Laboratory]

10.3.1 Zweitaktmotoren

Die Wärmekraftmaschine mit dem höchsten Wirkungsgrad von über 52 % ist der langsam laufende Zweitakt-Schiffsdieselmotor. Dieses Vorbild und die relativ einfache Konstruktion von Zweitaktmotoren mit Querstromspülung waren immer wieder der Anlass, den Zweitaktmotor auch als PKW-Antriebsaggregat zu entwickeln. Die letzten intensiven Untersuchungen des Zweitaktmotors für PKW wurden durch die australische Firma Orbital initiiert und endeten Mitte der 90er Jahre mit der Feststellung, dass weder die Leistung noch der Kraftstoffverbrauch und die NO_x-Emission sowie die Lebensdauer des Zweitaktmotors die Anforderungen eines modernen PKW erfüllen können [11].

10.3.2 Wankelmotor

Eine Verwirklichung des Ottokreisprozesses mit anderen mechanischen Mitteln bzw. mit einem rotierenden Kolben ist beim Wankelmotor am besten gelungen. Die mechanischen Probleme des Hubkolbenmotors wurden überraschend einfach gelöst. Ohne hin- und hergehenden Kolben, daher vibrationsfrei; ohne Ventile, daher geräuschloser.

Die großen Aufgaben bei der Entwicklung von Verbrennungsmotoren liegen aber nicht auf dem mechanischen Gebiet, sondern im Verbrennungsprozess. Gerade dieser ist in einem Hubkolbenmotor leichter zu beherrschen, als in einem Wankelmotor. Die sichelartige Form des Brennraumes mit einem großen Verhältnis Oberfläche zu Volumen, erlaubt nur eine beschränkte Optimierung des Verbrennungsprozesses. Da der Wankelmotor keinen Beitrag zu den dringenden Problemen des Kraftstoffverbrauches, der Abgasemissionen und der Lebensdauer leisten konnte, ist er aus der Produktion fast verschwunden [3].

10.3.3 Wärmekraftmaschinen mit äußerer kontinuierlicher Verbrennung

Bei der Gasturbine, dem Stirlingmotor und der Dampfmaschine findet die Verbrennung des Kraftstoffes außerhalb des Arbeitsmediums, kontinuierlich in einer Brennkammer statt. Dies ermöglicht eine Optimierung des Verbrennungsprozesses wesentlich besser als im Hubkolbenmotor, was oft, zusammen mit der damit verbundenen Vielstofffähigkeit, als großer Vorteil dieser Wärmekraftmaschinen angesehen wird.

10.3.3.1 Gasturbinen

Der erste PKW (ein Rover) wurde schon 1950 mit einer Gasturbine betrieben. Besonders intensiv wurde die Gasturbine als Fahrzeugantriebsaggregat in den 70er Jahren untersucht.

Ihr Hauptnachteil liegt im schlechten instationären Verhalten und einem sehr hohen Kraftstoffverbrauch, insbesondere im Teillastgebiet. Maximaler Wirkungsgrad im automobilen Bereich wurde mit 25 % verzeichnet [14, 15].

Für einen hohen Wirkungsgrad sind hohe Eingangstemperaturen des Arbeitsmediums in die Turbine erforderlich. Bei modernen Gasturbinen werden maximale Eingangstemperaturen von T_{max} = 1100 bis 1350 °C erreicht. Mit diesen Temperaturen ist der Kraftstoffverbrauch um 30 bis 80 % höher als beim Ottomotor. Unter Laborbedingungen wurden Abgaswerte (Rohemissionen) von

- HC = 0,16–0,25 g/km
- CO = 2,10–3,40 g/km
- NO_x = 0,25–0,60 g/km

erreicht.

Die Herstellkosten der Gasturbine liegen doppelt so hoch wie beim Ottomotor. Nach dem heutigen Wissensstand stellt die Gasturbine keine Alternative als PKW-Antriebsaggregat dar.

10.3.3.2 Stirlingmotor

Bekannt seit 1816. Seit dieser Zeit wurde der Stirlingmotor sehr intensiv für unterschiedliche Zwecke untersucht. Der Hauptvorteil liegt in seiner Geräuschlosigkeit und Vielstofffähigkeit.

Das System besteht aus Verbrennungskammer, Erhitzer, Regenerator, Kühler und Vorwärmer, die von essenzieller Bedeutung für den Stirlingmotor sind. Sie tragen dazu bei, dass er weder kompakt noch mit geringem Gewicht zu bauen ist. Über 60 % der zugeführten Wärmemenge müssen über den Kühler abgeführt werden. Deswegen ist er 3mal größer als beim Hubkolbenmotor gleicher Leistung.

Der Kraftstoffverbrauch des Stirlingmotors liegt um 25 % höher als beim Otto- oder Dieselmotor. Besonders hohe Verbräuche werden bei Kaltstart und Warmlauf verzeichnet. Es werden folgende Abgasemissionswerte ohne Abgasnachbehandlung erreicht:

- HC = 0,14–0,20 g/km
- CO = 1,20–2,10 g/km
- NO_x = 0,25–0,30 g/km
- PM = 0,13–0,15 g/km.

Die Herstellkosten eines Stirlingmotors sind 5 bis 8mal höher als bei vergleichbaren Otto- oder Dieselmotoren. In der gegenwärtigen Entwicklungsphase werden dem Stirlingmotor keine Chancen als Antrieb für PKW gegeben [15].

10.3.3.3 Dampfmotoren

Anfang der 60er Jahre des vergangenen Jahrhunderts wurden in den USA acht verschiedene Dampfmotoren als PKW-Antriebsaggregate untersucht [15]. Die erfolgreichste Entwicklung war unter dem Namen Leer-Motor bekannt. Hohe Kosten für Brenner, Wärmetauscher, Kondensator und Regelungssysteme zusammen mit schlechtem Wirkungsgrad d.h. hohen Kraftstoffverbrauch mussten in Kauf genommen werden, um niedrige Schadstoffemissionen und Geräuscharmut zu realisieren. Trotz wiederholter Versuche [16] hat der Dampfmotor keine Aussicht als PKW-Antriebsaggregat eingesetzt zu werden.

10.3.3.4 Gemeinsamkeiten der Motoren mit äußerer Verbrennung

Wärmekraftmaschinen mit stationärer, kontinuierlicher Verbrennung, wie Gasturbine, Stirling- oder Dampfmotor bieten die Möglichkeit einer präzisen Kontrolle des Verbrennungsprozesses in der Brennkammer. Aber gerade in dieser stationären, kontinuierlichen Verbrennung liegt der fundamentale Nachteil dieser Verbrennungskraftmaschinen.

Die thermodynamischen Vergleichsprozesse für Wärmekraftmaschinen sind Carnot-, Otto-, Diesel- oder Seiliger-Prozess. Maximaler theoretischer Wirkungsgrad des Prozesses wird durch die maximale (obere) und minimale (untere) Temperatur limitiert (**Bild 10.2**). Da die untere Temperatur der Umgebungstemperatur entspricht, steigt der theoretische Wirkungsgrad mit steigender Prozesstemperatur T_{max} (T_3). Die maximal mögliche obere Temperatur T_{max} der Wärmezufuhr wird durch die verwendeten Werkstoffe für die Brenn-

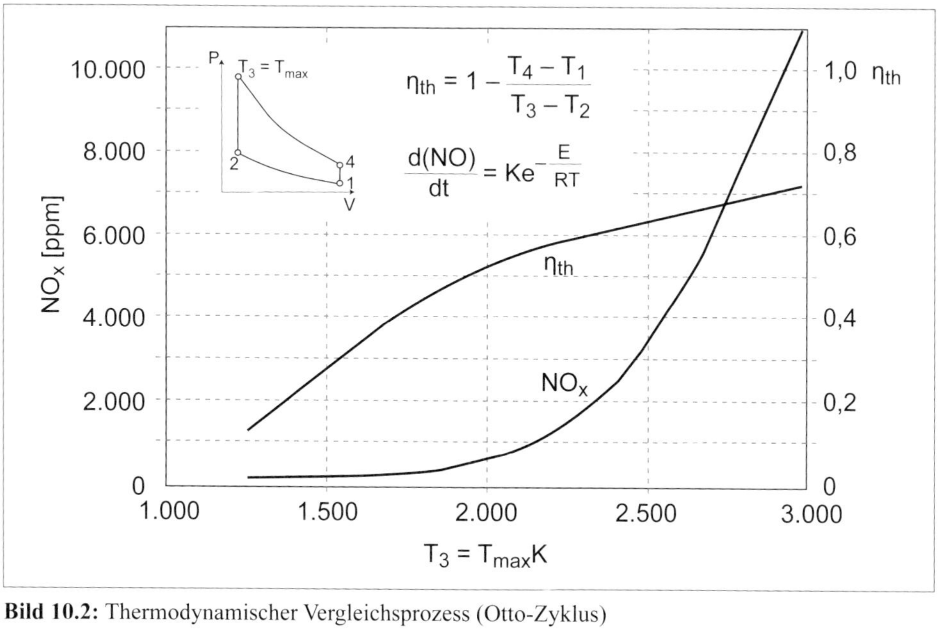

Bild 10.2: Thermodynamischer Vergleichsprozess (Otto-Zyklus)

kammer und das Arbeitsmedium begrenzt. Die hochtemperaturfesten Stähle erlauben bei Gasturbinen eine T_{max} von ca. 1.000 °C; keramische Werkstoffe bis $T_{max} \approx 1350$ °C. Bei Stirlingmotoren wird maximale Temperatur von 600 °C erreicht und bei Dampfmaschinen mit Wasser als Medium 500 °C. Diese Temperaturen liegen deutlich niedriger als T_{max} in einem Otto- oder Dieselmotor.

Die Hubkolbenverbrennungsmotoren (Otto und Diesel) haben im Vergleich zu anderen Wärmekraftmaschinen den großen Vorteil, dass die Wärme direkt dem Arbeitsmedium (der Luft) im Brennraum zugeführt wird. Die Wände des Brennraumes werden von außen gekühlt (Wandtemperaturen ca. 250 °C). Dank dem ständigen Ladungswechsel und der damit inneren Kühlung des Brennraumes dürfen maximale Verbrennungstemperaturen wesentlich höher liegen (über 2000 °C) als bei anderen Wärmekraftmaschinen, bei welchen die Temperatur des Arbeitsmediums durch die Wände begrenzt ist.

Die maximale Temperatur hat einen entscheidenden Einfluss auf den thermischen Wirkungsgrad η_{th} einer Wärmekraftmaschine (Bild 10.2). Mit dem thermodynamischen Wirkungsgrad wird der Gesamtwirkungsgrad (effektiver Wirkungsgrad) vorbestimmt. Bei allen Motoren mit äußeren, stationären, kontinuierlichen Verbrennung ist er nicht so hoch, wie bei Motoren mit innerer Verbrennung.

So liegt im vermeintlichen Nachteil des Viertakt-Hubkolbenverbrennungsmotors, seiner diskontinuierlichen Verbrennung, eigentlich sein großer Vorteil. Durch innere Verbrennung mit ständigem Ladungswechsel ist eine hohe maximale Verbrennungstemperatur des Arbeitsmediums, bei relativ niedrigen Wandtemperaturen, möglich. Dies sichert dem Hubkolbenmotor stets einen niedrigeren Kraftstoffverbrauch im Vergleich zu anderen Wärmekraftmaschinen.

10.3.4 Elektrofahrzeuge

Straßenfahrzeuge mit elektrischem Antrieb sind bereits seit den Anfängen des Automobils bekannt. Das erste Elektromobil wurde in London 1886 gebaut. Zu dieser Zeit wurden seine Chancen als wesentlich besser beurteilt, als die des Fahrzeugs mit dem gerade erfundenen Otto- und Dieselmotoren.

Die ersten PKW mit Elektroantrieb wiesen eine maximale Geschwindigkeit von 106 km/h und eine Reichweite von ca. 80 km auf. Bis Mitte der 90er Jahre des 20. Jahrhunderts wurde an unterschiedlichen Stellen immer wieder versucht, das Elektroautomobil zu einer konkurrenzfähigen Alternative zu entwickeln. Trotz intensiver Forschung und Entwicklung unterscheidet sich das moderne Elektrofahrzeug in seinen Eigenschaften nicht wesentlich von seinen Uhrahnen. Moderne Elektrofahrzeuge erreichen maximale Geschwindigkeiten von 120 km/h und eine Reichweite zwischen 70 bis 100 km. Ihr Anwendungsbereich blieb auf Sondereinsätze im innerstädtischen Verkehr beschränkt. Als Hauptnachteil wird die noch immer geringe Energiedichte des Speichers (Batterie) gesehen, die im Vergleich zum

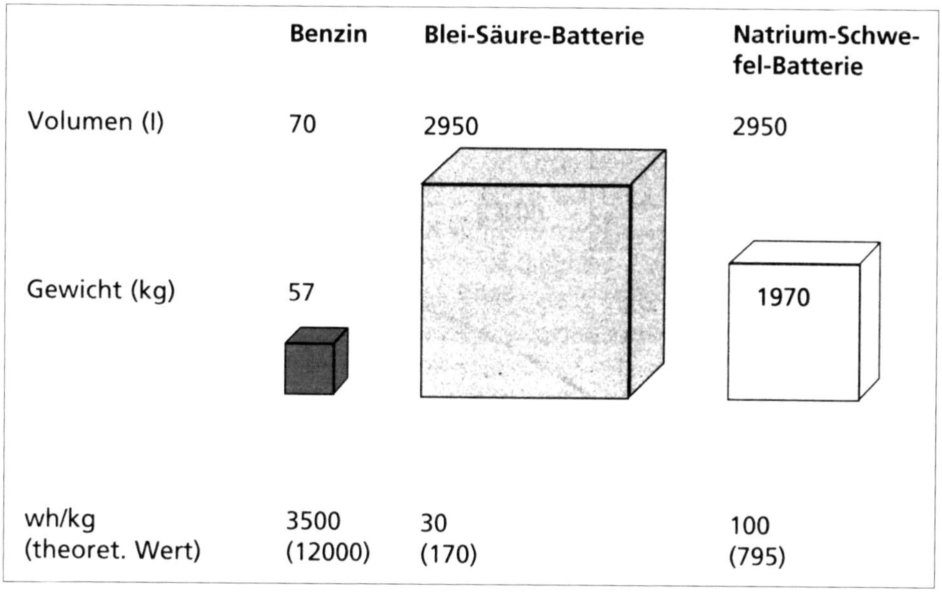

Bild 10.3: Benzintank und elektrische Batterien (Energieinhalt entsprechend 70 l Benzin)

üblichen System auf der Basis von Otto- oder Dieselkraftstoff um mehr als eine Größenordnung niedriger liegt (**Bild 10.3**).

Der entscheidende Durchbruch hinsichtlich Reichweite und Gesamtenergieverbrauch von rein elektrisch betriebenen Straßenfahrzeugen ist bis heute, trotz manchmal auch starkem politischem Druck, nicht gelungen [20, 24].

Von Anfang an wird fast nur die Blei(Pb)-Batterie verwendet. Ihre Energiedichte liegt bei ca. 30 Wh/kg. Für die gleiche Energiemenge wie in einem Benzintank mit 70 l Inhalt und 57 kg Gewicht, müsste eine Bleibatterie mit fast 3.000 l und einem Gewicht von 6,5 Tonnen gebaut werden. Auch alle anderen erprobten Batterien wie Natrium-Schwefel, Nickel-Cadmium, bis zu Lithium-Ion sowie Nickel-Metall-Hydriden sind noch immer zu schwer, zu teuer, mit zu geringer Speicherkapazität, zu geringer Lebensdauer und zu langen Aufladezeiten behaftet. Keine der gegenwärtig bekannten Batterien kann die Energiedichte des flüssig mitgeführten Kraftstoffs eines Autos mit Verbrennungsmotor ersetzen [18]. Hinzu kommt, dass auch das Aufladen der Batterie im Vergleich zum Betanken mit flüssigem Kraftstoff viel Zeit beansprucht (bis zu 8 Stunden).

Mit Rücksicht auf die Abgasemissionen bei der Herstellung der elektrischen Energie sind Elektrofahrzeuge auch nicht emissionsfrei (**Bild 10.4**).

Die Kalifornische Umweltbehörde (CARB) musste ihre Pläne über die Zwangseinführung von Elektrofahrzeugen unter dem Namen „Zero Emission Vehicle“ (**ZEV**) in Kalifornien

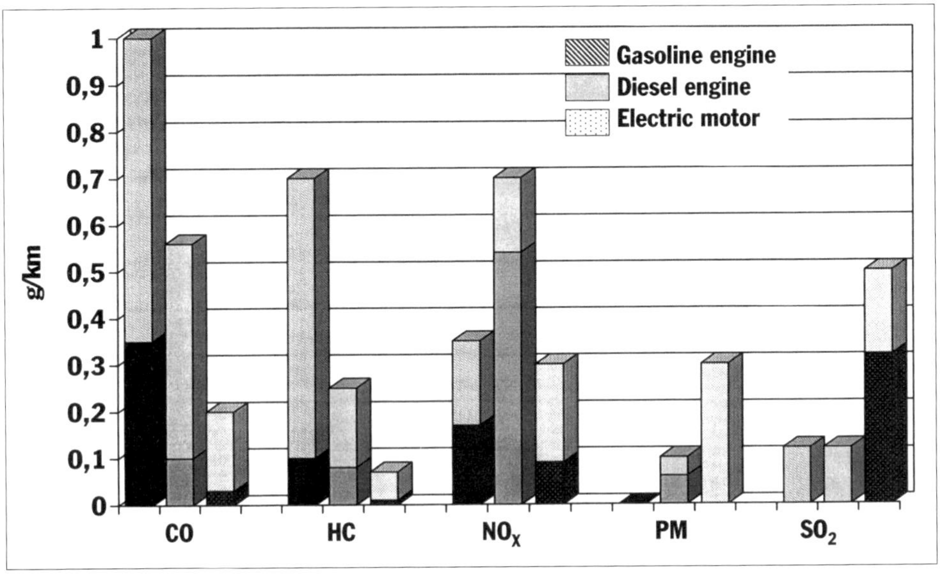

Bild 10.4: Abgasemissionen: Otto-, Diesel- und Elektromotor

vollständig revidieren [19]. Im September 1990 hatte CARB „the Low Emission Vehicle and Clean Fuels Regulation" erlassen. Beginnend ab 1998 sollten 2 % der in Kalifornien verkauften Fahrzeugflotte eines Herstellers ZEVs sein. Es wurde damals angenommen, dass Elektrofahrzeuge und Brennstoffzellen-Fahrzeuge diese Anforderungen erfüllen werden. Der Prozentsatz dieser Fahrzeuge sollte bis 2001 auf 5 % und bis 2003 auf 10 % steigen. Zum ersten Mal wurde das Gesetz 1996 modifiziert, in dem die Forderungen für die Jahre 1998 und 2001 aufgehoben wurden; später auch für das Jahr 2003.

Auch die Großversuche in Deutschland (Anfang der 80er Jahre in Berlin und Anfang der 90er Jahre in Rügen), Frankreich (La Rochelle), Schweiz (Mendrisio) und Niederlande (Amsterdam) konnten zu keinem Durchbruch von Elektrofahrzeugen beitragen. Die bisherigen Elektrofahrzeuge auf dem Markt sind nicht erfolgreich gewesen, weil sie für den universellen Einsatz erforderlichen Kosten und erforderliche Reichweite nicht erreichen können. Außerdem fehlt die Infrastruktur für Bedienung dieser Fahrzeuge.

Trotz einer über 100 Jahre langen Forschung und Entwicklung haben elektrochemische Batterien bislang noch nicht die Leistungsdichten erreicht, die für Antrieb eines modernen Automobils erforderlich sind.

Blei (Pb)-Batterien werden noch immer am häufigsten verwendet. Sie wurde schon 1859 erfunden und ist praktisch die Einzige in der Großserienproduktion. Pb-Batterie hat relativ niedrige spezifische Energie und schlechte Eigenschaften bei niedrigen Temperaturen sowie relativ kurze Lebensdauer. Ihr Gewicht ist sehr hoch. Sie ist jedoch seit Jahrzehnten erprobt, relativ sicher und preisgünstig. Infrastruktur für ihr Recycling ist vorhanden.

Nickel-Cadmium (Ni-Cd)-, **Natrium-Chlorid** (Na-Cl)-, **Natrium-Schwefel** (Na-S)- und **Natrium-Nickel** (Na-Ni)-Batterien haben sich wegen hohen Betriebstemperaturen, hoher Toxizität, Unsicherheit und schlechter Recyclingfähigkeit für den automobilen Bereich als nicht geeignet gezeigt.

Zurzeit werden intensiv Nickel-Metall-Hydrid (Ni-Mett)- und Lithium-Ion (Li-Ion)-Batterien erforscht und entwickelt.

Nickel-Metall-Hydrid-Batterien haben wesentlich längere Lebenszyklen als Pb-Batterien und sind auch sicher. Ihre Hauptnachteile sind hohe Kosten, Selbstentladung, Wärmeentwicklung und Betrieb bei niedrigen Temperaturen.

Lithium-Ion-Batterien haben die beste spezifische Leistung, einen hohen Wirkungsgrad, niedrige Selbstentladung und gute Eigenschaften bei hohen Temperaturen. Zu ihren Nachteilen zählen hohe Kosten, begrenzte Lebensdauer und die ungenügende Sicherheit, da es bei Unfällen zu Feuer und Explosionen der Batterie kommen kann.

Es darf auch nicht vergessen werden, dass Elektrofahrzeuge Energie nicht nur für die Fortbewegung des Fahrzeugs benötigen. Sie brauchen Energie auch für den Antrieb von Hilfsaggregaten und Systemen, wie Servolenkung, Beleuchtung, Heizung, Entfrostung, Scheibenwischer, Klimaanlagen. All dies verringert die Leistung, die für die Fortbewegung des Fahrzeugs erforderlich ist. Insbesondere bei intensivem Verkehr und bei kaltem Wetter verlieren Elektrofahrzeuge rasch ihre dynamischen Eigenschaften.

Es müssen drastische Verbesserungen der Energiespeicher erreicht werden, um Elektrofahrzeuge attraktiv genug zu machen. Ein Durchbruch in der Speichertechnologie hätte den größten Einfluss auf die Akzeptanz und Kommerzialisierung von Elektrofahrzeugen.

10.3.5 Schwungradspeicher

Sehr reizvoll erscheint die Idee, die kinetische Energie des Fahrzeugs beim Bremsvorgang statt zu „vernichten", d.h. in die Wärme umzuwandeln, in einem Energiespeicher in andere, nutzbare Energiearten zu transformieren bzw. die Bremsenergie zurück zu gewinnen. Als besonders geeignet dafür erscheinen Schwungräder. Sie rotieren in einem Vakuum und wandeln gespeicherte mechanische Energie in mechanische oder elektrische um. Bei Fahrzeugen mit vorgegebener Route und einer reservierten Fahrspur, wo Anfahrt und Bremswege bekannt sind (**Bild 10.5**), wie z.B. bei der Eisenbahn oder bei Bussen, bringen diese Systeme Vorteile.

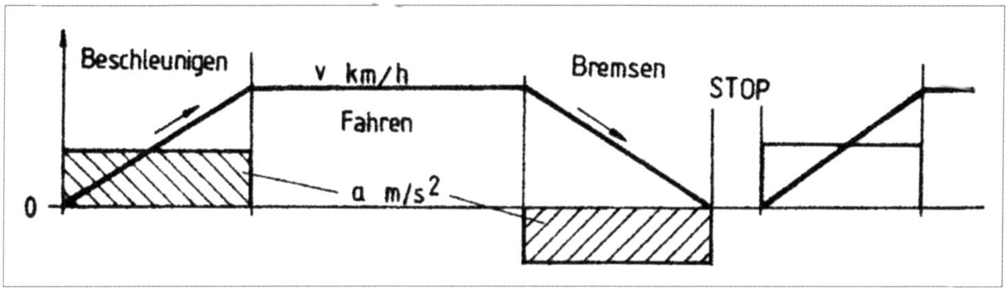

Bild 10.5: Bremsenergiespeicherung bei vorgegebener Fahrspur [Quelle: Hoepke]

Bei allen anderen Fahrzeugen mit zufälligen, willkürlichen Beschleunigungs- und Bremsvorgängen konnten keine Vorteile durch dieses System nachgewiesen werden.

10.3.6 Hybrid-Fahrzeuge

Es bietet sich an, die Vorteile des elektromotorischen Antriebs mit einer effizienten Verbrennungskraftmaschine in einem Fahrzeug zu verbinden. Fahrzeuge mit einem kombinierten Antrieb durch Elektromotoren und einer relativ kleinen, aber sehr effizienten Verbrennungskraftmaschine – die so genannten Hybrid-Antriebe – stellen nach Meinung einiger Fachleute die beste Lösung im Straßenverkehr für die Reduzierung der schädlichen Abgasemission und des Kraftstoffverbrauches dar.

Anfang der 90er Jahre wurden Hybrid-Antriebe als Kombination zwischen Gasturbine und Elektromotoren untersucht [24]. Als bessere Lösung hat sich allerdings die Kombination zwischen einem effizientem Otto- oder Dieselmotor und dem Elektromotor gezeigt.

Hybrid-Fahrzeuge haben inzwischen die Serienreife erlangt. Es gibt unterschiedliche Ausführungen von diesen Fahrzeugen, mit denen sich, je nach technischen Aufwand, unterschiedliche Verbesserungen, im Vergleich zum konventionellen Antrieb, realisieren lassen. Die erste Aufteilung von Hybrid-Fahrzeugen berücksichtigt den Hybridisierungsgrad, es wird zwischen

- Mild-Hybrid-Fahrzeugen und
- Voll-Hybrid-Fahrzeugen

unterschieden.

10.3.6.1 Mild-Hybrid-Fahrzeuge

Bei Mild-Hybrid-Fahrzeugen werden neben dem üblichen Verbrennungsmotor als Hauptantriebsaggregat, noch folgende Systeme und Komponenten eingebaut (**Bild 10.6**):

- Starter-Generator in einer Einheit
- Start-Stopp-Automatik

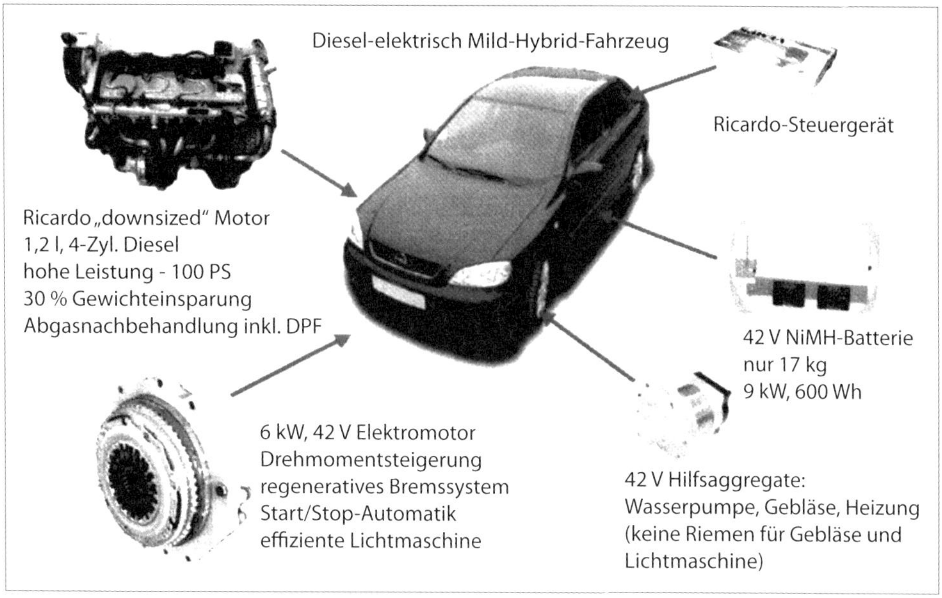

Bild 10.6: Mild-Hybrid-Fahrzeug [Quelle: Ricardo]

- System für Bremsenergierückgewinnung und
- Intelligente Steuerung von Nebenaggregaten.

Eine Reduzierung des Kraftstoffverbrauches bzw. der CO_2-Emission von ca. 5 % wird bei Mild-Hybrid-Fahrzeugen angegeben [18].

10.3.6.2 Voll-Hybrid-Fahrzeuge

Voll-Hybrid-Fahrzeuge sollen ein rein elektrisches Fahren über kurze Strecken ermöglichen. In ihren Aufbau unterscheidet man bei Voll-Hybrid-Fahrzeugen zwischen

- Parallel-Hybrid-Fahrzeugen und
- Serien-Hybrid-Fahrzeugen (**Bild 10.7**).

Bei Parallelhybrid kann das Fahrzeug wahlweise entweder mit Verbrennungsmotor oder mit Elektromotor oder mit beiden gleichzeitig betrieben werden. Im typischen Parallelhybrid ist der Verbrennungsmotor die Hauptquelle der Energie, während der Elektromotor in besonderen Fahrsituationen (Stadtverkehr, Beschleunigung, Steigerung) benutzt wird.

Bei Serienhybriden ist der Elektromotor die Hauptantriebsquelle für die Bewegung des Fahrzeugs. Die vom Verbrennungsmotor erzeugte Arbeit wird in einem Generator in elektrischen Strom umgewandelt und dann in einer Batterie gespeichert. Der Elektromotor nimmt die erforderliche Energie für den Betrieb des Fahrzeugs aus der Batterie.

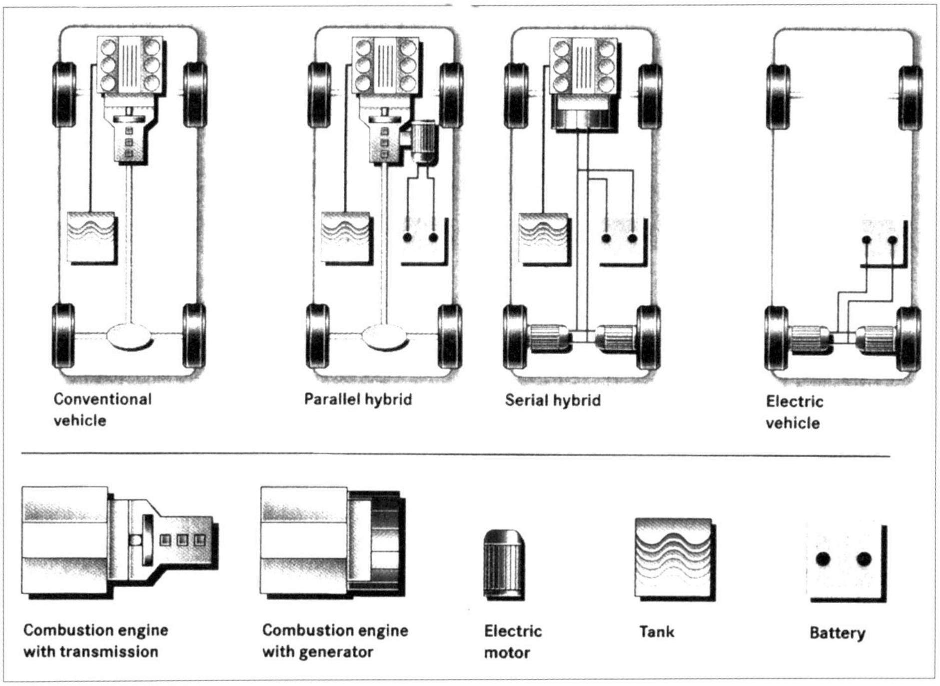

Bild 10.7: Kraftfahrzeugantriebe: Verbrennungsmotor, Hybrid-Antrieb und Elektromotor

Im Vergleich zum konventionellen Antrieb ist ein Hybrid-Fahrzeug effizienter, weil jeder Antriebsaggregat vorzugsweise in seinen Verbrauchs- oder Emissionsoptimalen Bereich betrieben werden kann. Zusätzlich besteht noch die Möglichkeit einer Speicherung der Bremsenergie.

10.3.6.3 Plug-In-Hybrid-Fahrzeuge

Eine besondere Entwicklung von Serien-Hybrid-Fahrzeugen stellen die so genannten „Plug-In-Hybrid-Fahrzeuge" dar. Diese werden mit einer besonders leistungsfähigen Batterie ausgerüstet die über einem Stecker aus dem Stromnetz (Plug-In) nachgeladen werden kann (**Bild 10.8**) [27].

Ziel dieser Entwicklung ist es, bestimmte Strecken im alltäglichen Gebrauch mit rein elektrischem Antrieb zurückzulegen (Stadtverkehr, Reichweiten bis 70 km). Ein kleiner Verbrennungsmotor wird nur im Notfall benötigt und dient dazu den Strom zu generieren, um so eine längere Strecke im elektrischen Antrieb zu ermöglichen.

Hybrid-Fahrzeuge können zur Senkung der CO_2-Emission beitragen. Bei Voll-Hybrid-Fahrzeugen mit Ottomotoren wird mit einem CO_2-Reduktionspotential von 20 bis 25 %

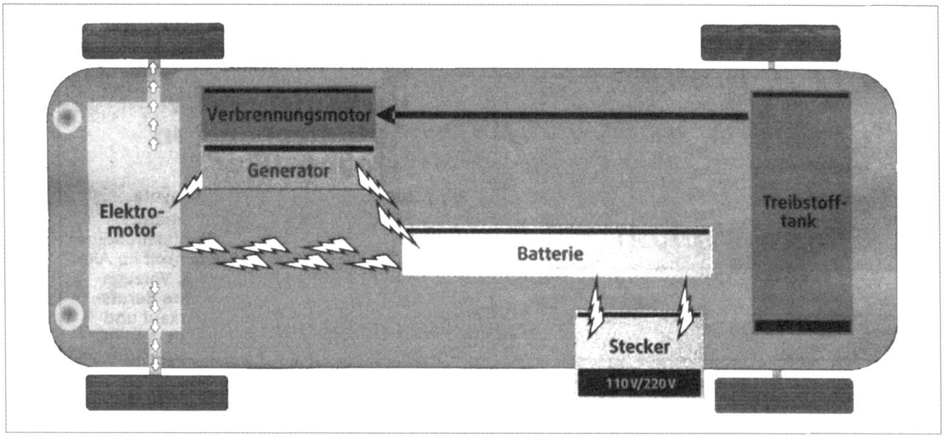

Bild 10.8: Plug-In-Fahrzeug [Quelle: Automobil Revue]

und bei Dieselmotoren bis zu 40 % gerechnet. Das Einsparpotential ist stark einsatzabhängig. Die größte Reduzierung wird immer im Stadt- und Kurzstreckenverkehr erreicht.

Toyota hat ermittelt, dass in der gesamten ökologischen Bilanz, von „der Wiege bis zu Bare", bei einer Lebensdauer von 100.000 km oder 10 Jahre, ein Hybrid-Fahrzeug (Toyota-Prius) um 34 % weniger Gesamtenergie verbraucht, und um 36 % weniger CO_2 ausstößt, als ein vergleichbarer Fahrzeug mit Ottomotor [8].

Auch im Nutzfahrzeugbereich und Omnibussen wird Hybrid-Antrieb erprobt (MAN, Volvo, Iveco) (**Bild 10.9**).

Maximale Kraftstoffeinsparungen bzw. größte CO_2-Reduzierungen werden auf Routen mit häufigen Bremsvorgängen erzielt. Zentrale Bedeutung für den Erfolg von Hybrid-Fahrzeugen haben Batterien. Wichtig sind dabei ihre Leistungsdichten, spezifische Leistung sowie die Entladungszeit. Die heute besten Batterien, wie Nickel-Metall-Hydrid- und Lithium-Ion-Batterie sind leistungsmäßig noch weit vom gewünschtem Stand entfernt.

Die neuen Normen ISO 6469 sowie ISO 23273 und 23274 behandeln sicherheitstechnische Aspekte von Elektro- und Hybrid-Fahrzeugen sowie die Messung des Kraftstoffverbrauches und der Abgasemission.

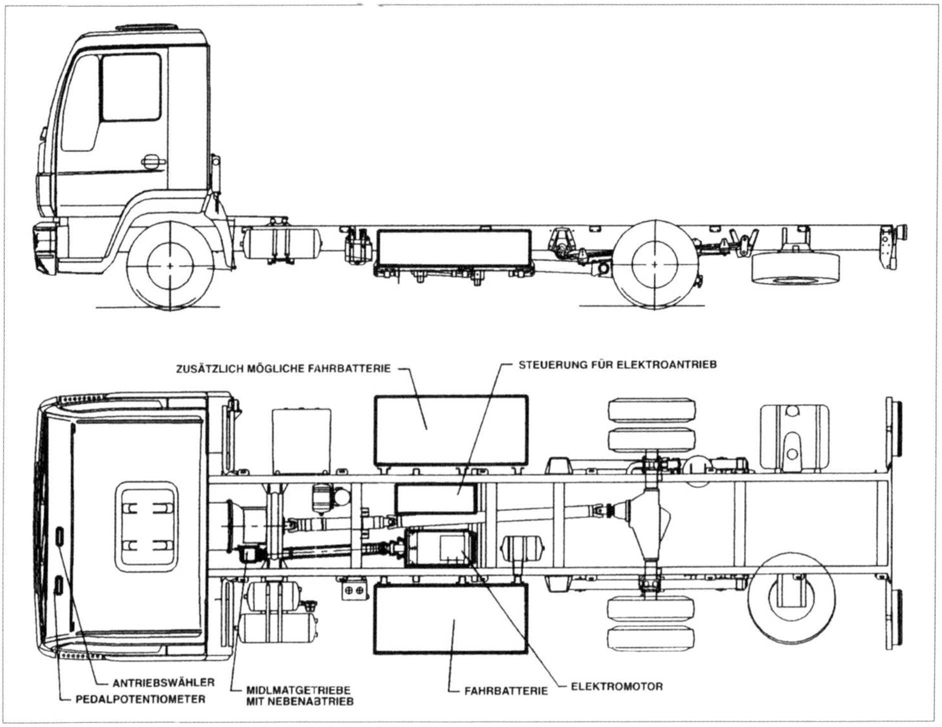

Bild 10.9: NFZ-Hybrid-Antrieb [Quelle: MAN]

10.3.7 Brennstoffzellen-Fahrzeuge

Bei Brennstoffzellen-Fahrzeugen handelt es sich um eine weitere Form des Elektrofahrzeugs. Die elektrische Energie wird mit Hilfe der Brennstoffzelle an Bord erzeugt; der Antrieb erfolgt über Elektromotor. Die Brennstoffzelle (**Bild 10.10**) wurde schon 1839 erfunden, durch den Engländer William Robert Grove, als „galvanische Gasbatterie".

In einer Brennstoffzelle läuft der umgekehrte Vorgang der Elektrolyse ab: Wasserstoff (H_2) und Luftsauerstoff (O_2) verbinden sich zu Wasser (H_2O). Dabei entstehen elektrischer Strom und Wärme. Durch Elektrolyse wird das Wasser unter Einwirkung des Elektrostroms in Wasserstoff (H_2) und Sauerstoff (O_2) zerlegt.

Eine Brennstoffzelle besteht aus zwei Elektroden: Anode und Kathode, die durch einen festen Elektrolyten getrennt sind. Dieser Elektrolyt, aus einer protonenleitenden Kunststoffmembrane (**P**roton **E**xchange **M**embrane – **PEM**) bildet den Kern einer Brennstoffzelle. Die PEM-Folie und die Anode sind mit Platin (Pt) beschichtet um ihre katalytische Wirkung zu verstärken. Durch feine Kanäle in der Anode wird Wasserstoff geleitet und mittels katalytischer Wirkung der Pt-Beschichtung in positiv geladene Wasserstoffionen

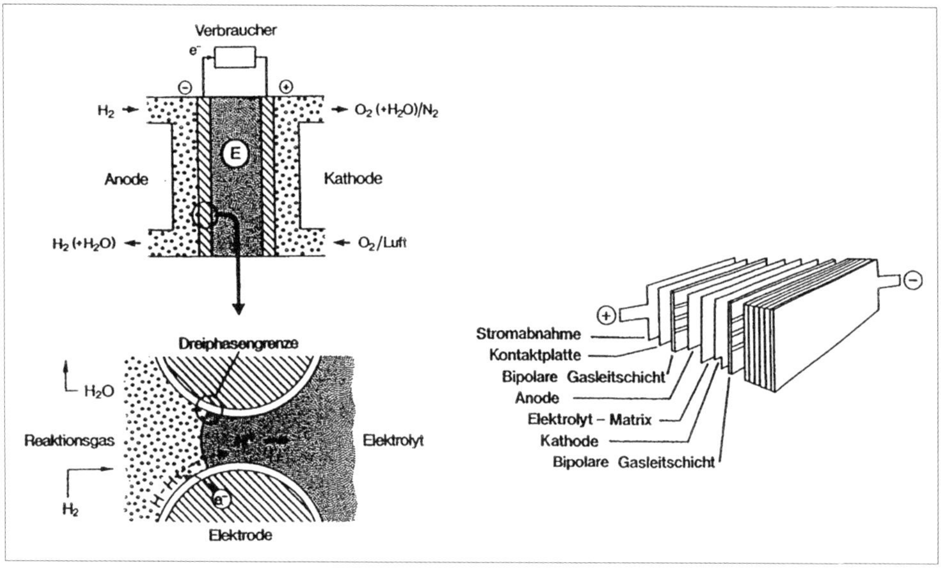

Bild 10.10: Aufbau einer einzelnen Brennstoffzelle und eines Brennstoffzellen-Stacks [Quelle: DaimlerChrysler]

(Protonen, H^+) und negativ geladene Elektronen (e^-) zerlegt. Die Protonen (H^+) wandern durch die Membrane hindurch zur Kathodenseite. Die Membrane ist durchlässig für Protonen aber nicht für freie Elektronen. In Folge lädt sich die Anode negativ auf, da ein Überfluss an Elektronen entsteht.

Auf Kathodenseite nehmen Sauerstoffmoleküle aus der Luft, von Katalysator angeregt, Wasserstoffprotonen auf, wodurch sich Kathode positiv auflädt. Es entsteht somit eine Potentialdifferenz zwischen Anode und Kathode [30, 31, 32, 35, 38].

Werden Anode und Kathode über einen äußeren Stromkreis verbunden, kommt es zum Ladungsaustausch und der Strom fließt von Anode zur Kathode. Die Elektronen wandern durch den Stromkreis bevor sie sich wieder mit ihren Protonen und Sauerstoffmolekülen zu Wasser vereinigen. Auf diese Weise produziert die Anode der Brennstoffzelle Strom, während an der Kathode Wasser und Wärme entstehen.

Anode: $H_2 \rightarrow 2H^+ + 2e^-$

Kathode: $\frac{1}{2} O_2 + 2H^+ + 2e^- \rightarrow H_2O$

Zwischen Kathode und Anode entsteht eine elektrische Spannung von ca. 0,6 bis 1,2 V. Da die Spannung einer einzelnen Brennstoffzelle sehr gering ist, werden mehrere Zellen, ähnlich wie in einer Batterie, untereinander verbunden. Eine solche Reihenschaltung der einzelnen Zellen nennt man „Brennstoffzellen-Stack" („Fuel Cell Stack"). Es müssen mehrere hundert individuelle Zellen (über 200) mitcinender verbunden werden, um genügend Leistung für KFZ-Antrieb zu erzeugen.

Anfang der 60er Jahre des letzten Jahrhunderts wurde zum ersten Mal Brennstoffzelle als mögliche Alternative für den Kraftfahrzeugantrieb erwähnt. Intensive Forschungsarbeiten begannen erst 30 Jahre später. Wegen ihres hohen theoretischen Wirkungsgrades (**Bild 10.11**) und ihren geringen Schadstoffemissionen zählen Brennstoffzellen z. Zt. zu den wichtigsten Energiequellen für die Zukunft.

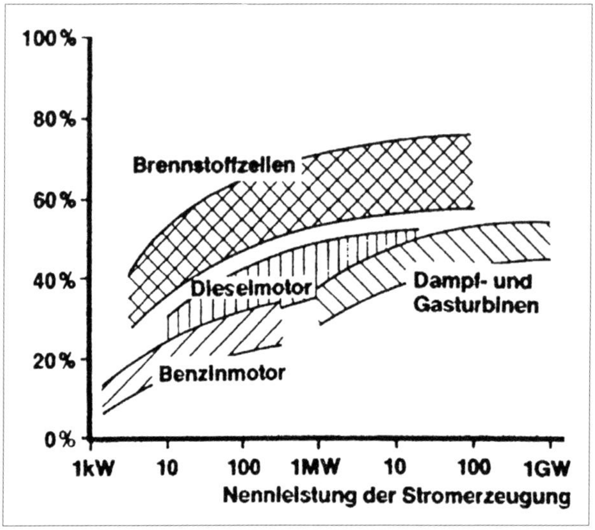

Bild 10.11: Wirkungsgrade unterschiedlicher Antriebsysteme bei Stromerzeugung

Von mehreren möglichen Ausführungen von Brennstoffzellen werden in der Automobilindustrie vor allem zwei verfolgt:

- **PEM** (PEFC) – **P**roton **E**xchange **M**embrane und
- **SOFC** – **S**olide **O**xide **F**uel **C**ell

PEM gehört zu den so genannten Niedrigtemperatur-Brennstoffzellen, weil ihre Betriebstemperatur bei ca. 80 °C liegt. Bei dieser Temperatur erreicht sie Wirkungsgrade um 45 %. SOFC zählen zu Hochtemperatur-Brennstoffzellen. Ihre Betriebstemperatur liegt zwischen 800 und 1.000 °C. Maximale Wirkungsgrade werden hier mit 60 % angegeben. Für Fahrzeugantrieb werden fast ausschließlich Niedrigtemperatur-PEM-Brennstoffzellen untersucht.

Ein Brennstoffzellen-Stack ist nur ein Teil des Brennstoffzellen-Systems. Damit sie funktionieren kann, braucht die Brennstoffzelle eine Reihe peripherer Nebenaggregate (**Bild 10.12**). Neben Kathode, Anode und Elektrolyten sind noch viele Hilfsaggregate erforderlich um Luft und Kraftstoff zur Brennstoffzelle zu führen, sie zu kühlen und zu steuern. Der Wirkungsgrad der Brennstoffzelle steigt, wenn Treibstoffe (Wasserstoff und Luft) mit

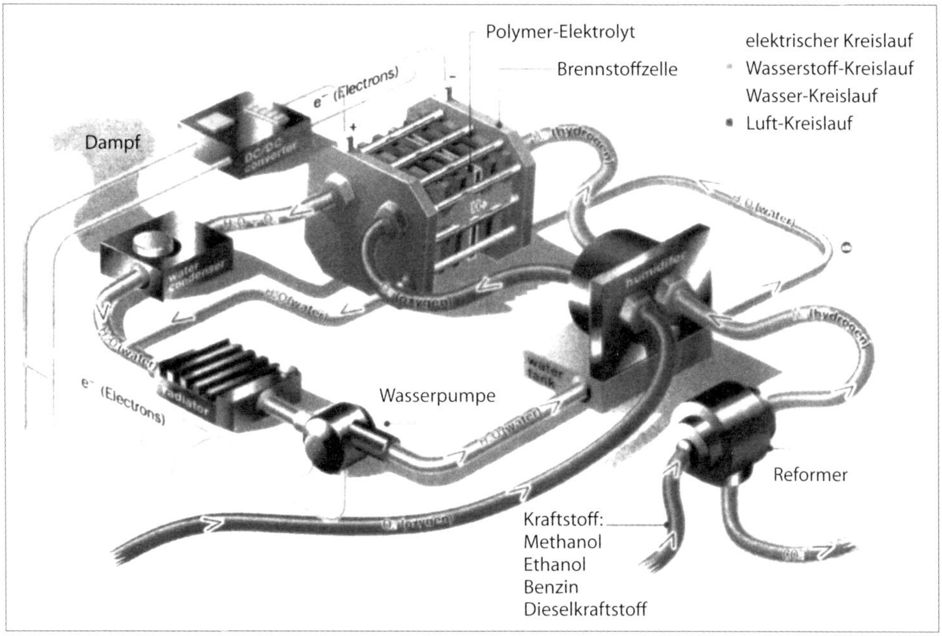

Bild 10.12: Das System Brennstoffzelle [Quelle: PSA]

einem erhöhtem Druck („Aufladung" mit 1,5 bis 3 bar) zu der Brennstoffzelle zugeführt werden. Dazu sind entsprechende Verdichtereinheiten erforderlich.

Um alle Komponenten einer Brennstoffzelle mit einem „Stack" von 50 kW Leistung abzudichten, werden ca. 1 km Dichtungen benötigt.

PEM-Brennstoffzellen werden durch katalytische Schicht aus Platin beschichtet. Der Bedarf an Platin wird als 10mal höher angegeben, als bei einem Drei-Wege-Katalysator.

Es wird oft angenommen, dass der Wärmehaushalt einer Brennstoffzelle leichter zu beherrschen ist, als beim Verbrennungsmotor. In einem Verbrennungsmotor wird die Wärmemenge grob aufgeteilt in

- ⅓ effektive Leistung
- ⅓ Abgaswärme und
- ⅓ Kühlmittelwärme.

In einer Brennstoffzelle wird weniger als 10 % der Wärmemenge durch Abgase abgeführt. Bei einem angenommenen Gesamtwirkungsgrad von 40 %, muss ca. 50 % der zugeführten Wärmemenge durch die Kühlung abgeführt werden. Bei häufigst verwendeten Niedertemperatur-Brennstoffzellen (PEM), liegt das Temperaturniveau des Kühlmittels bei ca. 80 °C, während es bei einem Verbrennungsmotor 120 °C beträgt. In der ersten Nährung ist die

Größe eines Wärmetauschers (Kühlers) umgekehrt proportional der Temperaturdifferenz zwischen Kühlmittel und Umgebungsluft.

Die Kühlergröße und die Kühlleistung eines Brennstoffzellenaggregats sind 4 bis 5mal größer als beim leistungsgleichen Otto- oder Dieselmotor. Das Thermomanagement eines Brennstoffzellen-Systems muss daher sehr sorgfältig optimiert werden.

Die Abgase der Brennstoffzelle (Wasserdampf) werden in einem Abgaskondensator abgekühlt und ein Teil davon dient zur Befeuchtung der Brennstoffzellen-Membrane. Nur befeuchtete Membranen können richtig funktionieren.

10.3.7.1 Kraftstoffe für Brennstoffzellen

Der ideale Kraftstoff für die Brennstoffzelle ist der mit Hilfe von Sonnenenergie und Solarzellen mittels Elektrolyse aus dem Wasser gewonnene Wasserstoff (**Bild 10.13**). Dieser ideale Zustand wird nicht vor Mitte des Jahrhunderts erwartet.

Da der Wasserstoff nicht als Primärenergie zur Verfügung steht, wird er zu 96 % aus fossilen Energieträgern, Erdöl und Erdgas gewonnen, mit entsprechender CO_2-Emission bei der Herstellung. Der Aufwand für Herstellung, Transport und Speicherung von Wasserstoff ist sehr groß. Er wird entweder flüssig (kryogen) am Bord des Fahrzeugs, oder gasförmig, in Druckbehältern unter einem Druck von 250 bis 700 bar, gespeichert. Von diesem Druck hängt die Menge des getankten H_2 bzw. die Reichweite des Fahrzeugs ab.

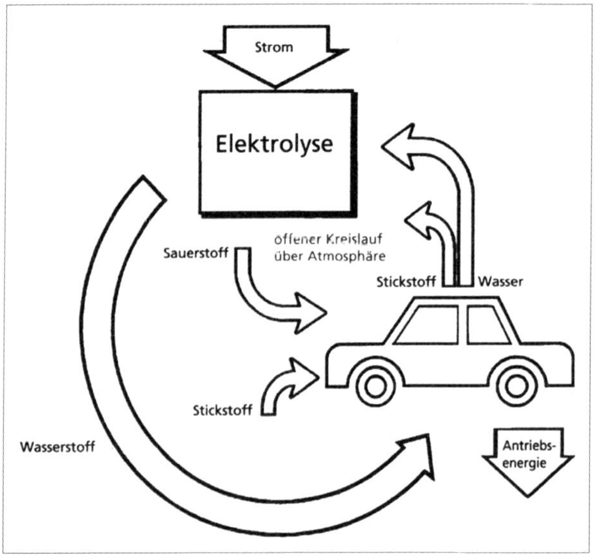

Bild 10.13:
Idealer Kraftstoff [Quelle: Stuttgarter Forum Auto und Umwelt]

In Abwesenheit der notwendigen Infrastruktur für Herstellung, Transport, Lagerung, Betankung und Speicherung im Fahrzeug, wurde auch untersucht, ob der Wasserstoff „on board" aus H_2-reichen Kraftstoffen gewonnen werden kann. In einem so genannten „Reformer" sollten diese Kraftstoffe in H_2 und CO_2 gespalten werden. Als mögliche Kraftstoffe kommen, neben Benzin und Dieselkraftstoff, insbesondere noch:

- Methanol (CH_3OH)
- Ethanol (C_2H_5OH) und
- Erdgas.

Die Reformer (**S**team **R**eformer – **SR**, oder **P**artial **Ox**idation Reformer – POx) haben sich als aufwendige und instationär sehr schwer zu beherrschende Aggregate gezeigt. Erforderliche Temperaturen für die Spaltung betragen, abhängig von der Kraftstoffart, zwischen 500 (Methanol) und 1300 °C (Dieselkraftstoff). Beim Start des Fahrzeugs benötigt ein Reformer zwischen 20 und 60 min um die notwendige Temperatur zu erreichen; bei größeren Leistungen bis zu 2 Std. Lange Startzeiten erfordern leistungsfähige Nebenaggregate und große Batterien. Der Betrieb einer Brennstoffzelle mit Wasserstoff aus Reformer ist wegen der Verdünnung des H_2 mit CO_2 und wegen der Verunreinigung mit CO nicht so effektiv wie bei reinen Wasserstoffbetrieb. Der effektive Wirkungsgrad wird um 20 bis 30 % reduziert. Für diese Art der H_2-Gewinnung ist ein schwefelfreier Kraftstoff erforderlich, weil sowohl die Brennstoffzelle, als auch der Reformer sehr empfindlich auf Unreinheiten im Kraftstoff reagieren. Bisher entwickelte Reformer haben ihre Arbeitsfähigkeit nur unter Laborbedingungen gezeigt. Als besonders schwierig stellt sich ein Betrieb unter 0 °C dar [35, 36, 37, 38].

10.3.7.2 Stand der Technik

Die optimistischen Prognosen seit Mitte der 90er Jahre, dass die Brennstoffzellen-Fahrzeuge ab dem Jahr 2003 bzw. 2004 serienreif produziert werden, haben sich nicht erfüllt. Gegenwärtig wird es nicht mehr erwartet, dass die Brennstoffzellen in den nächsten 20 bis 30 Jahren großserienmäßig zum Einsatz kommen werden. Folgende Punkte müssen gelöst werden, bevor die Brennstoffzelle als Antriebsaggregat für Straßenfahrzeuge in Serienproduktion eingeführt werden kann [37]:

1. **Start bei niedrigen Temperaturen und Lebensdauer bei hohen Temperaturen:** Bei niedrigen Temperaturen unter 0 °C besteht die Gefahr, dass das Wasser einfriert und die Membranen beschädigt werden. Durch optimierten Wasser- und Wärmemanagement ist ein Betrieb von Brennstoffzellen bis Temperaturen von –18 °C bis –25 °C möglich [31, 35]. Bei modernen Fahrzeugen mit konventionellem Antrieb wird ein Kaltstart bis Temperaturen von –35 °C gefordert. Bei Temperaturen über +85 °C kommt es zu einem starken Abfall des Wirkungsgrades und der Beschädigung von Membranen.
2. **Reichweite:** Die Reichweite von Brennstoffzellen-Fahrzeugen ist deutlich geringer als bei Fahrzeugen mit modernen Otto- oder Dieselmotoren. Bei einem Druck im Fahrzeug-H_2-Tank von 250 bar (entsprechend einer Menge von 1,4 kgH_2) beträgt sie ca. 150 km; bei 700 bar (ca. 4kgH_2) bis 400 km.
3. **Instationäres Verhalten:** Da die Brennstoffzelle schnelle Laständerungen des Fahrzeugs nicht folgen kann, muss eine Batterie die aktive Rolle bei instationären Vor-

gängen als Leistungsquelle übernehmen. Das instationäre Verhalten und die Kaltstartprobleme verlangen nach einer großen Batterie, die sich in den Kosten des Systems zusätzlich niederschlägt.

4. **Infrastruktur für Versorgung mit Wasserstoff:** Neben der Entwicklung der Brennstoffzelle für Fahrzeugantrieb, soll parallel auch die notwendige Infrastruktur für die Versorgung der Fahrzeugflotte mit erforderlichen Kraftstoffen aufgebaut werden. Diese Infrastruktur existiert gegenwärtig für Wasserstoff nicht und verlangt nach Milliarden von Investitionen.
5. **Kosten:** Hohe Kosten für die Herstellung von Brennstoffzellen sowie für den Ausbau der erforderlichen Infrastruktur behindern, neben einer Reihe ungelöster technischer Probleme, ihre kommerzielle Einführung auf dem Markt. Für 1 kW Leistung werden bei der Brennstoffzelle Kosten zwischen 5.000 und 10.000 € genannt [38,39]. Herstellkosten für 1 kW Leistung bei Otto- und Dieselmotoren bewegen sich zwischen 25 und 50 €. Um einem Hubkolbenverbrennungsmotor konkurrenzfähig zu machen, werden Kosten zwischen 50 und 80 €/kW für die Brennstoffzelle genannt. Prognosen über die Kostenentwicklung bei der Brennstoffzelle (**Bild 10.14**) [40] haben sich nicht erfüllt.

Materialprobleme bei Membranen, die Dauerhaltbarkeit der Zellen, deren Kaltstartfähigkeit und das Problem der Speicherung von H_2 an Bord, sind weitere schwerwiegende Faktoren, die einen Durchbruch der Brennstoffzellen behindern. Intensive Weiterentwicklung der Brennstoffzellentechnik, der Speichertechnik sowie der gesamten Infrastruktur sind erforderlich, um ein Umstieg auf diese Antriebsart vorzubereiten und zu realisieren.

Die Motivation für Brennstoffzelleneinsatz lag zunächst in der sehr geringen Gesamtemission an klassischen Schadstoffen (HC, CO, NO_x und PM) sowie an geringen Energieverbrauch bzw. CO_2-Emissionen.

Der Vorteil niedriger Schadstoffemissionen kommt, bei gegenwärtigen niedrigen Abgasgrenzwerten (Euro 4, Euro 5, ULEV, SULEV, etc.) und weiterentwickelten Otto- und Dieselmotoren nicht mehr zum Tragen. Energieverbrauch und CO_2-Emissionen von Brennstoffzellenfahrzeugen sind, bei Verwendung der fossilen Energieträger (Erdöl, Erdgas) für die Herstellung von Wasserstoff, in ähnlicher Größenordnung, wie bei modernen Otto- und Dieselmotoren.

Neben der Entwicklung von Brennstoffzellen für Fahrzeugantrieb, werden sie auch als Energiequelle, als so genannte **APU** (**A**uxiliary **P**ower **U**nit) entwickelt, für den Antrieb von Nebenaggregaten im Fahrzeug (**Bild 10.15**). Mit Rücksicht auf den steigenden Bedarf an elektrischer Leistung im Fahrzeug stoßen konventionelle Generatoren und Batterie fast an ihre Grenzen.

Es wird erwartet, dass die erste Anwendung der Brennstoffzellen im Großserieneinsatz bei PKW gerade diese APU sein wird, als eine „elektrochemische Batterie", weil dadurch die Eigenschaften von Brennstoffzellen am besten ausgenützt werden können. APU wird als Beginn einer neuen Ära in der Fahrzeugtechnik bezeichnet.

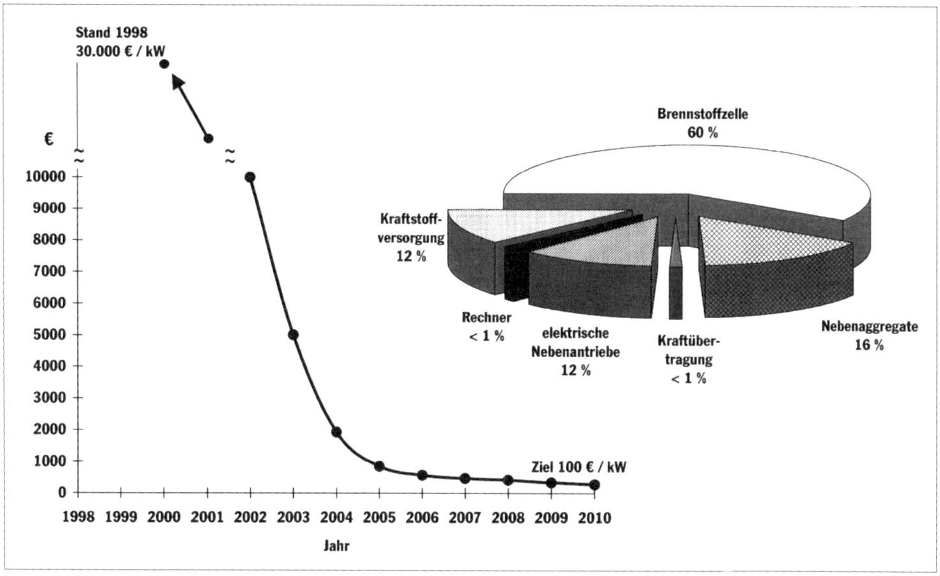

Bild 10.14: Prognosen über Kostenentwicklung bei der Brennstoffzelle [Quelle: Renault]

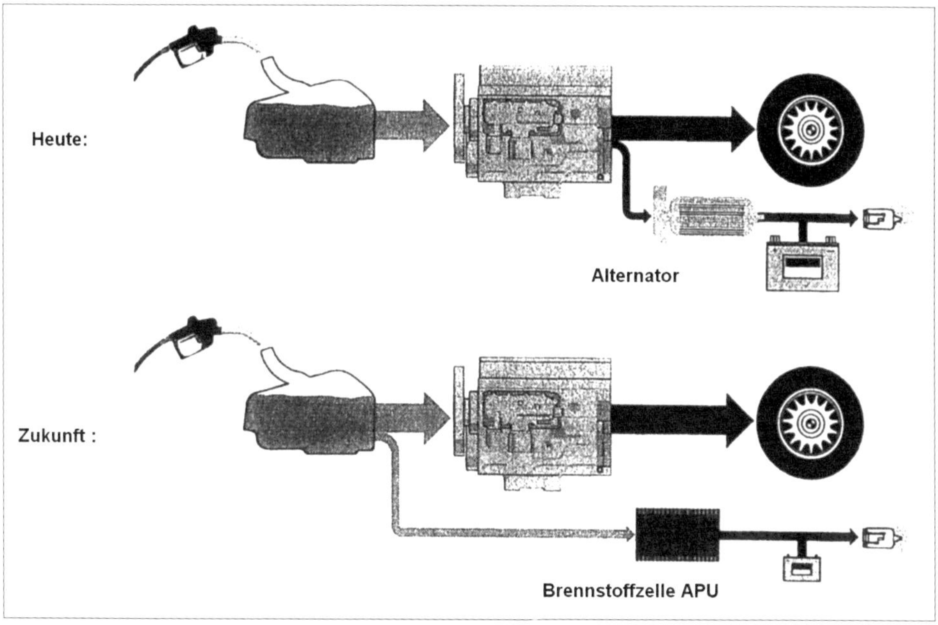

Bild 10.15: Vergleich des Energiestromes bei Fahrzeugen mit konventionellen Generator und APU (Brennstoffzelle)

Parallel mit der Entwicklung von Brennstoffzellen wurden auch Normen für die Prüfung von Brennstoffzellenfahrzeugen vorbereitet. Seit 2006 gilt ISO 23273 Standard über Sicherheitsspezifikationen, der auch sicherheitsspezifische Aspekte für Hybridfahrzeuge enthält. ISO 23828 beinhaltet Energieverbrauchmessung bei Brennstoffzellenfahrzeugen.

10.4 Aussichten für die Zukunft

Eine der größten Schwierigkeiten bei jeder Diskussion über alternative Antriebsaggregate stellt oft die missionarische Hartnäckigkeit der Verfechter von alternativen Antriebssystemen dar, die stets mit sehr vereinfachten Beurteilungskriterien verbunden sind. Die so genannten „viel versprechenden Wege", die durch Jahrzehnte ihre Ohnmacht bewiesen haben, sollten aus vielen Gründen nicht weiterhin als „neue" Wege verfolgt werden.

Alle Zeichen sprechen eindeutig dafür, dass weltweit das bekannte Automobil als Individualverkehrsmittel seine Stelle beibehalten wird. Ein Ersatz ist nicht gefunden worden. Allerdings wird es sich den Anforderungen des immer dichter werdenden Verkehrs mit seinen Energie- und Umweltproblemen anpassen müssen. Natürlich wird der Massenverkehr über Schiene, Omnibusse und Flugzeuge sein Feld behaupten und weiter eine bedeutende Rolle spielen.

Die Frage des Antriebsaggregats für Kraftfahrzeuge wird vor allem durch das Angebot an Primärenergie beantwortet werden. Nach den gegenwärtigen Prognosen bleiben fossile Kraftstoffe – Erdöl und Erdgas – als Hauptenergieträger für die nächsten 30 bis 40 Jahre erhalten (**Bild 10.16**).

Zur Speicherung für einen akzeptablen Aktionsradius ist der flüssige Kraftstoff fossiler Ursprungs (Benzin und Dieselkraftstoff) für einen Verbrennungsmotor bezüglich Lagerung, Transportfähigkeit, Sicherheit und Energievolumen allen anderen Treibstoffen noch so überlegen, dass andere Energiequellen, wie Wasserstoff, elektrische Batterie, Schwungräder etc. sich auf den Einsatz in Sonderfahrzeugen werden beschränken müssen. Alle neuartigen Treibstoffe werden Produkte auf Mineralölbasis mittelfristig kaum ersetzen, sondern nur ergänzen können.

Die intensive Beschäftigung mit alternativen Antriebssystemen im letzten Jahrhundert hat gezeigt, dass bislang keines der angebotenen Systeme in der Summe der Eigenschaften den Viertakt-Hubkolbenverbrennungsmotor verdrängen konnte (**Bild 10.17**). Zu Beginn des 21. Jahrhunderts bleibt der Hubkolbenverbrennungsmotor (als Otto- und Dieselvariante) unter allen bislang untersuchten Antriebssystemen für PKW als eindeutiger Sieger. Der Verbrennungsmotor wird, für das Standardauto, die wichtigste Antriebsquelle bleiben.

Als einzige Alternative, werden dem Viertakt-Otto- und Dieselmotor nur noch Hybrid-Antriebe und die Brennstoffzelle gegenübergestellt, wobei auch bei Hybrid-Antrieben der

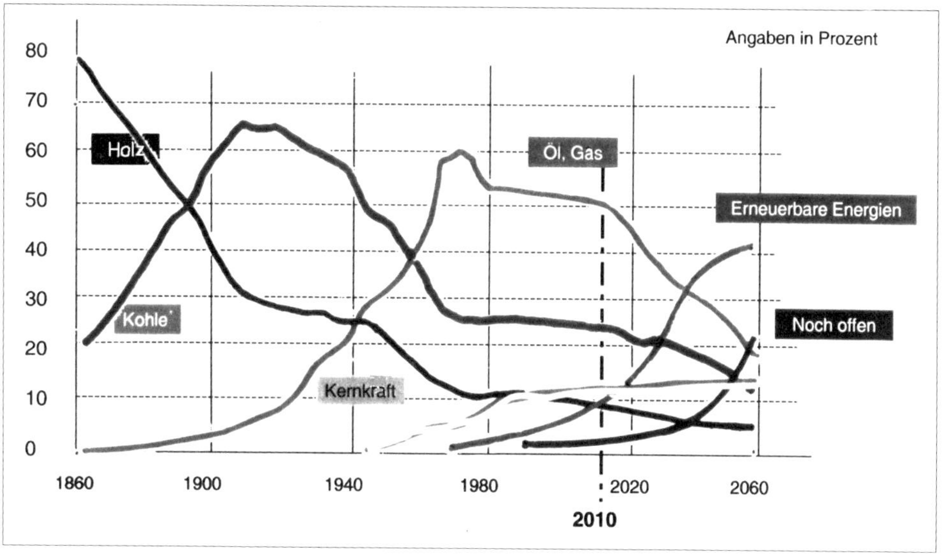

Bild 10.16: Prognosen über das künftige Energieangebot [Quelle: Deutsche Shell AG]

Antriebsart	Prognosen 1970	Status heute	Prognosen 2000
Hubkolbenverbrennungsmotor (Otto, Diesel)	- Aufwendige thermische Maschine - kann die Anforderungen nicht erfüllen - wird bis Ende des Jahrhunderts ersetzt	↑	- gleich - für absehbare Zeit kein Ersatz - zeigt großes Entwicklungspotential - wirtschaftlichste Wärmekraftmaschine
Gasturbine	- gute Beherrschung der stationären Verbrennung - niedrige Schadstoffemission	↓	- spielt im Pkw-Bereich keine Rolle
Stirlingmotor	- niedrige Schadstoffemission - geräuschloser Betrieb	↓	- spielt z. Zt. keine Rolle
Wankelmotor	- einfache Konstruktion - geringes Gewicht - niedriger Preis	↓	- Arbeiten weltweit eingestellt
Elektromotor	- schadstofffreier Betrieb - geräuscharm	↓	- Energiespeicherung nicht gelöst - evtl. für Nischenfahrzeuge
Hybridantrieb	- aufwendig - teuer	↑	- Möglichkeit in urbanen Regionen 0-Emissionen-Fzg. zu realisieren
Brennstoffzelle	- frühe Forschungsphase - keine Prognose für Pkw-Einsatz	↑	- befindet sich in F & E Phase - kurz- und mittelfristig keine Alternative

Bild 10.17: Status alternativer Antriebssysteme

Verbrennungsmotor eine wichtige Rolle spielt. Der Hubkolbenverbrennungsmotor hat so eine Kombination an Kosten, Performance, Leistungsdichte, Lebensdauer, Bedienbarkeit, Reichweite und Umweltverträglichkeit erreicht, an welcher sich jede Alternative erst messen muss. Er hat außerdem auch eine außerordentlich hohe Anpassungsfähigkeit an alle neuen, an ein Fahrzeug gestellten Forderungen, gezeigt.

Bild 10.18 zeigt neue Prognosen über die Entwicklung von Antriebssystemen für PKW in den nächsten 15 bis 20 Jahre. Die Potentiale von Otto- und Dieselmotoren sind noch lange nicht ausgeschöpft, so dass sie weiterhin die Szene beherrschen werden.

Die ökologischen Zielsetzungen für Antriebsaggregate der Zukunft sind:

- ein sehr hoher Wirkungsgrad
- sparsamer Betrieb, geringer Verbrauch (die vorhandenen Treibstoffvorräte müssen sparsam verbraucht werden)
- hohe spezifische Leistung und Drehmoment
- sauberer Antrieb bzw. gegen Null gehende Schadstoffemissionen
- keine Lärmbelästigung (Geräuschemission ist weiter zu reduzieren)
- geringes Gewicht, kleines Bauvolumen
- einfache Bedienbarkeit.
- Wartungsfreiheit. Der Motor muss betriebssicher und wirtschaftlich sein
- lange Lebensdauer
- große Reichweite
- fast vollständige Recyclingfähigkeit. Die Rohstoffvorräte der Erde müssen sparsam eingesetzt werden.

An erster Stelle der zukünftigen Fahrzeugentwicklung steht die Reduzierung des Kraftstoffverbrauches bzw. der CO_2-Emission. Der wesentliche Beitrag zur Reduzierung der CO_2-Emission wird von neuen Technologien im Fahrzeug- und Motorenbau kommen, die

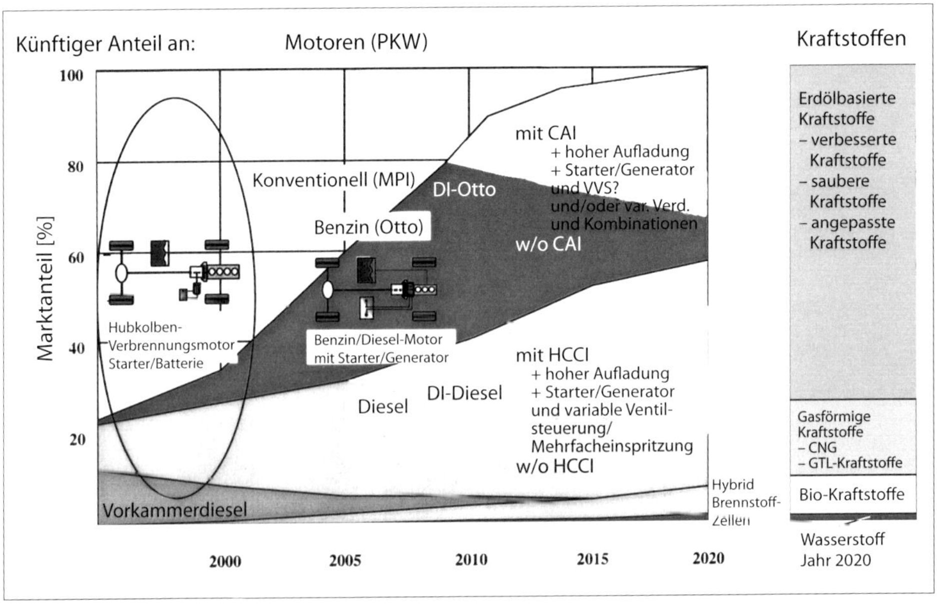

Bild 10.18: Prognose über künftige Antriebe [Quelle: Eucar]

sich kontinuierlich auf dem Markt durchsetzen werden. Die verbesserte Umweltfreundlichkeit darf aber nicht auf Kosten der heute erreichten guten Eigenschaften von Fahrzeugen erfolgen.

10.4.1 Verbesserung des Arbeitsprozesses

Die Reduzierung der Verluste bei der Umsetzung der chemischen Energie des Kraftstoffes in die mechanische Arbeit stellt noch immer das Hauptthema in der Motorenentwicklung dar. **Bild 10.19** zeigt die Kraftstoffverbrauch- und Wirkungsgradbilanz eines 2,0 l Motors bei einer Fahrzeuggeschwindigkeit von 90 km/h.

Wäre es möglich, die gesamte mit dem Kraftstoff zugeführte chemische Energie, ohne Verluste, in mechanische Arbeit umzuwandeln (η_e = 100 %), dann hätte das Fahrzeug bei untersuchter Geschwindigkeit einen Kraftstoffverbrauch von 1,6 l/100 km, entsprechend einem spezifischen Kraftstoffverbrauch von 86 g/kWh.

Durch die Entscheidung, dass die chemische Energie des Kraftstoffes über den Verbrennungsvorgang in mechanische Arbeit umgewandelt wird, vermindert sich – gemäß dem geschlossenen Ottokreisprozess – der theoretische Wert des thermischen Wirkungsgrades auf η_{th} = 64 %. Die Unvollkommenheit der Verbrennung (definiert als Gütegrad η_g), die Überwindung mechanischer Widerstände im Motor (mechanischer Wirkungsgrad η_m) und die Arbeit, die zur Aufrechterhaltung des Ladungswechsels notwendig ist, vermindern den effektiven Wirkungsgrad weiter. Bei 90 km/h verbrauchte das Fahrzeug 6,1 l/100 km, ent-

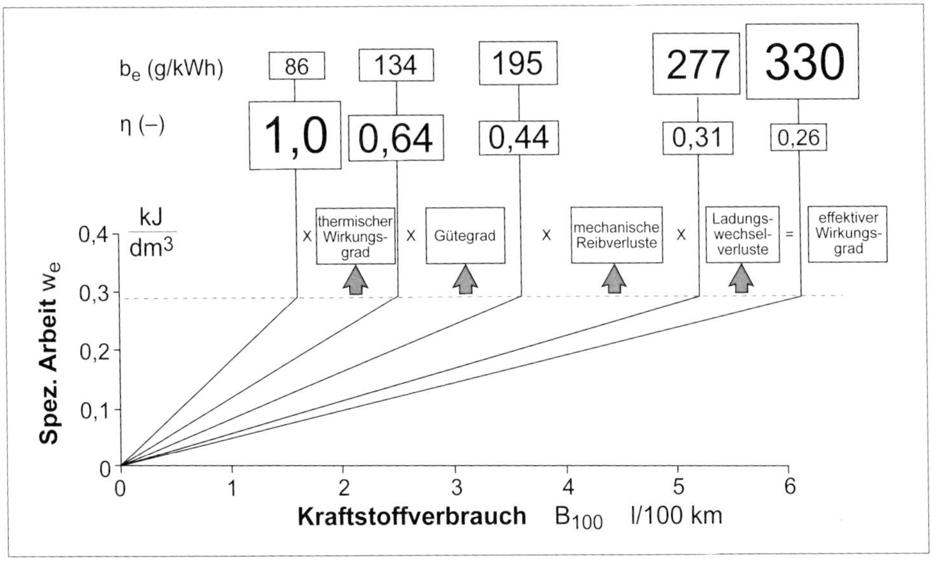

Bild 10.19: Energiebilanz eines Fahrzeugs mit 2,0 l Motor bei 90 km/h

sprechend einem spezifischen Kraftstoffverbrauch des Motors von 330 g/kWh. Das ergibt einen effektiven Wirkungsgrad von 26 % (η_e = 0,26).

Die Verringerung der Verluste, die zwischen dem thermischen und dem effektiven Wirkungsgrad auftreten, ist auch für die künftige Forschung und Entwicklung vom ständigen Interesse. Die wichtigsten in der Entwicklung befindliche Konzepte zur Reduzierung des Kraftstoffverbrauches bei Ottomotoren sind:

- Verbesserung des thermischen Wirkungsgrades durch Verbrennung magerer Gemische wie z.B. Magermotor mit direkter Einspritzung oder kombinierter Saugrohr- und Direkteinspritzung
- Saugrohr- und Direkteinspritzung
- Drosselfreie Regelung über variable Ventilsteuerzeiten (VVS)
- Verschiebung des Betriebspunktes durch Reduzierung des Hubvolumens des Motors durch Zylinderabschaltung oder mit Hilfe von Aufladung („Downsizing“)
- Reduktion der mechanischen Verluste nicht nur des Motors sondern des gesamten Antriebsstranges durch Auswahl der Werkstoffe, Konstruktion, Schmierstoffe und Thermomanagement.

Bei Dieselmotoren wird zusätzlich noch in stetiger Verbesserung der Aufladung mit Ladeluftkühlung, Erhöhung des Einspritzdruckes und Weiterentwicklung von Abgasnachbehandlungssystemen für NO_x und PM, ein relativ großes Potential zur Senkung des Kraftstoffverbrauches gesehen.

Jede von diesen Technologien hat spezifische Anforderungen an die Kontrolle der Abgasemission, und ihr Potenzial zur Reduzierung des Kraftstoffverbrauches hängt von unterschiedlichen Randbedingungen, wie z.B. von vorhandenen Kraftstoffqualitäten, ab.

10.4.2 Downsizing

Downsizing, d.h. das Erreichen einer vorgegebenen Leistung des Motors mit Hilfe der Aufladung, hat sich bei modernen Dieselmotoren mit direkter Einspritzung als ein wirkungsvolles und geeignetes Maßnahmenpaket zur Weiterentwicklung herausgestellt. Bei gleicher Leistung wären freisaugende Dieselmotoren zu groß und zu schwer und hätten keine Chance als PKW-Antrieb bei modernen Fahrzeugen eingesetzt zu werden. Auch bei Ottomotoren wird die Wichtigkeit von Downsizing erkannt. Durch Reduzierung des Hubvolumens bei vorgegebener Leistung können Betriebspunkte im Straßenbetrieb in kraftstoffverbrauchgünstigere Kennfeldbereiche verlegt werden. Zur Darstellung gleicher Fahrleistung ist jedoch eine entsprechende Erhöhung der spezifischen Motorleistung bzw. des Mitteldruckes erforderlich (**Bild 10.20**) [42].

Es werden folgende Konzepte von aufgeladenen Motoren verfolgt: Abgasturboaufladung, mechanische Aufladung oder beides, kombiniert (**Bild 10.21**).

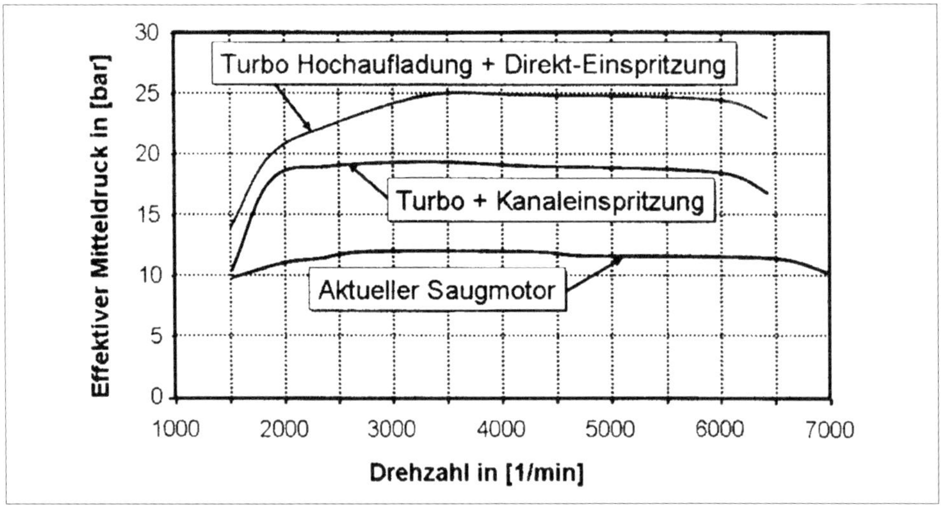

Bild 10.20: Potential für Aufladung von Ottomotoren [Quelle: Geringer]

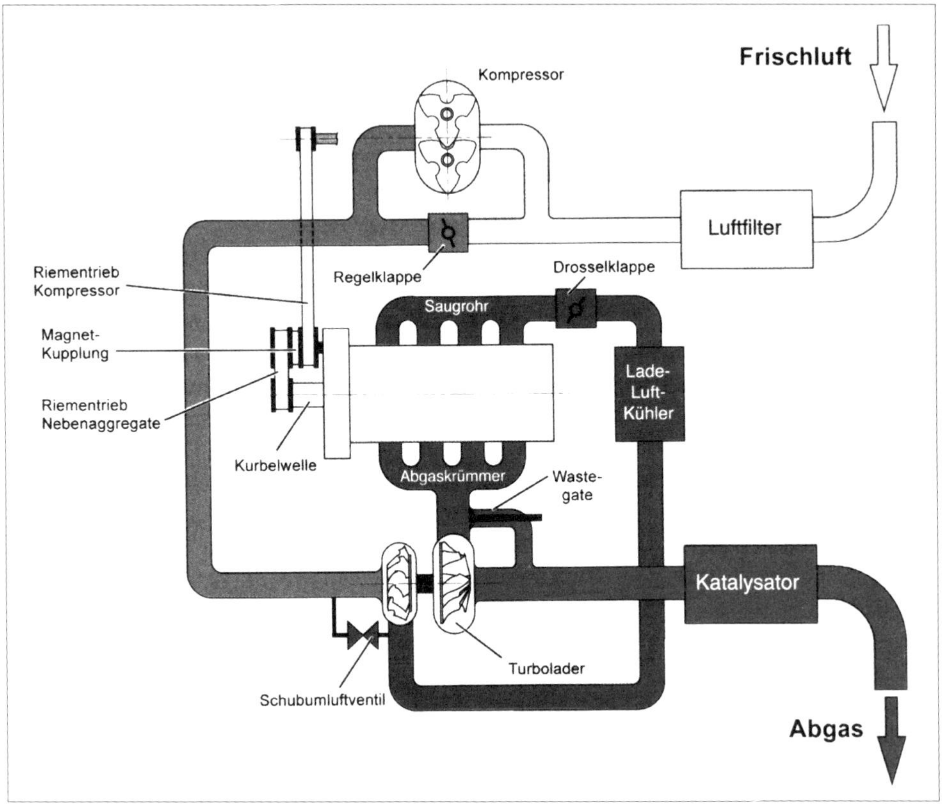

Bild 10.21: Kombinierte Doppelaufladung: mechanische und Turboaufladung [Quelle VW]

Im Vergleich zu Kenndaten moderner Otto- und Dieselmotoren (**Bild 10.22**), wird in den nächsten 15 Jahren eine Steigerung der spezifischen Leistung und des spezifischen Drehmomentes bei aufgeladenen Ottomotoren auf

- P_{el} bis 150 kW/l
- M_{ds} bis 160 Nm/l und auf
- P_{el} bis 75 kW/l
- M_{ds} bis 175 Nm/l

bei Dieselmotoren erwartet.

		Otto Saugmotoren	Diesel D.E. aufgeladene Motoren	Otto aufgeladenen Motoren
Leistungsdichte	[kW/l]	45 - 85	35 - 70	55 - 105
Spez. Drehmoment	[Nm/l]	90 - 110	100 - 150	115 - 155
Effektiver Mitteldruck	[bar]	11 - 13	13 - 25	14 - 20
Min. spez. Kraftstoffverbrauch	[g/kWh]	230 - 250	190 - 210	240 - 260
Effektiver Wirkungsgrad	[%]	34 - 36	38 - 42	32 - 35
Max. Drehzahlen	[1/min]	6.000 - 7.000	4.000 - 5.000	6.000 - 7.000
Leistungsgewicht	[kg/kW]	0,75 - 2,0	1,0 - 3,0	0,3 - 1,25

Bild 10.22: Kenndaten moderner Otto- und Dieselmotoren für PKW

Downsizing-Konzepte bieten die Möglichkeit einer signifikanten Reduzierung des Kraftstoffverbrauches. Bei Ottomotoren mit Saugrohreinspritzung zwischen 10 und 20 %, bei Dieselmotoren zwischen 20 und 30 %. Besonders groß ist die Einsparung des Kraftstoffverbrauches im leerlaufnahen Gebiet, weil der Kraftstoffverbrauch im Leerlauf direkt dem Hubvolumen des Motors proportional ist (**Bild 10.23**).

Auch bei NFZ und Bussen kann durch Downsizing eine Reduzierung der CO_2-Emission um 10 bis 40 % gegenüber dem heutigen Stand erreicht werden [46].

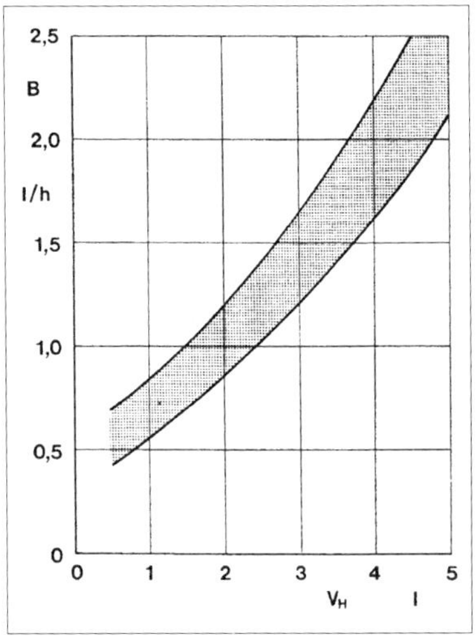

Bild 10.23:
Einfluss des Hubraumes auf Kraftstoffverbrauch im Leerlauf bei Ottomotoren

10.4.3 Neuartige Verbrennungssysteme

Eine der Hauptentwicklungen im modernen Motorenbau geht in die Richtung einer Kombination der hohen spezifischen Leistung des Ottomotors mit niedrigem Kraftstoffverbrauch des Dieselmotors, unter Voraussetzung einer kostengünstigen Produktion.

HCCI (**H**omogeneous **C**harge **I**gnition), **CAI** (**C**ontrolled **A**uto **I**gnition) und **HPC** (**H**ighly **P**remixed **C**ombustion) (**Bild 10.24**) sind Namen für diese Entwicklungen, die eine Senkung des Kraftstoffverbrauches um 15 bis 20 %, sehr niedrige NO_x-Rohemissionen und Rußfreiheit versprechen [44, 47, 48].

Im Teillastbereich soll ein möglichst homogenes Kraftstoff-Luft-Gemisch durch Selbstzündung zur Entflammung gebracht werden. Bei hoher Last bzw. bei Volllast sollen Gemischbildung und Verbrennung wie in konventionellen Otto- oder Dieselmotor erfolgen. Vorläufig sind diese Verfahren nur bei geringen Lasten- und Drehzahlen funktionsfähig (**Bild 10.25**).

Wie in der Vergangenheit öfters festgestellt wurde [49], stellt das Erreichen der notwendigen thermischen Energie zur Selbstentzündung des Gemisches im richtigen Moment während des Verdichtungshubes in einem breiten Last- und Drehzahlbereich eine große Herausforderung dar. Sehr starke Druckänderungsgeschwindigkeiten, hoher maximaler Drück und starke Geräuschentwicklung begleiten diese Verbrennung bei höheren Lasten.

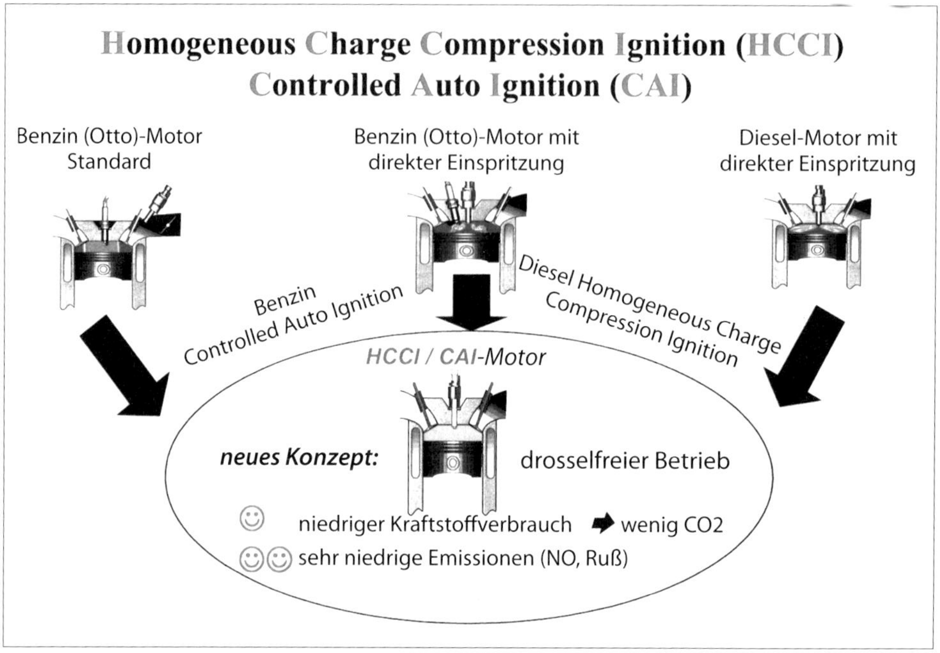

Bild 10.24: Neuartige Verbrennungssysteme [Quelle: IFP]

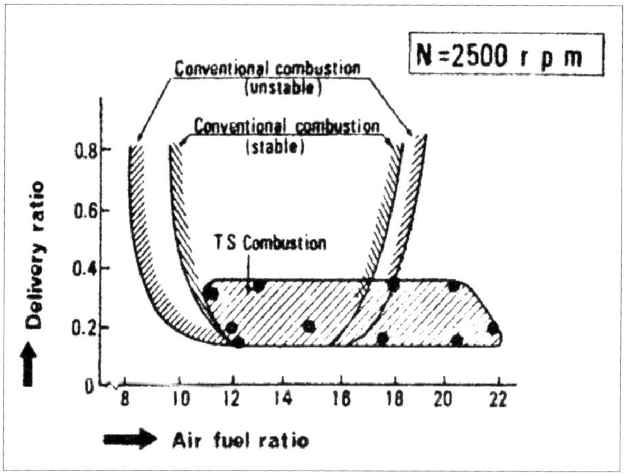

Bild 10.25: Betriebsbereich neuartiger Verbrennungssysteme [Quelle: SAE-Paper 790840] (TS = Selbstzündung des homogenen Gemisches)

10.4.4 Nutzung der Abgasenergie

Bild 10.26 zeigt für einen Tellastpunkt eines Ottomotors die Energie- und Exergiebilanz.

Nach der Definition [50] ist die Exergie (Ex) derjenige Anteil der Energie, der bei vorgegebener Umgebung vollständig in andere gewünschte Energieform, z.B. in mechanische Arbeit umgewandelt werden kann. Anergie ist jener Anteil an Energie, der naturbedingt nicht ausgenützt werden kann.

Auffallendes Ergebnis ist, dass der exergetische Anteil der im Kühlwasser und im Schmieröl enthaltenden thermischen Energie sehr gering ist. Der Energiestrom der durch Abgase abgeführt wird ist fast doppelt so hoch, wie die effektive Leistung des Motors in diesem Betriebspunkt. Mehr als die Hälfte der Abgasenergie stellt ihr exergetischer Anteil dar.

Durch ihren hohen Exergieanteil bietet die im Abgas vorhandene Energie theoretisch ein großes Potential zur weiteren Nutzung, d.h. Gewinnung zusätzlicher Energie als:

- Wärmeenergie – durch Speicherung der thermischen Abgasenergie [52]
- Mechanische Arbeit – in nachgeschalteten Kreisprozessen (Bottoming Cycle, Turbo-Compound) [51, 53]
- Elektrische Energie – durch Umwandlung der thermischen Energie direkt in elektrischen Strom [54, 55].

Durch die Nutzung der Abgasenergie konnte theoretisch eine Reduzierung des Kraftstoffverbrauches um mindestens 15 % realisiert werden.

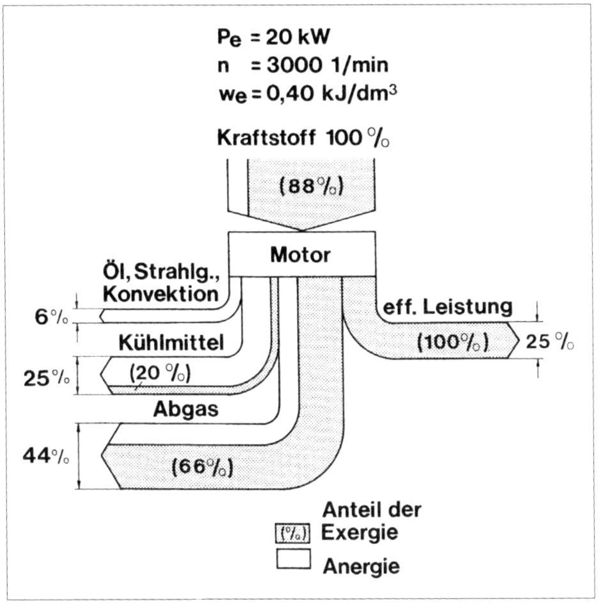

Bild 10.26:
Energie- und Exergiebilanz eines Ottomotors im Teillastpunkt

Die bisherigen Versuche die Abgasenergie auszunutzen haben sich ausschließlich auf die Abgasturboaufladung beschränkt. Andere Möglichkeiten der Nutzung haben nicht annähernd die erwarteten Ergebnisse gebracht und befinden sich noch immer im Forschungsstadium.

10.4.5 Weitere Möglichkeiten zur Reduzierung des Kraftstoffverbrauches

Neben den Maßnahmen zur Verbrauchsreduzierung am Motor selbst, können auch am Gesamtfahrzeug weitere Energiesparpotentiale gefunden werden (**Bild 10.27**).

Dies bezieht sich vor allem auf Reduzierung von Fahrzeuggewicht sowie Luft- und Rollwiderstand. Besonders wichtig erscheint eine Senkung des Fahrzeuggewichts (**Bild 10.28**), das für Mehr als 10 % der CO_2-Emission eines Fahrzeugs verantwortlich ist.

Gewichtreduzierung um 100 kg senkt den Kraftstoffverbrauch um 0,3 bis 0,8 l/100 km. Eine Verminderung des Fahrzeuggewichts um 1 % führt zu etwa 0,5 % Reduzierung der CO_2-Emission. In diesem Zusammenhang ist interessant die Frage von so genannten „3 Liter Autos" zu erwähnen, die nur 3 l/100 km Kraftstoff verbrauchen bzw. etwa 75 gCO_2/km emittieren. Mit der besten Technik von Diesel-Hybrid-Fahrzeugen scheint dieser Verbrauch mit Fahrzeugmassen von etwa 1.000 kg erreichbar. Mit modernen Otto- und Dieselmotoren müsste die Fahrzeugmasse zwischen 500 und 750 kg liegen. Auch diese Fahrzeuge sollten alle Sicherheits- und Komfortansprüche erfüllen.

Ein großer Beitrag bei der Reduzierung der CO_2-Emission wird durch verbesserte Kraftstoffqualitäten mit geringem C-Gehalt sowie mit neuen Kraftstoffen, vor allem auf Biobasis, erwartet (**Bild 10.29**).

Neben den technischen Maßnahmen am Gesamtfahrzeug und verbesserten Kraftstoffqualitäten, werden auch durch nicht technische Maßnahmen weitere Senkungen der CO_2-Emissionen des Straßenverkehrs möglich. Zu diesen Maßnahmen zählen:

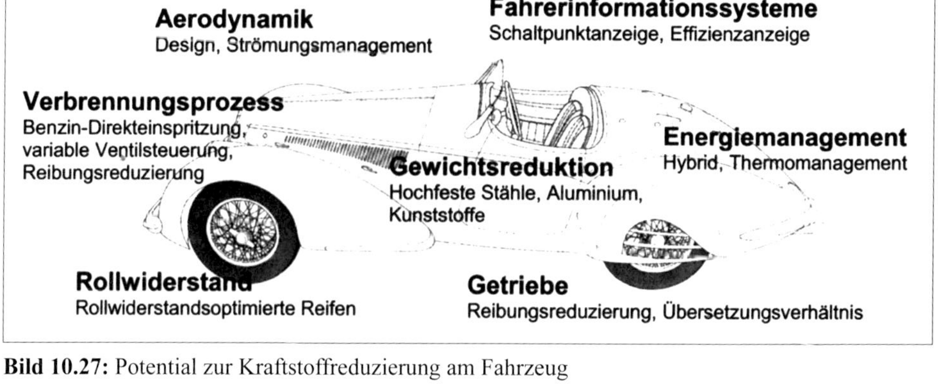

Bild 10.27: Potential zur Kraftstoffreduzierung am Fahrzeug

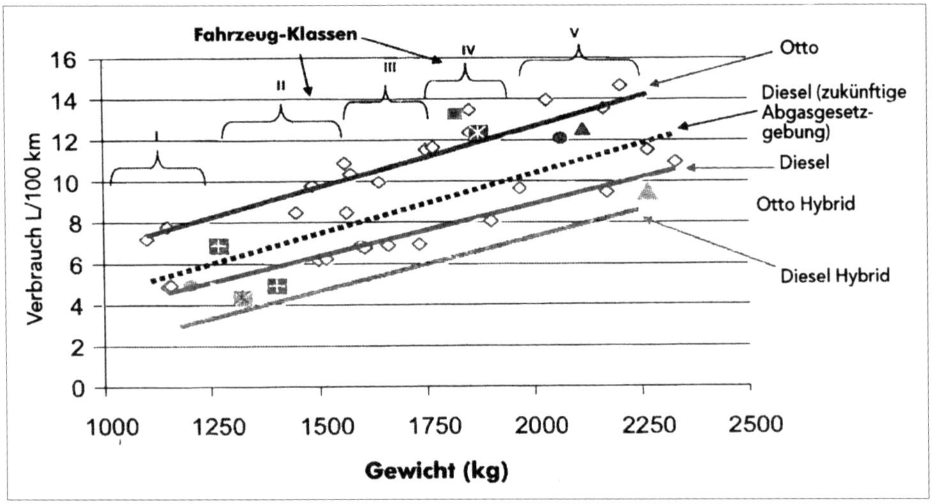

Bild 10.28: Einfluss der Fahrzeugmasse auf Kraftstoffverbrauch [Quelle: Automobil Revue]

- Lenkung und Steuerung des Verkehrs durch verbesserte Infrastruktur (Verkehrsmanagement)
- Optimierung des Neben- und Miteinander aller Verkehrssysteme
- Veränderungen im Verhalten des Fahrers
- Fiskalische Maßnahmen.

Durch alle diskutierten Maßnahmen gemeinsam, durch den so genannten „Integrated Approach", kann mittelfristig (8 bis 10 Jahre) mit einer Senkung der CO_2-Emission in der Größenordnung von 15 bis 20 % gerechnet werden, was einer Reduzierung von 1,5 bis 2 % pro Jahr entspricht.

10.4.6 Ökologische Gesamtbilanz

Bei künftigen Überlegungen über den Einsatz unterschiedlicher Antriebssysteme und Kraftstoffe wird immer häufiger das Instrument einer ökologischen Analyse über die gesamte Lebensdauer eines Produkts angewandt (Well to Wheel Analyse, oder LCA – Life Cycle Assessment). Gegenwärtig sind diese Analysen noch immer unvollständig und können zu unterschiedlichen Aussagen und Interpretationen führen (**Bilder 10.30** und **10.31**).

So wird ein Brennstoffzellenantrieb mit Methanol als Kraftstoff (MeOH), als eine der günstigsten Varianten bezüglich des Energieverbrauches (CO_2-Emission) dargestellt (Bild 10.30). In anderen Analysen weist gerade diese Antriebskombination (Erdgas, Methanol, DMFC) die schlechtesten Ergebnissen bezüglich der CO_2-Emission auf (Bild 10.31).

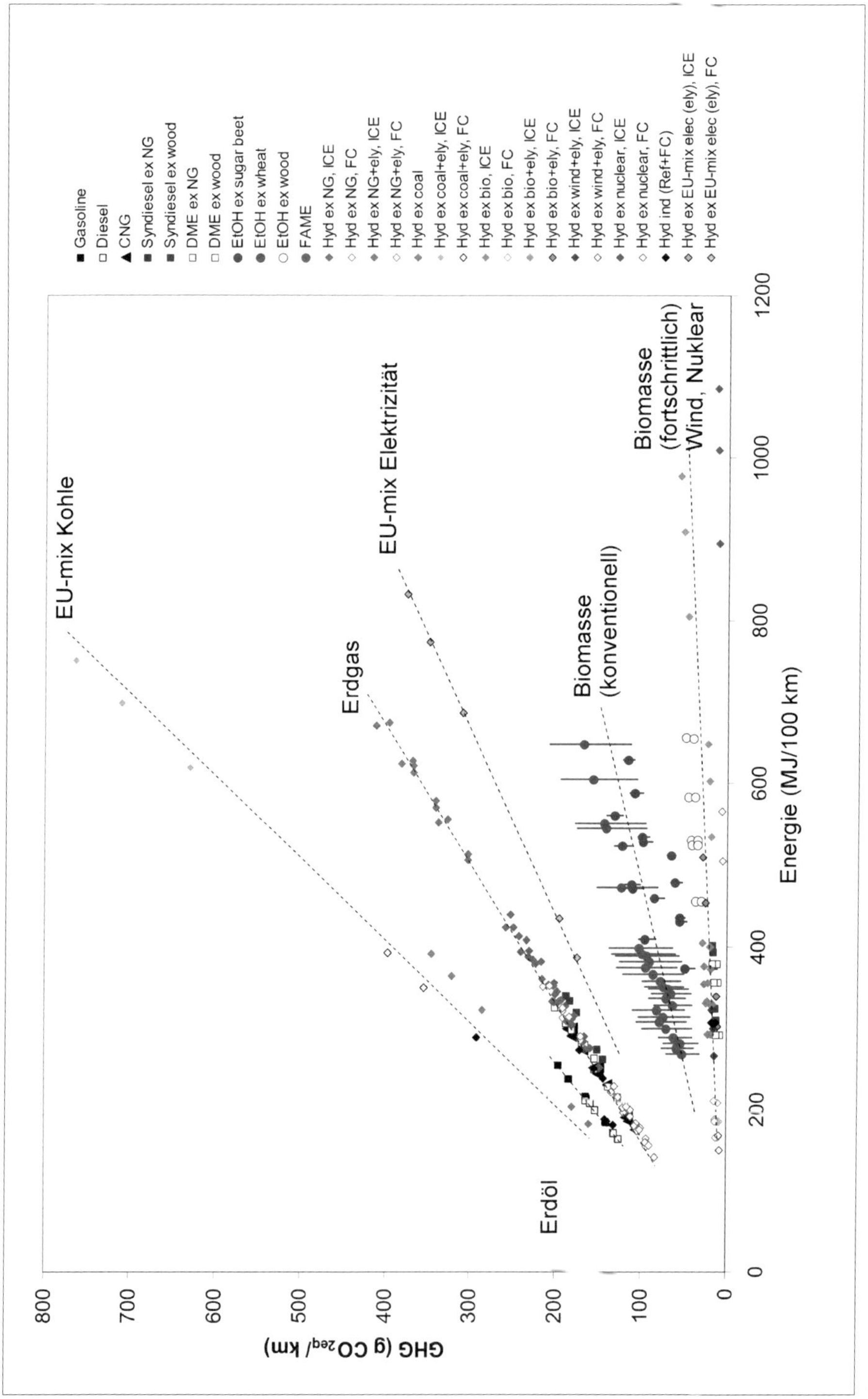

Bild 10.29: Kraftstoffeinfluss auf CO_2-Emission [Quelle: Eucar]

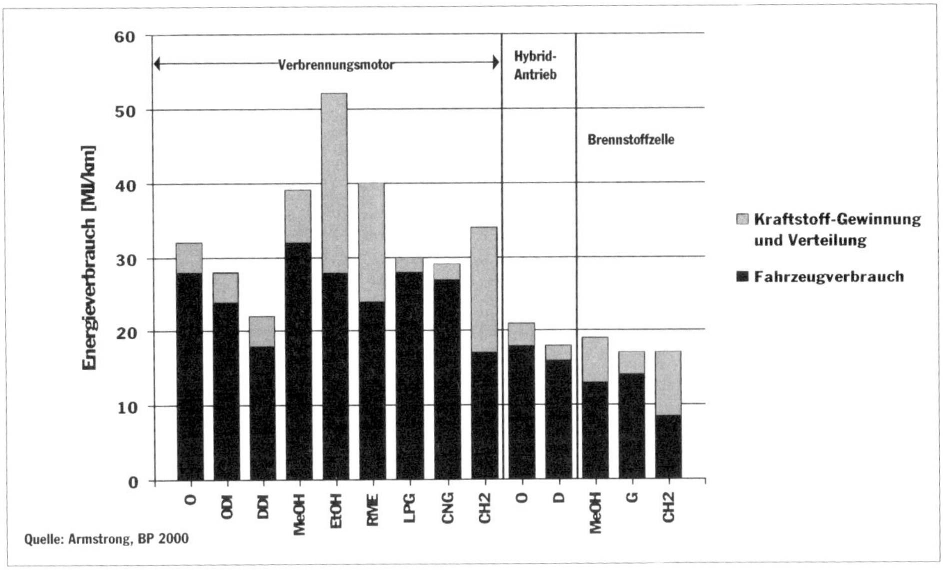

Bild 10.30: Gesamtenergieverbrauch unterschiedlicher Antriebssysteme

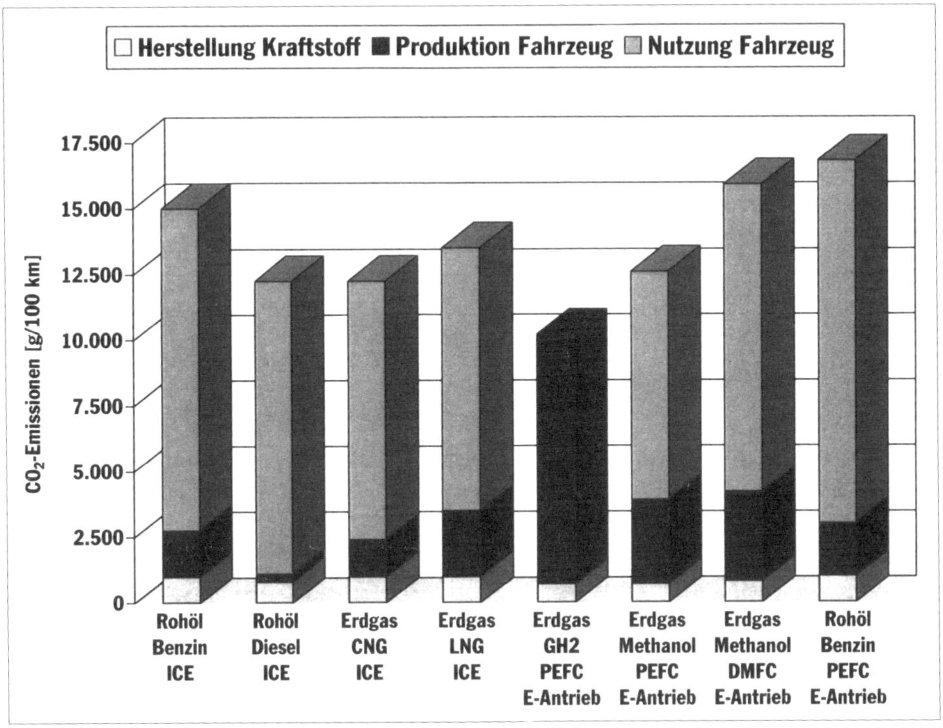

Bild 10.31: CO_2-Emission (Well to Wheel Analyse)

10.5 Lebensdauer des Automobils

Bei der Festlegung eines neuen Fahrzeugkonzeptes müssen zunächst umfangreiche Prognosen über die zukünftige Marktentwicklung, über die wirtschaftlichen, soziologischen und ökologischen Entwicklungen während der geplanten Gesamtbauzeit eines Modells vorgenommen werden [58]. Diese Aufgabe ist für die Automobilindustrie in einer Zeit, in der sprunghafte Änderungen häufig vorkommen, nicht einfach. Wenn man über die zukünftigen Automobile spricht, muss man sehr ausführlich auf die geltenden und zu erwartenden Gesetzte eingehen, weil viele Entscheidungen nicht mehr von Ingenieuren getroffen, sondern vom Gesetzgeber vorgegeben werden. Für die Entwicklung eines neuen Fahrzeugs und seines Verbrennungsmotors bis zur Serienproduktion ist eine Entwicklungszeit von mindestens 3 bis 4 Jahre erforderlich (**Bild 10.32**).

Dies bedeutet, dass die Automobilindustrie mindestens 3 Jahre braucht, bevor z.B. eine Veränderung der gesetzlichen Abgasgrenzwerte auftreten kann. Die Konstruktionsphase ist sehr wichtig auch für die Gesamtkosten eines Automobils. Sie nimmt zwar nur mit ca. 5 % an den Herstellkosten teil, beeinflusst aber über 70 % dieser Kosten. Die Laufzeit eines Modells im Allgemeinen dauert vier bis acht Jahre, während die Lebensdauer der Fahrzeuge im Verkehr durchschnittlich etwa 12 bis 14 Jahre beträgt (**Bild 10.33**).

Von der ersten Konzeptdefinition, über die Einzelbeschaffung bis hin zur Altautoverwertung (ELV) vergehen 20 bis 25 Jahre. Noch länger sind diese Zeiten bei Nutzfahrzeugen (**Bild 10.34**).

Über diese gesamte Zeit müssen Automobilhersteller ganzheitlich agieren. Neben der zukünftigen Marktentwicklung müssen von Anfang an auch die zu erwartenden technologischen Fortschritte und gesetzliche Vorschriften überblickt und berücksichtigt werden.

Nur etwa 30 bis 40 % des Wertschöpfungsprozesses eines Kraftfahrzeuges erfolgen beim Automobilhersteller, der überwiegende Teil des Automobils wird bei der Zulieferindustrie gebaut (**Bild 10.35**). Deshalb trägt die Lieferantenkette mit ihrer Entwicklung und ihrer Produktion, gemeinsam mit den Automobilherstellern, einen wesentlichen Anteil zur Errechung der Umweltziele bei.

Die Recycling- und die Deponiekosten von Altfahrzeugen z.B. als Folge der Produktion vor 20 oder 25 Jahren, von Automobilen die schon lange am Markt nicht existieren, können heute nicht mehr den Herstellkosten des ursprünglichen Produkts zugerechnet werden, belasten aber, durch die Pflicht der kostenlosen Rücknahme von Altfahrzeugen, die heute produzierten Autos. Dies bedeutet, dass bei allen künftigen Entwicklungen die Lebenszyklenkosten schon bei der Konzeption geplant werden müssen [60].

Dabei ist es natürlich zur Zeit nicht absehbar, was die Verwertung eines Autos in 20 Jahren kosten und erlösen wird. Der technische Aufwand für bestimmte Recyclingverfahren ist vielleicht noch abschätzbar, die Marktsituation für recyclierte Stoffe ist völlig unbekannt.

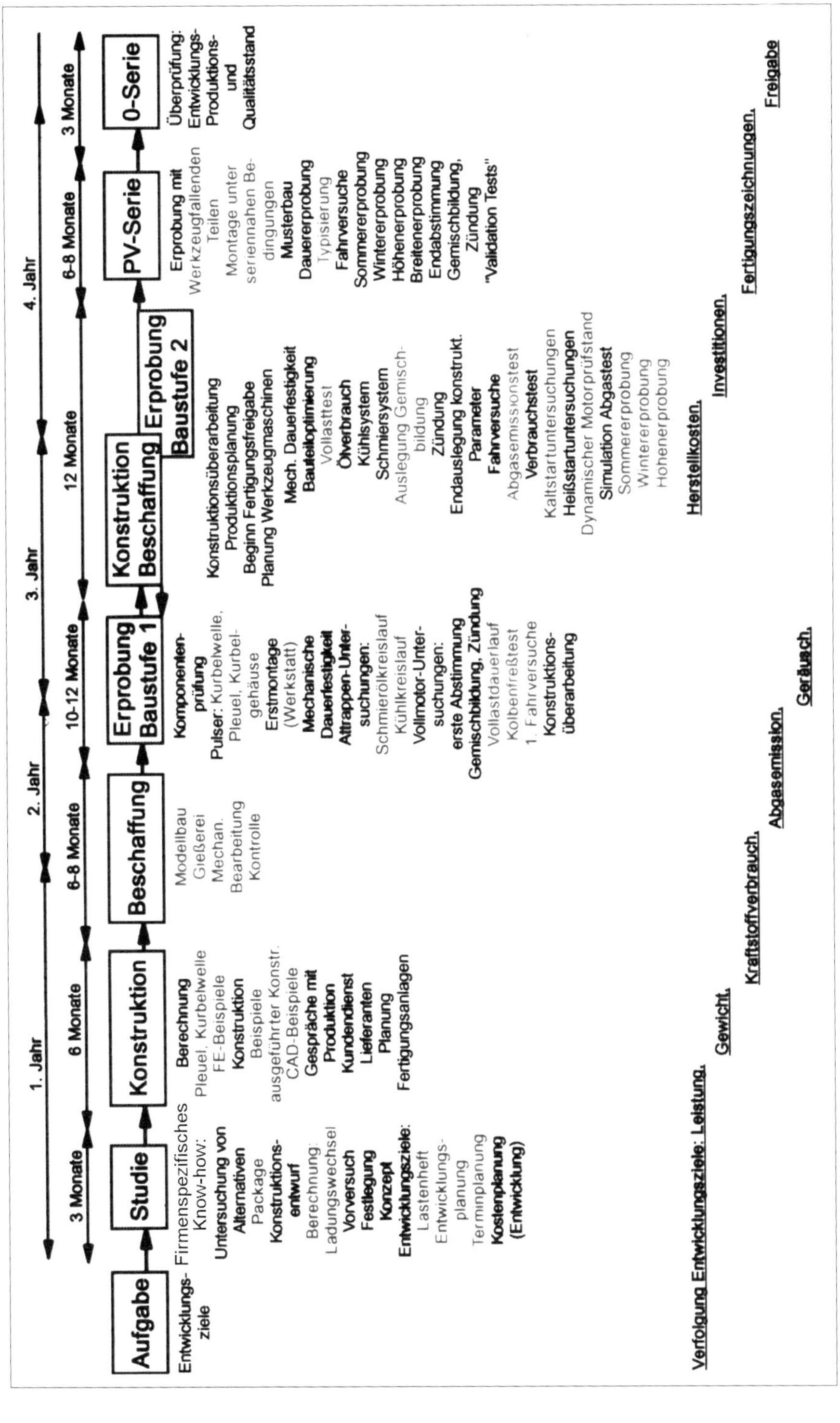

Bild 10.32: Phasen einer Motorentwicklung [Quelle: Ampferer]

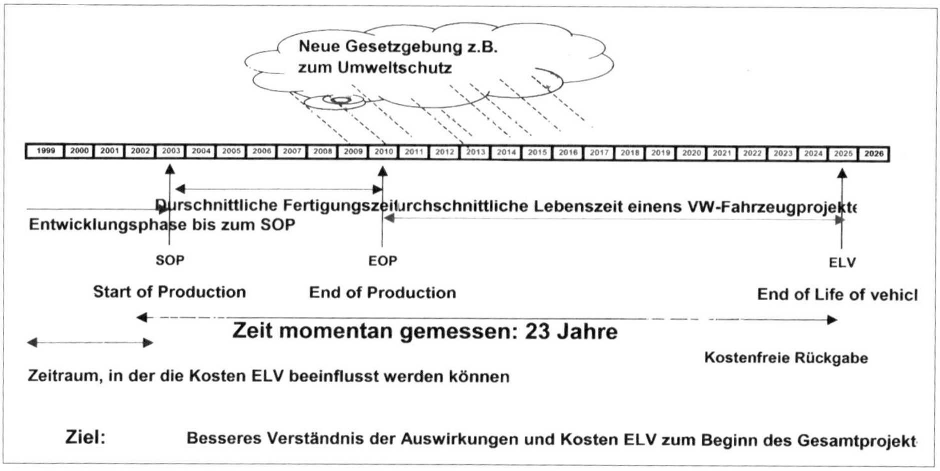

Bild 10.33: „Lebensweg" eines typischen PKW [Quelle: VW]

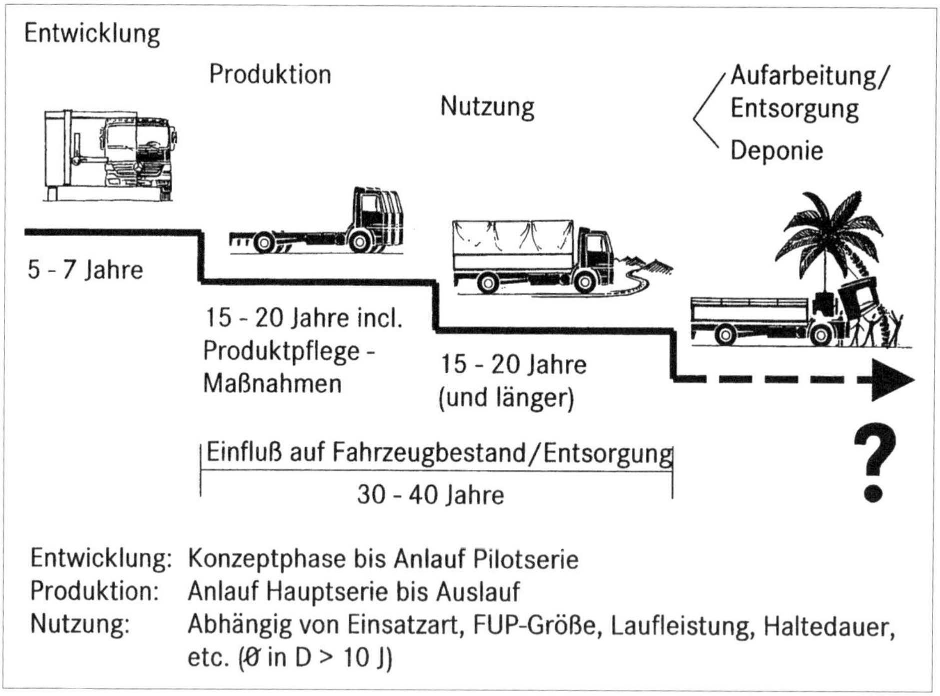

Bild 10.34: Lebenszyklus eines Nutzfahrzeugs [Quelle: Mercedes Benz]

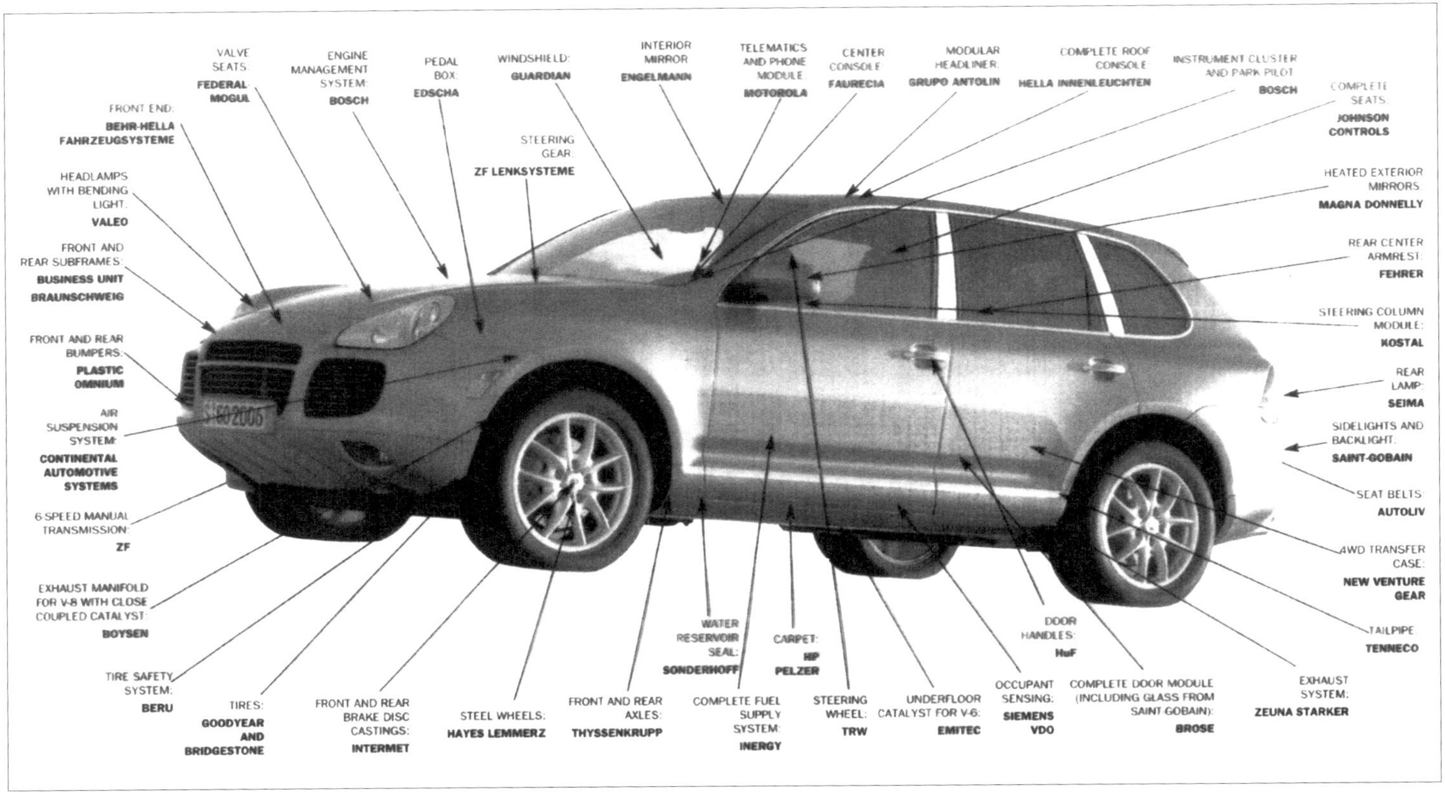

Bild 10.35: Lieferanten für Porsche Cayenne [Quelle: Auto Week]

Prognosen für die nächsten zwanzig Jahre zu machen, fällt trotzdem nicht all zu schwer. Die meisten Autos für diese Zeit sind schon da oder befinden sich in der Entwicklung. Trotzdem wird auch die bevorstehende Zeit mit bekannten „Axiomen“ der Automobilentwicklung weiterhin begleitet:„Der aufwendige Hubkolbenverbrennungsmotor wird in 10 bis 15 Jahren durch bessere, alternative Antriebssysteme ersetzt“ und „Die bekannten Erdölreserven der Welt werden in 30 bis 40 Jahren ausgeschöpft“. In dieser Zeit werden das Automobil und sein Verbrennungsmotor evolutionär auch in seinen ökologischen Dimensionen weiterentwickelt – in vollen Einklang mit der Darwin’schen Evolutionstheorie (**Bild 10.36**).

Bild 10.36: Die „zweite“ Evolutionstheorie

Literatur

[1] Automobilität der Zukunft. Eine weltweite Delphi-Studie der ÖAMTC-Akademie. Wien, 1993

[2] Life Cycle Assessment. Automobil Industries, February 2005

[3] *Fuhrmann, E.*: Entwicklungstendenzen beim Bau von Fahrzeugmotoren. Porsche AG, 1976

[4] Why Trading Emissions Cuts is Beneficial. The Sustainable Development Agenda, 2000

[5] Wie viel CO_2 können die Weltmeere aufnehmen? Erdöl Erdgas Kohle 111 (1995) 10

[6] Biosphäre zur CO_2-Sequestierung nutzen. Erdöl Erdgas Kohle 120 (2004) 6

[7] PSA-Peugeot-Citroën-Environmental Report, 2000

[8] Toyota – Environmental Report, 2001
[9] Health, Safety and Enviroment Report ´98. Dutch Shell Group, 1999
[10] Advanced Technology Primer. Washington DC: Alliance of Automobile Manufacturers, 2000
[11] *Schorn, D., Dürnholz, M. u.a.*: Ist der Zweitaktmotor eine Alternative zum Viertakter? VDI-Bericht 1066, Dresden, 1993
[12] Should we have a new engine? An automobile power system evaluation. Vol. I. Jet Propulsion Laboratory: California Institute of Technology 1975
[13] Eaton Corporation, 1973
[14] *Beck, A., Joos, F. u.a.*: Fortschrittliche Gasturbinen Technologie. BWK 51 (1999) 5/6
[15] *Amann, C.A.*: How shall we power tomorrow´s automobile. Automotive Engine Alternatives. New York: Plenum Press, 1987
[16] *Buschmann, G., Clemens, H. u.a.*: Zero Emission Engine – Der Dampfmotor mit isothermer Expansion. MTZ 61 (2000) 3
[17] *Büttner, B., Foellmer, T. u.a.*: Brennstoffzellen im Vergleich. BWK 50 (1998) 3
[18] Antriebe der Zukunft. MTZ – Extra, Dezember 2006
[19] California turns ZEV mandate upside down. Automotive News, 29.1.2001
[20] Rügen macht e-mobil. VDI-Nachrichten, 9/93
[21] Recharging EVs. Automotive Industries, February 2005
[22] *Yamaguchi, J.*: Hydrogen power for the masses. Automotive Engineering International. 1/2005
[23] Hybrid Electric Vehicles. Washington DC: Alliance of Automobile Manufacturers, 2000
[24] Wunderbares Elektromobil. Renault Kollektion Forschung und Entwicklung, Nr.4/1993
[25] Auto-Jahresbericht 2007. Frankfurt: VDA, 2007
[26] Honda Hybrids. Auto Technology Special, 2007
[27] Saft aus der Steckdose. Automobil Revue, Nr. 2/2007
[28] *Honeywill, T.*: What´s the Alternative? Automotive Engineer, April 2006
[29] *Norzi, A., Montali, M.*: Truck & Environment: an Industrial Approach. Ingenieurs de l´Automobile, 6–7/1999
[30] *Jost, K.*: Fuel-cell concepts and technology. Automotive Engineering International, March 2000
[31] VW has 2020 vision for affordable fuel cell cars. European automotive design. November 2006
[32] *Adams, J., Woong-Chui, Y. et al*: The Development of Ford´s P2000 Fuel Cell Vehicle. SAE-Paper 2000-01-161
[33] *Penticel, P.*: Fueling the fuel cell. Automotive Engineering. March 2000
[34] Die Kraft, die aus der Zelle kommt. Automobil Revue, Nr. 32/2006
[35] *Tachtler, J., Dietsch, Th. et al*: Fuel Cell Auxiliary Power Unit – Innovation for the Electric Supply of Passenger Cars? SAE – Paper 2000-01-374
[36] Toyota – Brennstoffzellen frühestens ab 2030 in Großserie. ATZ 107 (2005) 2
[37] *Hertel, P.*: Membranen für Brennstoffzellen. ATZ 107 (2005) 6
[38] *Garche, J.*: Brennstoffzellen für Fahrzeugantrieb. Fachtagung Regenerative Kraftstoffe. Stuttgart: ZSW, 2003
[39] Ingenieurs de l´Automobile. Avril 2000
[40] Renault, BMW und Delphi werden Bordenergie per Brennstoffzelle erzeugen. ATZ 102 (2000) 7/8
[41] *Geringer, B.*: Zukünftige Fahrzeugantriebe. Evolution oder Revolution? MTZ-Extra, Oktober 2005
[42] Lexus – kombinierte Saugrohr- und Direkteinspritzung. MTZ 67 (2006) 9
[43] *Gatteler, B., Gessier, B. u.a.*: Neue Technologien zur Erfüllung der Abgasnorm Euro 5. MTZ 66 (2005) 6
[44] *Golloch, R., Merker, G.P.*: Downsizing bei Verbrennungsmotoren. MTZ 66 (2005) 2
[45] Future road vehicle research. R&D Technology Roadmap. EARPA, 2004
[46] *Shermann, D.*: Homogeneous-Charge Compression-Ignition may be the answer. Automotive Industries, December 2004

[47] *Müller, E., Weiskirch, Ch. u.a.*: Homogene Dieselverbrennungs-Verfahren zur Emissionsreduzierung. MTZ 67 (2006) 11
[48] *Bošnjaković, F.*: Technische Thermodynamik. Dresden: Verlag Theodor Steinkopf, 1967
[49] *Naguchi, M., Tanaka, Y. et al*: A Study on Gasoline Combustion by Observation of Intermediate Reactive Products during Combustion. SAE Paper 790840
[50] *Gruden, D., Küper, P.-F.*: Energiebilanzen moderner Ottomotoren. Automobil-Industrie 4/89
[51] *Gruden, P.-F., Striebich, H. u.a.*: Über die Energieausnutzung im Otto-Motor. Automobil-Industrie 1/80
[52] *Steiner, D.*: Abgaswärmespeicherung. FVV-Forschungsberichte, Heft 416, 1988
[53] BMW turns to steam engine principles. European Automotive Design Concept Cars, January 2006
[54] *Birkholz, U., Gruden, D. u.a.*: Conversion of waste exhausts heat in automobiles using F_eS_{i2} – thermo elements. Karlsruhe: TU, 1986
[55] Electricity from exhaust heat improves emission, economy. European Automotive Design, March 2005
[56] Well-to-Wheels Analysis of future automotive fuels and associated power trains in the European content. Eucar, Concawe, IRC, Brüssel, 2003
[57] GM-Well-to-Wheel Analysis of Energy use and Greenhouse Gas Emissions of Advanced Fuel/Vehicle Systems. L-B-Systemtechnik GmbH 2002
[58] *Braess, H-H.*: Konzeption künftiger Personenkraftwagen. VDI-Fortschritt-Berichte, Reihe 12, Nr.25, 1975
[59] *Fuhrmann, E.*: Das Automobil der 80er und 90er Jahre. Porsche GmbH 1978
[60] *Gädicke, W.*: Zusammenarbeit mit Lieferanten im Rahmen einer umweltorientierten Fahrzeugentwicklung. Umwelt Wirtschaft Forum. Springer Verlag 8 (2000) 2
[61] *Hoepke, E.*: Rückgewinnung der Bremsenergie bei Fahrzeugen in Verkehrs- und Kommunalbetrieben. Automobil-Industrie 1/89

Sachwortverzeichnis

A
Abfall 56, 98, 106, 109 f., 112, 114, 291
– kommunaler 108
– Menge 121
Abfallwirtschaft 93, 114
Abfallwirtschaftsgesetz 111
Abfallwirtschaftskonzept 108, 111–113
Abgasanlage 80, 170–172
Abgase 12, 21, 126, 169, 181, 194, 200, 243, 391
– Bestandteile, schädliche 250
– von Dieselmotoren 12
– von Ottomotoren 12
Abgasemission 61, 67, 75, 77, 82, 85, 138, 140–144, 181, 183, 187, 222, 224, 242, 258, 266 f., 272, 276, 283, 286, 310, 359 f., 367, 373
– gesetzlich limitierte 272
– Messung 79
– schädliche 133, 254, 370
– Test 74
Abgasemissionsgesetz 161, 205, 229
Abgasemissionswerte 364
Abgasenergie 391, 392
Abgasgrenzwerte 64, 75, 144 f., 149, 151, 157, 188, 396
– gesetzliche 151
– verlangte 152
Abgaskomponenten 77, 150, 178
– gesetzlich limitierte 150, 162, 269
– limitierte 145, 223
– nichtlimitierte 226–228, 338
Abgaslimitierung, gesetzliche 338
Abgasnachbehandlung 144 f., 153, 166, 182, 188, 242, 364
– katalytische 145, 147
– System, katalytisches 149
Abgasnachbehandlungskonzept 229
Abgasnachbehandlungssystem 158, 188, 197, 201, 205, 233, 235, 254, 258, 272, 386
Abgasnachbehandlungstechnik 13, 76
Abgasreinigung 95, 96
– Konzepte 157
Abgasrohr 138
Abgasrückführung (AGR) 145 f., 150, 156, 158, 161, 188, 206
Abgassystem 141, 145, 198
Abgastemperatur 140, 147–149, 154, 166, 168, 196, 198 f., 202 f.
Abgastest 222
Abgastestzyklus 78
Abgasturboaufladung 180, 186, 206, 386, 392
Abgasuntersuchung 82
Abgaswerte 75
Abgaszusammensetzung 138, 140, 184, 222 f., 228
Ablagerung 232
Abluft 98
Abmagerungsgrenze 141, 147
Abwärme 27, 98, 114, 335
Abwasser 98, 102 f., 114
Abwasserbehandlung 95 f.
Abwassergesetz 98
AdBlue 194 f.
Additiv 199 f., 232, 258, 295 f., 305
Aerosol 16
Aggregat 297
Air Quality Standards 12
Aktivkohle 156
Alkohol 15, 128, 243, 250
Altauto 312
– Recycling 291
– Verwertung 396
Altautoverordnung 292
Alternative 366, 376, 383
Altfahrzeug 289, 297, 305, 396
– Entsorgung 292
– Recycling 324
Aluminium 302, 304, 314
Ammoniak 16, 193–195
Anergie 391
Anode 374 f.
Anspringtemperatur 155
Anspringzeit 153 f.
Antriebsaggregat 125, 215, 372, 382
– alternatives 382
Antriebsgeräusch 80 f.
Antriebssystem 132, 362
– alternatives 334, 361, 400
Arbeit 125, 175, 385
– spezifische 135
Arbeitszyklus 133
Aromaten 128, 131, 222, 230, 232, 253
Aromatengehalt 197, 223 f., 226, 228, 230
Arrhenius 126

Atmosphäre 2
Aufladezeit 367
Aufladung 186, 377, 386
Auspuffsysteme 153
Auspufftakt 128
Autoabgase 10
Automobil 8, 263, 356, 359, 382
– Abgase 338
– Produktion 101 f.
Automobilindustrie 8, 29
Autoverkehr 282
Auxiliary Power Unit (APU) 380

B

Bahn 8, 264, 267 f., 278, 279
Bariumoxid 168
Batterie 45, 362, 366–368, 373, 375, 379 f., 382
– Blei (Pb)- 368 f.
– Lithium-Ion- 369, 373
– Natrium-Chlorid- 369
– Natrium-Nickel- 369
– Natrium-Schwefel- 369
– Nickel-Cadmium- 369
– Nickel-Metall-Hydrid- 369, 373
Bauschutt 108
Bauteile
– abgasemissionsrelevante 84
Benzin 125, 133, 215 f., 241, 250, 295, 379
Benzinfahrzeuge 72
Benzol 21, 35, 37, 39, 42, 46, 226, 230, 232, 338
Benzolemission 226 f., 231
Benzolgehalt 230
Beschränkungen, gesetzliche 138
Beseitigung 291
Best Available Technique (BAT) 91
Beste Verfügbare Technik (BVT) 91
Betriebsbeauftragter 111
– für Umweltschutz 94 f.
Betriebsparameter 138, 140, 161, 183, 187
Betriebsstoffe 89, 110, 215, 258, 294
Bevölkerungswachstum 4
Bilanz, ökologische 235, 393
Biodiesel 249 f., 356
Biodiversität 51
Biogas 253, 255
Biokraftstoff 246–249, 251, 253, 257, 353, 355
– gasförmiger 253
– synthetischer 252
Biomasse 23, 239, 242, 245–248, 252 f., 351, 356, 361
– Verbrennung 13, 18–20, 23, 25
Biomass-to-Liquids (BTL) 242, 252, 257, 305
Blei 37 f., 45, 149, 155, 292, 297, 302, 313, 338
Boden 89, 91, 121
– Verunreinigung 329
Brennraum 138, 140, 154, 164, 204, 220, 363
Brennraumform 141, 143, 161, 177, 183, 186
Brennstoff, fossiler 247
Brennstoffzelle 72, 362, 374–380, 382
– PEM- 377
Brennstoffzellen-Fahrzeug 368, 374, 379
Brennstoffzellen-Stack 375
Bundesimmissionsschutzgesetz (BImSchG) 38, 54, 58, 94, 98
Bus 264, 267 f., 278 f., 388

C

Cadmium 35, 39, 292, 313
CAI (Controlled Auto Ignition) 389
Californian Air Ressource Board (CARB) 70, 74, 84
Carnot-Prozess 365
Cetanzahl 187, 197, 220 f., 224, 226, 230 f., 235, 251, 254
Check engine 84
Chemikalien 91
Chemikaliengesetz 57
Chrom 35, 313
– sechsvalentiges 292
C/H-Verhältnis 131
Clean Air Act 52, 338
Clean Development Mechanism (CDM) 360
clean fuels 231
Common-Rail (CR)-Einspritzsystem 179, 184
Compressed Natural Gas (CNG) 241
Constant Volumen Sampling (CVS) 65
Continuously Regenerating Trap (CRT) 201–203
Corporate Average Fuel Economy (CAFE)-Standard 77

D

Dampfmaschine 2, 8, 175, 237, 363, 366
Dampfmotor 362, 365
Dauerhaltbarkeit 151, 188
Demontage 293, 297, 299 f., 306, 320–323
Demontagehandbuch 292, 300 f.
Deponie 292, 302, 305
Design for Environment 109, 112, 122
Design for Recycling 310, 312, 323
Dichte 77
Diesel
– Abgas 43
– Fahrzeug 72

– Partikelfilter 204
– Prozess 365
– Rudolf 175, 246
– Ruß 132
– Rußpartikel 35, 39, 346
Dieselkraftstoff 125, 192, 215–217, 232, 295, 367, 379
Dieselmotor 64 f., 83, 129 f., 132, 135, 175, 179, 182 f., 204, 206, 209, 215 f., 220, 224, 227, 239, 258, 389
– Abgase 346
– freisaugender 386
– mit direkter Einspritzung 179 f., 187
– Schadstoffreduzierung 205
– Viertakt- 176
Diffusionsflamme 130
Dimethylester (DME) 243 f.
Direktive 61, 63, 66, 222, 230
Distickstoffmonoxid 26
Downsizing 386, 388
Drall 177, 183
Drehmoment 137, 140, 142 f., 165, 180, 186, 339, 384, 388
Drehzahl 161
Drei-Wege-Katalysator 64, 137, 150–153, 158, 162, 164, 166–168, 192, 195, 233, 272, 338, 377
Druck 126, 129

E

Eco Management and Audit Scheme (EMAS) 115 f., 120
– Logo 119
Economic Commission for Europe (ECE) 61
– Richtlinie 63
– Stadtzyklus 77
– Test 144
– Zyklus 66
Edelmetall 155, 168, 191 f.
EG-Richtlinien 54
Einspritzdruck 177, 179, 183, 206, 386
Einspritzgesetz 183 f., 206
Einspritzmenge 137
Einspritzsystem 183
Einspritzung, direkte 206
Einspritzzeitpunkt 137, 183–185, 199
Eisen 200, 304
– Fraktion 302
Elektrofahrzeug 72, 239, 366 f., 369, 373 f.
Elektrolyse 253
Elektromotor 371, 374
Emissionen 29, 54, 76, 114, 121, 267, 325
– anthropogene 11, 21, 23, 29
– gasförmige 103, 129
– Grenzwerte 155
– Handel 360
– natürliche 11, 16, 21
– Quellen, anthropogene 11
– Schadstoffe 103
– stehendes Fahrzeug 72
– Test 65
Emissionsverschlechterung 84
End of Life Vehicle (ELV) 289, 292, 301
Energetische Nutzung 109
Energie 10, 89, 98, 100 f., 104, 238, 304, 314, 325, 361
– Bedarf 314
– chemische 362
– elektrische 362
– erneuerbare 360
– Quelle, alternative 238
– Quelle, regenerative 101, 231
– Speicher 369
– Träger, regenerativer 6
Energieverbrauch 2, 100, 129, 267, 268, 270, 283, 286, 330 f., 334
engineering goals 156
Entzündung 162
Environmental Protection Agency (EPA) 70, 74, 83 f., 129, 229
Equivalent to Zero Emission Vehicle (EZEV) 71
Erdgas 2, 25 f., 239, 241–244, 257, 378–380, 382
– Motor 241
Erdöl 2, 26, 125, 215, 237 f., 244, 254, 334, 378, 380, 382
– Reserven 237
– Verbrennung 19
Ethanol 239, 249, 255, 257, 379
Ethyl-Tertiär-Butyl-Ether (ETBE) 232, 250, 255
Euro 4 157
Europäische Union (EU) 350
– Altautoverordnung 297, 311, 313
– Direktive 57, 60, 103, 204, 244, 256
– Kommission 43, 80, 102 f., 114, 230, 318, 349, 352
– Öko-Audit 116 f., 119
– Richtlinie 35, 41, 61, 105, 129, 297
– Richtlinie, Integrierte Vermeidung und Verminderung der Umweltverschmutzung (IVU) 51
– Umwelt-Audit-Verordnung 94
– Verordnung 119, 121, 292
Exergie 391
exhaust gas recirculation (EGR) 146
Expansion 127 f.

F

Fahrbahn 80
Fahrverhalten 213, 270
Fahrweise 213, 283
Fahrzeug 8
– Null-Emissions- 71
Fahrzeuggewicht 206, 392
Fahrzeugproduktion 101
Fahrzyklus 65 f., 75
Fatty Acid Methyl Ester (FAME) 250
Federal Test Procedure (FTP) 70, 74, 78
Feinpartikel 346
Feinstaub 339, 349
Filterregeneration 198
Filterregenerierung 200
Flächenverbrauch 331
Flamme 127, 129, 133
Flexible Fuel Vehicles 242
Flexible Mechanism 360
fluff 302, 304
Flugverkehr 10
Fluorchlorkohlenwasserstoffe (FCKW) 21, 26, 104, 110, 296, 313, 351
– halogenierte 104
Fluor-Kohlenwasserstoffe 26
Flüssiggas 239, 24 f.
Formaldehyd 226, 243
– Emission 227
Fremdzündung 133
Fuel Cell Stack 375
Fuel Economy (FE) 77 f.

G

Gas-to-Liquid (GTL) 252, 305
Gasturbine 362–366, 370
Gefahrstoff 95 f., 313
Gemisch
– Aufbereitung 157
– mageres 127, 139–141, 386
– stöchiometrisches 127, 134, 138, 152, 163, 166
– Zusammensetzung 153, 157
Gemischbildung 133, 136, 138 f., 154, 158, 175, 178, 182, 187, 217, 241
Genehmigungsverfahren 91
Geräusch 48, 85, 211
– Grenzwert 172
– Messung 81
– Reduzierung 213
Geräuschemission 79, 82, 106, 114, 119, 170, 184 f., 187, 209, 225 f., 270, 286, 310, 331, 359, 384
Geräuschgesetz 229
Geräuschpegel 213, 334
– gesetzliche Regelungen 334
– NFZ 334
– PKW 334
Geruch 47
Geruchsbelästigung 59
Gesundheitsgefährdung 31
Gewässerschutz 55, 114
Grenzwerte 37, 69 f., 80, 84, 102, 329
– Abgasemission 148
– gesetzliche 136
Güterverkehr 264, 274 f.

H

Halogene 26
Harnstoff 194 f.
Hausbrand 13, 16, 23
Haushalte 351
HC-Emission 74, 142, 145, 147, 153, 189, 196, 224, 285
Heißstart 75
Heizwert 77, 109, 217, 243, 308 f.
Highly Premixed Combustion (HPC) 389
Highway Fuel Economy Driving Cycle (HDC) 78
Hilfsaggregat 376
Holz 361
Homogeneous Charge Ignition (HCCI) 389
Hubkolbenmotor 363
Hubkolbenverbrennungsmotor 8, 125, 132, 215, 254, 334, 366, 400
Hybrid-Antrieb 382
Hybrid-Fahrzeug 370, 372 f., 392
– Mild- 370
– Parallel- 371
– Plug-In- 372
– Serien- 371
– Voll- 370 f.
Hydrochlorfluor-Kohlenwasserstoffe 26

I

Immission 29, 348
– Grenzkonzentrationen 33
– Situation 339
– Wert 36, 343
Immission, Grenzwerte 33, 37, 42, 44 f., 50, 58 f., 104, 339, 349
Individualverkehr 359
Individualverkehrsmittel 8, 382
Industrie 23
Industrieanlage 16, 351
Industrieprozess 21
Infrastruktur 239, 245, 253, 269, 276, 278 f., 282, 302, 368, 380, 393

Integrierte Vermeidung und Verminderung der Umweltverschmutzung (IVU) 54, 91
– Richtlinie 51
Intergovernmental Panel of Climate Change (IPCC) 350
Internationales Material-Datenblatt-System (IMDS) 311, 313
ISO-Standard 80, 85, 373
– 14001 120 f.
– 14040 326

J
Jahresmittelwert 46, 349
Joint Implementation (JI) 360

K
Kaltstart 75, 140, 145, 148, 152, 154, 162, 187, 223, 231 f., 283, 364, 380
Kapselung 172
Katalysator 13, 110, 149, 156, 161, 169, 171, 191, 193 f., 196, 210, 222, 298, 375
– Anspringzeit 154
– $DeNO_x$- 192, 233
– $DeNO_x$-Adsorber- 206
– $DeNO_x$ (Spalt)- 167
– Kaltstart 155
– NO_x-Speicher- 233
– Reduktions- 150
– SCR- 193–195, 208
– Speicher- 192
– Starttemperatur 151
– Zwei-Bett- 150
Kathode 374 f.
Kleinverbraucher 23
Klima 350
Klimaanlage 104, 296
Klimakatastrophe 330, 356
Klimaschutz 350
Klimaveränderung 10, 350
Kohle 2, 26, 239, 242, 243
Kohlekanister 74, 82, 156, 158
Kohlendioxid (CO2) 11, 21–23, 45, 103, 126 f., 150, 167, 202, 227, 247 f., 338, 361
– Abgasemission 218
– Ausstoß 274
Kohlendioxid (CO_2), Emission 23, 79, 82, 106, 114, 153, 159, 161 f., 175, 206, 225, 227 f., 233, 235, 239, 241 f., 254 f., 268, 270, 272, 277 f., 334 f., 339, 350 f., 355 f., 360 f., 372, 378, 380, 384, 388, 392
– anthropogene 351, 353
– Gehalt 2
– Labelingsrichtlinie 60
– Reduktion 231
– Senken 360 f.
– Sequestierung 360
– Trading 360
Kohlenmonoxid (CO) 10–13, 37 f., 40, 63, 103 f., 126 f., 138, 147, 150, 162, 167, 182, 198, 225, 241, 274, 339
– Emission 13 f., 82, 189, 196, 223, 231, 285
Kohlenstoff 23, 130, 198, 202, 248, 361
– Anteil 77
Kohlenwasserstoffe 10, 13–26, 35, 38, 42, 105 f., 126, 128, 131, 162, 216, 274, 339
– Emissionen 72
– flüchtige 191
– gesättigte 131, 222, 232, 253
– Nicht-Methan- (NMHC) 14
– polyzyklische aromatische 39, 226
– polyzyklische (PAK) 43
– ungesättigte 131, 222, 253
– unverbrannte 12, 42, 63, 126, 128, 130, 138 f., 147, 150, 167, 182, 192, 225, 241
– zum Teil oxidierte 128
Komponente, sauerstoffhaltige 250
Kompressionsendtemperatur 177
Kompressionshub, Temperatur am Ende 187
Konstruktion
– demontagegerechte 320 f., 323
– recyclinggerechte 310, 312, 315, 320, 323
Konstruktionsparameter 138, 141, 161, 183, 186, 187
Konzentration 126
Kosten 368 f., 380
Kraftfahrzeugverkehr 85
Kraftstoff 65, 126, 128, 131, 215 f., 221 f., 228, 232, 249, 254, 349, 378, 392
– Additive 131
– alternativer 237, 239, 255
– aus Biomasse 6
– bleifreier 149, 153
– fossiler 2, 237 f., 244, 254, 382
– GTL (Gas to Liquid)- 242
– Qualität 145, 197, 221, 230, 237, 282
– schwefelfreier 197, 235, 237, 379
– Verbrauch 77–79, 114, 133, 135 f., 139 f., 143 f., 149 f., 153, 159, 161, 163 f., 169, 175, 179 f., 184, 193, 195 f., 198 f., 206, 208, 218, 220, 223 f., 227, 232, 237, 239, 254, 270, 274, 276 f., 283 f., 310, 334 f., 351, 356, 359 f., 364, 373, 386, 388
– Verbrauch, spezifischer 135
– Verdampfung 15
– Zusammensetzung 222 f., 226, 228

Kraftstoff-Luft-Gemisch 133, 135, 137 f., 147, 150, 155, 168, 177
– fettes 135
– heterogenes 177, 181
– homogenes 134, 389
– mageres 143 f., 149, 153, 161 f., 164, 233
– stöchiometrisches 137, 149–151, 153, 161, 164, 178
Kraftstoff-Luft-Verhältnis 134
Kraftstoff-Luft-Zusammensetzung 140, 161
Kraftstoffsystem 74
Kraftwerk 16, 23, 351
Kreislauf 102, 247 f., 312
Kreislaufwirtschaft 56
Kreislaufwirtschaftsgesetz 98, 108 f., 111, 291
Kühlflüssigkeit 296
Kühlmittel 258, 296
Kühlwasser 391
Kunststoff 291, 297, 300, 304 f., 307–309, 315–317
Kupfer 192, 200, 299, 302
Kurztest 83
Kyoto-Protokoll 352, 360
Kyoto-Ziele 350, 353

L

Lachgas 21, 26, 226, 351
Lacke 110
– lösemittelhaltige 104 f.
Lackiererei 110
Lackierprozesse 104
Ladeluftkühlung 180, 186, 206, 386
Ladungswechsel 385
Lagerung 250, 379
Landwirtschaft 16, 19, 21, 26, 51, 342
Langlebigkeit 291
– Produkte 323
Langzeitstabilität 153, 188
Lärm 10, 48, 54, 114, 170, 267, 276, 334
– Emission 8, 106, 283, 334
Lärmbelästigung 266
Last 161
Laufleistung 155
Lebensdauer 82, 235, 237, 291, 336, 362, 367, 369, 373, 379, 384, 393, 396
Lebensweise, umweltbewusste 6
Lebenszyklus 93, 101, 121, 236
Lebewesen 1
Leerlauf 135, 158, 388
– Drehzahl 137
Leistung 135, 137, 140, 142 f., 145, 152, 165, 179 f., 191, 198, 220, 339, 384, 386, 388
Life Cycle Assessment (LCA) 101, 112, 324, 326, 393
Light off-Temperatur 153
Liquefied Natural Gas (LNG) 241
Liquefied Petroleum Gas (LPG) 241
Lithium-Ion 367
Lösemittel 15, 105 f., 344
Low Emission Vehicle (LEV) 71
Luft 89, 91, 121, 145
– atmosphärische 11
– Belastung 349
– Bewegung 183
– Qualität 11, 31, 36, 58
– Qualitätsstandards 11 f.
– Reinhaltung 114
– Schadstoffe 12, 37, 337, 340
– Überschuss 192
– Verhältnis 182
– Verunreinigung 8, 11, 85, 126, 129, 329
Luftwiderstand 159
Luftzahl λ 135, 138 f., 144, 162, 177, 196, 202

M

Magerbetrieb 162
Magermotor 141, 163, 167
– Abgasnachbehandlung 166
– mit direkter Einspritzung 386
Mager-Ottomotor 165, 192, 231
Magnesium 302
Malfunction Indicator Light (MIL) 84
Maschine, thermische 132
Maßnahmen
– motorexterne 145, 148
– motorinterne 138, 144, 148, 182
Maximale Arbeitsplatz-Konzentration (MAK) 34, 36, 40–42, 44–46
Maximale Immission-Konzentration (MIK) 38, 40 f., 46
Mechanismen, flexible 353
Metalle
– Eisen- 291
– Nicht-Eisen- 291, 302, 304
Methan 13 f., 21, 25, 46, 241, 253, 340, 351
Methanol 39, 239, 242, 244, 255, 379, 393
Methyl-Tertiär-Butyl-Ether (MTBE) 232, 244, 255
MIL-Lampe 84
Mitteldruck 135
Mittelwert, statistischer 33
Mobilität 7, 261, 267, 270, 276, 278, 359
Motor 80, 159, 170, 172, 210, 249, 297
– Abgase 222
– mit äußerer Verbrennung 365
Motorenprüfstand 75
Motormanagementsystem 137, 196
– elektronisches 158, 189

Motor Vehicle Emission Group (MVEG) 63
Mülldeponie 10, 26

N
Nachbehandlung 189
Nachhaltigkeit 90
National Ambient Air Quality Standards (NAAQS) 11, 38, 40 f., 44
Natrium-Schwefel 367
Natur 2, 29
Nawaros 318
NFZ-Verkehr 348
Nicht-Eisen-Fraktion 302
Nickel-Cadmium 367
Nickel-Metall-Hydrid 367
NMVOC 340, 344
Nutzfahrzeug (NFZ) 67, 75, 81, 101, 209, 264, 291, 335, 388
Nutzung
– energetische 100
– stoffliche 100

O
Ökoanalyse 324
Öko-Audit 115 f., 118
– Verordnung 98, 120
Ökobilanz 93, 102, 324
Öko-Checklisten 92
Oktananspruch 140, 220
Oktanbedarf 220
Oktanzahl 45, 142, 218, 220 f., 231, 235, 241, 243 f., 250, 254
Olefine 128, 222, 232, 253
On-Board-Diagnose (OBD) 64, 84, 153, 156, 158, 204, 206, 235
– Vorschriften 76
On-Board-Measurement (OBM) 84, 204
Ottokraftstoffe 232
Ottokreisprozess 134, 385
Ottomotor 45, 63, 83, 129, 132, 135, 137, 159, 162, 179, 182, 215 f., 218, 223, 227, 239, 242, 250, 337, 373, 386
– Hubkolben- 149
– Leistung 389
– Mager- 196
– mit direkter Einspritzung 164, 166
– mit magerem Kraftstoff-Luft-Gemisch 168
– Regelung 136
– Vergaser- 229
Otto, Nikolaus Augustus 132
Ottoprozess 365
Oxidationskatalysator 149, 150, 167, 191 f., 195, 197, 199, 202, 206, 233
– Edelmetall- 162
Ozon 37 f., 46, 104, 351
– Abbaupotential 296
– Bildungspotential 226
Ozon Depletion Potential (ODP) 296
Ozonloch 10, 356
Ozonschicht 104
Ozonsmog 10

P
Palladium 150, 298
Paraffine 128, 131, 222, 253
Partial to Zero Emission Vehicle (PZEV) 71
Partikel 10, 12, 37 f., 42, 63, 103, 126, 130, 132, 182, 202, 225, 258, 274, 346
– Emission 20, 43, 184, 200, 204, 224, 232 f., 242, 347
– ultrafeine 43
Partikelfilter 189, 197 f., 200 f., 206, 210, 233, 349
– katalytische Beschichtung 199
– Regeneration 199
Partikulate Matter 19
Partikulates 19
Perfluor-Kohlenwasserstoffe 26
Personenfahrzeuge (PKW) 70, 75, 101, 264, 267 f., 278, 291
– Antriebsaggregat 363
– Emissionen 76
– Straßenverkehr 355
– Verkehr 348 f.
Personenverkehr 264
Pflanzenöl 239, 246, 250, 257
Phosphor 149, 155
Photosynthese 23, 247, 361
Planet Erde 1
Platin 150, 298, 374, 377
PM-Emission 185
Polyzyklische aromatische Kohlenwasserstoffe (PAH) 35, 39
Portliner 145, 147
Produktion 89, 114
Produktverantwortung 53, 93, 291, 311
Propan 241
Proton Exchange Membrane (PEM) 374, 376
Prüfzyklus 76
Pulverlacke 105 f.

Q
Quecksilber 292, 313
Quellen
– anthropogene 13, 15, 21

– biogene 18
– natürliche 11–13, 16, 18

R

Radius 241
Rapsmethylester (RME) 251 f., 255
Rapsöl 251 f.
Rauch 19
REACH (Registration, Evaluation and Accreditation of Chemicals) 57, 314
Recycling 6, 86, 247, 255, 289, 291, 302, 305 f., 317 f., 323, 325, 336, 368
– Altautos 292
– energetisches 306, 308
– materielles (stoffliches) 306 f.
– rohstoffliches (chemisches) 306, 308
– stoffliches 297, 307
– werkstoffliches 300, 321
Recyclingfähigkeit 384
Recyclingquote 113, 292, 304
Recyclingverfahren 291, 306
Reduktion
– nicht selektive katalytische 192
– selektive katalytische 192 f.
Reduktionsmittel 193–195
Reformer 379
Regelung 144
– gesetzliche 95
Regeneration 200, 202
Reibungsverlust 158
Reichweite 243, 367 f., 379, 384
Reifen 80 f., 298
Reifen-Fahrbahn 172, 334
– Geräusch 211
Ressourcen der Erde 4 f.
Restgas 127
Rhodium 151, 298
Richtlinien 79, 96, 340
– europäische 81, 91
Rodung der Wälder 13, 23
Rohemissionen 138 f., 144 f., 150, 154, 158, 164, 166, 181, 187, 364, 389
Rohstoff 98, 100, 304, 329
– nachwachsender 245, 248, 318
– Quelle, erneuerbare 361
– Verbrauch 331, 336, 360
Rollenprüfstand 75
Rollwiderstand 159
Ruß 19, 131, 184, 198, 200
– Emission 129, 179, 184, 189
– Partikel 200

S

Sauerstoff 11, 23, 46, 126–128, 151, 168, 198, 222, 338, 361
– Gehalt 102, 230, 243
Saugrohreinspritzung 229
Saurer Regen 10, 330, 356
Schadstoffe 12, 30 f., 33, 54, 89, 224, 380
– gesetzlich limitierte 228
– nichtlimitierte 45
Schadstoffemission 46, 61, 114, 138, 182, 227, 229, 232, 237, 270, 278, 331, 376
– lokale 238
Schadstoffkomponente 223, 244
– gesetzlich limitierte 12, 226
– limitierte 151
Schadstoffreduzierung 148, 205, 222
– motorexterne Maßnahmen 188
– motorinterne Maßnahmen 205
Schalldruckpegel 48 f.
Schallpegel 48, 211
Schallquelle 79
Schichtlademotor 164 f.
Schmieröl 131
Schmierstoff 231 f., 258
Schredder 292, 299, 301 f.
Schredder-Leichtfraktion (SLF) 300, 302, 304, 306, 308
Schubbetrieb 137
Schwankung, zyklische 163
Schwebestaub 19, 43, 85
Schwefel 16, 18, 131, 149, 155, 169, 192, 203, 233, 235, 251, 254, 258, 338
Schwefeldioxid (SO2) 16, 18, 37 f., 44, 103, 340
– Emission 231, 341
Schwefelgehalt 197, 230, 233, 347
Schwefeloxide 16
Schwefeltrioxid 16
Schwermetall 102
Schwungradspeicher 362, 369
SCR-System 203
Sealed Housing for Evaporative Emission Determination (SHED)-Test 72, 74
Seiliger-Prozess 175, 365
Sekundärlufteinblasung 145, 147, 150, 158
Selbstzündtemperatur 177
Selbstzündung 130
Sensoren 137
Siedekurve 216 f., 231
Smogalarm 85
Solide Oxide Fuel Cell (SOFC) 376
Sommer-Smog 85, 356
λ-Sonde 150 f., 153, 156, 158, 235
– Breitband- 169, 203

λ-Sondensignal 82
Sonnenenergie 246, 361
Speicher 366
Speicherkatalysator 168 f., 192, 196 f., 204
Speicherkatalysatorsystem 167
Speicherung 244 f., 253, 378–380, 391
λ-Sprung 168
Spurengase 11
Stadtverkehr 371
Stadtzyklus 75, 77
Start 135
Staub 11, 103
Stickstoff 11, 126, 128, 151, 193, 338
– Emissionen, anthropogene 16
Stickstoffdioxid 38, 41, 104, 168, 340
Stickstoffmonoxid 40, 129, 168
Stickstoffoxide (NOx) 10, 12, 16, 37, 40, 63, 103, 126, 128, 139, 144, 151, 166, 168, 182, 184, 193, 222, 225, 244, 274, 340, 342
– Abgasgrenzwert 192
– Emission 146, 189
– Grenzwert 343
Stickstoffoxide (NO_x), Emission 184 f., 187, 189, 204, 208, 224, 231, 285, 343
Stirlingmotor 362–366
Stoffe
– krebserzeugende 35, 313
– verursachende 36
Stoffkreislauf 6
Straßenverkehr 10, 13, 79–81, 253, 264, 266, 270, 282 f., 342, 346, 351, 370
Sulfate 131, 192, 233
Super Ultra Low Emission Vehicle (SULEV) 71, 157

T
TA-Abfall 60, 98
TA-Lärm 59
TA-Luft 38, 58, 98, 103, 340
Technik 29
Technische Richt-Konzentrationen (TRK) 35
– Werte 36
Telematik 275, 277
Temperatur 126–130, 161, 365
Testprozedur 75
Testzyklus 76
Thermoreaktoren 145, 147
Transmissionen 29
Tree Way Catalyst (TWC) 150
Treibhauseffekt 21, 26 f., 79, 159, 227, 330, 360
Treibhausemission, anthropogene 360
Treibhausgas 10, 21, 250, 350–352
Treibhausgaspotential 104, 350
Treibhauspotential 22, 352
Trockenlegung 294, 306
Trockenlegungshandbuch 292
Turbulenz 127, 141

U
Ultra Low Emission Vehicle (ULEV) 71, 153, 155, 157, 339
Umgebung 1
Umwelt 3, 5, 51, 53, 90, 104, 111, 133, 215, 250, 276, 286, 289, 329
Umwelt-Audit 93, 115
– Verordnung der europäischen Union 115
Umweltaufwendungen 114
Umweltauswirkungen 10, 90, 118, 121, 125, 326
– Automobil 329
– des Automobils 331
– globale 10
– regionale 10
Umweltbeanspruchung 112
Umweltbeauftragte 93
Umweltbeeinträchtigungen 8, 238
– lokale 10
Umweltbelastungen 10, 53 f., 114, 121, 133, 138, 267
Umweltbetriebsprüfung 118 f.
Umwelteffizienz 6
Umwelteinwirkung 85
Umwelterklärung 118 f.
Umweltfreundlichkeit 106, 385
Umwelthaftungsgesetz 98
Umweltinformationen 60
Umweltinformationsgesetz 98
Umweltinformationssystem 98
Umweltleitlinien 116
Umweltmanagement 92 f., 96, 121
– Handbuch 96, 118
Umweltmanagementsystem (UMS) 92–94, 100, 115, 118 f., 121
Umweltorganisation 93, 96, 117
Umweltpolitik 30, 93, 96, 116, 118 f.
Umweltprogramme 118 f.
Umweltprüfung 117 f.
Umweltrecht 52
Umweltschutz 8, 10, 29 f., 48, 51, 90–95, 115, 118, 120 f., 232, 286, 326, 331, 360
– Beauftragter (USB) 95
– betrieblicher 92, 94–96, 100, 115, 119
– Gesetze 29, 50, 53, 61, 91, 98
– integrierter 89
– Management 122
– Maßnahmen 114 f.

– Vorschriften 117
– Ziele 93
Umweltveränderungen 1
Umweltverträglichkeitsprüfung (UVP) 98, 100
Umweltvorschriften 118
Umweltziele 101, 118
Urea 194
US-Environmental Protection Agency (EPA) 43

V
Ventilsteuerzeit 141, 144, 161
– variable (VVS) 157, 386
Verband der Automobilindustrie (VDA) 313, 318
Verbindungen
– flüchtige organische (NMVOC) 340, 344
– organische 103
Verbrauch 384
Verbrennung 125–127, 129 f., 133, 139, 141, 154, 162, 175, 178, 182, 187, 189, 217 f., 241, 365, 385
– fossiler Kraftstoff 330
– klopfende 143, 153, 220
– unvollständige 154
Verbrennungsaussetzer 156 f., 164
Verbrennungskraftmaschine 365, 370
Verbrennungsmotor 12, 29, 125 f., 215 f., 267, 330, 367, 371, 383
Verbrennungsprodukte 12, 222, 238
Verbrennungsprozess 125, 127, 183, 362 f.
Verbrennungsreaktion, unvollständige 128
Verbrennungstemperatur 366
– maximale 189
Verbrennungsverfahren 197
Verdampfungsemissionen 74, 82, 156, 158, 223
Verdampfungsverlust 227
Verdichtungsverhältnis ε 141–143, 157, 161, 164, 177, 187, 206, 218, 220, 241, 243
Verdunstung
– Emissionen 64, 82
– Test 72
Vergasermotor 231
Verhalten, instationäres 379
Verkehr 15 f., 21, 23, 261, 276, 282, 286, 329, 359
– Lärm 10
– öffentlicher 349, 359
– Umweltbelastung 266
Verkehrsmanagement 269, 275, 393
Verkehrsmittel 7, 268, 270, 279, 281 f.
Verkehrssysteme 261, 278
Verordnung 115
Verpackungsverordnung 108
Verwertung 291, 300, 306, 310, 312
– energetische 291, 308, 323
– stoffliche 306, 313
– thermische 113, 306, 308
Verwertungsverfahren 109
Vielstofffähigkeit 364
Viertakt-Hubkolbenverbrennungsmotor 361, 382
Viertakt-Ottomotoren 133
Viertakt-Verbrennungsmotor 362
Vierventil-Motor 142, 183, 186
Vierventil-Ottomotoren 143
Vierventil-Technik 183, 206
Volatile Organic Compounds (VOC) 14, 38, 42, 227
Volllast 135, 137, 152
Vorgaben, gesetzliche 114
Vorgang, instationärer 140, 158, 162
Vorkammermotor 179
Vorschriften 138
– EU 105
– gesetzliche 396

W
Waldsterben 10, 330, 356
wall quenching 127
Wankelmotor 362 f.
Wärme 109
Wärmekraftmaschine 362 f., 366
Wärmespeicher 155
Warmlauf 140, 145, 162, 189, 223, 231, 233, 364
Wasser 89, 91, 100, 102, 104, 121, 193, 204, 247, 253, 258, 304, 361, 374 f.
– Kreislauf, geschlossener 6
– Verunreinigung 329
Wasserbasislacke 105 f.
Wasserdampf 11, 21, 27, 126, 151, 167, 194, 244, 248, 338, 350
Wasserhaushaltsgesetz 98
Wasserstoff 239, 244 f., 248, 253, 374, 378–380, 382
Well to Wheel 236
Weltbevölkerung 3, 238
Weltgesundheitsorganisation (WHO) 37, 40 f., 43 f., 60
Wiederverwendung 293, 306
Wiederverwertung 6, 293, 297, 323
– Infrastruktur 304
Winter-Smog 85, 356
Wirbelkammermotor 178

Wirkungsgrad 28, 109, 132, 135, 140, 161, 178, 243, 250, 334 f., 352, 363–366, 379, 384 f.
World Wide Fuel Charter (WWFC) 229 f., 232, 254

Z
Zeolith 167, 192
Zero Emission Vehicle (ZEV) 71, 359, 367
Zertifizierung 84, 119
Zündaussetzer 164
Zündkerze 133, 140
Zündung 136, 140, 158
Zündverzug 130, 184, 187, 220
Zündzeitpunkt 82, 136 f., 140, 153–155, 158, 161
Zweitaktmotor 362, 363